문화지리학개론

CULTURAL GEOGRAPHIES: AN INTRODUCTION

문화지리학개론

CULTURAL GEOGRAPHIES: AN INTRODUCTION

존 호턴·피터 크래프틀 지음 | 김수정·박경환 옮김

사회평론아카데미

문화지리학개론

2025년 2월 25일 초판 1쇄 인쇄
2025년 3월 4일 초판 1쇄 발행

지은이 존 호턴·피터 크래프틀
옮긴이 김수정·박경환
편집 김천희·이근영
디자인 김진운
본문조판 민들레
마케팅 유명원

펴낸이 윤철호
펴낸곳 ㈜사회평론아카데미
등록번호 2013-000247(2013년 8월 23일)
전화 02-326-1545
팩스 02-326-1626
주소 03993 서울특별시 마포구 월드컵북로6길 56
이메일 academy@sapyoung.com
홈페이지 www.sapyoung.com

ISBN 979-11-6707-180-4 93980

일러두기
주석은 한국 독자를 위해 옮긴이가 작성한 것으로, '＊'로 표기했습니다.

지은이의 글

문화지리학은 지리학의 주요 하위 학문 분야로, 생동감이 넘치고 다양하며 끊임없이 변화하는 학문이라 할 수 있습니다. 이 책에서도 그렇지만, 문화지리학이라는 용어는 많은 지리학자들이 복수로 사용하는 경향이 있을 정도로 매우 다양합니다. 문화지리학자들은 경관에 대한 관점의 변화에서부터 사회 불평등을 이해하는 데 있어서의 예술 및 문학 재현의 역할까지, 또 감정, 수행, 물질성에 대한 논쟁에서부터 정체성과 하위문화의 경험에 이르기까지 지리학계 역사상 주요 논쟁들에 참여해 왔습니다.

문화지리학은 이 책의 저자인 우리를 흥분시키고, 지리학을 공부하고 연구하고 가르치고자 하는 열정에 불을 지폈습니다. 이 책의 가장 중요한 목표는 여러 지리학자들을 끊임없이 자극하는 다양성, 역동성, 논쟁의 일부를 전달하는 데 있습니다. 또한 이 책은 문화지리학의 주요 접근법에 대한 개관과 연구 사례를 소개하는 것뿐만 아니라 문화지리학에 대해 비판적이고 창의적으로 사고하도록 권려하는 것을 목표로 합니다. 이 책은 여러분과 여러분의 학문, 여러분이 살고 있는 곳 그리고 여러분에게 익숙한 곳과 비슷하거나 차이가 있는 또다른 장소들과 연관된 문화지리적 질문을 하도록 독려하고자 합니다. 이를 통해 문화지리학 공부와 에세이, 연구 프로젝트 수행을 도울 뿐만 아니라 문화지리학이 언제, 어디서, 어떻게 중요한지를 사고하도록 자극하는 것 또한 이책의 목표라 할 수 있습니다.

이 책은 (일반적으로 집합적인) 생활양식, 사고방식, 세계를 재현하는 방식, 행동 양식, 믿는 방식, 느끼는 방식, 물질적 대상을 만드는 방식, 타인과 동일시하거나 반대하는 방식 등을 가리키는 문화에 대한 광범위한 관점을 취하고 있습니다(자세한 논의는 1장 참조). 문화지리학은 '문화'가 단순히 '공간' 또는 '장소'에서 어떻게 재현되는지 살펴보는 데서 그치지 않습니다. 문화지리학은 행동 양식과 사고방식 등 문화 과정이 세상을 지금처럼 보이거나 느껴지도록 만드는 과정의 중요한 부분이 되는지 살펴보는 폭넓은 관점을 취하고 있습니다.

이는 문화지리학의 최근 동향(우리 자신의 연구와 교육이 여기에 해당한다)에 좀 더 많은 관심을 기울이면서도, 과거 접근법과의 연속성, 중첩성에 대한 감각을 제공하는 것을 목표로 한다는 것을 의미합니다. 따라서 이 책은 (일부) 문화지리학의 연대기적 전기를 보여주기보다는 세 가지 종류의 아이디어를 중심으로 구성되어 있습니다. 각각의 아이디어는 따로 읽거나 책의 다른 부분과 함께 읽을 수 있습니다.

1부에서는 문화 실천과 정치에 초점을 두고, 지리학자들이 어떻게 소비, 생산, 정체성, 하위문화, 저항과 행동주의를 탐구해 왔는지 설명합니다. 2부에서는 문화 대상, 텍스트, 미디어를 다루면서, 경관, 건축, 스포츠, 소설, 무용, 시각예술 등의 문화지리를 살펴봅니다. 3부에서는 물질성과 일상성 이론부터 공간, 장소, 감정, 체현 이론에 이르기까지 문화지리 연구에서 발전해 왔고 지금도 계속 발전하고 있는 문화 이론을 살펴봅니다.

앞의 목표를 달성하기 위해 이 책에는 몇 가지 자료가 포함되어 있습니다. 1장 도입에서는 문화지리학의 정의와 접근법에 대한 개략적인 설명과 함께 책 '사용법' 안내를 제공합니다. 책의 각 장은 그 장의 배경을 설명하는 간략한 소개로 시작됩니다. 각 장에는 특정 개념이나 문제에 대해 생각해 볼 수 있는 도입 활동, 결론, 장 요약, 핵심 읽을거리 목록이 포함되어 있습니다. 가령 건축이나 소비에 관한 문화지리학 연구에 대한 개요를 원한다면 각 장을 독립적으로 읽을 수도 있지만, 특정한 아이디어나 사례가 하위학문 분야의 다른 지점과 연결되는 주요 방식을 고려할 수 있도록 **굵은 글씨**로 다른 장의 내용을 상호 참조해 두었습니다.

마지막 장에서는 문화지리학의 미래에 대한 질문과 문화지리학이 여러분을 어디로 이끌 수 있는지에 대한 질문을 간략하게 다루는 몇 가지 최종적인 (경우에 따라서는 개인적인) 성찰을 제시하고 있습니다.

존 호턴
피터 크래프틀

옮긴이의 글

문화지리학은 문화와 지리라는 핵심 키워드를 중심으로 다양하고 역동적으로 변화하는 문화 현상을 비판적 시각에서 탐구하는 학문이라고 할 수 있습니다. 문화는 사물의 분포를 통해 드러나기도 하며, 생활양식이자 가치관, 의미와 권력의 작동과 실천을 의미하기도 합니다. 학자들은 이러한 복잡성과 다양성으로 인해 문화지리학이 셀 수 없이 많은 가능성을 가지고 있는 학문 분야일 뿐만 아니라 가장 모험적이고 전위적인 학문이라고 인식합니다. 또한 문화지리학을 '문화' 개념과 관련된 새로운 질문이 끊임없이 나타나고 상호 연관되는, 개방적이고 생동감 있고 끊임없이 펼쳐지는 지적 지형으로 이해해야 한다고 주장하기도 합니다. 그러나 문화지리학이 갖는 다양성과 역동성에도 불구하고 국내에는 문화지리학 관련 개론서가 많이 없으며, 이로 인해 지리교육 및 지리학을 전공하는 학생들이 문화지리학을 공부하는 데 어려움을 겪기도 합니다.

문화지리학이라는 학문이 갖는 다양성과 진취성, 최신의 학문 경향을 소개하고, 국내의 학문적·교육적 요구에 부응할 목적으로 『문화지리학개론』을 번역하게 되었습니다. 이 책은 지리교육 및 지리학을 전공하는 학부생과 대학원생에게 문화지리학의 핵심 프레임을 체계적으로 설명하고 오늘날 문화지리의 주요 이슈, 관점을 소개하는 개론서입니다. 이 책은 문화지리의 과거와 현재, 최신 동향을 소개할 뿐만 아니라 문화 실천과 정치, 문화 대상·텍스트·미디어, 공간과 장소, 사회·문화 이론에 초점을 맞춰 문화지리학의 다양한 연구 주제와 사례를 알기 쉽게 설명합니다. 재현과 비재현, 일상성, 감정과 정동, 물질성 등 오늘날 문화지리학에서 중요하게 받아들여지는 개념·이론·주제들을 풍부한 사례와 함께 깊이 있게 다루고 있다는 점 또한 이 책의 장점입니다. 그렇기 때문에 이 책은 학부생 수준의 개론서로 활용될 수 있을 뿐만 아니라 대학원생들의 연구 지침서로도 활용될 수 있을 것입니다.

이 책에서 다루고 있는 광범위한 주제와 이론, 개념을 여기서 모두 소개하는 것은 불가능한 일이지만, 독자의 이해를 돕기 위해 책의 주요 내용을 간략하게 소개하고자 합니다. 책의 1장에서는 문화와 문화지리학의 다양한 의미, 그리고 문화지리학의 학문 흐름을 간략하게 소개합니다. 1부에서는 문화 생산과 소비가 분리된 것이 아니라 상호 연관되고 얽혀 있는 것이라는 관점을 견지하면서, 문화 대상과 공간이 어떻게 생산되고 조우하는지 논의합니다. 문화 생산에 대해서 다루고 있는 2장에서는 문화 대상이 어떻게 그리고 어디에서 만들어지는지, 그리고 문화 공간이 어떻게 생산되고 규제되는지 등을 논의합니다. 3장에서는 문화 소비의 개념을 소개하며, 일상 공간에서 소비의 중요성, 소비의 지리적 복잡성을 다루고 있습니다.

2부에서는 문화 대상, 텍스트, 미디어의 재현을 다루면서 건축, 경관, 텍스트, 수행, 정체성이라는 다섯 가지 핵심 주제를 논의하고 있습니다. 4장에서는 건축, 건물, 디자인, 계획에 관한 전통 문화지리학과 신문화지리학의 이론, 사례 연구들을 소개하고 있습니다. 경관에 대해 논의하는 5장에서는 문화지리학에서 경관을 개념화한 다양한 방식과 사례를 소개하고 있습니다. 6장과 7장에서는 소설, 정책 담론, 음악과 스포츠, 춤과 행위 예술 등 텍스트와 수행성의 중요성, 사례들을 소개합니다. 8장에서는 본질주의, 정체성의 사회적 구성, 관계적 정체성, 수행성 등 정체성을 둘러싼 다양한 관점들을 논의합니다.

3부에서는 일상성, 물질성, 감정과 정동, 신체, 공간과 장소라는 다섯 가지 주제를 중심으로 사회·문화 이론과 문화지리학이 교차하는 지점들을 고찰하고 있습니다. 9장에서는 문화지리학에서 일상 공간, 실천, 사건이 갖는 중요성을 살펴보고, 일상성 재현의 어려움과 관련해 지리학에서의 비재현이론을 소개합니다. 10장에서는 마르크스주의 유물론, 물질문화, 행위자-네트워크 이론을 통해 물질적 대상에 접근하는 다양한 방식들을 논의합니다. 11장과 12장에서는 모든 인문지리학이 감정-정동적이고 신체적이라고 주장하는 지리학과 사회과학 분야의 연구들을 소개합니다. 마지막 13장에서는 지리학의 핵심 용어인 공간과 장소의 개념이 갖는 복잡성과 다양성에 대해 논의하고, 문화 과정과 지리의 공간성을 탐구하는 것이 중요한 이유를 다시 한번 강조하고 있습니다.

이 책의 번역 작업은 2023년 겨울부터 시작되었습니다. 이후의 모든 과정은 옮긴이들의 공동 작업으로 이루어졌고, 초고 작업은 2024년 7월 중에 마무리되었습니다. 그리고 2025년 2월까지 8개월간 이근영 기획위원과 김천희 연구소장님의 도움을 받아 세 차례에 걸쳐 원고를 수정했습니다. 이 과정에서 독자의 이해를 돕기 위한 역자주가 추가되었습니다. 전체 원고를 꼼꼼하게 검토해 주신 두 분의 노고 덕분에 문장의 완성도를 높일 수 있었습니다. 또한 이화여자대학교 지리교육전공 정예슬 선생님과 전남대

학교 지리교육과의 이뤔, 강태웅 선생님이 교정 작업을 도와주었습니다. 많은 분들의 도움을 받아 책의 의미가 잘 전달될 수 있도록 신경을 썼지만, 혹시 있을지 모르는 실수나 오류에 대한 책임은 온전히 옮긴이에게 있음을 밝힙니다.

마지막으로 이 책이 지리학, 사회학, 문화인류학 등 다양한 분야에서 문화와 관련된 이슈 속으로 뛰어들고자 하는 학생들과 수험생, 교육자, 연구자, 활동가 사이에서 유용하게 쓰일 수 있기를 바랍니다.

2025년 2월
역자를 대표하여 전남대 김수정 씀

차례

Chapter 01 | 도입

이 장을 읽기 전에…

이 책에서 얻어가고 싶은 것에 대해 생각해 보자.

- 문화지리학자가 연구한 특정 주제에 관한 정보를 찾고 있다면, 이 책의 주제와 사례 연구를 소개하는 1.1절과 1.2절 그리고 Box 1.1을 읽어볼 것.
- 문화, 문화적 전환, 문화지리학의 역사에 관한 좀 더 깊은 배경지식을 필요로 한다면 1.3절과 1.4절을 읽어볼 것.

1.1 '문화지리학' : 어디서부터 시작해야 할까?

문화지리학은 인문지리학에서 중요하고 생동감 있는 학문 및 연구 분야다. 이 책은 놀랍도록 다양하고, 흥미롭고, 매혹적이며, 종종 논란이 되거나 짜증 나는 작업을 소개하는 것을 목표로 한다. 1장의 구성은 다음과 같다.

- 1.2절에서는 이 책의 독자를 위한 가이드를 제공하고, 나머지 부와 장들 그리고 일반 문화지리학에 접근하는 방법을 소개하고 제안한다. 이 책을 활용하고 문화지리학을 공부하는 데 직접적이고 실용적인 지침에 대해 알고 싶다면 여기서부터 시작하면 된다.

- 1.3절에서는 '문화' 개념을 소개하고, 1.4절에서는 '문화지리학'을 소개하면서 문화지리학자들의 연구 이력을 제공한다. 문화지리학의 다소 복잡한 역사에 대한 배경지식이 필요한 경우 이 절에서 시작하면 된다.

1.2 출발점: 이 책을 활용하기 (혹은, 우리는 문화지리학을 사랑한다?)

저자들은 이 책을 어떻게 시작할 것인가에 대해 오랫동안 고민해 왔다. 진지하게 책을 쓰는 것은 쉬운 과정이 아니다. 이 책을 쓰면서, 독자에게 문화지리학에 대해 말하고 싶은 것이 무엇인지 정확하게 이해하려고 노력해 왔다. 그리고 이는 이렇게 귀결된다… 우리는 문화지리학을 사랑한다… 적어도 가끔은… 하지만 그것이 무엇인지 설명하기는 어렵다.

그래, 그거다. 이 문장을 한 번에 하나씩 설명하는 것으로 시작해 보자.

'우리는 문화지리학을 사랑한다.' 이 책을 쓰기 위한 출발점은 문화지리학자가 지난 반세기 동안 인문지리학에서 가장 중요하고, 흥미롭고, 재밌고, 신선하고, 생각하게 만드는 열정적인 연구를 해 왔다는 확신이다. 많은 인문지리학자들처럼, 저자는 모든 측면에서 문화지리학자의 작업에 매료되고 또 영감을 받았다. 이 책을 쓰는 목표는 왜 그렇게 많은 인문지리학자들이 문화지리학이라는 하위 학문 분야에서 영감을 얻고 흥미를 느끼는지 그 감각을 전달하는 데 있다. 이 책을 다 읽고 나면 아마 여러분도 문화지리학을 적어도 일부는, 조금은 좋아하게 될 것이다.

아니면 적어도 우리는 때때로 문화지리학을 사랑한다. 1.4절에 설명한 것처럼, 지리학자들이 문화지리학의 수많은 연구에 비판적인 몇 가지 중요한 이유가 있다. 비평가들은 문화지리학이 다소 부아를 돋우고 문제가 많다고 생각한다. 솔직하게 말해서 그들의 비평이 이따금 핵심을 찌른다는 것

을 인정해야 한다. 그래서 문화지리학을 사랑하는 입장에서 글을 쓰지만, 이 책을 통해 문화지리학자들의 연구에 대한 비판적인 반응을 인정하고 반성한다. 이 책을 다 읽고 나면, 여러분은 문화지리학자가 더 많은 것을 할 수 있다고, 또는 더 잘 할 수 있다고 결론 내릴 수 있다. 실제로 이 책은 문화지리학을 읽고 문화지리학을 할 때 중요한 비판적 성찰과 분석 능력을 기를 수 있도록 고안되었다.

문화지리학을 사랑한다고 말했지만, '문화지리학이 무엇인지 정확히 설명하기는 어렵다'는 점을 설명할 필요가 있다. '문화지리학'이라는 용어의 의미는 사람마다 다르게 받아들여 왔으며, 이는 현재 진행형이다. 1.3절과 1.4절에서 설명하겠지만, 문화지리학은 복잡하고 분산되어 있으며, 파편화된 하위 학문 분야이다. 문화지리학은 다양한 전통 그리고 수많은 주제에 대한 수많은 연구와 학문의 형태로 구성되어 있기 때문에, 어떻게 일관성 있는 하위 학문 분야를 구성하는지는 불분명해 보일 수 있다. 이는 특히 처음 문화지리에 '입문하려는' 사람들이 접근하기 어렵게 만들 수 있다. 이 책은 문화지리학 정의의 복잡성에 연연하기보다는, 문화지리학자가 연구하는 몇 가지 핵심 개념, 논의 및 주제에 초점을 맞추어 하위 학문을 연구하는 '방식'을 제공하려고 노력했다. 문화지리학을 정의하는 방법에 대한 불안감은 항상 그 배경에 있다(이는 1.3절과 1.4절에서 자세히 설명하고 있다). 하지만 이 책에서는 인문지리학자로서 저자들에게 매력적이고 중요하지만 독자에게는 덜 유용한 정의나 개념에 대한 불안감에 연연하기보다는, 문화지리학자가 잘하는 몇 가지, 즉 문화지리학이 좋은 이유 또는 문화지리학을 사랑할 수 있

는 이유에 주목하기로 결정했다.

그래서, 우리는 문화지리학을 사랑한다… 적어도 가끔은… 하지만 문화지리학이 무엇인가에 대해 설명하는 것은 어렵다. 이 책에서는 문화지리학에 대한 비판, '문화지리학'이 무엇이냐에 대한 불명확성과 불안감에도 불구하고, 문화지리학이 중요하고 유용하며 영감을 불어넣어 주는 학문이라는 것을 다음의 세 가지 이유를 바탕으로 제안하려 한다.

• 다양한 형태의 문화지리학은 여러 맥락에서 문화 실천과 정치의 지리학에 대한 풍부한 연구와 증거-기반 이론을 제공한다.
• 문화지리학은 특정한 맥락에서의 문화 대상, 미디어, 텍스트, 재현에 대한 지리적 중요성을 탐구하는 개념과 심층 연구의 주요한 자원을 제공한다.
• 문화지리학은 인문지리학에서 이론적으로 가장 모험적이고 개방적이며, 전위적인(avant-garde) 하위 학문 중 하나였으며, 지금도 계속되고 있다. 문화지리학자들의 작업을 통해 수많은 사회 문화 이론이 인문지리학이라는 더 넓은 분야에서 중요해졌다.

이 책은 책 구성의 기반으로서 위의 세 가지 요점을 활용할 것이다. 따라서 이 책은 다음과 같이 세 부분으로 구성된다.

• 1부-문화 과정과 정치. 1부에서는 문화 과정과 정치의 지리적 중요성을 탐구한다. 여기서는 문화 생산(2장)과 문화 소비(3장)의 핵심 개념에 주목할 것이며, 이 과정이 문화 공간, 집단, 정체성의 생산에서 얼마나 중요한지 탐구한다. 문화 생산이나 소비에 초점을 맞춘 경향이 있는 학술 연구가 종종 간과해온 것과는 달리, 이 책에서는 문화 생산과 소비가 어떻게 항상 상호 연관되어 있는지 설명하고자 한다.
• 2부-몇몇 문화지리학. 2부에서는 문화지리학자들이 연구한 현상의 몇 가지 사례를 탐구한다. 건축(4장), 경관(5장), 텍스트(6장), 수행의 형태(7장), 정체성(8장)에 관련된 지리적 연구를 소개한다.
• 3부-문화지리학자를 위한 핵심 개념. 3부는 사회 문화 이론의 핵심에 대한 지리학자들의 참여를 소개한다. 여기서는 일상성(9장), 물질성(10장), 감정과 정동(11장), 신체와 체현(12장), 공간과 장소(13장) 이론에서 문화지리의 중요성에 초점을 맞춘다.

위에서 언급한 내용을 통해, 이 책은 여러 맥락에서 연구하는 사람들의 연구에서 도출된 다양한 핵심 주제, 논의, 개념과 사례 연구를 소개한다. 이어지는 장을 읽다 보면 여러분은 과거와 현재, 문화지리학의 여러 전통 속에서 연구하고(1.4절), '문화'에 대한 다른 개념을 기반으로 연구하는(1.3절) 지리학자들의 작업을 마주하게 될 것이다. 여러분은 또한 문화지리학의 핵심 분야에 기여하는 많은 지리학자와 사회과학자들을 만나게 될 것이다. 비록 그들이 스스로를 '문화지리학자'라고 정의하지는 않지만 말이다. 다음 장들에서는 몇 가지 주요 이슈를 다루는 중요한 연구 경향에 초점을 맞추어 하위 학문 분야를 소개한다.

각 장이 여러분에게 연구에 뛰어드는 방법과 몇 가지 핵심 개념, 이해, 어휘 및 기법을 제공해 줄 수 있기를 바란다. 모든 장에는 Box 1.1에 제시된 도움 자료와 활동이 포함되어 있다.

1.3 '문화'의 다양한 의미

'문화지리학'에 대한 하나의 명확하고 단순하며 논쟁의 여지가 없는 정의로 시작할 수 있다면 모든 것이 좀 더 쉬워질 것이다. 하지만 이런 종류의 정의를 제시하는 것은 몇 가지 이유로 오해를 불러일으키거나 문제의 소지가 있다.

우선 '문화'라는 단어가 있다. '문화' 그리고

'문화적'이라고 하는 것은 여러 가지 의미가 있으며, 정확하게 파악하기 무척 어려운 개념이다. 문화는 매우 친숙하고, 널리 사용되고, 당연하게 여겨지는 단어 중 하나지만, 실제로 정의하는 것은 꽤 어렵다. 실제로 문화 이론가 레이먼드 윌리엄스(Raymond Williams)는 '문화(culture)'를 다음과 같이 설명한다(Williams, 1976: 87).

(문화는) 영어에서 가장 복잡한 두세 개의 단어 중 하나로… 부분적으로는 몇몇 유럽 언어의 복잡한 역사적 발전 때문이지만, 주요한 이유는 분명하게 구분되는 몇몇 지적 분야 그리고 양립할 수 없는 사고 체계의 중요한 개념으로 사용되기 때문이다.

Box 1.1

🌐 책의 도움 자료

여러분은 이 책을 읽으면서 여러 가지의 도움 자료를 만나게 될 것이다. 이 도움 자료는 여러분의 이해를 돕고, 각 장의 핵심 요소를 연결하는 것을 돕기 위해 고안되었다.

- 이 장을 읽기 전에-각 장은 몇 개의 질문이나 짧은 활동으로 시작한다. 여러분이 장을 본격적으로 시작하기 전에 이에 대해 잠깐 생각해 볼 것을 권한다. 이 자료는 각 장으로 들어가는 '길'을 제공하고, 일상생활에 뿌리를 두고 있는 관련 내용에 대해 생각해 보게 하기 위해 고안되었다.
- 사례 연구-각 장에는 주요한 사례 연구를 강조하거나, 주요 개념에 대해 집중적인 논의를 제공하는 글 상자가 포함되어 있다. 본문에도 언급되어 있지만 글 상자는 독립적인 간단한 사례로 활용될 수 있다. 이

책에서는 세계 각지의 일상 공간의 주요 개념을 기반으로 한 사례 연구를 선별했다.
- 연결하기-이 책에서 다루는 이슈의 상당수는 상호 연계되어 있다. 각 장에서 **굵은 글씨**를 활용해 다른 장의 관련 내용을 연결했다.
- 장 요약-각 장에서 다룬 내용 중 주요한 내용을 핵심 요약으로 마무리한다. 이를 활용해 각 장의 핵심 사항을 '이해'했는지 확인하라.
- 핵심 읽을거리-각 장의 마지막에는 주요 이슈에 대한 이해를 강화하고 확장하는 데 도움이 되는 주요 읽을거리를 안내한다. 각각의 글에 대한 간단한 '안내문'을 제공해 어떤 것이 유용한지 선택할 수 있도록 도와준다.

이 중 첫 번째를 설명하기 위해, 윌리엄스는 다양한 유럽의 문학작품과 기록 자료를 통해 '문화'라는 단어의 역사적 발전을 추적하려고 시도한다. 그는 '문화'가 하나의 안정적인 정의를 가진 적이 없다는 점을 보여준다. 오히려 '문화'라는 개념은 최소 1000년 이상에 걸쳐 여러 언어적 뿌리로부터 끊임없이 그리고 복잡하게 진화해 왔다. 이로 인해 '문화'라는 개념은 서로 다른 역사적, 지리적 맥락에 처해 있는 사람에 따라 매우 다른 의미를 지녀왔다. 가령 그는 18세기 이래로 영어에서는 '문화'에 대해 최소 네 가지의 광범위하고 때로는 중복되는 의미가 동시에 그리고 일반적으로 사용되어 왔다고 지적한다. 이 네 가지 의미의 '문화'는 사진 1.1에서 설명하고 있으며, 아래에 항목별로 설명하고 있다.

윌리엄스(1976)는 'culture'라는 단어의 네 가지 의미를 다음과 같이 밝히고 있다.

- "어떤 것, 기본적으로 작물이나 동물을 관리하는 것"이라는 문자 그대로 (약간 모호하고, 오래되고, 기술적인) 명사로서의 배양이라는 의미의 culture(p.87). 실험실에서 저장되고 재생산되는 '세균 배양', 실험실 환경에서 자란 동물 또는 식물 세포를 뜻하는 '조직 배양', 특정 작물의 수확량을 최대화하기 위한 일련의 기술의 집합이나 시스템, 공간을 뜻하는 '작물 배양' 그리고 '농업(agriculture)'과 '경작(cultivation)'과 같은 것들이 해당된다.
- "지적, 영적, 미적 발달의 일반적인 과정"을 설명하는 아이디어 혹은 이상으로서의 culture(p.91). '그녀는 매우 교양이 있다', '그들은 그다지

교양이 없다', '세련된 문명', '세련된 왼발잡이 축구선수'와 같은 것이 해당된다. 이런 의미의 'culture'는 누가, 그리고 무엇이 세련되고 교양 있는지에 대해 암묵적이지만 문제의 여지가 있는 가치 판단과 주로 관련된다는 점에 주목하라.
- 사람들을 분명하게 집단화하는 의미의 culture로, "사람, 시대, 집단, 또는 인류의 일반적이거나 특정한 생활양식(p.91)"을 의미한다. 여기에는 '이것이 나의 문화다', '영국 문화', '유럽 문화', '중세 문화', '팬 문화', '조직 문화', '동아프리카 문화', '원주민 문화'와 같은 것이 해당된다. 수많은 '문화들'이 있기 때문에 이런 의미의 'culture'는 주로 복수의 형태로 묘사된다는 점에 주목하라. 또한 이런 의미의 'culture'는 종종 누가 어떤 '문화'에 속하는지, 또는 속하지 않는지에 대한 암묵적이지만 문제의 여지가 있는 가정을 수반한다는 점에 주목하라.
- "지적이고 특히 예술적인 활동의 작품과 실천"을 뜻하는 culture(p.91). 여기에는 '문화재(cultural objects)', '고급문화', '교양 좀 쌓기 위해 갤러리에 간다', '문화부(Ministry of Culture)', '문화광(culture vulture)'*과 같은 것이 해당된다. 이런 의미의 'culture'는 어떤 종류의 '지적이고 예술적인 활동'이 '문화'라고 평가되는지에 대해 암묵적이지만 문제의 소지가 있는 가치 판단에 의존해 왔다. 수없이 많은 접두사가 이런 '문화'의 다른 형태 그리고 '보통의' 문화와의 차이점을 나타내기 위해 만들어졌다. 예로는

----

* 문화광(culture vulture)이란 정통 음악·미술·문학 등에 지대한 관심이 있는 사람들을 뜻하는 용어다.

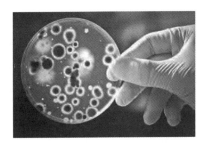

(a) '박테리아 배양(culture)'을 한 페트리 접시

(b) 아테네의 파르테논 신전: '세련된 문명'의 아이콘

(c) 영국 축구 팬들: '영국 문화'의 표현

(d) 발레: '고급 문화'의 사례

사진 1.1 'culture'라는 단어의 네 가지 용례
출처: (a) Williams, 1976: 87-93; (b) Alamy Images/Adam Crowley
(c) Shutterstock.com/Radio Kaflea; (d) Alamy Images/Alamy Celebrity

'저급 문화', '대중문화', '지역 문화', '민속 문화', '원주민 문화', '하위문화' 등이 있다.

'문화'에 대한 정의가 최소한 네 가지가 있었다는 것은 '문화지리학'이 당시 사용된 'cultural'의 의미에 따라 최소 네 가지의 다른 의미를 가질 수 있음을 시사한다! 그리고 실제로 다양한 시기에 여러 집단의 '문화지리학자들'이 어떻게 위에 나열된 'culture' 개념 중 하나 또는 여러 가지에 특히 몰두해 왔는지 추적할 수 있다(Cloke *et al.*, 2004: 139-141). 따라서 겉으로 보기에는 하나의 의미를 갖는 용어인 '문화지리학'이 실제로는 문화의 다양한 개념과 관련된 여러 분야의 지리적 작업을 포괄한다는 것이 분명해졌다.

다시 '문화'가 "영어에서 가장 복잡한 두 개 또는 세 개의 단어 중 하나"라는 윌리엄스의 주장으로 돌아가 보자. 인용문의 후반부에서 그는 '문화'라는 이미 복잡한 개념이 다양한 "지적 분야와…사고 체계"에서 사용되면서 더욱더 복잡해졌다고 언급한다. 이 점을 간략하게 설명하기 위해 윌리엄스는 1970년대 겉보기에 유사한 두 학문 분야의 학자들이 어떻게 자신의 연구에서 '문화'라는 단어를 특정한 전문 용어로 사용했는지에 주목했다. 즉, 유럽의 고고학자에게 '문화 연구'는 특정한 고고학 유적지의 중요한 인공물을 기록하는 것을 지칭하는 반면, (아마도 같은 대학에서 근무하는) 유럽의 역사학자에게 '문화 연구'란 상징, 인공물, 이미지의 역사적 중요성을 해석하는 것을 가리킨다. 각 학문 분야에서 '문화'라는 용어는 특정한 것을 의미하는 용어로서 채택되었다. 학문 분야마다 의미가 서로 다를 뿐만 아니라, '문화'라는 단어의 일상적인 사용에서도 차이가 나타났다(또는 매우 구체적이고 미묘하게 변형된 의미로 재현되었다).

월리엄스의 예시에서도 알 수 있듯이, '문화'에 대한 단일하고 통일된 학문적 정의나 이론은 없다. 반대로 특정한 학문 분야, 특히 지리적, 역사적 맥락의 매우 구체적인 측면을 지칭할 수 있는 '문화'에 관한 다양한 정의와 개념이 있다. 한 가지 추정치를 제시하자면, 크랭(Crang, 1998: 2)은 1950년대에 출판된 학술 문헌에서 '문화'에 대한 150개 이상의 서로 다른 구체적인 정의들을 찾아볼 수 있다고 주장했다. 어떤 것은 밀접하게 상호 연관되어 있고 어떤 것은 완전히 다른 수많은 형태의 '문화'에 직면하면서, 사람들은 다음과 같은 의문을 품을 수 있다. 문화지리학자들이 '문화'에 대해 얘기할 때 정확히 무엇을 이야기하고 있는 것인가?

앤더슨 등(Anderson et al., 2003a)은 이 질문에 대해 중요하고 유용한 성찰을 제공해 준다. 지난 세기 동안 문화지리학에서 중심이 되었던 주요 주제와 논쟁을 조사한 결과, 그들은 '문화'라는 용어가 지리학자가 다양하고 구체적인 '지리적 문제(geographical problems)'를 지칭하는 데 사용되어 왔다고 보았다. 즉 그들이 보기에 문화지리학은 '문화'라는 단일한 개념을 다루려고 노력해 왔던 적이 없으며, 오히려 문화지리학은 '문화'의 여러 측면과 형태와 관련된 이질적이고 '광범위한' 형태의 연구와 학문 분야를 포괄한다. 이런 다양성을 설명하기 위해, 그들은 과거와 현재의 '문화지리학자들'의 연구에서 발견할 수 있는 '문화'에 대한 다섯 가지 이해를 구분한다. 즉 앤더슨 등(Anderson et al., 2003a: 3-6)은 '문화'에 초점을 두고 연구를 하는 지리학자는 실제로 다음 중 하나 이상에 관심을 가질 수 있다고 주장한다.

- 사물의 분포로서의 문화: "가구와 옷처럼 일상적인 개인 물품에서부터⋯ 건물, 도로처럼 규모가 거대하고 공공적인 인공물에 이르기까지 문화적 인공물이 어떻게 그것을 생산한 사람들의 가치, 생계, 문화에 대한 신념 및 정체성과 연관되어 있는지⋯ [그리고 그들의] 사회적, 경제적, 정치적 역학."
- 생활양식으로서의 문화: "사람과 장소, 삶과 경관을 구성하는 일련의 실천들⋯ 사람들의 '생활양식'을 구성하는 가치, 신념, 언어, 의미와 실천."
- 의미로서의 문화: "경관은 어떻게 그리고 왜 개인적이고 문화적인 의미를 내포하게 되고, 새로운 의미를 창조하게 되는가."
- 실천으로서의 문화: "공연, 시위, 놀이와 같은 실천을 탐구함으로써, 전통적인 학문적 설명에서 '단순한' 일상으로 표현되는 세상의 풍요로움을 복원하려는 시도."
- 권력으로서의 문화: 모든 문화적 맥락에서 "공간, 장소 및 자연이 불공정하고, 불평등하고, 불균등한 권력 관계에 연루되고 구성되는 방식."

혹은, 다르게 말하면, 여러분이 읽고 있는 교재와 같은 특정한 문화 대상에 대해 다섯 가지 질문을 할 수 있다(그림 1.1 참조).

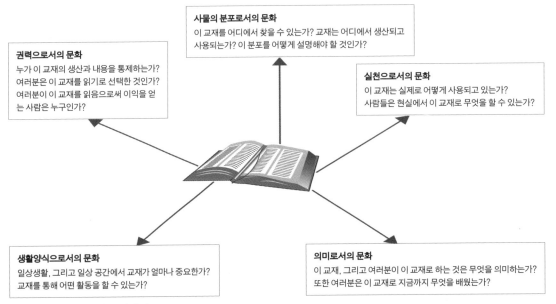

사물의 분포로서의 문화
이 교재를 어디에서 찾을 수 있는가? 교재는 어디에서 생산되고 사용되는가? 이 분포를 어떻게 설명해야 할 것인가?

권력으로서의 문화
누가 이 교재의 생산과 내용을 통제하는가? 여러분은 이 교재를 읽기로 선택한 것인가? 여러분이 이 교재를 읽음으로써 이익을 얻는 사람은 누구인가?

실천으로서의 문화
이 교재는 실제로 어떻게 사용되고 있는가? 사람들은 현실에서 이 교재로 무엇을 할 수 있는가?

생활양식으로서의 문화
일상생활, 그리고 일상 공간에서 교재가 얼마나 중요한가? 교재를 통해 어떤 활동을 할 수 있는가?

의미로서의 문화
이 교재, 그리고 여러분이 이 교재로 하는 것은 무엇을 의미하는가? 또한 여러분은 이 교재로 지금까지 무엇을 배웠는가?

그림 1.1 교재에 대한 다섯 가지 질문

출처: *Handbook of Cultural Geography*, 1, Sage, London (Anderson, K., Domosh, M., Pile, S. and Thrift, N. (eds) 2002) pp 1-6, Dec 24, 2002.

앤더슨 등(Anderson *et al.*, 2003a)은 문화지리 연구에서 발견할 수 있는 '문화'에 대한 다섯 가지의 구체적이고 독특한 개념을 정확하게 찾아냈다. 그리고 실제로 이 책에서 다루는 여러 사례 연구에서도 위의 개념들이 반복되는 것을 확인할 수 있다. 더 나아가 이들은 문화지리학이 위에 나열된 '문화' 개념(및 '문화'의 새로운 개념)과 관련된 새로운 질문이 끊임없이 나타나고 상호 연관되는, 개방적이고, 생동감 있고, 끊임없이 펼쳐지는 지적 지형으로 이해되어야 한다고 강조한다.

1.4 '문화지리학'의 다양한 버전

요약하자면, 이 책은 다음에 주목했다. (ⅰ) '문화'의 개념은 악명 높을 정도로 복잡하다. (ⅱ) '문화'에 대한 다수의, 매우 구체적이고 독특한 개념들

은 문화지리 연구의 중심이었다. 문제를 더욱 복잡하게 만드는 것은 '문화지리학'이라는 용어 자체가 각각의 사람들에게 꽤나 다른 의미로 받아들여진다는 것이다. 이것이 현재 진행형이라는 사실을 인식하는 게 중요하다. 가령 Box 1.2를 생각해 보자. 여기에서는 다른 맥락에서 쓰인 '문화지리학'의 몇 가지 정의를 대조해 보았다. 책을 계속 읽어나가기 전에 이 다양한 정의를 살펴보자. 그리고 주지할 것은, 이 책에서는 다양한 정의 중 어느 것이 확실히 옳거나 그르다고 제안하려는 게 아니라는 점이다. 오히려 '문화지리학'이라는 용어가 얼마나 다양한 의미를 갖는지 그리고 어떻게 지속적으로 (재)정의되고 논쟁을 불러일으키는지에 대한 인상을 전달하고자 한다.

Box 1.2의 인용문들은 문화지리학의 몇 가지 특징을 제시한다. 첫째, 사람마다 문화지리학의 의미가 다르게 받아들여졌다는 것 그리고 이것이

계속되고 있음은 분명하다. 가령, 사우어(Sauer)의 인용문은 맥도웰(Mcdowell)의 인용문과는 상당히 다르다. 이 절에서 개략적으로 설명하고 있는 것처럼 단일한 문화지리학이란 없다. 오히려 문화지리학 연구의 다양한 버전과 전통이 공존하고 중첩되어 있다는 관점에서 생각해야 한다. 둘째, 몇몇 인용문은 문화지리학의 과거 연구 또는 다른 연구를 비판적으로 성찰하고 있으며, 문화지리 연구의 변화나 발전을 암묵적으로 요구한다는 점에 주목할 수 있다. 가령, 문화지리학자들이 '이론에 대한 혐오(aversion of theory)'를 극복하기 시작했다는 잭슨(Jackson)의 만족감을 보자. 앞으로 설명하는 것처럼, 문화지리학은 시간이 지남에 따라 내부 비판과 논쟁의 과정을 거쳐 발전하고 변화해 왔다. 셋째, 슈머-스미스(Shurmer-Smith)와 해넘(Hannam)이 문화지리학을 '수많은 가능성을 갖고 있는' 분야로 표현한 것은 문화지리학이 흥미롭고, 어쩌면 두려울 정도로 끊임없는 변

Box 1.2

 '문화지리학은…'

각기 다른 시기와 장소에서 쓰인 '문화지리학'에 대한 아래의 정의들을 생각해 보자. 아래의 인용문을 다음에 설명하는 문화지리학의 여섯 가지 버전과 연관시켜 보자.

문화지리학은… 지표면에 새겨진 인간의 작품에 관한 것이며, 이는 지표상의 특징적인 표현을 제공한다.
－Sauer, 1962[1931]: 32

문화지리학은 현재 인문지리학을 다시 생각하는 데서 좀 더 중심적인 위치를 차지하기 시작했다. 문화지리학자들은 이제 이론에 대한 혐오를 확고하게 극복하고, 다양하고 새로운 아이디어와 접근법을 실험하고 있다.
－Jackson, 1989: 1

문화지리학은 현재 지리학 연구에서 가장 흥미로운 분야 중 하나다. (문화지리학은) 일상적인 사물에 대한 분석, 예술이나 영화에서의 자연에 대한 관점, 경관의 의미에 대한 연구, 장소에 기반한 정체성의 사회적 구성에 이르기까지 수많은 문제를 다루고 있다.
－Mcdowell, 1994: 146

문화지리학은 최근 매우 흥미진진한 단계에 있으며, 많은 사람들은 문화지리학이 인문지리학뿐만 아니라 모든 지리학이 구성되는 방식의 첨단에 있다고 믿고 있다. … 문화지리학은 현재 수많은 가능성을 갖고 있으며… 이제 막 그 가능성의 표면을 건드리기 시작했을 뿐이다.
－Shurmer-Smith and Hannam, 1994: 215-216

[문화지리학은] "불안정한 이론적 사변과 서술적인 스토리텔링… 말랑말랑한 질적 연구… 이류의 철학적 사고"[의 예다](Openshaw, 1991: 623); 연구에 대한 "캐서린 쿡슨 접근법*
－Openshaw, 1996: 761

이제 문화지리학이 의제라고 말할 수 있지만, 이는 명확한 초점이 없는 의제다. 문화지리학은… 수백만 가지의 새로운 방향으로 달려 나갔다. … [문화지리학은] 이제는 '사실상 모든 곳'에 있다.
－Mitchell, 2000: xiv

[우리는] 문화지리학에 대한 연구와 저술의 깊이, 범위를 전할 수 없다. …실제로 최근 문화지리학의 발전은 인문지리학을 모두 포괄할 것임을 암시한다고 주장하는 저자도 있다.
－Lanegran, 2007: 181

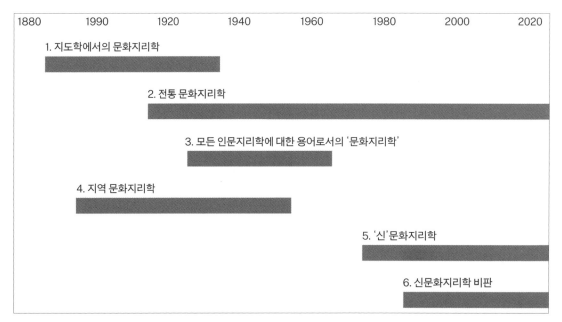

그림 1.2 '문화지리학'의 여러 버전들: 대략적인 타임라인

화와 갱신의 과정을 경험하고 있는 하위 학문 분야임을 암시한다. 넷째, (GIS 전문가인) 오픈쇼(Openshaw)의 강력한 논평은 문화지리학이 '말랑말랑한' 연구와 '이류의 철학적 사고'라는 인식 때문에, 특히 다른 지리학자에 의해, 얼마나 자주 논란이 되고 또 많은 비방을 받아왔는지 보여준다. 다섯째, 미첼(Mitchell)과 레인그런(Lanegran)의 인용문을 통해 문화지리학은 이제 놀라울 정도로 광범위한(사실상 모든 곳에 있는) 의제(agenda)로 특징지어지고 있다는 것이 분명해졌다.

문화지리학이 포괄하고 있는 놀라울 정도로 다양한 연구 범위를 파악하기 위해서는 지리학 연구와 학문의 몇 가지 주요 전통을 이해하는 것이 유용하다. 지난 세기를 돌아보면, 문화지리학에서 중요하고 다양한 여섯 가지 '버전'을 식별할 수 있으며, 이 중 네 가지는 21세기에도 수많은 문화지리학자들에게 영향을 끼치고 있다. 문화지리학의 여섯 가지 버전은 그림 1.2의 타임라인에 나와 있으며, 다음 절에 그 내용이 요약되어 있다.

버전 1: 지도학에서의 문화지리학 (북미, 1890-1930)

20세기 초반 미국 지질조사국(USGS, United States Geological Survey)이 제작한 북미 군사지도 및 지형도에서 '문화지리학'은 "자연에서의 땅과 물의 형태와는 대조적인 '인간의 작품'을 지정하는 것이라는 상징의 층위를 묘사하기 위한 전문 용어

* 오픈쇼(Openshaw)는 학술지 『*Environmental and Planning A*』의 28권 Commentary에서 다음과 같이 캐서린 쿡슨 접근법에 대해 언급했다. "수리 과학적인 인문지리학자들은 비−수리 과학적 인문지리학자들이 검증할 수 없는 쓰레기 같은 이야기를 만들어낸다고 쉽게 비웃을 수 있다: 즉, 증거들의 조각에 맞춰 그럴듯하고 지식이 풍부한 지리적 동화(geographical fairy-tale)를 재구성하는 소위 '캐서린 쿡슨' 접근법이라고 말이다(Openshaw, 1996: 761).

로 사용되었다. 지도에서 '문화'는 자연과 비교했을 때 검은색으로 인쇄되어 있으며, 고도는 갈색으로… 물과 관련된 것은 파란색으로 표현되어 있다"(Platt, 1962: 35). 하지만 이 책에서는 '문화지리학'이라는 용어를 이런 의미로 사용하지 않을 것이다.

버전 2: 전통 문화지리학 (북미, 1925-현재)

핵심 읽을거리: 사우어(1925), 와그너와 마이크셀(Wagner and Mikesell, 1962), 데네반과 매튜슨(Denevan and Mathewson, 2009)

북미 인문지리학의 주요 분야로, 이른바 '버클리 학파'라고 불리는 캘리포니아대학교 버클리의 칼 사우어(Karl Sauer, 1889-1975; 논란의 여지 없이 20세기 가장 영향력 있는 미국 지리학자)와 그의 동료, 제자들이 개척했다. 이들은 경관 상에 "남은 인간의 작품(Sauer, 1925: 38)"을 지도화하고자 했으며, "인간이 자연환경을 개조할 수 있는 능력(Sauer, 1956: 49)"을 연대기로 기록하고자 했다. 이 문화지리학의 다섯 가지 주요한 '구성 요소'의 개요는 그림 1.3에 나와 있으며, 아래의 논의에서 살펴볼 것이다.

그림 1.3에서 알 수 있듯, 전통 문화지리학은 인간의 활동이 경관에 끼치는 영향을 지도화하는 특별한 접근법으로 이해할 수 있다. 사우어의 가장 유명한 저서『경관의 형태학(*Morphology of Landscape*)』(1925)은 문화지리학자에게 일종의 개념적이고 방법론적인 본보기를 제시했고, 이는 최소 60년간 많은 (특히 북미) 문화지리학자의 연구 방향과 관심사를 형성하는 데 영향을 끼쳤다.『경관의 형태학』에서 가장 널리 인용된 구절에서 사우어는 문화지리학자는 다음과 같은 내용을 지도화하는 작업에 포함해야 한다고 주장했다(Sauer, 1925: 46).

문화 경관(cultural landscape)은 자연 경관(natural landscape)을 바탕으로 문화 집단에 의해 형성된다. 문화는 작인(agent)이며, 자연 지역은 매개(medium)이고, 문화 경관은 결과다. 경관은 시간의 흐름에 따라 그 자체로 변화하는 문화의 영향을 받아 발전을 거듭하며, 여러 단계를 거쳐 그 발전 주기의 끝에 이르게 된다. 또 다른 것, 즉 문화가 외래적으로 유입되면서 자연 경관의 재생이 시작되거나, 새로운 경관이 기존의 잔재 위에 포개진다. 물론 자연 경관은 문화 경관을 형성하는 원재료를 공급하기 때문에 중요하다. 그러나 형성하는 힘은

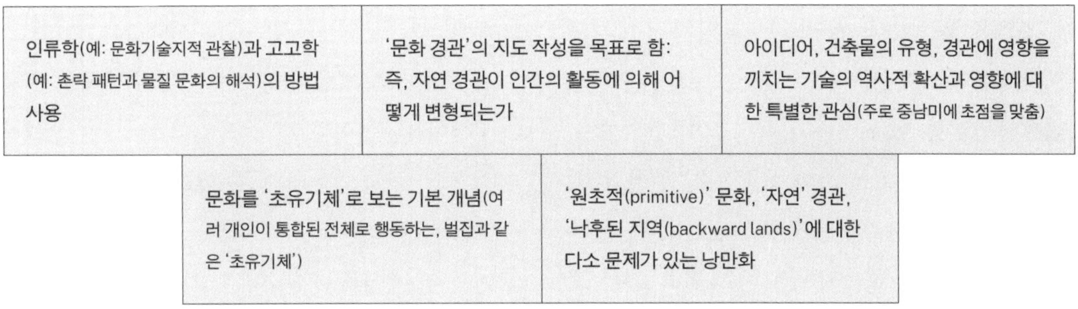

인류학(예: 문화기술지적 관찰)과 고고학(예: 촌락 패턴과 물질 문화의 해석)의 방법 사용	'문화 경관'의 지도 작성을 목표로 함: 즉, 자연 경관이 인간의 활동에 의해 어떻게 변형되는가	아이디어, 건축물의 유형, 경관에 영향을 끼치는 기술의 역사적 확산과 영향에 대한 특별한 관심(주로 중남미에 초점을 맞춤)
문화를 '초유기체'로 보는 기본 개념(여러 개인이 통합된 전체로 행동하는, 벌집과 같은 '초유기체')	'원초적(primitive)' 문화, '자연' 경관, '낙후된 지역(backward lands)'에 대한 다소 문제가 있는 낭만화	

그림 1.3 전통 문화지리학의 다섯 가지 구성 요소

문화 그 자체에 있다.

따라서 위와 같은 형태의 문화지리학은 지질학, 기후, 수문학, 화학, 풍화, 침식, 식생 등에 의해 형성되는 '자연 경관'이 다양한 '문화'에 의해 변화되어 왔고, 그 결과 어떻게 다양하고 연속적인 '문화 경관'이 만들어졌는지 기록하고자 했다.

인간의 작품이 문화 경관에서 나타나는 것처럼 말이다. 문화의 승계와 함께 경관의 승계가 있을 수 있다. 그것들은 각각의 경우 자연 경관에서 파생되는데, 인간은 수정의 뚜렷한 작인으로서 자연 속에서 자신의 위치를 표현한다. (p.43)

실제로 사우어는 특정 장소에서 '문화 경관'의 발달을 해석하기 위해 인류학(예: '전통적' 및 '언어적' 문화 실천에 대한 문화기술지 관찰, 물질 문화의 대상에 관한 해석)과 고고학(예: 경관 형태학에서의 촌락 패턴 및 흔적의 해석)에서 파생된 방법의 사용을 개척하고 옹호했다(Sauer, 1925). 사우어와 그의 동료, 제자 및 추종자들은 다양한 맥락에서 '자연' 경관에서 '문화' 경관으로의 전환에 대한 수많은 연구를 수행해 위와 같은 방법을 개발했으며, 보통 유럽의 식민 지배를 받기 전 라틴 아메리카에 초점을 맞추었다. 가령, 버클리학파의 구성원은 특정한 역사적 맥락에서 건물의 유형, 촌락 형성과 인구 이동(Sauer, 1934), 특정 아이디어(예: 불의 사용; Sauer, 1950 참조)와 기술 혁신의 전파(예: 작물 재배와 가축화와 관련된 것; Sauer, 1965 참조)가 경관에 끼치는 영향에 대해 조사했다. 이를 통해 그들은 현재에도 영향력이 있고 여전히 지리

학 연구에 영향을 끼치는 몇 가지 개념을 개발했다. 여기에는 특정한 사상, 기술, 규범 및 인공물의 형태가 기원하는 장소인 '문화 기원지(cultural hearths)', 인공물, 아이디어, 기술 및 규범이 어떻게 문화 기원지에서 퍼져나가고 전달되는지와 시간이 지남에 따라 어떻게 이곳에서 저곳으로 전달되는지에 관한 '문화 전파(cultural diffusion)', 특정한 시점에 구별 가능한 '문화'를 공유하는 독특한 영역을 뜻하는 '문화 영역(cultural area)' 또는 '문화 지역(cultural region)'이라는 개념이 포함된다. 이러한 연구와 개념은 문화 자체를 일종의 '초유기체(superorganic thing)'로 바라보는 관념으로 통합되는 경향이 있었고, 이는 사우어의 제자 중 한 사람이 다음의 인용문에서 깔끔하게 설명했다.

우리는 문화를 설명하고 있는 것이지, 문화에 참여하는 개인을 설명하고 있는 것이 아니다. 분명 문화는 그것을 구체화하는 신체와 정신이 없으면 존재할 수 없다. 그러나 문화는 여기에 참여하는 구성원에게 소속된 것이자 그 모두를 넘어서는 것이기도 하다. 문화의 총체는 부분의 합보다 명백하게 더 크다. 왜냐하면 문화는 초유기체적이고(즉 개미집이나 벌집과 같은 '초유기체'처럼, 집단의 실체는 그 자체로 하나의 '것'), (개인의 집합 이상이자 어떤 개인보다 큰) 초개인적(supra-individual)이며, 그 자체로 구조, 일련의 프로세스 및 추진력을 가진 실체이기 때문이다.

-Zelinsky, 1973: 40-41

거의 한 세기가 지났음에도 불구하고 사우어의 문화 경관에 대한 설명은 여전히 우아하고 시사하

는 바가 크며, 버클리학파의 연구는 역사적, 지리적 패턴의 상세한 이론화 측면에서 여전히 매력적이다. 실제로 버클리학파의 문화지리학은 (특히 북미) 지리학에서 여전히 중요하다. 이러한 형태의 문화지리 연구는 이 책 전체에 걸쳐 있지만, 특히 4장과 5장을 참조하라. 그러나 버클리학파의 문화지리학은 앞의 인용문에서 서술한 '초유기체'로서의 문화 개념 때문에 중대한 비판의 대상이 되었다는 점을 유의해야 한다. 이 비판에 관한 논의는 아래의 버전 5를 참조하라.

버전 3: 모든 인문지리학에 대한 용어로서의 '문화지리학' (북미, 1930-1970)

북미에서는 '전통' 문화지리학이 지배적이어서 '문화지리학'이 모든 인문지리학을 지칭하는 데 사용되는 것이 어느 정도 일반화되었다. '문화지리학'은 20세기 중반 수십 년 동안 북미의 교재와 강좌, 대학 학과/교수직 이름에서 위와 같은 의미로 자주 사용되었다. 이 책에서는 '문화지리학'이라는 용어를 이런 의미로 사용하지 않을 것이지만, 일부 출처(특히 비학술 텍스트 및 온라인 텍스트)의 경우에는 이런 의미로 사용될 수 있다는 점을

주지할 필요가 있다.

버전 4: 지역 문화지리학 (유럽 대륙, 1900-1960)

핵심 읽을거리: 비달 드 라 블라슈(Vidal de la Blache, 1908, 1926), 소르(Sorre, 1962[1948])

20세기 전반 유럽의 지역 역사학자와 지리학자가 행했던 다양한 연구는 문화지리학의 핵심이자 초기 형태로 묘사된다. 특히 주목할 만한 것은 소위 '프랑스 지리학의 아버지'라고 불리는 폴 비달 드 라 블라슈(Paul Vidal de la Blache, 1845-1918)와 제자들 그리고 파리 대학 동료의 연구이다. 그들의 연구는 *paysan*, *paysage*, *pays*, 즉 사람(또는 소농(peasant)이나 민중(folks)), 경관, 지역 사이에 존재하는 복잡하고 친밀하며 상호적인 관계에 초점을 맞추고 있다(Vidal de la Blache, 1913; Gregory, 2009). 지역 문화지리학의 다섯 가지 주요 구성 요소는 그림 1.4에 요약되어 있고, 아래의 논의에서 탐구할 것이다.

그림 1.4에서 알 수 있듯 지역 문화지리학은 경관, 지역 그리고 그곳에서 사는 민중의 생활양식 간의 연결을 탐구하는 것과 관련한 일련의 접근법이었다. 비달 드 라 블라슈는 "인간은 자신의 작

'보통' 사람들의 문화, 삶과 지리를 '발견'하기 위해 고고학 및 아카이브 연구 방법을 사용함	*paysan*, *paysage*, *pays* (인간, 경관, 지역) 간의 연결을 이해하는 것을 목적으로 함	산업화 이전 소농과 농업 공동체의 지리 및 생활양식에 대한 특별한 관심(주로 프랑스 지역에 초점)
genre de vie (생활양식) 개념: 특정 집단의 경관 속에서 나타나는 습관적인 생활양식과 문화 실천	소농, 민속 문화 그리고 지역 정체성을 '겸손한', '진정한' 등으로 표현하는 것에 대한 다소 문제가 있는 낭만화	

그림 1.4 지역 문화지리학의 다섯 가지 구성 요소

품을 통해 경관을 수정하고 인간화하지만 인간 또한 경관에 의해 만들어지고, 경관의 일부가 된다"(Vidal de la Blache, 1908: 6)고 말하면서, *pay-san*, *paysage*, *pays*가 상호 지속적인 관계 속에서 항상 복잡하고 친밀하게 "뒤얽히고", "결합되고", "연결되어" 있다는 것을 관찰했다. 비록 비달 드 라 블라슈는 자신을 '문화지리학자'라고 칭하지 않는 경향이 있었지만, 그의 연구는 문화 집단과 경관 사이의 상호작용에 대한 상대적으로 정교한 이해, 즉 버클리학파의 '문화 경관'보다 더 정교한 이해로 유명해졌다.

비달에 따르면, 자연 현상과 문화 현상의 경계를 긋는 것은 불합리하며, 이 둘은 하나로 통합되어 분리될 수 없는 것으로 간주되어야 한다… 예를 들어 19세기 프랑스의 동식물의 삶은 수 세기 동안 인간이 거주하지 않았던 곳과는 상당히 달랐다… 각각의 공동체는 그 지역의 일반적인 자연 조건에 적응하고, 적응의 결과는 수 세기 동안의 발전을 반영할 수도 있다. 즉 각각의 작은 공동체는 다른 곳, 심지어 자연 조건이 거의 동일한 곳에서도 다른 장소에서는 발견할 수 없는 특성을 가지고 있다. 시간이 흐르면서 인간과 자연은 달팽이가 껍질에 적응하듯 서로 적응해 나간다. 사실, 그 관계는… 너무도 친밀해져서 인간이 자연에 끼치는 영향과 자연이 인간에게 끼치는 영향을 구별하는 것이 불가능해진다.

-Holt-Jensen, 2009: 68

비달 드 라 블라슈는 특정한 경관에서 특정 문화 집단을 특징짓는 일련의 습관적인 행동, 문화

적 형태 및 사회적 상호작용을 설명하기 위해 *un genre de vie*('생활양식(a way of life)')라는 용어를 사용했다. 비달 드 라 블라슈와 그의 추종자들에게 *genre de vie*는 세 가지 주요 특징을 갖고 있었다. 첫째, 모든 *genre de vie*는 "개성, 사회적 지위, 직업적 관습, 집단의 습관에 따라 결정되는 개인의 행동", 로컬 및 지역 경관의 "분위기"와 구체적인 특징, "가시적인 물질 요소… 비물질 또는 정신적 요소 그리고… 물론… 사회적 요소"를 포괄하는 복잡하고 이질적이며 상호 연관된 특징으로 구성된다(Sorre, 1962[1948]: 411, 400). 둘째, 각각의 *genre de vie*는 독특하고 로컬적인 특징을 갖고 있다. 위에서 제시한 홀트-젠슨(Holt-Jensen)의 인용문에서 지적한 것처럼, 이는 다른 곳, 심지어 매우 유사해 보이는 장소에서도 다른 장소에서는 볼 수 없는 독특한 특징을 갖고 있다. 더 나아가 *genre de vie*는 영구적이지 않으며, 변할 수 있다.

기술의 집합체(assemblages of techniques)로서 *genre de vie*는 인간 집단이 자연환경에 적응하는 모습을 적극적으로 표현한 것이다. 적응의 안정성과 전문성은 *genre de vie*의 전문성, 안정성, 내구성에 의해 좌우되며, 전자의 로컬적 변화는 후자의 변주(variations)로 표현된다.

-Sorre, 1962[1948]: 401

셋째, 문제가 되는 것은 이전의 유럽의 지리학자와 역사지리학자들이 *genre de vie*의 중요성을 간과했다는 것이다. 비달 드 라 블라슈는 다음과 같이 주장했다(Vidal de la Blache, 1908: 4).

과거 지리학자들은 가장 큰 도시, 항구, 정부의 중심지의 입지를 설명하는 데 관심을 가졌다. 그들은 마을이라든지 좀 더 소박한 형태의 집단에 대해 관심을 가질 생각조차 하지 않았다.

실제로 비달 드 라 블라슈는 독특한 *genre de vie*를 가진, 지리적으로 제한된 지역에 초점을 맞춘 연구를 옹호했다. 그의 연구는 프랑스의 여러 지역에 있는 산업화 이전의 소농과 농업 공동체의 *genre de vie*를 탐구하고 산업화와 떠오르는 통신기술이 독특한 문화와 경관에 끼치는 영향을 추적하고자 했다. 그의 업적은 수많은 동시대 유럽 대륙의 역사학자와 지리학자 사이에서, 유럽 여러 지역의 '보통' 사람과 문화의 로컬 및 지역 지리와 역사를 조사하는 좀 더 넓은 방향으로의 전환의 선구적 사례로 이해되어야 한다. 특히 주목할 만한 것은, 1929년 『경제와 사회사의 연보(*Annales d'Historie Economique et Sociale*)』 학술지의 창간을 중심으로 명명된, 이른바 '아날 학파(Annales School)'라고 불린 역사학자들이었다. 홀트-젠슨이 설명했듯이, 아날 학파는 다음을 목표로 했다 (Holt-Jensen, 2009: 67).

아날 학파는 정치적 사건, 군사 대립, 왕, 황제, 장관들의 삶을 강조한 문헌 연구에 기초해 역사를 되짚어보는 전통적인 방법을 통해서가 아니라, 고고학과 다른 물적 증거, 개인 아카이브와 같은 방법을 통해 일반인의 역사에 집중함으로써 역사학을 개혁하는 것을 목표로 했다. 아날 학파의 '새로운' 역사는 하층민의 운명, 그들이 조직된 방식 그리고 그들이 농사를 짓거나 도구와 다른 인공물을 만드는 데 사용한 기술을 발견하는 것 등을 추구했다.

비달 드 라 블라슈와 아날 학파의 연구는 프랑스의 도시, 벨기에, 폴란드 및 지중해를 포함한 유럽의 다양한 지역의 독특한 지리와 *genre de vie*를 탐구하는 상당한 규모의 지리학 및 역사학 연구를 촉발시켰다(Braudel and Reynolds, 1975[1948]). 이러한 연구의 대부분은 여전히 (주로 유럽) 지리학과 역사학에 영향력을 발휘하고 있다. 4장과 5장에서 이런 맥락의 연구에 대한 추가적인 논의를 할 것이다.

버전 5: '신'문화지리학 (영국, 1985-현재)

핵심 읽을거리: 잭슨(Jackson, 1989), 파일로(Philo, 1991a), 맥도웰(Mcdowell, 1994)

영국의 인문지리학자들은 1980년대와 1990년대 '문화적 전환(cultural turn)'을 통해 그리고 그 결과로 그들의 연구가 어떻게 발전해 왔는지 설명하기 위해 '신'문화지리학(*new* cultural geography)이라는 용어를 만들었다. 그림 1.5는 문화적 전환의 몇 가지 주요 요소를 보여준다. 문화적 전환에 대한 자세한 내용은 Box 1.3을 참조하거나 이 '신'문화지리학에 대한 소개글을 계속해서 읽어보면 된다.

그림 1.5와 Box 1.3에 제시된 문화적 전환이라는 용어는 다소 추상적이고 모호하게 느껴질 수 있으므로, 신문화지리학이 실제로 어떻게 전개되었는지 살펴보려 한다. 실제로 1988년부터 1991년 사이 영국 대학에서 사회 문제에 대한 지리학연구의 현 상황과 미래를 비판적으로 성찰한 일련

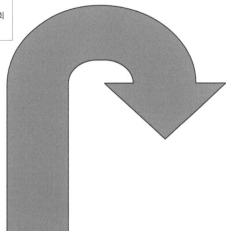

개인의 일상 경험과 지리에 대한 제한적 이해를 야기하는 계량적 연구 방법에 대한 비판

문화를 하찮은 것으로 취급하는 경향이 있었던 마르크스주의 사회 이론에 대한 비판

많은 지리학자들이 새로운 아이디어와 방법을 모색했고, 문화 연구, 페미니스트, 포스트식민 이론가들의 연구를 탐구하기 시작함

영국과 미국의 대처-레이건 시대의 보수적인 사회 정치적 맥락에 대한 분노로, 많은 지리학자들이 정치화된 사회운동에 영감을 받아 활동했음

자본주의 경제의 주요한 사회 문화적 변화를 이해할 필요성

그림 1.5 '문화적 전환'의 다섯 가지 핵심 구성 요소

 문화적 전환

문화적 전환은

1980년대 중반부터 발생한 일련의 지적 변화에 대한 포괄적인 설명이다. 이는 지리학에만 국한되는 것이 아니라, 인문학, 사회과학 전반에 걸쳐 영향을 끼쳤으며, 심지어 자연과학계 내부의 논쟁에도 영향을 끼쳤다.
－Goodwin, 2004: 69-70

'문화적 전환'이라는 문구는 깔끔하고, 단일하며, 명확한 방향 전환, 즉 문화로의 전환을 시사하지만, 이는 오해의 소지가 있다. '문화적 전환'은 사실 때로는 서로 얽혀 있는 복잡한 일련의 활동으로 구성되었으며, 학자들은 이전에는 간과되었던 이슈와 질문에 더욱더 민감해졌다(Johnston, 1997: 271). '문화적 전환'의 몇 가지 핵심 요소는 다음과 같다.

• 1980년대와 90년대, 많은 사회과학자들은 현대 자본주의 경제의 새롭고 중대한 사회 문화적 변화를 연구하기 시작했다. 지속적인 경제적, 정치적 구조 조정의 과정으로 인한 전통적인 형태의 정체성(예: 종교, 계급 또는 성원권 자격과 관련한)의 분열과 쇠퇴, 문화, 창조, 엔터테인먼트 산업의 경제적 중요성 증가, 일상생활에서 대중, 대량 생산, 대량 판매, 전자 매체와 상품의 중요성 증가, 세계화된 브랜드와 상품의 보급 증가 그리고 이러한 경향에 저항하고, 이를 비판하고 전복하고자 하는 매우 다양한 사람을 한데 모은 새로운 형태의 정치화된 행동주의의 출현을 포함한 새로운 정체성과 생활양식의 출현(Jackson, 1989; Anderson and Gale, 1999). 이 모든 것을 이해하기 위해서는 새로운 연구 방향과 정체성, 생활양식, '문화 정치'에 관한 새로운 개념이 필요하다는 주장이 대두되었다.

- 1960년대 후반부터 점차 많은 학자들이 여성의 권리, 동성애 권리, 반인종차별주의 운동과 같은 정치화된 사회운동에 적극적으로 참여하거나 이에 영감을 받았다. 활동가들은 개별적으로나 집단적으로 사회적 배제를 영속시키고 문화적 '주류'로부터 '대안적인' 관점을 소외시키는 '문화 규범'과 미디어의 재현 역할에 주목했다. 1980년대 영국과 미국의 우익 정부인 대처와 레이건 행정부로 특징지을 수 있는 '우울한 정치 풍토'에 대한 분노가 이러한 비판에 기름을 부었다. 왜냐하면 보수주의 문화 규범은 특히나 주류 미디어에서 흔한 것이었고, 페미니스트, 동성애 권리 그리고 반인종차별주의 운동가는 현대 대중문화의 많은 부분에서 상당히 적대적으로 받아들여지거나 소외되었기 때문이다(Jackson, 1989: 7-8).
- 사회학과 인문지리학 같은 학문 분야에서는 1970년대 큰 영향력을 발휘했던 마르크스주의 사회 이론에 대한 비판이 커지고 있었다. 요컨대, 마르크스주의 이론은 문화를 하찮은 것으로 취급하고, 사회 내 개인의 행동과 행위 주체성(agency)에 거의 관심을 기울이지 않았으며, 사회 계급에만 초점을 맞추어 다른 형태의 사회적 차이를 배제했다는 비판을 받았다. 마르크스주의 사회 이론은 이런 문제를 더 잘 해결할 수 있는 새로운 개념으로 확장되고, 새로워질 필요가 있다고 주장했다. 더 나아가 마르크스주의 접근 방식을 비판하는 사람들은 현대 사회에서 문화의 중요성에 대한 마르크스주의 학자의 제한된 탐구로부터 벗어나 새로운 노선의 사회학, 지리학 연구 방향으로 나아갈 것을 요구했다.
- 1960년대와 70년대 인문지리학 등 유사 학문 분야에서는 연구와 관련해 계량적 접근 방식이 지배적이었다. 즉, 연구 문제는 종종 과학적 가설 검증, 통계 기법, 대규모의 데이터 세트에 대한 컴퓨터 분석을 통해 접근했다. 그 후 비평가들은 계량적 접근 방식은 개인의 동기와 일상지리의 복잡하고 세밀한 사항을 이해하는 능력이 부족한 경우가 많다고 주장했다. 이들 비평가 집단은 지리적 문제에 대해 좀 더 심층적이고 질적인 이해를 제공할 수 있는 새로운 연구 방법과 접근법을 개발하려 했다.
- 앞서 설명한 논쟁과 역사적인 변화의 맥락 속에서, 많은 사회과학자들은 연구에 대한 새로운 접근법을 개발하고 위에 나열한 개념적, 방법론적 문제를 해결하기 위해 새로운 아이디어와 방법을 모색했다. 이는 다른 학문 분야의 개념과 문헌을 탐구하는 과정을 수반했다. 가령 많은 인문지리학자들에게 문화 연구, 경관 연구, 문학 이론의 아이디어 탐구가 중요해졌다. 따라서 지리학에서의 문화적 전환은 인문지리학자들이 학문 분야의 전통적인 경계를 넘어 흥미롭고 풍부한 아이디어에 관여하기 시작한 시기라고 이해할 수 있다.

의 토론과 회의가 지리학에서의 문화적 전환과 신문화지리학 발전의 중심으로 여겨지는 경우가 많다(Philo, 1991a; 2000 참조). 이러한 논쟁은 "'문화적인 것(the cultural)', 즉 인간 공동체의 집합적인 이성과 감성에 존재하는 가치와 이상, 신념의 '끈끈함(glue)'으로서의 문화"의 지리적 중요성을 탐구했다(Philo, 1991b: 1). 여기서는 복잡하고 문화적인 '끈끈함'에 대한 이해가 인문지리학자, 심지어는 전통적인 의미의 '문화지리학자'(버전 2)로 추정되는 사람의 연구에서조차 이상할 정도로 결여되어 왔다고 주장되었다. 따라서 '신문화지리학'은 지리적 문제와 관련해 '문화적인 것'의 중요성을 이해하려고 한 지리학자들(초기에는 주로 영국 지리학자들)의 연구를 설명하는 데 사용된다. 이 버전의 문화지리학의 주요 구성 요소는 그림 1.6에 요약되어 있다.

신문화지리학자들은 때때로 다른 지리학자로부터 의심의 눈초리를 받기도 했다. 그들은 정말

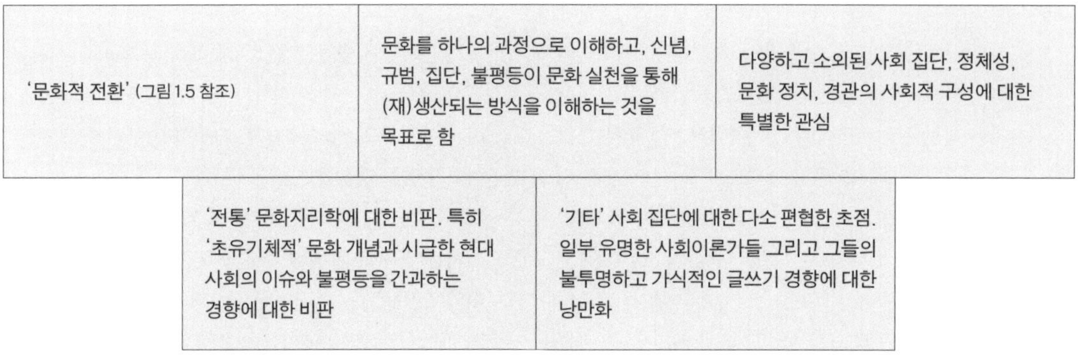

'문화적 전환' (그림 1.5 참조)	문화를 하나의 과정으로 이해하고, 신념, 규범, 집단, 불평등이 문화 실천을 통해 (재)생산되는 방식을 이해하는 것을 목표로 함	다양하고 소외된 사회 집단, 정체성, 문화 정치, 경관의 사회적 구성에 대한 특별한 관심
	'전통' 문화지리학에 대한 비판. 특히 '초유기체적' 문화 개념과 시급한 현대 사회의 이슈와 불평등을 간과하는 경향에 대한 비판	'기타' 사회 집단에 대한 다소 편협한 초점. 일부 유명한 사회이론가들 그리고 그들의 불투명하고 가식적인 글쓰기 경향에 대한 낭만화

그림 1.6 신문화지리학의 다섯 가지 주요 구성 요소

중요한 문제에 관심을 돌리게 만드는 연구에 몰두하는, 별로 중요하지 않은 연구 관심사를 가진 '시시한(Whisy-washy)' 작가로 희화화되었다. 실제로 문화지리학자에 대한 희화화는 여전히 지속되고 있다. 그러나 신문화지리학의 규모와 영향력은 궁극적으로 상당했다. 이는 Box 1.3에 요약한 것처럼 문화적 전환의 광범위한 영향력과 여러 '갈래'를 반영했기 때문이다. 이러한 연구는 영국을 비롯한 여러 지역에서 문화지리학을 주요하고, 활기를 되찾고, 널리 인정받는 인문지리학의 하위 학문 분야로 확립시켰다. 한 가지 예를 들자면 1988년 영국지리학회(Institute of British Geographers)는 사회지리학 연구 그룹의 명칭을 사회 및 문화지리학 연구 그룹으로 공식 변경했다. 파일로가 지적한 것처럼, 이런 변화는 "놀라울 정도로 풍부한 문화적 전환"에 영감을 얻은 많은 영국 지리학자들의 '문화적인 것'에 대한 '상당하고 비판적인 관심'을 반영한 것이다(Philo, 2000: 28). 가령, 코스그로브(Cosgrove)는 명칭 변경 직후 다음과 같은 글을 썼다(Philo, 1991b: 1).

명칭의 변경은… 나처럼 인문지리학이 우리 세계

의 문화적 다양성을 기념하고, 인간의 신념, 가치, 이상이 지속적으로 경관을 형성하는 방식에 관심을 기울여야 한다고 믿어왔던 사람은 전적으로 환영할 만한 사건이다. 이런 변화는 지리학 철학과 방법론의 심오하고, 또 어떤 면에서는 시대에 뒤떨어진 변화를 알리는 신호탄이다… 이를 위해서는 역사에 대한 감각, 상상력, 아이디어, 욕구, 신념 및 가치를 지닌 실제 사람들의 집단적 표현으로서 인간의 행위 주체성에 대한 감각을 포함한 [지리학 연구가 필요하다]. 이 모든 특징들은 강력하지만 다행스럽게도 규정하기 어려운 용어인 '문화' 안에 담겨 있다.

위 인용문의 몇 가지 핵심 사항에 초점을 맞춰보자. 인용문은 여러 신문화지리 연구에서 중심이 된 다음과 같은 목표와 관심사를 반영한다.

- '신념, 가치, 이상적인 것'을 탐구하는 연구에 대한 요구. 앞의 인용문에서 파일로가 설명한 공동체의 복잡하고, 감정적이며, 질적인 '끈끈함'.
- '문화적 다양성…을 축하'할 필요성. 즉, 주어진 공간 내에 공존할 수 있는 다양한 문화 집단, 활

동, 정체성을 인정하고, 이 중 하나라도 주변화되는 것에 저항하고 도전하는 것.

- 특정한 지리적 맥락에서 '실제 사람들'의 실천, 경험 및 '상상력, 아이디어, 욕망, 신념, 가치'의 중요성을 강조하려는 욕구.

- 문화 실천이 '지속적으로… 경관을 형성'한다는 이해. 즉, 문화 실천은 끊임없이 계속되고 있으며, 경관이 재현되고, 지도화되고, 이해되고, 경험되는 방식을 연구함으로써 탐구할 수 있다는 것.

- '문화'란 항성 복잡하고 경합하는 개념이고 '다행스럽게도 이해하기 어려운 용어'임을 다시금 인정해야 하며, '문화'의 다양성과 '문화'의 존재에 대한 이해를 축복해야 한다는 것.

- 위의 모든 것을 고려해 볼 때, '문화'를 고찰하기 위해서는 새로운 방법과 개념이 필요하다는 인식.

지금은 위와 같은 문화에 대한 이해가 별문제 없고 상식적인 것처럼 보일 수도 있지만, 그 당시에는 지리학자의 일반적인 가정에 다소 급진적인 도전을 하려는 의도가 있었다. 특히 많은 신문화지리학자들은 그들의 작업이 전통 문화지리학의 가정, 개념, 연구 실천에 심대한 도전을 하는 것으로 여겼다(버전 2 참조). 따라서 그들은 "사우어와 버클리학파가 심취해 있던 내용을 의도적으로 제거하거나 반대하는 신문화지리학"을 요구했다(Gregory, 1994: 133). 가령, 잭슨은 [전통] "문화지리학에 대한 재평가가 시급하다. 문화에 대한 개념은 형편없는 구식이고, 경관의 물리적 표현에 대한 관심은 쓸데없이 제한적이다"라고 주장했다

(Jackson, 1989: 9). 실제 많은 문화지리학자와 마찬가지로, 잭슨은 버클리학파의 제한적이고 "보수적"이고 "골동품" 같은 연구 초점에 대해 무척이나 비판적이었고, 문화에 대한 버클리학파의 접근법은 "역사, 농촌, 유물 경관에 대한 해석에 국한되며, 헛간과 오두막에서부터 경작 시스템과 묘지에 이르기까지 문화적 흔적의 분포에 대한 정적인 지도화에 국한된다"고 주장했다(Jackson, 1989: 1).

특히 다수의 신문화지리학자는 지리학자들이 버클리학파의 영향력 있는 연구를 통해 당연하게 받아들였던 문화의 '초유기체' 개념에 대해 비판적이었다(버전 2 참조). 그리고 이것이 문화지리학 연구에 대한 다음과 같은 접근 방식을 만들어냈다고 주장했다.

(1) 문화를 과정이 아닌 주어진 것으로 본다. (2) … 문화를 개성, 예술, 경제 또는 정치적 측면에서… 외적인 원인으로 간주한다. (3) …문화의 창조자가 아니라 문화의 창조물이자 전달자로 간주되는 개인의 행동, 상호작용, 관심, 열정, 해석을 초월하는 허구적인 문화 전체론(holism)을 가정한다. (4) 또한 문화를 해석하기보다는 기술하는 방향으로… [나아갔다.]

-Shurmer-Smith and Hannam, 1994: 5

앞서 언급한 요점들을 차례로 살펴보고, 신문화지리학의 몇 가지 주요 관심사를 다시 확인해 보자. 첫째, 전통 문화지리학은 특정 문화를 구성하는 복잡하고 연속적이며 역동적인 과정과 실천을 간과하면서, 문화를 그 자체로 주어진 '것'으로 상상했다는 주장이 제기되었다. 따라서 신문화지리

학은 문화에 대한 다음과 같은 이해를 요구했다.

문화는 인간이 적극적으로 관여하는 과정으로 이해되어야 한다… 문화는 인간을 지배하는 고정된 것이나 총체가 아니라 사람들이 창조하는 상징, 신념, 언어와 실천의 역동적인 혼합이다. [문화]는 사우어가 주장하는 것처럼 진화론적 유산이 아니다.
-Anderson, 1999: 4

둘째, 전통 문화지리학은 문화가 개인과 사회, 역사, 정치적 맥락을 형성하는 것으로 이해했지만, 그 반대의 경우는 거의 없었다고 주장했다. 즉, 그들은 문화 규범 그리고 '문화' 그 자체의 의미가 개인, 다양한 사회적 요인, 복잡한 형태의 문화 정치에 의해 형성될 수 있는지에 대해서는 간과한 경우가 많았다. 따라서 신문화지리학은 실제 문화의 복잡한 정치, 그리고 이러한 정치를 만들어내는 행위 주체성, 권력, 갈등의 복잡한 요소와 형태를 다양한 맥락에서 탐구함으로써 불균형을 바로잡으려고 노력했다. 셋째, 전통 문화지리학은 공간을 차지하는 개인의 '행동, 상호작용, 관심사, 해석'과 상관없이, '문화'를 넓은 경관이나 지역에서 본질적으로 일관적인 것으로 인식한다고 주장했다. 따라서 신문화지리학자들은 문화가 개인의 나이, 성별, 인종 또는 사회 계층의 측면에서 어떻게 복잡하게 나누어지는지를 인정하라고 요구했다. 또 "문화의 '다수성'과 다양한 문화와 조응하는 경관의 다양성"을 인정하라고 요구했다(Jackson, 1989: 1).
넷째, 전통 문화지리학에서 사용하는 방법과 개념의 '도구'는 문화지리학과 관련된 현대의 주요

이슈를 다루기에는 제한적이고, 부적절하며, 지나치게 기술적이라고 주장했다. 따라서 신문화지리학자들은 '문화 경관'의 기술에서 벗어나야 한다고 주장했으며, 그런 문제에 대한 좀 더 나은 이해와 분석, 해석적 개념을 개발하기 위해 더 넓은 범위의 문헌, 개념, 방법론을 도입할 것을 요구했다. 이러한 움직임은 경관에 대한 신문화지리학 연구에서 두드러지게 나타났다(5장 참조). 신문화지리학자들은 전통 문화지리학의 경관에 대한 이해 방식과 철저하게 단절할 것을 주장했다. 앞서 언급했듯이, 전통 문화지리학은 문화 집단의 활동과 영향을 파악하기 위해 경관을 아무 문제 없이 읽고 해석할 수 있는 것으로 보는 경향이 있었다. 신문화지리학자들은 전통 문화지리학의 접근 방식에 문제가 있다고 주장했으며, 전통 문화지리학은 경관이 실제로 경험되고 문화적으로 구성되는 복잡한 재현, 담론, 상징과 과정이라는 사실을 간과했다고 보았다. 다양한 경관과 과정에 대한 연구를 통해 신문화지리학자들은 문학, 예술, 문화 연구에 대한 지리학자의 참여에 힘입어 문화 생산과 재현의 소비(2장, 3장, 6장 참조)에 대한 새로운 관심의 장을 열었다(Cosgrove, 1984; Cosgrove and Daniels, 1988).

실제로 맥도웰이 확인한 것처럼, 초기 신문화지리학 연구는 몇 가지 광범위한 연구 주제를 중심으로 구체화되는 경향이 있었다(McDowell, 1994: 156-168).

• 새로운 경관 연구(5장 참조): '문화 경관'과 관련된 과거의 접근법에 대한 비판을 계기로 한 경관 연구. 경관에 대한 이상은 현대 권력관계를

반영하며 사람들이 경관을 보는 방식은 회화, 시, 과학적 탐구와 같은 문화 규범, 담론 및 재현에 의해 구성된다는 것을 인식한다. 이러한 연구들은 예술, 문학, 대중 매체, 장소 홍보 및 재생 문학, 유산, 관광 및 레저 산업에서 경관, 자연, 촌락의 문화적 구성에 대해 탐구했다(Cosgrove and Daniels, 1988; Wilson, 1991; Duncan and Ley, 1993).

- 공유된 의미와 사회적 정체성(3장과 8장 참조): 생활양식의 변화(Zukin, 1995), 사회적 배제와 불평등(Davis, 1990), 저항적 사회운동(Anderson and Gale, 1999) 또는 청소년 하위문화(Valentine et al., 1998)와 같은 사례 연구를 통해 이루어진 사회관계, 문화 규범 및 공간 간의 연관성에 대한 연구. 이러한 연구는 대부분의 전통 문화지리학이 촌락이나 역사에 초점을 맞추었던 것과는 상당히 달리, 도시사회 이론가의 연구를 활용해 현대 도시, 대도시 환경에 초점을 맞추었다.

- 글로벌 문화와 장소감(8장과 10장 참조): "글로벌화와 로컬의… [경험] 간의 연관성을 밝히고… 주민들이 갖고 있는 다양한 장소감을 드러내고… 글로벌 트렌드가 지역에 기반을 둔 실천, 사회적 실천과 상호작용해 새로운 의미의 층위를 만드는 방법을 기록"하는 연구(McDowell 1994: 165). 이러한 연구는 민족성(ethnicity), 초국가주의(transnationalism), 이주 또는 디아스포라 공동체에 대한 탐구를 통해 글로벌화, 다문화, 또는 포스트식민(postcolonial) 맥락에서의 정체성과 문화 실천에 초점을 맞추었다(Anderson, 1988).

위의 주제와 관련된 지리학의 연구 사례는 이 책 전반에 걸쳐 확인할 수 있다. 그러나 신문화지리학이 위의 주제와 관련해 단순한 문헌 그 이상의 결과를 낳았다는 점을 인식하는 것이 중요하다. 신문화지리학은 개념적인 실험과 모험 정신으로 특징지을 수 있기 때문이다. 앞부분에서는 신문화지리학이 전통 문화지리학과 전통 문화지리학의 경관 개념에 대한 일련의 비판에서 시작되었다는 점에 주목했다. 신문화지리학자들은 전통적인 접근 방식에서 벗어나기 위해 새로운 아이디어와 방법을 모색했다. 이 과정에서 그들은 다음의 사회 이론 영역을 포함한 여러 학문 분야를 탐구했다.

- 새로운 문화 연구 분야는 '고급 문화'에 대한 기존의 엘리트주의 개념과 '문화'에 대한 대중의 이해에 내재된 가정에 도전했다는 점, 일상의 맥락에서 '문화'를 구성하는 수많은 실천을 강조했다는 점, 개인의 정체성에서 문화 소비의 중요성을 탐구했다는 점(8장), 문화 정치의 다양한 스케일과 형태를 이론화했다는 점(2장과 3장)에서 중요하다.

- 문학, 유산, 예술 연구 분야 그리고 심리학과 관련된 연구 분야는 문화적 재현의 생산과 수용과 관련된 어휘와 개념을 제공했는데, 이는 경관의 재현을 탐구하는 지리학자에게 매우 중요했다.

- 사회에 대한 페미니즘의 비판(그리고 그 내부에서의 학문적 실천)은 사회적, 학문적 재현과 규범을 비판하는 개념을 개발했다는 점, 사회에서 소외되고 학계 연구자들이 종종 간과하는 다양한 사회, 문화 집단의 경험에 관심을 기울였다

는 점, 사회적 상호작용과 불평등에서 정체성, 위치성, 감정, 신체의 중요성을 강조하고 탐구한다는 점(11장과 12장 참조), 이런 종류의 이슈를 탐구할 수 있는 새로운 질적 연구 방법을 개발하고 대중화했다는 점(Rose, 1993; WGSG, 1997)에서 매우 중요했다.

- 포스트모더니즘 철학자의 미디어, 텍스트, 의미, 도시 경관에 대한 연구(4,5,6장 참조)와 포스트구조주의 철학자의 일상생활, 경험, 감정, 실천과 수행에 대한 성찰(7장, 11장)은 인문지리학에 중요한 영향을 끼쳤다.

- 포스트식민주의 문학과 예술 비평은 영향력을 갖게 되었고, 현대 문화 내에서 배제된 집단과 '타자'의 재현 또는 과소 재현(underrepresentation)을 이해하기 위한 이론적 틀(2장), 제국주의의 복잡한 문화적 여파에 대한 이해(5장), 식민주의자, 탐험가, 지리학자에 의한 '이색적', '원주민적', '교양없는' 사람과 경관의 역사적 재현(5장)에 대한 비평을 제공했다.

위에서 다룬 새로운 영역의 이론, 문헌과의 만남은 신문화지리학의 핵심적인 유산으로 남아 있으며, 이 책 전반에 걸쳐 이 개념으로 다시 돌아갈 것이다.

버전 6: 신문화지리학 비판 (영국/미국, 1991-현재)

핵심 읽을거리: 미첼(Mitchell, 1995; 2000), 스리프트(Thrift, 2000b), 로리머(Lorimer, 2005; 2007; 2008)

문화지리학의 하위 학문 분야는 신문화지리학의 여파로 인해 빠르게, 다양한 방향으로 발전해 왔다. 실제로 문화지리학의 최근 연구는 하위 학문 분야의 발전 과정에서 다소 다른 단계에 속하는 것으로 이해할 수 있다. 문화지리학의 여섯 번째 버전을 구성하는 주요 요소는 그림 1.7에 요약되어 있다.

그림 1.7에서 알 수 있듯이 신문화지리학은 다양한 감정을 불러일으켰다. 신문화지리학을 통해 가능해진 연구의 범위와 새로운 아이디어는 상당히 흥미롭다. 그러나 문화지리학자들은 신문화지리학에 대해 다양한 비판을 가해 왔다. 이들의 비판은 주로 세 가지의 광범위한 불안 요소를 중심으로 전개되어 왔다.

첫째, 많은 영미권 문화지리학자들은 신문화지리학에 대해 명시적으로 비판하기 시작했으며, 신문화지리학의 주제와 가정에서 벗어나고자 하는 목표를 가지고 연구하기 시작했다. 신문화지리학자 중 일부도 이런 비판을 표명하기 시작했다(Rose, 1991; Thrift, 1991). 그 이후 10여 년 동안 많은 영미권 문화지리학자들은 점차 자기성찰적인 모습을 보였고, 신문화지리학 내에서 자신의 실천에 대해 비판적인 모습을 보였다. 실제로 2000년까지 몇몇 저명한 문화지리학자는 하위 학문의 상태에 대해 일종의 밀레니얼 세대의 고뇌(millenial angst)를 경험하고 있는 것으로 나타났다! 일부는 문화적 전환을 통해 인기를 얻게 된 (제한적이거나 모험적이지 않은) 개념적 방법 그리고 접근법에 대해 우려했다.

문제는 문화지리학이 더 이론적이고 더 실증적이어야 한다는 것이다… 분명 더 이론적이어야 한다. 대부분의 문화지리학자들은 이론에 대해 훈련 받

신문화지리학이 지나치게 이론적이거나 비이론적이라는 우려(어느 쪽을 믿느냐에 따라 다름). 문화지리학자들이 흥미롭고 새로운 발전에 지나치게 열광해 주요하고 지속적인 사회 이슈들, 불공정(injustice)와 배제를 간과하고 있다는 우려	신문화지리학의 여파로 새롭고 흥미로운 일이 많이 일어나고 있다는 것에 대한 흥분. 문화지리학자들이 계속해서 흥미롭고, 재미있는 작업을 하기 바라는 열망	개념적으로, 훨씬 더 새로운 문화지리학의 토대가 된 재현 개념에 대한 관심 이전 소농과 농업 공동체의 지리 및 생활양식에 대한 특별한 관심(주로 프랑스 지역에 초점)
'문화지리학'이 더 이상 쓸모없는 용어가 될 정도로 복잡하고 확산되고 파편화 되었다는 불안감	문화지리학자들의 방대한 작업이 이제 우리를 어디로 이끌 것인가에 대한 우려… 다음은 어디인가? 핵심은 무엇인가?	

그림 1.7 신문화지리학 비판의 다섯 가지 주요 구성 요소

지 않았고, 문화지리학을 테크닉처럼 사용한다(따라서 특정 이론을 '적용'해야 한다는 기이한 요구가 있다…) …그러나 문화지리학도 충분히 경험적이지 않다. 문화지리학 (연구) 방법의 범위는 놀라울 정도로 작으며, 모든 수사법을 따져보면 매우 보수적이다.

-Thrift, 200b: 5

다른 사람들은 문화적 전환의 여파로 지리학자를 사로잡았던 일련의 연구 주제에 대해 의문을 제기하고, 이에 심취함으로써 지리학자가 동시대의 사회, 정치, 문화적 이슈로부터 멀어지게 되었다고 주장했다. 한 예로, 신문화지리학자들은 궁극적으로 빈곤, 사회적 배제, 현대의 사회적, 정치적 불평등 문제에 대해 거의 언급하지 않았다는 점이 지적되었다. 그 예로,

['문화적 전환'의 여파로] 우리는 일상적인 사회적 실천, 관계와 투쟁, 사회 집단의 형성, 사회 제도와 사회 구조의 구성, 그리고 포용과 배제의 사회적 역학의 기반이 되는 과정을 계속해서 주시해야 한

다. 보다 구체적으로 말하자면…매일매일 살아가기 위해, 돈을 벌기 위해, 집을 따뜻하게 유지하기 위해, 이웃과 함께하기 위해, 두려움 없이 길을 걸어가기 위해 투쟁하는 것 등…가족과 공동체의 일상적인 일에 긴급한 관심을 기울이는 것이다… 인문지리학에서의 문화적 전환으로 인해 우리가 채택하는 접근법과 다루는 주제 모두에서, 그리고 우리의 학문적 렌즈로부터 이런 것의 상당 부분을 비울 위험을 감수했다는 느낌을 지울 수 없다.

-Philo, 2000: 37

그러나 다른 이들은 '문화'라는 개념을 비판하거나, 혹은 문화에 대한 선입견으로 인해 문화지리학자가 연구의 핵심에 있는 문제와 과정을 이해하는 데 방해가 되었다고 주장했다(Mitchell, 1995). 예를 들면,

제대로 된 문화 분석은 문화 자체를 설명의 원천으로 삼을 수 없다. 오히려 문화는 공간, 스케일, 경관에 대한 무수한 투쟁을 통해 사회적으로 생산되는 것이라는 점에서 항상 설명해야 할 대상이다.

-Mitchell, 2000: vi

다른 사람들은 신문화지리학자가 좀 더 정치적으로 활동하고 연구의 핵심인 문화 정치를 연구하는 것 이상을 할 것을 요구했다. 미첼의 말을 다시 인용하자면,

> 문화지리학은 연구와 분석 그 이상이어야 한다. 문화의 다른 이름은 정치이기 때문에, 문화지리학은 문화 정치에 대한 개입이어야 한다. 그 어떤 문화지리학도 모든 곳에서 이루어져야 할 문화 정의(cultural justice)에 대한 작업을 수행하기에는 충분치 않다.

-Mitchell, 2000: 294

이런 비판은 신문화지리학이 다양한 방향으로 계속 '전진'하거나 적어도 그들의 실천을 바꾸라고 요구했다. 즉 좀 더 이론적이고, 방법론적으로 실험적이 되거나, 사회 및 정치적 문제에 (재)집중하거나, '문화' 개념을 '극복'하거나, 좀 더 정치적으로 활동적이 되는 것이다. 그리고 실제로 지난 10여 년 동안 문화지리학자들은 여러 방향으로의 여행을 시도해 왔다. 이에 따라 신문화지리학에 대한 비판적인 입장과 느슨하게 연결된 새로운 연구 분야가 빠르게 확장되고 다양해지고 있다. 이는 과거의 문화지리학도 마찬가지다.

둘째, 문화지리학이 하위 학문으로서 일관성을 지니는지에 대한 상당한 불안감이 존재하는데, 많은 비평가들은 '문화지리학'이 과연 유용한 용어인지, 심지어는 문화지리학이 의미 있는 관념으로 존재하는지에 대한 의문을 제기한다. 이러한 의문

이 제기된 이유는, 신문화지리학에서 발전시킨 개념, 질문, 방법이 인문지리학의 다른 많은 영역에 현저한 영향을 끼치게 되었기 때문이다. 즉, 문화지리학은 더 이상 '문화지리학자들'에 의해서만 행해지는 것이 아니다. 오히려 문화지리학과 관련된 질문이나 실천은 다른 인문지리학자들에 의해 채택되고, 받아들여졌다. 모든 "지리학은… 어느 정도는 문화 담론에 의해… 체현되었다"(Cook et al., 2000: xii). 돌이켜 보면 파일로는 신문화지리학의 주요 성과가 다음과 같다고 주장한 바 있다.

> 신문화지리학의 주요 업적은 한두 가지의 깔끔하게 잘 구분된 하위 학문 분야만이 아니라, 인문지리학 전반에 걸친 연구에서 문화적인 모든 것이 어떻게 훨씬 더 두드러진 위치로 올라설 수 있는지에 대한 감각을 높이는 것이었다… 놀라울 정도로 풍부한 문화적 전환은… 의심의 여지 없이 인문지리학 전반에 걸쳐 충격파를 보냈고, 경제지리학, 정치지리학, 인구지리학, 환경지리학 등의 분야에서 문화적 전환의 장점에 대한 (다소 명시적이거나 열띤) 논쟁을 불러일으켰다.

-Philo, 2000: 28

따라서 인문지리학의 거의 모든 영역, 심지어는 환경 및 자연지리학의 일부 영역에서조차 합법적으로 '문화지리학'이라고 부를 수 있는 연구가 셀 수 없이 많이 진행되고 있다. 이 책 전체에 포함된 사례 연구는 이 놀라운 연구의 폭을 좀 더 소개하기 위한 것이다. 그러나 문화지리학자들은 이제 문화지리학이 너무 광범위하고 위협적이 되었다고 경고한다. "고도로 격앙되어 있는 지적 세계

는 학생들에게는 벅차고 힘든 경험이 될 수 있다. 문화지리학의 의제는 방대하고 도전적이며, 그 지적인 범위는 대담할 정도로 야심차다"(Jackson, 2003: 136).

이 책의 3부에서 자세하게 살펴볼 세 번째 우려 사항은 신문화지리학 연구에서 핵심이었던 재현의 방식, 관심, 기본 개념과 관련이 있다. 신문화지리학자들은 문화지리학에서 일상성(9장), 물질적 대상(10장), 감정(11장), 신체(12장), 공간 프로세스(13장)의 중요성을 종종 과소평가하는 경향이 있다고 주장한다. 이러한 인문지리학의 주요 측면을 고려하면서, 일부 문화지리학자는 비재현이론(non-representation theories)이라고 알려진 일련의 개념으로 전환했다(9장 및 Lorimer, 2005; 2007; 2008 참조).

1.5 문화지리학의 현재

이 장에서는 독특하면서도 공존하는 문화지리학의 여섯 가지 버전을 찾았고, 그 중 네 가지 (버전 2, 4, 5, 6)는 여전히 진행 중이거나 영향력을 행사하고 있다. 또한 이 장에서는 문화지리학의 각 버전에서 진행 중인 다양한 작업, 특히 문화적 전환 이후 영미권 문화지리학의 실질적인 확장, 다양화, 파편화를 맛보기 위해 노력했다. 그렇다면 이는 우리를 어디로 데려가는가? 아니면 현재의 문화지리학이란 무엇인가? 이 질문에 대한 하나의 답으로, Box 1.4는 2009년에서 2010년까지 3개의 문화지리학 관련 국제 학술지에 출간된 주제들을 다루고 있다. 본문을 계속 읽기 전에 이 놀랍도록 다양한 목록을 살펴보자.

Box 1.4

문화지리학, 2009-2010: 하나부터 열까지

다음의 주제들은 2009년부터 2010년까지 3개의 문화지리학 국제 학술지(『Cultural Geographies』, 『Journal of Cultural Geography』, 『Social and Cultural Geography』)에서 발표된 연구 논문을 탐구한 것이다. 아래의 목록을 동일한 학술지의 이전 그리고 이후 내용과 비교해 볼 수 있다.

미국 내 아프리카 난민의 재정착; 공항 보안 검색대; 엔젤 아일랜드 출입국관리소; 앙투안 드 생텍쥐페리(1990-1944); 안토니의 정사(L'Avventura)(1960); 예술과 기후 변화; 국경 보안과 예술적 개입; 자폐증, 정체성과 폭로; 바부다인의 방목; 베를린 공화국 궁전; 뉴사우스웨일스주의 생물 다양성 상쇄(offset); 코스트 살리시(Coast Salish) 준주의 경계; 브라질인의 초국가적 이주; 영국 서인도 제도 여행 내러티브, 1985-1914; '부르키니'™; 셀러브리티, 이미지 컨트롤과 공공공간; 어린이 대중문화; 싱가포르의 기독교 정체성; 핀란드의 카렐리야 탈주 기념; 왕립 얼스터 경찰대 기념; 녹스빌의 커뮤니티 라디오; 토론토의 콘도 개발; 케이프타운의 문화 수입; 정신 질환의 문화적 재현; '자전거 타는 시민'; 덴마크의 결혼법; 플랫 국립공원의 강둑; 오클라호마(1976); 두바이의 경관 혼합; 미시시피의 선거 운동; 호주 교외의 집에서 주머니쥐와의 마주침; 기차역에서의 일상적인 방해물; 다르에스살람 국외 거주자의 일상생활; 훈데르트바서 하우스(Hundertwasser-Haus)의 놀라운 지리; 우메아의 공공장소에서의 폭력에 대한 두려움; 영화와 도시 재개발; 원주민 지역의 화재 관리; 음식 소비와 불안; 현대 인도 여성의 글에 나타난 음식과 정체성; 정원 내러티브; 지리적 상상과 EU의 확장; 브라질 파벨라(빈민지역)의 통치성; 비탄과 신념; 집시와 여행자의 모빌리티; 루이지애나의 건강과 인종, 1878-1956; 디트로이트의 히스패닉 인구 변화; 에르제의 '틴틴의 모험'에 나타난 정체성과 지정학; 니카라과와 벨리즈의 원주민 갈등 지도 작업; 태국의 원주민 공간성; 설치 미술; 지적 장애; 민족 간 관계; 슬로바키아, 루마니아, 우크라이나의 이탈리아 투자자들; 존 웨슬리 파월(1834-1902); 경관과 영화 예술; 레저와 인도네시아의 국가 건설; 런던의 저임금 이주 남성들; 남성성과 호주의 황무지; 루마니아의 미디어 담론; 미국의 대형 교회; 이성애 공간으로서 남성 공중화장실; 인간 너머의 지리학을 위한 방법론; 군대의 남성성; 침묵의 모바일 시공간; 포스트 사회주의 세계에서 몰도바의 장소; '테러와의 전쟁'과 사기(morale); 나미비아 북동부의 신화, 기억, 전통 지식; 자연주의, 자연과 감각; 생명 정치 거버넌스로서의 신맬서스주의; 노르웨이의 가족 재결합 법; 신세계의 파라다이스(Paraíso en el Nuevo Mundo)(1965); GIS와 참여형 매핑; 전시 기억의 수행; 장소 마케팅 이미지; 지명과 감정 지리학; 베어울프의 상징주의와 토

지 정치; 시애틀의 치안 유지; 노르웨이의 폴란드인 간호사; 케이프 베르데의 포스트식민주의 기억 만들기; 흡연 후의 자아; 아파르트헤이트 이후 케이프타운의 공공공간; 퀴어 이주; 뉴욕의 인종화된 특권; 영화 제작에 대한 성찰; 오르타 데 발렌시아의 지역주의/경관 변증법; 글래스고의 종교적 소속; 플로리다의 경제 구조 조정에 대한 대응; 구 서부와 신 서부의 촌락 젠트리피케이션; 동성 양육; 시애틀의 인종차별정책 철폐 학교; 스키피오 아프리카누스(1937); 세속적 우상 파괴; 섹슈얼리티와 공원 공간; 서부 몬태나의 사운드 아트워크; 남아프리카의 퀴어 정치; 영적 경관; 골드 코스트의 서핑과 관능; 스와힐리어 거래 관행; 도시 경관의 동기화; 탈레스니−나브담족의 터부, 보존 그리고 신성한 숲; 텔레비전 전도 청중; 초창기 아르헨티나 유성 영화 '세 가지 변덕(Los tres berretines)'; 1992년 로스앤젤레스 폭동과 내러티브 기반의 지리 시각화; 티모시 드와이트의 여행 글쓰기(1871); 관광 기념품; 'Traffic in Souls'(1913, 미국 무성 영화); 데니스 코스그로브에 대한 헌사(1948-2008); 도시−국가 관계에 대한 트리에스테인의 관점; 텔레비전 탐정 투어; 얼티미트 프리스비; 바시티 버니언; 앙카라의 도시 붕괴; 가나의 도시 청소년; 걷기와 자연−말하기; *WALL-E*와 알랭 바디우의 철학; 좀비 지리와 언데드 도시.

Box 1.4는 2009-2010년 사이 문화지리학자들이 수행한 연구의 짤막한 정보를 보여주고, 다음의 세 가지 사항을 알려준다. 첫째, 이 목록에는 아주 흥미롭고, 호기심을 북돋우고, 생각을 자극하고, 눈이 번쩍 뜨일 만한 연구가 매우 많다. 단 3개의 학술지에서 2년 동안 발행된 것만 해도 매력적으로 보이는 수십 개의 새로운 연구 논문이 있

다. 이 중 여러분의 관심을 끄는 논문이 많이 있기를 바란다. 그리고 이 모든 것이 진행되고 있다는 것은 문화지리학의 놀랍고도 풍부하고 다양한 현재를 보여주는 증거다. 그러나 둘째, 이 모든 주제를 병치하는 것은 문제가 있거나 심지어는 우스꽝스러워 보일 수도 있다. 이 모든 것이 무슨 공통점을 가지고 있는가에 대해 의아해할 수 있다. 아프

리카 난민의 정착, 바부다인의 방목, 초기 아르헨티나의 유성 영화, 서평과 관능, *WALL-E*, 알랭 바디우(Alain Badiou)의 철학과 좀비(또는 Box 1.4에 나열된 다른 주제들 중 어떤 것)의 공통점은 대체 무엇인가? 이 질문에 대한 답은 Box 1.4의 모든 주제가 이 책의 1.4절에 서술된 여러 문화지리학 중 적어도 한 가지에 의해 동기를 얻고, 1.3절의 마지막 부분에 있는 문화와 관련해 최소 한 가지를 연구하고자 했던 연구에 초점이 맞추어져 있다는 것이다. 하지만 이 점을 염두에 두더라도, Box 1.4에 있는 주제 목록은 일관성이 없고 엄청나게 분산된 것으로 보일 수 있다. 사실 셋째로, 문화지리학이라는 우산 아래에서 진행되는 연구의 범위는 지나치게 다양하고, 따라잡거나 심지어는 요약하기도 어려워 보일 수 있다. 가령 파일로는 다음과 같이 주장한다(Philo, 2000: 29).

흥미롭고 읽을 만한 새로운 문헌이 너무 많아서, 심지어는 좀 더 '고루한(staid)' 지리학 학술지의 페이지를 꽉 채웠기 때문에 전반적인 지적 경관에 대한 감각이나 지형 속에서 좀 더 상세한 여정을 '따라잡거나' 유지하는 것이 무척이나 어렵다. 또 어려운 점은 변화의 속도, 즉 생각과 실천에 대한 새로운 가능성이 문헌 속으로 굴러 들어오는 속도다.

이러한 불안감은 많은 문화지리학자들이 문화지리학에 대한 깔끔한 요약이나 설명을 쓸 수 없다고 선언하게 만들었다. 가령 미첼의 경우,

'한 권의 책에서… 문화지리학의 폭과 깊이를 분석하기는커녕 조사할 수도 없다. 이 분야는 너무 다루기 힘들고, 혼란스럽고, 분산되어 있다.'

-Mitchell, 2000: xiv

이 장에서는 문화지리학의 세부 분야가 매우 분산되어 있고 정의하거나 요약하기 어렵다는 점을 보여주었다. 실제로 문화지리학은 단일하고, 일관되고, 깔끔하게 정의할 수 있는 하위 학문 분야가 아니다. 대신 문화지리학의 다양한 전통과 '문화'의 다양한 의미에 영감을 받아 작업하는 문화지리학자의 연구는 셀 수 없이 많다. 이 점이 실망스러울 수 있지만, 이 분산된 복잡성 때문에 단념하지 말 것을 요청한다. 1.2절의 첫 부분에 있는 서술을 다시 상기시키면서 이 장을 마무리하고자 한다. 우리는 문화지리학을 사랑한다… 적어도 가끔은… 하지만 그것이 무엇인지 설명하기는 어렵다. 요컨대 문화지리학은 번잡스러움을 감수할 만한 가치가 있으며, 이 책에서는 문화지리학을 사랑하는 다양한 이유에 초점을 맞출 것이다. 그 출발점으로 Box 1.5를 참조하라. Box 1.5에서는 다음 장에 접근하는 방법과 실제 문화지리학의 세부 분야 전반에 대한 몇 가지 제안을 제시한다. 이러한 맥락에서 이 책의 나머지 부분을 읽어보고, 글을 읽으면서 Box 1.5의 제안을 염두에 두길 바란다….

문화지리학을 다루는 방법

- 비판적이 되라. 문화지리학을 공부할 때에는, 자신의 의견과 성찰이 중요하다. 하지만 아이디어나 접근 방식을 그냥 무시하는 것이 아니라, 건설적으로 비판적이어야 한다.

- 특히 '문화지리학'에 대한 쉽고 단일한 정의를 제시하거나, 문화지리학이 '해야 하는' 것에 대해 명확한 의제를 제시하는 사람에 대해 비판적이어야 한다.

- 자신이 어떻게 생각하는지 살펴보자. '이 문제와 관련해 나는 어떤 입장에 있는가?'처럼 끊임없이 스스로에게 질문을 던져라. 자신만의 비평을 발전시켜라. 그러나 여러분이 부정적이라고 느끼는 모든 것에 열린 마음을 유지하라.

- 열린 마음을 가져라. 특히 이전에 접하지 못했던 연구나 학문 형태에 대해 열린 마음을 가져라. 하지만 오래된 연구나 학문의 형태를 무시하지는 말아야 한다.

- 문화지리학의 '경계'에 대해 너무 걱정하지 마라. 문화지리학자가 아닌 사람이 쓴 아이디어나 문헌을 탐구하라. 다른 학문 분야의 관련된 아이디어나 문헌을 탐구하라.

- 질문을 던져라. '왜?' 또는 '무엇이 핵심인가?'라는 질문을 하는 것은 언제나 유용하다. 하지만 이 질문에 대한 답을 얻을 때까지 그 어떤 것도 무시하지 마라.

- '요점', 즉 문화지리학자의 연구와 개념의 유용성, 적용에 대해 성찰하라. 여러분의 의견으로는 무엇이 연구를 가치 있고 유용하게 만드는지 스스로에게 질문을 던져라. 또 문화지리학의 접근 방식과 개념이 어떻게 주요 이슈에 대한 이해를 확장시키고 향상시키는가에 대한 질문을 던져라.

- 폭넓게 읽고, 독서에서 모험적이고 실험적이 되라. 가령, Box 1.4의 긴 목록 중 여러분의 흥미를 사로잡는 것이 분명 존재할 것이다. 글, 논문을 찾아보고, 읽고, 그것이 여러분을 어디로 인도하는지 보라.

- 문화지리학에는 일련의 구체적이고 도전적인 학문 기술(skills)과 연구 방법이 포함된다는 점을 인식하라. 단지 '시시한' 것이 아니라 몇 가지 핵심 기술, 학문적인 엄격함, 까다로운 개념들에 대한 이해가 필요하다. 이러한 기술을 계속해서 연마하라.

- 실제로 문화지리학을 한다는 것은 이전에 접했던 것과는 다른 연구와 학문의 형태일 수도 있다는 점을 인식해야 한다. "좀 더 친숙한 읽기나 듣기뿐만 아니라 보기, 느끼기, 생각하기, 놀기, 말하기, 쓰기, 사진 찍기, 그리기, 조립하기, 수집하기, 기록하기, 촬영하기"가 포함될 수 있다(Shurmer-Smith, 2002a: 4).

- 사람들과 대화하라. 문화지리학자를 찾아라. 그들과 대화를 하거나 이메일을 보내서, 그들이 왜 그리고 어떻게 문화지리학에 '뛰어들게' 되었는지 알아보라.

- 문화지리학은 개방적이고, 진화하고, 현재 진행 중인 하위 학문 분야라는 점을 알아야 한다. 자신의 연구와 학문을 통해 이를 확장할 수 있다.

- 문화지리학은 인문지리학의 학문 분야 중 중요하고 생동감 있는 연구 및 학문 영역이다. 이 책을 집필하는 동안 문화지리학자들은 아프리카 난민의 미국 정착에서부터 좀비 지리 그리고 그 사이의 모든 지점을 연구하고 있었다(Box 1.4 참조).
- 문화지리학은 다양한 맥락에서 문화 실천과 정치 그리고 문화 대상과 미디어, 텍스트, 재현의 중요성에 대한 풍부한 연구를 제공해 준다. 문화지리학은 인문지리학 내에서 이론적으로 가

장 모험적이고 전위적인 하위 학문 분야 중 하나이기도 하다.
- '문화'와 '문화지리학'은 매우 복잡한 용어로 정의할 수 있으며, 지리학자마다 개념을 이해하는 방식이 다르다.
- 지난 세기를 돌이켜 보면, 중요하면서도 매우 다양한 문화지리학의 버전을 확인할 수 있다. 1.4절에서 논의된 '전통 문화지리학'에서 '신문화지리학'을 거쳐 '신문화지리학 비판'으로의 전환에 특히 세심한 주의를 기울여야 한다.

 핵심 읽을거리

문화지리학과 관련한 유용하고 흥미로운 문헌이 많이 있다. 아래에는 이 장의 논의와 연결되는 핵심 읽을거리의 몇 가지 예가 포함되어 있다.

Anderson, K., Domosh, M., Pile, S. and Thrift, N. (eds) (2003) *Handbook of Cultural Geography*, Sage, London.
문화지리학의 여러 주제와 개념적 영역을 반영하는 훌륭한 책이다. 이 책은 비평가들이 신문화지리학으로부터 벗어나라고 요구하기 시작한 시기에 대해 조사했다.

Cosgrove, D. and Daniels, S. (eds) (1988) *The Iconography of Landscape: Essays on the symbolic representation, design, and use of past environments*, Cambridge University Press, Cambridge.
앞에서 언급했듯이, 경관과 재현에 대한 지리적 연구는 신문화지리학의 핵심이었다. 경관의 역사적 재현에 관한 연구 모음집인 이 책은 신문화지리학의 고전이다.

Crang, M. (1998) *Cultural Geography*, Routledge, London.
신문화지리학에서 파생된 연구를 소개하는 데 특히 유용한 훌륭하고 이해하기 쉬운 교재다.

Jackson, P. (1989) *Maps of Meaning*, Routledge, London.
지리학자들이 문화 연구를 비롯한 기타 사회 과학 분야의 작업에 더 많이 참여할 것을 요구하는 명확하고 읽기 쉬운 주장을 제공하는 신문화지리학의 고전이다.

Lorimer, H. (2005) Cultural geography: the busyness of being 'more-than-representational'. *Progress in Human Geography*, 29, 83-94.
이 논문은 최근 문화지리학의 비판적이고 비재현적인 흐름을 탐구한다(Lorimer, 2007; 2008도 참조).

Nayak, A. and Jeffrey, A. (2011) *Geographical*

Thought: An introduction to ideas in human geography, Pearson, Harlow.
이 책은 이 장에서 설명하는 문화지리학의 발전을 맥락화한 인문지리학 내의 폭넓은 사고의 변화를 소개한다. 아래 제시된 슈머–스미스의 책과 함께 읽어보라.

Shurmer-Smith, P. (ed.) (2002) *Doing Cultural Geography*, Sage, London.
지리 사상사의 광범위한 변화에 의해 맥락화되는 문화지리학과 관련한 다양한 접근법을 소개하는 매우 유용한 책이다.

Zelinsky, W. (1973) *The Cultural Geography of the United States*, Prentice Hall, Englewood Cliffs.
문화지리학에서 좀 더 '전통적인' 형태의 작업을 이끌어 내고 요약하는 훌륭한 자료다.

문화 과정과 정치

1장에서는 문화지리 연구가 중요한 세 가지 이유를 살펴보았다.

• 문화지리학자는 문화 과정과 그 복잡한 지리와 정치에 대한 연구를 수행한다.
• 문화지리학은 모든 종류의 공간과 지리적 맥락에서 문화 대상, 미디어, 텍스트 및 재현의 중요성을 탐구한다.
• 문화지리학자는 새로운 사회 문화 이론을 접하고 그것이 인문지리학자에게 중요한 이유 등을 성찰한다.

1부는 위의 세 가지 주제 중 첫 번째 주제를 다룬다. 2장과 3장에서는 문화 과정과 정치를 탐구하는 주요 개념과 지리학 연구를 소개한다. 또한 이러한 맥락에서 연구하는 지리학자들에게 영감을 준 사회학과 문화 연구 아이디어와 연구의 보다 넓은 맥락을 소개한다. 앞으로 설명하겠지만, 이 연구의 상당 부분은 다음 중 하나에 집중하는 경향이 있다.

• 문화 생산-모든 종류의 문화 대상, 공간, 상품, 텍스트, 재현과 미디어가 생산되는 과정
• 문화 소비-소비자가 문화 대상, 공간, 상품, 텍스트, 재현과 미디어를 접하고, 구매하고, 사용하는 방식

2장과 3장에서 차례대로 각 주제에 초점을 맞출

것이다. 2장에서는 다음의 내용을 포함해 문화 생산의 몇 가지 핵심 과정을 소개한다. 문자 그대로 문화 대상이 어떻게 그리고 어디에서 만들어지는지, 특정한 지리 및 역사적 맥락에서 '좋은 취향'의 의미, 규범, 개념이 어떻게 생산되고 특정한 문화 대상에 부여되는지 그리고 문화 공간이 어떻게 생산되고 규제되는지와 같은 것 말이다. 또한 어떻게 문화 생산의 형태가 특정하고 불평등한 형태의 권력관계를 효과적으로 (재)생산하는지에 주목한다. 3장에서는 문화 소비의 개념을 소개하며, 특히 일상 공간상 소비 실천의 실질적 중요성, '소비자 사회' 내에서 소비의/소비를 위한 공간의 개발, 장소의 소비에 수반되는 실천, 소비의 지리적 복잡성에 초점을 맞춘다. 여기서는 소비가 어떻게 개인의 문화 정체성의 중심이 되는지 그리고 때때로 2장에서 확인한 문화 권력의 형태와 경쟁하거나 이를 전복하려고 하는 정치화된 실천의 중심이 될 수 있는지에 주목한다.

2장과 3장은 문화 생산과 문화 소비 각각에 대한 주요 연구 내용을 파악하는 데 도움을 줄 것이다. 그러나 정말 염두에 두어야 할 것은 문화 생산과 소비의 과정이 실생활과 깔끔하게 분리되어 있지 않다는 점이다. 비록 이러한 맥락에서 많은 고전적인 연구들이 문화 생산이나 소비 하나에만 집중하는 경향이 있었지만, 문화지리학 그리고 문화 연구 분야의 최신 연구는 이것이 심각한 문제가 있다는 점을 인식하기 시작했다. 3.5절에서는 이런 '이분법(either/or)' 접근이 왜 그토록 문제였는지 설명하고, 문화 생산과 소비의 과정이 실제

로는 항상 이미 밀접하고 복잡하게 상호 연결되어 있다는 것을 이해해야 한다고 주장한다.

1부를 읽은 뒤, 이 책 후반부에 있는 장들에서는 문화 과정과 정치에 대한.이해를 다음의 세 가지 주요한 방식으로 확장하고 발전시킬 수 있도록 도울 것이다.

- 1부는 문화 대상과 공간이 어떻게 생산되고 조우하는지에 대한 일종의 일반적 '스케치'를 제공한다. 2부의 몇몇 장은 특정한 종류의 문화 대상에 대해 훨씬 더 상세하고 구체적인 초점을 제공한다. 후반부에서 건축 공간(4장), 경관의 이미지(5장), 다양한 문화 텍스트(6장), 수행의 형태(7장)와 같은 분명하고 복잡한 지리를 고려해 보자.
- 7장과 8장에서는 수행성과 정체성 형성 개념에 대한 더욱 확장된 논의를 탐구함으로써 3장의 정체성과 하위문화에 대한 논의를 이어가도록 하자.
- 3부에서는 일상성(9장), 물질성(10장), 감정과 정동(11장), 체현(12장)의 개념을 소개하고, 모든 인문지리학이 갖는 고유한 복잡성에 대해 논의한다. 이 개념들이 2장과 3장에서 설명한 과정과 어떻게 관련되는지 고려해 보자. 모든 문화 생산과 소비는 복잡하고 물질적인 공간에서 체화된, 감정적인, 일상적인 실천을 포함한다는 것이 명확해져야 한다. 이러한 깨달음은 문화 과정과 정치에 대한 이해를 어떻게 더하거나 복잡하게 만드는가?

Chapter 02 | 문화 생산

2.1 서론: 문화지리학 교재 생산하기

잠시 이 책에 대해 생각해 보자. 여러분은 이 책에 대해 얼마나 알고 있는가? 이 책이 어디에서, 언제, 어떻게 만들어졌을까? 이 책의 생산과 관련된 몇 가지 측면을 조명해 볼 수 있다. 영국 이스트미들랜즈에서 컴퓨터로 글을 쓰며(혹은 쓰지 않으며) 보낸 많은 시간들. 그 과정에서 사용된 수많은 메모지, 펜, 프린터 카트리지. 저자와 편집자 간의 수많은 회의와 이메일. 계약, 초안, 수정과 여타 서류 작업에 서명하기, 봉인 및 전달. 영국 할로에 본사를 둔 출판사에 의뢰된 모든 과정. 영국 고스포트에서 인쇄된 책. 이 모든 과정의 수많은 측면에 대한 지도를 그려내기란 쉽지 않다. 책의 종이, 표지, 잉킹(inking)에 사용된 원재료는 어디서 조달되었는가? 인쇄소에서 여러분이 책을 집어든 곳까지 어떻게 운반되었는가? 조판, 잉크, 생산 라인 유지나 배달 트럭 운전을 담당한 사람들은 누구인가? 그들의 직장 생활은 어떠한가? 이 책이 의뢰될 수 있게 해준 자금의 교류나 출판업계의 비하인드 스토리에는 어떤 것이 있는가? 이 책을 생산함으로써 궁극적으로 누가 이익을 얻는가? 앞으로 제시하겠지만, 일반적으로 문화 대상, 텍스트와 미디어는 복잡한 생산 과정을 통해 만들어지지만, 이를 소비하는 소비자들이 알아차리지 못하는 경우가 많다.

이 장에서는 지리학자들이 문화 생산의 과정을 탐구해 온 몇 가지 방법을 소개한다. 문화 생산과 관련한 질문은 문화지리학자에게 중요하다. 여러분이 이 중요성을 이해할 수 있도록 돕기 위해, 이 장은 다음과 같이 구성된다.

- 문화 생산이 문화지리학자에게 주요한 관심사가 되어 온 이유
- 문화 생산을 탐구해 온 지리학자에게 유용했던 몇 가지 주요 개념
- 문화 대상, 텍스트, 미디어 제작을 탐구한 경제·도시·산업지리학자의 몇 가지 주요 업적
- 다양한 종류의 문화 공간의 창조와 유지에 관한 지리적 연구

2.2 문화 생산에 질문 던지기

1장에서는 '문화'라는 단어가 많은 것을 설명하는 데에 사용될 수 있다는 데에 주목했다. 이 단어는 다음과 같은 것을 지칭한다.

- 인간이 만든 텍스트, 대상 및 공간: 작은 스케일의, 개별적으로 만들어진 예술품부터 대량 생산된 상품 및 글로벌화된 미디어, 대규모의 공공 공간 및 건축물에 이르는 모든 것
- 문화 텍스트, 대상, 공간과 관련된 실천, 습관 및 생활양식
- 위의 모든 것과 관련된 의미, 규범 및 가치 판단; 위의 모든 것과 관련된 권력관계, 집단 정체성 및 불평등

또한 1장에서는 이 모든 것에 대한 몇 가지 공간 패턴, 과정 그리고 결과를 탐구해 온 문화지리학자들의 연구를 살펴보았다. '문화 생산'에 대한 질문, 다시 말해 모든 문화 대상, 공간, 실천, 의미 그리고 관계가 어떻게 만들어지고 현재에 이르는지는 문화지리학자들에게 핵심적인 문제다. 실제로 문화지리학자에게 문화 생산은 근본적이지만 분열을 초래하는 문제라고 생각할 수 있다. 한편에서는 많은 문화지리학자들이 문화 생산의 과정, 정치 그리고 공간을 탐구할 동기를 얻었지만, 다른 한편에서는 문화 생산에 대한 연구가 우세하다고 인식되는 것에 반대할 동기를 얻었다. 어느 쪽이든 간에 양쪽 모두 문화 생산이 중요한 문제라는 점은 인정한다. 어떤 사람은 문화 생산이 문화지리학에서 중심적이고 동기를 부여하는 관심사가 되어야 한다고 생각하는 반면, 다른 사람은 문화 생산이 지나치게 많은 주목을 받아왔다고 여긴다.

이 장은 문화 대상, 의미와 공간 만들기에 초점을 맞추고 있다. 여기서는 문화 생산을 연구하는 것이 어떻게 근본적으로 지리적인 문화 정치의 과정과 형태를 드러내는지 설명한다. 하지만 3장에

서는 문화 생산에 관한 지리적 연구와 관련된 몇 가지 중요한 비평을 소개한다. 특히 이 장을 모두 읽고 난 뒤 3.5절 문화 생산과 소비 연결하기를 읽어볼 것을 권한다.

문화 생산이 여러 문화지리학자에게 근본적인 관심사가 된 세 가지 주요 이유는 다음과 같다. Box 1.3과 관련 설명을 참조하면 더 넓은 맥락에서 요점을 파악하는 데 도움이 될 것이다.

- 인문지리학의 초창기 고전적인 연구의 상당수, 특히 1장에서 전통 문화지리학과 지역 문화지리학이라고 이름 붙여진 일련의 연구는 인간 활동과 경관 사이의 관계를 탐구했다. 1.4절에서 서술했듯이, 전통 문화지리학자, 특히 버클리 학파(Berkeley School)는 '문화 경관'에 관한 많은 연구를 수행했다. 가령 특정 형태의 물질 문화, 제조된 물건, 거주 공간, 기술이나 창의적 실천이 어떻게 '문화 기원지'에서 출현하고 전파되었는지, 그 결과 '자연 경관'이 어떻게 변화했는지를 탐구했다. 내용적으로 다소 유사하게, 아날 학파(Annales School)와 같은 초창기 지역지리학자는 특정 농업 혹은 제조업 전통이 어떻게 지역 예술과 민속 문화에 나타나는 독특한 지역과 로컬의 '생활양식'을 형성했는지 연구했다. 비록 이런 지리학 연구가 후대 문화지리학자들에 의해 비판을 받았고 어느 정도는 부인되기도 했지만(1.4절 참조), 문화 예술품, 실천, 라이프 스타일이 농업, 제조업, 그리고 경관 프로세스와 밀접하게 연결되어 있다는 인식은 여전히 중요하다. 초창기 지리학자들은 인문지리학자가 하는 일에 대한 기대를 형성하는 데 중요한 역

할을 했다. 그리고 문화 생산에 대한 이들의 이해는 수십 년 동안 계속해서 문화지리학의 연구 형태와 방향을 잡아주었다.

- 1.4절에서 언급했던 것처럼, 신문화지리학은 1980년대와 1990년대에 문화 연구를 포함한 다른 학문 분야의 연구와 지리학자와의 만남을 통해 탄생했다. 1970년대와 1980년대 문화 연구에서 가장 흥미롭고 중요한 연구로는 신문, 텔레비전 프로그램, 영화 및 팝 음악과 같은 대중문화 매체의 생산과 생산자를 탐구하는 연구다. 이는 종종 간과되었던 매체의 이데올로기적 내용과 이를 생산하는 배타적이고 특정하며 불평등한 산업과 과정에 대해 밝히고자 했다. 이러한 자극적이고 정치적인 연구는 '신문화지리학'의 시대에 이를 접한 많은 지리학자에게 영감을 주었다. 문화 연구에서 시작되어 지리학자에게 영감을 주었던 문화 생산과 관련한 몇 가지 핵심적인 주장의 개요는 2.3절을 참조하라 (그러나 다른 사람들은 문화 생산에 지나치게 집중하는 것을 비판하게 되었다. 3장 참조).

- 문화지리학자가 문화 생산 과정을 탐구한 유일한 혹은 최초의 지리학자는 아니었다. 사실 1970년대에서 1980년대 사이 지리학 연구에서 최소 두 개의 주요 분야가 이 문제에 초점을 맞추었다. 첫째, 여러 경제·도시·산업지리학자는 다양한 맥락에서 문화 산업, 문화 생산 수단과 사슬, 문화 상품의 상업화 그리고 문화와 경제 생산 간의 연결고리에 대해 광범위하게 글을 썼다. 둘째, 도시지리학자와 도시 계획가는 다양한 건조 환경 내에서 문화 활동, 공간, 이벤트 및 정체성의 생산과 규제를 이론화했다. 이 두 가

지 연구 갈래에 대한 논의는 2.4절과 2.5절을 참조하라. 사실상 신문화지리학자들은 어떤 측면에서는 이미 이론화되고 광범위하게 연구되었던 맥락 속에서 연구를 수행하고 있음을 알게 되었다. 일부 문화지리학자는 기존의 연구를 활용하고 확장시켰지만, 다른 학자는 문화 생산에만 초점을 맞추는 것에 대해 비판했다(3장 참조).

2.3 의미, 담론, 취향 만들기: 문화 연구의 핵심 개념

앞부분에서 이미 1980년대와 1990년대 신문화지리학의 발전에서 문화와 미디어 연구 분야의 개념과 연구가 근본적으로 중요하다는 점에 주목한 바 있다. 문화 연구에서 가장 중요하고 흥미로운 업적 중 일부는 다음과 같은 문화 생산과 관련된 질문에 초점을 맞추었다.

- 문화 텍스트, 미디어, 대상은 어떻게 만들어지는가?
- 누가 만드는가?
- '누가' 이러한 텍스트, 미디어, 대상의 내용과 형식에 영향을 끼치는가?

또한 현대 문화 연구에서 생산에 초점을 맞춘 연구가 유일하게 흥미롭고 중요한 것이 아니라는 점도 주목해야 한다. 다음 장에서 살펴보겠지만, 문화지리학자에게 영향을 끼친 또 다른 문화 연구 분야는 문화 산물의 소비에 초점을 맞추었다.

문화 연구에서 생산에 초점을 맞춘 연구가 그렇게 중요한 이유 그리고 문화지리학자에게 그토록 영향력이 큰 이유에 대해 생각해 보자. 문화 연구는 문화 대상, 텍스트, 미디어 생산에 관한 뿌리 깊은 전통적 가정에 도전하기 시작했다. 특히 그들은 20세기 미술 평론가와 문화 평론가들이 수백 년 된 문화적 창의성의 '신화'를 대중화하고 이상화했다고 주장했다.

- 시인, 미술가, 작곡가, 소설가 및 여타 문화 생산자들은 재능 있고 자율적이며 능력 좋은 창작자 또는 천재로 이해되었다.
- 이들의 활동은 특별하고, 희귀하고, 높은 지위에 있고, 창의적이며, 어느 정도 자발적인 활동으로 간주되었다.
- 이러한 실천은 사회적, 경제적, 정치적 맥락과는 무관하게 자율적이고 창조적인 것이었다(실제로 창작자에게 명백하게 상업적이거나 이데올로기적인 것은 저속한 것으로 여겨졌다).
- 시, 미술품, 악보, 소설 등은 그 자체로 대상으로 읽히고 평가받을 수 있다. 즉 그 생산에 관여된 작업과도 독립적이고, 사회적, 경제적 또는 정치적 맥락과도 무관하다.
- '고급문화'와 같은 특정 종류의 문화 산물(아래 참조)은 본질적으로 다른 것보다 더 특별하고 높은 지위를 갖는 것으로 간주되었다.

문화적 창의성에 대한 신화는 세 가지 핵심적인 차원에서 문제가 있고 부정확한 것으로 여겨졌다. 첫째, 개인의 타고난 창의성을 낭만화함으로써 문화 생산에 수반되는 실제 작업을 간과했다는 주장이 제기되었다. 이런 깨달음은 의미가 실제로 만들어지는 실천과 기술을 조사하는 문화 연구의 주요 작업으로 이어졌다. 언어학 및 기호학 이론가로부터 영감을 받은 문화 연구자들은 모든 종류의 문화 텍스트 및 미디어의 내용, 형식, 의미와 그 안에서 의미가 전달되는 실천을 탐구하는 새로운 연구 방법을 개발했다. 이는 때때로 언어적 가정과 기술에 관한 상세한 고려로 이어졌다. 선도적인 문화 이론가 스튜어트 홀이 제시한, 글자의 조합이 어떻게 특정한 문화적 맥락에서 특정 의미를 전달하는지에 관련된 다음의 질문을 생각해 보자 (Hall, 1997: 21).

그렇다면 문제는 같은 문화에 속한 사람들이 나무(TREE)라는 단어를 구성하는 글자와 소리의 임의적인 조합이 '큰 식물…'이라는 개념을 나타낼 것이라는 점을 어떻게 알 수 있느냐는 것이다. 한 가지 가능성은 세상의 사물 자체가 어떤 방식으로든 자신의 '진짜' 의미를 체현하고 고정한다는 것이다. 그러나 실제 나무가 자신이 나무라는 것을 알고 있는지는 전혀 명확하지 않으며, 자신의 개념을 나타내는 영어 단어가 TREE라고 쓰이는 반면, 프랑스어에서는 ARBRE라고 쓰인다는 것을 알고 있는지는 더더욱 명확하지 않다! 이 단어에 관한 한 COW, VACHE 또는 XYZ라고 쉽게 쓸 수 있다. 의미는 대상이나 사람, 사물에 있는 것도 아니고 단어 안에 있는 것도 아니다. 시간이 지남에 따라 자연적이고 필연적으로 보이도록 의미를 확실하게 고정하는 것은 바로 우리다. 의미는 재현의 체계에 의해 구성된다.

TREEs, VACHEs, XYZs와 재현의 체계에 관한 이야기는 처음에는 다소 괴상하고 난해해 보일 수 있다. 하지만 실제로 문화 연구자들은 대중음악, 영화, 텔레비전, 광고, 뉴스 미디어 등 다양한 문화 산물에서 의미가 어떻게 생산되는지 탐구하기 위해 재현의 세세한 부분까지 면밀히 읽어내는 방법을 사용했다. 가령 문화 연구자들은 언어와 이미지를 면밀하고 체계적으로 분석하는 텍스트 분석 방법을 적용해 현대 뉴스 보도의 내용을 풀어내고, 겉으로 보기에 '중립적인' 보도에 존재하는 정치화되고 편파적인 메시지를 밝혀냈다(Box 2.1 및 6장 참조). 언어 규범에 대한 근본적인 비판적 성찰, 즉 아이디어, 이미지, 문장 나아가 모든 문화 산물이 실제로 어떻게 결합되는지 탐구하는 유형은 특히 문화지리학자 사이에서 널리 영향력을 발휘했다. 앞으로 살펴보겠지만, 이 시기 문화 연구에서 개발된 텍스트 및 담론 분석 방법은 새롭고 흥미로운 방식으로 다양한 지리학 연구에 적용되었다(이에 관한 사례는 뒷부분의 경관, 텍스트와 수행에 관한 장을 참조할 것). 더 넓게 보면, 나무(TREEs)와 같이 당연하게 여겨지는 의미가 사회적으로 구성되고 문화적으로 특수하다는 사실, 즉 특정 집단에 의해 만들어지는 것이고 보편적으로 이해되는 것이 아니라는 사실은 문화지리학의 여러 분야에서 매우 중요한 의미를 지니고 있다. 이후의 장에서 설명하겠지만, 사회적으로 구성된 의미라는 개념은 **건축**(4장), **경관**(5장), **정체성**(8장), **감정**(11장), **신체**(12장) 등의 주제에 대한 지리학 연구의 시금석이 되어왔다.

문화적 창의성의 신화에 대한 두 번째 반대 의견은 그것이 문화 생산과 더 넓은 사회적, 경제적, 정치적 맥락 사이의 연관성을 간과한다는 점이다.

특히 누가 문화를 생산하고 누가 생산하지 않는지를 결정하는 데 광범위한 맥락이 얼마나 중요한지 그리고 이것이 문화 텍스트와 미디어의 내용과 형식에 어떤 영향을 끼치는지 은폐한다는 것이다. 앞의 단락에서는 문화 텍스트, 미디어 및 의미는 사회적으로 구성된다는 개념을 소개했다. 이에 따라 많은 연구자들은 누가 이 과정에 관여하는가, 즉 문화 텍스트, 미디어 및 의미의 사회적 구성에 정확히 누가 관여하는가를 고민하게 되었다. 모든 사람이 문화 생산에 참여하는 것은 아니며, 더 중요한 것은 모든 사람이 문화적 창의성의 신화가 기념하는 종류의 문화 실천에 참여할 수 있는 것은 아니라는 주장이 제기되었다. 창의적인 문화 실천에 전념하기 위해서는 경제 자본(돈, 경제적 안정 또는 재정적 후원자)과 문화 이론가들이 '문화 자본'(특정 기술, 지식, 의견, 습관 또는 권력 및 영향력의 네트워크에 대한 접근성)이라고 부르는 것을 갖추는 것이 분명 유리하다. 문화 연구자들은 문화 생산의 명백한 배타적 성격을 비판했다. 역사적으로 권위 있는 문화 창작자는 압도적으로 경제/문화 자본이 풍부한 백인, 고학력, 대도시, 유럽 또는 북미의 상류층 남성이었다는 점이 지적되었다. 마찬가지로 여성, 소수 민족 및 종교적 소수자, 장애인, 경제/문화 자본이 부족한 사람과 같은 사회 집단이 출판, 미디어, 예술계와 같은 과거와 현재의 문화 산업(다음 절 참조)에서 체계적으로 과소 재현되고 있다는 주장이 제기되었다. 더 정확히 말하자면, 문화 생산의 특정 측면(의사 결정, 작업 의뢰, 창작 행위 자체)이 높은 지위로 간주되어 사회의 편협하고 배타적인 일부 계층에 의해 수행되는 경향이 있었다는 지적이 있었다. 한편, 소설책 인쇄,

붓 조립, 안료 제조, 공연장 관리 등 문화 생산에 필수적인 다른 많은 형태의 노동은 신화화된 문화적 창의성의 실천보다 지위가 낮거나 별개의 것으로 간과되는 경향이 있었다. 문화 생산의 지리 이면에 숨겨진 노동을 지도화하는 작업을 수행한 지리학 연구는 10장을 참조하라.

1970년대와 1980년대 문화 연구의 주요 성과는 문화 생산에 대한 차별적인 참여가 현대의 사회경제적 불평등과 어떻게 직결되는지 밝히는 것이었다. 일반적으로 대부분의 문화 생산 영역에서 사회에서 상대적으로 특권을 누리는 사람이 높은 지위를 차지하는 경향이 있는 반면, 사회적으로 배제된 집단에 속한 사람은 압도적으로 과소 재현된다는 사실은 여전히 유효하다. 문화 연구의 또 다른 성과는 이러한 문화 생산의 불평등이 문화 산물의 형식과 내용에 어떤 영향을 끼치는지 설명하는 것이었다. 문화 연구자들은 사실상 모든 문화 텍스트와 미디어는 이데올로기적인 것으로 읽을 수 있으며, 문화 생산에 가장 많이 관여하는 특정 사회 집단의 이익에 주로 봉사한다고 주장했다. 왜냐하면 사실상 모든 문화 텍스트와 미디어는 이를 생산하는 사람의 이익을 암묵적으로 반영하고, 봉사하고, 촉진하기 때문이다. '헤게모니'라는 용어는 문화 연구와 이후 문화지리 연구에서 널리 사용되었다. 이탈리아의 마르크스주의자 안토니오 그람시는 사회 내 권력 집단이 "동의를 구하고 획득하는" 과정을 설명하기 위해 이 용어를 만든 것으로 알려져 있다(Hartley, 1994: 59). 문화 연구에서 헤게모니 개념은 문화 텍스트와 미디어 연구에 적용되었다. 다음과 같은 이유로 뉴스와 미디어를 포함한 모든 종류의 문화 산물(Box 2.1 참조)

을 '헤게모니'로 이해해야 한다는 주장이 제기되었다.

- 문화 산물은 이를 생산하는 사람의 이익을 증진시키거나 그들에게 봉사한다.
- 문화 생산자의 세계관을 상식적이고 이상적이며 정상적인 것으로 묘사한다.
- 이를 통해 문화 생산자의 규범과 편견을 자연스럽고 보편적인 것으로 적극적으로 유포하고 재생산한다.
- 편협한 세계관에도 불구하고 문화 산물은 중립적이거나 자연스러운 것으로 여겨진다.

- 따라서 문화 상품은 "기존의 사회적, 정치적, 경제적 제도를 자연스럽고 불가피한 것"으로 재현한다(Crane, 1992: 87).
- 즉, 사회와 분화 생산의 불평등을 은폐하거나, 문제가 없고 불가피한 것으로 묘사한다.
- 반대하는 목소리와 세계관을 무력화하거나 그럴 여지를 제공하지 않는다.

이 시기 많은 문화 연구는 텔레비전 드라마, 대중음악, 영화, 광고, 뉴스 미디어와 같이 비정치적으로 보이는 문화 텍스트와 미디어에서 헤게모니 규범과 선전 방법을 밝혀내고자 했다(Box 2.1 참조).

🌐 '현실을 조합하기': 뉴스 미디어 제작

사진 2.1 텔레비전 뉴스는 어떻게 현실을 '조합'할까?
출처: Shutterstock.com/Withgod

문화 연구 분야에서 문화 생산에 관한 선구적인 연구는 인쇄물, 텔레비전, 온라인 등 뉴스 미디어에 집중되어 있다.

뉴스 미디어가 흥미로운 문화 산물인 이유는 다음과 같다.

(i) 일반적으로 시사에 대한 사실적이고 중립적인 기록으로 묘사되며, 종종 무비판적으로 소화되기도 한다. (ii) 많은 사람에게 정치적 이슈와 논란의 여지가 있는 이슈를 포함해 일반적으로 좀 더 넓은 세상을 재현하는 가장 중요한 출처 중 하나이기 때문이다. 뉴스 미디어가 소비를 위해 어떻게 '현실을 조합'하는지 탐구하는 데 중요한 역할을 한 엘드리지의 인용문에 대해 생각해 보자.

> 문제는 이것이다. 텔레비전이 '현실'을 조합한다면, 그 생산물의 본질은 무엇인가? 객관성과 공정성과 관련해 전문적인 주장에 근거한 뉴스 보도의 본질주의적 특성은 그것이 어떤 종류의 문화 인공물인지를 묻게 한다. 이에 대한 한 가지 방법은… 논란이 되고 있는 사안을 살펴보고… 텔레비전 뉴스에서 어떻게 다루어지는지 살펴보는 것이다. 뉴스가 표현되는 언어적 및 시각적 문법, 그래픽 및 기타 상징적 표현의 사용, 헤드라인의 사용, 인터뷰 대상, 인터뷰의 형식과 내용 등 뉴스 기사를 일종의 내러티브로 살펴볼 수 있다. 요컨대 정보가 조직되는 방식과 우리 앞에 놓인 암묵적이고 설명적인 내용을 살펴볼 수 있다.
>
> —Eldridge, 1993: 4-5

이런 접근 방식은 매일 접하는 신문, 헤드라인 뉴스 방송, 온라인 뉴스 피드에 대해 질문을 던지도록 유도한다. 오늘날 뉴스 미디어의 한 가지 사례를 살펴보고 다음과 같은 질문에 대해 생각해 볼 수 있다.

- '현실을 조합'하기 위해 어떤 기술이 사용되는가? (Hartley, 1994; Matheson, 2005 참조)
- 헤드라인, 편성, 방송 순서는 어떻게 뉴스를 구성하고 특정 사건에 의미를 부여하는가?
- 사건을 특정한 방식으로 묘사하기 위해 언어, 문구, 스크립트는 어떤 방식으로 사용되는가?
- 뉴스를 표현할 때 이미지와 도상학(iconography)은 어떻게 사용되는가?
- 진부한 클리셰나 관례가 사용되지 않는가?
- 누구의 관점이 재현되는가?(그리고 누구의 관점이 재현되지 않는가?)
- 뉴스 매체를 중립적이고, 권위 있고, 사실적인 것으로 보여주기 위해 어떤 기법이 사용되는가?
- 동일한 뉴스거리가 두 개의 다른 뉴스 매체에서 어떤 식으로 재현되는가? 이런 비교를 통해 무엇을 배울 수 있는가?
- 뉴스 미디어는 제작 방식에 따라 어떤 식으로 형성되는가?(Herman and Chomsky, 1988 참조)
- 뉴스 매체의 제작 방식은 누가 결정하는가?
- 뉴스 매체가 어디서, 어떻게, 어떤 조건에서 생산되었는지에 대해 얼마나 알고 있는가?
- 누가 이 뉴스 매체를 통해 경제적, 정치적 혹은 다른 방식으로 이익을 얻는가?
- 이러한 질문에 대한 답이 뉴스 매체의 콘텐츠에 어떤 영향을 끼칠 수 있는가?

문화 연구 및 문화지리학을 포함한 많은 학문 분야의 연구자들은 헤게모니에 대한 우려로 인해 문화 생산과 사회, 경제, 정치권력 간의 연관성을 고려하게 되었다. 20세기 철학자 미셸 푸코와 에드워드 사이드는 이러한 관계를 이해하고자 하는 사람들에게 심대한 영향력을 행사했다. 두 주요 사상가의 연구는 광범위했으며, Box 2.2와 2.3에서는 문화 생산의 맥락에서 이들의 중요성에 대해

간략한 소개 정도만 하고 있으므로 이에 대한 자세한 논의는 6장을 참조하라.

'담론'에 대한 푸코의 연구(Box 2.2 참조)는 사회과학자들이 다양한 문화 텍스트, 대상, 미디어에 적용하는 담론 분석 방법을 개발하도록 자극했다. 예를 들어 문화지리학에서는 정책 문서(Evans and Honeyford, 2012), 경제 예측(Peet, 2007), 학교 건물(Pike, 2008), 도시 경관(Hastings, 1999), 의료

Box 2.2

미셸 푸코의 담론

프랑스의 포스트구조주의 철학자 미셸 푸코(1926-1984)의 연구는 문화 생산의 문제를 연구하는 연구자들에게 영향을 끼쳤다. 푸코는 '담론(discourse)'이라는 용어를 사용해 텍스트, 이미지, 의미 만들기가—어떤 수준에서는—항상 정치적인 행위라고 보았으며, 정치 권력을 행사하는 사람이 문화 생산을 어떻게 구체적으로 활용하는지를 고찰했다. 푸코(Foucault, 1972: 80)는 담론을 다음과 같이 정의한다.

때로는 모든 진술의 일반적 영역으로, 때로는 개별화가 가능한 진술의 집단으로, 때로는 여러 가지 진술을 설명하는 규제된 실천으로 사용된다.

각각의 의미를 차례로 살펴보자(Kraftl *et al.*, 2012와 6장의 **텍스트**에 관한 내용 참조). 첫째, 푸코는 '담론'이 특히 일상 언어에서 '모든 진술'에 대한 일종의 일반적이고 포괄적인 용어로 자주 사용된다고 주장했다. 둘째, 푸코는 주어진 시간과 장소에서 서로 연결된 특정한 '진술 집단'을 식별할 수 있다고 주장한다. 특히 중요한 것은 강력한 현대의 제도와 조직에 의해 (재)생산되고 유통되며 현대 사회에서 특정 주제, 이슈 또는 질문이 다루어지는 방식을 효과적으로 지배할 수 있는 영향력 있

는 규범과 지식이다. 푸코에게 담론은 항상 이미 권력 추구와 유지의 중심이었다(Foucault, 1991[1975]: 22). 왜냐하면,

권력과 지식은 서로를 직접적으로 암시하기 때문이다… 지식의 장에서 상관적 구성이 없는 권력관계는 존재하지 않으며, 권력관계를…전제하지 않는 지식도 존재하지 않는다.

셋째, 푸코는 담론을 생산하는 실천에 주목해 담론과 담론에 입각한 권력의 형태가 어떻게 생산되고 행해지는지 탐구하게 만든다. 사회과학자들은 이러한 요구에 대해 다양한 접근법을 취해 왔으며, 다음과 같은 내용에 주목해 다양한 담론 분석 방법을 개발했다.

- 담론 생산의 언어와 텍스트 기법(예: 수사학, 은유, 문법, 이미지)
- 강력한 담론을 만들어내는 비언어 및 수행 전략(예: 제스처, 무대 연출, 프레젠테이션 기술)
- 실제 담론을 구성하는 자료, 도구, 텍스트 및 기술
- 담론을 생산, 전파 및 통제하는 조직, 기관 및 네트워크, 담론의 정서적/정동적 요소와 이에 대한 반응

행위(Evans, 2006) 등 모든 종류의 환경에서 담론을 연구하는 다양한 연구를 찾아볼 수 있다.

사이드의 '오리엔탈리즘'(Box 2.3 참조)은 특정 담론의 잠재적인 정치적, 억압적, 폭력적 성격과 문화 생산이 식민주의 권력 행사 등과 같은 더욱 광범위한 지리적 과정과 직접 연결될 수 있는 방식에 대한 논의를 촉진해 왔다. 사이드의 연구는 특정한 역사적, 지정학적 맥락에 초점을 맞추었지

만, 사회적으로 구성된 담론의 힘을 보여주는 그의 설명은 다양한 맥락에서 재현과 담론의 역할을 비판적으로 평가할 수 있는 용어를 제시했다. 가령, 그의 연구는 문화지리학자 사이에서 여행 글쓰기, 영화 및 텔레비전, 뉴스 보도, 예술/문학 등에서 인물과 장소의 재현을 규명하는 연구를 촉발시켰다.

Box 2.3

 ## 에드워드 사이드의 오리엔탈리즘

팔레스타인계 미국인인 포스트식민주의 문학 이론가 에드워드 사이드(1935-2003)는 사람과 장소에 대한 이미지와 고정 관념의 생산을 탐구하는 연구자들에게 중요한 영향을 끼쳤다. 사이드의 가장 유명한 저서 『오리엔탈리즘(Orientalism)』(1978)은 장소와 사람이 재현되는 방식 그리고 그런 재현의 정치화된 효과에 대해 다루고 있다. 이 책은 18세기 이후 유럽인이 '동양/오리엔트'를 어떻게 재현해 왔는지 살펴본다. 사이드는 서구의 예술, 문학, 대중문화에서 '동양'이 반복적으로 '타자'의, 이국적이고 낯설고 위험하고 무섭고 불안정한 것으로 묘사되어 온 일련의 반복적인 담론과 재현, 이른바 '상상의 지리'를 규명한다. 사이드가 그의 작품에서 탐구한 몇 가지 사례는 다음과 같다.

• 서구 뉴스 미디어에서 아랍인을 전투원 또는 테러리스트로 재현하는 방식. 사이드는 1960년대와 70년대 아랍/이스라엘 전쟁 당시 미국 뉴스 미디어의 담론을 분석해 아랍 군인들이 광신적이고 신뢰할 수 없고 불명예스럽고 악랄한 '악당'으로 반복적으로 재현되는 방식을 보여주고, 할리우드 액션 영화에서 아랍 군인과 테러리스트가 외로운 서구 영웅에 의해 쉽게 정복되는 것을 성찰했다. 말년에 사이드는 9·11 테러 이후에도 자살 폭탄 테러범, 사담 후세인, 오사마 빈 라덴에 대한 미디어의 재현을 통해 서구에서 아랍인의 이미지가 어떻게 '우리'를 위협하는 악랄하고 광적인 '외국의 악마'로 지속되었는지에 대해서도 성찰했다.

• 프랑스 고전 회화에서 '동양'의 재현. 사이드는 유럽 미술 시장에서 중동과 북아프리카의 풍경이 인기를 끌었던 19세기 초 외젠 들라크루아(Eugène Delacroix, 1798-1863), 장 오귀스트 앵그르(Jean-Auguste Ingrès, 1780-1867), 장 레옹 제롬(Jean-Léon Gérôme, 1824-1904)과 같은 유명 화가들의 작품을 살펴보았다. 그는 이 예술가들이 천박하고 수상한 아랍 남성과 이국적이고 매혹적이며 신비롭고 자유분방한 (즉 느슨한 옷을 입은) 아랍 여성의 도상을 그렸다는 점을 보여준다.

• 유럽 작가들의 동방 여행기. 사이드는 벤저민 디즈레일리(Benjamin Disraeli), 제라르 드 네르발(Gérard de Nerval), 귀스타브 플로베르(Gustave Flaubert) 등 19세기 유럽 여행 작가의 여행기를 통해 종교 광신자, 노예 거래, 불안정한 상황, 아편굴, 천박한 상황 그리고 중동과 북아프리카의 이국적이고 '다른' 주민에 대한 매혹을 보여주는 글을 탐구한다.

사이드는 '오리엔탈리즘' 이미지 레퍼토리가 유럽인이 습관적으로 '동양'을 상상하는 '왜곡된 렌즈', 즉 동양과 그곳에 사는 사람들을 '우리'와 반대되는 '타자'로 상상하는 일련의 방식을 구성한다고 주장한다. 요컨대, '정상적'이고 문명적이며 이성적이고 품위 있는 사람들인 '우리'에 비해, '그들'은 '이국적'이고, 원시적이며, 불안정하고, 광신적이며, 잠재적으로 악랄한 존재로 재현된다.

문화적 창의성의 신화에 대한 세 번째 반대 의견은 그것이 특정한 형태의 창의성과 문화 상품이 높은 지위에 오르는 방식을 간과한다는 점이다. 앞부분에서 이미 클래식 음악, 문학, 시, 미술과 같은 특정 종류의 문화 실천이 재능 있고 존경받는 창작자들의 뛰어난 활동에서 비롯된 특별한 것으로 평가받는 경우가 많다는 점을 지적한 바 있다. 문화 연구의 주요한 성과 중 하나는 이러한 가정에 기반해 당연시되는 가치 체계 전체에 비판적으로 의문을 제기하는 것이었다. 프랑스 사회학자 부르디외(Bourdieu)의 '구별짓기'와 '취향'이라는 개념에 대한 연구가 여기에 영향을 끼쳤으며, 이후 문화지리학자들에게도 영향을 끼쳤다. 부르디외는 『구별짓기(*Distinction*)』(1984: 466)에서 '취향'을 다음과 같이 정의한다.

취향은 '차별화'하고 '평가'하기 위한 후천적인 성향… 즉, 대상을 정의하는 특징에 대한 지식 없이도 대상을 인식할 수 있기 때문에… 구별되는 지식이 아닌 구별되는 과정에 의해 차이를 확립하고 표시하는 것이다… 일차적인 형태의 분류는 의식과 언어의 수준 하에서, 즉 자기 성찰의 범위나 의지에 의한 통제의 범위를 넘어 기능한다는 사실에 기인한다.

이러한 정의에 대해서는 조금 뒤에 설명하겠지만, 글을 계속 읽어나가기 전에 다음과 같은 질문은 부르디외의 (처음에는 다소 어려운) 정의를 이해하는 데 도움이 될 수 있다.

- '세련된' 또는 어떤 면에서 '좋은 취향'을 가진 사람을 떠올려 보자. 이 단어가 의미하는 바를 정확히 찾아보자.
- 반대로, 다소 '취향이 떨어지는' 무언가 또는 어떤 측면에서 '나쁜 취향'을 가진 사람을 생각해 보자. 다시 말하지만, 이 단어는 무엇을 의미하는가?
- '좋은 취향'과 '나쁜 취향'에 대한 관념은 어디에서 유래했을까? 어디서 어떻게 학습할 수 있

을까?

좋은 취향과 나쁜 취향의 사례를 꽤 쉽게 찾아낼 수 있다. 사람들은 매일 다양한 방식과 맥락에서 좋아하는 것과 싫어하는 것, 가치 있는 것과 가치 없는 것, 감동적인 것과 실망스러운 것 등 가치 판단을 내리고 있다. 부르디외의 용어로 표현하자면, 좋아하고/사랑하고/가치 있게 여기고/관심 있어 하는 것과 싫어하고/미워하고/가치 있게 여기지 않고/관심 없는 것을 구분하는 것은 '후천적으로 차별화하고 평가하는 성향'을 가지고 있는 것처럼 보이며, 인간 사회생활의 자연스러운 특성처럼 보인다. 그러나 부르디외는 이렇게 당연시되는 '차별화 성향'에 의문을 제기한다. 그는 20세기 프랑스의 소비 실천에 대한 연구를 예로 들며, 좋은 취향과 나쁜 취향의 '상식적인' 구분이 현대 사회의 불평등 및 구분과 연결된다는 점을 보여준다. 그는 강력하고 편안한 사회 집단의 규범, 이상, 실천, 선호도가 사회·역사적 맥락에서 압도적으로 '좋은 취향', 즉 합법적이고 정상적이며 우월한 것으로 이해되어 온 것은 우연이 아니라고 주장한다. 마찬가지로 부르디외는 배제된 사회 집단과, (부르디외의 용어로) '피지배(dominated)' 사회 계층의 규범과 활동이 무미건조하고 저속하거나 열등한 것으로 반복적으로 재현되어 온 것은 우연이 아니라고 주장한다. 오히려 부르디외는 경제·문화 자본을 가진 사람들이 자신의 규범과 이익을 정당화하고 찬양하기 위해 '좋은 취향'이라는 개념을 적극적으로 (재)생산한다고 주장한다. 이 과정에서 '품위 있는' 활동을 할 수 없거나 꺼리는 사람은 경멸의 대상이 되고, 세련되지 못하거

나 열등한 존재로 자리매김하게 된다. 따라서 부르디외에게 좋은 취향에 대한 규범의 생산과 유지는 사회 불평등 및 구분의 재생산과 직결된다. 부르디외는 『구별짓기』(1984)에서 취향의 생산이 실제로 이루어지는 몇 가지 과정과 제도를 파악한다. 그는 다음의 중요성을 강조한다.

- 문화 텍스트를 검토하고, 좋은 것 또는 나쁜 것, 고전 또는 실패작, 꼭 봐야 할 것 또는 안 봐도 되는 것처럼 분류하고, "볼 만한 것과 이를 보는 올바른 방법(Bourdieu, 1984: 25)"에 관한 담론을 개발함으로써 현대인의 취향을 효과적으로 형성하는 비평가, 언론인, 학자 및 문화 산업(2.4절 참조) 내의 여타 '문화 중개자'.
- 습관적 행동을 조장하고 문화 규범과 선호도를 형성하며 특정한 문화 활동을 위한 공간/기회를 제공하는 가족 실천(물론 이는 해당 가족의 기존 규범과 경제·사회 자본에 따라 달라짐).
- 특정한 텍스트 작품을 읽는 특정한 방법을 가르치고, 이러한 행동과 독서 방식을 보여주는 사람에게 공식적으로 어떤 형태의 보상(예: 문화 자본의 한 형태인 자격 수여)을 부여하는 교육 기관(가족 실천에 의해 교육을 준비하고 지원받는 사람에게 암묵적으로 보상).

위의 과정을 통해 '좋은 취향'에 대한 규범이 깊이 내면화되고 당연하게 받아들여진다. 이 단락을 시작할 때의 질문으로 돌아가서, 사실 무엇이 좋은 취향/나쁜 취향을 만드는지, 또는 취향에 대한 규범과 가정을 어떻게 습득하는지 정확하게 파악하기 어려울 것이다. 부르디외가 앞의 인용문에서 취향에 대한 인식을 '구별되는 지식이 아닌' 것으로 묘사한 것은 바로 이런 의미다. '좋은/나쁜' 취향을 접할 때 그것을 알 수는 있지만, 왜 그렇게 생각하는지 정확하게 알거나 설명할 수는 없다. 실제로 부르디외는 취향을 '의식과 언어의 수준 하에서, 자기 성찰이나 의지에 의한 통제의 범위를 넘어' 기능하는 것이라고 설명한다. 가령, 위대한 예술 작품에 매료되거나, 무미건조한 영화에 혐오감을 느끼거나, 동료의 나쁜 취향에 실망하는 등 문화 대상, 텍스트 또는 실천이 강력한 영향을 끼칠 수 있으며, 이러한 반응을 완전히 설명하거나 숨기지 못할 수 있다.

이 절에서 살펴본 헤게모니, 담론, 취향, 문화 자본의 개념은 서로 다른 사상가들이 다양한 (그리고 종종 역사적인) 맥락에서 글을 쓰면서 발전시킨 것이다. 그러나 문화 연구자들은 이러한 이론을 종합하고 현재의 맥락에 적용해 문화 생산의 정치에 대한 새로운 이해와 비평을 발전시켰다. 문화 연구자들은 이 개념을 통해 모든 문화 대상, 텍스트, 실천을 비판적으로 검토하고, 현대의 문화 취향이 경제·문화 자본과 어떻게 관련되는지 탐구하며(부르디외), 헤게모니적 사회 집단의 이익을 지지(그람시)하는 강력하고 전술적인 담론(푸코)의 존재를 드러내야 한다고 주장했다. 이 연구는 지리학자들이 신문화지리학에서 적용, 변형, 확장한 일련의 개념, 방법 및 용어를 제공했다(뒤에 이어지는 경관, 건물 및 텍스트에 관한 장을 참조할 것). 또한 (문화 연구자들은) 학계 연구자들이 이 절에서 설명한 불평등한 과정에 종종 연루되어 있다는 사실을 깨달았다. 특히 예술, 인문학, 사회과학 분야 학자들은 어느 정도 체계적으로 '고급문화', 즉 현대 사회에서 높은 가치를 지닌 문화 대상, 텍스트, 활동에 초점을 맞추는 경향이 있었다. 고급문화는 사회경제적 강자의 전유물이었고, 이 절의 서두에서 설명한 문화 생산의 신화에 의해 가치 있게 평가받는다고 지적되었다. 대부분의 과거 연구와는 달리, 문화 연구자들은 좀 더 다양하고, 과거에는 '저급한' 것으로 치부되었던 대중적인 문화 대상, 텍스트, 활동을 연구하는 쪽으로 방향을 전환했다. 이러한 전환은 문화지리학자에게 큰 영향을 끼쳤다. 이에 대해서는 뒤에 나오는 소비(3장), 정체성(8장), 물질적 대상(10장)에 관한 내용을 참조하라.

2.4 문화 생산의 지리: 상품 사슬과 문화 산업

2.2절에서 언급했듯이 문화지리학자가 문화 생산을 탐구한 유일한 지리학자나 최초의 지리학자는 아니었다. 이 절에서는 신문화지리학의 초기 단계에서 진행되었던 지리학 연구의 두 가지 주요 갈래를 소개한다. 앞으로 살펴보겠지만, 이는 주로 자신을 문화지리학자로 정의하지는 않았지만 문화 생산의 문제를 탐구했던 연구자들이 주도했으며, 실제로 문화 생산은 어떤 식으로든 문화지리학자의 기본적인 관심사로 자리매김했다. 첫째, 상품 사슬에 대한 경제·산업지리학자의 연구와 상품과 문화 대상, 텍스트, 미디어가 실제로 만들어지는 복잡한 지리적 네트워크를 소개한다. 둘째, '문화 산업: 문화 생산 과정의 산업화 및 상품화'에 대한 도시·경제·산업지리학자의 연구를 조

명한다. 각 사례에서 문화지리학자에게 영향을 끼친 초기의 주요 개념을 소개한 다음, 문화지리학자들이 이러한 개념을 확장하고 발전시킨 몇 가지 방법을 간략하게 설명한다.

경제·산업·도시지리학자가 문화 생산의 과정을 탐구하기 시작한 이유를 이해하려면 경제지리학의 문화적 전환에 대해 조금 아는 것이 도움이 될 수 있다. 1장에서는 인문지리학의 문화적 전환을 소개하고(Box 1.3 참조), 연구 관심사, 방법, 개념적 방향의 '전환'이 인문지리학의 거의 모든 영역에서 뚜렷하게 나타나고 있다고 언급했다. Box 2.4에는 경제지리학의 문화적 전환에 관한 몇 가지 세부 내용이 포함되어 있다. 이러한 세부 사항은 상품 사슬, 문화 산업, 문화 공간의 생산에 대한 다음의 논의를 맥락화하는 데 유용할 수 있다. Box 2.4의 핵심은 1980년대 많은 경제·산업·도시지리학자가 다음의 내용을 탐구하기 시작했다는 것이다.

- 점점 더 복잡해지는 글로벌 생산 네트워크를 통해 상품이 실제로 어떻게, 어디서, 어떤 조건에서 만들어지는지 탐구한다.
- 현대의 로컬, 지역, 국가 및 글로벌 경제에서 이른바 '문화 산업'의 중요성을 탐구한다.

이런 맥락에서 지리학자들은 문화 대상, 텍스트, 미디어를 포함한 상품이 생산되는 과정을 탐구하기 위해 다양한 방법과 개념을 사용했다. 세 가지 핵심적인 관련 개념은 다음과 같다(Leslie and Reimer, 1999 참조).

- 상품 사슬(commodity chains): "제품의 콘셉트와 디자인에서 생산, 소매, 최종 소비에 이르는 상품의 궤적"을 추적해(Leslie and Reimer, 1999: 404), "최종 결과물이 완성된 상품이 되는 노동과 생산 과정의 네트워크(Hopkins and Waller-stein, 1986: 159)" 사이의 지점을 순차적으로 연결한다.
- 상품 시스템(commodity systems): 이 개념은 개별 상품 유형에 대한 하나의 사례 연구에 초점을 맞추기보다는 상품 생산의 광범위한 시스템과 추세를 구성하는 다양하고 상호 관련된 산업, 요소 및 행위자들을 지도화하려고 시도한다(Fine and Leopold, 1993 참조).
- 상품 회로(commodity circuits): 여기서는 상품 사슬/시스템이 깔끔하게 경계가 있거나 단방향이거나 선형이 아니고, 오히려 끊임없이 진행 중이고 변화하고 있으며 시스템, 상품, 관련된 의미가 회로의 어느 지점에서든 변형될 수 있는 잠재력이 항상 존재한다고 주장한다. 즉 문화 생산의 과정은 훨씬 더 광범위하고 복잡하며 항상 진행 중인 문화 실천 회로의 일부분이다.

위의 개념들은 주로 세계 식량 시스템 분석에서 시작되었으나(Jackson et al., 2004), 이후 문화 생산 시스템을 포함해 생각할 수 있는 모든 산업 분야의 생산 과정을 지도화하는 데 사용되었다. 10장에서 자세히 설명하겠지만, 지리학자의 연구와 NGO 및 자선단체의 유사한 연구를 통해 대중문화 대상, 텍스트, 미디어 등 일반적인 상품 뒤에 있는 생산의 '숨겨진' 지리가 드러나기 시작했다.

 경제지리학에서의 문화적 전환

문화적 전환의 시기(Box 1.3 참조) 경제지리학자들은 자신의 학문 분야 연구들을 뒷받침하는 두 가지 주요 접근법에 대해 비판적으로 의문을 제기하기 시작했다. 비판은 주로 이들 접근법에서 문화에 대한 관심이 제한적이라는 점과 관련되어 있다.

- 경제지리학의 신고전주의 접근법: 18세기 이후 경제학자들이 개발한 오랜 전통, 방법, 법칙, 이론을 바탕으로 한 접근법으로, 경제를 기본적으로 공급, 수요, 가격, 이윤, 시장 조건과 같은 경제 자극에 반응하는 합리적인 개별 행위자로 구성된 것으로 이해한다. 반스가 주장한 것처럼, 이 접근법에서는 일반적으로 문화가 간과되는데 그 이유는 다음과 같다(Barnes,

2005). (i) 경제를 개인의 행동과 반응으로 환원해 이론화하면 집단행동과 문화 요인에 대한 논의의 여지가 거의 없기 때문이다. (ii) 전통적으로 복잡한 수학적 계량 모델링 및 예측에 초점을 두는 접근 방식과 '말랑말랑'하고 '비과학적인' 질적 연구 방법에 대한 혐오가 문화 과정에 대한 풍부하고 효과적인 이해를 방해하기 때문이다. 가령, 저명한 경제지리학자 중 상당수가 문화지리학자의 연구를 격렬하게 무시해 왔다는 사실에 주목해 볼 수 있다.
- 경제지리학의 마르크스주의 접근법: 정치경제학에 관한 칼 마르크스의 저술을 바탕으로 한 신고전주의 경제학에 대한 비판이다. 마르크스주의 접근법은 때때로 경제 요인과의 관계가 사회-문화 패턴과 불평

등을 결정한다고 이해한다. 여기에서는 문화 형태와 과정을 조사할 가치가 있다는 점을 어느 정도 인정하지만, 보통 근본적인 경제 문제의 결과이자 지표로만 간주한다. 따라서 마르크스주의 접근법에서 문화는 상대적으로 부재하고 이론화되지 않는 경향이 있으며, 경제학이라는 정말 중요한 분야와는 별개의 것이나 부차적인 것으로 취급된다. 가령 반스는 주요 마르크스주의 경제지리학자들이 쓴 저서에 문화가 거의 언급되지 않았다고 지적한다(Barnes, 2005).

이 비판은 때때로 신고전주의와 마르크스주의 경제지리학자의 풍부하고 중요한 업적에 해를 끼친 접근법을 풍자적으로 표현한 것에 근거한 것이었다. 그러나 이러한 비판을 계기로 지리학자들은 문화와 경제가 실제로 어떻게 복잡하게 상호 연결되어 있는지 더욱 신중하게 고려하게 되었다. 매시(Massey)의 『노동의 공간적 분업(Spatial Division of Labour)』(1984)은 이 분야의 핵심 저작으로 인정받고 있다. 매시는 산업 및 생산 과정의 입지와 같은 문제와 관련해 문화와 경제 요인 간의 복잡한 관계를 고려하고 경제·산업·도시지리학자의 관심을 확대할 것을 촉구한다. 매시는 신고전주의 및 마르크스주의 접근법과 구별해 "산업과 생산에 관한 연구는 단순히 '경제'의 문제가 아니며, 경제 관계와 현상은 그 자체가 더 넓은 사회, 정치, 이념 관계의 영역 안에서 구성된다"고 말한다(Massey, 1984: 7). 경제 과정을 언

제든지 현대 사회문화지리학의 '좀 더 넓은 장'의 부분이자 일부로 이해하려는 시도는 '문화경제지리학자'라 불리는 사람들과, 관련 분야에 있는 지리학자들의 다양하고 흥미로운 연구를 촉발시켰다. 이러한 맥락에서 주요 연구들은 두 가지 이슈와 관련된 생산 과정에 초점을 맞추었다.

- 문화 대상, 텍스트, 미디어를 포함한 상품이 점점 더 복잡해지고 글로벌화된 생산 네트워크를 통해 어떻게, 어디서, 어떤 조건에서 구상되고, 생산되고, 유통 및 판매되는지 그리고 이런 생산 과정이 로컬, 지역, 국가 및 제도의 지리와 어떻게 상호작용하는지에 관한 것(Gertler, 2003).
- 현대의 로컬, 지역, 국가 및 세계 경제 내에서 그리고 도시 및 지역 개발 또는 재생 정책과 관련해 문화, 창조 및 여가 산업의 중요성(O'Connor and Wynne, 1992).

위에서 언급한 일련의 작업과 신문화지리학의 사고와 연구를 촉발시킨 몇 가지 방식에 대한 논의는 2.4절을 참조하라. 경제학에서 위와 같은 선행 사례가 인문지리학에서 문화 생산을 지나치게 강조하게 되었다고 우려하는 문화지리학자가 얼마나 많은지에 대한 논의는 3장을 참조하라.

문화 생산 과정에 대한 연구를 통해 문화 대상, 텍스트, 미디어의 창작, 유통, 마케팅을 전문으로 하는 경제 부문인 '문화 산업'의 행위 주체성과 경제적 중요성이 밝혀졌다. '문화 산업'이라는 용어는 1940년대 독일의 사회학자 테오도어 아도르노(Theodor Adorno)와 막스 호르크하이머(Max Horkheimer)가 일련의 저서를 통해 대중화했다. 아도르노와 호르크하이머는 20세기 유럽과 북미에서 문화 대상, 텍스트, 미디어가 생산되는 방식

이 근본적으로 변화했다고 주장한다(Adorno and Horkheimer, 1979[1944]). 이들은 문화 대상, 텍스트, 미디어가 점점 더 합리화되고, 고급화되고, 이윤 극대화라는 명령에 지배되는 과정을 통해 방대한 산업 스케일에서 대량 생산되었다고 주장한다. 아도르노와 호르크하이머는 이러한 대량 문화 생산으로의 전환이 가져온 영향에 실망했다고 말할 수 있다. 그들은 현대의 문화 대상, 텍스트, 미디어의 "조립 라인과 같은 특성"과 "인위적으로 합성

하고 계획된…제품 생산 방식(1979[1944]: 163)" 에 대해 한탄했다. 이들은 값싸고, 조잡하고, 도전적이지 않고, 포퓰리즘적인, '별 볼일 없는 일반 대중의' 문화 상품이 점차 확산되고 있으며, 마케팅과 미디어 '선전'의 새로운 기술이 문화 소비자를 점점 수동적이고 순종적이며, 대량 생산된 문화 상품에 대한 '거짓 욕망'에 대해 획일적이고 무비판적으로 만들고 있다고 주장한다. 다음의 인용문 하나만 봐도 그들의 글에 만연한 분노에 찬 비관주의를 엿볼 수 있다. 잠깐 멈춰서 다음 중 어느 부분이 사실과 일치하는지 생각해 보자.

문화는 이제 모든 것에 동일한 도장을 찍는다… 영화, 라디오, 잡지는 전체적으로 그리고 모든 부분에서 균일한 시스템을 구성한다… 영화가 시작되자마자 영화가 어떻게 끝날 것인지, 누가 보상을 받고 처벌받거나 잊힐 것인지가 분명하다. 가벼운 음악에 훈련된 귀는 히트곡의 처음 몇 음을 들으면 다음에 무엇이 올지 추측하고 그것이 오면 우쭐함을 느낄 수 있다. 단편 소설은 평균 길이를 준수해야 한다. 개그, 효과, 농담조차도 설정대로 산출된다.
-Adorno and Horkheimer, 1979[1944]: 124-125

아도르노와 호르크하이머는 다음과 같이 구분했다.

- 문화 생산이 산업화되는 일련의 역사, 기술의 변화(이러한 변화의 역사적 맥락 그리고 이에 대한 아도르노와 호르크하이머의 매우 비관적인 전망에 대해서는 네거스(Negus, 1997)를 참조할 것).
- 문화 대상, 텍스트, 미디어의 대량 생산을 전문

으로 하는, 새롭게 떠오르고 점점 더 수익성이 높아지는 다양한 산업.

이후 경제·산업·도시지리학자의 연구는 산업 및 경제 활동과 후자의 결합에 초점을 맞추었다. 아도르노와 호르크하이머가 '문화 산업'을 다소 단일하고 철저하게 문제가 있는 실체로서 논의하는 경향이 있었다면, 최근 지리학자들의 연구는 문화 산업의 복잡하게 상호 연결된 구성 요소와 로컬, 지역 및 국가 경제에 대한 다양한 지리적 영향을 탐구했다. 실제로 최근 지리학 연구의 주요한 기여는 '문화 산업'이라는 포괄적인 용어에 포함되는 방대하고 복잡한 문화 생산의 과정을 강조한 것이다.

이러한 과정을 분류하고 세분화하려는 시도는 무수히 많았다. 문화 산업에 대한 논의에서는 네 가지 분류법이 널리 사용되는 경향이 있다. 첫째, 문화 산업을 산출물의 성격에 따라 세분화하는 것으로, 텔레비전 산업, 영화 산업, 음악 산업, 비디오게임 산업, 관광 및 레저 산업, 출판, 예술 등의 분야로 구분할 수 있다. 이 접근 방식은 문화 산업의 여러 부문을 상당히 깔끔하고 직관적으로 분류할 수 있지만, 여러 부문에 걸쳐 있는 기업, 활동 및 문화 상품의 보급이 증가하고 있다는 점을 고려하면 다소 문제가 있다(상품 사슬에 대한 이전의 논의를 참조할 것).

둘째, 많은 연구자가 문화 산업의 구성 요소로 분류되는 직업에 종사하는 개인의 수, 특성 및 소재를 파악하기 위해 인구조사 데이터를 바탕으로 개별 직업 분류를 개발하려고 시도해 왔다. 이런 분류에는 어떤 직업이 '문화적'인지에 대한 판단이 수반되며, '문화적' 직책을 가진 직종에 정식으로 유급 고용된 사람만 포함된다는 점에 유의해야 한다(무급 실무자, 인턴 또는 문화 산업 내에서 종사하는 불명확한 '문화적' 직책을 가진 사람의 역할은 간과될 수 있음). 종종 직업을 '핵심' 문화 활동(주로 문화 대상의 제작에 직접 관여하는 직업), '지원'과 '부차적인' 직업(주로 제작 관행의 유통, 마케팅 또는 기술 지원에 관여하는 직업)으로 분류하려는 시도도 있었다.

셋째, 문화 산업 내에서 특정한 순간에 진행되는 다양한 과정 혹은 순간을 식별하려는 일련의 분류가 있다. 가령, 프랫은 문화 산업이 6가지 과정과 관련된 다양한 활동으로 구성되어 있음을 인식하고 있다(Pratt, 2004).

• 콘텐츠 오리지네이션: 작가, 디자이너, 작곡가 또는 새로운 아이디어, 제품 및 지적 재산의 생성에 관여하거나 의뢰 또는 지원하는 사람의 직업
• 교환: 오프라인 및 온라인 소매업, 도매업 및 유통업, 극장, 박물관, 도서관, 갤러리 등의 공간에서 문화 대상, 텍스트 및 미디어를 관객과 시장에 제공하는 데 관련된 직업
• 재생산: 인쇄, 음악 방송, 디자인 자료 및 제품 생산과 같은 활동과 기술을 통해 대량 생산에 연계된 프로세스
• 제조업 투입물: 문화 생산에 사용되는 도구와 재료(예: 악기, 영화 장비, 페인트 등)의 생산 및 공급
• 교육 및 비평: 문화 상품과 관련된 비평적 아이디어를 교육, 육성 및 전파하는 업무
• 아카이빙: 사서, 큐레이터 및 '문화 형태의 기억'을 보존하는 데 관여하는 사람들의 직업

다시 말하지만, 이런 종류의 분류에서는 종종 '핵심'과 '부차적인' 문화 생산 활동을 구분하려는 시도가 있다(Box 2.5의 문화 상품과 문화 서비스의 구분을 참조할 것). 예상했겠지만, 문화 산업 내의 프로세스와 그룹화는 이런 종류의 깔끔한 분류가 시사하는 것보다 더 복잡한 경우가 많다. 이런 종류의 분류가 제안될 때마다 어떤 범주가 가장 적절한지, 어느 직업이 어떤 범주에 속하는지에 대한 논쟁이 뒤따르는 경향이 있다.

문화 산업을 분류하는 네 번째 방법은 문화 생산 과정을 '문화 회로(circuit of culture)'라는 좀 더 넓은 맥락에서 이해하는 것이다.

문화 생산 시스템에 참여하는 행위자는 세 가지 범주로 분류할 수 있다. 첫 번째 범주는 문화 상품 생산자로, 물리적 재화 또는 본질적으로 좀 더 무형적일 수 있는 문화 상품 생산에 관여하는 디자이너, 예술가, 건축가 등을 포함한다… 두 번째 범주의 참여자는 문화 중개자, 즉 문화 상품의 소비자와의 소통 및 유통(즉 의미 전달)에 관여하는 개인 및 조직으로 구성된다. 문화 행위자의 마지막 범주는 문화 상품을 의미 있는 소비 경험의 대상으로 전환하는 소비자 자신이다… 소비자는 생산되고 유통되는 문화 상품에서 전달되는 의미를 취하고, 소비와 정체성 구성을 추구하기 위해 그 의미를 활용하거나 변형한다.

-Venkatesh and Meamer, 2006: 13

'문화 회로' 접근법의 두 가지 중요한 특징은 다음과 같다. (ⅰ) 문화 생산 과정이 서로 연관되어 있으며, 지속적으로 진행되는 과정의 일부라는 인

문화 상품과 서비스의 전 지구적 수출

Box 2.5

표 2.1과 2.2는 세계 각지에서 문화 상품과 서비스의 순 경제 가치(net economic value)를 보여준다. 이 데이터는 문화 상품을 다음과 같이 세분화했다.

- 문화 상품: 텍스트, 미디어, 예술품, 음악, 디자인, 영화, 사진을 포함한 문화 상품의 수출입과 관련된 사항
- 문화 서비스: 지적 재산, 통신, 정보 서비스, 비즈니스 서비스, 광고, 라이선싱, 기술 및 시청각 지원 등 문화 제작을 지원하는 서비스 및 전문 지식의 수출입과 관련된 정보

잠깐 시간을 내어 데이터의 주요 패턴과 추세를 살펴보자. 주목할 점은 (i) 문화 상품과 서비스의 수출이 시간에 따라 어떻게 변화했는지, (ii) 선진국, 개발도상국, 전환 경제의 수치 사이에 어떤 차이가 있는지이다.

표 2.1 문화 상품 수출(2002-2008, 단위: 100만 달러)

	2002	2003	2004	2005	2006	2007	2008
선진국	127,903	140,884	158,144	171,023	185,895	211,515	227,103
개발도상국	75,835	91,124	109,267	125,321	136,100	156,043	176,211
전환 경제	1,210	1,392	1,920	2,206	2,413	2,741	3,678

출처: 창조 경제 보고서(UN, 2008; 2011), United Nations, pp. 302-303.

표 2.2 문화 서비스 수출(2002-2008, 단위: 100만 달러)

	2002	2003	2004	2005	2006	2007	2008
선진국	52,457	61,320	73,185	81,998	125,218	138,045	153,414
개발도상국	7,860	8,185	9,363	12,771	17,133	18,835	21,182
전환 경제	1,910	2,803	3,483	4,467	5,385	7,279	10,491

출처: 창조 경제 보고서 (UN, 2008; 2011), United Nations, pp. 319-320.

식, (ii) 문화 대상, 텍스트, 미디어의 소비자가 문화 상품과 관련된 의미와 가치를 생산할 때 어느 정도 행위 주체성을 가지고 있다는 인식이다(3장 참조). 문화 생산이라는 주제를 읽다 보면 문화 산업을 분류하는 네 가지 접근법 모두의 사례를 확인할 수 있다. 모두 장단점이 있지만, 3.5절에서 언급하듯이 문화 생산과 소비는 매우 복잡하고 서로 복잡하게 연결되어 있다는 점을 항상 인식하는 것이 중요하다.

경제·산업·도시지리학자는 다양한 지리적 스케일에서 문화 산업의 중요성을 탐구해 왔다. 다음 세 단락에서는 다양한 맥락에서 글로벌, 지역 및 도시 스케일에서의 문화 산업의 중요성을 지도화한 몇 가지 연구 데이터를 소개한다.

2008년부터 『UN 창조 경제 보고서(*Creative Economy Report*)』(UN, 2008; 2011)는 문화 상품의

경제적 중요성과 관련된 글로벌 트렌드를 파악하기 위해 노력해 왔다. Box 2.5에는 2011년 보고서의 일부 수출 데이터가 포함되어 있으며, 선진국, 개발도상국 및 전환 경제에서 문화 상품과 서비스의 경제 가치를 나타내는 지표를 제공한다.

UN의 창조 경제 보고서와 인문지리학자의 관련 연구에서는 세 가지 주요한 지리적 경향이 뚜렷하게 드러났다.

- 수출입 및 GDP 데이터에서 알 수 있듯이 문화 산업은 대부분의 국가 경제 생산성에서 상당한 비중을 차지한다.
- 경제 쇠퇴나 위기를 겪고 있는 국가를 포함한 대부분의 국가에서 문화 산업의 경제적 중요성은 절대적, 상대적 측면에서 매년 증가했다. 선진국에서는 문화 산업의 성장을 촉진하는 것이 도시 재생과 경제 성장을 위한 국가 정책의 핵심 전략인 경우가 많으며, 글로벌 경기 침체에 대한 많은 국가 정부 대응책의 핵심 요소이기도 하다. Box 2.5에서 일부 개발도상국들의 빠른 부문별 성장률을 통해서도 알 수 있듯이, 개발도상국에서는 문화 및 창조 산업에 대한 투자가 경제 발전을 위한 전략으로 점점 더 많이 채택되고 있다.
- 문화 생산 과정의 소유와 통제에는 전 지구적으로 상당한 격차가 존재한다. 문화 상품은 어디서나 생산될 수 있지만, 문화 상품에서 발생하는 수익은 문화 생산에 금융, 인프라, 비즈니스 서비스를 제공하는 기업이 기반을 두고 있는 선진국으로 압도적으로 흘러들어 간다. 이는 Box 2.5의 문화 서비스 수출 가치에 큰 격차

가 있다는 점을 통해서도 확인할 수 있다. 2.3절에서 언급했듯이, 문화 생산 과정이 궁극적으로 지리적, 사회적으로 편협하고 배타적인 엘리트에게 혜택을 주고, 이들에 의해 통제되는 경향에 대해서는 문화 연구 분야에서 널리 비판받아 왔다. 인문지리학자의 연구는 다양한 글로벌 맥락에서 문화적 창의성의 경제적 가치가 궁극적으로 글로벌 북부에 위치한 기업에 의해 어떻게 실현되는지 입증했다.

특정 국가 경제에서 문화 산업의 중요성에 대한 연구는 일반적으로 문화 산업의 지리적 분포가 불균등하고 문화 생산 참여에서 지역 격차가 크다는 사실을 밝혀냈다. 예를 들어 Box 2.6은 영국 여러 지역의 문화 산업 고용에 관한 데이터를 나타낸 것으로, 잠깐 시간을 내어 데이터의 주요 패턴 몇 가지를 살펴보자.

Box 2.6에서는 대부분의 국가별 문화 생산 조사와 마찬가지로 문화 산업이 불균등하게 분포되어 있으며, 소수(일반적으로 대도시) 지역에 불균형적으로 밀집되어 있음을 알 수 있다. 가령, 영국의 경우 문화 산업의 거의 모든 요소가 런던과 잉글랜드 남동부에 클러스터를 형성하고 있는 것이 분명하게 나타난다. 이러한 런던 중심의 불균형적인 문화 산업 고용 클러스터링은 다음과 같은 요인을 반영한다.

- 역사적인 이유로 많은 주요 미디어 기업과 문화 생산을 위한 금융, 인프라 및 비즈니스 서비스를 제공하는 기관이 도시에 본사를 두고 있다.
- 일련의 국가 정책 개입은 이 지역의 문화 산업

Box 2.6

 영국의 창조 산업 클러스터링

표 2.3은 영국 각 지역의 문화 및 창조 산업의 부문별 클러스터링 정도를 보여준다. 이 데이터는 각 산업의 지역별 클러스터링 정도를 전국 평균과 비교해 계산한 입지 계수(location quotients)로 나타낸다. 1보다 큰 값은 해당 부문의 클러스터링이 전국 평균보다 높다는 것을 나타내고, 1보다 작은 값은 해당 부문의 클러스터링이 전국 평균보다 낮다는 것을 의미한다. 잠깐 시간을 내어 데이터에 나타난 지리적 패턴을 살펴보자. 문화 및 창조 산업이 밀집하는 경향이 있는 곳을 주목해 보자.

표 2.3 영국 지역별 문화 산업 입지 계수

	북동부	북서부	요크셔/험버	이스트 미들랜즈	웨스트 미들랜즈	동부	런던	남동부	남서부	웨일스	스코틀랜드
광고	0.69	1.18	0.74	0.72	0.76	0.91	1.77	1.06	0.80	0.42	0.55
건축	1.39	1.07	0.86	0.93	0.97	1.04	0.81	1.06	0.96	0.75	1.42
예술/골동품	1.09	1.05	1.09	0.98	1.03	0.97	0.82	0.95	1.15	1.10	1.08
디자이너 패션	0.64	1.15	0.77	2.73	0.98	0.55	1.73	0.39	0.55	0.48	0.76
비디오/필름/사진	0.55	0.57	0.56	0.49	0.50	0.71	2.68	0.94	0.77	0.55	0.69
음악/시각/공연예술	0.55	0.62	0.59	0.59	0.55	0.82	2.36	1.00	0.88	0.73	0.60
출판	0.51	0.62	0.65	0.70	0.66	1.06	1.82	1.13	1.07	0.64	0.75
소프트웨어/컴퓨터게임/전자출판	0.71	0.97	0.64	0.73	0.81	1.09	1.31	1.41	0.87	0.52	0.75
라디오와 TV	0.38	0.53	0.36	0.30	0.43	0.56	3.05	0.90	0.74	0.96	0.56

출처: de Propris et al., 2009: 19, JCIS/ABI and ONS 2007

에 금융, 인프라, 입지 및 확장을 제공하는 인센티브를 주기 위해 노력해 왔다. 동시에 이 지역은 다양한 형태의 문화 생산의 허브로 적극 홍보되고 있다.

• 클러스터링은 문화 산업 내의 집적화 경향에 의해 촉진되며, 이에 따라 점점 더 다양한 문화 생산의 측면들이 수도에 본사를 둔 글로벌화된 조직에 인수되어 통제를 받게 된다.

• 문화 산업의 많은 부분에서 이 지역은 앞서 나가기 위해 '있어야 할 곳'이라는 특별한 지위를 갖게 되었고, 그 결과 특정 지역이나 문화 지구에 문화 생산자, 의사 결정자, 중개자, 비평가의 밀집된 로컬 네트워크가 형성되고 있다.

• 문화 산업의 클러스터링과 코로케이션(co-location)은 조직과 개인에게 경제적, 실질적인 이점을 제공한다. 가령, 영국에서는 특정 문화 산업 집단(예: 광고/디자인/패션/전자 출판, 음악/공연 예술/출판/방송)이 함께 위치해(co-locate) 다양한 상호 이익, 효율성, 협업 및 파생 상품을 창출하는 경향이 있다.

또한 Box 2.6에서 잉글랜드 남동부를 벗어나면 더욱 전문화된 활동의 지역 클러스터가 다수 존재한다는 것을 알 수 있다. 가령, 남서부의 텔레비전, 사진 및 영화 전문가 클러스터, 북서부의 광고 및 미디어 클러스터, 동부의 컴퓨터 게임 및 기술 지원 클러스터에 주목할 수 있다. 지리적 연구를 통해 이러한 클러스터가 다음과 같은 것을 반영할 수 있음이 밝혀졌다.

• 남서부 지역 브리스틀에 위치한 BBC 스튜디오, 케임브리지 대학교(동부 지역) 주변의 기술 기업 클러스팅과 같은 특정한 위치적, 역사적 요인.
• 지역 경제, 재활성화 및 도시 재생 정책은 문화 생산을 위한 공간과 지역적 전문성을 구축하기 위한 적극적인 노력.
• 투자와 내부 이전을 유치하기 위해 특정 지역의 문화 산업을 중심으로 '버즈' 마케팅을 시도한 장소 홍보 및 도시 재생 전략(O'Connor and Wynne, 1992).
• 지역 내 상대적 소수인 문화 생산자 활동과 네트워크(아래 참조).

개별 도시에 초점을 맞춘 지리적 연구를 통해 매우 로컬한 수준에서도 문화 산업의 입지와 중요

도에서 상당한 수준의 클러스터링과 격차가 존재한다는 사실이 밝혀졌다. 이런 지리적 분석을 수행하면 특정 도시 지역의 얼마 되지 않는 이벤트와 일상 공간 내에서 전문가, 실무자 또는 친구로서 서로를 만나는 개인 간의 관계 네트워크를 통해 어떻게 클러스터가 실제로 존재하고 기능하는지 알 수 있다. 이러한 네트워크가 존재하고 눈덩이처럼 불어나는 과정을 통해 문화 산업의 클러스터링이 진행되며, 문화 생산의 지역적 '핫스팟'이 생겨날 수 있다(Granger and Hamilton, 2011). 물론 이러한 종류의 대면 네트워크는 특정 지역 문화 산업의 핵심인 특정한 네트워크, 공간 및 이벤트에 대한 지식, 접근성으로 볼 수 있으며, 참여 성향이 없는 사람에게는 다소 배타적이고 접근하기 어려운 것일 수 있다.

2.5 문화 공간의 생산 및 규제

13장에서 살펴보겠지만 모든 **장소와 공간**은 계획, 디자인, **건축**의 과정(4장 참조), (공식적·비공식적) 규정과 규칙, 인프라 및 물질적 건설과 유지 관리, 실천, 일상과 체계, 사회적 상호작용과 관계, 의미, 규범, 재현, 습관 등을 통해 생산된다. 이 절에서는 문화 공간의 생산과 통제에 관한 도시지리학자의 광범위한 연구에 초점을 맞춘다. 이러한 맥락에서, 문화 공간은 다음과 같이 정의할 수 있다(Cloke *et al.*, 2004: 139-144).

• 특정한 (공유된) 생활양식(이는 글로벌 소비문화에서 민족주의 의식 및 전통에 이르기까지 다양할

수 있음)을 계획, 통제, 지시 또는 교육하려는 의
도적인 시도가 있는 안팎의 공간.

- 인간의 정신을 배양하려는 시도를 하는 공간—
이는 특정한 생활양식을 안내하는 의미를 지닌
다양한 미디어를 통해 발생할 수 있다(이러한 의
미는 지도, 조경 디자인, 대규모 공공 집회, 그림, 광
고 등 다양한 방식으로 재현될 수 있음).

- 일의 영역 밖에서 비생산적으로 보이는 활동이
전문가에 의해 채택될 수 있는 공간(일반적으로
'비생산적'이란 '여가', '재미', '휴식' 및 공식적이
고 지시적인 교육 커리큘럼 이외의 학습을 중심으로
하는 활동을 의미한다).

- 사람들의 정체성을 기획하거나 지시하려는 시
도가 있는 공간. 여기서 정체성이란 다양한 집
단을 분류할 수 있는 이름이나 유형만을 의미하
는 것은 아니다. 정체성은 사람들이 자신을 이
해하는 방식에서 문화 공간을 어떻게든 '특별
하게' 혹은 '의미 있게' 만드는 경향이 있는 신
체적 수행과 감정의 더 넓은 영역을 의미할 수
도 있다(수행, 정체성, 감정, 신체에 관해 7장, 8장, 11
장, 12장 참조).

그러나 이 장에서 중요한 것은 문화 공간은 전
문가와 '비전문가' 대중 그리고 전문가의 직접적
인 통제권 안팎에서 공간을 차지하려는 다양한 집
단 간에 항상 경쟁이 벌어지는 곳이라는 점을 인
식하는 것이다. 3장과 8장에서 경쟁, 하위문화, 저
항의 문제를 구체적으로 살펴볼 것이다.

문화 공간의 계획과 규제를 살펴보기 위해 20세
기 초 영국의 도시 계획과 21세기 도시의 '공공'
공간 조성이라는 두 역사적 시기의 공간 생산 방

식에 초점을 맞출 것이다. 그런 다음 이러한 공간
프로세스에서 문화 정체성이 어떻게 규제되고 통
제되는지 살펴볼 것이다.

문화 공간을 '계획'한다고 할 때, 도시 계획과
도시 디자인과 같은 전문 분야를 무시하기는 어렵
다. 도시 계획가들의 업적은 지리학자와 계획 사
학자(planning historians) 모두에게 다양한 연구
분야의 장을 열어줬다(Pinder, 2005a). 여기서는
빅토리아 시대 공격적인 산업화 이후 영국의 도시
상태에 대해 점점 더 관심을 가지게 된 학자들, 소
위 '도시 전문가(urban experts)'라고 불리는 사람
들에서 시작한다. 도시 전문가들은 두 가지 측면
에서 도시 공간을 더 크고 질서 있게 계획하기 위
해 투쟁했다.

- 첫째, 가난한 공장 노동자가 거주하는 슬럼과
같은 지역 사회의 불결함, 빈곤, 더러움, 무질서
를 극복하기 위해서였다.

- 둘째, 처음에는 철도를 따라, 나중에는 주요 도
로를 따라 점점 규제되지 않는 영국 교외 지역
의 성장에 대응하기 위해서였다.

빅토리아 시대와 빅토리아 시대 이후 도시에 만
연한 '슬럼과 같은' 환경에 대한 위의 첫 번째, 고
도의 판단이 필요한 진술에 대해 생각해 보자. 문
화지리학자는 이러한 도시에서 계획되어야 했던
것이 무엇인지에 대한 가정을 정확히 밝혀내려고
노력했다. 스틸리브래스와 화이트(Stallybrass and
White, 1986: 125)의 훌륭한 연구는 빅토리아 시
대 도시의 빈곤한 공간이 현대 의회 의원과 사회
개혁가에 의해 어떻게 '공포, 혐오, 매혹의 장소'

로 투영되었는지 보여준다. 그들은 그 장소에 대한 객관적이고 이성적인 '과학적' 지식을 생산하기보다는 하수구와 거리의 부랑아로 가득한 도시 경관을 재현해 냈다. 이런 경관 이미지가 생산된 후 엘리트 전문가들은 자선 사업가가 건설한 주택 계획(Dennis, 1989)부터 도시 하수구, 강 및 개방 공간을 정화하기 위한 위생 조치의 도입(Allen, 2008)에 이르기까지 여러 방면에서 자신들의 개입을 정당화할 수 있었다. 따라서 문화지리학자들은 경관에 대한 도덕적이고 주관적인 이미지(5장)가 '문제가 있는' 도시 장소에 대한 전문가들의 계획된 개입의 핵심이 되는 방식을 보여주었다.

이러한 연구는 과거 전문가들이 도시 구조와 사회생활에 관해 도덕적 판단을 내리는 방식을 탐구한 많은 역사·문화지리학자들에 의해 발전해 왔다. 다시 말해, 이들은 흔히 '도덕지리학(moral geographies)'이라고 부르는 도시의 삶의 지리를 탐구했다(Smith, 2000). 이러한 도덕지리학은 종종 계획뿐만 아니라 명백한 형태의 사회 공간적 '통제'로 이어지기도 했다. 한 가지 예를 들어보자. 하웰은 19세기 도시에서 매춘의 단속과 규제를 둘러싼 도덕지리를 탐구했다(Howell, 2009). 그는 영국의 상업적 성행위에 대한 규제의 깊이와 범위가 전통적으로 상상하는 것보다 훨씬 더 컸다고 주장했다. 또한 하웰은 빅토리아 시대 영국과 현대 영국의 매춘 관련 법 사이의 일치점(Howell et al., 2008)과 매춘에 대한 인종화되고 섹슈얼된 관념이 영국의 식민지였던 지브롤터와 홍콩으로 전이되는 과정을 탐구했다(Howell, 2004a; 2004b). 그러나 그는 통제와 규제의 방식이 단순히 영국에서 식민지로 '수출'된 것은 아니라는 점을 강조한다.

그보다는 각 지역에서 정확한 형태의 통제가 공식화되었고, 종종 '집에서'의 성 노동에 대한 규제에 영향을 끼쳤다.

영국 도시 전문가들이 초기에 '전투(battles)'를 벌였던 두 번째 전선, 즉 영국 교외의 '규제 없는' 성장에 대해 되돌아보자. 이 무분별한 개발에 대한 가장 유명한 공격은 클러프 윌리엄스-엘리스(Clough Williams-Ellis, 1928)의 『잉글랜드와 문어(England and the Octopus)』라는 책에서 나왔다. 윌리엄스-엘리스는 주요 도로를 따라 뻗어 있는 리본 개발(ribbon development)을 문어의 통제되지 않는 촉수에 비유했다(사진 2.2). 당시 문어는 도시 전문가 사이에서 매력적이고 인기 있는 이미지였는데, 이는 도시와 시골의 경계를 모호하게 만드는 괴물 같은 생물이 과거 농촌 경관을 빠르게 식민지화하고 있음을 상징하는 것이었다. 윌리엄스-엘리스 및 다른 사람에게 도시도 시골도 아닌 이러한 혼성적 개발은 저속하고 무미건조하며 무엇보다 무질서한 것이었다.

여기서는 두 가지를 개별적으로 고려하긴 했지만, 초창기 도시 전문가들은 19세기 도시의 불결함과 20세기 도시의 무질서에 대한 비판을 결합하는 경향이 있었다는 점에 주목할 필요가 있다. 핀더는 다음과 같이 말했다(Pinder, 2005a: 31-32). "수많은 비평가들은… 도시 확장과 산업화와 관련된 무질서를 반대했다." 따라서 매틀리스가 주장한 것처럼, 초창기 도시 계획의 지리를 이해하는 데 있어서의 핵심은 확장과 산업화의 맥락에서 공간의 질서와 무질서를 구분하는 것이다(Matless, 1998). 따라서 문화지리학자들은 도시 계획가가 어떻게 좀 더 질서 있는 경관을 만들고, 결정적으로 '도시'와

사진 2.2 도시 개발의 '문어'? 웨일스 르윈구릴(Llywngwril)의 리본 개발

출처: Gwynedd Archaeological Trust

'농촌'의 구분을 보존할 수 있는 언어, 도구, 디자인을 개발했는지 이해하려고 노력해 왔다.

매틀리스는 영국과 벨기에의 초기 도시 계획가들이 문어의 이미지를 활용해 강력하고 권위 있는 해결책을 주장한 방식을 보여준다. 그들은 "계획은 그 자체로 에너지 넘치고 비전 있는 것이어야 하며, 단편적이거나 관료적인 것이어서는 안 된다"고 주장했다(Matless, 1993: 172). 이는 이전에는 볼 수 없었던 국가 스케일의 계획에 대한 통일되고 체계적이며 통합적인 접근 방식을 만들라는 요구였다. 또한 매틀리스는 도시 계획가들이 문제(문어)에 대한 전문적인 '지도화'와 해결책을 계획할 수 있는 객관적이고 분리된 방식을 표현하기 위해, 항공사진과 같이 경관을 시각화하기 위

한 새로운 기술을 어떻게 활용했는지를 보여준다(Matless, 1993). 따라서 현대 도시 계획에서는 하향식 '마스터플랜'의 중요성이 강조되고 있다!

그러나 도시 계획에 대한 논쟁은 영국에만 국한된 것이 아니다. 핀더의 글에서도 알 수 있듯이, 빛과 속도를 중심으로 도시를 설계한 이탈리아의 미래파부터 산업 도시의 불결함과 무질서를 비판한 프랑스 건축가 르코르뷔지에(Le Corbusier)까지, 철학과 디자인 모두에서 모더니즘으로의 전환은 여러 맥락에서 도시 계획에 영향을 끼쳤다(Pinder, 2005a). 신도시는 공장 생산, 기계, 사회 조직에 대한 합리적 접근 방식을 기반으로 하는 새로운 시대의 열망을 표현하고 이를 문자 그대로 구체적 형태로 구현하기 위한 것이었다. 효율적인 대중

교통으로 연결되고, 대중에게 건강한 고층(high-rise) 생활을 제공하는, 질서정연하고 잘 배열된 도시를 새로운 세대의 도시 계획가들이 계획하는 것보다 더 좋은 출발점이 있을까?

초창기 도시 계획은 현대적인 미래에 대한 강한 열망과 사회적, 도덕적 의무감, 즉 도시를 더 현대적인 이미지로 재건하려는 유토피아적 이상을 그 핵심에 두고 있었다. 초창기 도시 계획가의 유토피아적 이상은 오늘날 많은 국가의 고층 사회 주택에 대한 평판을 고려한다면 확실히 논쟁의 소지와 문제가 있었다(Jacons, 2006). 그러나 좀 더 가까운 과거로 거슬러 올라가면 현대 도시 계획의 특정 측면이 다른 논쟁을 불러일으킨다는 점을 알 수 있다. 여기서는 공공 공간을 구성하는 다양한 건물, 거리, 도시 형태에 초점을 맞춘다. 지리학자와 다른 도시학자들은 '공공 공간'이라고 부르는 것에 오랫동안 관심을 가져왔다(Madanipour, 2003; Iveson, 2007). 아이브슨은 공공 공간을 다음과 같이 정의한다(Iveson, 2007: 3).

사람들이 낯선 청중 앞에서 자신을 (재)현할 수 있는 공간… '공공 공간'이라는 용어는 종종 도시의 특정 장소를 나타내는 데 사용되며 지도에서 공공 공간을 특정한 색으로 칠할 수도 있는데, 이는 '지형적 접근 방식'이다. 그러나 이와는 대조적으로, 공공 공간이라는 용어는 집단행동과 토론을 위해 주어진 시간에 사용되는 모든 공간을 지칭하는 데 사용되기도 하는데, 이는 '절차적 접근 방식'이다.

따라서 공공 공간은 상식적이고 이상적인 의미에서 모든 대중이 이용할 수 있는 거리, 공원 및 기타 개방 공간을 의미한다. 고대 그리스의 광장이나 아고라에서 중세 영국의 시장 광장(market square)에 이르기까지, 19세기 파리의 대로에서 모더니즘 도시 계획의 광활한 개방 공간과 효율적인 도로에 이르기까지 공공 공간은 역사적으로 도시의 핵심적인 부분이었다(Madanipour, 2003). 이러한 유형의 공공 공간에는 각기 다른 형태의 계획이 수반되었는데, 그 이유는 지배적인 사회 구성원들이 대중 사이의 사회적 상호작용을 정의하고 통제하고자 하는 방식을 표현했기 때문이다.

지난 10여 년 동안 공공 공간에 대한 지리학자들의 관심은 점점 더 커지고 있다. 이러한 관심은 다양한 글로벌 맥락에서 일어나고 있는 두 가지 관련 프로세스에서 비롯되었다. 지리학자들은 한편으로는 공공 공간이 점점 더 소비자 자본주의, 신자유주의, 포스트모던 '유산(heritage)' 개념의 요구를 반영하고 있다고 주장했다(Zukin, 1995). 다른 한편으로는 현대 도시 공간이 점점 더 단일 기능화되어 그 어느 때보다 더 큰 통제와 배제의 대상이 되고 있다고 비판했다(Sorkin, 1992).

그렇다면 도시 계획가는 소비자 자본주의, 신자유주의 그리고 '유산'을 공공 공간에 어떻게 반영할 수 있을까? 핵심적인 주장은 경제지리와 문화지리가 만나는 지점에 있다(Box 2.4와 2.7 참조). 이전에는 포괄적이고 다기능적이었던 도시의 공공 공간이 점점 더 부분적으로나마 민간 기업의 재정 지원과 계획이 이루어지는 공간이 되고 있다는 주장이 제기되고 있다(Harvey, 2000). 일반화하자면, 이는 이제 많은 공공 공간이 더 이상 민주적으로 선출된 정부에 의해 모든 대중을 수용해야 하는 공간으로 설계, 소유 또는 통제되지 않는다는 것을 의미한다. 오히려 공공 공간은 사유화되고 있으며, 일반 대중의 이용은 공공 공간을 소유한 기업의 이윤 창출 활동으로 이어지고 있다. 즉, 공공 공간은 점점 더 좁은 범위의 '이상적인' 대중, 다시 말해 새로운 공공 공간에서 제공되고 상품화된 활동을 구매할 수 있는 중산층, 주로 백인, 성인을 염두에 두고 설계되고 있다. 몇 가지 예를 살펴보자.

위의 트렌드와 관련해 한 가지 예를 들자면, 여러 글로벌 도시에서 리처드 로저스(Richard Rogers), 노먼 포스터(Norman Foster), 대니얼 리버스킨드(Daniel Libeskind)와 같은 '슈퍼스타' 건축가들이 설계한 유명 건물이 세워지는 것을 볼 수 있다. 실제로 이 장을 집필하던 당시 두바이에서는 세계에서 가장 높은 건물인 높이 800미터의 부르즈 할리파(Burj Khalifa)가 언론의 엄청난 관심을 받으며 개장했다(사진 2.3). 두바이가 2008년부터 시작된 세계 금융 위기로 어려움에 처해 있던 시기에 개장했다는 점에서, 이곳은 많은 언론에 의해 두바이의 새로운 희망의 신호탄으로 보도되었다.

부르즈 할리파와 같은 건물은 문화지리학에서 여러 논쟁의 대상이 되어 왔다. 일부 평론가에게는 도시 간 경쟁의 정점을 상징하기도 한다. '기업가 도시'(Hall and Hubbard, 1999)가 투자, 관광객 방문 또는 문화적 중요성의 측면에서 자신의 지위를 강조하기 위해 유명 건축 프로젝트를 광고처럼 활용하는 경우가 많아지고 있다. 다른 평론가들은 일부 도시, 특히 라스베이거스의 건물이 높은 인지도를 얻는 이유는 해니건(Hannigan, 1998)이 '판타지 도시'라 명명한 것을 노골적으로 상징하기 때문이라고 설명한다(사진 2.4). 라스베이거스

사진 2.3 두바이의 부르즈 할리파
출처: shutterstock.com/Kjersti Joergensen

등지에서는 도시 환경이 레저, 식사, 쇼핑, 도박의 놀이터로 계획되고 판매되고 있으며, 이곳에서 소비는 일시적인 현실 도피와 환상적인 라이프 스타일을 구매하는 것이다.

전 세계 도심과 교외 지역에 등장한 쇼핑몰에는 좀 더 평범하고 덜 화려한 스케일로 현실 도피, 환상, 놀이의 개념이 내재되어 있다(Goss, 1993; 사진 2.5 참조). 영국에서는 주요 상점과 공공건물이 있는 도시 중심부의 공공 도로인 전통적인 '하이 스트리트'가 글로벌화된 주요 소매 체인이 입점한, 지붕이 있고 기후가 조절되는 쇼핑센터로 대체되거나 공존하게 되었다. 이러한 환경은 번화가

사진 2.4 네바다 주 라스베이거스의 스트립

출처: Peter Kraftl

사진 2.5 싱가포르 마리나 베이 샌즈 호텔의 쇼핑몰

출처: Peter Kraftl

Box 2.7

호주 퍼스 공공 공간의 재활성화

아이브슨(Iveson, 2007)은 호주 퍼스의 사례를 통해 1990년대 초 도시 계획가, 학자, 건축가 등 다양한 전문가 연합이 어떻게 퍼스의 중심지를 활성화하기 위해 힘을 모았는지 보여준다. 이들은 퍼스를 서호주 주의 '수도'로 홍보하고, 도심 생활에 대한 욕구를 높이며, 도심의 법과 질서를 개선하려는 세 가지 목표를 가지고 있었다. 각 의제는 도시의 공공 공간을 재창조해 표면적으로는 도심을 더 다양하고, 살기 좋고, 방문하기에 매력적이며, 좀 더 안전하고, 접근하기 쉽고, 도시의 유산에 충실하게 만들 것을 요구했다. 물리적인 측면에서는 다양

한 '공공 공간 개선' 프로젝트가 진행되었다. 여기에는 공공 광장의 대대적인 개보수, 보행로 확장, 쇼핑몰의 새로운 좌석 및 그늘막 설치, 오래된 건물을 주택으로 개조하기, 교통 인프라 투자 등이 포함되었다. 그러나 이러한 프로젝트의 필수 사항은 중산층 및 고소득층 주택에 초점을 맞춘 것에서부터 "주로 교외 지역의 쇼핑객과 잠재적 거주자들을 유치하기 위해 고안된" 마케팅 캠페인에 이르기까지 위에서 나열한 수많은 과정을 반영하고 있다(Iveson, 2007: 162).

(town centre)의 주요한 (문화) 비즈니스인 쇼핑과 '카페 문화'에 더 안전하고 도움이 되는 것으로 간주된다(3장의 소비 공간에 대한 논의를 참조할 것).

물론 '기업가 도시'의 시대에는 쇼핑몰이 공공 기관과 도시 계획가의 지원을 받아 도심을 활성화하는 핵심 수단으로 계획되기도 한다. 실제로 주킨은 1990년대 미국에서 연방 세법의 지원을 받아 투자자들을 끌어들이고, '역사적 보존'을 가장한, '낙후된' 도심 지역의 상업 재개발 길을 닦은 워터프론트 쇼핑센터가 어떻게 탄생했는지 보여준다(Zukin, 2003). 보스턴의 퍼네일 홀(Faneuil Hall)과 뉴욕의 사우스 스트리트 시포트(South Street Seaport)와 같이 사용되지 않는 부두나 항구 지역에 건설된 프로젝트는 자갈길, 오래된 보트, 기존의 부두 건물과 같은 과거의 건축 요소를 유지하려고 노력했다. 그러나 이러한 장소는 "도시 문화를 즐기는 수단으로서 쇼핑을 제시"하는 "시각적 소비"에 기반한 장소다(Zukin, 2003: 183). '과거'

는 (중산층) 대중이 소비하기에 적합한 경관에 다시 삽입될 수 있는 단순한 시각적 단서만 남기고 모두 제거된 것이다(Box 2.7 참조).

위의 모든 사례에서, 문화지리학자가 가장 우려하는 특징은 사적 이익을 위해 운영되는 공공성의 파사드(façade), 즉 '공공' 용도로 지정된 공간에서 공적 그리고 사적 용도의 경계가 모호해지는 현상이다. 주킨은 "쇼핑센터가 정치적 회합과 시민의 모임이라는 공적 생활의 장을 대체했다"고 주장했다(Zukin, 2003: 183). 전문가에 의해 계획된 다른 다양한 도시 형태에서도 비슷한 주장이 제기되었다. 가령 데이비스는 로스앤젤레스의 쇼핑몰, 호텔, 폐쇄공동체(gated communities)를 다소 암울하게 묘사하면서, 이를 민간 개발 기업이 건설하고 통제하는 부유층의 보금자리로 바라보았다(Davis, 1990). '커뮤니티'와 도시 생활에 대한 이상적인 이미지를 제시하지만(Till, 1993), '진짜' 공공 공간과 그 장소의 고객이 원하는 '표준'

에 부합하지 않는 사람들을 모두 배제한다. 따라서 CCTV를 통한 감시와 점점 더 군사화되는 통제 형태에 의존하는 배제의 과정은 중산층 소비자가 보호받는 아늑하고 안전한 공간을 생산하는 데 관여한다. 배제에 대한 자세한 논의는 7장과 8장의 수행과 정체성에 관한 내용을 참조하라. 테마파크와 같은 판타지 공간에서 공공 공간의 '종말'과 공공 예술, 동상, 기념관이 목표로 하는 관객에 관한 논쟁에서도 비슷한 주장이 제기되었다.

요약하자면, 문화 공간의 기획과 통제는 항상 어느 정도의 논란을 수반해 왔다. 적어도 공식적으로는 전문가들이 이러한 과정을 담당하지만, 그들의 작업이 객관적이거나 가치중립적인 경우는 거의 없으며, 도덕적 판단을 수반하기도 한다. 실제로 19세기부터 현재까지 도시 계획의 역사를 되돌아보면 기획과 통제의 과정이 감시와 소외, 배제의 과정으로 변질되는 경향이 지속되고 있음을 알 수 있다. 문화 공간은 지배적인 사회 규범과 금전적인 이익을 위해 계획되고 통제되는 경우가 많다. 따라서 남성, 백인, 중산층이라는 헤게모니적 사회 집단의 상대적으로 편협한 요구를 충족시킨다. 이 장의 나머지 부분에서는 이 점을 염두에 두고 문화 전문가들이 문화 **정체성**을 기획하고 통제함으로써 사회의 더욱 넓은 부문에 어필하려고 시도한 방법에 대해 살펴볼 것이다(3장과 8장 참조).

문화지리학자들은 정체성에 대해 오랫동안 관심을 가져왔다. 특히 이러한 연구의 핵심적인 측면이자 가장 명백하게 지리적인 측면은 국가 정체성에 관한 관심이다. 다음의 단락에서는 몇 가지 결론을 내리기 전에 '전문가들'에 의한 정체성 생산의 두 가지 사례(많은 경우 표면적으로는 국가적이고, 심지어는 국제적 정체성임)를 살펴보고자 한다. 먼저 공공 '이벤트'에 초점을 맞춘 다음 교육과 학교 교육에 대해 살펴보고자 한다.

앞서 설명했듯 공공 공간의 기획에는 다양한 문화 과정이 수반된다. 하지만 이야기는 여기서 끝나지 않는다. 축제나 퍼레이드 같은 계획된 공공 이벤트도 공공 공간을 만드는 데 중요한 문화 요소다. 간단히 말해, 이러한 이벤트는 해당 공간을 '공적'으로 만드는 활력을 제공한다(Watson, 2006). 이런 식으로 문화 기획의 수행적(perfoma-tive) 요소가 전면에 등장한다(7장과 12장의 수행과 신체에 대한 내용을 참조할 것). 전문가는 단순히 공공장소만 기획하는 것이 아니라 그 안에서 벌어지는 일도 어느 정도 기획한다. 쇼핑몰 밖 거리의 엔터테이너부터 승리한 국가대표 스포츠 팀의 버스 퍼레이드까지 수많은 사례를 떠올릴 수 있을 것이다. 중요한 것은 이러한 종류의 공공 이벤트가 종종 문화 정체성을 정의하고, 생산하고, 강화하는 역할을 한다는 것이다. 공공의 스펙터클은 일시적이고 비정치적이거나 포괄적인 것으로 여겨지지만, 문화지리학자들은 공공의 스펙터클이 "정체성, 권력, 권위에 대한 진술을… 전달하고 형식화하는 방법"을 보여주었다(Hagen, 2008: 350). 문화지리학자들은 다양한 공공 이벤트에 초점을 맞추어 이를 특정한 국가 정체성과 연결시켜 왔다. 하겐은 제2차 세계 대전 이전 나치 독일에서 열린 뮌헨 같은 도시에서의 공개 기념식과 퍼레이드가 국가 정체성의 강력하고 상징적인 표현이었음을 보여주었다(Hagen, 2008). 나치 정당이 전시와 건축물을 통해 예술, 문화, 역사에 대한 민족주의 개념을 전달하려고 했던 반면(예: 뉘른베르크), 하겐은 "퍼레이드가 뮌헨의 공공 공간에 정권의 메시지를 투영하는 더욱 참여적이고 포퓰리즘적인 형식을 제공했다"고 주장했다(Hagen, 2008: 349, Hagen and Orstergren, 2006 참조). 퍼레이드는 수만 명의 퍼레이드 참가자를 아우르는 거대한 규모에서부터 "나치즘을 독일 역사의 절정과 정점으로 묘사하기 위해" 뮌헨을 통과하는 경로에 이르기까지 다양한 상징 자원을 활용했다(Hagen, 2008: 361).

또한 많은 문화지리학자들은 전 세계인을 대상으로 한 전시회와 박람회에 관련된 국가 및 제국 이데올로기의 내러티브를 평가했다(Pred, 1991; Strohmayer, 1996). 도모시는 1893년 시카고 만국박람회에 대해 연구했다(Domosh, 2002). 그녀는 박람회에 두 가지 유형의 전시물이 전시되었다고 주장했다. 첫째, 유럽계 미국인의 우월한 문명과, '자연'과 자연의 일부로 간주되어 유럽계 미국인의 지배를 받는 아메리카 원주민에 대한 묘사다. 둘째, 미국의 발전과 세계 경제 지배를 대중에게 보여주는 쇼케이스, 즉 해외에서 판매되는 미국 제품에 대한 상업 전시물이다. 박람회는 실제로 미국의 농업 기술을 마케팅하고 판매하기 위해 기획되었지만, 박람회에서 사용된 이미지들은 농기구를 미국 문명의 정점으로 보여주었으며 심지어는 "수확 기계를 사용해 세계를 정복하는 (강력한 백인) 로마 전사"로 묘사했다(Domosh, 2002: 182). 이 두 사례에서 경제적, 정치적 기반은 매우 다르지만, 공공 스펙터클이 특정 종류의 국가 정체성을 홍보하는 데 사용될 뿐만 아니라 더욱 강력하게 한 문명의 '정점'을 상징하는 데 사용되는 방식

에 대해 알 수 있다.

앞의 사례는 모두 도시, 공공 공간을 스펙터클하게 점유했다는 공통점이 있다. 이러한 행사는 그 중요성을 강조하기 위해 스펙터클한 환경에서 개최되었다. 그러나 문화지리학자는 비록 덜 스펙터클하지만, 로컬, 지역, 국가 정체성을 형성하는 데 중요한 여러 축제에 대해서도 살펴보았다. 가령, 매슈슨은 현대 농업 실천과 관련된 몇 가지 축제와 기념 행사를 탐구했다(Mathewson, 2000). 이러한 축제에는 추수 축제, 로컬 푸드 축제, 새 시즌의 와인 숙성을 기념하는 행사 등이 포함된다. 매슈슨은 이 장의 앞부분에서 언급한 소비주의의 일부 경향과 유사하게 점차 많은 이벤트가 음식이나 지역 사회를 기념하는 것이 아니라, "로컬, 지역 또는 민족 정체성을 홍보하는 문화 행사가 되었다"고 주장한다((Mathewson, 2000: 466, 사진 2.6 참조).

로컬 축제에 대한 다른 연구는 정체성의 다양한 축을 따라 더 많은 논쟁의 장을 이끌어냈다. 워터맨은 이스라엘 키부츠에서 3개 공공 기관이 조직해 매년 개최하는 실내악 축제인 크파 블룸 페스티벌(Kfar Blum festival)에 대해 탐구했다(Waterman, 1998). 처음 이 축제에는 음악 자체에 관심이 많은 엘리트 집단이 참석했다. 엘리트 집단은 페스티벌과 이스라엘의 국가 정체성 사이에 분명한 연관성이 있다고 생각했다. 그러나 더 많은 사람들이 참여할 수 있도록 해야 한다는 요구에 따라 페스티벌은 변화했고, 상업적인 성격이 강해졌다. 이러한 변화는 페스티벌과 이스라엘 국가 정체성 간의 관계 측면에서 논란의 여지가 있다. 다른 한편으로는 음악 페스티벌을 지원하고 이를 통

사진 2.6 뉴욕시 유니언 스퀘어의 파머스 마켓

출처: Peter Kraftl

해 대중에게 '적절한' 형태의 국가 정체성을 교육하는 공공 기관의 역할에 대해 의문을 제기한다. 또한 이런 변화는 이스라엘에서 누가 문화 '권력'을 갖고 있는지 그리고 '정통' (엘리트) 문화와 상품화된 문화에 대한 인식된 가치가 무엇인지에 관한 더욱 광범위한 투쟁을 나타낸다.

그린의 경우, 1840년에서 1940년 사이 미국 밀워키의 시민 지도자들이 어떻게 '다민족' 페스티벌을 개최했는지를 보여준다(Greene, 2005). 시민 지도자의 진술에 따르면, 다른 중서부 도시와 마찬가지로 밀워키 또한 다양한 이민자의 복장, 음악, 춤의 차이를 인정했다. 그러나 그린은 학교 사회 센터에서 영어와 미국의 민주주의 원칙을 '가르치면서' 이민자들이 자신의 민족 문화를 기념하

고 표현하도록 허용하는 역설적인 방식을 사용했다고 주장했다.

위에서 인용한 마지막 두 가지 사례는 문화 공간의 기획에서 교육의 중요성을 강조한다. 두 사례 모두―사실 위에서 언급한 모든 이벤트―에서 문화 축제는 국가 또는 지역의 정체성을 상징할 뿐만 아니라 일종의 교육 기능도 가지고 있다. 문화지리학에서의 역사적 연구는 이 점을 가장 잘 보여준다. 이러한 연구의 대부분은 기획된 교육 공간과 커리큘럼 그리고 국가 정체성의 형태와 직접적인 연관성을 갖고 있다. 실제로 국가 문화를 기획할 수 있는 주요 방법 중 하나는 교육, 특히 청소년을 대상으로 한 학교 교육을 통해서이다.

가겐은 이러한 교육 과정이 20세기 초 뉴욕의

운동장 설계와 사용에서 명백히 드러난다고 주장한다(Gagen, 2004). 당시 향상된 교육 이론은 체육 교육을 통해 아이들, 특히 이민자 집단의 아이들이 좀 더 '바람직한' 성격 특성, 특히 국가 정체성과 미국 국가에 대한 소속감을 가짐으로써 직접적으로 동화될 수 있다고 주장했다. 실제로 위의 사례에서 알 수 있듯이, 어린이들이 민족주의 의식을 배우도록 장려하는 일련의 박람회와 퍼레이드가 교육의 핵심이었다. 플로자슈카도 체현에 대해 비슷한 지적을 했다(Ploszajska, 1994). 그녀는 1870년부터 1944년 사이 영국 학교에서 화산, 산 및 기타 지리적 현상 모형을 만들면서 어린이들이 세계에 대해 학습할 수 있도록 장려한 방식을 보여준다. 그러나 이러한 모형은 단순히 어린이의 학습을 향상시키기 위한 것이 아니라 영국 어린이들이 "세계에서 로컬, 국가, 제국 또는 글로벌 주체로서 개인 및 집단적 장소"에 대해 생각하도록 장려했다(Ploszajska, 1994: 389). 특히 모형 제작을 통해 어린이들이 지리적, 인종적 차이에 대해 더욱더 공감하는 동시에 이러한 인식을 바탕으로 자신의 고유한 로컬리티와 소속감을 더 잘 인식할 수 있도록 했다.

지리학자들은 교육, 국가 정체성, 경관을 연관 지어 연구하기도 했다(5장의 경관에 대한 내용을 참조할 것). 가령, 그리퍼드의 연구는 웨일스 교육 시스템이 제1차 세계 대전과 제2차 세계 대전 사이 웨일스 국가의 '재탄생'에 대한 논쟁을 어떻게 반영했는지 보여준다(Gruffudd, 1996). 이러한 교육 시스템은 아이들에게 새로운 종류의 '애국하는 즐거움(patriotic pleasure)'에 대해 교육했으며, 웨일스 유산을 기념하도록 요구했다. 그것은 또한 국가 부흥, 즉 국가가 다시 살아난다는 의식을 심어주었다. 그루퍼드에 따르면 이러한 교육의 핵심은 웨일스 경관의 자연적 아름다움에 대한 감탄이었다(Gruffudd, 1996). 활동에는 지역 주변 행진, '경관 그리고 모든 선량한 시민이 이를 보호해야 하는 이유'에 대한 연설, 웨일스의 경관에 대한 애국적인 시 낭송 등이 포함되었다.

이 절에서는 문화 공간의 기획이 단순히 물리적 공간의 디자인에만 국한되지 않는다는 점을 보여주었다. 오히려 이러한 과정은 특정한 유형의 국가 정체성을 생산하기 위해 다양한 종류의 문화 실천과 장소를 동원할 수 있다. 문화 공간은 교실과 운동장에서부터 공공 퍼레이드와 국제 박람회의 스펙터클한 현장에 이르기까지 매우 다양하다. 하지만 이 모든 공간에는 두 가지 공통점이 있다. 첫째, 이벤트와 공연은 문화 공간에 활기를 불어넣고, 디자인이나 도시 계획만으로는 거의 조성할 수 없는 생동감, 재미, 대중들의 유대감을 부여하는 데 사용된다. 둘째, 시민들에게 국가 정체성을 전달하고 교육하며, 경우에 따라서는 이를 강요하는 다양한 창의적 기법이 존재해 왔으며 앞으로도 계속 존재할 것이다. 결정적으로 이러한 기법은 예술, 무용, 스포츠, 시 등 다양한 문화적 실천과 공간에 의존한다. 이러한 문화적 실천과 공간은 문화지리학 연구의 핵심에 놓여 있다.

요약

- 문화 생산은 어떤 식으로든 수많은 문화지리학자의 근본적인 관심사였다. 문화지리학의 주요 연구들은 문화 대상, 텍스트, 미디어, 공간이 만들어지는 방식을 추적해 왔다. 이와는 반대로, 다른 문화지리학자들은 너무 많은 지리적 연구가 문화 생산에만 초점을 맞추고 있다는 확신에서 출발했다(3장 참조).
- 문화 연구의 몇 가지 주요 개념은 문화 생산을 연구하는 지리학자에게 유용했다. 담론, 헤게모니, 구별짓기에 대한 개념은 문화지리학자의 연구에서 반복적으로 등장한다.
- 문화지리학자만이 문화 생산의 문제에 관심을 갖는 것은 아니다. 가령, 경제·도시·산업지리학자는 상품 사슬과 문화 산업에 대해 여러 연구를 수행하고 있다. 다른 한편으로 도시지리학자와 도시 계획가는 다양한 맥락에서 여러 종류의 문화 공간과 정체성의 형성, 규제 및 유지에 대한 우리의 이해에 중요한 기여를 해왔다.
- 많은 연구자들이 문화 생산에 초점을 맞추었지만, 생산이 다른 과정과 분리되어 있지 않다는 점을 이해하는 것이 중요하다(이에 대한 논의는 3.5절 참조).

 핵심 읽을거리

Crane, D. (1992) *The Production of Culture: Media and the urban arts*, Sage, London.
이 책은 문화 생산 과정, 창조 산업, 도시 공간의 상호 연관성에 대해 관심이 있는 사람들에게 유용하다.

du Gay, P. (ed.) (1997) *Production of Culture/Cultures of Production*, Sage, London.
많은 학생들은 이 책이 문화 생산의 문제에 대해 읽기 쉽고 유용한 입문서라고 생각한다. 이 책은 특히 담론, 헤게모니, 구별짓기, 생산의 순환에 대한 개념을 실제 사례 연구에 기반해 설명하는 방식이 유용하다.

Eldridge, J. (ed.) (1993) *Getting the Message: News, truth and power*, Routledge, London.
뉴스 미디어가 생산되는 과정에 대해 고려한 매력적인 에세이 모음집이다. 헤게모니 담론이 실제로 어떻게 만들어지고 일상적인 뉴스 미디어에서 유통되는지를 보여주는 수많은 사례를 제공한다.

Gertler, M. (2003) A cultural economic geography of production. In Anderson, K., Domosh, M., Pile, S. and Thrift, N. (eds) *Handbook of Cultural Geography*, Sage, London, 131-146.
경제지리학의 문화적 전환에 대한 심도 있는 고찰을 한 책으로, 문화 생산에 대한 질문이 인문지리학자에게 얼마나 중요한지 설명한다.

Granger, R. and Hamilton, C. (2011) *Breaking New Ground: Spatial mapping of the creative economy*, Institute for Creative Enterprise, Coventry.
문화 및 창조 산업의 로컬 및 지역별 클러스터링 그리고 이러한 클러스터링의 원인과 결과에 관한 흥미로운 연구다. 이 사례 연구에 소개된 패턴이 여러분이 살고 있는 곳에는 어떻게 적용될 수 있을지 생각해 보자.

Massey, D. (1984) *Spatial Divisions of Labour: Social structures and the geography of production*, Macmillan, London.

지리학자들이 생산 과정과 문화 산업의 입지에서 파악할 수 있는 것처럼, 경제적 요인과 도시 공간, 문화 프로세스 사이의 연관성에 대해 고려해야 한다고 주장하는 고전적인 문헌이다.

UN (2008, 2011) *Creative Economy Report*, United Nations, New York.

문화 및 창조 경제와 문화 상품 및 서비스의 지리에 관한 최근 데이터와 관련된 흥미로운 총론이다. 이 장에서 논의되는 이슈에 대한 글로벌 배경 정보는 최신판에서 확인하면 된다. 10장 마지막에 제시된 **물질적인 것들의 생산**에 관한 핵심 읽을거리도 이 장과 관련되어 있다. 특히, 상품과 문화 상품이 실제로 생산되는 복잡한 실천을 탐구하는 데 관심이 있는 사람이라면, 지리학자 이안 쿡(Ian Cook)의 연구를 강력하게 추천한다.

문화 소비

3.1 소비에 대한 개론

2장에서는 문화지리학자와 문화 연구자의 고전적인 연구 중 상당수가 문화 생산 과정, 즉 문화 대상과 공간이 어떻게 만들어지고 규제되며 특정한 의미와 규범을 갖게 되는지에 초점을 맞췄다는 점에 주목했다. 이는 문화지리학의 발전과 그 이면에 숨겨져 있던 문화 과정과 정치를 밝히는 데 매우 중요한 역할을 했다는 점을 다시 한번 강조한다. 그러나 2장을 읽었다면, 이미 다음과 같은 몇 가지 궁금한 점이 생겼을 것이다.

• 사람들은 실제로 이 모든 문화 대상을 가지고 무엇을 할까?
• 문화 공간이 생산된 후에는 실제로 어떤 일이 벌어질까?
• 사람들은 일상에서 헤게모니 형태의 문화 권력에 어떻게 대처할까?

위의 질문은 문화지리학 및 문화 연구 분야에

서 '소비', 곧 문화 대상을 가지고 문화 공간 내에서 행하는 소비자의 실천을 탐구하는 것에 초점을 맞춘 두 번째 주요 연구를 촉발시켰다. 이 장에서는 소비와 소비문화에 대한 개념을 소개하고 지리학자가 소비와 소비문화를 이해하는 데 어떻게 기여해 왔는지 살펴볼 것이다. 3.2절에서는 1990년대 문화 연구와 인문학 연구에서 소비 연구에 대한 '전환'을 설명한다. 이 장의 두 절에서는 이 '전환'에서 비롯된 두 가지 중요한 연구 흐름을 간략하게 설명한다. 3.3절에서는 일상생활에서 소비가 얼마나 중요한지, 소비를 위한 공간의 생산, 특정한 경관이나 공간의 소비와 관련된 실천 등 소비의 복잡한 지리를 다루는 연구에 초점을 맞춘다. 3.4절에서는 사람들이 일상에서 헤게모니적 문화정치에 어떻게 대처하고 저항하는지 탐구하는 데 중요한 역할을 해온 소비와 정체성 간의 연관성에 관한 연구를 소개한다. 마지막으로 3.5절은 이 책의 1부를 마무리하는 일종의 성찰로, 2장과 3장에서 설명한 프로세스 간의 연결에 대해 생각하는 것이 중요하다는 점을 다시 한번 강조한다.

3.2 소비: 문화 하기(*doing* culture)

1990년대 초, 문화 이론가와 인문지리학자들은 2장에서 소개했던 생산 중심의 연구에서 벗어나 '소비'에 초점을 맞출 것을 촉구했다. 그렇다면 이러한 맥락에서 문화지리학자가 '소비'에 대해 이야기할 때 말하는 것은 무엇일까? Box 3.1에서는 이 질문에 대한 간략한 답변과 긴 답변 모두를 제공하고 있다. 현재로서는 간략한 답변으로도 충분

할 것이다. 소비는 상품, 텍스트, 서비스를 구매하고 사용하는 것을 의미한다. 따라서 소비를 연구한다는 것은 문화 대상과 공간이 생산된 후 사람들이 실제로 그것을 가지고 무엇을 하는지에 대해 탐구하는 것이다. 하지만 이 장을 읽다 보면 소비가 단순한 과정이 아니라는 점을 알 수 있을 것이다. Box 3.1의 '긴 답변'이 여기서 기준점이 될 수 있다. 궁극적으로 상품을 구매하고 사용하는 것은 놀라울 정도로 복잡한 과정이며, 결국 2장에서 설명한 규범, 담론, 문화 정치에 의해 맥락화되는 모든 종류의 행동, 감정, 의미, 결정, 욕구, 사회적 상호작용을 포함한다는 점을 인식하는 것이 중요하기 때문이다. 또한 '소비'라는 용어가 "예술에서 쇼핑, 텔레비전 시청, 복지 수급, 동물원 방문에 이르기까지의 모든 것(Edgell and Hetherington, 1996: 1)"과 같은 광범위한 실천을 지칭하는 데 사용되어 왔다는 점도 분명해질 것이다. 이 외에도 쇼핑몰에서 산책하기, 관광 명소 사진 촬영하기, 취미 활동, 특정한 헤어스타일, 여러 형태의 시위와 저항에 참여하는 것까지 모든 것이 포함될 수 있다.

소비로의 전환은 문화 연구와 문화지리학의 전통적인 생산 중심 연구(2장 참조)에 대한 일련의 비판에서 시작되었다. 이러한 맥락에서 나온 몇 가지 주요한 비판은 다음과 같다.

• 문화 과정을 연구하는 데 사용되는 방법과 개념들에서 '생산주의적 편향'을 수정해야 한다는 주장이 제기되었다(Urry, 1990: 277). 고전적인 연구는 문화 생산에 대한 수많은 풍부한 설명을 만들어냈지만, 이는 전체 이야기의 일부만을 설

Box 3.1

 문화지리학자들이 말하는 '소비'란 무엇을 의미할까?

짧은 답변은…
상품의 판매, 구매 및 사용을 중심으로 하는 복잡한 사회적 관계와 담론의 영역.

–Mansvelt, 2005 : 6

긴 답변은…
문화 이론가 레이먼드 윌리엄스가 설명했듯, '소비'라는 단어는 복잡한 역사를 갖고 있다(Williams, 1976: 78-79).

1. 14세기 이후 가장 초창기에 'consume'(라틴어의 *consumere*에서 유래한 것으로, '완전히 소진하다'는 뜻)이라는 말은 "파괴하다, 다 써버리다, 낭비하다, 소진시키다"(Williams, 1976: 78)와 같이 물리적으로 삼키거나 황폐화시키는 것을 의미했다. 이는 '불에 타다(consumed by fire)', '밥을 먹다(consuming meal)'와 같은 숙어로, 또는 '슬픔에 사로잡히다(consumed by grief)', '질투에 잠기다(consumed by envy)'와 같은 은유로 남아 있다. 마찬가지로, 19세기까지만 해도 오늘날 결핵으로 알려진 질병을 'consumption'이라고 불렀던 것은 이 질병이 인체를 '황폐화'시키는, 빠르고 파괴적이며 치명적인 방식을 연상시키기 위해서였다.

2. 이와 밀접한 관련이 있는 단어인 'consummate'(라틴어의 *consumare*에서 유래한 것으로, '완료하다'는 뜻)는 16세기부터 특정한 작업이나 거래의 완료를 통해 달성한 성취의 상태를 설명하기 위해 사용되었다. 이 단어는 전통적으로 신혼부부 사이 첫 성관계를 통해 결혼을 '완성'하는 것을 의미하기도 했다. 각각의 의미에서 'consummate'란 단어는 완료하는 행위와 그로 인해 발생하는 만족감 모두를 뜻한다.

3. 18세기 유럽에서는 어떤 상품이나 서비스를 구매하거나 사용하는 사람을 설명하기 위해 'consumer'라는 단어가 등장했다. 여기서 '소비'는 어떤 종류의 상품을 구매하고 사용하는 행위를 의미했다. 윌리엄스는 이 새로운 '소비' 개념의 등장이 점점 더 대규모화되고 조직화된 새로운 형태의 자본주의 정치 경제의 출현과 밀접한 관련이 있다고 말한다(Williams, 1976). 그는 전통적인 형태의 구매와 판매는 공급자와 고객 간의 긴밀하고 충성스러운 관계와 관련이 있었다고 주장한다. 새로운 대규모 자본주의 상품 시장은 이러한 관계의 붕괴를 가져왔고, 더 분리되고 이질적인 구매자와 판매자 간의 관계를 설명하고 정당화하기 위해 새로운 어휘('consumer', 'consuming')가 필요했다. '소비자'라는 개념은 지난 세기 동안 '소비자 권리', '소비자 문화', '소비재' 등과 같은 용어로 점점 더 대중화되었다.

클라크 등은 문화지리학자들이 현재 '소비'에 대해 이야기할 때 이러한 다양한 의미가 "하나로 합쳐진 것"이라고 지적한다(Clarke et al., 2003: 1). 그래서 소비는 다음과 같이 설명할 수 있다.

- 위의 3번과 같이, 어떤 종류의 상품이나 서비스를 선택하고, 구매하고, 사용하는 과정.
- 그리고 위의 1번과 같이 그 상품이나 서비스를 소진하거나 닳아 없애거나 사용하는 문자 그대로의 물리적, 신체적 행위.
- 2번과 같이 상품이나 서비스가 사용되는 방식, 소비자가 실제로 상품이나 서비스를 사용해 하는 일의 종류와 그로부터 얻는 것, 그로 인한 의미, 감정 및 성취.

이 모든 것은 "상품의 판매, 구매, 사용을 중심으로 하는 복잡한 사회관계와 담론의 영역"에서 일어나고 있다(Mansvelt, 2005: 6).

명한다는 것이 점점 더 분명해졌다. 연구자들은 소비자와 청중이 문화 텍스트와 미디어를 어떻게 경험하고, 사용하고, 토론하고, 즐기는지(혹은 그렇지 않은지) 탐구하기 위해 새로운 방법과 논의를 요구했다.

- 문화 정치에 관한 고전적인 설명은 소비자의 역할과 행위 주체성을 상당히 과소평가했다는 주장이 제기되었다. 소비자는 문화 생산 시스템의 어쩔 수 없는 자비에 휘둘리는 수동적이고 무력하며 멍청한 존재로 여겨지는 경우가 너무나도 많았기 때문이다. 따라서 연구자들은 대중문화 텍스트와 대상에 대한 소비자의 중요하고, 잠재적으로 전복적인 창의성을 인정할 것을 촉구했다(Seiter *et al.*, 1989; Miles and Paddison, 1998).

- 비평가들은 고전적 접근법의 '생산주의적 편향'이 '고급문화'에 대한 헤게모니 개념과 밀접하게 연결된 일종의 문화 엘리트주의를 드러낸다고 느꼈다(2장 참조). 즉, 생산의 문화 정치에 대한 비중 있는 분석에 비해 많은 형태의 대중 소비가 암묵적으로 거품이 많고 실체가 없으며 학술적 관심을 가질 가치가 없는 것으로 취급된다는 인식이 점점 더 커졌다. 대중문화 소비를 정당한 학술 연구 주제로 다루는 것은 이러한 엘리트주의에 대항할 수 있는 효과적인 방법으로 여겨졌다. 또한 개인의 일상과 정체성에 대한 소비 실천의 근본적인 중요성을 인식하는 방법으로도 여겨졌다.

- 가장 중요한 것은 '생산주의적 편향'으로 인해 많은 연구자와 이론가가 '소비문화'의 부상으로 발생한 매우 실질적인 사회, 지리적 변화를 간과했다는 주장이었다. '소비문화'는 18세기 유럽 자본주의 상품 시장의 발전, 19세기 유럽 산업 혁명으로 인한 저렴한 대량 생산 소비재의 확산, 제2차 세계 대전 이후 유럽과 북미의 많은 사람들의 여가 시간과 가처분 소득의 확대, 통신 기술을 통한 세계와 연결성의 지속적인 확대 등 다양한 원인으로 인해 발생한 복잡한 문화적, 역사적 변화를 가리키는 약어로 널리 사용되고 있다. 이러한 맥락에서 소비재와 대중문화 형태가 대중에게 널리 확산되었다. 따라서 소비재의 획득과 사용이 사람들의 일상생활과 정체성의 중심이 되었다는 주장이 제기되고 있다. 또한 세계 여러 지역에서 제조업의 중요성이 감소하고 소비를 위한 물건과 공간의 생산에 전념하는 문화 산업의 경제적 중요성이 증가하고 있다는 점도 주목할 만하다. 3.3절에서 설명하겠지만, 이런 맥락에서 소비를 위한 전문화된 공간이 엄청나게 확산되었다는 주장도 제기되고 있다.

3.3 문화 소비의 지리

3.2절에서 설명한 논쟁과 비평은 사회과학의 여러 분야에서 소비에 초점을 맞춘 연구, 즉 사람들이 문화 대상과 공간 내에서 하는 다양한 행위를 탐구하는 연구에 대한 열정을 불러일으켰다. 많은 문화지리학자가 소비에 대한 관심에 사로잡혔으며, 다음의 하위 항에서는 지리학자들이 소비를 이해하는 데 기여한 세 가지 주요 방법을 강조한다. 다음의 내용은 지리학자들이 왜 그토록 소비에 많은 관심을 가졌는가라는 질문에 대한 답으로 읽을 수도 있다.

■ 일상의 지리에서 소비의 중요성

'소비문화'의 부상은 인간 삶의 거의 모든 측면과 관련된 소비재의 방대한 확산, 그리고 소비자가 모든 상품을 인식하고 관심을 갖는 방식의 변화라는 두 가지 중요한 결과를 가져왔다고 주장되곤 한다. 요컨대, 다양한 상품이 끊임없이 증가하고 있으며, 소비자는 이전과는 전혀 다른 방식으로 소비를 평가하고, 토론하고, 고민하고, 가치를 부여할 것이다. 물론 소비는 네 가지 측면에서 일상의 지리에서 근본적으로 중요한 것으로 이해될 필요가 있다.

첫째, 가장 간단하게는 사람들이 점유하는 공간에서 소비 행위를 하는 데 많은 시간을 보낸다는 점이다. 이 장의 시작 부분에 나온 질문으로 돌아가서, 여러분은 오늘 얼마나 많은 소비재나 서비스를 사용하고 있는가? 이러한 소비의 대부분은 눈에 띄지 않거나 당연하게 여겨질 수 있지만, 먹고, 마시고, 쇼핑하고, 옷을 입고, 제품과 기술을 사용하고, 문화 상품과 미디어를 보고, 읽고, 듣고, 토론하거나 생각하는 등 일상생활의 많은 측면에서 소비 행위가 중심을 이루고 있다. 소비문화 속에 살고 있는 사람이 어떤 형태로든 소비에 관여하지 않는 순간을 생각하기란 사실상 어렵다. 이는 일상의 지리를 탐구할 때 상품은 실제로 우리를 둘러싸고 있으며 모든 방식의 일상 활동의 중심이 된다는 점에서 입증된다. 사람들은 잠자는 동안에도 베개, 알람 시계, 파자마, 곰 인형 등 소비재에 둘러싸여 있으며 실제로 사용하는 과정 중에 있다(Kraftl and Horton, 2008; Horton and Kraftl, 2009). 따라서 기본적으로 문화 상품을 실제로 사용하는

소비 실천은 일상의 지리를 이해하고자 하는 모든 사람에게 중요하다는 점을 분명히 해야 한다. 이에 대해 자세히 알아보기 위해서는 수행(7장), 정체성(8장), 일상성(9장), 물질적 대상(10장), 신체적 실천(12장)에 대한 내용을 참조하라.

둘째, 소비 실천은 공간을 경험하는 방식에 큰 영향을 끼칠 수 있다. 한 가지 예로, Box 3.2는 대중음악 감상과 관련한 앤더슨의 연구 결과를 제시한다(Anderson, 2002; 2004). 특정한 음악을 잠깐만 들어도 사람의 기분이 바뀌고, 자신과 자신이 점유하는 공간에 대한 감정에 영향을 끼친다는 사실을 알 수 있다. 이러한 사례는 특정한 소비 습관이 기분과 경험을 변화시킬 수 있다는 잠재력을 보여 준다. 시끄러운 스카(ska)* 음악을 들으면 걱정과 책임감을 잊을 수 있고, 좋아하는 음악을 들으면 집안일이나 숙제를 할 때 시간이 좀 더 빨리 지나갈 수 있다. 헤드폰으로 음악을 들으면 긴 여행의 경험이 달라질 수 있고, 쇼핑을 하면 기분이 좋아지거나 절망할 수도 있으며, 책이나 영화가 며칠 동안 머릿속에 맴돌거나 세상을 보는 방식을 바꿀 수도 있고, 텔레비전 프로그램이 낯선 사람과 어색한 분위기를 깨는 대화의 기초가 될 수도 있고, 문화적 관심사를 공유하는 것이 우정이나 연애의 기초가 될 수도 있다. 앞의 사례에서도 알 수 있듯이 소비는 일상생활에서 당연한 일부로 여겨지지만, 소비 실천은 때때로 일상의 지리를 변화시킬 수 있다(Horton, 2010; 2012 참조).

셋째, 특정한 소비 실천에 대한 열정이 사람들

----

* 자메이카에서 자생적으로 만들어져 발전한 음악으로, 비트가 강한 서인도 제도의 음악이다.

Box 3.2

문화 소비의 순간들: 대중음악 듣기

사진 3.1 좋아하는 음악을 듣는 것은 우리의 기분과 우리가 있는 공간을 변화시킬 수 있다.

출처: Alamy Images/Fancy

대중음악을 듣는 실천에 관한 앤더슨의 연구는 문화 소비가 개인의 일상생활에 얼마나 큰 영향을 끼치는지 보여준다(Anderson, 2002; 2004). 앤더슨의 연구 참여자들(영국 북서부 출신)은 일상 공간에서 음악이 자신에게 얼마나 중요한지 인식한 순간을 묘사한다. 세 가지 사례를 살펴보자. 특정 음악을 듣는 행위가 개인의 기분과 일상 공간 및 업무에 대한 경험을 어떻게 변화시키는지 주목하라. 이런 식으로 음악을 활용한 적이 있거나 특정한 음악을 듣고 비슷한 방식으로 영향을 받았던 순간을 떠올릴 수 있는가?

그날 저녁 저는 화가 나서 아들을 재우고 아래층을 내려와서 집안일을 하거나 텔레비전을 보거나 책을 읽다가… 문득 이런 생각이 들었습니다. 음악을 **엄청 크게** 듣고 싶다는. 그래서 스카(ska) 음악을 틀고 계속 춤을 췄

는데 정말 멋지고 끝내줬어요. 간신히 전원을 껐죠… 정말 **끝내주는** 시간이었어요… 정말 재밌었죠. 그 후 저는 멈춰서서 '**맙소사**, 서른 다섯 살이잖아, 그만해… 브레이크를 밟고, 정신 차리고, 소리를 낮추고, 설거지를 끝내자'고 생각했죠. 잠깐 바보 같다는 기분이 들었지만… 그 순간 나는… 그냥 춤을 췄어요. 진심으로 춤을 췄고 기분이 완전히 좋아졌어요. 진부한 표현이지만 그때 저는 다른 곳에 있었어요.

—Anderson, 2002: 211

욕실 청소 같은 건… 그냥 싫어요. 제가 하기 싫지만 해야만 하는 것들이 있었죠… 정말 지루해서 아래층으로 내려가서 음악을 들었어요. 데이비드 그레이(David Gray)의 음악을요. 그리고 그 음악은 제가 뭘 하고 있는지 잊게 만들어 주었어요. 자동 조종 장치를 사용하고 있었던 것처럼, 그냥 내 손으로 그 일을 하고 있었죠… 해야만 하는 일인데 (음악을 듣는 게) 더 견딜 만하게 해주었고, 실제로 꽤 즐거웠고 확실히 기분이 좋아졌죠.

—Anderson, 2002: 214-215

학교에서 막 집으로 돌아왔어요. 저는 헉헉거렸고… 귀찮아서 아무것도 할 수 없는 상태였어요… 시작은 했지만 **진짜** 지루했죠… 집중할 수가 없어서 일을 하는 동안 음악을 틀었어요. 에스 클럽 세븐(S Club 7)의 노래였는데, 아주 행복했어요. 숙제를 하는 동안 점점 더 행복해졌고, 숙제에 대한 감정이 바뀌었고, 가끔 노래를 따라 부르고 숙제를 계속 했는데 숙제를 해야 한다는 사실도 잊어버릴 정도였죠… 어쨌든 그 노래는 지루할 수가 없어요.

—Anderson, 2004: 744

의 사고를 점령하고 일상지리의 경험을 변화시킬 수 있다는 점에서 소비는 정말 중요한 것일 수 있다. 때때로 이런 열정은 특정한 음악(Box 3.2 참조)이나 문화 현상, 유행 또는 패션에 사로잡힐 때처럼 단기간에 강렬하게 나타날 수 있다. 또 다른 형태의 열정은 훨씬 더 오래 지속될 수 있으며, 취미와 마찬가지로 평생 인내심을 가지고 일하고 수집하고 소비해야 할 수도 있다(Box 3.3 참조). 그러나 이 두 가지 유형의 열정이 지리학자에게 중요한 이유는 일상 공간과 일상을 변화시킬 수 있는 능력, 이러한 활동을 중심으로 발전한 수많은 공간과 실천 그리고 사람들이 일상의 지리에 대해 매우 깊은 관심을 갖고 있기 때문이다.

넷째, 소비 실천은 정체성, 즉 사람들이 자신과

사진 3.2 철도 모형: 공예 기반 소비의 사례
출처: Alamy Images/Picturesbyrob

야우드와 쇼는 철도 모형 애호가들을 대상으로 한 연구를 통해 많은 사람들의 "길게는 수십 년 동안"의 취미와 공예를 기반으로 한 소비 형태에 대해 탐구했다(Yarwood and Shaw, 2009: 428). 남서부 잉글랜드에서 열린 대회에서 한 철도 모형 애호가와의 인터뷰를 예로 들어보자. 다음의 인용문에서 철도 모형 레이아웃 제작자는 자신의 레이아웃에 대한 일종의 '가이드 투어'를 제공하고, 레이아웃 제작과 관련한 끈기 있고 구체적인 작업들에 대해 공개한다.

뉴스 기록보관소인 셉턴 말렛(Shepton Mallet)에 가야 했고, 그곳에서 무슨 일이 있었는지 기록했습니다. 그 다음 저는 바스(Bath)에 가서 그쪽에서 무슨 일이 일어나고 있는지 알아봤죠. 제대로 만드는 데에 1년이 걸렸고, 모든 것이 해결되는 데 2년 그리고 짓는 데 1년이 걸렸어요…

이건 다 폴리스티렌으로 만들어졌습니다… 그리고 이것들은 베이컨이나 생선에서 추출한 것들로 만들어졌습니다… 꽤 많은 양이 버려지죠. 보시다시피, 이걸 모양에 맞게 충분히 자르고 납땜 인두를 사용해 작은 곡선을 넣습니다. 여기에 넣으면 뜨거운 납땜 인두에서 이런 모든 흔적들을 얻을 수 있도록 흩어질 겁니다.

모든 것에는 이야기와 의미가 있어야 합니다. [철도 레이아웃의 개별 요소들을 가리키며] 저기는 고슴도치, 저기는 황새, 담비… 여기는 침목이랑 밸러스트가 많이 쌓여서 정리하고 있는 모습입니다. 저 사람은 잡초를 다듬고 있죠. 저쪽에는 갱단이 있고요. 채석장 인부도 볼 수 있습니다… 말과 수레, 오래된 석탄 배달, 당신은 50대이고 할머니는 석탄 배달하는 걸 보고 있습니다… 할아버지는 할머니와 이야기를 나누면서 양에게 건초를 먹이고 있어요. 양치기와 개도 있습니다.

-Yarwood and Shaw, 2009: 428

야우드와 쇼는 이러한 종류의 취미 또는 공예 기반의 소비에는 몇 가지 주요한 특징이 있다고 지적한다(Yarwood and Shaw, 2009).

- 이러한 활동에는 상당한 시간의 투자, 전문성, 세심한 주의가 필요하다. 이러한 종류의 활동에는 종종 수십 년에 걸친 세심한 작업, 공예 또는 수집이 포함된다(Box 3.2의 소비와 관련된 찰나의 즐거움이나 흥분과는 다소 대조적임).
- 오랜 기간에 걸쳐 전문적인 재료나 자원에 상당한 비용을 지출해야 할 수도 있다. 재료 중 상당수는 상업적으로 대량 생산된다(예: 철도 모형의 사례로 혼비 기차

가 있음). 그러나 베이컨 패킷으로 풍경을 만들어내는 매니아처럼, 소비자들은 종종 자신만의 구성 요소를 만들거나, 위의 셉턴 말렛의 기록 정보나 담비, 고슴도치와 같이 유머와 사실주의의 놀라운 요소를 통합해 대량 생산된 상품에 '생명을 불어넣기' 위해 많은 창의성을 발휘하기도 한다.
- 취미와 공예를 기반으로 한 소비는 애호가와 전문가로 구성된 네트워크를 통해 이루어지고 유지된다. 이 네트워크에서는 컨벤션, 클럽, 무역 박람회, 전시회, 전문 소매업체 및 온라인 토론 게시판과 같은 특정한 공간과 이벤트에서 전문적인 지식을 수집하고 공유하며 비교 및 대조를 한다. 네트워크 내에서 개인은 자신의 취미나 기술에 대해 특출나게 '잘하거나', '진지하거나', '헌신적인' 것으로 주목받는다. 또한 이러한 네트워크 내에는 수많은 하위 분야와 관심 집단이 존재하는데, 가령 야우드와 쇼는 위에서 설명한 철도 모형 대회에서 애호가들이 후기 디젤 엔진이나 19세기 그레이트 웨스트 레일웨이(Great West Railway)의 증기 기관차에 집중하는 경향이 있다고 지적한다.

'타인'을 어떻게 바라보고 구성하는지에서 매우 중요한 요소다. 따라서 소비는 사회·문화지리를 이해하는 데 중요한 것으로 인식되고 있으며, 이는 인문지리학자의 연구에서 핵심적인 역할을 해왔다. 8장에서 자세히 살펴보겠지만, 사람들의 결정, 취향, 소비재 및 서비스의 사용은 사람들이 자신을 표현하고, 다른 소비자와 연결하거나, 어떤 사람을 '타자'로 구성하는 방식에서 중요한 역할을 할 수 있다. 소비 실천은 나이, 젠더, 인종, 장애, 사회 계층 등 다른 사회적 차이를 효과적으로 줄이거나 합칠 수 있다. 때로는 과거에 이질적이었던 사회 집단을 연결하는 연결점 역할을 하고, 때로는 이미 배제된 집단이 인식하는 '타자성'을 심

화시키고, 때로는 겉으로 보기에는 동질적인 집단 내에서 분열과 긴장을 조성하기도 한다. 이러한 점은 3.4장에서 '하위문화'의 구성에서 소비의 역할과 현대 문화 정치의 구성과 관련된 저항 행위에 초점을 맞춰 살펴볼 것이다.

■ 셀 수 없이 많은 소비의, 소비를 위한 공간들

사회과학 분야에서 소비에 초점을 맞춘 연구들은 특정한 문화 실천을 위한 장소로서 명시적으로 설계되고 사용되는 공간의 확산에 대해 다루고 있다. 이러한 맥락의 연구에서는 현대 소비문화의 발전을 특징짓는 두 가지 광범위한 공간적 트렌

드를 확인했다. 첫째, 문화 이론가, 지리학자, 역사학자들은 커피숍, 펍, 백화점, 쇼핑몰과 같은 독특한 소비 공간의 시작과 초창기 발전 과정을 도표로 작성했다. 이런 맥락에서 독일의 문화 이론가 발터 벤야민(Walter Benjamin, 1892-1940)의『아케이드 프로젝트(The Arcades Project)』는 고전적인 저작으로 널리 칭송받고 있다. 이 글은 1920년대와 1930년대 파리의 유리 지붕 쇼핑 아케이드를 산책하면서 관찰한 벤야민의 풍부하고 상세한 메모, 관찰을 정리한 것이다. 이 아케이드는 1820년대 유럽의 여러 도시에서 쇼핑, 산책, '윈도쇼핑'을 위한 공간이 건설되던 시기에 건축된 최초의 아케이드로, 유행에 민감하고 세련된 공간으로 여겨졌다(2장 참조). 일반적으로 벤야민의 메모는 특정한 소비 공간의 세부 사항을 조사하고 그 역사의 흔적을 관찰함으로써 현대 소비문화의 출현을 이해하려는 시도로 해석된다(Box 3.4 참조). 오늘날 쇼핑몰, 백화점, 커피숍과 같은 공간은 지극히 평범하고 당연하게 여겨질 수 있다. 그러나 벤야민과 다소 유사한 접근 방식을 취하는 지리학자들

Box 3.4

1822년의 쇼핑 아케이드: 벤야민의『아케이드 프로젝트』

사진 3.3 갤러리 비비엔느(Galerie Vivienne): 1826년에 개장한 파리지앵의 쇼핑 아케이드
출처: Alamy Images/Alex Segre

발터 벤야민의『아케이드 프로젝트』는 훌륭하고 수수께끼같은 유명 대작으로, 대부분의 판본이 1000페이지가 넘는 방대한 분량이다. 이 책은 1940년 벤야민이 사망할 당시 미완성이었기 때문에 유리 지붕으로 덮인 파리의 쇼핑 아케이드에 대한 방대한 메모, 관찰, 성찰의 단편적인 모음으로만 남아 있다. 이 아케이드는 1820년대에 지어졌고(사진 3.3), 벤야민은 약 한 세기 후에 아케이드와 마주했다. 사회과학자 사이에서는 이 책을 처음부터 끝까지 읽은 사람은 아무도 없다는 농담이 있지만, 거의 모든 페이지에 현대 도시 소비 공간의 본질과 발전에 관한 흥미로운 관찰이나 사상이 담겨 있다는 점에서 충분히 살펴볼 만한 가치가 있다. 벤야민의 아케이드에 관한 성찰은 여러 가지 생각을 자극하는 지점이 동시에 있다는 점을 특징으로 한다. 한 단락만 살펴보자.

파리 아케이드의 대부분은 1822년 이후 약 15년 사이에 지어졌다. 발전의 첫 번째 요건은 섬유 무역의 호황이었다. 구내에 대량의 상품을 보관하는 최초의 시설인 *Magasins de nouveautés*(패션 부티크)가 등장한다… 아케이드는 명품 상거래의 중심지다. 필요한 것을 갖추어 나가면서 예술은 상인의 서비스 안으로 들어간다. 동시

대 사람들은 감탄해 마지 않는다. 오랫동안 아케이드는 관광객의 명소로 남아 있다. 『파리에 대한 일러스트 가이드(Illustrated Guide to Paris)』에서는 "이 아케이드는 최근에 발명된 사치품으로, 유리 지붕과 대리석 패널로 된 복도가 건물 전체 블록을 관통해 뻗어 있으며, 소유자들은 사업을 위해 한 곳에 모였다. 위에서 빛이 들어오는 아케이드의 양쪽에는 가장 우아한 상점들이 늘어서 있어서, 통로는 하나의 도시이자 미니어처 세계다. 아케이드는 가스 조명을 처음으로 시도한 곳이다. 아케이드의 출현을 위한 두 번째 요건은 철제 건축의 시작이었다.

-Benjamin, 1999: 15

여기에서 많은 일이 일어나고 있다고 해도 과언이 아니다. 벤야민은 단 한 구절로 아케이드의 네 가지 주요 특징과 현대 소비 공간 전반의 특징을 설명한다.

- 아케이드는 특히 섬유 무역의 호황, 새로운 상업화 및 재고 관리 관행, 철 생산과 철제 건축의 새로운 기술 등 특정한 사회 역사적 맥락 속에서 건설되었다(벤야민은 『아케이드 프로젝트』의 다른 부분에서 이러한 문화 생산의 맥락이 프랑스와 프랑스 제국의 현대 경제, 정치, 산업적 맥락 속에서 어떻게 공급되었는지 자세히 논의한다).
- 아케이드의 건설 과정에서 미학, 분위기, 디자인에 큰 관심을 기울였다. 조명, 질감, 건축 자재 및 디스플레이 기법을 의도적으로 활용해 산책과 윈도쇼핑에 적합한 쾌적한 공간을 조성하고, 상품을 최대한

매력적으로 보이게 만들었다. 따라서 벤야민은 아케이드를 '상인을 위한 예술'로의 전환을 보여주는 사례라고 설명했다.

- 아케이드는 다양한 패션 상점을 한곳에 모아 소비를 위한 전문 공간을 만들었다. 럭셔리, 우아함, 패션, 취향이라는 새로운 이상(2장 참조)이 공간에 밀착되면서, 아케이드는 유행하는 명품을 구매할 수 있는 공간인 동시에 유행하는 것을 볼 수 있는(보이지 않는 것은 유행이 아니라는 점을 알 수 있는) 고급스러운 공간이 되었다. 또한 아케이드는 국내외의 새로운 유행을 접하고 구매할 수 있는 공간이기도 했다. 이런 맥락에서 많은 소비자가 쇼핑 습관을 바꾸어 동네 상점이 아닌 아케이드에서 쇼핑하는 것을 선택했다.
- 아케이드의 발달은 새로운 소비 실천을 가능하게 만들었다. 벤야민은 특히 19세기 파리(그리고 유럽의 많은 도시들) 아케이드에서 한가롭게 산책하고 윈도쇼핑을 하는 것이 유행이 되었다는 점에 주목한다. 또한 아케이드는 도시를 통과하는 새로운 경로를 만들고 새로운 습관과 경험을 제공했다. 가령, 벤야민은 갑작스러운 소나기가 내리면 지나가던 행인들이 아케이드로 대피하고 날씨가 좋아질 때까지 윈도쇼핑을 하며 시간을 보내는 것이 일반화되었다고 지적한다. 또한 아케이드는 프랑스 전역에서 온 관광객의 목적지가 되어 현대 여행 및 관광 산업 발전에 필수적인 역할을 수행했다. 아케이드 자체가 관광객의 소비 행태의 중심이 된 것은 아래의 '여러 소비 **실천**은 공간 자체의 소비와 관련된다'는 항의 내용을 참고하라.

의 역사적 연구를 통해 이러한 공간이 특정한 사회-역사적 순간에 어떻게 등장했으며, 그러한 맥락 속에서 특정한 규범, 규칙, 취향 및 문화 정치(2장 참조)를 어떻게 체현했는지 밝혀졌다. 2장에서 언급했듯이, 오늘날에도 쇼핑몰과 같은 소비 공간의 지속적인 생산과 규제는 지리학자의 주요 관심사로 남아 있다. 결정적으로, 많은 지리학자가 소

비로 관심을 전환하면서 소비 공간 내에서의 사람들의 활동, 모빌리티, 하위문화, 사회적 상호작용을 탐구하기 시작했다. 사람들이 소비 공간 내에서 규칙을 어기고, 자신만의 오락거리를 만들고, 자신만의 일을 하는 방법에 대한 사례는 Box 3.5를 참조하라.

2000년의 쇼핑몰: 소비 공간에 관한 청소년 지리

Box 3.5

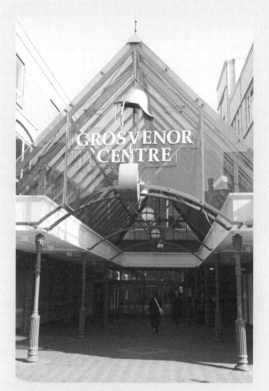

사진 3.4 노샘프턴(Northampton)의 그로브너
(Grosvenor) 쇼핑센터

출처: Alamy Images/Colin Palmer Photography

많은 지리학자들이 쇼핑몰(Shields, 1989), 커피숍
(Laurier and Philo, 2006a; 2006b), 바(Jayne et al.,
2006)와 같은 소비 공간 내에서 사람들이 머무르고 소
비하는 방식에 대해 조사했다. 한 예로, 매슈스 등은 영
국 이스트미들랜즈의 5개 쇼핑몰에서 9~16세 청소년
400명을 대상으로 연구를 수행했다(Matthews et al.,
2000). 매슈스 등이 노샘프턴의 그로브너 쇼핑센터에
서 청소년들을 인터뷰한 내용에서 발췌한 세 가지 내용
을 살펴보자(사진 3.4). 특히 소비를 위해 설계된 이 공
간에서 청소년이 실제로 무엇을 하고 있는지에 주목하
라.

저는 여기(HMV 음악 가게 밖)가 좋아요. 음악을 듣고,
서로 수다를 떨고, 친구들을 만나고, 두세 명이 나타나
면 곧 다섯 명이 될 수도 있죠. 여기서 아는 사람을 만날
수 있다는 것을 알고 있어요. (Matthews et al., 2000:
286)

우리는 여기서 만나고 계속 움직여요. 좋은 점은 지루하
지 않다는 거죠. 이야기할 사람이 있고 만날 사람이 있으
니까요. 옷도 구경할 수 있고요. 새로운 소식과 최신 패
션을 볼 수 있죠. 그 어떤 것도 놓칠 수 없죠. 그냥 보고
또 보고. (Matthews et al., 2000: 287)

저 멍청이(경비원) 좀 봐요, 우릴 괴롭히잖아요. 저런 멍
청이가! 그래도 우린 안 가요. 그가 "가라" 같은 말을 하
면, 그 사람이 우리를 볼 수 없는 다른 곳을 찾을 때까지
좀 기웃거려요. 우리가 가고 싶을 때까지 떠나지 않아
요! (Matthews et al., 2000: 290)

위의 인용문에서 몇 가지 중요한 관찰 사항이 분명하
게 드러난다.

- 쇼핑몰이라는 공간 안에서 모든 종류의 사회적 상호
작용과 실천이 이루어지고 있었다. 청소년들은 언제
든지 만나고, 어울리고, 음악을 듣고, 수다를 떨고,
자리를 옮기고, 쇼핑을 하거나 '멍 때리기'를 하고 있
었다. 실제로 인터뷰에 따르면 이들은 쇼핑몰에서 대
부분의 시간을 쇼핑 외의 다른 일을 하며 보냈다. (물
론 윈도쇼핑이나 음악 감상과 같은 행위는 그 자체로 소
비 행위이며 구매로 이어질 수도 있다.) 많은 경우 쇼핑
몰은 구매를 하지 않더라도 매우 중요한 장소였으며,
실제로 쇼핑몰의 중요성은 쇼핑 기회만큼이나 만남
과 쉼터로서의 유용성과 관련 있는 경우가 많았다.
- 쇼핑몰은 여러 사회 집단이 상호작용하는 복잡한 사

회적 공간으로, 때때로 갈등이 발생할 수 있다. 가령 매슈스 등은 연구 당시 쇼핑몰에 머무르는 청소년으로 구성된 최소 20개의 서로 다른 지역 갱단의 존재를 기록했으며, 이들은 서로 다른 방식으로 상호작용했다(Matthews et al., 2000). 또한 이 연구는 성인과 이들 갱단 사이의 긴장에 대해 설명하며, 매장 관리자나 일반인의 불만을 접수한(또는 예상한) 경비원과 경찰이 청소년을 '퇴거'시키라는 요청을 자주 받았다고 말한다.

- 많은 청소년이 규칙을 어기고, 경비원의 눈을 피하고, 쇼핑몰이라는 소비 중심적인 공간에서 자신들만의 오락을 즐기려고 적극적으로 시도했다. 여기에는 윈도쇼핑, 수다 떨기, 산책, 달리기, 스케이트보드 타기, 절도, 흡연, 음주 등 다양한 활동이 포함될 수 있다.

둘째, 문화 이론가들은 지난 세기 동안 소비 공간이 구조 조정과 변화를 겪은 일련의 방식, 다시 말해 특정 공간이 소비를 위한 중심지로 재편되고 소비를 촉진하기 위해 특별히 설계되어온 방식을 설명하려고 시도해 왔다. 패터슨(Paterson, 2006: 58)이 '맥디즈니화(McDisneyfication)'라고 재치 있게 요약한 이러한 추세는 소비 기회의 동질화, 글로벌 브랜드의 보편화, 고도로 '무대처럼 관리된' 특정 종류의 소비 공간의 확산을 초래한 것으로 여겨진다.

'맥디즈니화'라는 개념은 Box 3.6에 요약된 추세와 관련한 몇 가지 주요 사회학 이론에 고개를 끄덕이게 한다. 이러한 아이디어는 학계와 대중 문헌에서 널리 인용되어 왔으며, 수많은 번화가, 슈퍼마켓, 쇼핑몰의 동질화, 수많은 브랜드의 글로벌 진출, 여러 소비 유행과 패션, 현상의 전 지구적 확산 등 여러 측면에서 사실과 일치한다. 다음 항에서도 경험의 상품화, '무대화', 상업화에 대한 Box 3.6의 주장이 관광과 유산 소비를 통한 공간의 소비에 대해 생각할 때 유용할 수 있다는 점에 주목한다.

위의 아이디어들은 오늘날 많은 소비 공간의 광범위한 특성을 이해하는 데 유용한 틀을 제공하지만, 이야기 전체를 다 설명하지는 못한다는 점을 인식하는 것이 중요하다. 2장에서 요약한 생산 중심 접근법과 마찬가지로 소비 공간의 생산과 재구조화에 대한 설명은 소비자가 시장의 힘과 문화 생산자에 의해 규제되고 속고 제약을 받는 방식을 지나치게 확대하는 효과를 가져올 수도 있다. 이러한 이유로 많은 지리학자가 점점 소비자가 실제로 행동하는 방식을 연구하고 있으며, 소비 행동을 통해 창의적이고 저항적이며 '대안적인' 실천을 발전시키기도 한다(이에 대한 자세한 내용은 3.4절 참조). 또한 소비 공간에 대해 글을 쓰는 사회과학자는 다소 스펙터클한 사례 연구(예: 대형 쇼핑몰 또는 공격적이고 윤리적으로 모호한 비즈니스 실천으로 유명한 다국적 기업)에 초점을 맞추는 경향이 있다. 이것이 왜 문제적이라고 간주될 수 있는지에 관한 자세한 논의, 그리고 좀 더 작은 스케일에서의 소소한 소비 활동과 공간에 초점을 맞춘 일상지리에 대한 지리학자의 연구에 대해서는 9장을 참조하라.

Box 3.6

 맥도널드화 · 디즈니화 · 코카콜로니제이션

지난 세기 동안 사회과학자들은 소비 공간이 어떻게 변화해 왔는지 정의하려고 시도해 왔다. 주요 글로벌 브랜드의 사례 연구로 널리 인용되고 있는 세 가지 정의가 아래에 요약되어 있다. (ⅰ) 일상생활에서 다음과 같은 특징을 가진 공간의 사례, (ⅱ) 이러한 소비 공간의 특징이 소비자에게 저항을 받거나 실패한 사례를 찾아보자.

맥도널드화(McDonaldisation)

이 용어는 사회학자 조지 리처(George Ritzer, 1993)가 만든 용어로, 지난 세기 동안 소비 공간이 점점 더 합리화되고 규제되는 일련의 과정을 설명하기 위해 만든 단어다. 그는 이러한 과정이 모든 패스트푸드점에서 관찰될 수 있으며, 글로벌 문화, 서비스 및 레저 산업에서 네 가지 광범위한 트렌드의 전형적인 사례로 이해해야 한다고 주장한다.

- 기능 효율성과 비용 효율성의 향상. 소비 공간은 드라이브 스루나 셀프서비스 및 셀프 클리어링 패스트푸드점의 확산과 정상화 과정과 같이, 점점 더 고객을 신속하게 처리하고, 매출을 극대화하고, 인건비를 최소화하는 방향으로 설계되고 있다.
- 제품의 일관성 및 예측 가능성 향상. 로스앤젤레스, 파리, 베를린에서 빅맥을 구매해도 동일한 제품을 받을 수 있는 것처럼, 소비 공간의 체인은 위치에 관계없이 일관되고 예측 가능한 경험과 제품을 제공하도록 설계되었다.
- 생산량, 재고 관리 및 이익률의 계산 가능성 향상. 패스트푸드점에서 엄격하고 정밀하게 1인분 양을 규제하는 기술과 프로세스처럼, 소비 공간은 계산 가능성을 보장하기 위해 특별히 설계되고 규제된다.
- 생산 및 소비 실천에 관한 통제 강화. 패스트푸드 체인점에서 햄버거가 미리 계량되고, 자동화된 튀김기에서 조리되며, 정해진 지침에 따라 준비되기 때문에

직원의 즉흥성, 창의성, 상상력은 제한되고 권장되지 않는 것처럼, 소비 공간에서 직원과 고객은 그들의 선택권과 의사 결정이 제한될 정도로 강력한 규제를 받는다.

디즈니화(Disneyfication)

브라이먼은 소비 공간이 '무대 관리(stage-managed)'를 통해 소비자를 소비 기회로 유도하고 지출이 장려되는 분위기와 시나리오를 만들어내고 있다고 주장한다(Bryman, 1999). 그는 무대 관리에는 네 가지 주요 전략이 포함되며, 이는 디즈니 테마파크에서 가장 훌륭하게 적용되고 있다고 주장한다.

- 테마 및 브랜딩: 특정 테마, 콘셉트, 분위기 및 브랜드 연관성을 가진 공간 조성(예: 디즈니랜드는 단순한 테마파크가 아니라 디즈니 테마파크로서 마법적이고 특별한 장소로 마케팅 및 연출되며, 다양한 디즈니 캐릭터 및 브랜드와 관련된 여러 테마의 구역들을 포함하고 있음).
- 탈분화(De-Differentiation): 서로 다른 종류의 공간 사이의 장벽을 제거하는 것(예: 테마파크에서는 관광 명소, 선물 가게, 소매점 및 음식점이 밀접하게 통합되어 있으며, 방문객이 테마파크를 방문하는 동안 수많은 소비 공간을 통과하도록 설계되어 있음).
- 머천다이징: 브랜드 상품, 수집품, 기념품과 이를 구매할 수 있는 공간의 확산.
- 감정 및 수행 노동에 대한 직원 교육: 소비 공간의 테마와 분위기를 연출하고 유지하는 데 관련된 작업.

코카콜로니제이션(Coca-colonisation)

이 용어는 바근라이트너가 글로벌 소비재 브랜드의 확산을 설명하기 위해 만든 용어다(Wagnleitner, 1994). 그는 코카콜라 브랜드가 전 세계적으로 보편화되는 전형적인 사례를 통해 두 가지 지리적 과정을 설명한다.

- 글로벌 식민지화: 특정 제품이 전 세계적으로 이용 가능하고 선호되는 방식. 제품은 점점 더 복잡해지는 글로벌 상품 네트워크를 통해 생산, 판매 및 소비되며(2장 참조), 이러한 네트워크는 복잡한 지리적 결과를 초래한다.

- 라이프 스타일의 식민지화: 소비 자본주의가 일상생활의 가장 내밀한 공간까지 식민지화하는 방식. 브랜드 소비재가 어떻게 우리를 둘러싸고 일상생활을 영위하는 데 중요한 역할을 하게 되는지 설명한다.

■ 여러 소비 실천은 공간 자체의 소비와 관련된다

마지막 항에서는 아케이드, 쇼핑몰, 커피숍 등 특정 유형의 공간이 어떻게 특정한 소비 실천을 위한 장소로 만들어졌는지에 대해 설명했다. 또한 점점 더 강렬하고 동질화된 '무대 관리형' 소비를 촉진하기 위해 얼마나 많은 소비 공간이 재구성되었는지에 대해서도 언급했다. 이러한 종류의 연구는 여러 소비 실천에서 공간의 중심성(13장 참조)을 강조하는 데 중요한 역할을 해왔다. 문화지리학자들은 이 점을 확장해 여러 소비 실천이 '공간 자체의 소비'와 관련되어 있다는 점에 주목했다. 즉 공간은 단순히 소비가 이루어지는 장소가 아니라 소비되는 '것(thing)'이며, 소비의 요점은 어딘가에서 시간을 보내거나 특정 공간과 어떤 식으로든 관계를 맺는 데 있다고 주장한다. 사회학자 존 어리의 연구는 위와 같은 맥락으로 생각하는 지리학자들에게 매우 중요한 역할을 했다(Urry, 1990; 1995). 어리는 특정 공간의 소비에 대한 다양한 사례를 제시한다(Urry, 1995: 28-30). 여기에는 관광 명소나 경관을 방문하는 것, 특정 공간이나 전망대에 접근하기 위해 입장료를 지급하는 것, 루아르 지방에서의 휴가를 떠올리며 특정한 와인 한 병을 구매하는 것처럼 장소와의 연관성 때문에 제품을 구매하는 것, 브로드웨이에서 뮤지컬을 보는 것처럼 정평이 난 활동을 하기 위해 장소를 방문하는 것 등이 포함된다. 또한 그는 사람들이 일상생활을 하고 소비를 할 때 특정 경관이나 로컬리티에 대한 더욱 추상적인 감정, 아이디어 혹은 신화를 '구매'하는 경우가 많다고 주장한다. 가령, 영국 시골을 좋아한다면 모든 종류의 소비 행위가 시골의 사랑스러움에 대한 광범위한 감각과 관련되어 있을 가능성이 높다. 시골의 공원을 방문하고, 시골에서 휴가를 보내고, 여행 기념품을 구입하고, 영국의 푸르고 쾌적한 땅을 연상시키는 책이나 텔레비전 프로그램을 즐기고, 걷기용품, 지도, 가이드북에 많은 돈을 쓰고, 소박한 전원주택 스타일로 집을 꾸미거나 심지어는 시골에 집을 구입할 수도 있다. 실제로 많은 지리적 연구들을 통해 영국의 촌락 공간이 어떻게 '목가적(idyllic)'으로 상상되고 재현되는지 그리고 다양한 상품, 텍스트, 상품화된 경험을 통해 소비자들이 어떻게 '촌락의 목가(rural idyll)'라는 개념을 '구매'하게 되는지 규명해 왔다. 또한 이러한 장소 소비 개념이 다른 유형의 열정이나 세계관과 어떤 관련이 있는지 생각해 볼 수 있다. 가령, 유산, 모험, 자연, 밤 문화 또는 예술을 좋아하는 사람들은 어떤 종

사진 3.5 관광객의 사진 찍기: 관광객 시선의 사례
출처: Getty Images/Tim Graham

류의 공간을 소비하게 될 것인가? 또는 특정한 하위문화에 속해 있거나(3.4절 및 8장 참조), 대중문화 현상의 팬이거나 취미가 있는 경우(Box 3.3 참조)에는 어떨 것인가?

특히 어리는 실제로 공간이 어떻게 소비되는지에 대해서도 고찰한다. 어리의 가장 유명한 저작인『관광객의 시선(*Tourist Gaze*)』(1990)은 특정한 시선의 실천을 통해 공간, 경관, 명소를 소비하는 방식에 대해 고찰한다. 그는 '응시하기'가 관광객이 되는 데 매우 핵심적인 요소이며, 근본적으로 관광이 무엇이고, 이러한 맥락에서 공간의 소비는 무엇인지에 대해 다음과 같이 주장한다.

관광 활동의 특징은 교각, 탑, 오래된 건물, 예술품, 음식, 시골 등과 같은 특정 대상을 바라보거나 응시한다는 것이다. 관광에서 실제 구매(호텔 객실, 식사, 티켓 등) 행위는 시선에 의해 부수적으로 이루어지는 경우가 많으며, 이는 일시적인 시선에 지나지 않을 수도 있다. 따라서 관광 소비의 핵심은 일상적인 경험과는 대조되는 독특한 경관이나 도시 경관을 개별적 또는 집합적으로 바라보는 것이다.

－Urry, 1995: 131-132

어리는 이러한 '관광객의 시선'의 몇 가지 주요 특징을 규명했다(Urry, 1990)(사진 3.5 참조). 이를 통해 그는 사람들이 관광객으로서 공간을 소비할 때 실제로 무엇을 하는지 강조하기 시작했다. 여기서 어리의 시선 개념이 시각적 소비를 지나치게 특권화한다는 비판을 받을 수 있다는 점에 주목할 수 있다(이게 왜 문제가 될 수 있는지에 대해서는 12장을 참조할 것). 관광객 시선의 몇 가지 특징은 다음과 같다.

관광객의 시선은 사람들이 일반적인 거주지나 일터에서 벗어난 장소로… 이동하고, 그곳에 머무는 과정에서 발생한다…

응시되는 장소는 유급 노동과 직접적으로 연결되지 않는 목적을 위한 것이며, 일반적으로 일(유급 및 무급 모두에 해당)과는 뚜렷하게 대비된다…

관례적으로 접하는 것과는 다른 스케일 또는 다른 감각을 포함하는 강렬한 쾌락에 대한… 기대가 있기 때문에 응시하는 장소가 선택된다…

관광 명소를 바라볼 때는 종종… 일상생활에서 일반적으로 볼 수 있는 것보다 경관 혹은 마을 경관의 시각적 요소에 훨씬 더 민감하게 반응하는 경우가 많다. 사람들은 사진, 엽서, 영화 등을 통해 시각적으로 대상화되거나 포착되는 것에 시선을 둔다…

시선은 기호를 통해 구성되며, 관광은 기호의 수집을 포함한다. 관광객이 파리에서 키스하는 두 사람을 볼 때, 그들의 시선에 포착되는 것은 '시대를 초월한 낭만적인 파리'다. 영국의 작은 마을을 볼 때, 그들의 시선에 포착되는 것은 '진짜 옛날 영국

(real olde England)'이다.

어리는 또한 관광의 종류에 따라 미묘하게 다른 종류의 시선, 즉 다양한 활동을 통해 서로 다른 '기호'를 찾는 시선이 포함될 수 있다고 지적한다(Urry, 1995). 가령, 배낭여행, 와인 마시며 식사하기, 일광욕, 술 즐기기, 익스트림 스포츠, 유산 탐방, 자연 탐험 또는 자원봉사와 같은 활동에 관심이 있는 관광객들 사이에 응시하기 실천이 어떻게 다를 수 있는지 생각해 볼 수 있다. 이러한 응시하기 실천은 항상 현대의 문화 생산 시스템(2장 참조)에 의해 구성되며, 계속해서 증가하는 다양한 문화 및 관광 산업에 의해 제공된다. 따라서 어리는 관광객의 시선에도 다음과 같은 속성이 있다고 주장한다(Urry, 1990: 2-3).

현대 사회 인구의 상당수가 이러한 관광 실천에 참여하고 있으며 관광객의 시선이 갖는 대중적인 성격에 대처하기 위해 새로운 사회화된 형태의 서비스가 개발되고 있다…

이러한 기대는 영화, 신문, 잡지, 텔레비전, 음반, 비디오 등을 통해 구성되고 유지되며, 이는 시선을 구성하고… 휴가 경험을 이해하는 기호를 제공해 준다…

수많은 관광 전문가가 생겨나며, 이들은 끊임없이 새로운 관광객 시선의 대상을 재생산하려고 시도한다.

여기서 어리의 연구를 길게 인용한 이유는 그의

연구가 관광, 레저 및 다양한 형태의 소비를 연구하는 지리학자에게 매우 중요하기 때문이다. 어리의 뒤를 이어 여러 지리적 연구들은 레저 및 관광 공간이 어떻게 특정 장소에 대한 관광객의 시선을 규제하고, 유도하고, 수익성을 극대화하기 위해 재구성되고, 상품화되고, '무대 관리'되는지 탐구했다.

3.4 소비자 행위 주체성: 하위문화와 저항

3.1절에서는 1990년대 초 많은 지리학자, 사회학자, 문화 이론가가 이전의 많은 연구의 '생산주의적 편향'을 바로잡기 위해 소비로의 '전환'을 주장했다고 언급한 바 있다. 이들은 소비자의 실천, 경험, 주체성, 즉 소비자가 무엇을 하고, 무엇을 생각하고 느끼는지, 소비에 대한 결정을 어떻게 내리는지 등을 탐구하는 연구를 촉구했다. 20년이 지난 지금, 이러한 문제를 다루고 또 모든 종류의 소비 실천과 공간을 탐구하는 방대하고 다양한 소비 중심 연구가 존재한다. 대학 도서관의 카탈로그나 학술 출판물 데이터베이스에 '소비와(consumption AND)'를 입력하면 매우 다양한 저작물을 만나볼 수 있다. 이 절에서는 이러한 저작에서 반복적으로 나타나는 세 가지 핵심적인 교훈을 강조한다. 이 요점을 숙지한 다음에 관심 있거나 흥미를 느끼는 소비 형태와 관련된 학술 문헌을 탐색하는 데 시간을 할애하는 것이 좋다. 이 장의 시작 부분에 있는 질문 중 두 번째와 세 번째 질문에 대해 생각해 보자. 여러분은 현재 어떤 형태의 소비를 하고 있으며, 이러한 실천이 여러분에게 얼마나 중요한

가? 이 절을 읽으면서 다음의 각 사항(point)이 자신의 경험과 어떻게 연관되는지 생각해 보자.

■ 포인트 1: 소비자들은 활동적이며 창의적이다

사회과학에서 소비에 초점을 맞춘 모든 연구의 근간에는 소비에는 항상 무언가를 하는 행위가 수반된다는 인식이 깔려 있다. 독서, 텔레비전 시청, 인터넷 검색과 같은 앉아서 하는 활동이나 쇼핑, 간식 섭취와 같은 당연한 습관도 어느 정도의 활동, 참여, 의사 결정을 수반한다. 이러한 측면에서 모든 소비자는 소비 행위를 할 때 어느 정도 활동적이라고 생각해 볼 수 있다. 또한 소비에 초점을 맞춘 많은 연구에서는 소비자들이 특정한 이유로 그리고 특정한 결과를 달성하기 위해 특정한 소비 실천을 적극적으로 결정하는(혹은 결정하지 않는) 매우 신중하고, 목적의식이 뚜렷한 소비자라는 점을 탐구해 왔다. 문화 이론가 폴 윌리스(Paul Willis)가 지적했듯이, 소비 행위는 종종 어떤 주장을 펼치거나 자신에 대한 무언가를 표현하기 위해 이루어진다. 소비의 핵심은 다음과 같다.

> 일상생활, 활동 및 표현에서 활기찬 상징적 삶과 창의성… 개인과 집단이 자신의 존재, 정치성 및 의미를 창의적으로 확립하기 위해… 항상 자신의 실제적 또는 잠재적인 문화의 중요성에 대해 무언가를 표현하거나 표현하려고 시도하는 것이다.
>
> -Willis, 1990: 1

이 인용문에서 알 수 있듯이 소비 행위에는 소비자의 창의성이 어느 정도 개입된다. 문화 대상

과 공간을 해석하고 의미를 부여해 일상생활에 적용하는 활동은 소비의 핵심이며, 모두 새로운 이해와 경험, 존재 방식을 촉발할 수 있는 창의적인 행위로 이해할 수 있다. 소비에 초점을 맞춘 연구들은 개인과 집단이 문화 대상과 공간에 창의적으로 참여해 자신만의 의미, 스타일, 표현을 만들어 내는 능력을 찬양하는 것으로 읽힐 수 있다. 윌리스가 지적했듯이 창의적인 소비 행위는 매우 다양하며, 개인과 집단에게 매우 중요하고 영감을 줄 수 있다(Willis, 1990). 다음 인용문의 예는 특히 젊은이들의 소비 행태와 관련이 있지만, '상징적 창의성'의 핵심은 모든 사회 집단에 적용될 수 있다.

우리는 젊은이들이 개인 스타일이나 옷의 선택, 음악, 텔레비전, 잡지의 선택적이고 적극적인 사용, 침실 장식, 로맨스 의식(rituals)과 하위문화 스타일, 친교 집단의 스타일, 드라마, 농담, 음악 제작이나 춤과 같은 것을 통해… 공통적이고 즉각적인 삶의 공간과 사회적 실천을 의미 있게 사용하고, 인간답게 만들고, 장식하고, 투자하는 다양한 방식이지닌 특별한 상징적 창의성에 대해 생각하고 있다.

-Willis, 1990: 2

위와 같은 활동에는 종종 많은 노력과 지식, 소비자 간의 협력이 수반된다(예: Box 3.9 참조). 결정적으로, 이러한 실천은 새롭고 예상하지 못한 활동, 의미, 공간, 스타일을 만들어낼 수 있다. 이러한 실천은 문화 규범, 헤게모니 형태의 문화 권력에 대해 전복적이고 비판적일 수 있다(2장 참조). 아래의 포인트 2와 3에서 설명하는 내용처럼, 소비재는 문화 생산자의 의도와는 현저하게 다른 방식

으로 사용될 수 있다. 따라서 소비자들이 이용 가능한 문화적 자원을 활용하는 실천을 통해 시대착오적인 문화 규범을 거부하고 저항함으로써 소비의 적극적이고 창의적인 성격이 강력하게 정치화될 수 있다. 문화 이론가 존 피스케의 연구는 잠재적으로 정치화된 소비의 본질을 이론화하는 데 특히 중요한 역할을 했다(John Fiske, 1989). 피스케는 다음과 같이 주장한다.

텔레비전, 음반, 옷, 비디오 게임, 언어 등 (소비자가 사용하는) 자원에는 경제적, 이념적으로 지배적인 사람의 이해관계가 담겨 있으며, 그 안에는 헤게모니적이고 현상 유지에 유리하게 작용하는 힘의 노선이 존재한다는 사실을 인정한다. 그러나… 이러한 자원은 또한… 사회 시스템 내에서 서로 다른 위치에 있는 사람에 의해 다르게 받아들여지고 활성화되는 모순적인 힘의 노선을 지니고 있기도 하다.

-Fiske, 1989: 2

아래의 포인트 2와 3은 이런 '모순적인 힘의 노선'이 특정 하위문화의 라이프 스타일과 저항적이고 대안적인 소비 실천을 통해 어떻게 작용했는지 보여주는 몇 가지 사례를 제시한다.

■ 포인트 2: 소비는 정체성의 핵심이다

소비자 문화 이론가들은 지난 세기 동안 소비 실천이 개인 정체성의 핵심이 되어왔다고 주장한다. 소비는 소비자가 "상품, 의복, 실천, 경험, 외모, 신체적 성향 등 조합의 특수성 속에서 자신의 개성과 스타일 감각을 드러내는" 일종의 "생활 프로젝

트"로 널리 접근(및 촉진)된다고 주장한다(Feath-erstone, 1991: 86). 다시 말해, 사람들이 문화 대상과 공간을 가지고 하는 일은 일상생활, 우리가 누구인지에 대한 자각, 다른 사람에게 자신을 표현하는 방식에서 근본적으로 중요하다는 것이다.

버밍엄 대학교 현대문화연구센터(Centre for Contemporary Cultural Studies, CCCS, 1968-2002)의 연구는 라이프 스타일과 일상의 지리에서 소비의 중요성을 이해하고자 하는 사회과학자에게 큰 영향을 끼쳤다. 현대문화연구센터의 연구자들은 '하위문화' 집단이 어떻게 현대의 헤게모니 규범에 저항하고 자신만의 방식으로 행동하는지를 연구했다. '하위문화'라는 용어는 학술적인 용어일 뿐만 아니라 대중적인 용어이기도 한데, 일반적으로는 "특정 관심사와 실천, 그들이 무엇이고, 무엇을 하고, 어디에서 하는지를 통해 어떤 식으로든 비규범적이거나 주변적인 것으로 재현되는 사람의 집단"을 가리킨다(Gelder, 2005: 1). 현대문화연구센터의 고전적인 연구들은 전후 영국 청소년의 하위문화, 특히 모드(mods),* 스킨헤드(skinhead),** 펑크(punk) 문화에 초점을 맞추었으

며, 이들 집단이 몇 가지 주요 특징을 공유한다는 점에 주목했다.

• 집단의 일원이 되고 소속되기 위해서는 소비 실천이 핵심이었다. 특정 음악을 듣고, 특정한 옷을 입고, 특정 음료와 약물을 섭취하고, 특정 헤어스타일이나 신체 장식을 하는 것은 모드, 스킨헤드 또는 펑크족이 되기 위한 핵심적인 행위였다.

• 이러한 하위문화 집단은 특정한 "표현 형태와 의례"를 통해 만들어지고 유지되었다. 즉 라이프 스타일 실천의 맥락에서, 특정한 지점을 강조하거나 집단 구성원임을 상징하고 사회의 "자연스러운 질서"로부터 "스스로 유배된 것"임을 상징하기 위해 소비재, 옷, 일상적인 물건을 사용한다(Hebdige, 1979: 2). 이러한 형태와 의식은 종종 '브리콜라주(bricolage)'의 과정으로 묘사되기도 한다. 브리콜라주는 원래 인류학 용어로, 역사적으로 사람들이 가까이에 있는 자원과 물질적 대상을 사용해 세계를 이해하려고 시도해 온 방식을 설명하는 용어였다. 즉 청소년 하위문화는 오래되고, 새롭고, 대중적이고 모호한 맥락의 대상과 영향력을 바탕으로 다양한 가용 문화 자원을 사용한다. 이 과정에서 종종 익숙한 사물에 새롭고 전복적인 의미를 부여하고 새로운 표현, 스타일, 감정을 만들어냈다.

• 위의 하위문화적 브리콜라주는 다음과 같은 세 가지 수준에서 정치화되고 저항적이었다. (i) 부모의 규범과 가치관을 뒤엎고 거리를 두는 방

---

* 모드(mods)는 모드족이라고도 부르며, 1960년대 영국에서 시작된 하위문화를 일컫는 말이다. 모드족의 가장 큰 특징으로는 없는 사람들의 있는 척을 들 수 있다. 이들은 주로 젊은 노동자 계급 출신이었으나, 직접 맞춘 고급 양복을 입고 예술영화를 즐기는 등 고급문화를 적극적으로 향유하고자 했다. 그러나 이러한 취향과는 반대로 이들의 행동은 반사회적인 모습을 보였다. 이들은 커피 바에 모여 재즈, 소울, R&B 등을 즐겼고, 각성제인 암페타민을 복용하고, 클럽에서 밤을 새우고 화려하게 치장한 스쿠터를 타고 거리를 누볐다.
** 스킨헤드는 1960년대 영국에 유입된 자메이카계 흑인 노동자의 문화가 젊은 백인 노동자 계급의 문화와 섞이면서 퍼진 하위문화. 초창기 스킨헤드는 정치 성향이나 인종 문제와는 관련이 없었다. 1980년대 영국의 경제 침체 등으로 소외된 하층 청년들이 늘어나게 되면서 백인 우월주의 성향을 띠는 스킨헤드가 탄생했다. 음악 측면에서도 초창기 스킨헤드는 주로 영국 전통 노동요나 자메이카계 음악인 스카(ska)를 들

었다면, 70년대 중반 이후의 스킨헤드는 주로 펑크 록이나 하드코어 펑크와 자신들을 동일시하게 되었다.

식으로, (ii) 현대 대중문화의 음악, 스타, 스타일과 현대 문화 산업이 제공하는 제한적인 가능성에 대한 불만의 표현으로, (iii) 전후 영국의 특징이라고 여겨지는 억압적 순응, 소심함, 보수주의, 긴축, 사회적 불평등 및 기회 부족에 대한 좀 더 광범위한 상징적인 거부로서(Hall and Jefferson, 1976).

- 따라서 청소년 하위문화는 젊은이들이 부모, 문화 산업, 현대 사회 전반에서 부과하는 규칙, 규범, 기대에 저항하면서 자신만의 공간과 실천을 만들어가는 방식으로 이해되었다.
- 청소년 하위문화는 현대의 주류 미디어에 의해 문제적이고 일탈적이며 반사회적이고 부도덕한 것으로 묘사되어 왔다. 하위문화 집단의 구성원은 성인으로부터 '사회의 적(folk devils)'으로 취급받았다. 그들은 '도덕적 공황'의 대상이 되거나 현대 사회의 병폐를 상징하는 존재로 재현되기도 했다.
- 일반적으로 청소년 하위문화는 처음에는 일탈적이고 우려스러운 것으로 취급받지만, 주류 문화 산업에서 '쿨'한 것으로 재빠르게 수용되고 재포장된다.

하위문화에 대한 현대문화연구센터의 접근법은 정체성 형성에 있어서의 소비 역할을 탐구하는 사회과학자에게 여전히 큰 영향력을 행사하고 있다. 이들의 작업은 문화지리학자에게 풍부한 연구와 이론을 제공한다. 펑크족의 '기호학적 게릴라전(semiotic guerrilla warfare)'에 관한 헤브디지(Hebdige)의 글과 같은 연구는(Box 3.7 참조) 특정 하위 집단의 실천과 공간에 대한 생생하고 강력하며 영향력 있는 설명을 제공한다.

그러나 이러한 연구에 접근할 때는 어느 정도 주의가 필요하다. 청소년 하위문화에 대한 고전적인 연구들은 다음과 같은 이유로 비판을 받아왔다.

- 백인, 영국인, 남성의 하위문화 실천에 거의 전적으로 초점을 맞추고, 이러한 집단이 갖는 배타적인 백인성, 남성성 및 영미 중심주의는 무시한다.
- 청소년 하위문화에만 초점을 맞추고 다른 연령대의 문화 활동은 무시한다. 또한 청소년을 일탈적이고 반사회적인 존재로 낙인찍는 데에 연루되어 있다.
- 소수의 상징적이고 화려하며 저항적인 하위문화의 사례를 미화한다(따라서 저항과 정체성 형성에서 소비의 역할에 대한 다소 편파적이고 부당한 시각을 조장한다).
- '펑크'에 대해 이야기하면서 서로 다른 커뮤니티나 공간에 있는 펑크 간의 차이를 인정하지 않는 것처럼, 하위문화를 상당히 일관적이고 단일하며 안정적인 실체로 취급한다.
- 더 이상 하나의 주류 문화를 말하는 것은 의미가 없는 것처럼, '하위문화'라는 개념을 쓸모없게 만드는 사회 문화적 변화를 간과한다(2장에서 설명했듯이, 글로벌화, 동시다발적인 멀티미디어와 문화 생산의 지리로 인해 다양한 문화가 공존하고 있으며, '문화'와 '하위문화' 간의 관계가 명확하지 않다).
- 하위문화 집단이 항상 헤게모니 권력에 저항하는 과정 속에 있다고 주장하면서, 모든 하위문화

Box 3.7

헤브디지의 펑크족의 '기호학적 게릴라전'

사진 3.6 펑크 스타일: 기호학적 게릴라전?
출처: Shutterstock.com/Lakov Filimonov

다음의 인용문은 하위문화 집단과 소비 실천의 의미와 정치를 탐구하는 현대문화연구센터의 고전적인 저서인 딕 헤브디지(Dick Hebdige)의 『하위문화: 스타일의 의미(*Subculture: The meaning of style*)』(1979)에서 발췌한 것이다. 이 책에는 '기호학적 게릴라전'의 형태로서 1970년대 펑크족에 대한 분석이 포함되어 있으며, 아래의 인용문은 이 문화 전쟁이 어떤 식으로 수행되었는지 간략하게 설명하고 있다. 인용문을 읽으면서 다음 질문에 대해 생각해 보자. (i) 헤브디지의 글쓰기 스타일을 어떻게 설명할 수 있는가? (ii) 이 글을 읽고 어떤 느낌이 드는가? (iii) 펑크족의 삶과 경험에 대한 헤브디지의 글이 우리에게 말하는 바는 무엇인가?

펑크족은 완전히 다른 시대에 속했던 요소들을 결합해 영국 노동계급 청년 문화의 전체 복식사를 '컷업(cut up)' 형태로 재현했다. 넘겨 올린 앞머리(quiffs)와 가죽 재킷, 브로설 크리퍼즈(brothel creepers)와 윙클 피커즈(winkle-pickers), 플림솔(plimsolls)과 파카맥(pakamacs), 모드족의 크롭 스타일과 스킨헤드의 바지(strides), 통이 좁은 바지(drainpipes)와 컬러풀한 양말, 짧은 재킷(bum freezers)과 보워 부츠(bower boots)가 뒤섞여 있는, '제 자리'에서 '시간을 벗어난' 혼돈이 존재했다. 안전핀과 플라스틱 빨래집게, 본디지 스트랩(bondage straps)과 끈 조각 등은 소름 끼치면서도 매혹적인 관심을 끌었다.

–Hebdige, 1979: 26

'언원티드(Unwanted)', '리젝트(Rejects)', '섹스 피스톨스(Sex Pistols)', '클래시(Clash)', '워스트(Worst)' 등과 같은 그룹명이나 'Belsen was a Gas', 'If You Don't Want to Fuck Me, Fuck Off', 'I Wanna Be Sick on You'와 같은 노래 제목은 펑크 운동 전체를 특징짓는, 고의적인 모독과 자발적으로 사회에서 버림받았다는 지위를 가정하는 경향을 반영했다. 이러한 전술은 저명한 프랑스 인류학자인 레비-스트로스의 유명한 구절 '어머니의 머리카락을 세게 만드는 것들'을 응용한 것이었다.

–Hebdige, 1979: 109-110

Box 3.8

 현대문화연구센터의 하위문화 연구에 관한 펑크족의 관점

사회학자가 되기 전 10대에 펑크족이었던 머글턴은 다음 인용문에서 헤브디지의 『하위문화: 스타일의 의미』(Box 3.7 참조)를 처음 읽었을 때의 경험을 회상한다(Muggleton, 2000). 글을 읽으면서 머글턴의 경험과 Box 3.7에 있는 펑크에 대한 생생한 주장 간의 대조적인 지점에 주목해 보자.

저는 1976년 말부터 지방의 떠오르는 펑크 신(scene)에 점점 더 많이 참여하게 되었습니다. 저는 하위문화 드레스 코드의 특정한 측면을 받아들여 나팔바지를 버리고 스트레이트 바지를 입고 통굽 운동화를 신었고, 밝은 오렌지색의 윙 칼라 셔츠에서 흰색의 브라이나일론 사의 셔츠로 바꿔 입었습니다… 핑크 플로이드(Pink Flyod)의 노래를 듣지 않기 시작하고 라몬스(Ramones)의 노래를 더 많이 들었습니다… 입술에 안전핀을 꽂은 적은 없고, 제가 사랑하는 청재킷을 계속 입었습니다… 영국의 경제 쇠퇴라든지 정치적 합의의 분열에 대해서는 알지 못했고 실업 문제에 대해 화를 내지도 않았습니다… 몇 년 후, 저는… 서점을 둘러보고 있었는데, 딕 헤브디지(Dick Hebdige)의 기괴한 표지가 눈길을 끌었습니다…『하위문화: 스타일의 의미』… 표지의 이미지와 제목에 이끌려 그때 당시의 열광적인 느낌과 정신을 다시 포착해 내는 데 도움이 되길 바라며 책을 구매하게 되었습니다. 집에 가져가서 책을 읽기 시작했는데, 거의 한 마디도 이해할 수 없었습니다… 고군분투해 보았지만, 이 책은 제가 한때 경험했던 저의 삶에 대해 아무것도 말해주지 않는다는 느낌을 받았습니다!

–Muggleton, 2000: 1-2

실천을 이러한 저항의 내러티브에 끼워 넣는다.
• 하위문화적 실천을 지나치게 이론화하고, 하위문화 구성원이 접근하기 어렵거나 이들과 관련이 없는 스타일로 글을 쓴다.
• 방법론적으로, 하위문화 구성원의 의견이나 경험, 일상의 지리에 관여하지 않는다.

위의 마지막 요점은 문화지리학자에게 특히 문제가 될 수 있다. Box 3.7에서 예로 든 것처럼, 하위문화에 대한 고전적인 연구들은 본질적으로 하위문화 활동에 대한 이론가의 '독해'였다. Box 3.8의 인용문은 헤브디지의 펑크족의 '기호학적 전쟁'에 대한 설명을 읽은 펑크족의 반응을 담고 있는데, 헤브디지의 흥미롭고 영향력 있으며 아름답게 쓰인 10가지 수사와 덜 화려하지만, 좀 더 섬세하게 펑크족으로서 자신의 삶을 성찰한 머글턴(Muggleton)의 글을 대조하고 있다. 사회과학자들은 하위문화 소비에 대한 이론과 소비자의 실질적인 일상 간의 간극을 인식한 후 다양한 하위문화 집단 구성원을 대상으로 보다 신중하고 심층적인 연구를 진행하게 되었다. 그 결과, 이제 대중문화 소비자를 대상으로 한 연구를 통해 다양하고 상세한 질적 연구에 접근할 수 있게 되었다. Box 3.9는 이런 연구의 한 사례로, 스칸디나비아의 익스트림 메탈 팬을 대상으로 한 사회학자의 연구에서 발췌한 것이다. 이를 Box 3.7에 있는 헤브디지의 글과 다시 한번 대조해 보라. 언뜻 보기에 칸-해리스(Khan-Harris, 2004)의 연구 참여자들의 삶은 다소

Box 3.9

『*Show No Mercy*』: 익스트림 음악, 하지만 일상적인 소비 실천들

사진 3.7 스래시 메탈 밴드 슬레이어

출처: Getty Images

슬레이어(Slayer)의 음악을 처음 들었을 때, 저는 감당할 수 없었어요… 첫 번째 앨범이었던 『*Show No Mercy*』… 엄청 빠르고, 완전히 광적인 하드코어 메탈이라는 것을 알고 있었지만 감당할 수 없었죠. '와 이게 무슨 일이야?'라는 생각이 들 정도로 악마같은(satanic) 음악이었어요.

－익스트림 메탈 팬, Kahn-Harris, 2004: 11에서 인용

캘리포니아 출신의 스래시 메탈 밴드 슬레이어의 앨범 『*Show No Mercy*』(1983)는 이 장르의 고전으로 널리 사랑받고 있다. 앨범 표지에는 오각형 옆에 칼을 들고 있는 사탄의 그림과 검은 가죽, 금속 스파이크 옷을 입은 밴드 멤버들이 역십자가 포즈를 취하고 있는 사진이 담겨 있다. 음악은 매우 빠른 기타 리프와 드럼 연주가 특징이며, 고문, 기습 작전(Blitzkreig), 사탄의 부활 임박, 폭력적인 증오, 연쇄 살인, 흑마술, 절단, 지옥에서 고통받는 영혼, 제3제국, 전장의 학살, 미래가 없는 세계 그리고 '구원받을 수 없는 엿 같은 세상'에 대한 비명 같은 가사를 담고 있다. 음악을 들어보면 여러분도 '와, 이게 무슨 일이야?'라고 생각할지도 모른다. 아닐 수도 있지만.

스타일과 내용 그리고 도상학적으로 볼 때 『*Show*

No Mercy』는 하위문화 현상에 있어 상당히 스펙터클한 사례로 읽힐 수 있다. 실제로 슬레이어(를 비롯한 수많은 다른 익스트림 메탈 밴드들과 하위 장르들)의 팬은 부모의 보수주의와 교외 지역의 소외에 반항하기 위해 폭력적이고 충격적이며 혐오스러운 이미지를 차용하는 하위문화 브리콜라주를 하는 사람으로 분석되어 왔다(Harrel, 1994; Petrov, 1995). 그러나 칸-해리스가 스칸디나비아 익스트림 메탈 팬을 대상으로 한 연구(Kahn-Harris, 2004)에 따르면, 이 해석은 적어도 세 가지 의미에서 팬들의 실제 삶과 경험을 제대로 재현하지 못하고 있다.

- 익스트림 메탈 신을 반사회적이고 충격적인 것으로 해석하는 것은, 이 분야를 구성하는 강력한 우정, 배려, 상호 지원 및 일종의 공동체 의식을 간과하는 것이다. 칸-해리스의 연구는 익스트림 메탈 팬으로서 음악을 듣고, 어울리고, 새 앨범에 대해 토론하거나 농담하고, 공연을 기대하고 참석하고, 굿즈를 수집하는 등 '평범한' 일상의 즐거움을 묘사한다. 그는 그 안에서 피어날 수 있는 끈끈한 우정과 로맨스에 대해서도 언급한다. 또한 익스트림 메탈이 부모에게 의도적으로 거부감을 준다는 가정과는 달리, 익스트림 메탈 팬덤이 토론, 공통된 음악적 기준점 또는 부모의 지원(공연장까지 태워주기, 녹음 세션 비용 빌려주기, 티켓 구매, CD 선물하기 등)을 통해 가족을 하나로 모으는 방식에 대해서도 언급한다(Kahn-Harris, 2004).
- 익스트림 메탈 분야와 같은 하위문화에 대한 대다수의 학술 연구는 '신 멤버십(scene membership)'과 관련된 중요한 관심, 헌신, 지식 및 작업을 간과한다. 칸-해리스는 익스트림 메탈 소비의 중심이 되는 일상적 실천, 즉 CD와 MP3 목록 작성 및 공유, 다른 팬에게 이메일과 편지 쓰기, 블로그, 팬 잡지, 메일링 리스트 및 게시판에 기고하기와 같은 것에 주목한다. 또한 표면적으로는 스펙터클하고 폭력적인 익스트림 메탈의 사운드를 개인의 일상과 공간에 녹여내는 청취 관행에 주목한다. 위의 인용문에서처럼 많은 팬들이 처음에는 음악에 압도당하지만, 헤드폰을 끼고, 친구와 함께, 운전이나 집안일 또는 숙제를 할 때와 같은 일상적인 상황에서 들으면서 음악을 '길들인다'고 말할 수 있다. 칸-해리스는 대부분의 익스트림 메탈 팬은 수천 가지의 음악과 수많은 하위 장르 및 익스트림 음악 하위 장르에 대한 해박한 지식을 갖추고 있다고 말하는데, 이러한 실천은 다소 딱딱하거나 학구적일 수도 있다.
- 칸-해리스는 익스트림 메탈 팬이 '신에 속해 있지 않은(non-scene)' 친구 및 가족 구성원과 어떻게 상호작용하는지 탐구함으로써 익스트림 메탈이 공격적이고 특정한 목적을 가진 충격적인 하위문화라는 가정에도 문제를 제기한다. 그는 익스트림 메탈 팬이 불쾌감을 주거나 긴장감을 조성하지 않기 위해 상당한 주의를 기울이는 경우가 많다고 지적한다(Kahn-Harris, 2004). 여기에는 CD와 포스터를 숨기고, 불쾌하거나 공격적인 밴드 굿즈를 착용하지 않으며, 음악을 끄거나 낮추고, '신에 속하지 않은' 친구와 함께 있을 때는 좀 더 '접근하기 좋거나' '대중적인' 음악을 선택하는 활동이 포함될 수 있다.

이 책의 저자 중 한 명은 공연장에서 슬레이어 출신 가수가 객석에 있는 것을 본 적이 있다. 그는 핫도그와 신문, 목캔디 한 봉지를 들고 있는 것처럼 보였는데, 이는 '익스트림한' 하위문화 정체성이 항상 일상적인 소비 실천과 연관되어 있다는 증거다!

시시하거나 극적이지 않은 것처럼 보일 수 있지만, 이런 종류의 연구가 하위문화 실천의 복잡성과 미묘함, 예를 들어 팬들 간의 배려와 공동체 의식, 음반 컬렉션 개발과 관련된 세밀한 작업들, '익스트림' 사운드가 지배하는 청취 관행 등을 어떻게 드러내는지에 주목할 필요가 있다. 문화지리학자에게 일상적인 소비의 지리를 이해하는 데 중요한 것은 바로 이런 종류의 디테일과 미묘함이다.

■ 포인트 3: 소비자들은 문화 정치에 적극적으로 저항하고 이를 전복할 수 있다

위의 포인트 2에서는 하위문화에 대한 고전적인 연구가 현대 문화 규범을 전복하거나 이에 저항하는 소비 실천의 역할을 인식하는 데 중요하다는 점을 언급했다. 그러나 이러한 연구는 종종 스펙터클하고 극적이며 상징적인 몇 가지 사례만을 전면에 내세웠기 때문에 더욱 미묘하고 복잡하며 일상적인 형태의 저항과 라이프 스타일을 간과하는 경향이 있다는 점도 지적했다. 따라서 하위문화에 대한 고전적인 연구는 저항의 형태에 대한 문화 소비의 역할에서 특정적이고, 때로는 부당한 이해를 제공할 수 있다는 점을 인식해야 한다. 이와는 대조적으로, 파일과 같은 지리학자는 일상적인 저항의 실천이 갖는 복잡성과 다원성에 주목해 사람들이 특정한 공간과 상황을 거부, 저항, 전복하거나 항의할 수 있는 방대한 행동 레퍼토리를 강조했다(Pile, 1999: 14). 이와 동시에 "사물에 자신만의 (저항적인) 의미를 부여하고, 일상적인 권력 행사를 회피, 조롱, 공격, 훼손, 인내, 방해, 우롱하기 위한 자신만의 전술을 발견함으로써" 저항의 실천이 가능하다는 점을 강조한다. 파일은 다음과 같이 말한다(Pile, 1999: 14).

잠재적으로, 저항 행위의 목록은 발 끌기부터 걸어다니기까지, 농성부터 바깥으로 나가기까지, 나무 꼭대기에 몸 묶기부터 밤새 춤추기까지, 패러디하기부터 통과시키기까지, 폭탄에서 사기까지, 그라피티 태그부터… 고용주의 펜 훔치기까지, 투표 거부부터 실험동물 방생하기까지, 여피족 강도질하기부터 주식 투자하기까지, 부정행위부터 자퇴까지, 문신부터 바디 피어싱까지, 핑크색 머리부터 핑크색 트라이앵글 헤어스타일까지, 시끄러운 음악 듣기에서 요란한 티셔츠 입기까지, 추억에서 꿈에 이르기까지 끝없이 다양하다.

저항 행위는 뒷부분의 수행(7장)과 정체성(8장)에서 좀 더 자세히 설명한다. 위의 인용문에서 파일이 제시한 사례가 명시적이든 암묵적이든 소비의 형태(시끄러운 음악 듣기, 문신을 하거나 단발하기, 요란한 티셔츠 구입)가 그 중심에 있음에 주목하라. 모든 소비가 저항적인 것은 아니며 모든 저항이 소비 행위를 수반하는 것은 아니지만, 많은 경우 소비와 저항은 밀접하게 연관되어 있다. 이러한 관계는 다양한 형태로 나타날 수 있는데, 아래에서 몇 가지 사례를 살펴보자.

아이콘과 소비 대상을 활용한 저항

광범위한 정치적 목적을 위해 전복적인 유머, 슬로건, 아이콘, 대중 공연 또는 시위를 활용하는 다양한 행동주의와 시위 유산이 있다. 이러한 맥락에서 현대 소비문화와 대중문화의 아이콘은 특정한 주장을 하거나 부조리와 불의를 강조하기 위해, 또는 경제적, 정치적 강자의 활동과 이익을 비판하기 위해 위조, 훼손되거나 전복되어 왔다.

'문화 교란(culutre-jamming)' 활동가의 전술은 이러한 저항의 형태와 관련된 하나의 사례를 보여준다. '문화 교란'이란 "소비문화의 브랜드 이미지와 아이콘을 활용해 소비자가 주목할 만한 주변 문제와 다양한 문화 경험을 인식하도록 하는 정치화된 커뮤니케이션 전략"을 의미

Box 3.10

영국 브리스틀의 전복적 광고

사진 3.8 전복적 광고
출처: Rex Features/Invicta Kent Media

전복적 광고는 정치적인 목적을 위해 광고를 조작하거나 훼손하는 것을 포함한다. 이는 광고 매체와 도상학을 이용해 광고의 대상이 되는 제품이나 기업에 대한 비판적이고 정치적인 메시지를 전파함으로써 현대 소비주의 규범과 제품에 문제를 제기하려는 의도로 사용되는 경우가 많다. 광고판의 조작은 아마도 가장 일반적인 형태의 전복적 광고일 것이다. 전복적 광고는 재치 있고 지적일 수도 있고, 조잡하고 직접적일 수도 있으며, 일회적이고 충동적인 훼손에서부터 조직적인 국내 혹은 국제 캠페인에 이르기까지 다양한 활동을 수반할 수 있다(Libcom, 2009 참조). 사진 3.8을 참조하라. 이 광고판은 영국군의 포피 캠페인(Poppy campaign)을 광고하며, '그들을 위해… 양귀비꽃을 답시다'라고 쓰여 있었지만, 블레어 전 총리의 이라크 및 아프가니스탄에 대한 외교 정책 개입을 비판하는 내용으로 바뀌었다. 다음 질문에 대해 생각해 보자.

- 이 전복적 광고는 원본 광고를 전복하는 데 얼마나 효과적인가?
- 이 전복적 광고에는 어떤 전략이 사용되었는가?
- 이 이미지에 대한 여러분의 반응은 무엇인가?

한다(CCCE, 2011). 문화 교란에는 포스터, 팸플릿, 그라피티, 인터넷 밈, 이메일 또는 블로그의 제작 및 유포, 캠페인, 시위, 스턴트(stunt), 패러디, 사기 또는 웹사이트 해킹 등이 포함될 수 있다. 이러한 실천은 종종 유머러스하고 풍자적이며(Woodside, 2001), 문화 생산에 대한 이론가의 비판에서 영감을 받았다(2장과 Dery, 1999 참조). 문화 교란은 "소비자의 안락함을 중심으로 고립된 현실을 구축하기 위해 정치적 문제와 주제를 피하는 시민 소비자와 소통"하고자 한다(Pickerel *et al*., 2002: 3). 상당수의 문화 교란은 문제가 있는 미디어 재현, 불평등한 문화 정치, 비윤리적인 기업 실천과 이해관계에 주의를 기울임으로써 소비자의 안락함에 구멍을 내기 위해 고안되었다.

문화 교란은 상업 문화 이면에 있는 의심스러운 정치적 가정을 폭로함으로써 자신이 영위하고 있는 브랜드 환경에 대해 잠시 생각해 볼 수 있도록 하는 데 단순한 목적이 있다. 문화 교란은 로고, 패션 문구, 제품 이미지를 재구성해 소비의 개인적 자유에 대한 가정과 함께 '무엇이 쿨한가'에 대한 생각에 도전한다. 이러한 커뮤니케이션 중 일부는 광고의 환상에서 배제된 환경 피해나 노동자의 사회 경험을 드러냄으로써 제품이나 기업의 투명성을 제고한다. 문화 교란의 논리는 쉽게 식별할 수 있는 이미지를 기업의 책임, 소비의 '진정한' 환경 및 인적 비용, 민간 기업의 '공공' 전파 사용과 같은 문제에 관한 더욱 큰 질문으로 전환하는 것이다.

-CCCE, 2011

'전복(subversion)'과 '광고(advertisement)'의 합성어인 '전복적 광고(Subvertisement)'는 밴쿠버의 애드버스터즈(Adbusters, www.adbusters.org), 샌프란시스코의 빌보드 해방 전선(Billboard Liberation Front, http://www.billboardliberation.com), 수많은 지역 단체와 운동가들이 대중화시킨 문화 교란 전술 중 하나이다. 이러한 실천에 대한 소개는 Box 3.10을 참조하라. 전복적 광고는

활동가들이 자신의 주장을 관철시키기 위해 특정 아이콘과 소비 대상을 의도적으로 변형(예: 그라피티, 훼손, 반달리즘 등)하거나 재맥락화(예: 퍼포먼스 또는 패러디 등)하는 방법의 한 사례다.

특정 소비 공간 및 실천에 대한 저항
일부 항의 및 저항 행위는 특정한 소비의 장소나 소비를 위한 장소를 대상으로 한다. 가령, 기업의 소매점 개점이나 브랜드 소비의 확산은 종종 전통적 또는 지역적 소비 공간과 실천을 보존하려는 근본적인 우려와 더불어 지역 차원의 반발을 불러일으킨다. 어떤 상황에서는 이러한 종류의 항의가 다른 형태의 행동주의와 교차하기도 한다. 이와 관련한 한 가지 사례는 Box 3.11을 참조하라. 특히 이 선언문이 지역의 우려(예: 버스 정류장 이용 방해)를 소비주의 라이프 스타일과 기업 실천 및 소비 공간에 대한 훨씬 더 광범위한 우려와 어떻게 연결시키는지에 주목하라.

대안적 또는 윤리적 소비 실천 채택하기
지난 세기 동안 전 세계 여러 지역에서 일상적인 소비 실천과 관련해 의도적인 윤리적 결정에 기반한 라이프 스타일이 확산되었다. 채식주의나 환경친화적인 생활, 또는 비윤리적인 정치적 맥락에서 비롯되었거나, 탄소 발자국이 크거나, 공정하게 거래되지 않는 상품에 대한 보이콧과 같은 소비 실천이 점점 보편화되고 있다. 그러나 채식에 대한 질문을 받은 적이 있는 사람이라면 누구나 알다시피, 이런 소비 실천은 여전히 소비와 관련한 강력한 문화 규범에 위배되는 것이자 많은 사람에게 이상적이고 '대안적인' 것으로 여겨

Box 3.11

 '스토크스 크로프트(Stokes Croft)에 테스코는 안돼' 캠페인

사진 3.9 영국 브리스틀 스토크스 크로프트의 반–테스코 그라피티
출처: Alamy Images/Adrian Arbib

2010년 12월 1일, 테스코 배달 트럭으로 분장한 40명의 시위대가 영국 브리스틀의 스토크스 크로프트 로드를 따라 걸어가다가 'NO TESCO'라고 적힌 현수막을 들고 테스코 슈퍼마켓 예정 부지에 '배달'을 하려고 멈췄다. 이 시위는 매장 개점 시 복잡한 간선도로에서 배달 트럭으로 인해 도로 교통, 보행자, 자전거 도로, 버스 정류장이 얼마나 방해받을 수 있는지 보여주기 위한 것이었다. 이 '인간 배달 트럭'은 소비 공간의 입점을 반대하는 지역 시위대가 1년 동안 벌인 캠페인 중 하나에 불과했다. 테스코가 도로변에 매장을 열겠다고 발표한 후 12개월 동안 지역 주민들은 테스코 본사에 이메일 보내기, 지역 의원과 기획관에게 2,500장의 엽서 보내기, 공개회의 참석 및 열정적으로 발언하기, 국회의원에게 편지 보내기, 계획 및 법률 검토 과정에 대한 청원서 및 의견서 제출하기, 대규모 집회, 매장 예정지 외부에서 피켓과 플래카드 들기 등 조직적인 캠페인을 전

개했다. 스토크스 크로프트 로드를 따라 그라피티(사진 3.9)와 전복적 광고가 등장했다. 포장용 평판마다 'NO TESCO'가 새겨졌고, 건물 위에는 '테스코: Every little hurts' (슈퍼마켓의 광고 문구인 'Every little helps'를 패러디한 것)라고 적힌 현수막이 걸렸다. 그리고 이 건물은 무단으로 점유되어 일시적으로 공연, 영화, 어학 수업, 무료 급식소 등이 열리는 커뮤니티 공간으로 사용되었다.

2011년 2월, 이러한 지역 사회의 항의와 저항에도 불구하고 매장이 문을 열었을 때, 매장은 창문이 깨지고 페인트가 뿌려지고 약탈당하는 등 더욱 폭력적인 형태의 시위의 중심지가 되었고, 난폭해진 지역 주민들을 해산시키기 위해 진압 경찰과 24시간 대기 보안 요원이 투입되어야 했다. 브리스틀의 유명한 그라피티 아티스트인 뱅크시는 영국 전역에서 테스코의 깃발이 게양되고 여기에 경례하는 모습을 묘사한 이미지를 만들었다.

또 뱅크시는 한정판 인쇄물을 제작해 수익 전액을 계획 및 법률 검토 과정에 지속적으로 기여할 기금으로, 그리고 시위 도중 체포된 주민을 지원하기 위해 기부했다.

많은 지역 단체, 운동가, 블로거들이 이러한 다양한 형태의 행동주의를 조율하거나 홍보했다. 다음의 선언문은 이 네트워크 안에서 배포되었다(http://notesco.wordpress.com/thecampaign/why-don't we-want-a-tesco/). 이 선언문을 읽으면서 테스코 매장 입점을 반대하는 이유와 지역 사회의 우려 그리고 기업 실천 및 소비 공간에 대한 광범위한 정치적 우려 간의 연관성에 주목해 보자.

우리는 왜 테스코를 원치 않는가?

테스코와 대형 슈퍼마켓은 일반적으로 단기적인 이익에 유리한 모델을 채택하고, 원거리에 있는 주주들을 위해 돈을 벌고 있다. 안타깝게도 이는 지속 가능한 경제 성장에 좋지 않고, 지역 상권을 몰아내며, 노동자의 권리를 약화시키고, 환경을 훼손한다.

• **지역 경제**: 번성하는 지역 경제는 다양한 업종과 기업 사이에 돈이 재순환하면서 스스로를 먹여 살린다. 그리고 이는 다양한 범위의 일자리와 기업을 유지시킨다. **테스코에서 소비된 돈은 스토크스 크로프트와**

브리스틀에서 한 방향으로만 흘러나가게 된다. 탄력적인 지역 경제를 성장시키려면 스토크스 크로프트에는 브리스틀의 제품과 서비스를 구매하는 독립적인 지역 기업이 필요하다…

• **생산자들을 위한 공정한 거래**: 슈퍼마켓은 우리에게 저렴한 식품을 제공한다는 명목 하에 공급업체에 지급하는 가격을 깎는 경향이 있다. 그러나 실제로 우리가 먹는 음식은 그다지 저렴하지 않은 경우가 많으며, 이러한 행위는 주로 이문을 늘리기 위한 것이다. 그 결과 **농부와 공급업체는 생존을 위해 고군분투하고 있다**. 이들은 종종 공정 무역, 삼림 벌채, 노동자의 권리 같은 문제를 무시하려는 대기업에 인수되기도 한다. 테스코는 현재 불공정 관행을 막을 수 있는 슈퍼마켓 감시 기구의 도입에 맞서 싸우고 있다.

• **더티 플레이**: 대형 슈퍼마켓은 식료품이 실제보다 저렴하다는 인상을 주는 마케팅을 통해 점점 더 **교묘해지고 있다**. 이런 눈에 띄기 어려운 몇 가지 수법으로는 모든 상품 가격의 순 인상에 맞춰 유명 제품에 대해 가격 인하 캠페인하기, 고객이 할인을 받는 것인지 바가지를 씌우는 것인지 알 수 없도록 수개월에 걸쳐 가격을 올렸다 내렸다 하는 가격 유연화 등이 있는데, 일반적으로는 후자에 해당하는 경우가 많다 (No Tesco, 2011).

지고 있다.

이러한 소비 실천이 얼마나 저항적이고 정치화되느냐는 개인에 따라 매우 다르게 나타난다. 윤리적 소비에 대한 개인적이고 사적인 가벼운 참여에서부터 라이프 스타일과 규범을 전면적으로 바꾸려는 정치 활동가로서의 헌신에 이르기까지 광범위한 결정과 행동의 측면에서 소비 실천에 대해 생각해 보는 것은 유익할 수 있다. 소비자의 태도와 행동에는 수많은 유형이 존재한다(Tallontire *et al.*, 2001; Connolly and Prothero, 2008 참조). 일반

적으로 이러한 유형은 소비 결정의 영향력에 대해 얼마나 인식하고 있고 비판적인지에 따라, 그리고 습관적인 소비 실천을 바꿀 필요성을 인정하는 정도에 따라 달라진다. 이와 관련한 두 가지 사례는 Box 3.12를 참조하라.

대안적 소비 공간 만들기

소비 공간에 대한 불만과 그 기저에 깔린 문화 정치는 소비를 위한 대안적 공간과 기회를 창출하도록 유도할 수 있다. Box 3.13의 불법 레이브

소비자 행동의 두 가지 유형

Box 3.12

소비자 행동의 두 가지 유형이 아래에 설명되어 있다. 이를 읽으면서 다음의 질문에 대해 생각해 보자.

- 두 가지 유형을 활용해 자신을 분류한다면 어디에 속할까?
- 여러분의 소비 습관을 그렇게 분류하는 이유는 무엇인가?
- 이러한 유형화가 개인의 소비 습관을 이해하는 데 얼마나 유용한가?

친환경 소비 유형

스테펜(Steffen, 2009)은 환경친화성에 관한 소비자의 헌신의 정도에 따라 소비자를 네 가지 범주로 분류한다.

- 짙은 녹색 환경주의자(Dark Green Environmentalists): 소비자 행동의 실질적인 변화를 옹호하며, 종종 현대 소비주의 규범과 실천에 대해 매우 비판적이며, 현대의 글로벌화된 문화 생산 시스템에서 철수할 것을 요구하고, 행동주의적 생활양식을 채택하며, 환경 문제에 대한 해결책으로 공동체 수준의 변화를 옹호하고, 이러한 행동과 변화를 채택할 필요성을 설득하려고 한다.
- 밝은 녹색 환경주의자(Bright Green Environmentalists): 환경친화적 행동이 경제적 번영을 동반하고 인센티브를 제공해야 한다고 믿는 소비자와 활동가로, 기업가 정신, 기술 발전, 새로운 소비자 제품이 환경의 지속 가능성을 위한 최선의 길이라고 믿는다.
- 연한 녹색 환경주의자(Light Green Environmentalists): 환경친화적이기 위해 개인의 라이프 스타일과 행동을 소극적으로 변화시킬 수 있는 소비자로, 궁극적으로는 소비주의 맥락에 만족하고 편안함을 느끼는 소비자다. 이들은 환경 문제에 대해 우려하고 관심을 갖기는 하지만, 좀 더 근본적인 사회 및 환경 변화를 원하거나 그 필요성을 인식하지 못할 수 있다.
- 회색(Greys): 환경을 위한 개인적 또는 사회적 변화의 필요성을 부정하는 사람들이다. '부정직하고 이기적인 사람'(예: 화석 연료 회사의 로비스트) 또는 '반대론자'(서로 다른 이유로 친환경적인 의견에 대해 동의하지 않는 개인이나 사회/정치단체)거나, 보수적이거나 신중한 전망을 가지고 있거나 환경친화적인 라이프 스타일을 받아들이기 위한 정보가 부족한 사람들일 수 있다.

윤리적 소비의 유형

탈론티어 등(Tallontire et al., 2001)은 윤리적 소비에 대한 헌신의 정도에 따라 소비자를 세 가지 범주로 분류한다.

- 활동가(Activists): 공정 무역 및 윤리적 제품에 대한 헌신적인 소비자이자, 좀 더 윤리적인 소비를 위해 자신이 취할 수 있는 행동과 변화에 대해 알고 싶어 하는 소비자다. '설득형 활동가'의 경우 행동과 변화를 채택해야 할 필요성을 설득하려고 노력한다.
- 윤리적 소비자(Ethicals): 공정 무역 및 윤리적 제품을 가끔 정기적으로 구매하는 소비자이자, 자신의 소비 습관과 관련된 윤리적 문제를 우려하고 이에 대해 더 알고 싶어 하는 소비자다. 그러나 이러한 정보를 바탕으로 소비 습관을 바꾸지는 않는 경우가 많다.
- 준-윤리적 소비자(Semi-ethicals): 공정 무역 및 윤리적 제품을 가끔 구매하는 소비자로, 소비 습관과 관련된 윤리적 문제에 거의 관심을 두지 않는다. 이들은 윤리적 제품이 더 저렴하거나 이를 더 쉽게 구할 수 있다면 윤리적 제품의 단골 소비자가 될 수도 있다.

Box 3.13

'파운드 포 더 사운드(Pound for the sound)': 대안적 소비 공간 만들기

"제이, 파티는 어디서 열려?"…
"강 건너편에서, 한 시간에 한 번씩 다리 위에서 사람들을 만나서 파티장으로 데려가는 괴짜가 있어."
"거긴 어떤 곳이야?"
"낡고 오래된 펍이야…, 버려진 곳이지."
그 펍은 부두가 폐쇄된 후 몇 년 동안 버려진 상태였다. 이곳에 침입해서 금속 그릴을 떼어낸 사람이 청소하고, 전기를 공급하고, 화장실의 배수관을 고쳤다. 문가에 있던 한 남자가 모두에게 "pound for the sound"라고 반복적으로 말했다.

–Chatterton, 2003: 217-218

영국 도시의 밤 문화 지리에 관한 채터턴의 연구는 대안적 소비 공간을 만들기 위해 노력하는 소비자에 관한 수많은 사례를 보여 준다(Chatterton, 2003). 그는 앞의 인용문에서처럼 비어 있는 건물, 버려진 공간, 주택 또는 창고에서 파티, 레이브, 공연, 클럽 이벤트를 개최하는 개인과 집단의 동기를 탐구한다. 이러한 이벤트는 종종 비인가, 비영리 또는 협동조합을 기반으로 조직된다. 주최자들은 자신이 사는 곳의 제한적이고 획일적이며 진정성 없는 밤 문화 기회에 대한 불만으로 위와 같은 이벤트를 개최할 동기를 얻으며, 이는 적극적으로 정치화되거나 광범위한 반소비주의 캠페인 및 현대 도시의 밤 문화에 대한 비판과 연결되기도 한다. 이러한 이벤트를 준비하려면 주최자의 상당한 노력이 필요하다. 위의 사례에서 버려진 펍을 파티에 적합한 장소로 만드는 작업에 대해 생각해 보라. 이 작업에는 종종 신

뢰 기반 네트워크, 기금 모금 및 헌신적인 지역의 개개인을 연결하는 협동적인 작업이 수반된다.

디자이너, 프로모터, 음악가, 팬 잡지 제작자, 해적 라디오 제작자, DJ, 영화 제작자, 작가, 스쿼터(squater), 펑크 및 예술가들의 창의적인 공동체는 자신의 에너지와 자원을 활용해 기업 활동에 반대하는 신호를 보내면서 주변부에 살아가고 있다.

–Chatterton, 2003: 216

채터턴은 대안 공간의 생산이 어떻게 하위문화적인 라이프 스타일 및 정체성과 연결되어 있는지 그리고 소비자가 주류 소비 공간에 저항하거나 피할 수 있는 광범위한 활동 레퍼토리의 일환이 될 수 있는지 탐구한다(Chatterton, 2003). 또한 그는 주최자가 경찰이나 지방 당국으로부터 대안적인 소비 공간을 숨기거나, 불법임에도 불구하고 행사가 용인되는 범위 안에서 공간 내의 활동을 규제하는 전술에 주목한다. '파운드 포 더 사운드(pound for the sound)'의 밤은 경찰의 개입 없이 지나갔다.

경찰이 몇 번 이곳을 차를 몰고 지나갔지만… 파티를 막기 위한 조치를 취하지는 않았다. 경찰들은 그 파티가 통제되고 있고 방해가 되지 않으며, (여기에 참석하는 사람들이) 문제를 일으킬 만한 군중 집단이 아니라는 것을 알고 있었다. 어쨌든 모두를 쫓아내는 것이 더 번거로운 일이었다.

–Chatterton, 2003: 218

(raves)*와 스쿼트 파티(squat parties)의 사례를 생

각해 보자. 이러한 이벤트는 일반적으로 지역 맥락에서 밤 문화(nightlife)의 형태와 비용에 대한 실망, 도시 소비 공간의 상업화에 대한 광범위한 비판에 동기를 얻은 개인과 집단의 상당한 기술과

---

* 영국에서 옥외나 빈 건물에 대규모로 모여 빠른 전자 음악에 맞춰 춤을 추고 흔히 마약도 하는 광란의 파티를 일컫는 말이다.

헌신을 필요로 한다. 이러한 활동은 현대 문화 생산의 지리적 규범과 규제를 넘어 보이지 않거나 버려진 공간에서 시작되거나 진행되곤 한다. 따라서 이러한 공간은 종종 '지하' 혹은 '대안적' 소비 공간으로 간주되고 그 가치를 인정받는다. 불만을 품은 콘서트 기획자의 작업부터 어른들의 시선을 피해 어울리는 젊은이의 행위, 범죄화된 물질을 소비하는 기회, 아나키스트 및 활동가 단체의 헌신적이고 열정적인 작업까지 대안적 문화 생산의 사례는 무수히 많으며, 소비를 위한 '대안적' 공간의 생산은 사실상 도시 공간의 특징이라고도 할 수 있다.

3.5 문화 생산과 소비 연결하기

2장에서는 문화 생산의 개념을 소개했고, 이 장에서는 문화 소비와 관련된 몇 가지 문제를 살펴보았다. 여기서는 문화 과정에 대해 논의하면서 인문지리와 사회과학 연구들이 생산에 초점을 맞추거나 또는 소비에 초점을 맞추는 경향이 있었다고 설명했다. 즉, 문화 과정과 정치에 관한 많은 고전적 연구, 특히 초창기 연구들은 문화 생산(문화가 어디서, 어떻게, 어떤 조건에서 만들어지는가) 또는 문화 소비(문화적인 것들이 어떻게 사용되고, 이러한 실천들이 어째서 중요한가) 중 하나에만 초점을 맞추는 경향이 있었다. 이는 동기, 관심사, 전문성, 방법, 개념이 서로 다른 연구자 집단이 한 가지 주제 또는 다른 주제에 관한 연구에 몰두하는 경향이 있었기 때문이다. 그러나 2장과 3장에서도 살펴본 것처럼, 결과적으로는 생산과 소비를 다루는 다소

분리된 두 개의 연구 갈래를 남기게 되었다. 이는 문화 생산과 소비가 완전히 다른, 깔끔하게 분리 가능한 과정이라는 인상을 줄 수 있다. 그러나 문화 생산과 소비의 과정은 실제로는 항상 연결되어 있다는 점을 인식하는 것이 중요하다.

사회과학자들은 점점 문화 생산과 소비의 상호 연결성을 인식하고 있다. 미디어 및 문화 연구 분야의 연구자들은 이러한 상호 연결성을 다양한 방식으로 설명하려고 시도해 왔다. 이 절의 나머지 부분에서는 생산과 소비의 관계를 이론화한 6가지 주요 방식을 간략하게 설명한다. 그림 3.1의 다이어그램이 이 개념들을 이해하는 데 도움이 될 수 있다. 그림 3.1의 a에서 f까지 표시된 각각의 개념과 관련해 현대 사회의 소비자로서 여러분의 경험을 바탕으로 사례를 찾아보자. 어떤 개념이 다른 개념보다 더 현실적인 것으로 보이는가?

a) 생산을 중심으로 한 문화

2장에서는 문화 생산에 관한 학술 연구에서 헤게모니, 이데올로기, 담론의 개념이 중요하다는 점을 언급했다. 또한 여러 대중문화 텍스트와 미디어에서 문화 생산에 가장 자주 관여하는 사람들의 이해관계를 암묵적으로 반영하고, 봉사하며, 이를 조장하는 헤게모니적이고 이데올로기적인 의미를 드러내고자 하는 문화 연구 분야의 영향력 있는 연구들을 소개했다. 이런 종류의 설명(그림 3.1의 a 참조)은 문화 텍스트와 미디어 그리고 그 생산자를 지나치게 강력한 존재로 이해하는 경향이 있다(Box 3.6의 맥도널드화, 디즈니화, 코카콜로니제이션 개념에서 기업의 문화 생산자에게 부여된 권력에 대해 생각해 볼 것). 반대로 이러한 설명에서 소비자

는 헤게모니적 담론에 영향을 받거나, 조건화되거나, 속아 넘어가는 다소 수동적인 존재로 비칠 수 있다. 가령 최신의 공포 영화, 폭력적인 컴퓨터 게임, 논란이 되는 텔레비전 프로그램 등의 영향력에 대한 공포에서도 유사한 논리를 찾아볼 수 있다. 여기서도 소비자는 현대의 문화 생산 과정을 통해 만들어진 강력한 미디어 메시지를 수용하는 취약한 수용자로 자리 잡고 있다. 이 글을 읽으면서 여러분이 어디에 있든 문화 텍스트나 미디어의 영향력에 대해 불안해하는 현재의 사례를 떠올릴 수 있을 것이다. 이러한 불안이 어느 정도 정당하다고 생각하는가?

b) 소비를 중심으로 한 문화

3장에서는 소비 실천의 중요성과 소비자들의 **창조적 행위 주체성**을 탐구하는 연구들을 소개했다. 이 장에서는 이전의 생산 중심의 이해와는 달리 많은 사회과학자들이 대중문화 텍스트와 미디어의 청중들을 인정하고 그들의 목소리를 내고자 노력한 점에 주목했다(그림 3.1의 b 참조). 텍스트, 미디어 및 기타 모든 것들을 정체성 형성 실천을 위한 자원으로 활용하는 창조적 문화 브리콜라주의 중요성에 대한 인식은 문화 연구 그리고 그 이후 신문화지리학의 중요한 구성 요소였다(1장 참조). 앞서 언급했듯이, 연구자들은 펑크 문화에 대한 논의에서 소비자가 동시대의 문화적 맥락에서 이용 가능한 자원을 통해 자신만의 라이프 스타일과 문화를 만들어가는 강력하고 자율적이며 창조적인 모습으로 비춰지는 사례에 주목했다. 때로는 문화 생산 과정이 소비자의 좀 더 중요하고 흥미진진하며 자율적인 선택에 이어지는 부차적인 것으로 보이

는 사례도 있다. 그러나 소비를 전면으로 드러내려면 연구자가 생산과 소비 관계의 본질을 파악해야 하는 경우가 더 많다. 아래의 개념 c, d, e가 이러한 작업의 가장 전형적인 사례다.

c) 변증법으로서의 문화

문화 연구 분야의 많은 연구들이 문화 생산자의 헤게모니적 권력(개념 a 참조)과 소비자의 주체성(개념 b 참조)을 조화시키려고 노력해 왔다. 이미 이 장에서 소비자의 라이프 스타일과 헤게모니적 문화 형성 간의 관계를 탐구하는 데 있어서의 현대문화연구센터 작업이 특히 중요하다는 점을 지적한 바 있다. 종종 이러한 관계는 문화 생산자가 부과하는 '하향식' 권력 및 문화 형태와 소비자 집단의 '상향식' 주체성 간의 변증법적 긴장(실제로는 종종 갈등이나 투쟁의 형태)으로 상상되었다(그림 3.1의 c 참조). 이 장의 앞부분에서 강조한 하위문화 및 **저항적 소비 실천**의 사례는 이러한 종류의 행위 주체성, 즉 강력한 엘리트 문화 생산자의 이익과 규범, 패권적인 문화 상품을 자신의 목적에 맞게, 자신만의 방식으로 사용하고 재구성해 자신의 라이프 스타일과 정체성을 창출해 내는 현대 소비자의 창의적이고 전복적인 활동 간의 변증법적 문화적 충돌을 깔끔하게 보여주는 사례라 할 수 있다. 여러분이 어디에 있든지 간에, 이러한 라이프 스타일 활동의 사례에 대해 생각해 보자. 이 경우 궁극적으로 문화 생산자 또는 소비자가 가장 큰 힘을 갖고 있을 것인가? 이런 종류의 라이프 스타일은 헤게모니적 문화 권력에 어느 정도까지 저항하거나 타협할 수 있는가?

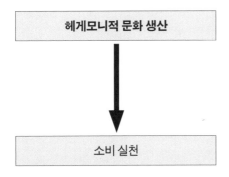

(a) 생산을 중심으로 한 문화

핵심 요소: 강력하고 헤게모니적인 문화 생산이 소비자들의 삶에 영향을 끼침.

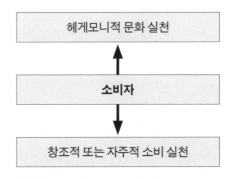

(d) 양면적이고 역설적인 것으로서의 문화

핵심 요소: 개별 소비자는 한편으로는 창의적이고 자주적인 문화 실천을 할 수 있지만, 다른 한편으로는 헤게모니 문화 권력에 무비판적으로 동조하는 실천을 할 수 있음.

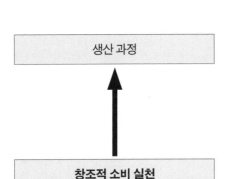

(b) 소비를 중심으로 한 문화

핵심 요소: 소비자는 문화 생산에서 자주적이고 창조적인 활동을 함.

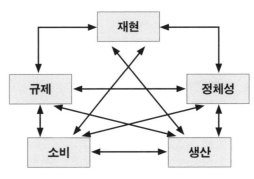

(e) 회로로서의 문화(du Gay 1997 이후)

핵심 요소: 문화는 생산과 소비라는 핵심 요소가 상호 연결되어 있는 지속적이고 연속적인 과정임.

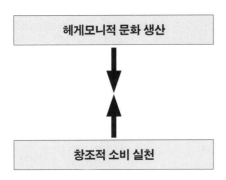

(c) 변증법으로서의 문화

핵심 요소: 문화 생산자의 '하향식' 권력과 소비자의 '상향식' 행위 주체성 사이에는 긴장과 갈등이 존재함.

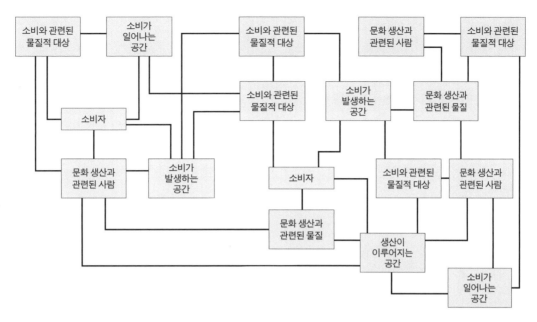

소비와 관련된 물질적 대상　소비가 일어나는 공간　소비와 관련된 물질적 대상　문화 생산과 관련된 사람　소비와 관련된 물질적 대상

소비와 관련된 물질적 대상　소비가 발생하는 공간　문화 생산과 관련된 물질

소비자

문화 생산과 관련된 사람　소비가 발생하는 공간

소비자　소비와 관련된 물질적 대상　문화 생산과 관련된 사람

문화 생산과 관련된 물질

생산이 이루어지는 공간

소비가 일어나는 공간

(f) 행위자-네트워크로서의 문화
핵심 요소: 문화 현상은 다양한 인간, 비인간, 공동체, 공간, 프로세스들이 상호 연결되는 매우 복잡한 과정임.

그림 3.1 문화 생산과 소비의 관계를 이해하는 6가지 방법
출처: (e) du Gay 1997: 3

d) 양면적이고 역설적인 것으로서의 문화

이 장의 몇 가지 사례(Box 3.3, 3.8, 3.9 참조)에서 알 수 있듯이 문화 생산과 소비의 관계는 헤게모니적 문화 생산과 저항적인 소비자 행위 주체성 간의 단순한 투쟁이 아니다(하위문화에 대한 고전적인 연구에서도 이런 인상을 받을 수 있다. Box 3.7 참조). 이제 많은 문화 이론가들은 상황이 이보다 더 복잡하고 미묘하며 수수께끼 같은 경우가 많다는 사실을 인정한다. 모든 문화 생산자를 헤게모니적이고 이데올로기적인 악당으로 그려낼 수는 없으며(예: Box 3.3에서 철도 모형 애호가들을 위한 미니어처 고슴도치와 담비를 제작하는 회사를 생각해 보라.), 모든 소비자가 전복적인 정체성의 형성이라는 강력한 목적의 프로젝트에 참여하는 것은 아니다(Box 3.8과 3.9 참조). 게다가 '소비'에는 창조적

인 문화 생산 행위도 포함되며, 문화 생산자 또한 문화 상품의 소비자이기도 하다.

위와 같은 인식은 문화 이론가들로 하여금 실제 문화 과정의 미묘한 차이를 고려하게 만들었다(그림 3.1의 d 참조). 가령, 홀(Hall, 1980)은 소비자와 헤게모니 문화가 양면적인 관계를 가질 수 있다는 점을 인정한다. 즉, 한편으로는 특정 순간에는 지배적인 헤게모니적 문화 상품에 합리적으로 또는 의심할 여지 없이 만족할 수 있지만 다른 한편으로는 특정한 상황에서 현대 대중문화에 내재된 이데올로기적 의미에 뚜렷하게 반대하는 자신을 발견할 수 있다는 것이다. 그는 좀 더 일반적으로 소비자는 문화적 '협상' 과정에 참여해 헤게모니적 문화의 일부 요소를 수용하는 동시에, 다른 요소를 무시하거나 학습하는 과정을 거치게 된다고 주장한다.

다른 연구자들은 이러한 종류의 협상에 내재된 몇 가지 기이한 점과 역설에 대해 생각해 보았다(Miles, 1998a; 1998b). 가령, 소비자가 일부 헤게모니 담론을 완전히 거부하면서도 다른 헤게모니 담론과는 의심 없이 함께 살아가는 방식, 또는 겉으로 보기에는 '하향식'이고 대량 생산된 헤게모니적 문화 형태가 개인의 경험과 의미를 가능하게 하는 방식 등이 있다. 다시 한번 여러분의 삶에서 그 예를 생각해 보자. 여러분은 현대 대중문화와 어떻게 '협상'하는가? 어떤 요소를 받아들이고, 어떤 요소를 거부하며, 어떤 요소를 참아내는가?(그리고 실제로 이러한 일이 어떻게 일어나는가?)

e) 회로로서의 문화

문화 이론가들은 점점 문화 생산과 소비가 서로 연결되어 있고 더욱 광범위한 세계, 정치, 문화 과정의 일부로 이해되어야 한다는 점을 인식하고 있다. 듀 가이의 '문화 회로(circuit of culture)'는 이런 상호 연결성을 모델링하기 위해 가장 널리 인용되는 연구 프레임워크이다(du Gay, 1997). 듀 가이는 생산, 소비, 재현, 정체성, 규제 등 다섯 가지 주요 요소가 상호 연결되는 과정을 다음과 같이 구별한다(du Gay, 1997: 3-4).

문화 텍스트나 유물에 대한 분석이 적절하게 연구되기 위해서는 반드시 통과해야 하는 일종의 회로, 즉 우리가 문화 회로라고 부르는 것을 완성한다… 우리는 회로의 각 부분을 별개로 분리했지만, 실제 세계에서는 복잡하고 우발적인 방식으로 지속적으로 포개지고 얽혀 있다.

여기서 핵심은 문화는 생산과 소비가 핵심 요소이기는 하지만, 지속적이고 연속적인 과정이라는 인식이다. 또한 문화 회로는 생산, 소비 및 기타 주요 과정 간의 복잡한 연결을 인식한다. 그림 3.1 (e)의 화살표는 모든 방향을 가리키며, 실제로 각 과정이 서로 영향을 끼칠 수 있는 방식(종종 매우 복잡하고 반복적인 방식)을 연상시킨다. 또 어떤 문화 현상의 다양한 측면을 고려해야 전체적이고 실제적인 상황을 파악할 수 있다는 점에 유의하라. 문화 과정을 이해하는 방법으로 문화 회로가 얼마나 유용하다고 생각하는가?(이러한 모델의 주요 장단점은 무엇이라고 생각하는가?)

f) 행위자-네트워크로서의 문화

문화 회로 이론은 널리 인정받고 있으며, 문화 과정을 지도화하기 위한 기초로서 활용된다. 분명 이는 모든 문화 현상에 내재된 상호 연결의 과정을 인식하는 데 매우 유용한 도구이다. 그러나 문화 과정을 명확하고 선형적인 상자, 화살표가 있는 깔끔한 모식도로 축소하는 것은 문제가 있다는 주장이 점점 많아지고 있다. 문화 과정은 이런 식으로 재현하는 것보다 훨씬 더 복잡하고 지저분하며, 우연적이라는 주장이 제기되고 있다. 10장에서는 상품이 생산되는 복잡한 방식을 설명하고자 하는 많은 지리학자와 사회과학자에게 중요한 역할을 해온 **물건 따라가기**(following the thing), **물질문화 연구, 행위자-네트워크 이론**과 같은 접근법들을 소개한다. 마찬가지로 문화 이론가들은 문화 현상을 인간, 비인간, 커뮤니티, 공간, 프로세스의 이질적인 연관성 등 매우 복잡한 행위자-네트워크로 해석하기 시작했다(그림 3.1의 f 참조). 10장에서 이 개념에 대해 이해한 다음, 이 절로 돌아와 문화 생산과 소비에 대해 사고할 때 위의 아이디어가 갖는 유용성에 대해 고려하는 것이 좋다.

이 절에서는 문화 생산과 소비의 관계를 이해할 수 있는 여섯 가지 방식에 대해 대략적으로 살펴보았다. 그림 3.1에 제시된 개념은 각각 장단점이 있으며, 특정한 맥락에서는 이 모든 개념이 해당될 수 있다(이 글을 읽으면서 위에서 설명한 개념이 문화 소비자로서 자신의 경험과 어떤 관련이 있는지 혹은 그렇지 않은지에 대해 확인했기를 바란다). 이러한 모델 중 어떤 것이 가장 좋은지 규정하려는 의도는 없다(다만, 계속 읽다 보면 인문지리에 대한 비재현적 접근 방식과 행위자-네트워크 접근 방식에서 복

잡성과 일상성의 인정을 선호한다는 점을 알 수 있다). 대신, 각 개념을 관통해서 과거에는 다소 이질적인 인문지리학자 집단에 의해 연구되고 쓰였을지라도 문화 생산과 소비는 항상 상호 연결되어 있다는 점을 강조하고 싶다. 10장에서는 이 점을 다시 다룰 것이며, 특히 지리학자 이안 쿡(Ian Cook)의 연구는 상품 생산과 소비의 과정을 연결하는, 중요하고 사고를 자극하는 연구로 추천할 만하다. 또 수행(7장), 정체성(8장), 일상성(9장), 감정(11장), 신체(12장), 공간과 장소(13장)를 다루는 이후의 장을 통해 2장과 3장에서 소개한 과정을 더욱 복잡하고 정교하게 이해할 수 있기를 바란다.

요약

- 문화 과정에 대한 고전적인 연구들은 문화 생산에 초점을 맞추는 경향이 있었다(2장 참조). 사회과학자들은 이러한 '생산주의적 편향'을 바로잡기 위해 문화 소비자의 삶과 지리를 탐구해 왔다.
- 문화지리학자의 연구는 문화 소비를 탐구하는 과정에서 중요한 역할을 해왔다. 가령 일상생활에서 소비의 중요성, 소비를 위한 공간의 생산, 특정한 경관이나 공간에서 소비와 관련된 실천을 탐구하는 등 문화 소비의 복잡한 지리를 다루는 연구가 많이 이루어지고 있다.
- 소비 실천은 개인과 집단의 정치성을 구성하는 데 매우 중요한 역할을 하는 경우가 많다. 가령, 사회과학자들의 연구는 소비 실천이 하위문화 집단의 라이프 스타일과 공간의 중심이

되는 방식을 탐구해 왔다. 이런 연구는 소비 실천이 어떻게 사람들의 일상생활에서 헤게모니적 문화 정치에 대처하고 때로는 저항할 수 있게 하는지 강조한다. 그러나 앞서 논의했듯이 하위문화의 저항과 창조성에 관한 설명은 종종 지나치게 낭만화될 수 있으며, 생산과 소비 과정의 복잡한 지리와 상호 연관성을 간과할 수 있다.
- 기존의 문화 과정과 정치에 관한 연구들은 문화 생산이나 문화 소비 중 하나에만 초점을 맞추는 경향이 있었다. 이는 문화 생산과 소비가 깔끔하게 분리될 수 있는 과정이라는 오해를 불러일으킬 수 있다. 그러나 3.5절에서 살펴본 것처럼, 문화 생산과 소비의 과정은 항상 상호 연결되어 있다는 점을 인식하는 것이 중요하다.

핵심 읽을거리

아래의 목록 외에도 10장 끝에 있는 상품 및 물질적 대상의 소비에 관한 참고 문헌도 참조하기 바란다.

Bell, D. and Valentine, G. (1996) *Consuming Geographies: We are where we eat*, Routledge, London.
이 책은 인문지리학자와 소비에 대한 관념 간의 관련성에 관한 훌륭한 개론서이다. 이 책은 특정한 소비 형태인 식사에 초점을 맞추어 다양한 공간과 스케일에서의 식사 실천 지리를 탐구한다.

Crewe, L. (2000) Geographies of retailing and consumption. *Progress in Human Geography* 24, 275-290.
이 흥미로운 논문은 지리학자들이 소비를 진지하게 받아들이도록 했다. 저자의 특별한 관심사는 소매업과 쇼핑이다. 저자는 9-13장에서 논의할 몇 가지 개념을 바탕으로 이 주제에 대한 지리적인 연구에 대해 논한다.

Clarke, D., Doel, M. and Housiaux, K. (eds) (2003) *The Consumption Reader*, Routledge, London.
소비에 관한 고전과 좀 더 최신의 에세이들을 모은 책이다. 이 책은 특히 소비 실천의 복잡한 공간적 특성을 설명하는 개념 자료가 풍부하다.

Lury, C. (1996) *Consumer Culture*, Polity Press, Cambridge.
소비와 소비자 문화의 개념에 관한 훌륭한 개론서이다. 이 책은 광범위한 영향력을 행사했으며, 특히 10장에서 설명할 물질 문화의 개념에 대한 내용이 훌륭하다.

Mansvelt, J. (2005) *Geographies of Consumption*, Sage, London.
소비 실천의 복잡한 공간적 특성에 대한 탁월하고 상세한 성찰을 담은 책이다. 이 책은 과거와 현재의 풍부한 사례 연구를 담고 있으며, 주요 사상가와 개념을 자세히 소개하고 있다.

Paterson, M. (2006) *Consumption and Everyday Life*, Routledge, London.
일상적인 지리적 맥락에서의 소비 실천을 설명하는 매우 읽기 쉽고 흥미로운 개론서이다. 특히 패터슨이 소비와 관련된 개념을 설명하고 그 근거를 제시하기 위해 생각을 자극하는 최신의 사례를 선택하는 방식이 마음에 든다.

Seiter, E., Borchers, H., Kreutzner, G. and Warth, E. (eds) (1989) *Remote Control: Television, audiences and cultural power* Routledge, London.
텔레비전 시청의 맥락에서 문화 소비와 시청자들의 선택의 문제를 다루는 고전적인 에세이 모음집이다. 이엔 앙(Ien Ang), 데이비드 몰리(David Morley), 존 피스케(John Fiske)가 쓴 장은 소비자 행위 주체성의 개념을 발전시키는 데 중요한 역할을 한 것으로 널리 인용되고 있다.

Urry, J. (1995) *onsuming Places*, Routledge, London.
이 장에서 설명했듯, 어리의 장소 소비에 관한 연구와 '관광객의 시선'이라는 개념은 지리학자들이 널리 사용해 왔다. 이 책에서 어리가 시선과 같은 소비 실천이 실제로 어떻게 일어나는지 그리고 그 결과 중 일부는 어떻게 나타나는지 자세히 설명하는 방식이 마음에 든다.

몇몇 문화지리학

1장에서는 문화지리 연구가 중요한 세 가지 이유
를 살펴보았다.

• 문화지리학자는 문화 과정과 그 복잡한 지리와
  정치에 대한 연구를 수행한다.
• 문화지리학은 모든 종류의 공간과 지리적 맥락
  에서 문화 대상, 미디어, 텍스트 및 재현의 중요
  성을 탐구한다.
• 문화지리학자는 새로운 사회 문화 이론을 접하

고 그것이 인문지리학자에게 중요한 이유 등을
성찰한다.

2부에서는 위의 세 가지 이유 중 두 번째에 대해
다룬다. 2부에서는 특정한 유형의 문화 현상과 대
상에 초점을 맞춘 지리적 연구의 사례들을 소개한
다. 문화지리학의 최신 연구 성과를 폭넓게 파악
할 수 있도록 다섯 가지 핵심 주제를 선정하고 각
각의 맥락에서 지리적인 사례 연구를 강조했다.
이 장들은 각 주제에 대한 독립적인 개관으로 읽
을 수도 있고, 전체를 지난 20년간 문화지리학자
들이 관심을 가졌던 관심사와 주제의 단면으로 읽
어낼 수도 있다. 이런 주제 목록은 결코 완전한 것
이 아니며, 문화지리학자마다 주요한 주제 목록이
다를 수도 있다. 하지만 다음의 장들이 문화지리
학이라는 넓은 하위 학문 분야에 대한 '길잡이'가

되길 바란다.

4장에서는 건축, 건물, 디자인, 계획에 대한 지리적 연구를 소개한다. 전통 문화지리학의 초창기 연구와 신문화지리학의 최근 연구(용어에 관한 설명은 1장 참조)를 바탕으로 문화지리학에서 건물과 건축 과정이 왜 중요한지 강조한다. 5장에서는 오랫동안 인문지리학 연구의 중심이 되어 온 주제인 경관에 초점을 맞춘다. 문화지리학자들이 경관을 어떻게 다양한 방식으로 개념화해 왔는지, 즉 하위 학문 분야의 폭넓고 변화무쌍한 관심사를 반영하는 방식을 설명한다. 6장과 7장에서는 각각 텍스트와 수행의 지리를 살펴본다. 여기에서는 지도 제작 문서, 현대 소설, 정책 담론, 자문화기술지(autoethnographic) 일기, 음악과 스포츠 수행, 춤과 행위 예술 등 다양한 문화적 텍스트, 대상, 현상, 미디어에 대한 지리학자의 참여를 소개한다. 이 과정에서 문화지리학자의 연구에서 일상적인 텍스트와 수행성의 중요성 그리고 좀 더 일반적인 문화지리 연구에 대해 개괄적으로 설명할 것이다. 마지막으로 8장에서는 문화지리 연구에서 정체성과 정체성 형성의 중요성을 고려하기 위해 3장에서 언급한 몇 가지 핵심 내용을 확장할 것이다. 위에서 소개한 장 중 어딘가에서 여러분의 관심을 불러일으키고, 주제 중 일부를 더 자세히 탐구하도록 유도하는 내용을 발견할 수 있기를 바란다. 각 장의 끝에 있는 핵심 읽을거리는 여러분이 문화지리에서 관심 있는 분야를 찾는 데 도움이 될 것이다.

2부를 읽은 후에는 문화지리학 분야의 최근 연구에 대한 이해를 확장시키고 발전시키는 데 도움이 될 수 있는 다음의 활동을 해 보길 바란다.

• Box 1.4의 '문화지리학, 2009-2010: 하나부터 열까지'에 있는 긴 목록으로 돌아가 보자. 표 안의 연구 주제들이 건축, 경관, 텍스트, 수행, 정체성 등 2부에서 소개한 광범위한 주제와 어떻게 연결되는지 파악해 보라. 또한 학술지 『Social and Cultural Geography』나 『Cultural Geographies』의 최신판을 살펴보고, 가장 흥미롭게 느껴지는 논문을 골라 2부의 광범위한 주제와 연관지어 보라.

• 7장과 8장을 읽은 후, 수행성과 정체성 형성에 관한 논의가 2장과 3장에서 설명한 문화 생산과 소비에 대한 아이디어를 어떤 식으로 확장하고, 복잡성을 더하는지 생각해 보라.

• 2부에서 소개한 건축, 경관, 텍스트, 수행, 정체성 등 광범위한 주제 중 하나를 선택하고, 3부의 각 장을 살펴볼 때 그 주제를 염두에 두라. 3부에서는 일상성(9장), 물질성(10장), 감정과 정동(11장), 체현(12장), 공간성(13장)에 대한 아이디어를 살펴볼 것이다. 이 개념들이 자신이 선택한 주제와 어떤 관련이 있는지 생각해 보자. 이 개념들이 건축, 경관, 텍스트, 수행, 정체성에 대한 이해를 확장시키거나 복잡하게 만드는 몇 가지 방식을 식별해 보자.

Chapter 04 | 건축지리

이 장을 읽기 전에…

- 잠시 시간을 내어 주변을 둘러보자. 자신이 어디에 있는지 생각해 보자. 아마 어떤 건물 안에 있거나 그 근처에 있을 것이다(혹은 두 개 이상일 수도 있다). 이러한 건물 중 하나에 집중해 보자.
- 이제 다음의 질문에 대해 답을 하거나 대략적으로 설명해 보자. 이 건물은 여러분에게 어떤 의미를 갖는가?

이 장의 구성

4.1 도입: 건물에 주목하기
4.2 문화지리학자는 왜 건물을 연구하는가?
4.3 건물이란 무엇이며 어떤 역할을 하는가?
4.4 건물은 무엇으로 만들어지는가?
4.5 건물 안과 주변에서는 어떤 일이 일어나는가?

4.1. 도입: 건물에 주목하기

2008년 1월, 이 책의 저자 중 한 명이 이사를 했다.

생애 첫 주택 구매자인 그는 절차가 어떻게 진행되는지 전혀 몰랐다. 어렵게 번 돈과 이별해야 하는 상황이 다가오자, 그는 절차에 대해 배워야만 했다. 그는 처음으로 영국에서 가장 흔한 건축 형태 중 하나인 반 분리형(2가구) 주택에 대해 엄청난 양의 정보를 알아야만 했다. 그는 다음과 같은 세부 사항들을 알아야 했다.

- 계획 허가가 필요했을 수도 있고 아닐 수도 있는, 이전 소유자가 지은 새 온실의 정확한 치수
- 닭 사육 금지 등 집이 지어질 당시(1959년) 매도인이 금지했던 이상한 활동들
- 이중창 보증서 누락의 법적 면책 필요성
- 전면부 창문 아래의 균열이 집이 서서히, 어쩔 수 없이 무너져 내리고 있다는 것을 의미하는지 여부(그리고 수많은 사소하고 평범한 세부 사항).

그의 경험은 건물이 단순한 건물이 아니라는 사실을 일깨워준다. 건물을 보고, 느끼고, 그 안에 있고, 이에 대해 글을 쓰는 데는 다양한 방법이 존재한다. 이는 작은 가정집에 대해서도 마찬가지다.

그러나 이 장은 단순히 주택에 관한 이야기가 아니다. '크고(big)' '작은(small)'(이번 장에서 차이점을 설명한다) 다양한 유형의 건축물에 대한 이야기이다. 도입부에서 설명했듯, 이 장에서는 지리학자들이 우리 주변의 물질 공간들, 특히 '건물(buildings)' 혹은 '건축물(architectures)'이라고 부르는 공간에 대해 끊임없이 질문해 온 방식에 대해 설명한다. 이 장에서는 먼저 지리학자가 건물을 연구하는 이유에 대해 논의한 후, 아래와 같이 건물에 대한 세 가지 주요 질문에 답하기 위해 지리학자들이 사용한 다양한 접근 방식을 소개한다.

- 건물이란 무엇인가?
- 건물은 무엇으로 만들어지는가?
- 건물 안과 주변에서는 어떤 일이 일어나는가?

위와 같은 과정에서 지리적 접근법이 건조 환경에 대한 이해를 어떻게 확장했는지, 그리고 건물에 주목하는 것이 문화지리 연구를 어떻게 풍요롭게 만들었는지 살펴본다.

4.2 문화지리학자는 왜 건물을 연구하는가?

건물은 거의 한 세기 동안 지리학자, 특히 문화지리학자의 연구 대상이 되어 왔다. 지리학자가 건물을 어떻게 연구해 왔는지에 대해 논의하기 전에, 건물을 연구하려는 이유와 건물을 연구하려는 충동이 문화지리학의 광범위한 연구에 어떻게 반영되어 왔는지 잠깐 생각해보도록 하겠다.

그렇다면 문화지리학자는 왜 건물을 연구하는가? 이 주제에 대해 자세히 읽어보면 더 많은 이유를 찾아낼 수 있겠지만, 먼저 두 가지 핵심적인 이유를 강조하고 싶다. 첫째, 아주 간단히 말하자면 건축의 실천은 장소 만들기 중 하나이다. 이는 이주 작은 스케일에서 큰 스케일에 이르기까지, 가족 단위의 보금자리를 설계하고 짓는 것부터 초고층 빌딩을 구현하는 건축가, 계약자 및 건축업자에 이르기까지 모두 해당되는 것이다. 건축의 실천은 근본적으로 공간을 장소로 바꾸거나 장소를 다른 장소로 바꾸는 작업이다. 건축은 이상적인 디자인과 의도를 재료 기술(벽돌, 창문, 철골 대들보)과 결합함으로써 우리가 삶을 살아가는 가장 기본적인 공간을 만들어내는 매우 복잡한 작업이다.

둘째, 마지막에 언급한 개념에 따르면 건물은 우리가 상당한 시간을 보내는 당연한 공간이다. 우리가 어디에 살든 삶의 많은 부분을 건물 안, 주변, 지하 또는 외부에서 보낸다. 상황은 다를 수 있지만, 건물이 우리 삶의 기본적인 부분이라는 점은 분명하다. 하지만 앞서 소개한 것처럼 건물을 바꾸거나 수리할 필요가 있거나, 혹은 특이한 건물을 방문하려고 하는 것이 아닌 이상 이를 당연한 것으로 받아들인다. 그러나 문화지리학의 핵심은 가장 당연하게 여기는 공간과 장소에 대해 의문과 문제를 제기하는 것이다. 앞으로 살펴보겠지만, 건물은 매우 복잡한 장소이며 건물에 대한 지리적 연구는 기술, 권력관계, 미학 및 소비에 대한 연구가 결합되어 있다. 표면적으로 보면, 건물은 도시 공간의 재생, 집(home)의 의미, 시립 도서관과 같은 공공장소의 가치에 관한 논쟁 등 문화지리학자뿐만 아니라 우리 대부분이 관심을 갖고 있는 많은 논쟁의 중심에 서 있다.

건축에 대한 지리적 연구를 수행하는 마지막 이유는 건축물이 문화지리학자들이 관심을 갖는 광범위한 논의, 이슈 및 개념에 대한 훌륭한 사례를 제공하기 때문이다(1장 참조). 가령, 이 장에서는 최초의 '문화지리학자' 집단인 버클리 학파의 주요 활동이 어째서 미국 전역의 건물 유형을 지도화하는 것이었는지에 대해 간략하게 설명할 것이다. 그런 다음 신문화지리학자들이 부자와 권력자의 정치적 의도를 상징할 수 있는 장소의 주요 사례로 특정 종류의 건물(주로 거대한 스케일의 인상적이고 잘 알려진 도시의 랜드마크)을 선택했는지 살펴볼 것이다. 그리고 문화지리학자들이 건물을 물질 공간(벽, 바닥, 복도, 방)이 신체적 움직임, 감정, 의미와 어떻게 상호작용하고 생산하는지 탐구할 수 있는 장소로 주목하게 된 과정에 대해서도 살펴볼 것이다. 먼저 건물에 대해 이야기할 때 그것이 무엇을 의미하는지에 대한 질문으로 돌아가겠다.

4.3 건물이란 무엇이며 어떤 역할을 하는가?

일반적으로 건물은 지리학자들의 관심을 덜 받아왔다. 이는 아마도 반 분리형 주택이나 여러분이 지금 살고 있는 건물처럼 건물을 당연하게 생각하기 쉽기 때문일 것이다. 하지만 건축은 문화지리학자에게 매우 흥미로운 주제이다. 예술과 기술이 혼합된 건축은 경계, 부피, 파사드, 동선을 지정하

는 것과 같이 '장소를 만드는 과정' 자체를 포함한다. 건물은 주거, 오락, 수감 또는 공항처럼 말 그대로 복도를 따라 보안 게이트를 통과해 출국 라운지로 사람들을 이동시키는 등의 다양한 기능을 수행해야 한다(Adey, 2008).

따라서 이 절의 제목인 질문은 결코 간단하지 않다. 사실 이런 질문을 하는 행위 자체가 중요한 일이다. 그렇게 함으로써 젠킨스가 건축의 '블랙박스'라 부르는 것을 열 수 있기 때문이다(Jenkins, 2002). 이는 건물을 단순히 내부의 작동이 불투명한, 정적이고 안전하며 물질적인 것으로 간주하는 경우가 너무 많다는 것을 의미한다. 그러나 지금은 건축에 대한 지리학자 및 다른 사람들의 초창기 연구를 다루고 있으므로, 위의 내용에 대해서는 이 절의 마지막 부분에서 다시 다루도록 하겠다. 지금은 특히 20세기 초부터 건축에 대한 수많은 문화지리적 참여를 이끌어 낸 것이 바로 건축물에 의문을 제기하는 행위였다는 점을 명심하라. 그렇다면 건물이란 무엇이며 어떤 역할을 하는가?

■ 초창기 건축지리

초창기 건축지리는 버클리 학파 연구의 일부였다(1장). 이들의 연구는 더 광범위하게는 경관에 관한 연구였다. 그러나 그들은 경관을 만들어내는 독특한 힘을 찾기 위해 건물로 눈을 돌렸다. 이들에게 건물은 아주 간단하게 정의할 수 있는 것으로, 그들이 연구했던 도로, 기술, 도구와 마찬가지로 건물은 '삶의 방식'을 표현하는 것이었다. 한참 후에 존 고스가 주장했듯이, 건물은 '문화적 인공물'이었다(Goss, 1988). 그는 다음과 같이 말했다.

"환경적 조건과 사용 가능한 건축 재료의 제약을 받지만, 건축의 형태와 스타일은 기술 발전 수준과 문화의 가치를 반영한다"(Goss, 1988: 393). 이러한 방식으로 건물을 바라보면 건물을 지도화할 수 있고, 건물을 생산한 독특한 문화도 지도화할 수 있다. 윌버 젤린스키(Wilbur Zelinsky)는 농업용 헛간과 같은 토착 건축물에 대한 연구를 촉구하며 다음과 같이 주장했다.

> 다양한 종류의 헛간, 창고, 우물 및 기타 농가 구조물에 세심한 주의를 기울일 필요가 있다. 헛간은 일반적으로 사용되는 구조물 중 가장 보수적이며, 가옥 유형만큼이나 정착민의 기원지, 경로 및 날짜, 문화권의 공간적 윤곽을 나타내는 데 효과적으로 사용될 수 있다는 점을 뒷받침할 만한 충분한 연구가 진행되었다. 독특한 헛간 유형은 남부에서 일반적이며, 이 외에도 미들랜드(Midland)와 프렌치 캐나다(French Canada)에서 흔히 볼 수 있다. 오래된 뉴잉글랜드 지역 대부분은 쉽게 구분 가능한 연결형 헛간을 특징으로 한다.
>
> -Zelinsky, 1973: 100

헛간 유형이나 디자인에 대한 역사 기록을 거의 찾지 못했던 젤린스키는 헛간이 독일 중부에서 미국 동부로 어떻게 이식되었는지를 기록했다(Zelinsky, 1958). 그는 뉴잉글랜드 '연결형 헛간'(주 농가와 연결된 헛간)의 주요 특징을 크기, 모양, 구조 측면에서 설명했다. 그런 다음 그는 이러한 헛간이 '빈번하게 나타나는 곳'을 지도화한 뒤, 기후와 다른 문화 집단의 건축 양식의 영향에 따른 건축물의 차이에 대해 설명했다. 버클리 학파

의 일원이었던 프레드 니펜도 미국 동부의 토착 가옥 또는 민가에 대한 비슷한 연구를 수행했다 (Fred Kniffen, 1965). 그는 다양한 가옥 유형의 분포를 지도화해 특정한 건축물의 특징(건축 자재, 지붕)이 공간별로 어떻게 달라지는지 제시했다. 가령, 그림 4.1은 미국 동부의 목조 건축 방식에 대한 니펜과 글래시의 연구 논문에 실린 지도로, 지도에 표시된 용어는 목조 건축물에서 수평 통나무를 배치하고 맞물리게 하는 다양한 방법을 나타낸다 (Kniffen and Galssie, 1966).

버클리 학파의 연구는 지리학자들이 건축, 심지어 헛간과 민가의 건축물까지도 진지하게 받아들인다는 것을 의미했다. 이는 처음으로 지리학자들이 지리적 탐구의 적절한 대상으로서 건물에 주목하기 시작했음을 의미했다. 사람들이 미국에 정착지를 건설하면서 문화와 환경의 상호작용뿐만 아니라 역사적 영향을 보여준다는 점에서 건물은 다양한 문화 집단의 흔적을 보여주는 중요하고 가시적인 것으로 여겨졌다. 따라서 건물의 분포를 지도화하는 것은 다양한 문화 집단의 위치와 전파를 이해하는 핵심적인 방법이었다.

■ 신문화지리학: 건물의 상징 읽기

1980년대 문화지리학자들은 건물의 상징을 탐구하는 연구를 발전시켰다. 버클리 학파의 지지자 사이에서 논란이 되기도 했던 이 연구는 경관, 장소, 건물의 형태를 마치 재현처럼 '읽으려는', 이른바 신문화지리학의 광범위한 변화(1.4절)의 일부였다(자세한 논의는 1장과 5장 참조). 이들은 건물은 특정한 의미를 전달한다고 주장했다. 어떤 건

그림 4.1 미국 동부의 수평 통나무 시공법 분포
출처: Kniffen *et al.*, 1996: 40-66

물은 다른 건물보다 더 분명하게 이러한 기능을 수행한다. (읽는 것을) 잠시 멈추고 자신이 있는 건물(또는 외부)이 어떻게 이런 기능을 수행하고 있는지 생각해 볼 필요가 있다(Box 4.1).

Box 4.1

'여러분'의 건물은 무엇을 의미하는가?

지금 있는 건물의 안팎에 대해 다시 생각해 보자.

- 장식이 있는가?
- 눈에 띄는 '스타일'로 지어졌는가?
- 건물의 크기나 모양이 건물의 용도 이상의 의미를 전달하는가?
- 누가 지었는지(건축가나 소유자가 누구인지) 알 수 있

는가?

이 건물을 종교 건물, 쇼핑몰, 고층 빌딩 등 주변에서 본 적이 있는 다른 건물과 비교해 보자. 아마도 이러한 건물은 이를 보는 사람에게 어느 정도 분명한 메시지를 전달할 수 있을 것이다.

지리학자들은 건물의 상징성을 인식하기 위해 세 가지 작업을 했다.(Box 4.2에서 이 세 가지와 관련한 실제 사례 연구를 제시한다). 첫째, 그들은 건축물의 형태에 대한 설명 이면에 있는, 건물이 왜 그리고 어떻게 보이는지 탐구하려고 노력했다. 그들은 건물의 크기와 위치를 결정한 경제적 필요성을 이해하려고 노력했다. 그들은 건물 소유주나 건축가처럼 건물의 '특성(personalities)'을 좌우하는 이해관계와 이데올로기를 이해하려고 노력했다 (예: Gruffudd, 2001). 둘째, 지리학자들은 건물이 인간의 행동을 위한 중립적인 '용기(container)'가 아님을 보여주었다. 건물은 다른 경관들과 마찬가지로 특정한 권력관계를 재현할 수 있다(Dovey, 1999). 건물은 일부 사회 집단을 배제하고 다른 집단을 직간접적으로 포함할 수 있다. 가령, 임리는 건축가가 건물에 거주할 인간에 대해 어떤 '이상적인' 이미지를 갖고 있는지 보여준다(Imrie, 2003). 건축가는 건물을 사용하는 사람들의 사이즈, 형태, 특히 장애/비장애에 대해 생각하는 경우가 거의 없기에 자신의 이상에 맞지 않는 사람들

을 (아마도 의도치 않게) 배제할 수 있다. 현대 건축물의 젠더화된 가정은 현대 사회에서 남성과 여성의 역할에 대한 사회적 기대에 따라 특정 유형의 건물에 특별한 의미를 부여하기도 한다. 가령, 가정은 여성을 위한 사적인 공간으로 여겨졌기 때문에 1930년대 건축가들은 현대의 '주부'가 이해되는 방식에 맞게 현대식 주방을 디자인하려고 노력했다. 특히, 현대 부엌의 디자인은 (영국) 사회가 이상적인 핵가족의 원활한 기능을 보장하기 위해 중산층과 노동 계급 여성이 집안일에 참여하도록 요구한 방식을 대표하는 것이라고 볼 수 있다 (Llewelly, 2004).

셋째, 지리학자들은 건물을 보는 방식을 바꾸었다. 건물은 문화 집단의 표현이라기보다는 이해관계와 권력관계를 나타내는 **텍스트**(6장)라고 볼 수 있다. 이러한 사회, 정치, 경제적 맥락이 건물에 의해 어떻게 재현되는지에 대해서는 상당한 의견 차이가 있었다(Cosgrove, 1997과 Duncan and Ley, 1993 비교; Lees, 2001 요약). 그러나 건축물은 일종의 언어로 간주되었다(Goss, 1988; 1993). 따라서

문자, 단어, 일반적인 문구가 사람들이 일반적으로 이해하는 텍스트를 구성하는 것처럼 (종교적, 스포츠, 예술적, 역사적) 색상, 모양, 상징은 말 그대로 건물에서 '읽힐 수 있다'고 생각했다. 차이가 있다면 건축 텍스트는 동상, 기둥 또는 지붕 스타일처럼 건물의 여러 부분을 지칭한다는 점이다. 우리가 정치 슬로건, 광고 또는 소설의 의미를 이해하는 방법을 배우는 것처럼 지리학자는 약간의 훈련을 통해 특정한 정치적, 역사적, 문화적 의미를 찾아낼 수 있다. 건물의 파사드를 보면 문자와 문구 같은 다양한 상징을 통해 건축가의 의도와 건물이 만들어진 더 넓은 사회·정치적 맥락을 읽어낼 수 있다 (Box 4.2에서 이에 대한 사례를 확인할 수 있다).

건물의 상징을 살펴보는 접근 방식은 건물이 누구의 이익(예: 다국적 기업 또는 정당의 이익)에 부합하는지 알려준다는 점에서 특히 중요하다. 또한 이 접근법은 건물을 지은 사람의 이면을 들여다보고 그들이 왜 그런 방식으로 건물을 지었는지 탐구하는 데 도움이 된다. 즉 상징을 인식할 때, 건물이 일상 환경의 중립적인 부분이 아니며, 건물이 보이는 방식이 이러한 메시지를 홍보하거나 특정인의 이익을 위해 의도적으로 사용되는 경우가 많다는 사실을 인식하게 된다. 상징은 의심할 여지 없이 건축가와 소유주가 건물을 돋보이게 하는 데 큰 부분을 차지한다. 라스베이거스의 화려하고 요란하며 유희적인 카지노를 극단적인 사례로 들 수 있다. 카지노는 소비자와 도박꾼을 유인하기 위해 거대하고 화려한 디스플레이를 사용한다. 그들은 뉴욕, 이집트, 베네치아 같은 다양한 장소에 대한 매우 특별한 참조물들을 활용한다. 이 경우 카지노 소유주는 건물의 진정한 목적으로부터 소비자의 주의를 분산시키기 위해 상징을 활용하기도 하지만, 경쟁사보다 자신들의 카지노가 더 화려하고 매력적이며 유혹적임을 보여주기 위해서도 활용한다.

라스베이거스를 제외하면 대부분의 경우 건물은 너무 일상적이어서 주목받지 못하는 경우가 많다. 하지만 위와 같은 접근법은 건물의 이면을 들여다 볼 경우 장소가 만들어지는 과정에서 일어나는 모든 종류의 정치적 논쟁, 긴장, 문제 즉 문자 그대로의 '인문' 지리학의 물질적 창조를 발견하고 탐구할 수 있다는 점을 가르쳐 준다.

위에서 언급한 바와 같이 건축물에 대한 상징적 접근은 1980년대 신문화지리학의 일부로 자리매김했다. 결과적으로 신문화지리학 비판의 상당수는 건축에 대한 텍스트적 혹은 상징적 접근법에도 적용될 수 있다. 이러한 비판은 1.4절에 요약되어 있다. 그러나 건축에 대한 상징적 접근법과 관련해 한 가지 중요한 비판을 지적하고자 한다. 즉, 건축 지리학자들이 건축이 무엇이고, 무엇을 의미하며, 무엇을 하는지에 대해 많은 부분을 놓쳤다는 것이다(Lees, 2001). 젠킨스에 따르면, 이 두 학자 집단은 아직 건축의 '블랙박스'를 열지 않았다. "이들은 각각의 모든 건물을 또 다른 담론이 그려지는 빈 캔버스로 취급"하며, 다른 건물이 아닌 이 건물로서 건설하고 거주하고 유지하는 과정을 단순하게 가정한다(Jenkins, 2002: 225). 즉, 지리학자들은 건물이 무엇을 하는지와 관련한 의미에 초점을 맞추는 경향이 있었지만, 그렇게 함으로써 건물이 건설되는 방식 그리고 건물이 공식적으로 완공된 후 사용되는 다양한 방식을 모두 놓치게 되었다.

이 절은 건물은 무엇이고 건물이 무엇을 할 수 있는지에 대한 질문으로 시작되었다. 젠킨스의

Box 4.2

뉴욕 월드 빌딩(Domosh, 1989)

사진 4.1 뉴욕 월드 빌딩
출처: Corbis/Bettmann

지리학자는 건축에 대한 신문화지리적 접근법을 통해 특정 경관이나 건물에 집중할 수 있게 되었다. 뉴욕 월드 빌딩에 대한 도모시의 연구(사진 4.1)는 "고층 빌딩에 관한 기능적 분석에서 일반적으로 잃어버린 의미를 되찾으려는" 최초의 시도 중 하나였다(Domosh, 1989:

348). 1890년대 뉴욕에 건설된 이 초기의 마천루는 미국 문학과 사업적 노력에 대한 여러 이상을 재현하는 것으로 여겨졌다.

도모시는 이 건물을 분석할 때 크게 두 가지 작업을 수행했다. 첫째, 그녀는 이 신문사 건물을 19세기 말과 20세기 초 뉴욕의 정치경제적 맥락 속에 배치했다. 그녀는 어떻게 뉴욕의 엘리트들이 건물을 과시적인 소비를 위한 전시물로 활용했는지, 역사적으로 공공건물이나 종교 건물에서 볼 수 있었던 고층화라는 방식을 통해 고층 빌딩이 어떻게 경제력과 성장을 재현했는지 자세하게 설명한다. 둘째, 도모시는 건물의 상징에 담겨 있는 가치를 탐구했다. 이는 도시의 정치경제적 맥락과도 관련이 있지만, 건물 소유주인 신문 재벌 조지프 퓰리처(Joseph Pulitzer)의 열망과도 관련 있다. 퓰리처의 입장에서 이 건물은 단순히 그의 경제력이나 신문의 상업적인 성공만을 반영해서는 안 되었다. 오히려, 도시에 대한 그의 시민적 자부심과 공공 서비스에 대한 열정을 표현하기 위해 르네상스 양식의 아치와 장식을 설계에 적용했다.

도모시에게 이러한 "설명의 층위와 유형" 모두는 퓰리처의 관심사와 19세기 후반 뉴욕 지배 계급의 조건을 기능적, 상징적으로 이해하는 데 중요한 요소였다(Domosh, 1989: 35). 뉴욕 월드 빌딩은 이러한 요소의 관점에서 이해할 수 있었다.

"빈 캔버스"라는 표현(Jenkins, 2002)은 얼마나 많은 지리학자들이 건물을 다른 무엇, 즉 버클리 학파의 경우 문화로, 신문화지리학자의 경우 일련의 정치적 또는 문화적 이상을 상징하는 것으로 이해해 왔는지를 깔끔하게 요약해 준다. 그러나 이것이 '건물이 무엇을 할 수 있는가'라는 질문의 끝은 아니며, 이 장의 뒷부분에서 이 질문으로 다시 돌

아갈 것이다. 다음의 두 절에서는 버클리 학파와 신문화지리학이 써 내려간 건축지리학에서 누락된 요소를 극복하기 위한 문화지리학자들의 시도들을 설명한다. 다음의 두 절에서 다루는 문헌은 과거의 연구를 기반으로 해석해야 한다. 여러분들은 아래에서 두 가지 접근법의 요소를 확인할 수 있을 것이다.

4.4 건물은 무엇으로 만들어지는가?

도입부에서 언급했듯이 저자 중 한 명은 새집으로 이사한 후 창문, 균열, 포장 슬라브 및 집을 구성하는 물질적인 것에 대한 질문에 집착하게 되었다. 그의 불안감은 인간과 인문지리학이 물질적인 것에 얼마나 의존하고 있는지를 상기시켜 준다(10장). 분명한 것은 건물 또한 물질적인 것에 의존한다는 점이다. 예를 들어 저층 건물을 짓는 데 유용한 벽돌의 다양한 특성을 생각해 보자. 또 다른 예로 주차 빌딩의 콘크리트를 굴곡진 곡선의 형태로 성형할 수 있는 콘크리트의 특성에 대해 (아마 처음으로) 생각해 보자. 또는 고층 빌딩의 이상적인 골격이 되는 강철의 특성에 대해 (아마 처음으로) 생각해 보자. 9·11 뉴욕 세계무역센터 테러 이후 논평가들은 특정 물질(및 특정 힘)의 특정한 구성이 어떻게 건물을 파괴할 수 있는지에 대해 놀라움을 금치 못했다. 이 모든 것을 생각해 볼 때, 건물은 무엇으로 만들어지고, 실제로 건물을 하나의 건축물처럼 보이게 하는 것은 무엇인가?

위에서는 버클리 학파를 비판하고, 문화지리학자의 최근 관심사가 물질적인 것에 있다고 언급한 바 있다. 그러나 젤린스키, 니펜, 사우어 등의 작업을 간략하게 다시 살펴보는 것은 유익하다. 왜냐하면 초창기 문화지리학자들은 주로 경관에서 '문화'의 물질적 재현에 관심을 가졌기 때문이다. 이들의 연구는 북미의 촌락 지역에 편향되어 있었고, 오늘날의 기준에서 보면 이론적으로도 빈약했다(Goss, 1988; Lees, 2001). 그러나 그들은 문화기술지학자가 여전히 그러하듯, 일상의 경관과 단순한 물질적인 인공물에 큰 가치를 부여했다. 그들은 헛간의 다양한 외관, 농가와의 관계, 모양, 축사를 만든 나무나 금속의 종류 등 축사와 관련된 사물을 연구할 수 있었다. 비록 그 의미와 사회 정치적 맥락이 다소 드러나지 않더라도, 그들은 지리적인 연구를 위해 문화적 의미를 새기는 과정을 시작했다. 또한 그들의 연구는 북미 정착 지리학자(settlement geographers)가 훨씬 더 긴 유럽의 역사에 맞서 비원주민 정착 패턴의 타당성을 주장하기 위해 고군분투했던 북미의 학문적인 맥락 속에서 읽어야만 한다. 따라서 토착 건축물과 토속적인 인공물은 북미 문화지리학의 발전을 위한 핵심 자료가 되었다. 간단히 말해, 헛간과 민가를 구성하는 물질적인 조각이 중요해졌다.

■ 글로벌화와 '글로벌' 주택 문화

이 절의 도입부에서 짐작할 수 있듯이, 건물을 구성하는 요소에 대해 더 많은 이야기를 할 수 있다. 이를 건축의 '물질성'이라 칭한다. 중요한 것은 도입부에서 언급한 것처럼 이러한 작업의 상당 부분이 어떤 식으로든 집(home)과 주택(housing)에 초점을 맞추고 있다는 점이다.

앤서니 킹(Anthony King)의 중요한 저작으로 시작해 보자(King, 1984; 2004). 킹은 글로벌화, 포스트식민주의, 근대성에 관한 현대 이론의 중심에 건축 양식을 배치하는 데 지속적인 관심을 두고 있었다. 킹 자신이 『글로벌 문화의 공간들(Spaces of Global Cultures)』(2004: xvi)의 서문에서 밝혔듯이, 그는 "초국가적 프로세스의 영향을 받는 건축 및 건축 문화"에 관심을 갖고 있었다. 그의 연구는 사람, 아이디어, 형태, 재료 등 전 지구적 '흐름'

이 로컬의 형태를 취하는 것과 관련되었다(10장의 이안 쿡 연구와 비교해 볼 것). 따라서 스케일화된 효과(scaled effect)는 끊임없이 상호 교환된다. 글로벌한 것이 로컬한 것을 만들고, 그 반대의 경우도 마찬가지다(Massey, 2005). 결정적으로 이 모든 것은 각각의 장소에 건축물이 지어지는 과정을 통해 발생하고 있다. 킹은 방갈로라는 보편적인 형태를 통해 초창기 자신의 주장을 설명한 것으로 알려져 있다(King, 1984). 그는 방갈로가 특정한 기관과 전문적인 행위자(건축가 및 계획가)를 통해 국제화되면서 특정한 형태와 특징을 지닌 혼성적 형태(hybrid form)라는 것을 입증했다. 즉, 영국 켄트에 있는 방갈로는 인도 뉴델리에 있는 방갈로와는 형태, 느낌, 의미가 매우 다를 수 있다. 그러나 이 두 국가, 두 방갈로의 형태 모두 식민주의 과정, 건축학적 실천의 국제화 그리고 이 두 맥락에서 제공된 건축 기술로 연결되어 있다.

제이콥스는 버클리 학파의 연구와 비교해 볼 때, 킹의 연구가 중요하다고 주장했다(Jacobs, 2005). 왜냐하면 킹은 버클리 학파와는 달리 건물을 단지 지도화될 준비가 되어 있는, 문화 집단이나 문화 지역의 사례나 대리물로 사용하지 않기 때문이다. 오히려 그는 지도화되는 양식의 다양한 요소를 조목조목 분석한다. 이는 사실상 한 걸음 뒤로 물러나고 한 걸음 더 나아가는 것이다. 한 걸음 뒤로 물러나는 것은, 최초의 장소에 건축 양식이 어떻게 나타났는지에 대해 비판적인 질문을 던지는 것이다(그런 다음 지도화하거나 '읽을' 수 있다). 한 걸음 더 나아가는 것은 건축 양식을 구성하고, 특정한 스타일의 건물로 구분할 수 있게 만드는 계획 절차, 정보의 흐름, 재료 기술

의 유형에 대해 심층적으로 검토하는 것이다. 이 두 가지 단계는 서로 다른 공간적 스케일에서 건물이 어떻게 만들어지는지 완전히 이해하기 위해 매우 중요한 단계다. 우리 집이 독특하다고 느낄 수도 있지만, 때로는 전혀 예상치 못한 장소에서 다른 집과 특정한 구성 요소, 가정, 법률을 공유하기도 한다.

■ **신문화지리학: 건축에 대한 정치경제적 접근법**

뒷부분에서는 좀 더 최근의 연구를 살펴볼 것이다. 그러나 먼저 신문화지리학의 연구를 다시 생각해 보자. 기억하겠지만, 앞서 이들의 연구는 건축물의 파사드에서 상징을 '읽는' 일반적인 접근 방식에서 한 걸음 더 나아간다고 주장한 바 있다. 특히 이러한 지리학자 중 다수는 건물을 생산한 '역사-유물적(historical-material)' 조건에 관심을 가졌다. '역사-유물적'이라는 용어는 마르크스주의와 관련해서 접할 수 있는데, 이는 결코 우연이 아니다. 중요한 것은 마르크스주의가 단순히 계급 관계나 계급 투쟁에 관한 것이 아니라 특정 시대, 특정 장소에서 물질적인 것의 가치, 통제 및 소유권에 관한 것이라는 점이다. 물질적인 것에 대한 이런 접근 방식은 더 광범위하게는 '정치경제적' 접근 방식이라고 할 수 있다.

약간의 주의를 기울이면 정치경제적 분석에서 건물은 귀속 가치와 소유권을 둘러싼 (종종 감정적으로 고조된) 투쟁이 발생하는 물질적인 것으로 간주할 수 있다. 예를 들어, 데이비드 하비(David Harvey)의 획기적인 저서 『사회 정의와 도시(Social Justice and the City)』(1973)의 일부는 다

양한 사회 경제적 계층에 따른 도시 내 주택의 입지와 소유권에 관심을 두고 있다. 계급과 사회적 차이에 관한 하비의 주장은 문화지리학자들이 어떻게 경관이 일부(특권층, 주류 집단)의 관점을 포함하면서 다른 일부(하비의 경우 노동 계급)를 배제할 수 있는지 연구하는 방식에 영향을 끼쳤다. 건축지리학도 다르지 않았으며, 실제로 문화에 대한 정치경제적 접근의 훌륭한 사례를 제공하기도 했다(예: Mitchell, 2000).

주택 시장을 예로 들어보자. 주택 시장은 가치 평가, 부동산 중개인, 모기지와 관련해 국지적으로 가변적인 주택 매매 시스템을 재현하며, (일반적으로 2008년에 시작된 것으로 간주된) 글로벌 금융 위기의 중심에 있는 것으로 여겨진다. 주택 시장은 자본 축적의 핵심 '회로'로 볼 수 있다. 그러나 고스는 건축지리학을 고찰하면서 건물은 사고팔 수 있다는 점에서 상품으로 간주해야 한다(Goss, 1988)고 주장하며 하비의 주장을 발전시켰다. 하지만 주택은 다른 방식으로 가치를 획득한다는 점에서 단순히 매매 시스템의 일부가 아니다. 고스에 따르면 건물의 가치는 단순히 건물이 위치한 토지의 가격이나 관련 계획법에 의해 결정되는 것이 아니라 글로벌화된 소비문화의 전형적인 문화 실천에 따라 결정된다(3장).

고스가 언급한 광고와 같은 문화 과정은 주택에 단순한 경제적 가치 외에 문화적 의미를 부여한다. 따라서 고급 '폐쇄형(gated)' 주택 설계자는 건축 디자인(상징주의), 광고, 여가 활동(골프, 수상 스포츠, 테니스 코트), 보안에 대한 약속을 통해 타깃 시장의 입주를 설득한다(Till, 1993; Al-Hindi and Stadder, 1997; Phillips, 2002). 다른 소비재(예: 자동차나 새로운 기기)와 마찬가지로, 주택 또한 소비자의 구매를 설득하기 위해 신중하게 기획된 이미지와 스토리로 둘러싸인 상품화된 물건으로 변모한다. 때로는 부동산 중개업자가 특정 라이프 스타일(예: 은퇴 또는 '전통적인 마을 생활')을 새로 계획된 커뮤니티와 연관시키려고 시도하기도 한다(Till, 1993). 이러한 이미지와 스토리가 성공한다면 계획법이나 토지 가치와 마찬가지로 부동산 가치에 영향을 끼칠 수 있다.

약간 다른 방식으로, 데이비드 레이(David Ley)는 정치경제적 접근법을 활용해 1980년대 밴쿠버에서 협동조합 주택 설계와 협동조합 사회 형성이 가능했던 '역사-유물적 조건' 간의 관계를 강조했다(사진 4.2). 여기서 '역사-유물적 조건'이란 젠트리피케이션과 같은 자본주의 과정의 흐름에 맞서 주민 집단이 함께 모일 수 있었던 로컬과 글로벌 경제, 사회, 정치적 맥락을 의미한다.

레이는 대안적인 사회 구성을 허용하는 포스트모던 자본주의에 대한 좀 더 낙관적인 해석을 제시하며, 그 중 다수는 건축물을 통해 (공동의) 비전을 표현할 수 있다고 주장한다. 레이는 디자인, 배치, 법적 소유권 등 건설한 주택의 유형이 대안적인 집단의 공유된 가치를 어떻게 직접적으로 표현했는지 탐구했다. 레이의 연구는 상징에 대한 '텍스트적' 접근 방식과 특정 유형의 건물이 번성할 수 있는 정치경제적, 물질적 조건에 대한 심층 분석을 결합한 건축문화지리학의 훌륭한 사례다.

사진 4.2 밴쿠버의 협동조합 주택 설계. 건축가는 이 60세대 구조물이 '기억에 남을 만한', '좋은 근린지역', '자부심의 원천'이 되기를 원했다. 박공과 물막이 판자(연한 청색의)는… 인근의 오래된 주택을 반영하고, 포스트모던 요소는… 젠트리피케이션 지역의 새로운 타운 하우스를 반영하며, … 옥상 정원과 가짜 굴뚝은 '집(home)'의 도상학의 일부이다.
출처: Ley, 1993: 140; Alamy Images/Mike Dobel

■ 그렇다면 건물은 무엇으로 만들어지는가? 행위자-네트워크 이론과 건축의 '물질성'

가장 최근에는, 지리학자들이 행위자-네트워크 이론을 통해 건축의 물질성에 다시 관심을 기울이고 있다(10장 참조). 위의 접근법은 건물을 연구하는 데 매우 포괄적인 프레임워크를 제공하지만, 건축에서 물질적 대상의 역할에 대해 할 수 있는 말은 아직 더 많은 것 같다. 또한 킹이 그토록 설득력 있게 서술한, 네트워크와 흐름의 일부인 물질적, 기술적 성과물로서의 건물에 대해서도 할 말이 많다.

물론 이는 건물이 무엇이며 어떤 기능을 하는지에 대한 질문으로 되돌아가게 만든다. 젠킨스가 주장한 것처럼, 건물에 대한 행위자-네트워크 접근법은 건물의 주어진 물질성에 의문을 제기한다(Jenkins, 2002). 이는 건물이 항상 존재해 왔고 앞으로도 존재할 것이라는 생각에 의문을 제기한다. 듀스버리가 지적했듯이, 다른 물질이 분해되거나 마모되면 아무리 느리더라도 건물은 쓰러지고 만다(Dewsbury, 2000).

실제로 행위자-네트워크 이론은 건물에 대해 두 가지 질문을 던질 것을 요구한다. 첫째, 건물을 건물로 만드는 것은 무엇인가? 이는 이미 어느 정도 심도 있게 고려한 바 있다. 둘째, 건물은 어떻게 그리고 왜 우리의 삶에 포함되는가? 이 두 번째 질문을 구성하는 또 다른 방식은 건물이 어떻게 사회적 관계에 얽매여 수용 가능하고, 사용 가능하며, 거의 배경으로 사라지는 삶의 일부가 되는지 묻는 것이다(어떤 사람에게 이는 '좋은' 건물의 특징이다). 요령은 이 두 가지 질문에 대해 항상 함께 답하려고 노력하는 것이다. 집을 단순히 기술적 성과로만 생각하거나 집을 둘러싼 특정 정치경제적 조건의 맥락에서만 집을 바라볼 것이 아니라, 이 두 가지를 함께 시도해야 한다. 제이콥스는 사회적 과정과 기술적 과정을 결합하고 어느 한 쪽에 우선순위를 두지 않기 때문에 이를 건물에 대한 '사회 기술적(socio-technical)' 접근법이라고 명명했다(Jacobs, 2005). 참고로 과거 지리학자들은 건축에 대해 글을 쓸 때 기술적 과정보다 사회적 과정을 우선시하는 경향이 있었다.

제이콥스의 연구는 건물의 의미를 재고하고 건축지리학을 어떻게 쓰기 시작할 것인지에 대해 다시 생각해 보게 해준다(그녀의 연구 사례는 Box 4.3 참조)(Jacobs, 2006). 그녀가 건물의 '사물성(thing-ness)'이라고 부르는 것, 즉 건물을 명백하게 그 건물로 만드는 것을 단순하게 가정해서는 안 된다(Jacobs, 2006: 1). 그것은 성취다. 건물이 완성되기까지 많은 것, 사람, 법, 실천이 올바르게 진행되어야 한다. 마찬가지로 집을 살 때 그 집이 내 집, 나의 건축물로 이름 붙여지기 위해서는 많은 것, 사람, 법, 실천이 올바르게 진행되어야 한다. 물론 차고 문을 어떤 색으로 칠했는지 생각해 보는 것처럼 내 집이 내 집이 되는 상징성을 논의에 포함시킬 수도 있다. 그러나 그물을 더 넓게 던져야 한다. 그래야만 한 장소에서 (보통은 의도적으로) 지저분하고 복잡한 것이 어떻게 '건축'이라고 주장될 수 있는지에 대해 생각할 수 있다(Box 4.3)(Jacobs, 2006).

여러분이 지금 있는 건물 안 혹은 밖에 대해 다

Box 4.3

'사회 기술적' 성취로서의 건물

사진 4.3 글래스고의 레드 로드 고층 아파트
출처: Alamy Images/John Peter Photography

고층 건물에 대한 제인 제이콥스와 동료 연구자들의 연구는 지리학자들이 건축에 대해 다시 생각하도록 돕는 데 중요한 역할을 했다(Jacobs, 2006; Jacobs et al., 2007). 그녀는 글래스고의 레드 로드(사진 4.3)를 사례로 초고층 주택 단지의 부상을 탐구했다.

제이콥스는 다양한 방식으로 건물을 만드는 요소에 대해 다시 생각해 보려고 했다. 가령, 그녀는 주거용 타워를 사회 기술적 성취로 볼 수 있다고 주장한다. 즉, 주거용 타워는 사회적 관계와 기술의 새로운 조합을 제시한다. 따라서 이러한 조합은 쓰레기를 치우고, 시끄러운 이웃을 상대하고, 빨래를 하는 새로운 방법을 제공한다. 즉, 건물은 단순히 크고 무정형의 콘크리트 블록이 아니다. 오히려 사람과 기술 간의 복잡하고 평범해 보이는 모든 종류의 관계에 의해 함께 유지된다. 엘리베이터, 창문, 쓰레기 제거 시스템과 같은 기술 중 일부는 1960년대 레드 로드가 건설될 당시에는 새로운 기술이었다. 각각의 기술에는 고유한 이야기가 있지만, 건물과 건물을 짓고 거주하는 사람의 이야기에만 참여할 수 있다. 따라서 빨래나 창문에 대한 이야기는 개인의 역사와 기술 자체에 대한 자세한 이해를 결합하는 식으로 전개된다.

제이콥스 연구의 또 다른 핵심적인 공헌은 건물이 사람들의 삶에 미치는 영향을 이해하는 방식에 도전하는 것이다. 많은 사람들이 건물의 모양, 형태, 배치가 행동을 통제할 수 있다고 생각한다. 그러나 제이콥스는 사람과 건물의 관계에 대한 다른 사고방식을 주장한다. 특히 건물은 배경처럼 '그냥 거기에 있는 것'으로 여겨진다. 건물은 우리 삶에서 부인할 수 없고 변하지 않는 부분, 즉 '블랙박스'로 간주된다. 하지만 제이콥스는 모든 건물에는 '파란만장한' 역사가 있다고 주장한다. 특히 레드 로드와 같은 혁신적인 건물에서는 건물을 짓는 방법, 건물을 둘러싼 법적 결정, 사용되는 기술에 대한 의견 차이가 존재한다. 간단히 말해 '블랙박스'를 열어봐야 한다는 것이다. 즉, 건물을 건물로 만드는 요소, 벽돌과 강철 더미를 우리가 '주거용 고층 건물'이라고 부르는 (그리고 그렇게 가정하는) 건물로 바꾸는 데 관련된 논란, 특성 및 엄청난 노력을 살펴볼 수 있다는 뜻이다. 제이콥스는 이를 통해 사회 기술적인 집합체에 대한 '주장'이 무엇인지, 즉 건물이 삶의 다소 안정적인 일부가 된다는 것이 의미하는 바가 무엇인지 알아낼 수 있다고 주장한다.

시 생각해 보자. 그것이 도서관이라면, 그 건물을 도서관으로 만들기 위해서는 어떤 특별한 '주장'이 있어야 하는가? 다시 말해, 도서관이 서점이나… 공장이나… 공동 주택이 되기 전에 어떤 변화(건물 안에서 일어나는 일, 특정한 법률, 레이아웃, 내용, 형태)가 일어나야 하는가? 여기서 이 장을 시작했던 질문으로 다시 돌아오게 된다. 문화지리학자가 건축에 접근하는 핵심적인 방법 중 하나는 건축이란 무엇이며, 건축은 무엇을 할 수 있는가라는 질문을 계속 하는 것이다. 건물이 무엇으로 만들어졌는지 알아내는 것은 이 과정의 일부에 지나지 않는다.

4.5 건물 안과 주변에서는 어떤 일이 일어나는가?

사진 4.4를 살펴보자. 기차역이다. 버클리 학파의 접근법을 활용해 이 기차역의 디자인이 지역적으로(사진의 경우는 영국 이스트미들랜즈) 어떻게 분포되어 있는지 생각해 볼 수 있다. 상징적/텍스트 접근법을 활용하면 역의 내부, 파사드, 레이아웃과 스타일을 읽어 건축가의 의도나 역을 통과할 수 있는 신체 유형을 파악할 수 있다. 유물론적 접근법을 활용하면 영국의 열차 이용 변화라는 맥락에서 이 역이 최초 건설되었을 때와 현재 진행 중인

사진 4.4 영국 레스터역
출처: wikimedia commons

역의 개축/유지 보수에 어떤 기술이 '구현'되었는지 파악할 수 있다.

이 장에서 지금까지 설명한 각각의 접근법을 활용하면 사진 속 장면에 대해 서로 다르지만 겹치는 세 가지 지리를 만들어낼 수 있다. 명확히 할 점은, 이 기차역에 대한 '완전한' 지리를 작성할 수는 없다는 것이다. 하지만 우리는 한 가지 요소를 놓치고 있다. 바로 건물 '거주(inhabitation)'라고 부르는 실천이다. 건축에 대한 정치 경제학적 접근법(예: Ley, 1993)과 유물론적 접근법(예: Jacobs, 2006)을 지지하는 사람들은 건물에 의미를 부여하는 데 중요한 역할을 하는 일상적인 실천에 주목할 것을 촉구한다. 두 가지 접근법 모두 건물을 사용하고, 건물에서 걷고, 그 안에 앉고, 건물을 재설계하고, 청소하거나, 여러분이 선택한 건물에서

지금 하고 있는 거의 모든 일을 하는 등 건물 안에서의 **신체적 실천**(12장)이 중요하다는 점을 강조한다.

이 절의 제목이기도 한 건물 안팎에서 '일어나는 일'에 대해 생각하는 이유는 네 가지이다. 이 장의 마지막 부분에도 나오지만, 네 가지 이유를 살펴보면서 거주 실천에 대한 관심이 건축지리학의 가장 최근 연구 분야라는 의미는 아니라는 점을 유념하라. 실제로 지금부터 나열하려는 이유 중 일부는 버클리 학파의 비교적 초창기 연구로 거슬러 올라간다.

우선, 지리학자만 건축과 건축 공간에 대해 관심을 가졌던 것은 아니다. 매우 다양한 철학자, 건축가, 도시 이론가들이 사람들이 건축 공간을 사용하는 복잡한 방식을 이해하려고 노력해 왔다.

발터 벤야민부터 상황주의자에 이르기까지 이들 중 상당수는 이 책의 여러 곳에서 다루고 있다. 그러면 건축뿐만 아니라 건축 형태에 관한 지리학 문헌에서 자주 인용되는 몇 가지 사례를 들어보자. 특히, 각 사례는 권력 집단(대기업, 정치인, 계획가, 유명 건축가)이 대중들이 건물을 사용하도록 의도하는 지배적인 방식을 파괴할 수 있는 사회 내의 창조적 힘으로서 일상지리(9장)의 실천을 이끌어 낸다. 가령, 미셸 드 세르토(Michel de Certeau)는 맨해튼 고층 빌딩 꼭대기에서 바라본 삶의 모습과 아래쪽 거리의 번잡함을 대조해 보라고 말한다(Certeau, 1984). 그는 수천 명의 발걸음이 만들어내는 '이야기'가 정치인이 도시에 대해 들려주는 거창한 이야기보다 훨씬 더 의미 있다고 주장한다. 최근에는 이언 보든(Iain Borden), 제인 렌델(Jane Rendell) 등이, 건축가나 역사가들이 건물에 대해 말하는 '공식적인' 이야기가 아니라 건물을 드나들고 거주하는 다양한 사람과 그들의 실천이라는 관점에서 건축사를 다시 쓰려고 시도했다(Borden et al., 2001). 건물의 일상적인 삶의 매력은 한가한 가십거리처럼 느껴질 수 있지만, 오래도록 지속된다. 그것은 '평범한' 사람들이 건물을 사용하고, 건물에 대해 생각하고, 경험하고, 느끼는 다양한 방식을 인식할 수 있게 해준다. 무엇보다도 정치적인 이러한 자극(impulse)은 문화지리학자들이 건물에 대해 훨씬 더 다양한 이야기를 들을 수 있게 해주며, 종종 노숙자처럼 소외된 집단, 다시 말해 학술 연구에서는 그 목소리를 듣기 어려운 사람들의 이야기에 귀를 기울일 수 있게 해준다(Lees, 2001).

둘째, 지리학자들은 일상이 한가로운 가십거리 이상의 의미를 지니고 있음을 상기시켜 주었으며, 오히려 한가로운 가십거리나 커피숍에서 일어나는 사람들의 만남 같은 것조차도 매우 중요한 의미를 지니고 있음을 보여 주었다(Laurier and Philo, 2006a; 2006b). 일상생활에 대한 관심은 흔히 장소 소비(consumption of places)라고 불리는 것에 대한 관심을 의미하기도 한다(3장 참조). 가령, 커피숍은 단지 커피를 소비하기 위해 가는 장소가 아니라 세련된 디자인, 냄새, 분위기를 함께 소비하기 위해 가는 장소다. 그 차이는 상대적으로 미묘하다. 앞 절에서 언급했던 것처럼 장소를 마케팅하거나 판매할 수 있는 것처럼 장소 자체를 소비한다. 장소를 소비하는 방식과 관련된 가장 명백한 사례는 휴가를 떠난 대규모 관광객이 장소를 직접 경험하는 데 시간을 보내기보다는 단순히 사진과 이미지를 '수집'하는 것처럼 보인다는 것으로(Urry, 1995), 이는 문화지리학자들이 오랫동안 지속적으로 연구해 왔던 것이다. 즉 건물을 포함한 장소는 생산, 판매, 마케팅, 소비의 대상이 될 수 있다.

소비에 초점을 맞추면 건물의 생산(건물의 재료, 상징, 맥락 등; 2장 참조)에 대한 관심에서 사람들이 건물을 일상생활의 일부로 사용하는 방식에 대한 관심으로 옮겨가게 된다. 생산과 소비를 쉽게 구분해서는 안 되며, 건물의 소비를 수프 통조림의 소비와 똑같은 방식으로 읽어서는 안 될 것이다. 그러나 중요한 것은 소비는 중요한 실천인 동시에 그 자체로 의미를 생산하는 실천이라는 점이다. 이를 통해 리스는 건물의 상징을 텍스트처럼 읽는 것을 넘어 다른 방법을 제안한다(Lees, 2001). 그녀는 "만약 건축 공간의 의미만큼이나 건축 공간에서의 거주에 관심을 가지려면 … 건조 환경이 사용되는 장소와 일상적 실천에도 적극적으로 참여해야 한다"고 말한다(Lees, 2001: 56). 리스는 소비에 관심이 있는 문화지리학자들이 개인용 입체 음향 시스템과 같은 일상적인 소비 대상에 부여하는 의미를 탐구한 방식을 설명한다(Bull, 2000). 마찬가지로 문화지리학자들은 거주자나 사용자에게 건물에 대한 경험을 묻고(인터뷰), 사람들이 건물에서 어떤 일을 하는지 관찰함으로써 사람들이 건물을 '소비'하는 방식을 탐구할 수 있다.

리스는 관찰을 통해 노트에 쓴 짧은 글(note-book vignettes)을 작성했다.* 그녀는 밴쿠버의 공공 도서관에서 신문 독자, 부랑자, 놀고 있는 어린이 등 예상치 못한 사람들이 도서관을 많이 이용하는 모습에 대해 이야기한다. 그녀의 연구는 사람들이 학교(Kraftl, 2006a; 2006b)와 주택(Llewellyn, 2004)에서 어떻게 자신만의 의미를 만들어내는지 탐구하는 데 영감을 주었다. 리스는 지리학자들에게 '평범한 사람들'이 건물에 부여하는 의미 그리고 그 안에서 하는 일 모두를 살펴볼 것을 촉구한다. 이를 통해 사람들이 건물을 '소비'하는 방식뿐만 아니라 건물이 어떤 종류의 움직임, 활동, 신체 감각을 허용하는지, 건물에서 어떠한 신체적인 실천을 하는지 살펴볼 수 있다. 따라서 이러한 접근법은 이 책의 다른 장에서 논의할 신체의 다양한 문화지리에 관한 또 다른 사례를 제공해 준다.

---

* 리스는 자신의 논문에서 건축 공간에서의 '해프닝', 건축 공간의 체현적이며 창조적인 소비, 의미 있는 이해를 드러내기 위해 18개월 동안 도서관에서 연구하면서 기록한 짧은 글(vignette)에서 발췌한 몇 가지 장면들을 소개했다(Lees, 2001).

셋째, 몇몇 지리학자는 최근 감정과 정동(11장)에 관한 관심을 바탕으로 사람들이 건물에 부여하는 의미가 항상 쉽게 말로 표현되지는 않는다는 점을 탐구했다(Rose et al., 2010). 자신이 태어난 집처럼 특정한 건물에는 많은 정서적 의미가 부여되어 있다. 이는 부분적으로는 기억에 남는 많은 일이 그곳에서 일어났고, 수많은 실천이 여러 추억을 낳았기 때문이다. 이를 돌이켜 생각해 보며 웃을 수도 있다. 혹은 운이 좋지 않다면 집을 감금, 괴로움, 불행의 장소로 생각할 수도 있다. 1970년대 인본주의 지리학자(5장)는 우리가 장소를 사랑하거나 미워하게 만드는 것이 무엇인지 탐구하려고 노력했다(Tuan, 1977). 그들은 시, 영화, 문학작품 및 기타 다양한 예술적 장치를 사용해 특정 장소가 감정적인 반응을 불러일으키는 이유를 이해했다. 특히 한 국가의 역사에서 공유된 의미를 불러일으키는 '전통적' 유형의 건물(예: 전통적인 농가)에 초점을 맞춘 경우가 많았다. 최근에는 건축지리학자들이 건축가와 건물 사용자가 어떻게 건축 공간을 조작해 다른 사용자에게 의도적으로 특정한 감정을 불러일으키게 만드는지 이해하려고 노력했다. 이들은 어린아이를 위한 학교의 '가정적인' 분위기 조성이나 공항의 차분한 장소 조성에 초점을 맞추었다(Kraftl and Adey, 2008; Adey, 2008).

마지막으로, 최근의 정동에 관한 연구는 거주의 실천이 건물이 '완성'된 후에 발생하는 것이 아니라는 점을 상기시켜 준다. 건축가를 포함한 많은 사람들은 건물은 결코 완성되지 않으며, 건물이 항상 불완전하다는 생각을 받아들여야 한다고 주장한다(Lerup, 1977). 오히려 건축 과정은 '건축가'와 '사용자' 간의 훨씬 더 복잡하고 연관성 있는 협상의 형태다. 따라서 제이콥스(Jacobs, 2006)와 리스(Lees, 2001)의 주장을 합치면, 우리는 무엇이 이 건물, 저 건물을 현재의 건물로 만드는지뿐만 아니라 건물이 건축가 및 사용자와 결합해 어떤 종류의 거주를 가능하게 하는지에 대한 생각을 끊임없이 수정할 필요가 있음을 알 수 있다. 사람이 건물에 거주한다고 말하는 것은 그리 간단하지 않다. 건물과 사람은 함께 다양한 형태의 거주를 생산한다. 따라서 건물은 거주를 포함해 건물을 구성하는 모든 것의 결과이다. 그리고 거주는 건물의 효과 중 하나일 뿐이다!

여러분이 지금 있는 건물을 다시 한번 살펴보고, 바로 지금 무엇을 하고 있는지 생각해 보자. 이 건물에서 무엇을 할 수 있을까? 솔직하게 그리고 현실적으로, 여러분이 있는 건물에서 앞으로 5분 안에 어떤 일이 일어날 가능성이 있는가? 이제 이 장에서 고려했던 모든 사항을 되돌아보고 왜 여러분이 있는 건물에서 특정한 일만 일어날 가능성이 높은지 생각해 보자. 디자인 때문인가? 주변 사람 때문인가? 아니면 그냥 느낌인가?

요약

- 건축지리는 우리에게 건물에 대해 새로운 방식으로 질문할 것을 요구한다. 건물은 종종 '그냥 거기에 있는 것'처럼 보이지만, 지리학자들은 20세기 초부터 건물이 단순히 '그냥 거기에 있는 것'이 아니라는 점을 보여주는 다양한 방법을 제시해 왔다.
- 건축에 대한 초기 접근법(버클리 학파)에서는 헛간이나 민가와 같은 특정 유형의 건물 특성을 설명하고 지도화하고자 했다.
- 건축에 대한 상징적 접근법은 다양했지만, 건물의 파사드를 '텍스트'처럼 '읽는' 것도 포함되었다. 그렇게 함으로써 건물에 숨겨진 의미, 건물의 역사, 정치적 맥락을 밝혀낼 수 있었다. 때때로 지리학자들은 그 건물에 살았던(혹은 살 수 없었던) 사람들을 통해 그 맥락에 도전할 수도 있었다.
- 건축에 대한 유물론적 접근법은 두 가지 역할을 했다. 한편으로는 일상생활에서 물질적인 것의 중요성과 우리의 삶을 구성하는 정치 경제의 중요성을 상기시켜 주었다. 다른 한편으로 건물은 사회적 요소와 기술적 요소가 동등하게 결합되어 있으며, 이 요소를 분리하면 건물을 건물로 만드는 요소를 다시 생각할 수 있다는 점을 상기시켜 주었다.
- 일상적인 실천을 강조하는 접근법은 사람들이 자신이 살고 있는 건물에 대해 자신만의 의미를 부여하고 다르게 느낀다는 점을 상기시켜 주었다. 건물은 '그냥 거기에 있을 뿐'이며 건축가가 떠나면 건축이 끝난다는 관점에 도전하기 위해서는 이러한 의미와 감정에 대해 알아보는 것이 중요하다.

핵심 읽을거리

Duncan, J. and Ley, D. (1993) *Place/Culture/Repre-sentation*, Routledge, London.
이 책의 6장, 7장, 8장에서는 건물을 정치 경제적으로 '읽는' 사례, 이 경우에는 주택을 사례로 들어 설명한다. 이 책은 건물을 '텍스트'로 여기는 사례를 제공해 줄 뿐만 아니라, 건물을 둘러싸고 있는 정치적 맥락과 건물을 사용하는 '평범한' 사람들의 일상적 실천을 고려할 수 있게 해준다는 점에서 중요한 책이 되었다.

Lees, L. (2001) Towards a critical geography of ar-chitecture: the case of an ersatz colosseum. *Ecu-mene*, 8(1), 51-86.
리스는 사람들의 체현적 실천에 좀 더 많은 관심을 기울이는 건축지리학을 요구한다. 그녀는 문화기술지 관찰에서 얻은 짧은 글을 활용해 벤쿠버의 한 공공 도서관 이용자들이 만들어낸 여러 가지의 상반된 의미를 탐구한다. 이 학술지는 현재 『*Cultural Geographies*』로 바뀌었다.

Jacobs, J. (2006) A geography of big things. *Cultural Geographies*, 13, 1-27.
이 논문은 유물론 또는 행위자-네트워크 접근법이 건물에 어떻게 적용될 수 있는지를 보여주는 사례다. 제이콥스는 건물이 지어지는 방식과 사람들이 '건축'에 대해 그리고 건축을 위해 주장하는 방식을 밝혀낼 수 있도록 사회적인 것과 기술적인 것을 동등하게 바라볼 것을 주장한다.

Kraftl, P. and Adey P (2008) Architecture/affect/inhabitation: geographies of being-in buildings. *Annals of the Association of American Geogra-phers*, 98, 213-231.
이 논문은 건물에서 감정의 지리가 어떻게 구축되고, 통제되고, 관리되는지에 관한 사례를 제시해 준다. 학교와 공항 건축을 사례로, 어떻게 설계자와 사용자 모두가 건물이 사람들을 움직일 수 있는 지속적인 방식의 일부가 되는지 보여준다.

Zelinsky, W. (1973) *The Cultural Geography of the United States*, Prentice Hall, London.
버클리 학파의 접근법을 활용한 문화지리학의 사례다. 색인에서 이 접근법을 활용해 주택, 헛간 및 기타 민가를 다루는 사례를 찾아보라.

Chapter 05 | 경관

5.1 도입: …로서의 경관

'경관'이라는 단어는 한 마디로 정의하기 어려운 단어 중 하나다. 종종 경관이 무엇인지 말로 정의하는 것보다 사례를 생각해 보거나 누군가에게 사진을 보여 주는 것이 더 쉽다. 어떤 경관은 개인에게 사적인 것이기도 하다. 사람들은 특정한 장소, 장면, 사진, 소리에 대해 감정적인 반응을 보인다. 어떤 경관은 감정을 불러일으키고 특히 개인적인 의미를 지니고 있다. 사진 5.1은 저자 중 한 명에게 특히 중요한 경관이다. 하지만 다른 경관은 사적인 것 이상의 의미를 갖고 있다. 이러한 경관은 로컬 공동체, 심지어는 전 국민에게까지 의미를 지니고 있다. 여러분은 자신이 살고 있는 나라를 대표하는 경관을 떠올릴 수 있을 것이다. 경관은 또한 역사의 흔적을 담고 있으며, 환경과의 사회적

사진 5.1 미국 애리조나주의 그랜드 캐니언
출처: Peter Kraftl

상호작용을 수집하고, 대조하고, 계층화한다.

하지만 제기되는 질문은 경관이 장소나 경치(view)와 다른 점은 무엇인가, 혹은 경관은 겉보기에 산맥처럼 자연적인 것인가이다. 대답은 때로는 그리 많지 않다. 이 때문에 문화지리학자(및 다른 지리학자)가 연구하는 다른 것들과 이 용어를 분리해 정의하기가 쉽지 않다.

따라서 이 장에서는 경관이 무엇인지(또는 무엇이 경관이 아닌지)에 대해 너무 고민하기보다는, 경관을 활동적인 어떤 것으로 간주한다(Mitchell, 1994). 경관이라는 용어에 대한 몇 가지 정의를 살펴본 후, 경관이 무엇을 하는지, 경관에서 어떤 일이 일어나는지 탐구해 볼 것이다. 우리는 많은 문화지리학자들이 경관이 무엇인지 고려하지 말고 '…로서의 경관'이라는 용어로 포착되는, 더 개방적이고 미완성된 방식으로 경관을 연구할 것을 제안한다.

5.2 '경관' 정의하기: 몇 가지 말장난

먼저 '경관'이라는 단어의 사전적 정의를 살펴보자. 우선, '경관'이라는 단어에 대해 잠깐 생각해 보라. 위의 그랜드 캐니언 사진과 관련한 질문들을 염두에 두라. 여러분은 '경관'이라는 단어를 어떻게 정의할 것인가? 얼마나 다양한 정의가 떠오르는가? 『옥스퍼드 영어 사전(*Oxford English Dictionary*, OED)』은 이 단어의 정의를 '명사'로서의 경관과 '동사'로서의 경관이라는 두 가지 범주로 나누고 있다.

명사로서의 경관. 여기서 경관은 물질적인 것으로 간주된다. 즉 독특한 특징을 가진 "토지 영역(tract of land)"이다. 이러한 특징은 일반적으로 "(보통 자연의) 변형 또는 형성 과정과 동인(agents)의 산물로 간주된다." 땅은 이름이 붙여진 계곡, 일련의 언덕이나 해안선이 될 수 있다. 또

Box 5.1

경관 사진: 경관을 보는 방식

경관 사진 찍기는 많은 사람들이 휴일에 즐겨 하는 활동이다. 19세기 중반 카메라가 발명된 이래 경관 사진을 찍는 특정한 관행이 지속되어 왔다. 일부 사진 촬영 관행은 원근법과 같은 풍경화의 오래된 특징에 영향을 받기도 했다. 그렇지 않은 경우도 있었다. 이는 카메라가 발명된 후에는 다른 미디어와는 다른 것으로 간주되었기 때문이다. 사진은 기술적 성취, 현실을 충실하고 기계적으로 재현하는 것으로 이해되었으며(Snyder, 1994), '카메라는 거짓말을 하지 않는다'는 말은 여전히 어느 정도 통용되고 있다. 그러나 카메라를 이런 식으로 이해하는 것은 19세기 미국에서처럼 사진이 특정한 이데올로기적 이익을 위해 사용될 수도 있다는 것을 의미했다. 미국 사진작가가 촬영한 고품질의 이미지는 미국 기술 혁신의 진보와 야생의 경관이 지닌 (유럽과는 다른) 독특한 특성을 강조했다(Snyder, 1994).

많은 사람들이 고수하고 있는 경관 사진의 오랜 관행에 대해 생각해 보자. 언덕 사진을 찍을 때는 일반적으로 카메라가 수평이 되도록, 흔히 일컫는 '가로(land-scape)' 형태로 사진을 찍는다. 보통 나무, 사람, 바위, 귀여운 털 다람쥐 등 약간의 전경을 포함시켜 스케일 감각을 살리려고 노력한다. 조금 더 신경을 쓴다면 버튼 몇 개를 조작해 밝기를 그럴듯하게 만들려고 노력하기도 한다. 이러한 관행 중 상당수는 경관에 관한 (주로 서양의) 문화적 가정과 카메라 기술 자체와 함께 학습되고 공유되어 왔다. 사진 5.1처럼 많은 휴가 사진이 매우 비슷하게 보이는 것도 바로 이 때문이다!

카메라 렌즈를 통해 경관을 보는 방식도 진화하고 있다. 가령, 카메라 기술의 발전으로 약간의 변화가 나타난다. 35mm 카메라에서 디지털 카메라로의 변화를 예로 들어보자. 과거에는 사람들이 뷰파인더에 눈을 대고 작은 유리 조각을 통해서만 풍경을 보았다. 이제 사람들은 카메라 뒤에 서서 카메라가 표시하는 디지털 이미지를 통해서, 혹은 풍경 자체를 바라보면서 아주 약간은 다른 방식으로 이미지의 구도를 잡는다. 또한 즉각적인 결과를 얻을 수 있다. 특정 경관 이미지가 마음에 안 들면 삭제하고, 마음에 들 때까지 다른 이미지를 촬영할 수 있다. 이는 우리가 경관을 보고, 선택하고, 구도를 잡는 중요하면서도 일상적인 방식이다.

한 『옥스퍼드 영어 사전』은 울리지와 모건과 같은 자연지리학자의 초창기 연구를 바탕으로 한다(Woolridge and Morgan, 1937). 이들은 경관의 자연지리를 아는 것이 문화지리를 이해하는 데 '필수불가결한 것'이라고 주장했다. 따라서 경관이 무엇인지 이해하는 데는 암석, 식생, 수로 등 경관을 구성하는 물질적 요소가 중요한 역할을 한다.

17세기 이 용어가 처음 사용된 이후 초기에는 경관이라는 용어가 토지 영역에 대한 '그림' 및 '재현'이라는 뜻으로 사용되었다. 이러한 이유로

경관은 풍경화와 지속적인 관계를 맺어 왔다. 이 단어의 어원 중 하나인 네덜란드어 *landschap*는 16-17세기 유럽 풍경화가의 전문 용어로 사용되었다. 실제로 많은 사람들은 17세기 네덜란드에서 풍경화를 그리는 관행이 등장했다고 주장했다(Adams, 1994). 따라서 경관을 재현하는 특정한 방식은 그냥 주어진 것이 아니라 시간이 지남에 따라 발전해 왔다(Box 5.4 참조).

『옥스퍼드 영어 사전』에서 이 용어는 명사로서의 뜻이 하나 더 있는데, 이는 풍경화와 약간 관련

사진 5.2 영국 M1 고속도로의 제방
출처: Press Association Images/PA Archive

이 있다. 즉, '경관'은 "경치(view)", "전망(pros-pect)", "풍경(vista)" 또는 "응시하는 대상"을 가리킨다. 이러한 응시하기는 종종 특정한 방식으로 이루어진다(Cosgrove, 1985). 회화 스타일의 규칙을 따르거나, 디지털 사진 촬영과 관련된 기법을 따를 수 있다(Box 5.1).

동사로서의 경관. 이에 관해서는 『옥스퍼드 영어 사전』의 설명이 훨씬 짧다. 지리학자들이 경관에 좀 더 활동적인 특성을 불어넣으려고 노력했다는 점을 고려할 때, 비교는 그 자체로 의미가 있다. 『옥스퍼드 영어 사전』의 정의는 세 부분으로 나뉜다. 첫째, 경관(혹은 동사로서의 경관)은 토지 영역을 재현하는 과정이다. 스케치, 그림 또는 사진 촬영의 적극적인 실천이다. 여기에는 그림, 묘사, 선택이 포함되며, 그림을 그려서 땅을 경관으로 바

꾸는 것이다. 동사로서의 경관의 두 번째 용례는 더욱 일반적이다. 경관을 만들어내는 공식적인 행위, 즉 정원을 배치하고 공원을 계획하는 행위 그리고 '조경사(landscape architect)'라는 직업을 가리킨다. 셋째, 흥미롭게도, 『옥스퍼드 영어 사전』은 동사로서의 경관을 "은폐"의 행위라고 언급한다. 그 예로 1950년대 영국에서의 도로 경관 출현을 인용했다(사진 5.2 참조). 당시 신문에 따르면, 새로운 도로는 촌락의 '경관을 조성'하는 것이지, 이를 '가로막는 것'이어서는 안 된다고 주장했다(Merriman, 2006 참조). 따라서 동사로서의 경관은 어떤 사람들에게는 시각적으로 불쾌하거나 사회적으로 악마화되어 용납할 수 없는 것을 숨기는 것이기도 하다.

따라서 '경관'은 바위나 집처럼 물질적인 것, 그

림이나 사진처럼 재현적인 것 등과 같은 명사가 될 수 있다. 그리고 '경관'은 동사, 다시 말해 경관을 만들거나 텍스트나 이미지로 재현하는 행위가 될 수 있다. 이는 문화지리학자들이 경관을 어떻게 이해해 왔는지에 대한 실마리를 제공해 준다. 따라서 이 장의 나머지 절에서는 이 정의 중 일부를 확장하고, 이에 의문을 제기한다. 여기서는 경관을 물질로서의 경관, 텍스트(또는 재현)로서의 경관 그리고 수행으로서의 경관 세 가지로 간주한다. 이러한 구분은 다소 자의적이지만(각 절이 교차되는 부분이 있다), 문화지리학자들이 경관을 어떻게 이해하려고 노력해 왔는지 보여주는 좋은 지표가 된다.

5.3 물질로서의 경관

'물질'이라는 단어는 다양한 이미지를 연상시킨다. 이 용어의 복잡성에 대한 내용은 다른 장에서 다룰 것이다(10장 참조). 이 절에서는 지리학자들이 어떻게 경관 연구에 다양한 '물질적' 접근법을 적용했는지 살펴볼 것이다. 앞으로 살펴보겠지만, 지리학자들은 연구에서 이 단어의 뜻을 매우 다르게 사용해 왔다.

경관에 대해 논의할 때는 버클리 학파와 칼 사우어에 대한 간략한 소개로 시작하는 것이 일반적이다. 와일리가 지적했듯이, 적어도 영국에서는 신문화지리학의 개요를 설명하기 전에 사우어의 문화지리학에 대해 경멸적인 비평을 제시하는 것이 관례다(Wylie, 2007)(1장 참조). 저자들이 추천하는 경관에 관한 문헌 중 일부를 읽어보면 이러한 개념적 책략(manoeuvre)을 접하게 될 것이다. 여기서는 조금 다른 접근 방식을 취하고자 한다. 우리는 미첼과 마찬가지로 버클리 학파의 접근법 중 일부 요소에 대한 지속적인 중요성과 관심을 강조하고자 한다(Mitchell, 2000). 이는 부분적으로는 1920년대부터 1970년대까지 후대의 지리학 연구에 끼친 사우어의 영향력 때문이기도 하다. 그러나 더 중요한 이유는 그의 연구가 단순히 경관, 특히 경관을 구성하는 물질들을 바라보도록 하는 데 중요한 역할을 했기 때문이기도 하다.

사우어에게 경관은 지리적 분석의 핵심 단위였다(Sauer, 1925). 경관은 어느 정도 정의되고 경계 지어질 수 있다. 위의 정의에서도 나오듯 경관은 특정 '영역(tracts)'의 땅을 의미한다. 경관은 특정한 문화 집단의 본거지였다. 상대적으로 유사한 경관과 문화 집단을 포함하는 지역은 '문화 지역'이었다. 지리학자의 임무는 하나의 문화 집단이 그 지역의 경관에 끼치는 영향을 입증하는 것이었다. 여기서 '영향'이라는 단어가 중요하다. 후대의 문화지리학자와 달리, 사우어는 문화 지역이 어떻게, 심지어는 왜 그 지역의 경관을 만들어냈는지에 대해서는 별로 관심을 갖지 않았다. 오히려 그는 문화가 땅에 미치는 물리적, 물질적 영향에 대해 관심을 가졌다. 이것이 바로 경관을 명사로 이해한 것이다.

두 가지 키워드로 사우어의 경관에 대한 접근 방식을 설명할 수 있다. 첫째, 이는 '관념론적(idiographic)'이었다. 즉, 경관이 어떻게 만들어지는가에 관한 일반적인 법칙이나 모델을 만드는 데 관심을 두지 않았다. 오히려 사우어는 무엇이 장소를 독특하게 만드는지 보여주었다. 그와 그의 수많은 제자들은 가옥 유형, 종교적인 건물, 헛간, 유물, 농업 기술처럼 다른 경관과의 차이를 나타내는 경관의 물질적인 요소를 찾았다(Kniffen, 1956; Zelinsky, 1973; 4장 참조).

둘째, 경관을 일종의 팔림프세스트(Palimpsest)로 보았다. 즉, 경관은 시간이 지남에 따라 층층이 쌓여가는 것이었다. 각각의 문화는 정착할 때 서로 다른 '층위'를 가져왔는데, 가옥의 유형이 다르거나, 도로 배치에서 미묘한 변화가 있을 수 있다. 이러한 층위의 물적 증거를 찾으면 '경관'을 읽을 수 있다고 본 것이다. 이는 관찰과 묘사가 핵심이었다. 사우어와 동료들은 연구 과정에서 반드시 작성해야 하는 문서의 일종인 상세한 현장 노트에 다양한 경관의 사물 목록을 작성했다.

1950년대 이후 여러 문화지리학자들이 버클리 학파의 접근법을 수정했다. 마르크스주의에 개념적 뿌리를 둔 이들은 경관을 이해하는 데 물질적인 것의 중요성을 다시금 강조하고자 했다. 이러한 움직임은 중요했다. 비평가들은 서로 다른 신념을 가진 문화지리학자들이 '문화'를 사용하는 방식에 대해 실망감을 표시했다(Barnett, 1998 참조). 특히 미첼은 사우어와 신문화지리학자 모두 문화에 대한 개념이 다소 얕다고 주장했다(Mitchell, 1995; 2000). 사우어는 문화를 단순히 문화 집단이나 생활양식(본질적으로 사물)을 지칭한다고 가정한 반면, 이후의 문화지리학자는 문화를 설명의 '수준' 혹은 층위로 사용했다. 이 두 방식의 공통적인 문제점은 문화를 이미 존재하는 공허하고 추상적인 개념이라고 가정했다는 것이다. 즉 추상적이기 때문에 문화가 생산되는 방식, 다시 말해 사회적 프로세스, 특히 문화 생산에 수반되는 엄청난 '노동'을 무시했다는 뜻이다.

따라서 미첼은 문화에 대한 다른 이해를 요구한다(Mitchell, 2000). 그의 작업은 두 가지 측면에서 경관의 물질성에 대한 다른 사고방식을 제공한다. 첫째, 마르크스주의 사고의 전통에 기반을 두고 있다. 이는 특히 자원(따라서 물질)의 가치와 분배에 초점을 맞추어 인간 집단 간의 사회 경제적 관계를 강조한다. 둘째, 경관을 구성하는 사물에 초점을 맞춘다는 점에서 유물론적이다. 그러나 미첼의 연구는 좀 더 과정적이고 활동적이다. 경관은 명사이자 동사이다.

그렇기 때문에 경관은 완성된 것이 아니다. 경관은 결코 완성된 것이 아니며, 단순히 읽히거나, 시각화되거나, 재현될 준비가 되어 있는 것도 아니다. 경관은 생산된다. 경관은 계급 관계와 자본주의 축적의 결과물이다. 또한 자본주의의 강력한 행위자(경영자, 정치인, 비즈니스 리더)에 의해 재현되기도 한다. 미첼은 다음과 같이 말한다(Mitchell, 2000: 94).

경관 자체는… 역사를 구성하는 적극적인 주체로, 그 안에 사는 사람들(혹은 이를 유지하는 데 이해관계가 있는 사람들)의 필요와 욕구를 상징하는 동시에, 어떤 식으로든 변화를 전달하는 견고하고 치명적인 역할을 한다.

가령, 미첼은 펜실베이니아주 존스타운(Johnstown)이 어떻게 재생되었는지 추적한다(Mitchell, 2000). 마을 재생 계획은 이 마을의 과거 산업과 1889년 이곳을 황폐화시킨 엄청난 홍수를 선택적으로 반영했다. 변화한 마을 문화에서 수많은 노동 분쟁은 배제되었던 반면, 홍수와 관련이 있긴 하지만 다소 부풀려진 마을의 산업적 과거에 대한 영웅적 의미는 기록되었다. 비판적으로 보면, 도시 계획가들은 마을의 (관광) 재생의 일환으로 산업 유산을 강조하고 싶었던 것이다. 그들은 빈 공장, 폐허가 된 공장 등 쇠락해 가는 마을의 경관을 경제 발전의 원천이자 마을의 역사를 정확하게 재현하는 수단으로 활용하고자 했다. 다시 말해, 경관이 다시 작동하도록 만든 것이다. 돌, 벽돌, 공장과 광산의 목재 등 경관의 물질적 요소는 더 이상 산업 발전을 위해 사용되지 않았고 산업화 이후의 유산 재생을 위해 사용되었다. 경관은 돌, 벽돌, 나무로 이루어져 있으며, 이 모든 것은 한 장소를 둘러싼 문화의 경합을 재현하고 체현한다.

이 절을 마무리하면서 포스트구조주의와 포스트식민주의의 영향을 받은 지리학자들이 경관을 물질로 보는 다른 방식을 어떻게 제안했는지 강조하고자 한다. 먼저 경관에 대한 포스트구조주의 접근법을 살펴본 다음, 포스트식민주의 접근법을 살펴볼 것이다.

많은 포스트구조주의 지리학자들은 **행위자-네트워크 이론**(ANT)의 영향을 받았다. 10장에서 자세히 설명하겠지만, ANT는 사람과 사물 간의 경계에 대한 다른 사고방식을 제안한다(Bingham, 1996; Latour, 1999). ANT는 장소를 만드는 데 동물, 식물, 기술, 심지어는 건물과 같은 '비인간' 주체의 적극적인 역할을 고려해야 한다고 주장한다.(Jenkins, 2002; Whatmore, 2006). 이렇게 하면 많은 사람들이 '인간'과 '다른 모든 것', 즉 '외부의' 물질적 경관 사이에 존재한다고 생각하는 경계가 허물어진다. ANT는 사물 자체보다는 서로 다른 주체 간의 관계에 초점을 맞추는, 사물의 연

결에 주목해 세상을 바라보는 사고방식을 요구한다. 즉, 경관은 바라보는 방식에 의해서만 만들어지는 것이 아니다. 그보다는 다양한 주체가 경관에 영향을 끼친다는 점을 인정한다면, 경관은 항상 생성되고 있으며, (존스타운 홍수와 그 이후의 다른 사건처럼) 종종 '인간'의 통제를 벗어나는 것으로 간주해야 한다. ANT는 경관에 대한 가정에 도전한다(이와 관련한 자세한 내용은 Box 5.2 참조).

포스트식민주의 지리학자는 경관의 물질성에 대해 다른 접근 방식을 취했다. 이들은 물질문화의 특정 부분이 어떻게 특정한 의미를 갖는지, 우리가 경관을 상상하는 방식에서 핵심적인 부분으로 볼 수 있는지 강조한다. 물질적 대상(아래 예시에서는 무슬림의 베일)은 우리가 느슨하게 상상의 경관이라고 부를 수 있는 아이디어의 집합을 구성하는 일련의 대상, 이미지, 상상된 장소의 집합의 한 요소(매우 중요한 요소)로 간주될 수 있다. 이처럼 일상적으로 보이는 대상은 장소에 관한 광범위한 논쟁, 차이와도 연결될 수 있다. 실제로 이러한 것들은 정의 부분에서 설명한 의미 중 식별 가능한 어느 '경'관(land-'scape')보다 더 강력한 장소에 대한 태도의 엄청난 차이를 상징할 수 있다. 영은 무슬림의 베일이 어떻게 서구 세계와 이슬람 세계 간의 상징으로 재현되어 왔는지 보여준다(Young, 2003).

유럽인에게 베일은 동양의 이국적인 신비로움을 상징하곤 했다. 하지만 무슬림에게 베일은 사회적 지위를 의미했다. 오늘날 베일의 의미는 극적으로 바뀌었다. 서양인에게 베일은 여성이 억압받는 것으로… 간주되는 가부장적인 이슬람 사회의 상징

Box 5.2

'경관'에 대한 ANT의 도전

존 와일리는 행위자-네트워크 이론이 경관에 대한 기존의 사고방식에 여러 가지 도전을 한다고 주장한다 (Wylie, 2007: 204-205). 첫째, ANT는 세계에 대해 변화, 유동성, 모빌리티를 강조하는 사고방식을 선호한다. 이는 사우어의 개념처럼 대부분의 경관 개념이 특정 시점에 문화 과정이 경관에 미치는 물질적인 영향에 주목하는 정적인 개념이라는 점에서 대조적이다. 둘째, ANT는 특정한 장소나 유명한 장소, 풍경 혹은 재현이 아닌 관계에서 출발한다. 다시 존스타운의 사례를 들어보고자 한다. ANT 이론가들은 '경관'을 작업의 결과로 보지 않으며 심지어는 (미첼처럼) 작업으로도 보지 않는다. '경관'에서 시작하면 일련의 미학적, 정치적 가정이 수반되기 때문이다. 대신 ANT는 사회적, 기술적 성과(예: 공장) 그 자체에서 출발한다. ANT는 공장 건설에 다양한 기술, 기법, 재료, 전문적인 실천, 즉 인간뿐만 아니라 인간이 아닌 훨씬 더 광범위한 주체들의 작업이 어떻게 관여했는지 질문할 것이다. 또한 공장이 문을 닫았을 때 어떤 관계가 무너졌는지, 무엇이 잘못되었는지도 묻는다. 하지만 이러한 작업은 단순히 경관을 보여주는 데 그치지 않을 수도 있다. 그 결과는 전혀 다른 메타포나 아이디어가 될 수도 있다. 이처럼 ANT는 어떤 장소의 특정 관계를 바라볼 때 경관의 관념이나 '사실'을 전제하지 않는다. 이 두 가지 방식으로 경관의 물질성에 대해 생각하는 것은 (이 경우 ANT를 통해) 경관이라는 개념에 어떤 가치가 있는지 도전하는 것일 수도 있다. ANT는 '경관'의 의미에 대해 근본적으로 다시 생각해 보라고 요구한다. 모든 땅이 정말 경관인가?

이다. 반면 이슬람 사회에서 베일(히잡)은 문화, 종교 정체성을 상징하게 되었다.

 -Young, 2003: 80

따라서 베일의 지위 변화는 서구와 포스트식민 문화 사이의 변화하는 관계에 대해 많은 것을 말해준다. 또한 베일과 관련된 사람과 경관을 상상하는 방식에 대해서도 언급한다. 물론 베일에 대한 서구의 사고방식은 비서구 국가를 상당히 일반화된 방식으로 이국화하는(exoticised) 여러 방식 중 하나였다(Gregory, 1994; McEwan and Blut, 2002 참조). 따라서 모든 종류의 오리엔탈리즘적 재현(Box 2.3 참조)에서 무슬림 여성의 베일과 관련된 이미지는 밝은 색채, 향신료 냄새 그리고 (불

특정) 아시아 도시의 북적이는 소리와 같은 의미였다. 다른 포스트식민주의 연구들은 물질문화가 이주자들이 모국과의 관계를 유지하면서 낯선 공간에 적응하는 데 중요한 도구가 된다는 점을 보여주었다(예: Hall, 1990; Slymovics, 1998; ToliaKelly, 2004a). 이러한 연구는 여러 대중 담론에 등장하는 '오리엔탈' 경관의 일반화되고 이국적인 이미지보다 경관과 사람의 연결이 훨씬 더 다양하고 복잡하다는 점을 보여준다는 점에서 중요하다.

이 절에서는 경관이 단순히 경치, 표면 또는 이미지에 관한 것이 아니라 모든 종류의 물질과 물질문화를 포함한다는 점을 보여주었다. 아주 평범한 경관에도 집, 헛간, 도로와 같은 물질적인 것이 존재한다. 하지만 문화지리학자들은 일상적이고

물질적인 것을 어떻게 이해해야 하는지에 대한 논의를 지속해 왔다. 칼 사우어가 생각한 것처럼 물질적인 것은 땅에 남겨진 '결과'이자 경관을 구성하는 것인가? 돈 미첼(Don Mitchell)이 주장한 것처럼 물질적인 것은 또 다른 재현의 층위에 지나지 않는, 경관 작업의 일부인가? ANT 이론가들이 제안한 것처럼, 물질적인 것은 '문화'와 '자연'의 정의, 그리고 경관이 무엇을 의미하는지 의문을 제기하는 관계의 핵심적인 부분인가? 아니면 포스트식민주의 지리학자들이 주장하는 것처럼 물질적인 것은 지구를 구성하는 매우 다른 장소에 대한 경쟁적이고 정치적인 이미지의 조짐이자 징후인가? 간단한 대답은 물질 경관은 위의 모든 것을 할 수 있으며, 위의 접근법들은 모두 문화지리학자에 의해 지속적으로 사용되고 있다는 것이다. 그러나 다음 절에서 살펴볼 내용처럼, 경관은 물질적인 것 그 이상의 의미를 지닐 수도 있다.

5.4 텍스트로서의 경관

4장에서 우리는 건축, 심지어는 일반적인 가정용 건물이나 공공건물도 텍스트처럼 읽을 수 있다는 아이디어를 소개했다. 이 절 또한 비슷한 전제에서 출발한다. 즉, 건물과는 다소 다른 방식이기는 하지만 경관도 텍스트로 취급할 수 있다는 것이다. 물질로서의 경관(앞 절의 주제)과 텍스트로서의 경관 사이의 연관성을 강조할 필요가 있다. 경관에 관한 내용을 읽다 보면 똑같은 책이나 학술지 논문에서 두 용어 모두를 접할 수 있으며, 물질로서의 경관과 텍스트로서의 경관 간의 연결 고리

는 최근의 지리학 연구보다 더 거슬러 올라간다. 미국의 지리학자 존 브링커호프 잭슨(John Brinckerhoff Jackson)은 1960년대부터 미국의 경관에 대한 방대한 연구를 수행했다. 그의 연구는 버클리 학파의 영향을 받았다. 그는 '토속적(vernacular)'이라고 불리는 일상의 경관에 관심을 두었다. 그는 예술 작품으로서의 문화가 아니라 삶의 방식으로서의 문화에 뿌리를 둔 접근 방식에 관심을 쏟았다(이런 식으로 말할 수 있다면 '고급' 문화보다는 '저급' 문화에 해당한다). 잭슨은 '경관'이라는 용어를 집, 자동차, 상점, 직장 등 일상적인 마을과 도시의 물질세계를 아주 구체적으로 지칭하는 데 사용했다.

버클리 학파와는 완전히 대조적으로, 잭슨은 후대의 '신'문화지리학자들과 좀 더 조화를 이루는 작업도 수행했다. 그는 '상징'도 탐구했다. 그는 경관이 그곳에 사는 사람들에게 신화, 상상력, 상징적 가치의 원천이라는 점을 감지했다. 인본주의 지리학자도 주장했듯, 경관은 개인과 사회 집단 모두에게 뿌리 깊은 의미를 지니게 되었다. 실제로 잭슨은 인본주의 지리학자들과 함께 '평범한' 경관의 일상적, 물질적, 상징적 의미를 탐구했다(Meinig, 1979; Olwig, 1996). 가령, 잭슨은 멕시코 북부와 미국 남부의 농업 및 정착 패턴 차이에 초점을 맞추었다. 그는 사우어와는 달리 이러한 차이가 그 지역에 거주하는 다양한 문화 집단의 '영향' 때문이 아니라고 주장했다. 오히려 이런 차이는 문화적, 경제적, 정치적 가치관이 서로 다르기 때문이라고 주장했다. 간단히 말해, 패턴이 다르게 나타나는 것은 각 집단이 사회 조직, 토지 소유권, 토지 가치에 대해 생각하는 방식이 달랐

Box 5.3

버클리 학파의 경관 접근법에 대한 비판

버클리 학파는 다음과 같은 이유로 비판을 받았다.

- 도시 경관을 희생시키면서 촌락의 '토속적인' 민속 경관을 지나치게 강조한다.
- 문화를 인간의 개입이나 행동과는 무관한, 거의 살아 있는 것으로 취급한다(이러한 접근 방식을 '초유기체적'이라고 부른다).
- 특정한 문화에 저항하거나, 이를 창조하거나, 작업하는 데 있어서의 인간의 행위 주체성을 경시한다.
- 지나치게 서술적이며, 기록했던 패턴을 설명하지 않았다.

- 본질적으로 다양한 종류의 긴장과 배제의 영향(예: 상업 개발의 불균등한 영향력, 남성과 여성이 경관에 '접근'하고 작업하는 다른 방식들)을 무시한다.
- 경관을 정적인 방식으로 바라본다. 버클리 학파의 접근 방식과 ANT의 접근 방식을 비교하고, 대조되는 단어(예: '효과' 대 '유동성')를 살펴보자.
- 경관이 무엇을 의미하는가와 관련해 중요한 부분인 경관의 재현과 이미지(시, 소설, 그림, 사진, 그래프 등)를 경시한다.

기 때문이었다. 경관은 이러한 신념을 반영한 것이었다.

잭슨의 토속적 경관 연구는 상징성을 인정했지만, 1980년대의 문화지리학은 그보다 훨씬 더 나아갔다. '텍스트', '담론', '재현', '은유'와 같은 개념을 통해 경관을 이해하기 위한 정교한 도구를 개발했다(Barnes and Duncan, 1992 참조). 영국에서 시작된 신문화지리학은 미국의 문화지리학, 특히 버클리 학파의 많은 문제점들에 대한 직접적인 대응으로 이러한 도구를 개발했다. 이들은 버클리 학파에 대해 여러 측면에서 비판했다(Box 5.3 참조).

신문화지리학자들의 연구는 다양했으며 현재도 그러하다. 이들의 연구를 일반화하는 것은 다소 무리가 있으나, 공통적인 출발점을 찾을 수는 있다. 신문화지리학자는 경관이 '그냥 거기에 있다'는 가정, 다시 말해 경관이 배경에서, 당연한 것

으로 받아들여지는 가정을 문제 삼았다. 버클리 학파는 경관이 문화 과정의 결과물이라는 사실에 눈을 뜨게 했다. 그러나 신문화지리학자들은 이를 다시 살펴보고, 더 자세히 살펴보고, 경관의 파사드와 영향력의 이면을 살펴보려고 노력했다. 그들은 사우어와 그의 동료들이 본, 물질적인 영향력 속에서 작동하는 논쟁, 긴장, 이상과 도덕이 무엇인지 탐구하고자 했다. 그들은 어떤 경관이 숨어 있는지를 확인하고자 했다(앞부분 동사로서의 경관에 대한 정의를 참조할 것).

따라서 요점은 경관은 사람들이 장소에 대해 가지고 있는 특정한 의미와 가치를 반영한다는 것이다. 특히, 경관은 사회에서 가장 강력한 사람들의 가치를 반영하는 경향이 있다. 봉건 사회와 초기 산업사회에서 이는 귀족을 의미했다. 영국의 대형 주택 소유자는 최신 유행에 따라 대정원 부지를 재건축할 수 있는 돈과 교육을 받았다. 한때 그들

사진 5.3 영국 버킹엄셔의 스토 랜드스케이프 가든. 고전적인 디자인(다리)과 '그림 같은' 굽이진 '영국식' 언덕이 어우러진 큰 시골집을 둘러싼 조경 정원의 훌륭한 예이다.
출처: Peter Kraftl

은 고전 신화의 요소를 도입했다가, 나중에 소위 '그림 같은' '낭만주의' 시대의 경관 취향에 따라 정원을 '자연스러워' 보이게 재건축했다(Daniels, 1993; 사진 5.3).

자본주의 사회에서 권력자는 중산층과 상류층 그리고 전문 계획가들인 경향이 있다. 가령, 주디스 케니(Judith Kenny)는 1976년에 작성된 오리건주 포틀랜드의 미래 개발 계획을 비판적으로 독해한다. 이 문서는 경관이 자연에 둘러싸였고, '역동적'이며, '살기 좋고', '다양한' 도시와 주민들의 생활양식과 특성을 반영하는 데 중요하다는 점을 지적한다(Kenny, 1992: 176). 그러나 이 문서가 다양성의 가치와 경험을 모두 다 담고 있는 것은 아니다. 포틀랜드에 거주하는 다양한 사회 경제적 계층, 인종, 종교를 가진 사람들, 즉 포틀랜드 계획 문서에 표현된 이상과 (우연히든 의도적이든) 일치하지 않는 다양한 집단의 이해관계는 반영하지 않

는다. 오히려 케니는 "(계획 문서는) 다른 어떤 문서보다 건조 환경의 생산에서 지배 집단의 이데올로기를 분명하게 드러낸다. 따라서 경관은 중립적이지 않으며, 지배 집단의 이익을 반영하는 경우가 많고 이는 역사적으로도 그래왔다"고 주장한다(Kenny, 1992: 176).

그러나 케니의 주장은 텍스트에 대한 논의로 이어지기도 한다(Short, 1991). 사실, 텍스트로서의 경관에 대해 사고하게 만드는 것은 크게 두 가지 측면에서다. 첫째, 경관에 대해 쓰인 텍스트에 대해 생각해 볼 수 있다. 포틀랜드의 사례에서 이는 공식적인 계획 문서가 될 것이다. 이 외에는 **텍스트**와 비슷한 방식으로 읽을 수 있는 시, 음악 또는 그림이 될 수 있다(더 자세한 예는 6장 참조). 일부 지리학자는 터너(Turner)나 컨스터블(Constable)과 같은 유명한 예술가들의 그림의 요소를 '읽을' 수 있다고 제안했다(Daniels, 1993; Cosgrove,

사진 5.4 1821년에 그려진 존 컨스터블(John Constable)의 〈건초 마차(The Haywain)〉는 전형적인 '영국식' 시골 경관을 상징적으로 보여주는 작품이다.

출처: Alamy Images/Ivy Close Images

1997). 우리는 사진 5.4에서와 같이 풍경화의 구성 요소를 살펴보고 특정한 질문을 통해 문화 생산(2장 참조)으로서의 '읽기'를 시도할 수 있다.

- 그림에 무엇이, 누가 보이며 그 이유는 무엇인가?
- 무엇이, 누가 보이지 않으며, 그 이유는 무엇인가?
- 화가는 왜 이 장면을 그렸으며, 누가 의뢰했는가?
- 이 그림은 특정한 스타일을 가리키는 것인가, 아니면 그 스타일의 다른 그림들을 가리키는 것인가?(이는 우리가 아래에서 살펴보는 '상호텍스트성'의 개념과 관련된 간단한 질문이다)
- 그리고, 아마도 가장 중요한 것은 위의 모든 질문에 답한 후의 질문일 것이다. 그림이 경관이나 사회에 대한 특정한 신념을 보여주는가? 이는 특정 종교 또는 정치 집단과 연관시키는 방식으로 사람과 사물 혹은 장소를 묘사했기 때문인가?

사진 5.4의 이미지는 경관에 관한 다른 지리 교재에서도 본 적이 있을 것이다! 이는 많은 사람들에게 전형적인 영국의 시골 풍경, 즉 그림 같은 오두막과 방앗간 그리고 그 배경에는 일하는 농업 경관을 보여준다. 하지만 농촌과 노동을 강조하는 것에는 숨겨진 의미도 담겨 있다. 당시 지주들은 자연을 특정한 방식으로 이해하고 있었는데, 바로 경작지와 농촌 빈민의 노동에 초점을 맞춘 것이었다. 이 모델을 통해 지주들은 사진 5.4와 같은 경관이 '자연'스럽다는 이유로 그 미적 특성을 강조할 수 있었다. 그러나 또한 그들은 자신들이 지급하는 낮은 임금을 정당화할 수 있었고, 이로 인해 농장의 노동자들은 빈곤의 악순환에 빠지고 지주의 권력 하에 놓이게 되었다. 컨스터블의 것과 같은 그림에서 강조된 '노동 경관'의 모델 덕분에 지주들은 특권적인 생활양식과 권력 장악력을 유지할 수 있었다. 실제로 이러한 사회 조직은 자연스

러운 것으로 여겨졌다. 컨스터블의 유명한 그림은 19세기 경관에 대한 경제적, 미학적 사고방식이 지배층에게 어떻게 반영되었는지를 보여주는 사례다. 이러한 지식이 있으면 그림이나 그림과 유사한 것의 다양한 요소를 앞에서 설명한 가치를 나타내는 기호나 단어처럼 읽을 수 있다. 또 이 그림은 계급에 중점을 두면서 경관의 새로운 문화적 독해에 대한 마르크스주의의 분명한 영향력을 보여준다(더 자세한 설명은 1장 참조).

이는 경관에 대한 두 번째 사고방식으로 이어진다. 즉, 그림이나 시가 아닌 물질 경관 그 자체가 하나의 텍스트로 읽힐 수 있다는 것이다. 이는 그림을 텍스트로 생각하는 것보다 훨씬 더 큰 비약을 필요로 할 것이다. 일반적으로 대부분의 사람들은 경관을 이런 관점으로 보지 않는다. 그러나 이러한 개념은 경관을 구성하는 과정과 긴장에 대해 생각하게 한다(Mitchell, 2000).

존 브링커호프 잭슨이 일찍이 증명했고 그보다 훨씬 뒤에 돈 미첼(Mitchell, 2000)이 증명했듯이, 아주 평범한 경관도 이런 종류의 독해의 대상이 될 수 있다. 그러나 지리학자들은 경관에 '새겨진', 우리가 말하는 상징적 가치를 탐구해 왔다. 다른 한편으로는 르네상스 시기 베네치아나 나치 독일의 권력의 표현과 같은 스펙터클한 종류의 상징을 탐구했다(Cosgrove and Daniels, 1988; Hagen and Ostregren, 2006 참조). 나치 독일의 사례에서 민족주의, 이데올로기, 정치 경제적 힘의 과시에 대한 강력한 (그리고 매우 다른) 정서는 의도적으로 특별한 경관으로 상징화되었다. 경관에는 나치당 집회를 위한 거대한 경기장과 인상적인 정치 건물들이 포함되어 있으며, 이러한 경관이 결합해

베를린은 나치당의 상징적인 권력의 중심지로 자리매김했다. 도시의 경관은 아돌프 히틀러와 그의 건축가들이 문화적 영향력을 높게 평가한 '고전' 문명(고대 그리스 등)을 참조한 건축 양식을 통해 당의 정치적 권력을 상기시키는 일련의 기념비적 상징으로 읽힐 수 있다. 실제로 히틀러는 고전적인 디자인의 부활을 과거 문명에 걸맞은 새로운 독일 제국에 대한 열망의 핵심으로 여겼다고 볼 수 있다.

다른 한편으로, 지리학자들은 젠트리피케이션과 폐쇄공동체(gated communities)의 일상적인 경관이 그들이 의도하는 거주자에 대한 특정한 이상을 어떻게 표현하는지 보여주었다(Mills, 1993; Till, 1993). 가령, 폐쇄공동체의 디자인은 핵가족(부모와 2.4명의 자녀*가 별도의 가족 단위로 생활)을 위한 단독주택, 아이들이 놀 수 있는 마당이나 정원, 과거의 '전통적인' 마을 배치를 모방해 오랫동안 잃어버린 공동체 의식 주입 등 중산층의 이상을 지속적으로 참조한다. 교과서를 읽을 때 '핵심 단어'를 골라내듯, 이러한 경관에서 매우 특별한 특징을 읽어낼 수 있다. 가령 영국이나 미국의 신전통적(neo-traditional) 커뮤니티를 둘러보면 흰 말뚝 울타리, 앞마당 및 정원의 깔끔한 잔디밭과 화단, 반목조 반회벽의 반복, 조직적인 커뮤니티 행사가 열리는 마을 광장이나 '마을 녹지'를 찾아볼 수 있다(사진 5.5).

그렇다면, 경관은 두 가지 방식으로 텍스트로 볼 수 있다는 점을 알 수 있다. 경관은 텍스트로 재

---

* 2.4명의 자녀(two-point-four children)란 용어는 한때 영국의 가구당 평균 자녀 수였던 2.4명에서 따온 것으로, 정상 가족의 전형적인 특성을 표현할 때 사용된다.

사진 5.5 영국 노샘프턴셔(Northamptonshire)의 새로운 커뮤니티. 2012년에 완공된 이 마을은 가족 단위의 주택 구매를 유도할 수 있는 전통적인 '마을 공동체'를 만들기 위해 이 지역의 석재로 다른 마을의 건축 양식을 본떠 지어졌다.

출처: Dr. Sophie Hadfiled-Hill

현될 수 있고, 텍스트처럼 읽힐 수 있다. 당연한 이야기일 수도 있지만, 이 두 가지 방식으로 경관을 다루는 것은 서로 겹치는 부분이 있다. 이 두 방식 사이에는 끊임없는 충돌이 존재한다. 가령, 경관은 '폐쇄' 공동체와 디즈니랜드의 사례와 같이 텍스트처럼 만들어지고, 계획 문서와 광고와 같이 다른 텍스트로 재현된 다음, 젠트리피케이션에 관한 비평서나 휴가 사진과 같은 또 다른 텍스트로 재현된다. 이 모든 것들은 물질 경관이 다시 쓰이고 재개발되고 다시 읽히는 방식에 영향을 끼칠 수 있다. 이것이 바로 경관의 끊임없는 '상호텍스트적' 특성의 본질이다(Duncan and Ley, 1993).

5.2절에서도 언급했듯 경관은 보는 방식이기도 하다. 코스그로브는 경관을 보는 기본적인 방식은 선형적 원근법이라고 주장한다(Cosgrove, 1985). 즉, 모든 시각에는 '소실점'이 존재하며, 그 지점에 가까워질수록 사물이 점점 작아지다가 사라진다고 이해한다. 먼 곳의 한 지점까지 점점 좁아지는 도로나 철도가 이러한 원근법의 일반적인 사례라 할 수 있다. 경관을 이런 방식으로 보는 것은 자연스러워 보이지만, 원근법이라는 것은 르네상스 유럽의 회화와 과학에서 발전한 개념으로 단순히 '자연스러운' 것이 아니다. 르네상스 이전 화가들은 경관 속 사물, 사람 또는 기타 사물을 중요도에 따라 단순하게 재현했다. 가령 종교적 또는 정치적으로 더 중요한 인물은 더 크게 그리고 이미지의 '전면'에 더 가깝게 표현했다. 시간이 지남에 따라, 5세기 그리스 이후의 수학적, 그래픽적 발전을 바탕으로 예술가들은 원근법을 사용해 거리가 인간의 눈에 미치는 거리의 효과를 모방했다. 즉, 물체가 멀리 떨어져 있을 때 더 작게 보이고, 기찻길과 같은 선이 지평선에 수렴하는 것처럼 보이는

원근법을 모방한 것이다. 이는 르네상스 시대 세계에 대한 합리적이고 과학적인 설명을 추구했던 것을 직접적으로 모방한 것으로, 회화에서 원근법을 사용한 주된 이유는 두 가지로 나눌 수 있다. 첫째, 원근법을 사용하면 적어도 그림이 더 '사실적'이라는 착각을 불러일으킬 수 있었기 때문이다. 둘째, 회화에서 원근법의 사용은 거리, 각도, 부피 측정 등 기하학에 의존하는 새로운 세계(실제로는 공간 그 자체)에 대한 설명에 부합했기 때문이다. 따라서 원근법의 사용은 실제로 세계에 대한 르네상스 사상과 이상, 특히 세계에 대한 과학적 재현의 발전을 강화했다.

그래서 경관에 대해 생각할 때에는 거의 항상 일상적이지만 특정한 보는 방식인 원근법이라는 관점으로 생각하게 된다. 그러나 코스그로브가 주장하듯 원근법으로 경관을 보는 방식에는 많은 문제가 있다. 첫째, 원근법은 현실에 대한 착각일 뿐이다. 그림의 소실점은 항상 선택되어야 하며, 직선 도로를 따라 운전해 본 사람이라면 누구나 알다시피, 역설적으로 그 도로의 '소실점'은 결코 나타나지 않는다! 즉, 원근법은 뇌가 거리와 주변 공간을 이해하는 방식을 재현하는 하나의 방법일 뿐이다. 이 장의 마지막 부분에서 경관을 보는 다른 많은 방법들이 존재하며, 비시각적인 감각도 경관을 경험하는 방식에서 얼마나 중요한지 살펴볼 것이다. 둘째, 오늘날 이러한 특정한 보는 방식이 보편화된 것은 원근법이 권위와 통제와 같은 특정한 정치적, 도덕적 가치를 가져오는 방식에 기인한다. 아주 의도적으로, 원근법은 중심에 있는 사람(보통은 경관 안에 있지 않고 경관을 바라보는 사람)의 힘을 강조한다. 과학, 기하학, 계급에 기반한 특권

이라는 합리적인 힘에 의해 질서정연해진 경관을 바라보는 사람(예술가든 작품 감상자든)은 그 경관을 바라볼 수 있는 힘을 가지고 있다. 그림을 통해 재현을 할 수 있는 사람(훈련된 예술가)과 그 그림을 볼 수 있는 문화적, 경제적 권력을 가진 사람에 대해 생각해야 한다. 후자의 경우, 컨스터블의 '건초 마차'(사진 5.4)를 다시 보면, 경관 속에서 농촌 노동자를 응시하는 것은 지주 계급이지 그 반대가 아님은 분명하다. 따라서 원근법이라는 개념은 일종의 발명품이며, 심지어는 환상이라고 할 수 있다. 원근법은 시간이 지남에 따라 발전해 온 특정한 보는 방식이며, 조금 더 자세히 살펴보면 문제가 있고 심지어는 억압적인 것으로 이해될 수 있는 개연성을 갖고 있다.

포스트식민주의 지리학자들은 식민지 개척자(예: 영국인 플랜테이션 소유주)의 '시선'이 어떻게 식민지(플랜테이션과 플랜테이션 노동자)를 종속적인 위치에 놓이게 했는지 설명해 왔다. 이러한 포스트식민주의 분석은 다른 영역으로 확장되어 '서구'가 '타자'인 경관을 어떻게 보고 이국화해 사람과 장소를 종속시키는지 탐구했다(Gregory, 1994). 이러한 보는 방식은 동아시아에 대한 대중적인 신화나 베일을 쓴 무슬림 여성의 사진(Young, 2003) 등 해당 장소에 대해 생산하는 텍스트에서 매우 중요하다. Box 5.4는 이 장의 맨 처음에 소개한 그랜드 캐니언을 사례로, 시간이 지남에 따라 경관을 '학습'해 온 여러 방식을 보여준다.

그렇다면 문화지리학자들이 오랫동안 상징에 대해 생각해 왔다는 사실을 기억하는 것이 중요하다. 그들은 문화가 땅에 끼치는 영향에 대해 생각하는 것을 넘어서려고 노력해 왔다. 이를 위한 핵

Box 5.4

 그랜드 캐니언 보기

이 장의 시작을 장식한 그랜드 캐니언의 사진을 다시 보자. 이는 유명한 곳이다. 대부분의 사람들은 그랜드 캐니언이 어떻게 생겼는지 알고 있다. 그곳을 방문하는 대부분의 사람들은 그 엄청난 크기(평균 깊이 1마일, 폭 10마일)에 놀라움을 금치 못한다. 사람들은 이곳을 방문해 서서 바라보고 사진을 한두 장 찍지, 오래 머무르거나 래프팅을 하는 경우는 드물다. 대부분은 그저 바라보기만 한다. 하지만 그들은 무엇을 보고 있을까? 왜 보는 것일까? 그리고 왜 그런 식으로 바라보는 것일까? 이러한 질문들에 답하기 위해서는 그랜드 캐니언이 어떻게 보여 왔는지 요약한 타임라인을 살펴볼 필요가 있다.

- 16세기 이전: 아메리카 원주민이 그랜드 캐니언의 일부 지역에 거주했다. 그들은 물을 자원으로 사용했으며, 다른 지형과 마찬가지로 경관에 풍부한 영적 의미를 부여했다.
- 16-17세기: 스페인 탐험가들은 그랜드 캐니언을 보았지만 그 크기를 인정하지는 않았다. 그들은 협곡을 그저 땅이 움푹 팬 곳이라고 생각했고, 그 사이를 흐르는 콜로라도강의 폭은 몇 미터에 불과하다고 생각했다(실제로는 강폭이 100m를 넘는다).
- 18세기: 유타 남부나 애리조나 북부로 이동하던 모피 사냥꾼은 그랜드 캐니언을 무시했고, 그 이후 탐험가들은 이곳을 쓸모없는 황무지라고 생각했다.
- 19세기: 존 웨슬리 파월과 그의 팀에 의해 최초로 지질 탐험이 이루어졌다. 그랜드 캐니언 전체를 여행하며 아래에서 바라본 것은 이 탐험이 처음이었다.
- 19세기 후반: 미국인은 미국의 장엄한 경관을 통해 국가 정체성을 확립하기 시작했다. 이 과정에서 그랜드 캐니언은 중요한 경관이었다. 그랜드 캐니언이 원주민이 아닌 사람들에게 처음으로 '유용하고' 볼 만한 가치가 있는 경관이 된 것이다.
- 19세기 후반: 그랜드 캐니언은 철도 노선의 목적지가 되어 관광객을 끌어들이기 시작했다. 초창기 관광객이 그랜드 캐니언에 들어섰다는 이유로, 초기의 '고전적인' 뷰는 아래 또는 중간쯤에서 내려다보는 것이었다. 유럽에서와 마찬가지로 과거에는 그렇지 않았던 장엄한 경관이 받아들여지고, 심지어는 아름답게 여겨지기 시작했다.
- 20세기 초: 콜브(Kolb) 형제가 그랜드 캐니언의 림(rim)에 사진 스튜디오를 열었다. 대부분의 관광객은 그랜드 캐니언 내부로 들어갈 수 없었기 때문에, 그랜드 캐니언의 림에서 그랜드 캐니언의 사진을 촬영했다. 그리고 이는 점차 '고전적인' 뷰가 되었다. 이로 인해 점점 더 많은 사진을 판매할 수 있었고, 철도 회사는 더 많은 방문객을 유치할 수 있었다!
- 20세기 후반: 그랜드 캐니언은 국립공원이 되었다. 이는 다른 미국의 국립공원에 비하면 상당히 늦게 이루어진 것이었다. 이로써 그랜드 캐니언은 관광지이자 보호해야 할 '가치가 있는' 경관으로서 운명을 결정지었다. 대부분의 개발은 그랜드 캐니언의 림에서 이루어졌기 때문에 대부분의 방문, 전망, 사진 촬영이 이곳에서 이루어진다.

이 모든 역사는 현재 사람들이 방문하는 특정 유형의 방문에 포함된다. 사람들은 기본적으로 그랜드 캐니언을 장엄하고 경외감을 불러일으키는 곳으로 보는 방법을 배웠다. 또한 부분적으로는 실용적인 이유에서, 부분적으로는 상업적인 이해관계를 이유로 그랜드 캐니언을 특정한 방식으로 바라보는 방법을 배웠다. 이러한 역사가 없었다면 오늘날과 같은 그랜드 캐니언을 보지 못했을지도 모른다.

심적인 방법은 경관을 텍스트로 생각하는 것이었다. 이는 여러 가지 논쟁을 불러일으키는데, 이 모든 논쟁은 경관을 당연하게 받아들일 수 없다는 것을 의미한다. 특히 경관이 부유한 토지 소유자와 같은 지배 계층의 이해관계를 반영하는 경우가 많다는 사실을 이해해야 한다. 이들은 두 가지 중첩된 방식으로 경관을 텍스트로 재현할 수 있는 힘을 가진 사람들이다. 첫 번째는 그림, 소설, 음악, 도시 계획 등 경관에 대한 다양한 종류의 텍스트를 통해서이며, 두 번째는 디즈니의 소비 자본주의 마크나 폐쇄 공동체의 중산층이 선호하는 라이프 스타일 등 특정한 기호로 경관 자체를 쓰거나 '새겨 넣는' 방식을 통해서이다. 마지막으로, 텍스트는 특정한 보는 방식, 즉 권력, 통제, 권위를 주장하는 시선을 통해 그 의미를 획득한다는 사실을 기억해야 한다.

5.5 수행/감정으로서의 경관

마지막 절에서는 경관에 들어가는 작업과 실천 그리고 순수한 감정적 에너지를 강조하고자 한다. 이러한 아이디어는 앞 절에서 암시한 바 있다. 가령, 돈 미첼은 경관이 어떻게 만들어지는지 탐구할 필요가 있다고 제안한다. 앞서 그의 접근 방식이 여러 측면에서 물질적이라고 주장했지만, 그는 경관이 하는 일을 살펴본다는 점에서 경관이 어떻게 수행적인지도 살펴본다고 할 수 있다. W.J.T. 미첼은 경관에 대해 적극적인 사고방식을 옹호한다. 그가 편집한(1994) 『경관과 권력(*Landscape and Power*)』은 이름 그대로 '문화지리학' 서적은 아니다. 그렇지만 문화지리학자들이 고려하는 여러 문제를 다루고 있다. 특히, 이 책은 '경관'이 명사인지 동사인지에 관한 의문을 제기한다(5.2절 참조). 미첼은 첫 줄부터 분명하게 말한다. "이 책의 목적은 '경관'을 명사에서 동사로 바꾸는 것이다. 경관을 볼 대상이나 읽을 텍스트가 아니라 사회적, 주관적 정체성이 형성되는 사회적 과정으로 생각할 것을 요구한다."(Mitchell, 1994: 1).

미첼과 이 책의 다른 저자들은 경관이 어떻게 일종의 문화 실천으로 작동하는지를 묻는다. 즉, 경관이 어떻게 그 자체의 힘을 가지는지, 때로는 심지어 인간의 행위 주체성과 무관하게 독립적인 힘을 갖는지 묻는다. 경관은 연구되기를 기다리는 외부의 현실이라는 버클리 학파의 생각처럼 보수적으로 읽힐 수 있다. 그러나 미첼의 주장은 경관에 대한 더 급진적인 이해이며, 실제로 여기서는 이를 ANT와 긴밀하게 연계하는 것을 선호한다(비록 그의 작업과 ANT 이론가 사이에 직접적인 연관성은 없지만 말이다). 왜냐하면 여기에는 경관이 실제로 행위 주체성을 가지고 있으며, 행동할 수 있다고 주장하는 경관 이론가가 있기 때문이다.

요점은, 미첼과 다른 사람들에게 경관이 두 가지의 매우 구체적인 기능을 한다는 것이다. 첫째, 경관은 사회적으로 구성되었다는 사실을 숨기거나 가린다. 정의에 관한 절에서 언급했듯, 경관은 우리가 하는 일에 대해 주의를 끄는 만큼이나 보고 싶지 않은 것(예: 도로)을 숨기는 것과도 관련이 있다(Merriman, 2006 참조). 경관은 실제로는 그렇지 않은 것을 '자연스러워' 보이거나 '그냥 그렇게' 보이도록 만들 수 있다.

둘째, 경관은 이러한 재현을 어떻게든 작동하

게 만든다. 미첼(Mitchell, 1994: 2)은 이를 일종의 '안내(greeting)'라 부른다. 경관은 사람들이 특정한 방식으로 느끼고, 행동하고, 말하게 만들며, 경관을 바라볼 때 특정한 일을 한다. 가령, 같은 책에서 애덤스는 17세기 풍경화가 (사진 5.4의 컨스터블의 그림처럼) 단순히 다른 텍스트와 함께 읽히는 '상호텍스트적' 텍스트가 아니었다고 설명한다(Adams, 1994). 그 대신 특정한 사람들이 특정한 정체성을 만드는 데 도움을 주었다는 점에서 이는 현대 경제 및 정치적 실천의 일부이자, 역사 만들기의 일부였다. 실제로 컨스터블의 그림도 같은 방식으로 읽을 수 있는데, 영국 동부의 '자연' 경관을 재현함으로써 지주와 일하는 노동자가 뚜렷한 계급 정체성을 형성하는 데 적극적으로 도움을 주거나, 최소 이러한 정체성을 강화하는 데 기여했다.

그러나 경관을 수행으로 간주하거나 경관이 수행될 수 있는 다른 방식도 있다. 이런 모든 접근 방식은 경관에 대해 생각할 때 경험주의와 재현의 전의(tropes; 轉義)(일반적인 용어)를 계속해서 깎아내린다. 수행에 대해 이야기할 때(7장 참조) 여러 가지 의미로 사용하긴 하지만, 주로 경관 안에서 사람이 하는 일(혹은 하지 않는 일)에 대해 생각하게 된다.

일부 문화지리학자는 신체에 대해 생각하기를 좋아한다(12장). 가령, 데이비드 매틀리스는 국가 정체성에 대해 논의한다(Matless, 1998). 처음에 그는 영국의 시골을 '영국적인 것'으로 만드는 텍스트와 상징의 종류에 대해 고찰함으로써 국가 정체성을 살펴본다. 그러나 그는 영국인의 신체에 대해 생각할 때 영국의 경관이 중요했던 방식도 살펴본다. 그는 두 차례의 세계 대전 사이의 시기에 초점을 맞추어 국민의 체력을 향상시키기 위한 건강 증진계획을 살펴보았다. 여러분은 아마도 최근 영국 정부가 국민의 체력, 특히 어린이의 체력 향상을 위해 노력했던 사례를 떠올릴 수 있을 것이다(미국의 사례는 Gagen, 2004 참조). 하지만 중요한 점은 건강한 영국인의 몸은 영국의 시골에서 만들어져야 한다는 것이었다. 왜냐하면 이 캠페인의 타깃은 노동 계급이었기 때문이다. 그들은 시골의 경관을 '제대로' 즐기기 위해 행동하는 법을 배워야 했다. 즉, 지도와 나침반을 읽는 법을 배우고, 너무 큰 소음을 내지 않으며, 쓰레기를 버리지 않고, 하이킹과 같은 공격적이지 않으면서도 멋진 활동을 하는 것이었다.

매틀리스의 이야기는 기이하고 재미있어 보일 수 있다. 그러나 요점은 이러한 문제가 영국인의 건강, 정체성, 시민 의식에 심대한 영향을 끼쳤다는 점이다. 더 중요한 것은 이러한 신체적 실천이 영국 시골에 대한 심각한 논쟁의 핵심이었고, 시골이 점차 대중에게 개방되는 상황에서 시골이 누구를 위해, 무엇을 위해 존재하는지에 대한 논쟁의 중심에 있었다는 점이다. 실제로, 영국의 농촌 경관에 대한 진정한 '개방'을 둘러싼 긴장은 램블러(ramblers)* 집단이 표시된 보도 이외의 지역에 대한 접근을 요구하고, 농부나 기타 토지 소유자는 개방이 그들의 생계에 끼치는 영향을 제한하려고 노력하면서 여전히 해결되지 않고 있다.

수행과 경관에 대해 생각하는 또 다른 방법은

---

* 램블러는 단체를 이루어 재미 삼아 시골 지역을 거니는 사람들을 일컫는 말이다.

경관 속에 있다고 생각해 보는 것이다. 어떤 장소에 산다는 것은 어떤 느낌인가? 숲속을 걷는다는 것은 어떤 느낌인가? 산을 오르는 기분은 어떠한가? 바람이 부는 해변을 걸을 때 어떤 에너지가 발산되고, 어떤 감각이 촉발되고, 어떤 감정에 닿게 되는가? 멀리 떨어져 있지만 많은 사랑을 받는 장소의 사진을 보면 어떤 기억들이 떠오르는가(Tolia-Kelly, 2004a; 2004b)?

몇몇 인본주의 지리학자는 어떤 장소를 '사랑'하게 만드는 것이 무엇인지, 즉 사람들이 그곳에서 어떤 종류의 애착을 느끼게 만드는 것이 무엇인지에 초점을 맞추었다. 가령, 이-푸 투안(Yi-Fu Tuan)은 비교적 이른 시기(1974년)에 이러한 문제를 해결하려는 시도를 했다. 그는 물질적인 공간 구조(경사면, 골조, 내부 및 외부 공간)와 인간의 의식(감각과 지각) 사이의 관계에 의문을 품고 어떤 장소에 대해서 다른 장소보다 더 강한 유대감을 느끼게 하는 것이 무엇인지 질문을 던졌다. 인본주의자들은 시, 회화, 건축 설계, 기억 그리고 경관 속에 있는 것과 관련된 신체적 과정을 활용했다. 장소에 대한 개인의 경험도 중요했지만, 경관을 세밀하게 묘사하는 과정에서 신체가 움직이는 방식도 중요했다. 어떤 장소가 여러분에게 특별하게 느껴지고, 그곳에 갔던 기억을 행복하게(혹은 그렇지 않게) 떠올리게 하는 것은 무엇인지 잠시 생각해 보자.

인본주의적 경관 지리학과 최근의 비재현적 경관 지리학 간에는 많은 연관성이 있다. 위에서 언급했듯이 이 중 일부는 ANT에 기반을 두고 있다. 나머지는 현상학에서 인본주의와 철학적인 뿌리를 공유한다. 여기서는 현상학의 형식적인 정의에 대해서는 관심이 없다. 오히려 현대 지리학자들이 경관 속에 있거나 경관을 통해 이동하는 것이 어떤 것인지를 어떻게 다시 생각하는지에 초점을 맞추고 있다. 다시 한번 언급하자면 여기서는 일상적인 경험에 관심을 두지만, 사우어나 J.B. 잭슨이 그토록 선호했던 토착 지리학(vernacular geography)과 같은 부류에는 관심을 두지 않는다. 대신, 경관에 대한 가장 일반적인 사고방식인 탈중심적 '비전'을 강조한다.

사람들이 눈을 통해 경관을 경험한다는 것은 말할 필요도 없고, 시각이 여행을 할 때 경관을 기록하는 주된 감각이라는 점 또한 두말할 여지가 없다. 그러나 보는 것은 이성적, 객관적, 권위와 같은 다양한 문제적 가치와 연관되어 있다. 또한 보는 것만이 경관을 '감각(sense)'하는 유일한 방법은 아니다. 보는 것은 실제로 사람들을 세상으로부터 멀어지게 한다(적어도 원근법이나 식민지적인 시선에 대해 생각해 보면 그렇다). 하지만 신체는 세상과 분리되어 있지 않다. 경관에서 하는 실천은 사실상 그 경관의 일부이다. 따라서 우리에게 더 가까운 다른 감각의 중요성을 인식하는 것은 곧 경관이 일반적으로 생각하는 것보다 더 가깝다는 점을 인식하는 것이다. 그렇다면 경관이 촉각, 미각, 후각 및 청각의 측면에서 얼마나 중요한지에 대해 생각하는 것은 잘못된 것이 아니다(Paterson, 2011). 이는 경관의 일부로서 신체에 대해 더 많은 주의를 기울인다는 것을 의미하며, 경관에 대한 이미지를 구성하기보다는 그 안에서 어떻게 사는지(dwell)에 더 많은 관심을 기울인다는 것이다(이 아이디어에 대한 자세한 내용은 Ingold, 2000 참조).

이러한 신체에 대한 수용은 경관이 인간의 몸

을 넘어 '저 밖에 있다'는 생각에 도전한다. 이를 통해 문화지리학자들은 완전히 새로운 방식으로 경관을 고려할 수 있게 되었다. 가령 존스(Jones, 2003)는 성인의 기억이 어린 시절 우리에게 중요했던 경관과 장소에 접근하는 데 도움이 될 수 있는지 여부와 그 방법에 대해 논의한다(Philo, 2003; Horton and Kraftl, 2006b 참조). 존스에게 어린 시절의 경관, 즉 스스로 만든 굴, 작은 숲속, 잊히거나 방치된 도시의 구석진 곳 등은 어른의 기억이라는 '이성적' 렌즈를 통해서가 아니라 어린 시절을 통해서만 접근할 수 있다(Jones, 2003). 어린이에게 이러한 곳은 어른들이 쉽게 접근할 수 없다는 의미와 중요성을 지니고 있다. 존스에 따르면, 이는 부분적으로는 어른들이 심리적, 정서적으로 발달해 그런 장소에 대한 상상력, 환상적, 유희적 가능성을 차단하는 법을 배웠기 때문에 발생한다(Jones, 2003). 어른들은 그런 장소의 창의적인 잠재력을 보지 못하고 오히려 더 적절한 '기능적' 장소(예: 일, 학습 또는 성인들의 '여가'를 위한 장소)를 선택하는 법을 배운다. 따라서 어린 시절은, 존스는 '다르다'고 부르는, 암흑에 가까운 장소(almost dark place)라 할 수 있다. 따라서 주변의 경관을 감지하고 지각하는 신체(이 경우에는 어린이의 신체)의 크기와 능력은 그 경관의 의미(성인이 되어서는 잃어버릴 수 있는 의미)에 매우 중요한 영향을 끼친다.

다른 한편으로, 와일리는 일련의 혁신적인 논문(예: Wylie, 2002)에서 영국 서머싯(Somerset)의 글래스턴베리 토르(Glastonbury Tor)와 같은 경관을 사례로 걷기의 비재현지리에 대한 글을 썼다. 그의 기록은 경관 속에 있다는 것의 무능함, 즉 시골

에서 산책하는 동안 일어나는 모든 일에 대해 글을 쓰거나 말하는 것이 얼마나 어려운지를 상기시켜 준다. 사실, 이 논문은 세상에 대해 글을 쓰거나 세상을 볼 수 있는 가능성을 무시하지 않는다. 오히려 보는 것, 즉 응시하는 것을 신체와 경관이 함께하는 것으로 이해한다. 산책할 때 경관이 우리에게 닿고 영향을 끼치는 만큼 경관을 보게 된다. 가령, 글래스턴베리 토르 등반에 관한 글을 쓴 와일리는 체현된 움직임(embodied movements)이 시각(vision)과 착근해 인간이 경관을 통과할 때 그 안에 담긴 감정과 감각을 만들어내는 방식을 설명한다.

지금 놀라운 것은 그 길에서 이미 도달한 높이이다. 이미 [서머싯] 레벨스의 넓은 지대가 뚜렷하게 아래에 있고 우리는 위에 있다. 그늘진 공터에서 바라보는 '푸른 하늘, 진줏빛 구름과 녹색 평원, 배경 속의 어두운 산의 풍경은 마치 텔레비전 화면을 들여다보는 것처럼 생생하게 다가온다. 시야가 혼란스러워지는 것이 멈추고, 초점이 맞춰진다.' 뷰(view)는 집중의 순간이자, 상대적으로 고요한 순간이다. 주변을 바라보며 자신을 다스리게 된다. 그리고 이러한 **평정심**(composure)은 등반 경험에서 필수적인 요소이다. 풍경과 함께, 침착해진다.

-Wylie, 2002: 449, 원문 강조

사람들이 느끼는 감정은 단순히 장소에 대한 감정이 아니다. 그보다는 일종의 분위기, 크라우치가 '행동하는 느낌(feeling of doing)'이라고 말한 것에 관한 것이다(Crouch, 2003). 이러한 감정을

만들어내는 것은 신체와 경관의 끊임없는 혼합, 즉 지리학자들이 '정동'이라고 부르는 것이다(11장). 때때로 그저 멈춰 서서 응시하기만 할 뿐이지만, 경관 속에 있는 우리의 존재는 훨씬 더 많은 것에 관여한다.

프랑스에서 자전거를 타는 사람에 대한 스피니의 설명도 이와 비슷하다(Spinney, 2006). 그는 장소에 대한 의미는 사람들이 그 장소를 통과해 움직일 때 만들어진다고 주장한다. 의미라는 것은 장소에 관여하는 행위 자체에서 만들어지는데, 이 경우 자전거를 타는 행위는 특정한 리듬, 속도, 감각(시각 포함)을 만들어내 주변 경관을 특정한 방식으로 보이게 만든다. 아마도 흐릿하게 보일 수도 있다. 혹은 울퉁불퉁할 수도 있다. 아니면 부드러울 수도 있다. 지치거나, 탈수 상태일 수도 있다. 자전거를 타고 경관을 통과해 움직이는 느낌은 걷는 것과는 다른 느낌을 준다.

따라서 이 절은, 이 장의 다른 어떤 부분보다 경관을 동사처럼 볼 수 있는 방법을 보여준다. 지리학자들은 다양한 방식으로 경관을 보고 읽고 쓰는 것에 대한 압도적인 집중에서 벗어나기 위해 노력해 왔다. 어떤 사람은 경관이 정체성 형성의 일부이든 지배 계급을 위해 봉사하는 것이든 경관이 무엇을 하는지에 주목할 것을 제안했다. 다른 사람은 상징주의와 국가 정체성에 대한 관심과 특정한 경관에서 사람들의 신체가 '영국인'의 신체가 되기 위해(혹은 그렇지 않기 위해) 해야 하는 일을 연결시키려고 노력했다. 인본주의 지리학자는 특정한 장소에 대해 형성하는 장소 애착(place attachments)을 강조하며 물질적 장소와 인간의 지각 및 감정 사이의 연결 고리를 찾으려고 노력했다. 마지막으로, 최근의 지리학자들은 ANT처럼 '인간'과 '경관' 사이의 경계를 허물기 위해 노력했다. 이는 인간의 모든 감각을 통합하려는 시도를 통해 이루어졌다. 이를 통해 경관에 존재하는 다양한 방식이 경관에 대한 매우 다른 감정을 만들어내는 것을 관찰할 수 있다.

요약

- 경관은 명사이자 동사로 정의할 수 있다. 그것은 특정한 '것'이자 특정한 일을 '한다'.
- 경관에는 많은 의미가 있다. 여기에는 땅의 물질적인 영역, 땅을 재현하고 보는 방식, 땅과 함께/땅 안에서 존재하거나 행동하는 방식이 포함된다.
- 지리학자들은 '물질' 경관을 탐구해야 한다고 주장한다. 이는 문화가 경관에 끼치는 영향을 이해하는 데 도움이 될 수 있다. 또한 문화 과정이 경관 내의 물질적인 것(예: 주택)과 상호작용하는 방식을 보여줄 수 있다.
- 신문화지리학자는 경관이 단순히 '물질적인' 것이거나, 단지 '거기에 있는 것'이 아니라고 주장했다. 경관은 중립적인 것이 아니라 특정한 이해관계를 지지하고 다른 이해관계를 배제하기 위해 만들어지고 재현된다. (그림이든 경관 그 자체든) 경관의 '상징성' 혹은 '텍스트성'을 읽으면 이

러한 이해관계를 이해하는 데 도움이 될 수 있다.
- '수행'이라는 개념은 경관에 대한 지리적 연구에서 중요한 부분을 차지해 왔다. 경관에서 우리가 하는 행위가 '인간'과 '비인간' 사이의 경계를 허문다는 사실이 점점 더 많이 밝혀지고 있다. 특히, 경관을 단순히 보는 것이 아니라 모든 감각을 통해 느낀다.

- 버클리 학파, 신문화지리학, 인본주의지리학, 비재현이론 등 다양한 접근법 간의 차이는 생각만큼 크지 않다. 거의 모든 이론이 물질로서의 경관, 텍스트로서의 경관, 수행으로서의 경관에 대해 할 말이 있다. 그러나 이들은 이러한 문제에 대해 서로 다른 그리고 종종 상충되는 말을 한다.

 핵심 읽을거리

Duncan, J. and Ley, D. (1993) *Place/Culture/Representation*, Routledge, London.
경관에 대한 신문화지리학적 접근법에 아주 쉽게 녹아들 수 있는 편저다. 집, 젠트리피케이션, 여가, 다문화주의에 대한 예시가 있다. 이 특별한 편저는 일과 실천으로서의 경관에 대해 많은 것들을 말해준다. 이 책은 전자와 후자 간 차이가 선전되는 것만큼 날카롭지 않을 수 있다는 점을 보여준다!

Mitchell, D. (2000) *Cultural Geography: A critical introduction*, Blackwell, Oxford
이 목록에 있는 다른 책보다 어렵지만 2장에서는 신문화지리학에 대한 날카로운 비판을 제공한다. 특히 6-10장은 경관이 섹슈얼리티, 젠더, 민족성 등 여러 '큰 이슈'와 어떻게 얽혀 있는지 잘 보여준다.

Short, J. (1991) *Imagined Country*, Routledge, London.
경관에 관해 가장 읽기 쉬운 저서 중 하나로, 신화, 이데올로기 및 텍스트를 통해 경관의 사회적 의미를 탐구한다. 서양 영화, 호주의 회화, 영국 기술에 대한 사례가 있다.

Wylie, J. (2007) *Landscape*, Routledge, London.
이 장에서 요약만 해 둔 내용을 자세히 설명한 훌륭한 책이다. 특히 경관 이론을 사례와 연결하는 점이 뛰어나다. 경관에 대한 현대적 접근법을 개발하는 데 앞장서 온 저자의 글을 읽고 싶다면 5장과 6장을 보라. 2장은 버클리 학파와 같은 문화지리학의 초기 전통에 대해 고르게 다루고 있다.

텍스트의 지리

6.1 도입

『옥스퍼드 영어 사전』에 따르면 '지리학'(geography)이라는 단어는 "'지구'를 뜻하는 *gēo*와 '쓰는 것'을 뜻하는 *—graphia*를 결합한" 그리스어 '*geōgraphia*'에서 유래한 것으로 나와 있다. 이는 종종 '지구를 쓰는 것'이라고 번역되기도 한다. 지리학 입문 교재를 집어 들면 이러한 정의의 변형(variation)을 찾을 수 있을 것이다. 이런 정의로 시작하는 이유는 현학적인 말장난을 하려는 것이 아니라, 지리학이라는 학문이 모든 종류의 텍스트와 친밀하고 복잡하지만 지속적인 관계를 맺고 있다는 점을 강조하기 위해서다. 이 책의 후반부에서는 신체, 실천, 물질 등 '텍스트를 넘어' 다양한 방식으로 나아가려는 모든 종류의 이론적 접근을 살펴볼 것이다. 따라서 문화지리학자들이 텍스트 자료로부터 점점 더 멀어지고 있다고(혹은 적어도 회의적이라고) 생각하더라도 괜찮다. 그러나 이 장에서는 다소 다른 그림을 그린다. 이 장에서는 문화지리학 연구의 탐구 대상으로서 텍스트의 중요성과 '지리학'이라는 학문이 이해되는 방식에서 텍스트의 역할을 강조한다. 또한 문화지리학자들이 텍스트를 연구해 온 방식을 소개하고자 한다.

이 장에서는 '텍스트'가 무엇인지에 대한 문자그대로의, 어쩌면 전통적인 이해에 초점을 맞춘다. 보통은 글로, 때로는 말로 표현되는 '단어'가 지배하는 텍스트를 살펴본다. 이를 통해 소설, 구전되는 역사, 지도, 공공 정책 결정 등 불가피하게 부분적으로 선택된 텍스트를 소개한다. 눈치 빠른 독자라면 이 책의 다른 장에서 '텍스트'라는 용어를 사용하는 방식과 다소 다르다는 점을 눈치챌 수 있을 것이다. 다른 장에서 사용한 '텍스트'의 경우, 이는 '텍스트'가 글이나 말 외에도 다양한 형태를 취할 수 있다는 것을 의미한다. 가령, 5장에서는 텍스트로서의 경관을 살펴보고 2장에서는 뉴스 미디어의 문화 생산(특히 Box 2.1)에 대해 살펴본다.

이 장에서는 세 가지 이유로 텍스트에 대한 좁은 정의를 채택한다. 첫째, 글과 말이라는 텍스트에 초점을 맞춘 문화지리학의 이질적이지만 중요한 연구를 강조하기 위해서다. 둘째, 문화지리학의 재현에 관한 일련의 논쟁(1.4절과 1.5절 참조), 특히 페미니스트와 포스트구조주의 지리학자들이 전통적인 형태의 학문적 재현에 대해 제기한 문제를 조명하기 위해서다. 셋째, **수행, 정동, 체현**의 **비재현**지리 또는 '텍스트 너머의(more-than-text)' 지리에 관심이 높아지면서 텍스트가 재구성되는 방식에 주목하기 위해서다(7장, 11장, 12장).

하지만 먼저, 문화지리학에서 텍스트의 지위에 대해 생각해 보는 것으로 시작하고자 한다.

6.2 공간/텍스트: 텍스트의 지리에 대한 접근 방식의 변화와 포스트구조적 도전

이 장 첫 부분의 Box('이 장을 읽기 전에')에서는 일상생활에서 등장하는 텍스트를 생각해 보라고 했다. 이 질문을 다시 한번 살펴보자. 무엇이 떠오르는가? 아마 여러분의 대답은 아래 제시된 텍스트에 관한 세 가지 사고방식 중 한 가지 이상에 해당할 것이다.

- 의사소통 방식: 이메일, 문자 메시지, 구두 발표 또는 블로그
- 엔터테인먼트에 관한 정보의 출처: 웹사이트, 신문, 잡지 또는 책
- 표현 방식: 속어나 방언을 사용해 정체성을 표현하거나 소셜 네트워킹 그룹에 가입해 정치적 대의에 대한 연대를 표현하는 경우

각각의 경우 텍스트는 다른 기능을 수행한다. 또한 '채팅 용어(textspeak)'(문자 메시지 혹은 채팅 축약어)를 만들어낸 기술이나 사회적 힘부터 지역의 방언이 진화하는 지리적 맥락에 이르기까지 텍스트는 특정한 맥락에 둘러싸여 있다. 그리고 마지막으로 각각의 경우 텍스트는 '현실'이라고 부르는 것과는 다른 관계를 맺고 있다.

이를 통해 인문지리학의 핵심 개념(공간, 장소, 스케일 등)과 텍스트와의 관계를 잠시 생각해 볼

수 있다(Hones, 2008). 이는 다음과 같은 일련의 질문을 던진다.

1. 텍스트는 '실제' 장소와 공간 프로세스에 대해 얼마나 많은 것을 알려줄 수 있는가?
2. 텍스트는 현실을 재현(또는 반영)하는 것 외에 어느 정도까지 창조할 수 있는가?
3. 텍스트가 놓친 것은 무엇이며 텍스트에 관해 '더욱 완전한' 그림을 얻기 위해서는 무엇을 알아야 하는가?
4. 특정한 텍스트 실천으로 인해 특정 집단의 사람들이 유리하거나 불리한 위치에 놓여 있는가?

• 위와 같은 질문은 문화지리학과 다른 학문 분야에서 엄청난 논의를 촉발시켰다. 하지만 이 절에서 소개하는 '텍스트의 지리'에 대한 비판적 성찰을 유도하기 위해 문화지리학자들이 이러한 질문을 어떻게 다뤄왔는지 간략하게 살펴볼 필요가 있다.

■질문 1: 텍스트는 '실제' 장소와 공간 프로세스에 대해 얼마나 많은 것을 알려줄 수 있는가?

이 질문에 대한 즉각적인 대답은 텍스트가 이 책의 다른 장에서 논의하는 공간 형성 과정의 종류와 과정에 대해 알려줄 수 있다는 것이다. 키친과 닐이 지적했듯이, 문화지리학자들은 '지리적 데이터'의 원천이자 "장소의 주관적인 경험"에 대해 알려줄 수 있는 문학 작품에 지속적인 관심을 가져왔다(Kitchin and Kneal, 2001: 19). 가장 유명한 예

로, 투안(Tuan, 1977)처럼 인본주의에 영감을 받은 지리학자는 특정한 경관에 대해 강력하고 시적인 느낌을 줄 수 있는 문학 작품을 활용했다(5장; Porteous, 1985). 이러한 접근법의 최근 사례(일본)는 6.3절에서 설명한다.

하지만, 투안과 다른 사람도 알고 있듯이, 텍스트가 '실제' 장소에 대해 알려줄 수 있는 것은 제한적이다. 이제 문화지리학자들은 문학 이론과 철학 아이디어를 바탕으로 '재현의 위기'라는 개념을 일상적으로 받아들인다(9장). 이 '위기'를 좀 더 극적으로 표현하자면, "말과 사물 사이에 다시는 닫히지 않을 틈이 생겼다… 그 과정에서 재현은… 확실성의 원천이라기보다는 의심스럽고 능동적인 조작이 된다(Söderström, 2005: 13). 이는 말이 현실을 '기표화(signifying)'(정확한 의미를 전달)하는 것이 어렵기 때문에 우리 주변의 세계를 말로 번역하는 것이 불가능하다는 의미이다. 왜 그런지 이해하려면 위에서 제기한 나머지 세 질문을 살펴볼 필요가 있다.

■질문 2: 텍스트는 실제를 반영하는 것 외에 어느 정도까지 창조할 수 있는가?

텍스트가 '현실'을 단순하게 재현할 수 없는 주된 이유는 텍스트와 텍스트 '외부'에 있는 현실을 구별하기 어려운 경우가 많기 때문이다. 사회학자 스탠리 코헨(Stanley Cohen)의 연구에서 가져온 사례는 여기서 의도하는 바를 조금이나마 설명해 준다(Cohen, 1967). 그는 1960년대 영국 남부 해안에서 벌어진 두 하위문화 집단, 곧 모드와 로커 (Mods and Rockers) 간의 악명 높은 '전투'를 살펴

사진 6.1 코헨의 사례와 같은 언론 보도로 인해 악화되었던 1964년 모드와 로커 간의 충돌을 보도한 신문 1면.
출처: John Frost Historical Newspapers

보았다(사진 6.1). 분석의 일부는 로컬 및 전국 신문 보도를 기반으로 하고, 일부는 두 하위문화 집단의 젊은이들과 대화를 나누는 심층 연구를 기반으로 했다. 신문 보도는 '브라이턴 전투(Battle of Brighton)'처럼 전쟁 같은 시나리오를 예측하는 '재난 시퀀스'의 형태를 취했다. 기자들은 폭력이 일어날 것이라고 예측하면서 각 집단에서 '지원군'이 오고 있으며 인근 지역에 추가적으로 경찰 병력을 요청할 것임을 시사했다. 대다수의 젊은이들이 문제를 일으키지는 않았지만, 신문기사의 예측은 현실이 되었다. 싸움이 벌어졌고, 지원군이 왔으며, 추가적인 경찰 병력의 존재는 상황에 불을 지피는 역할을 했다. 코헨의 요점은 인쇄 매체가 두 집단 간의 대립에 부분적으로 책임이 있으며, 단순히 이를 재현하는 데서 그치지 않고 일련의 '전투'를 만들어냈다는 것이다. 그는 이러한 보도가 없었다면 두 집단 간의 갈등은 훨씬 덜했을

것이며, 이에 따른 폭력 사태도 일어나지 않았을 것이라고 주장했다.

코헨의 사례는 텍스트 재현과 그것이 단지 현실을 재현한다고 여기는 정당성에 의문을 제기하는 여러 접근법 중 하나에 불과하다. 여러 측면에서 텍스트의 지리는 누가, 무엇을 재현할 수 있는지(또는 재현하지 않는지) 의문을 제기하는 것이다. 따라서 이 장의 서론 부분에서 강조했듯이, 텍스트 지리학자에게 중요한 개념적 영감의 원천은 포스트구조주의 철학, 특히 프랑스 철학자 자크 데리다(Jacques Derrida)의 업적의 핵심인 '해체(deconstruction)'라는 개념이다. 도엘은 지리학자가 다음의 세 가지 방식으로 해체를 사용해 왔다고 주장한다(Doel, 2005).

- 해체하기 위해: 해체는 어느 정도 가정된 의미를 지닌 용어(예: '정체성')를 분해하거나 해체하

는 것이다.

- 방법으로서: 어느 정도 가정된 용어를 해체하기 위해서는 "그 용어가 어떻게 자리를 잡았고, 어떻게 그 자리를 확보하려고 노력했는지" 탐구해야 한다(Doel, 2005: 247; 원문 강조)
- 불안정성에 대한 인식으로서: 해체는 어떤 용어가 다른 의미를 가질 수 있음에도 불구하고 특정한 의미를 갖는다는 것을 입증하는 방법이다. 또한 이는 의미라는 것은 항상 잠정적이며 (이상적인 젠더 역할과 같은) 지속되는 아이디어는 이것이 더 정확해서가 아니라 (남성과 같은) 지배적인 힘이 그 의미를 지속시킬 수 있는 힘을 가지고 있기 때문임을 보여주는 방식이다.

해체란 현실의 혼돈 속에서 매우 특정한 종류의 질서를 만들어내는 가장 당연한 용어에 의문을 제기하도록 초대하는 것이다. 이러한 통찰을 바탕으로 6.4절과 6.5절에서는 텍스트가 어떻게 현실을 창조하는지에 대한 몇 가지 구체적인 사례를 살펴본다.

■ 질문 3: 텍스트가 놓친 것은 무엇이며 텍스트에 관해 '더욱 완전한' 그림을 얻기 위해서는 무엇을 알아야 하는가?

이 책의 다른 장에서 논의하겠지만, 해체와 같은 포스트구조주의 이론은 텍스트의 재현이 갖는 정당성에 의문을 제기하는 문화지리학의 광범위한 연구의 일부였다. 2000년 이후 이러한 연구의 대부분은 비재현지리라는 용어로 분류되었다(11장). '비재현'이라는 용어는 문화지리학에서 텍스트

자료를 사용하는 것 이상의 의미를 내포하는 것처럼 보일 수 있다. 실제로 텍스트 자료는 체현, 수행, 정동에 관한 일부 연구에서 경시되어 왔다. 그러나 비재현지리가 '텍스트' 자료와 '비텍스트' 자료 간에 선을 그었다고 주장하는 것은 너무 단순한 생각이다. 비재현 접근법은 분명 텍스트를 이해하는 방식에 도전하지만, 문화지리학자들은 이러한 접근법이 어떻게 텍스트의 지리를 수행하는 방식을 확장할 수 있는지를 보여주었다.

- 글이나 말과 같은 텍스트 실천은 체현된 수행의 중심이 되는 상징적 의미의 일부를 형성할 수 있다. 가령, 내시는 다양한 스타일의 춤과 관련해 역사적 내러티브와 이를 둘러싼 집단적 의미를 이해하지 않고서는 그 풍요로움을 온전히 감상하는 것이 불가능하다는 점을 보여준다(Nash, 2000).
- 사운더스가 주장한 것처럼, 문학 작품에 대한 균형 잡힌 설명은 그 맥락을 알고 있어야 가능하다(Saunders, 2010). 이는 텍스트가 작성될 당시 지배적이었던 사회 또는 경제 상황을 고려하는 것을 의미할 수 있다. 그러나 이는 또한 특정 장소에서 텍스트에 의미를 부여하는 신체적 실천(비재현지리의 바로 그 내용)을 설명하는 것을 의미할 수도 있다.
- 학술지에 게재되거나, 콘퍼런스에서 발표되고, 포스트구조주의 이론의 무게감 있는 단어에 의존하고, 때로는 아카이브 자료나 정책 문서를 '데이터'로 활용하는 등 비재현지리의 대부분이 어느 정도 텍스트에 의존한다는 점은 피할 수 없는 사실이다. 단어가 일상생활의 흐름의

일부라는 사실을 받아들이면 답답해 보이는 오래된 아카이브 문서도 명령, 읽기, 보관, 보존 등 특정한 종류의 실천들이 적용된다는 사실을 깨닫게 된다(DeSilvey, 2007).

■ 질문 4: 특정한 텍스트 실천으로 인해 특정 집단의 사람들이 유리하거나 불리한 위치에 놓여 있는가?

도엘은 "차이, 타자성, 변용성에 대한 긍정이⋯ 인문지리학의 주류가 되었다"고 주장한다(Doel, 2005: 248)(8장에서 이를 자세히 설명한다). 도엘은 이 연구에서 해체가 가정된 방식에 대해 문제를 제기하지만, 여기서 더 중요한 점은 차이에 대한 인정이 텍스트 자료의 권위와 정확성에 의문을 제기하는 또 다른 이유였다는 사실이다. 이런 이유로 포스트식민주의와 페미니즘 접근법에 영감을 받은 지리학자는 텍스트가 어떻게 지배적인 사회 집단의 이익을 지지할 수 있는지, 혹은 텍스트가 어떻게 힘없는 다른 집단을 배제하고, 낮잡아보고, 권한을 박탈하거나 불쾌감을 줄 수 있는지 설명해 왔다. 가령, 페미니스트 지리학자들(예: Rose, 1993)은 학문으로서 지리학 자체가 남성 지배적인 학문이며, 학술 연구에서 여성의 목소리가 제대로 재현되지 않았고, 학계에서 여성으로 가정되는 세계에 대한 글쓰기 방식(예: 연구에 감정을 포함시키는 것)이 배제되어 왔다고 주장한다. 이 장의 뒷부분에서 이러한 주장을 좀 더 자세히 살펴볼 것이다.

이 절은 여러분 자신의 일상에서 텍스트가 '하는 일'이 무엇인지 생각해 보라고 요청하면서 시작했다. 텍스트의 지리는 단순히 '지리적인' 내용을 발굴하는 것뿐만 아니라 텍스트의 정당성에 의문을 제기하는 것이기도 하다는 점에서 텍스트와 세계의 관계에 대해서도 생각하게 되었다. 따라서 텍스트 지리학자들은 텍스트를 만들고 텍스트가 만들어지는 맥락(역사적, 경제적, 수행적, 물질적)에도 관심을 갖는다. 다음 부분에서는 문화지리학의 사례 연구를 살펴보면서 이러한 질문을 염두에 두고자 한다.

6.3 소설 지리

이 절에서는 사운더스가 주장한 것처럼, 텍스트의 지리 연구에서 주로 사용되어 온 '소설' 작품을 살펴본다(Saunders, 2010; Sharp, 2000와 Ogborn, 2005도 참조). 위에서 언급했듯이 문화지리학자들은 특정한 장소와 경관에 대한 주관적인 경험뿐만 아니라 일련의 광범위한 정치, 사회 및 문화 과정을 알려줄 수 있는 자료인 소설로 눈을 돌렸다. 여기서는 두 가지 주제를 규명하고자 한다. 첫째, 소설이 경관에 대한 이해를 어떻게 강화할 수 있는지에 초점을 맞추고, 둘째, 소설이 도시 변화와 같은 공간 프로세스를 이해하는 데 어떻게 도움이 되는지 분석한다.

■ 경관의 소설 지리

이 책의 5장에서 경관에 대해 다루지만, 여기서는 소설 작품이 경관에 관해 어떤 통찰력을 제공할 수 있는지 살펴보고자 한다. 서구권 독자에게는 잘 알려지지 않았지만 일본(책의 배경이자 작가의 출신지)에서 유명한 소설 작품을 통해 살펴보고자 한다. 이는 문화지리학자 이라프네 차일즈(Iraphne Childs)가 분석한 가와바타 야스나리(Yasunari Kawabata, 2011[1956])의 『설국(*Yukiguni; Snow Country*)』이다(Childs, 1991). 이 글에서는 소설 속 인물과 경관 사이의 관계 그리고 일본 역사와 문체(written style)에서 경관과 특정 (지속적인) 이상을 다루는 방식에 초점을 맞추고 있다.

『설국』은 도쿄의 부유한 사업가와 일본 알프스 서부의 작은 산골 마을에 사는 젊은 게이샤의 관계에 관한 이야기다. 이 지역(유키구니)은 가파르고 숲이 우거진 산과 그림같은 마을이 있는 곳으로, 일본인들이 휴식, 휴양, 신혼여행을 위해 자주 찾는 곳이다. 차일즈에 따르면, 가와바타는 서양 소설가보다 자연 경관을 훨씬 더 중요하게 다루었다(Childs, 1991). 가령, 계절의 변화는 사업가와 게이샤 사이의 감정 관계의 변화를 암시한다. 게이샤는 종종 "마치 산의 눈을 형상화한 것처럼… 세이케츠(清潔, 깨끗하고 순수한)라는 형용사로 묘사된다(Childs, 1991: 11)." 이런 경관의 활용에 대한 좀 더 긴 사례는 Box 6.1에서 확인할 수 있다. 차일즈는 "이런 점에서 이 소설은 일반적으로 경관 외부에서 바라보는 인간의 시점을 취하는 서양의 풍경화와는 달리, 항상 장면의 일부로 섞여 있는 인간을 묘사하는 전통적인 동양 풍경화의 시각을 잘 보여 준다"고 주장한다(Childs, 1991: 3). 차일즈는 이것이 일본에서는 1,000년 이상 된 경관을 바라보는 전통이라고 주장한다(Childs, 1991). 따라서 이 소설은 행동을 단순하게 설명하기보다는 상징적인 이미지를 사용한다. 즉, 이 소설은 자연 경관

을 통해 이야기를 전달한다.

또한 『설국』은 시의 형식에 대한 관심도 탁월하다. "문체가 말하고 창조하는 방식에 주목한다. 목소리가 말하는 것뿐만 아니라 말하는 방식에도 귀를 기울임으로써 장소를 열어 준다"(Saunders, 2010: 441). 즉 텍스트의 전달 방식에 주의를 기울이면 텍스트의 의미가 더욱 풍부해진다고 볼 수 있다. 단순한 의미에서, 사람들은 같은 단어를 다른 목소리 톤으로 전달하면 듣는 사람에게 다른 의미를 전달할 수 있다는 사실을 알고 있다. 일본 전통 하이쿠 형식을 활용해 등장인물과 경관 간의 관계를 전달하는 『설국』도 마찬가지다. 특히 차일즈의 표현을 빌리자면, 가와바타는 하이쿠의 두 가지 핵심 요소인 "움직임과 소리의 융합을 전달하기 위해… 독특한 어구의 전환"을 사용했다(Childs, 1991: 12). Box 6.1에는 어구 전환의 더 자세한 사례가 포함되어 있다.

가와바타의 소설(과 이에 대한 차일즈의 분석)은 유럽과 북미의 문화지리학에서 소외된 경향이 있었던 경관에 대한 이해를 엿볼 수 있다는 점에서 중요한 의미를 지닌다. 소설 작품만이 이러한 이해에 접근할 수 있는 유일한 방법은 아니지만, 텍스트는 그 자체의 텍스트적 특성을 통해 경관을 더 광범위한 문화 원리(예: Box 6.1에 언급된 유겐)와 연결시켜 준다. 사운더스가 주장한 것처럼, Box 6.1처럼 단어나 문장 또는 단락 등 텍스트의 세부 사항에 초점을 맞추면 텍스트의 지리가 다소 자의적으로 보일 수 있다(Saunders, 2010). 하지만 이러한 비판을 받아들이더라도, 음악이나 무용과 마찬가지로 소설 작품 또한 심오한 상상력을 불러일으킬 수 있는 상상의 공간을 창조할 수 있다는 점이

Box 6.1

 가와바타 야스나리의 『설국』의 경관과 시학

가와바타의 소설에는 여러 서양 소설과는 상당히 다른 문체적 요소가 포함되어 있다. 그의 작품이 유명해진 두 가지 핵심 요소는 경관을 다루는 방식과 소설의 시적 형식이다. 이 두 가지 요소에 대한 이해를 돕기 위해 『설국』에서 발췌한 두 문단을 제시한다(Childs, 1991 참조).

앞부분에서 언급했듯이 가와바타는 소설 속 주요 인물의 성격을 연상시키는 감각을 제공하기 위해 경관을 활용한다. 여기서 그는 설국의 또 다른 처녀인 요코를 "유겐(幽玄; 미묘한 신비와 깊이)의 전통적인 미적 원리를 구현한" 인물로 묘사한다(Childs, 1991: 12).

저녁 산의 흐름 속에 처녀의 얼굴이 떠 있는 것 같았다. 그때 그녀의 얼굴에 등불이 켜졌다… 그렇게 등불은 그녀의 얼굴을 흘러 지나갔다. 그러나 그녀의 얼굴을 빛으로 환히 밝혀주는 것은 아니었다. 차갑고 먼 불빛이었다. 작은 눈동자 둘레를 확 밝히면서 바로 처녀의 눈과 불빛이 겹친 순간, 그녀의 눈은 저녁 산의 물결에 떠 있는 신비스럽고 아름다운 야광충이었다.

–Kawabata, 1956: 16

두 번째로 주목한 요소는 가와바타가 움직임과 소리를 전달하기 위해 하이쿠를 활용했다는 점이다. 다음의 인용문은 하이쿠 활용의 예시다.

사방의 눈 얼어붙는 소리가 땅속 깊숙이 울릴 듯한 매서운 밤 풍경이었다… 멀고 가까운 높은 산들이 하얗게 변한다. 이를 '산돌림'이라 한다. 바다가 있는 곳은 바다가 울리고, 산 깊은 곳에서는 산이 울린다. 먼 천둥 같다. 이를 '몸울림'이라 한다. 산돌림을 보고 몸울림을 들으면서 눈이 가까웠음을 안다.

–Kawabata, 1956: 129

중요하다(이를 7장 수행의 지리에 있는 프랑스 지역 민속 음악의 사례와 비교해 보라).

■ **소설은 공간 프로세스의 '비판적 거울'이다**

소설은 문화지리학자에게 특정한 경관 그리고 인간이 그 경관과 상호작용하는 방식에 대해 많은 것을 알려줄 수 있지만, 공간 프로세스를 비판적으로 분석하는 데도 도움이 된다. 다시 말해, 소설 작품은 단순히 경관에 대한 이야기만 들려주는 것이 아니다. 오히려 소설은 도시 형태의 역동성에서 정치 경제 시스템의 기능에 이르기까지 많은 문화지리학자(실제로는 일반 인문지리학자)가 관심을 갖는 광범위한 문제에 대한 '비판적 거울'을 제공해 줄 수 있다. 이를 통해 6.2절에서 소개한 텍스트의 지리는 모두 '질문하기(questioning)'에 관한 것이라는 아이디어로 돌아간다. 여기서는 6.2절에 제기된 두 가지 아이디어를 논의한다. 첫째, '텍스트'와 '현실'의 관계, 특히 텍스트가 키친과 닐이 세계의 "현재 상태"라고 부르는 것(Kitchin and Kneale, 2001: 21)에 대한 독자의 인식과 이해에 영향을 끼칠 수 있다는 생각이다. 둘째, 소설 작품이 도시 공간이 사회적 차이를 반영하는 방식에 대해 무엇을 말해 줄 수 있는지 탐구한다.

이를 논의하기 위해 이 절에서는 키친과 닐이 두 가지의 중첩되는 소설 장르인 공상과학 소설과 유토피아 소설의 "상상의 지리"라고 부르는 것(Kitchin and Kneale, 2001: 19)에 초점을 맞출 것이다. 공상과학(SF) 소설은 종종 기존의 현실(특히나 과학과 기술의 측면에서)을 한 사회의 과거나 미래에 투영한다. 다른 세상을 상세하게 묘사하거나, 더 정확하게는 우리가 살고 있는 세계의 이미지를 제시하는 경우가 많다. 공상과학 소설의 주요 특징은 개연성이다. 공상과학 소설 작가는 유전자 복제, 통신 기술, 에너지 생산 등 어느 정도 정확한 기존의 과학 지식을 바탕으로, 그럴듯한 형태의 지식이 만들어낸 대안적인 세계를 상상한다(Kitchin and Kneale, 2001).

38개의 공상과학 소설을 분석한 키친과 닐의 연구는 여기서 논의하고자 하는 두 가지 아이디어를 강조한다는 점에서 특히 유용하다. 먼저 키친과 닐은 공상과학 소설이 독자에게 끼치는 영향을 논의한다(Kitchin and Kneale, 2001). 이들에게 공상과학 소설은 본질적으로 공간적이며, 이 소설이 독자에게 끼치는 영향의 핵심은 공간 프로세스를 다루는 방식에 있다. 공상과학 소설은 그럴듯한 것과 믿기 어려운 것들을 결합한다는 점에서 '낯섦(estrangement)'을 유발한다. 이는 독자로 하여금 세상이 다른 모습이었을 수도, 다른 모습일 수도 있다고 생각하게 만든다. 이 기술이나 저 기술이 특정한(아마도 극단적인) 방식으로 채택되면 어떤 일이 일어날지 생각해 보도록 유도한다. 공상과학 소설은 독자들이 세상에 대해 비판적인 입장을 취함으로써 기존의 공간 프로세스에 '비판적 거울'을 들이댈 것을 장려한다. 키친과 닐은 다음과 같이 말한다(Kitchin and Kneale, 2001: 21).

여기서 '낯섦'이란 '제자리에서 벗어난 것', 낯선 사람에 의해 자아의 경계가 침범당하는 것, 새롭고 낯선 공간의 구성, 영토 정체성의 붕괴와 같은 공간적 메타포 안에 묶여 있다는 점을 인식하는 것이다.

위에서 강조했듯이, 키친과 닐은 문화지리학(실제로는 인문지리학의 여러 분야)의 핵심을 이야기하고 있다. 특히 윌리엄 깁슨(William Gibson)의 『뉴로맨서(Neuromancer)』나 브루스 스털링(Bruce Sterling)의 『네트의 섬들(Islands in the Net)』과 같은 이른바 '사이버펑크' 공상과학 소설이 미래의 도시적 장소에 관한 선견지명을 제시한다고 말한다. 깁슨은 『뉴로맨서』에서 두 도시 사이 넓은 지역을 집어삼키면서 탈중심화된 도시 스프롤(sprawl)의 결과물이라 할 수 있는 미래의 '보스턴-애틀랜타 메트로폴리탄 축(Boston-Atlanta Metropolitan Axis)'에 대해 이야기한다. 스털링은 『네트의 섬들』에서 "[건물]이 컴퓨터 네트워크의 통합을 통해 가상화되어 '스마트'해지는 미래형 싱가포르에 대해 썼다." 그리고 공상과학 소설 작가들은 마이클 디어와 같은 지리학자가 '포스트모던 도시의 조건'이라고 부르는 것(Michale Dear, 2000)을 그려낸다.

자유주의적 자본주의(libertarian capitalism)에 의해 재질서화된 세계… 글로벌화와 사회 공간 프로세스를 통해 모든 공간 스케일이 재편된 세계… 소수의 거대 다국적 기업이 지배하는 세계… 중산층이 사라지고 가진 자와 갖지 못한 자로 깔끔하게 나뉜 세계, 분열되고 파편화된 도시의 세계… 부자는 (공공 공간이 제거된) 사적이고 방어 가능한 공간에 살고 가난한 사람은 무정부 공간과 무법 공간에 방치되는 세계… 등이다.

-Kitchin and Kneale, 2001: 25

따라서 공상과학 소설은 후기 자본주의 사회의 잠재적인 균열을 폭로하고 추론함으로써 점차 현실화되고 있는 사회의 극명한 구분선에 주목한다(예: Davis, 1990). 따라서 이런 텍스트는 현대 도시 형태의 잠재적인 미래에 주목할 뿐만 아니라 독자들에게 이러한 형태가 다양한 사회 집단(특히 데이비스의 경우 도시에 거주하는 소외당한 이주자 커뮤니티)에 미치는 영향에 대해 질문을 던질 것을 요청한다.

다음으로 유토피아 소설에 대해 살펴보자. 이를 포함시킨 이유는 문화지리학자 사이에서 유토피아에 대한 관심이 높아지고 있기 때문이다(Harvey, 2000; Anderson, 2006; Kraftl, 2010). 여러 측면에서 공상과학 소설은 일종의 유토피아 글쓰기다(Moylan, 1986). 그러나 유토피아 소설은 공상과학 소설보다 더 다양한 형태를 취하며, '존재하지 않는 장소'인 '좋은 장소'에 대한 글쓰기와 관련이 있다(Kumar, 1991; Pinder, 2005b). 클레이즈와 사르겐트는 유토피아 소설을 다음과 같이 정의한다(Claeys and Sargent, 1999: 1).

동시대의 독자가 자신이 살던 사회보다 훨씬 더 나은 사회라고 생각하도록 상세하게 묘사하고, 작가가 의도한 시간과 공간에 위치하고 있는 존재하지 않는 사회.

많은 사람이 무인도나 이상적인 집 또는 완벽하게 풍요로운 정원으로 떠나는 형태의 꿈을 꾼다. 그러나 유토피아 글쓰기의 핵심은 인간 삶의 거의 모든 측면을 인간이 통제할 수 있고 가능한 한 좋은(심지어 완벽한) 상태로 만들 수 있다는 생각에 있다. 놀랍게도, 유토피아는 공상과학 소설과 마찬가지로 상상 속 또는 이상 도시의 형태를 취하는데, 1516년에 출간된 토머스 모어(Thomas More)의 『유토피아(Utopia)』가 가장 널리 알려진 초기 저작이다.

위더스는 문학 지리를 이해하는 핵심적인 방법은 텍스트의 기능, 즉 텍스트가 독자에게 어떻게 받아들여지는지 이해하는 것이라고 주장한다(Withers, 2006). 크래프틀은 따라서 유토피아가 독자에게 끼치는 감정적 영향을 더 잘 이해해야 한다고 주장한다(Kraftl, 2007). 올더스 헉슬리(Aldous Huxley)의 이상적인 『섬(Island)』과 같은 수많은 유토피아는 독자를 다른 시간과 장소로 이동시키는 도피주의적 환상을 제공한다는 점에서 일종의 '보상적' 유토피아라고 할 수 있다. 앞서 언급한 키친과 닐의 말처럼, 유토피아는 독자들이 일상의 문제에서 잠시나마 벗어날 수 있는 개념적 공간을 제공하는 '상상의 지리'다. 그러나 크래프틀은 많은 유토피아가 '불안정'하다고 주장한다(Kraftl, 2007). 가령, 윌리엄 모리스(William Morris)의 『뉴스 프롬 노웨어(News from Nowhere)』는 익숙한 런던이라는 도시의 이미지가 대부분의 사람들의 생각과는 상반되는 낯선 힘(야생의 자연과 농업)에 의해 점령된 새로운 모습을 제시했다. 공상과학 소설과 마찬가지로, 『뉴스 프롬 노웨어』같은 유토피아 소설은 현실과 상상을 결합함으로써

Box 6.2

B.F. 스키너의 『월든 투(Walden Two)』: 공상과학 소설 속 유토피아는 현실이 되었나?

B.F. 스키너(B.F. Skinner)의 유토피아 소설 『월든 투』 (1948)는 공상 과학 소설 유토피아의 전형이다. 스키너는 20세기 중반 하버드에서 근무하던 심리학자로, 인간 행동의 결정 요인(환경 결정 요인 포함)을 발견하는 데 관심이 많았다. 그는 이른바 '행동주의 심리학'의 선구자였다. 그러나 스키너는 공상과학 소설의 전통에 따라 자신의 연구 결과를 바탕으로 이상적이고 의도적인 공동체에 대해 묘사하는 유토피아 소설 『월든 투』를 집필하기도 했다. 스키너의 작품이 흥미로운 이유는, 그의 소설이 미국 버지니아의 트윈 오크스(Twin Oaks)와 멕시코의 로스 오르코네스(Los Horcones)를 비롯한 대안적 삶의 '실제' 실험에 영감을 주었기 때문이다.

『월든 투』의 핵심 요소는 설계(소설에서는 '계획')가 공동체 구성원의 행동을 미리 결정하는 데 도움이 되었다는 점이다(이것이 스키너가 자신의 연구에서 영감을 얻은 부분이다). 이 계획은 공동체의 공간적, 사회적 조직을 모두 통제했으며, 이는 월든 투의 설계자(orchestrator)인 프레이저가 자신의 업적을 설명하는 부분에서도 잘 드러난다.

저는 '월든 투'를 계획했습니다. 건축가가 건물을 설계하는 것이 아니라 과학자가 장기적인 실험을 계획하는 것처럼 말이죠… 어떤 의미에서 '월든 투'는 미리 결정된 것이라고 할 수 있지만, 군중(beehive)의 행동이 결정된 것은 아닙니다. 교육 시스템에서 지능이 형성되고 확장되더라도, 지능은 여전히 지능으로 기능할 겁니다. 이 계획이 하는 일은 지능을 올바른 방향으로, 지적인 개인보다는 사회의 이익을 위해 유지하는 것입니다.

–Skinner, 1948; Claeys and Sargent, 1999에서 재인용

위의 인용문은 현대의 독자로 하여금 인간의 지능을 본질적으로 통제하는 것의 위험성에 대해 묘사한 또 다른 유명한 유토피아(혹은 오히려 디스토피아적인) 소설, 조지 오웰의 『1984』를 연상시킬 수 있다. 스키너가 제안한 공동체가 얼마나 바람직한 것인가에 대해서는 여기서 논의할 문제가 아니다. 대신, 스키너의 작품은 소설, 기존의 사회 현실, 그리고 그러한 현실을 극복하거나 벗어나려는 현실 세계의 시도 간의 상호작용을 강조한다. 유토피아 소설은 다른 소설과 마찬가지로 독자들과의 복잡하고 지속적인 상호작용을 통해 맥락화된다.

독자들을 동요하게 만들고, 현대 런던이 다른 방식으로 조직될 수 있는지(그리고 실제로 그래야 하는지) 생각해 보게 만든다.

앞선 논의에서는 일부 텍스트가 다소 강력한 방식으로 현실을 창조하거나 변화시킬 수 있는 힘을 가지고 있다고 주장했다. 몇몇 유토피아 소설의 마지막 기능이 바로 그것이다. 일부 소설은 대안적 삶의 형태에 관한 현실 세계의 실험에 직접적인 영감을 주었다. 모더니즘과 포스트모더니즘의 건축 혁신(Piner, 2005b)에서부터 전 세계 곳곳의 작은 땅에서 만들어진 대안 혹은 '자치' 공동체(Pickerill and Chatterton, 2006)에 이르기까지 현실 세계의 모든 공간을 탄생시켰다. 유토피아 소설(공상과학 소설로 분류되기도 함)이 실제 세계의 공간 실험에 어떤 영감을 주었는지 자세히 알아보려면 Box 6.2를 참조하라.

이 절에서는 비재현지리학자의 비판에도 불구하고, 소설에 대한 관심이 문화지리학 연구에서

중요한 부분을 차지해 왔으며 앞으로도 그럴 것이라는 점을 강조했다. 소설 지리는 경관에 대한 이해를 도울 수 있으며, 문화지리학자에게 포스트모던 어버니즘과 같은 복잡한 공간 프로세스를 이해하는 데 도움이 되는 '비판적 거울'을 제공할 수 있다. 또한 이 절에서는 텍스트의 형식과 시적 내용이 독자에게 어떤 영향을 끼칠 수 있는지 전달하고자 노력했다. 그리고 이를 통해 위더스가 '수용의 지리(geographies of reception)'라고 부르는 것이 텍스트의 형식적이고 상세한 분석만큼이나 중요하다는 점을 강조하고자 했다(Withers, 2006). 지금까지 공상과학 소설이나 유토피아 소설과 같은 소설이 '현실'과 텍스트의 '허구' 사이의 경계를 어떻게 모호하게 만들 수 있는지 살펴보았다. 문학지리와 관련한 문헌 목록, 논의점 등에 대해 추가적인 자료가 필요한 경우, 쉴라 혼스(Sheila Hones)와 제임스 닐(James Kneale)이 만든 훌륭한 '문학지리' 블로그(http://literarygeographies.wordpress.com/)를 참조하라.

6.4 정책 텍스트와 담론 분석

앞의 절과는 달리, 이 절에서는 '정책' 텍스트를 살펴본다. 여기서 정책이란 정부, 자선 단체, 종교 단체 및 기타 단체의 공식적인 설명을 의미하며, 이들은 가이드, 선언문 또는 법률 문서의 형태로 자신의 업무를 문서화할 수 있다. 문화지리학자가 정책 텍스트를 조사하는 이유는 정책의 대상 그리고 대상에 대한 우선순위를 뒷받침하는 많은 것에 대해 알려줄 수 있기 때문이다. 또한 정책 텍스트

는 스케일이나 경계와 같은 공간적 메타포가 어떻게 학교 건물이나 비만에 대한 정부의 접근 방식을 정당화하는 데 사용되는지에 대해서도 알려줄 수 있다.

문화지리학자는 정책 텍스트를 분석하기 위해 다양한 방법을 사용해 왔다. 그 중 꾸준히 주목받고 있는 주요 방법 중 하나는 '담론 분석'이다. Box 2.2에서 설명한 것처럼, 담론은 다음과 같이 이해할 수 있다.

1. 지리적, 역사적으로 특정한 정책적 맥락이나 의제에서 나오는 텍스트, 진술, 재현의 특정하고 상호 연결된 집합.
2. 문서, 의제, 통계, 보도자료, 회의, 프레젠테이션, 브리핑, 언론 보도 등을 통해 맥락과 의제가 구성되고, 유지되고, 경험되는 모든 실천들(Kraftl *et al.*, 2012a: 15).

이처럼 정책 담론에 대한 정의가 광범위하기 때문에 담론 분석 자체는 매우 다양한 방식으로 접근할 수 있다. 그러나 담론 분석의 핵심 원칙은 네 가지로 요약할 수 있다(Wodak, 1996; Titscher *et al.*, 2010).

- 담론 분석은 해체와 마찬가지로 모든 정책 텍스트를 뒷받침하는 당연한 '진실'이나 가정을 비판적으로 살펴본다.
- 담론 분석은, 프랑스 이론가 미셸 푸코의 연구에 따라, 특정 집단의 배제, 억압 또는 이들에 대한 지배를 유발하는 정책 텍스트와 권력관계 간의 관계를 밝히고자 한다.

- 담론 분석은 특정한 정치적 이슈나 사회 공간 프로세스를 이해하는 데 특히 도움이 될 것이라고 여겨지는 하나 또는 몇 개의 엄선된 '핵심' 텍스트에 초점을 맞춘다.
- 담론 분석은 텍스트를 면밀하고 주의 깊게 읽는 것을 포함하며, 소설 작품에 대한 일부 접근법과 마찬가지로 특정한 단어가 다른 단어보다 많이 선택된 문장 구문을 자세히 살펴보는 것을 의미할 수 있다(Saunders, 2010과 비교).

계속 진행하기 전에 위에 나열한 담론 분석의 네 가지 원칙을 이 장의 6.2절에서 제시한 요점과 비교해 보자. 이 원칙이 6.2절에서 텍스트에 관해 제기한 광범위한 질문을 어느 정도 반영하고 있는가? 문화지리학자가 관심을 가질 만한 정책 텍스트의 종류는 무엇이라고 생각하는가?

이 절의 나머지 부분에서는 어린이와 청소년을 대상으로 한 정책 분석을 살펴본 다음, 정책 분석과 문화지리학에 대해 고려해야 할 몇 가지 일반적인 사항을 도출할 것이다. 아래 부분에서 인용한 모든 사람이 '담론 분석'을 수행했다고 말하는 것은 아니지만(상당수는 수행함), 이들이 자신의 연구에서 위에 나열한 네 가지 원칙 중 하나 이상을 보여주고 있다는 점에 유의하라.

■ 어린이와 청소년에 대한 비판 지리

청소년에 관한 정책 텍스트는 한 국가나 지역의 주요한 정치, 경제적 우선순위를 (매우 명시적으로) 제시하는 경향이 있다는 점에서 흥미로운 자료가 된다. 또한 다양한 역사 또는 지리적 맥락에서 어린이와 청소년을 어떻게 바라보는지, 즉 '유년기의 사회적 구성'에 대해 많은 것을 알려줄 수 있다(James and James, 2004). 결정적으로, 이러한 관점은 종종 문화지리학자가 발견하고자 했던 스케일에 대한 가정을 포함하고 있다.

많은 정책 텍스트는 국가 스케일에서 아동에 대해 논의한다. 사실, 이들은 국가의 미래와 해당 국가 아동에 대한 현재 및 미래의 전망을 명시적으로 동일시한다. 문화지리학자들은 정책 텍스트에 대한 비판적 담론 분석을 수행하면서, 아동을 위한 국가 정책 수립과 관련해 상호연관된 두 가지 주제에 주목했다. 첫 번째는 암묵적이든 명시적이든 그러한 정책이 특정 장소와 집단 내의 취약한 청소년에게 개입하려고 한다는 점이다. 따라서 국가 스케일의 정책 결정은 특정한 로컬 공간을 특수한 개입이 '필요한' 공간으로 재현하기도 한다. 두 번째는 취약한 사람까지도 포함한 모든 젊은 사람들을 국가의 미래를 책임지기 위해 투자해야 할 대상으로 여긴다는 점이다.

이 두 가지 트렌드는 과거와 현재의 아동에 관한 연구에서 확인할 수 있다. 가령, 가겐은 1900년대 뉴욕시의 도시 계획가들이 미국의 국가 정체성을 함양하기 위한 목적으로 소외된 이민자 커뮤니티에 놀이터를 건설했다고 주장한다(Gagen, 2004). 그녀는 놀이터 운동을 사례로 아이들이 놀이, 스포츠, 의식적 행사에 참여함으로써 어떻게 젠더화된 미국인으로서의 정체성을 획득할 수 있을지에 초점을 맞췄다고 주장한다. 즉, 도시 계획가들은 아이들이 부모로부터 물려받았다고 생각하는(그리고 당시에는 국가의 미래를 위협하는) '골치 아픈' 습관을 버리고 미국이라는 국가의 미래

번영에 '적합한' 습관을 배워야 했다.

2000년대 영국의 비만 방지 대책에 관한 베단 에반스(Bethan Evans)의 연구는 이와 놀라운 유사점을 보여준다(Evans, 2006; 2010). 그녀는 국가 지침을 살펴보면 영국은 "다른 서방 국가와 마찬가지로 전쟁 중이며, 마치 무수한 방식으로 국가의 미래를 위협하는… '시한폭탄'을 해체하기 위해 싸우고 있는 것처럼 보인다."고 지적한다(Evans, 2010: 21). 에반스는 2004년 『영국 하원 비만 특별 위원회 보고서』를 분석하면서 비만이라는 '잘못'이 부분적으로는 개인에게 있는 것으로 보이며, "자신의 신체에 대한 책임이 점점 커지고 있다. 즉 건강에 대한 위협이 더 이상 신체 외부(세균에 의한 오염)에 있는 것이 아니라 자기 자신 안에 있다(자기 통제력 부족)."고 말한다(Evans, 2006: 261). 에반스의 연구는 개별 아동과 가족이라는 스케일에서 점점 더 많은 책임이 주어지고 있음을 밝혔다는 점에서 인상적이다. 앞의 인용문에서 눈치를 챘을 수도 있지만, 이는, 정책 텍스트가 신체 스케일에서 비재현지리의 관심사를 조명할 수 있는 방식에 대해 보여주었다는 점에서 6.2절에서 강조한 텍스트의 지리와 비재현지리 간 연관성 측면에서도 중요하다.

청소년 정책에 대한 연구에 따르면 일부 정책은 국가를 넘어서는 스케일에서 작동하는 것으로 나타났다. 말라위와 레소토의 청소년 정책을 분석한 안셀 등의 연구에 따르면, 이러한 정책은 국가별로 독립적으로 만들어지지 않는다(Ansell et al., 2012). 이는 정부 간 공유와 국제 지침(예: 1989년에 발표된 유엔아동권리협약)의 복잡한 결과물이다. 이들은 말라위(2011)의 『국가 청소년 정책』과 레소토(2002)의 『레소토 국가 청소년 정책』이라는 두 가지 문서를 분석한다. 안셀 등은 두 국가 청소년 정책의 네 가지 특징을 지적한다(Ansell et al., 2012).

- 청소년 정책 수립은 에이즈/HIV, 교육, 경제 개발 등 다양한 문제를 다루기 위해 명시적인 청소년 정책을 시행하고 있는 국제기구(예: 유엔)와 개발 파트너(예: NGO 및 자선 단체)의 이해관계를 반영한다.

- 위에 제시된 다른 맥락의 사례와 마찬가지로, 청소년 정책은 경쟁력 있는 국가 경제를 위해 봉사하고 책임을 질 신자유주의적 미래 주체를 생산하기 위해 활용되어 왔다. 청소년은 미래의 유연성 있는 성인으로서, 그들이 적절하게 숙달된다면 미래의 어느 시점(보통은 미정)에 국가 전체가 이익을 얻을 수 있다는 프레임에 갇혀 있다.

- 동시에, 레소토와 말라위에서는 국제 원칙이 불균등하게 적용되고, 해석되고 있다. 말라위 정부는 초국가적 네트워크와 영향력에 더 강하게 얽매여 있으며, 미래를 위한 청소년 교육에 '순수한' 신자유주의적 접근 방식을 반영하고 있다. 반면 레소토는 이 네트워크에 덜 얽매여 있으며, 청소년 정책은 국가의 미래를 책임지는 정부의 지속적인 역할을 강조하고 있다.

- 국제적 영향력의 차이는 각 정책의 내용에서도 확인할 수 있다. 말라위의 청소년 정책은 청소년에 대한 접근의 원동력으로 경제 발전을 강조하는 반면, 레소토의 청소년 정책은 "'청소년에 대한 열망은 생산성, 경제 성장, 차별화에 국

한되지 않는다'고 강조한다. 도덕적, 영적, 지적, 사회적 측면을 포함하는 인간 개발이 강조된다. 이 정책은 차별화보다는 소속감의 형성을 목표로 한다(Ansell et al., 2012: 53)."

지금까지 청소년 정책이 특정 유형의 개입을 정당화하기 위해, 특정 청소년 집단을 대상으로 다양한 공간 스케일에서 작동한다는 점을 강조했다. 또한 거의 모든 청소년 정책이 어느 정도는 청소년을 '미래'로 보는 사회 구도를 드러내고 있다는 점에 주목했다. 여기서 미래와 관련한 부분을 다루고자 하는 이유는 문화지리학자들이 불확실한 미래를 대비하고 선점해 예방책을 제시하려는 정책 담론에 점차 많은 관심을 보이고 있기 때문이다(Anderson, 2010).

이러한 연구의 중요한 요소 중 하나는 텍스트와 같은 담론이 어떻게 '비텍스트적 실천'으로 보이는 것을 만들어내는 데 도움이 되는지 강조한다는 점이다. 가령, 어무어와 드 후더는 북미와 유럽에서 '테러와의 전쟁의 진부한 면면'이라고 부르는 것에 대해 살펴본다(Amoore and de Goede, 2008: 173)(Box 11.9 참조). 이들은 공습, 대테러 교리, 대중 매체 보도 및 선전과 더불어 보안 정책에 개인의 일상적 행위에 대한 감시와 데이터 마이닝도 포함된다고 주장한다. 예를 들어, 이들은 신용카드 거래 내역과 여행 습관에 대해 얻은 정보가 "이동하는 사람과 물체를 위험도에 따라 분류하는 데 사용된다"고 설명한다(Amoore and de Goede, 2008: 176). 어무어와 드 후더는 이를 통해 신체를 텍스트와 같은 데이터로 환원함으로써 '판독 가능하게' 하고, 가독성과 예측 가능성을 높여 궁극적

으로 '의심스러운' 신체가 행동하기 전에 체포하고 구금해 테러 공격을 사전에 예방할 수 있다고 주장한다(Amoore and de Goede, 2008: 174).

앤더슨이 주장한 것처럼, '미래 지리'는 기후 변화, 비만, 안보 등 다양한 문제에 대한 정책 결정 과정에서 점점 일반적인 것이 되고 있다(Anderson, 2010). 미래 지리는 국제 관계와 이라크, 아프가니스탄, 리비아, 수단과 같은 곳에 개입하는 특정 국가(미국, 영국 등)의 힘과 관련된 지정학적 문제와도 얽혀 있다. 사실, 완전히 다른 목표를 갖는 정책들이 사람들의 삶의 흐름에 대한 개입, 즉 삶 자체에 대한 지배를 언어화하는 방식에는 놀라운 유사점이 있다. 가령, '테러와의 전쟁'에서 개인의 신용카드 거래 내역에 대한 조사가 어떻게 '비만과의 전쟁'이라는 매우 다른(그러나 똑같이 논란의 여지가 있는) 맥락에서 '선제적 조치'로서 어린이 체질량지수 모니터링과 공명하는지 비교해 보라(Evans, 2010; Evans and Colls, 2009; 그림 12.1 참조).

동시에, 미래의 거버넌스는 훨씬 더 스펙터클해질 수 있다. 가령, 2000년 이후 영국, 호주, 포르투갈을 비롯한 여러 국가에서는 차세대 어린이들의 학습 환경을 변화시키고 혁신하기 위해 야심찬 학교 건설 프로그램에 착수했다. 각 맥락에서 새롭고 반짝이는 건물로 활력을 되찾은 국가 경관을 조성한다는 가능성은 경제 발전과 더 큰 사회적 포용이라는 미래를 기대하게 한다. 호주의 프로그램인 '교육 혁명 건설(Building the Education Revolution)'은 이러한 접근 방식의 대표적인 사례로, 출범 문서에서 다음과 같이 주장한다(DEEWR, 2010).

사진 6.2 영국 입스위치에 있는, '미래를 위한 학교 만들기'의 하나인 '서퍽 원(Suffolk One)' 사진. 건물 왼쪽의 각진 모서리는 '방향'을 상징하며, 내부 아트리움은 카페, 좌식 공간, 음악 공연 및 학생 작품 전시를 위한 공간으로 구성된 일종의 '플래그십' 공간이다. 플래그십 공간은 '미래를 위한 학교 만들기' 학교의 특징이며, 이전 세대의 영국 학교에서 볼 수 있었던 어둡고 밀폐되고 비좁고 '목적에 부합하지 않는' 복도와 분명하게 대비되도록 의도한 것이었다.

출처: Peter Kraftl

러드 정부는 호주의 9,540개에 달하는 학교 건물 전부를 신축하거나 업그레이드해 일자리를 늘리고 호주의 장기적인 미래에 투자할 것이다. '교육 혁명 건설'은 호주의 학교… 시설의 질을 개선하기 위해 147억 달러를 투자하는 프로젝트다. 이 유례없는 국가건설 투자는… 일자리를 지원할 뿐만 아니라… 호주 경제의 장기적인 건전성을 위한 계약금이기도 하다… [이 프로그램은] 또한 로컬 커뮤니티를 지원하는 데 도움이 될 것이다.

-DEEWR, 2010: n.p.

위의 계획은 학교 교육의 미래에 대한 야심찬 담론적 주장과 **건축의 상징적 가능성을** 연결한다는 점에서 주목할 만하다(4장; Kraftl, 2012; Horton and Kraftl, 2012b). 다시 한번, 이 출범 문서와 같은 텍스트가 현실 세계를 창조하고 변화시키는 데 의도적인 힘을 가지고 있음을 알 수 있다. 이 경우, 새로운 학교는 '일자리를 늘리고', 호주의 '장기적인 미래'를 보호하며, '국가건설'과 '로컬 커뮤니티를 지원'하는 계기가 될 것이다! 사진 6.2에는 이와 유사한 프로그램인 영국의 '미래를 위한 학교 만들기(Building schools for the Future)'의 건물 사진 두 장이 포함되어 있다(DfES, 2003). 이런 건물이 위에서 인용한 텍스트에서 제시하고 있는 여러 기대에 부응할 수 있다고 생각하는지 직접 판단해 보기 바란다. 이 절에서는 정책 텍스트를 자세히 살펴봄으로써 분석할 수 있는 이슈를 간략하게 소개했다. 많은 문화지리학자들이 일종의 담론 분석을 통해 정책 결정의 근간이 되는 가정에 대해 조사한다. 어린이와 청소년을 대상으로 하는 정책을 살펴보면, 정책 담론이 특히 국가라는 특정한 공간 스케일과 (가까운) 미래라는 시간 스케일을 강조하는 경우가 많다는 점을 알 수 있다. 시간 스케일에 관한 후자의 내용은 정책 텍스트 분석이 문화지리학에서 소설을 탐구해왔던 내용과 어떻게 중첩되는지를 보여 준다(6.3절).

6.5 세계를 쓰기: 지도, 페미니즘 그리고 지리학자가 들려주는 이야기

이 절에서는 학문으로서의 지리학으로 '다시' 렌즈를 돌린다. 6.2절에서 제시했듯이, 지리학(문화지리학 포함)은 세계를 아는 특정한 방식에 의해 지배되어 왔으며, 이는 다시 세계에 대한 특정한 종류의 글쓰기로 특징지어져 왔다. 이 장에서 학문으로서의 지리학의 역사를 자세히 설명하고자 하는 것은 아니다(예: Livingstone, 1999 참조). 그러나 그 출발점으로 1800년대 이후 지리적 탐구의 몇 가지 특징을 고려하는 것은 유용하다(Livingstone, 1999; Withers, 2006 참조).

- 근대 지리학은 적어도 부분적으로는 18세기와 19세기에 유럽 밖에 있는 미지의 땅을 '탐험'하고 지도화하려는 노력에서 시작되었다. 이러한 노력을 통해 글쓰기는 새로운 세계에 대한 지식, 특히 무역에 관한 지식을 얻고, 박물관과 기록 보관소에 넘길 과학 표본(동물, 식물, 암석 도구)을 '수집'하려는 욕구의 일부가 되었다. 따라서 초창기 지리학자들은 세계를 이해하고 기록하기 위한 '과학적' 접근법을 개발하는 데 매우 중요한 역할을 했다.
- 지리학자들은 유럽이 새로운 땅을 식민지화하려는 노력에도 관여했다. 영국, 포르투갈, 스페인과 같은 국가가 과거에는 '지도화되지 않았던' 사람, 장소, 자원에 대한 영토 지배권을 주장하기 위해 경쟁하면서 과학적 지식이 활용되었다.
- 학문이 발전함에 따라 지리학에는 특정한 종

류의 체현적 기술이 필요했다(Powell, 2002; 12장 참조). 지리학자들은 과학과 지리 지식 생산에 도움이 되는 특정한 습관과 특성을 지녀야 했다. 가령, 로리머는 1952년 50명의 글래스고 여학생들이 스코틀랜드 갈고름 산맥(Gargorm mountains)을 방문해 야외 학습(조사, 스케치, 현장 관찰)을 수행하는 동안 발생한 사건, 마주침, 경험에 대한 '작은 이야기'를 들려준다(Lorimer, 2003). 그는 이와 같은 "교육 경험의 상황적이고 개인적인 측면"을 통해 어떻게 학문 지리학의 명제가 '비전문가'인 소녀들의 삶으로 번역되었는지 알 수 있다고 주장한다(Lorimer, 2003: 300).

- 지리적 탐구는 일련의 장소와 공간에 의해 지배되어 왔으며, 그 흔적은 오늘날 대학 캠퍼스 안팎에 남아 있다. 리빙스턴의 연구에서 알 수 있듯이, 과학적이고 지리적인 지식 생산의 현장에는 왕실, 식물원, 선박, 기록 보관소, 지도 도서관, 박물관, 실험실 등이 포함되었다(Livingston, 2003). 20세기 대학에 지리학과가 생기면서, 지리학과가 자리한 건물은 지리학을 공간 과학으로 발전시키려고 했던 노력을 반영하고 있다. 일부 지리학과에는 1990년대 이후 사용하지 않은 것으로 보이는 과거 시설의 잔재(가령, 이 책의 저자 중 한 사람의 연구실에 있던 싱크대, 천연가스 배출구, 조명이 달린 지도 테이블은 2010년에야 철거되었다)가 남아 있다!

이 간략한 개요를 통해 학문으로서의 지리학은 보는 방식, 쓰는 방식, 행동하는 방식, 특정 공간을 지리적 지식 생산에 '적합한' 것으로 지정하는 방식을 통해 세계를 '규율(discipline)'하려는 지속적인 시도였다는 점을 알 수 있을 것이다. 많은 학자들, 특히 페미니스트, 퀴어, 포스트구조주의, 포스트식민주의 이론의 관점을 채택하는 지리학자에게 전통적인 지리학 글쓰기 방식은 본질적으로 배타적이고 억압적이다. 중요한 것은 전통적인 지리학 글쓰기 방식이, 장애 아동과의 인터뷰나 비서구적 맥락에서 글을 쓰는 소설가의 작품 등, 학계와 연구 참여자 모두가 생산한 수많은 종류의 텍스트를 주변화한다는 점이다. 이 절에서는 먼저 지도에 대해 살펴본 후, 페미니스트 지리학을 살펴보면서 전통적으로 지리가 문서화되고 재현되어 온 방식에 관한 두 가지 비판을 살펴본다. 또한 자문화기술지, 시, 구술사 등 몇 가지 대안적인 글쓰기(및 말하기) 방식의 사례도 제시한다.

■ 지도에는 무엇이 있는가?

대부분의 사람들은 지도가 현실을 왜곡한다는 사실을 인정할 것이다. 실제로 지도가 현실을 왜곡하지 않는다면 지도는 제대로 기능하지 못할 것이다. 다른 형태의 텍스트와 마찬가지로 지도 또한 지나친 복잡성과 혼란을 피하기 위해 선택적이어야 한다. 지도는 도식적이어야 하며, 특정한 속성(예: 도로)을 강조해 실제보다 크게 보이게 함으로써 탐색에 활용할 수 있도록 해야 한다. 지도는 세상을 평평하게 만든다. 일반적으로 지도는 울퉁불퉁한 구형의 지구를 평면으로 변환시킨다. 지도는 세상을 정지시킨다. 적어도 전통적인 형태의 지도는 공간과 장소의 역동성이나 비재현적인 생동감을 거의 제공하지 않는다(6.2절; 13장 참조).

그러나 지도의 왜곡에 대한 상식에도 불구하고, 많은 사람들은 지도를 정확하고 비정치적이며 판단을 내리지 않는 세계의 재현으로 여긴다. 통계나 과학 실험과 마찬가지로, 지도는 소위 '계량 혁명'의 일환으로 1950년대와 1960년대 지리학계에 만연했던 합리적이고 객관적인 세계관을 떠올리게 한다(Fortheringham et al., 2000). 그 이후 문화지리학에서 공간과 장소에 대한 접근법은 다소 변화했으나, 과학적 방법의 객관성에 대한 믿음(의심의 여지가 없는 것은 아니지만)은 여전히 일부 학문 분야와 주류 사회 및 정부에 널리 퍼져 있다. 대부분의 지도는 측량, 도식화, 투영, 컴퓨터 재현 등 일종의 '객관적인' 방법론에 기반을 두고 있다. 또한 많은 사람들이 일상생활에서 종이 지도나 온라인 지도, 디지털 위성 내비게이션 시스템에 의존하고 있기 때문에 지도가 현실 세계를 꽤 정확하게 반영한다고 생각하는 경향이 있다.

여기서 지도가 다른 텍스트와 마찬가지로 현실을 왜곡한 것이라는 생각과 현실을 반영한다는 생각 사이의 괴리가 존재한다. 사실 이는 텍스트가 현실을 창조할 수 있다고 주장한 6.2절에서 텍스트에 대한 지리적 접근 방식에 대해 논의하면서 일반 용어로서 탐구한 내용이다. 지도는 좋은 사례다. 지도가 어떤 장소에 대해 생각하거나 느끼는 방식, 방문하기 전에 그 장소가 어떤 모습일 것이라고 생각하는 방식, 또는 문자 그대로 접근하는 방식에 어떤 영향을 끼칠 수 있는지 잠시 생각해 보자.

- 지구, 장소에 대한 일반적인 투영법으로 인해, 남반구는 '아래'에 있는 것이 일반적으로 여겨

진다. 영국인은 호주가 '아래쪽'에 있다고 말한다. 호주 사람들은 이에 대해 어떻게 생각하고 느낄 것인가?

- 역사적인 성지부터 나치 독일에 이르기까지 다양한 장소가 지도의 '중앙'에 위치했다. 그 효과는 이러한 장소가 더 중요하거나 강력한 것처럼 보이게 하고, 가장자리에 있는 장소는 의도적으로 '주변'처럼 보이게 하는 것이었다. 현대의 지도가 이를 수행하는 방법에 대한 사례를 생각해 볼 수 있을 것이다.

- 저자만 그런 것일 수도 있지만, 방문하고 싶은 장소의 지도를 보면서 지도에 그려진 지형 윤곽, 도로 배열, 식생을 보고 현실에서는 그것이 어떻게 보일지 상상해 본 적이 있는가?

- 지도는 특정 방향(일반적으로 북쪽이 맨 위에 위치)을 지향하고 혼란을 피하기 위해 주요 경로를 표시하는 경향이 있으므로, 실제로 어떤 장소에 도착하거나 떠나는 방식은 지도에 의해 구조화될 수 있다. 최근 몇몇 사람들은 위성 내비게이션 시스템이 사람들로 하여금 주변 환경을 '맹목적으로(blinkered)' 바라보도록 조장한다고 주장한다. 즉 자신이 있는 장소의 더 넓은 맥락을 이해하기보다는 위성 내비게이션 경로를 따라가는 데에만 몰두해 그 장소에 대한 '상식적인' 이해를 무시하고 일방통행로나 강으로 잘못 들어가게 되는 경우가 있다! 따라서 지도와 내비게이션은 때때로 '현실'을 보고 경험하는 데 지나치게 편협하고 경로 중심적인 방식을 조장한다고 할 수 있다.

몬모니어는 이러한 관찰을 통해 사람들이 '지도를 가지고 거짓말을 하는' 여러 방식에 대해 좀 더 공식적인 방식으로 의문을 제기했다(Monmonier, 1996). 몬모니어의 주장은 단순히 고의적인 속임수인 '거짓말'에 관한 것이라기보다는 지도를 통해 현실이 만들어지거나 잘못 해석될 수 있는 다양한 방식을 제시하는 다소 복잡한 문제다. 몬모니어는 지도가 통계와 마찬가지로 이처럼 강력한 기만 도구가 되는 이유는 사람들이 지도가 '정확하다'는 믿음을 가지고 있기 때문이라고 주장한다(Monmonier, 2005). 그의 주장은 지도학자와 같은 학자들이 특정한 이야기를 전달하기 위해 지도를 조작할 수 있다는 것이다. 가령, 그는 그림 6.1과 같은 '단계구분도(choropleth map)'는 장소(이 경우에는 미국의 주)를 범주로 나누는 방식으로 작동한다고 주장한다. 그러나 이러한 범주의 선택은 특정 지역이 특정 범주에 속하도록 조작할 수 있다. 즉, 급간 경계점(cut-off point)을 선택해 특정 지역의 값(예: 그림 6.1의 출생률)이 상대적으로 더 높거나 낮게 나타나도록 할 수 있다. 하지만 이러한 지도는 급간 경계선에 있는 지역이나 범주 안의 차이에 대한 정보를 제공하지는 않는다(예를 들어 그림 6.1에서 유타주와 텍사스주는 출생률의 차이가 나타나지만 같은 범주에 속해 있다). 지도의 영향력은 학자의 '새로운' 주장에 부합하도록 조작하는 것에서부터 '높은' 출생률에 대처하기 위한 정책 결정과 자금 지원 방향과 같은 더 심각한 것에 이르기까지 광범위할 수 있다. 따라서 신중하게 그려진 지도는 현실 세계에 심각한 영향을 끼칠 수 있다.

지도는 다른 다양한 목적에 맞게 그려질 수도 있다. 지리학사로 돌아가서, 앞서 초창기 지리학

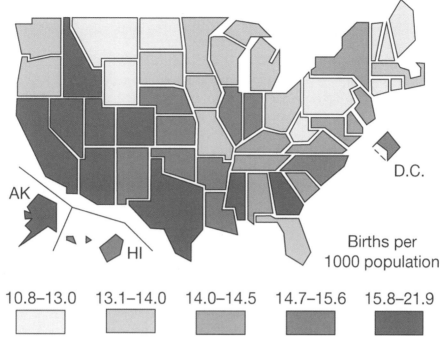

그림 6.1 2000년 미국의 출생률 단계구분도. 몬모니어의 연구에서 발췌.
출처: Monmonier, 2005

자들은 유럽 밖의 넓은 땅을 탐험하고 지도화하고 식민지를 개척하는 데 핵심적인 역할을 했다는 점을 지적했다. 이러한 관점에서 할리의 연구는 문화지리학자로서 다시 초창기 지리학자에게 렌즈를 돌려 그들이 제작한 지도를 비판적으로 분석했다는 점에서 의미가 있다(Harley, 2002). 할리는 1980년대와 1990년대에 초창기 지도학에 대한 비판적인 연구를 수행했으며, 이 장에서 이미 논의한 바 있는 푸코와 데리다의 영향을 받았다(이들은 각각 담론 분석과 해체를 주창한 사람이다). 그는 유럽의 식민지 탐험 시대에 지도가 다양한 정치적 목적을 위해 배포되었다고 주장했다. 천연자원과 교역을 위한(따라서 전략적으로 중요한) 영토의 풍요로움을 보여주기 위해(사진 6.3), 사람이 거주하지 않는 땅(실제로는 그렇지 않더라도)을 착취

할 준비가 된 빈 캔버스로 보이게 하기 위해, 로컬 지식의 형태를 삭제해 특정한 영토에 대한 원주민의 권한이나 소유권을 효과적으로 박탈하기 위해, 아프리카에서 브라질로의 노예 운송과 같은 특정한 정치 경제적 의제를 지도 제작의 '객관적인' 기술을 사용해 지원하기 위해 등 다양한 정치적 목적이 존재했다. 비판 지도학은 재현에 대한 질문이 중심이 되는 신문화지리학의 주요 사례였다(1장과 6장). 실제로 지도는 새로운 식민지를 정의하고, 만들고, 상상하고, 관리하는 핵심 텍스트였다. 이 모든 땅이 유럽인들이 식민지화를 하기 이전에도 존재했고, 복잡하고 격렬한 인간의 거주지였다는 것은 말할 필요도 없다. 그러나 이러한 지도들은 이 땅이 '발견된' '새로운' 땅이라는 생각을 뒷받침하는 것이었다.

사진 6.3 브라질의 초기 식민지 지도, 아프리카에서 노예를 실은 배가 도착하는 모습과 브라질 내륙이 천연자원이 풍부하지만 '덜 문명화된' 사람들이 거주하는 땅으로 묘사되어 있다.

출처: Getty Images/ DEA Picture Library

앞의 요점을 반복해서 말하자면, 지도 그리고 초창기 지리학자는 단순히 식민지의 현실을 재현하는 것이 아니라, 식민지의 새로운 '현실'을 만들어내는 데 핵심적인 역할을 했다. 따라서 키언스가 주장하듯, 핼포드 매킨더(Halford Mackinder) 같은 초창기 지리학자는 연구를 통해 단순히 "제국의 과학"을 전파한 것이 아니라 "제국의 대의를 홍보"하려고 노력했다(Kearns, 2010: 187). 키언스는 19세기 후반 식민지 시대와 마찬가지로 현대의 지정학 프로젝트('테러와의 전쟁'; Box 11.9 참조)에서도 지도의 정치적 활용이 분명하게 드러난다고 주장한다.

현재로 눈을 돌려보면, 특정 장소로 방문객을 안내하는 관광청의 홍보용 지도부터 특정 종류의

'특별한' 자연을 정의하고 보호하는 경계를 표시하는 국립공원이나 자연보호구역 지도까지 지도가 활용될 수 있는 다양한 용도를 나열할 수 있다(Hinchliffe, 2008 참조). 물론 더 이상 모든 지도를 지리학자가 제작하는 것은 아니지만, 이 모든 사례는 지도가 '사회적 구성물'이라는 문화지리의 핵심 주장을 보여 준다(Crampton, 2011). 즉 정체성(8장)과 마찬가지로 지도는 현실의 중립적이거나 자연스러운 재현이 아니라 특정한 버전의 현실을 특권화하며, 그 과정에서 현실을 구성할 수 있다. 또 정체성과 마찬가지로 지도는 특정 장소에 대한 특정한 이야기를 전달할 때 힘없는 사람의 이익을 배제하거나 억압할 수 있다. 지도는 특정 사회 내에서 특정한 효과를 내기 위해 특정 사회 구성원에 의해 특정한 이유로 제작된다는 점에서 사회적 구성물이다.

가령, 크램프턴은 새로운 지도화 기술이 특정 장소에서 식별 가능한 사람들에 의해 야기되는 위험을 계산하는 데 사용되는 방식에 대해 평가한다(Crampton, 2011). 따라서 "안보가 주요 관심사가 된 콜롬비아에서는 위험 공간의 계산이 인구와 주체(subjects)를 구성하는 주요한 방식"이다(Crampton, 2011: 93).

이러한 '계산'이 도덕적, 정서적, 지정학적 그리고 (상당 부분) 경제적이라는 복잡한 판단에 기반한다는 것은 말할 필요도 없다. 요점은 문화지리학자들은 다른 텍스트와 마찬가지로 지도를 해체하고 이러한 판단의 일부를 비틀고, 계산 기술이 단순히 가능한 위협을 정량화하는 합리적이고 중립적인 도구라는 생각을 넘어서려고 노력해 왔다는 것이다. 따라서 신문화지리학 이후부터 문화지

리학자들은 지도(그리고 일부 지리학자 자신들)를 지금까지보다 훨씬 더 면밀히 조사하려고 노력했다.

■ 페미니즘과 지리

페미니스트 지리학자들은 1990년대부터 학문으로서의 지리학에 대한 광범위하고 날카로운 비판을 잇달아 발표해 왔다. 이들의 비판은, 주로 남성이었고 지금도 여전히 남성인, 지리학을 하는 사람들에 대한 논쟁에서부터 지리학자가 세계를 조직하는 남성 중심적인 방식을 강화해 온 방식, 지리학 자체의 일부 역사에 대한 비판에 이르기까지 다양하다. 페미니스트의 주요 비판은 다음과 같다.

- 지리학계는 남성에 의해 지배된다. 2008년 영국 고등 교육부의 지리학자 중 여성은 34%에 불과했다(Maddrell, et al., 2008). 동시에, 지리학의 발전에서 여성의 역할은 오랫동안 이어져 왔음에도 불구하고 기록되지 않은 경우가 많았다(Maddrell, 2008).
- 공간 '과학'으로서의 지리학은 젠더 편향적인 관점을 인정하는 세계를 알고 글을 쓰는 특권적인 방식을 갖고 있다. 가령, '객관성', '냉정함', '합리성'과 같은 특성은 과학자가 갖춰야 할 바람직한 체현적 습관으로 여겨졌다. 그러나 페미니스트 학자들이 보여주었듯이, 역사적으로 남성 중심적인 학문에서 소외되어 왔지만 세상을 이해하는, 똑같이 유효한 다양한 방식이 존재한다.
- 지리학자들은 역사적으로 백인, 남성, 이성애자라는 렌즈를 통해 장소와 경관을 바라보았다. 이 책의 다른 부분(5장 경관에 관한 내용)에서 살펴보았듯이, 페미니스트 지리학자들은 '남성의 시선'이 그 시선에 속하는 사람을 대상화하고 억압한다고 주장해 왔다(Rose, 1993). (위에서 주장한 바와 같이) 지도는 식민지 탐험을 지지하는 것만큼이나 억압적인 젠더 관계를 영속화하는 데에도 연루될 수 있다.
- 가장 근본적으로 페미니스트 지리학자들은 지리학 연구에서의 위치성과 같은 문제를 지적해 왔다. 즉, 과학적 접근법에서는 지식이 '어디선가' 나온 것처럼 보이기 때문에(즉, '객관적'이기 때문에) 권위가 있다고 주장한다. 그러나 페미니스트들은 세계를 알아내는 데 자신의 정체성, 성격, 생애사, 지리적 위치가 영향을 끼치지 않는다고 주장하는 것은 불가능하다고 말한다(Haraway, 1991 참조).

페미니스트 지리학자는 지리학 연구에 다양하고 심대한 영향을 끼쳤다. 무엇보다도 가장 중요한 것은 이들이 단순히 지식에 대한 (남성주의적) 가정에 도전하는 데 그치지 않았다는 점이다. 오히려 그들은 이러한 비판에서 벗어나 세계를 바라보고, 글을 쓰고, 세계와 동일시하는 다양한 방법을 촉구했다. 따라서 질 밸런타인(Gill Valentine)과 같은 페미니스트 지리학자의 초창기 연구는 여성의 장소 경험(밸런타인의 경우에는 공공장소에서 여성이 범죄에 대해 느끼는 두려움)에 초점을 맞추려고 노력했다(Valentine, 1989).

그러나 이 장에서는 텍스트의 지리를 다루므로, 페미니스트 지리학자들이 새로운 방식으로 지리 지식을 쓰려고 노력했던 세 가지 사례에 대해 살펴보고자 한다. 첫 번째 예는 지리학의 역사, 즉 지리학자로서 자신에 대해 이야기하는 것으로 거슬러 올라간다. 앞서 언급했듯이, 지리 지식의 생산에서 여성의 역할은 과소평가되어 왔다. 에이브릴 매드렐(Avril Maddrell)의 연구는 이러한 불균형을 바로잡으려는 시도를 재현하고 있다(Maddrell, 2009a). 그녀는 1850년부터 1970년까지 지리학의 발전에 기여한 30명의 여성이 수행한 연구를 도표로 정리했다. 그녀는 1970년대까지 지리학이 압도적으로 남성적인 학문이었다는 관념에 도전한다. 그녀는 기관에서 수여하는 메달과 학위 수여 여부부터 현장 조사, 지리적 탐험에서의 여성 역할에 이르기까지 지리학계에서 여성의 역할에 대한 다양한 논쟁을 살펴본다. 매드렐은 두 차례의 세계대전(1914-1918, 1939-1945)에서 영국이 활약하는 데 여성 지리학자가 기여한 바를 살펴보고, 수문 조사와 해군 정보 핸드북 제작의 일부로 수행했던 젠더화된 작업을 강조한다(Maddrell, 2008). 그녀는 이미 출판되어 있는 역사 기록에 의존하기보다는 여성 지리학자의 구술사 및 기록 자료와 같은 대안적 텍스트 자료를 사용해 여성이 지리학계를 넘어 역사적 사건에 기여한 바를 밝혀냈다.

페미니스트 지리학자들이 글쓰기를 시도한 두 번째 방식은 신체, 좀 더 구체적으로는 자신의 몸에 관한 관심이다. 실제로 페미니스트 학자들은 문화지리학에 **감정**과 **체현**의 문제를 도입했다. 그 결과 (적어도 부분적으로는) 이런 주제가 오늘날 하위 학문 전반에 걸쳐 보편화된 이론적 질문으로 인정받을 수 있게 되었다. 이는 또한 6.2절에서 제기한 텍스트의 문화지리와 비재현적 문화지리 사이의 뚜렷한 구분선이 존재한다는 생각에서 벗어나기 시작하는 지점이기도 하다(실제로는 존재하지 않는다). 몇몇 지리학자는 *l'ecriture feminine*, 즉 신체에 대한 여성적 글쓰기라는 글쓰기 스타일을 개발한 프랑스 페미니스트 이론가 뤼스 이리가레(Luce Irigaray)의 연구에서 영감을 얻었다. 데보라 티엔(Deborah Thien)은 이러한 글쓰기 스타일의 예를 제시한다(Thien, 2004; 2005). 티엔은 "단순히 이론적 기교나 말장난을 넘어" "우리가 세상과의 만남을 통해 느끼는 것을 고려하는 것"을 추구한다(Thien, 2004: 43). 이리가레에 이어 티엔은 페미니스트 학자들이 남성의 반대가 아니라 여성으로서 목소리를 내기 어려웠던 이유는 여성 자신의 목소리를 내기 위해서는 남성처럼 글을 쓰도록 권장되어 왔고, 남성의 기준으로 측정되는 학문적 참조와 이론화의 기준을 사용했기 때문이라고 주장한다. 대신 티엔은 다음처럼 자신의 젠더, 감정적 경험을 바탕으로 글을 쓰는 것을 옹호한다.

이리가레와 처음 만나고 약 15년 후, 나는 그녀의 작품을 다시 집어들었고 이번에는 사랑이 떠올랐다. 나는 사랑의 페미니스트적, 철학적, 사회학적 버전/비전을 읽고 생각하고 있었고, 당연하게도 사랑에 빠졌다… [이리가레의 작업은] 감정의 공간성과 젠더화를 좀 더 일반적으로 파악하는 수단이자 나 자신의 연애 관계를 수행하는 방법에 대한 페미니스트 윤리 지도였다.

-Thien, 2004: 44

아이러니하게도, 이 책과 같은 교과서 형식('권위적'이어야 하는)으로는 이러한 스타일의 글쓰기가 어떤 영향을 미칠 수 있는지 전달하기 어려울 것이다. 단순히 위와 같은 인용문을 골라 이 절의 요점을 '증명'하는 것은 오히려 본문의 결과 맞지 않는다! 그러나 이 인용문은 문화지리학에서 다양한 방식으로 채택된 글쓰기 스타일의 두 가지 특징을 암시한다. 첫째, 지리학은 객관적이고 위치가 없는 3인칭이 아니라, '나'를 사용해, 1인칭으로 쓸 수 있다는 점이다. 둘째, 이와 관련해서 티엔은 이 짧은 글에서 감정에 대한 연구와 자신의 감정에 대한 개인적인 성찰을 결합해 두 가지가 서

로 다르지만 밀접하게 얽혀 있다는 점을 밝혔다. 페미니스트 학자들은 다른 학자들이 자신의 경험, 심지어는 자신의 성격에 대해 글을 쓰도록 영감을 주었다(Moser, 2008). 이러한 움직임에는 Box 6.3에서 살펴본 자문화기술지 연구도 포함되는데, 여기에는 감정(과 신체)에 대한 글쓰기가 어떤 모습일지 짐작해 볼 수 있는 저자 자신의 연구 사례도 포함된다.

Box 6.3

 ### 저자들과 자문화기술지적 마주침: 삶은 계속된다…

커뮤니티나 문화를 자세히 관찰하는 연구 방법인 '문화기술지'에 대해 들어본 적이 있을 것이다. 종종 한 집단의 일상생활에 참여하면서 함께 생활하거나 오랜 시간을 보내는 것이 포함된다. 그러나 자문화기술지는 연구자 자신에게 렌즈를 돌려서 스스로 문화기술지를 수행하는 것이다! 자문화기술지의 핵심은 연구자가 자신의 경험에 대한 성찰을 통해 더 넓은 사회적 경향을 조명하는 글쓰기의 한 형태다. 자문화기술지 텍스트는 '전통적인' 학술 논문과는 매우 다르게 보일 수 있으며, 실제로 이는 세계에 대한 지식이 미리 정의된 '과학적' 데이터 수집 방법에서 나온다는 생각에 도전한다는 것이 핵심이다. 가령, '핫 플래시(Hot Flashes)'라는 밴드에서 활동한 멜리나의 자문화기술지는 수십 년에 걸친 일기 형태로 작성되었다(Melina, 2008). 학술지에 게재된 멜리나의 논문은 학술적인 참고 문헌은 없지만 음악과 페미니스트 신념이 어떻게 교차하는지에 관한 도발적인 탐구를 담고 있다.

저자들도 어린 시절의 경험이 성인이 된 후 일상생활의 일부가 되는 과정을 고찰한 자문화기술지 연구를 발표했다(Horton and Kraftl, 2006b). 다음은 학술지에 게재된 논문에서 발췌한 두 가지 내용이다. 여기서는 '서투름'에 대해 성찰해 본다(Horton and Kraftl, 2006b:

267-268).

저자 1

나는 내가 행동하고 말하는 방식이 서투르다는 것을 알고 있다. 나를 설득하려고 노력하는 것은 의미가 없다. 내가 '성장'하면서 더 서툴러졌는지 덜 서툴러졌는지는 잘 모르겠다. 나는 그렇게 생각하지 않는다. 그게 실제로는 전혀 그런 식으로 작동하지 않는다고 생각한다. 오히려, 성장한다는 것은 여러 가지 측면에서 서툴고 어색한 일의 연속이라고 생각한다… 나는 기억이 있는 순간부터 항상 조금씩 서툴렀다. 몸집이 좀 크고, 몸놀림은 굼떴다. 군중 속을 걷는 게 약간 서툴렀다. 구체적인 예는 생각나지 않는다. 그렇지 않았던 적은 더 생각이 나지 않는다. 서투르다는 것은 지속적인 신체의 상태와 존재 상태에 관한 것이다…

저자 2

나는 예전에 정말 서툴렀다. 더 정확히 말하자면, 과잉 행동을 정말 많이 했다. 그냥 물건에 걸려 넘어지는 정도가 아니라 (집안에서) 부딪히거나 (자전거를 타다가) 부딪히거나 (흥분해서 엉뚱한 말을 하다가) 발을 집어넣곤 했다. 어디든 뛰어다녔다. 이제는 서툰 것은 많이 고쳐

져서 넘어지는 일도 거의 없다. 하지만 나는 항상 뛰어다니고, 일을 빨리 끝내는 것을 좋아하고, 참을성이 없고, 흥분하기 쉬운 과잉 행동적 성격을 갖고 있다.

이 논문에서 말하고자 하는 바는 어린 시절은 '성장'하는 분명한 단계라기보다는, 신체적 습관과 성향의 요소가 성인기까지 이어지고 특정한 상황에서 이를 다시 불러일으킨다는 것이다. 저자들은 지리학 및 사회과학에서 어린 시절에 대한 다소 정적인 관점을 넘어 어린 시절과 성인기의 관계에 대해 좀 더 생생한 감각을 제공하기 위해 자신의 경험을 활용했다.

다른 지리학자들은 학자가 아닌 사람의 목소리를 학술 연구에 포함시키기 위한 방법으로 자문화기술지를 활용했다. 가령, 쿡 등은 몇몇 학생과 협력해 그들의 일기와 이에 대한 자체 분석을 상품에 관한 논문에 포함시켰다(Cookt et al., 2007). 매우 다른 맥락에서 버츠와 베시오는 포스트식민주의 연구에서 자문화기술지의 가치를 탐구하면서, 자문화기술지가 피식민 집단에게 학문적 재현의 규범과 맞아떨어지면서도 다른 방식으로

자신의 삶을 재현할 수 있는 기회를 제공해 준다고 주장한다(Butz and Besio, 2004a).

그러나 많은 사람들이 자문화기술지의 사용을 경계한다. 한 가지 비판은, 위의 인용문을 읽어본 사람들도 동의할 수 있겠지만, 자문화기술지가 자신의 삶을 쓰고 성찰할 수 있는 특권을 누리는 학자의 편협한 시각에 대한 핑계일 뿐이라는 점이다. 또 다른 비판은 (장점이기도 하지만) 정의된 '방법'이 부족하고 일반적인 경향을 추출하기 어렵기 때문에 다양한 사회 집단의 경험을 비교하기가 어렵다는 점이다. 마지막 비판은, 다른 사람들과 함께 자문화기술지를 수행할 때(예: 파키스탄을 사례로 한 버츠와 베시오의 연구) 필연적으로 일부 공동체 안의 일부 집단(이 경우에는 남성)이 여전히 더 큰 힘을 가지고 자신을 재현한다는 점이다. 따라서 버츠와 베시오는 이 방법이 페미니즘 연구 도구로 개발되었음에도 불구하고, 파키스탄이라는 특수한 상황에서 여성들이 자문화기술지를 기록하는 데 어려움을 겪었다고 지적한다(Butz and Besio, 2004b).

페미니스트 지리학자들이 세계를 기록하고자 했던 세 번째이자 마지막 방법은 창의적인 글쓰기 기법이다. 이 경우, 녹솔로 등의 작업이 특히 빛을 발한다. 녹솔로 등은 페미니즘과 포스트식민주의 관점을 결합한 학문 지리에 대한 비판으로 시작한다(Noxolo et al., 2008). 이들은 지리학이 부분적으로는 포스트식민주의 연구를 통해 글로벌하게 되기 위해 고군분투하는 학문 분야지만, 동시에 "지리학을 글로벌하게 만드는 목소리와 관점은 주변화하고 있다"고 주장한다(Noxolo et al., 2008: 146). 한 가지 문제는 많은 지리학자들이 포스트식민주의 관점을 수용하고 있지만, 이들은 압도적으로 "글로벌 권력의 북쪽 중심지에서" 글을 쓰고 있다는 점이다(Noxolo et al., 2008: 147). 아이러니하

게도, 지리학자들은 수 세기 전 탐험 지리학자가 그랬던 것처럼 자신의 입맛에 맞는 접근 방식을 활용해 포스트식민주의 공간을 재식민화하게 될지도 모른다!

또 다른 논문에서, 매지와 에슌은 포스트식민주의 연구에 대해 지적한 몇 가지 비판을 극복할 수 있는 연구 도구로 시의 활용을 탐구한다(Madge and Eshun, 2012). 매지와 에슌은 가나의 아칸족 공동체를 대상으로 로컬 보호구역의 원숭이 보존에 대한 그들의 견해에 대해 심층 구술사 인터뷰를 진행했다. 매지와 에슌은 인터뷰를 분석하면서 참가자의 기억을 구성하는 방법으로 '아버지가 나에게 말씀하셨던 것을 기억해…'라는 구절이 사용되었다는 점에 주목했다. 매지와 에슌은 이

를 이용해 공동체에서 원숭이의 중요성에 대한 여러 목소리와 경쟁적 인식이 응축된 시를 구성했다(Madge and Eshun, 2012).

아버지가 나에게 말씀하셨던 것을 기억해
흰 칼리코 조각을 본 다모아에 대해
두 마리의 흑백 콜로부스 원숭이가 지키고 있었지
원숭이들은 운명(kismet)이었다네
…

1970년대 초를 기억해
위성 커뮤니티의 출현…
구세주 교회의 신자들이
퍼리 문신을 비웃고 원숭이를 죽였어
그리고 보아벵의 장로들이 아버지를 어떻게 소환했는지…
그들은 아버지가 조상들의 땅을 원숭이에게 줬다고 말했다네

매지와 에슌이 지적했듯이, 이 시는 원숭이 보존을 둘러싼 피할 수 없는 논쟁을 드러내는 한편 한 공동체의 성스러운 땅에 보호구역(sanctuary)이 설치되는 상황을 보여 준다(Madge and Eshun, 2012). 매지와 에슌은 논문 말미에 이 방법을 통해 포스트식민주의 맥락에서 지리학자가 함께 일하는 지역 사회에 '환원'할 수 있는 것이 무엇이며, 어떻게 그들이 스스로를 재현할 수 있는지에 대해 질문한다(Butz and Besion, 2004a에서 자문화기술지에 대해 논의한 것처럼; Box 6.3).

이 연구를 수행한 이후, 에슌은 해석적인 시를 접목해 가나에서 로컬 공동체가 관광객에게 시를 낭송하고, 시를 통해 로컬 당국에 그들의 견해

를 제시하며, 이를 통해 생계 개선에 도움이 되는 NGO를 설립하는 데 활용했다. 그러나 매지와 에슌은 시를 포스트식민주의 접근법의 주류화를 극복하기 위한 '손쉬운 해결책'으로 여기는 것에 대해서도 경계한다(Madge and Eshun, 2012). 이는 연구자로서 자신이 공동체를 책임지는 위치에 있다고 가정하기 쉬우며, 이를 통해 학자들이 그러한 입장을 채택할 힘이 있다는 생각을 강화하기 쉽기 때문이다. 다시 한번 페미니스트 지리학자들이 제기하는 연구 과정에서의 위치성 문제로 돌아가면, 그 함의는 전통적인 '과학적' 텍스트를 쓰는 것처럼 시나 자문화기술지(Box 6.3)를 쓰는 방식에 좀 더 신중해야 한다는 것이다.

이 절에서는 세계를 아는 방식을 '규율'하는 학술적 실천으로서의 지리학으로 다시 렌즈를 돌렸다. 지리학자가 자신과 세계에 대해 들려주는 이야기는 그 자체로 텍스트의 지리를 구성한다고 주장했다. 또한 페미니스트 지리학자(그리고 포스트식민주의 지리학자)가 객관적이고 과학적인 남성적 지식과 세계를 서술하는 방식에 의해 지배되어 온 학문에 제기한 문제를 강조했다. 페미니스트 비평이 갖는 가장 중요한 함의는 지리학의 전통적 토대에 대한 의문, 즉 지식은 항상 상황적이라는 점을 강조하고, 글쓰기는 위치적이고 체현적이며 감정적이라는 점을 강조하며, 학계 내에서 생산되는 텍스트의 지리에 대한 관심을 촉구하는 것이었다.

6.6 결론적 성찰

이 장을 읽은 후에, 이 장의 가장 앞부분과 6.2절의

질문을 다시 한번 살펴보자. 두 가지 질문을 생각해 보자.

- 이 장에서 여러분의 일상생활에서 중요하다고 생각했던 특정한 종류의 텍스트를 놓치고 있지는 않은가?
- 이 장에서 논의한 접근법(예: 자문화기술지, 시)과 텍스트(예: 소설 작품, 정책 문서)가 학술 연구에서 주변화되기 쉬운 사람과 장소에 대한 통찰력을 제공했다고 보는가?

첫 번째 질문과 관련해, 이 장에서 서구 소비문화에서 대중 매체를 매개로 한 일상적인 삶의 요소라는 특정한 텍스트 형식에 대해 논의하지 않았다는 점을 반성할 수 있을 것이다. 가령, 이 장에서는 문자 메시지, 소셜 네트워킹, 웹사이트, 이메일 또는 '가상 세계'의 다른 측면은 탐구하지 않았다(이에 대한 소개는 Adams, 2009; 8장의 정체성에 관한 내용 중 디지털 텍스트 논의를 참조할 것). 그렇다면 (이 글을 쓰는 시점에서) 영국에 거주하는 30대 백인 남성이라는 특정한 글쓰기의 위치 속에서, 저자는 이 장을 쓰면서 어떤 종류의 텍스트를 주변화했는가?

두 번째 질문과 관련해서는 문화지리학자가 세계에 대해 글쓰는 방식 그리고 다른 지리학자에 대해 글쓰는 방식에 대해 생각해 보는 계기가 되었으면 한다. 실제로 이 장에서는 문화지리학자들이 자신에 대해 어떻게 글을 쓰는지, 혹은 연구 과정에서 어떻게 자신에 대해 쓰는지 생각해 보도록 하고자 노력했다. 필연적으로 모든 텍스트의 지리는 부분적이며, 텍스트의 본질은 사람과 장소에 대한 재현이 선택적일 수밖에 없다는 점이다. 또한 글쓰기(와 읽기)와 말하기(와 듣기)는 일부 집단이 훨씬 더 쉽게 접근할 수 있는 실천이다. 따라서 문화지리학자의 주요한 과제 중 하나는 텍스트가 '실제' 공간을 재현하고, 창조하고, 구성하는 다양한 방식에 대해 열린 자세를 유지하는 것이다. 두 번째 핵심 과제는 세계에 대한 글쓰기 방식과 관련해, 최소한 다양한 집단의 목소리를 들을 수 있는 연구 통로를 제공하는 방법에 대해 창의적이면서도 비판적으로 사고하는 것이다.

요약

- 텍스트의 지리는 텍스트가 세상에 대해 무엇을 말해줄 수 있는지 질문하려는 노력과 연결된다. 텍스트는 현실을 재현하고/거나 창조할 수 있으며, 특정 장소에 있는 특정 사람을 주변화하는 지배 관계를 강화할 수 있는 힘을 가지고 있다.
- 소설은 문화지리학자에게 중요한 자료가 되어 왔다. 소설 작품은 한 국가의 문화와 관련해 경관의 의미를 강력하게 환기할 수 있다. 공상과학 소설이나 유토피아 소설과 같은 다른 소설 작품은 사회에 비판적인 거울을 제공하고, 사람들을 둘러싼 공간 프로세스를 생각하게 한다.
- 정책 텍스트는 다른 여러 방법 중에서도 담론 분석을 사용해 읽을 수 있다. 이러한 비판적 방

법을 통해 강력한 정책 문서의 근간이 되는 가정, 즉 사회 경제 조직을 뒷받침하는 가정을 알 수 있다. 스케일과 같은 공간적 메타포는 정책 결성 과성에 자주 사용뇌며, 문화지리학자들은 정책 텍스트에서 공간적 메타포가 어떻게 사용되는지 의문을 제기해 왔다.

- 페미니스트 지리학자들은 특히 지리학자가 세계와 자신에 대해 글을 쓰는 방식에 의문을 제기해 왔다. 이들은 모든 학문적 연구는 위치적이고 상황석이라는 점을 강조한다. 페미니스트 지리학자들은 시와 같은 창의적이고 비판적인 세계에 대한 글쓰기 방식에 영감을 주었다.

핵심 읽을거리

Murdoch, J. (2006) *Poststructuralist Geography: A guide to relational space*, Sage, London.
지리학에서의 포스트구조주의 사상에 대한 개론서이다. 1장은 구조주의에서 포스트구조주의에 이르는 텍스트 연구의 발전 과정을 도표로 정리하고 있어 특히 유용하다. 이 책의 나머지 부분도 유용한데, 체현, 물질성, 공간/장소에 관한 이 책의 내용과 연관지어 추가적으로 읽어볼 수 있다.

Saunders, A. (2010) Literary geography: reforging the connections. *Progress in Human Geography* 34, 436-452.

Hones, S. (2008) Text as it happens: literary geography. *Geography Compass* 2, 1301-1317.

Kitchin, R. and Kneale, J. (2001) Science fiction or future fact? Exploring imaginative geographies of the new millennium. *Progress in Human Geography* 25, 19-35.
소설의 지리학적 연구를 탐구하는 세 편의 학술지 논문. 사운더스의 글은 2010년까지의 문학지리학 연구를 개괄적으로 살펴보고 텍스트의 형식과 수용의 지리에 관한 문제를 심도 있게 탐구한다. 혼스는 문학지리학에 대한 쉬우면서도 엄밀한 소개를 제공하는데, 특히 논문이나 코스워크 준비에 유용하다. 키친과 닐의 글은 독창적인 연구를 기반으로 하

며, 지리적 과정(이 경우에는 도시 형태)을 알려주는 연구의 힘을 보여주는 좋은 예다. 또한 소설 지리 연구에 대한 유용한 개요와 비평도 포함되어 있다.

Kraftl, P., Horton, J. and Tucker, F. (2012) *Critical Geographies of Childhood and Youth: Contemporary policy and practice*, Policy Press, Bristol.
이 장에서 언급한 유년기에 대한 사례를 확장한 정책 분석 사례를 제공하는 편저이다. 서론에서는 '담론'과 '담론 분석'에 대한 논의와 함께 추가적인 읽을거리에 대한 가이드를 제공한다.

Women and Geography Study Group (WGSG) (2004) *Gender and Geography Reconsidered*, WGSG of the Royal Geographical Society with Institute of British Geographers.
이 에세이집은 WGSG에서 지리와 젠더에 관한 주요 출판물의 출간 20주년을 기념하기 위해 발간한 것이다. 이들은 글쓰기 스타일에 대한 더욱 유연한 접근을 허용하기 위해 이 책을 발간했으며, 다양한 형식과 길이, 저자들의 다양한 위치성을 확인할 수 있다. 이 책에는 이 장에서 언급한 데보라 티엔의 글을 비롯해 섹슈얼리티, 임신, 자문화기술지, 여가에 관한 글이 포함되어 있다.

Chapter 07 | 수행의 지리

7.1 도입

실천은 모든 문화지리학의 핵심이라고 할 수 있다. 기본적인 수준에서 '실천'이란 어떤 종류의 '행위'를 의미한다. 실천은 창의성과 소통을 가능케 하고, 삶의 근본적인 활력의 징후가 될 수 있다. 해리슨이 지적했듯이, 지리학자들은 실천을 모든 의미의 근원, 즉 사회적 공간이 생겨나는 기본 요소로 이해해 왔다(Harrison, 2009). 그러나 이는 모든 문화지리학의 행위를 이해하는 추상적인 방식이다. 따라서 이 장에서는 이러한 실천을 이해하는 방법으로서 '수행'이라는 개념에 초점을 맞추고자 한다. 특히 수행을 연구하면서 제기되는 두 가지 이슈를 강조하고자 한다.

첫째, '수행'이라는 개념은 '실천'이라는 다소 일반적인 개념에 비해 구체적인 정의를 제시한다.

다시 말해, 우리는 음악, 연극, 스포츠, 예술 등 여러 가지 수행을 식별할 수 있다. 언뜻 보기에 수행은 일상생활과는 다소 구별된 것처럼 보일 수 있다 (9장 참조). 이러한 수행은 지정된 공간(박물관이나 경기장)에서 열리기도 하고, 전문가 또는 실력이 뛰어난 숙련된 아마추어에 의해 진행되기도 한다. 이 장의 첫 세 절은 음악, 스포츠, 무용 등 세 가지 종류의 수행에 관한 문화지리학자들의 연구를 살펴본다. 이러한 종류의 수행은 학문의 개념적 발전, 특히 비재현지리에 대한 논쟁(9장)에서 점점 더 중요해졌다. 이러한 이유로 이 장에서는 문화지리학자들의 음악, 스포츠, 무용에 관한 연구를 통해 더 광범위한 이슈 중 몇 가지를 강조하고자 한다.

둘째, 이 장 전체에서 전문적인 수행과 일상생활 간의 경계가 어디인지 끊임없이 질문한다. 그래서 이 장에서는 네 번째 종류의 '수행'인 일상의 수행을 포함시켰다. 이를 통해 수행의 문화지리를 전문화되거나, 학습되거나, 다른 방식으로 식별 가능한 행위를 통해 진행되는 '정상적인' 사회생활의 측면으로 확장할 수 있다. 여기에는 특정한 맥락에서 공공장소에서 어떻게 행동해야 하는지에 대한 사회적 기대에 부합하는 제스처(예: 악수)가 포함된다. 앞으로 살펴보겠지만, 이러한 행위 중 상당수는 스포츠가 일상생활의 여러 측면에 스며드는 방식(예: Box 7.2의 펍에서의 축구 팬덤의 사례)처럼 널리 알려진 수행을 구성하는 행위와 구별하기 어려운 경우가 많다. 이 과정을 통해 전문적인 수행과 일상생활이 명확하게 구분되어 있다는 생각을 계속해서 무너뜨리고 있다. 따라서 저자들은 계속해서 이 장의 시작 부분에서 던진 질

문으로 돌아갈 것을 요청한다. 수행적인 문화 공간에서 정확히 무엇을 수행하고 있는가?

7.2 음악 수행

음악은 문화지리학 연구에서 점점 더 중요한 부분을 차지하고 있다. 몇몇 지리학자에게 음악은 장소를 장소로 만드는 중요한 요소다. 콩은 음악은 어떤 형태로든 인간 문화와 사회의 보편적인 측면이며, 실제로 음악이 일상생활을 이해하는 데 도움이 된다고 주장한다(Kong, 1995a). 공부를 하는 동안 '배경'으로 음악을 틀어놓거나, 정체성의 일부로서 특정한 아티스트나 장르의 음악을 듣거나 (3장과 8장 참조), 밴드에서 연주하거나, 정신을 활발하게 유지하거나 긴장을 풀기 위해 피아노를 연습하거나, 콘서트나 축제에 가서 라이브 공연을 듣고 춤을 추거나 사교활동을 할 수도 있다. 앤더슨이 지적한 것처럼 음악은 사람들의 가장 개인적인 추억, 희망과 함께할 수 있다(Anderson, 2004; 2006)(Box 3.2 참조).

따라서 음악은 장소의 생산과 소비의 일부다. 실제로 수행으로서의 음악은 생산과 소비가 동시에 이루어질 수 있다. 가령, 나이트클럽의 DJ가 춤을 추는 클러버(clubbers)들이 소비하는 음악을 재생하는 동시에, 관객의 반응에 따라 플레이리스트를 수정하는 것을 생각해 보라(Malbon, 1999 참조). 그러나 지리학자들은 종종 음악을 장소 경험에서 '배경' 요소로 간주하고 이를 소비한다. 이는 음악(적어도 녹음된 음악)이 '대중문화'의 일부로 간주되고, 소위 '엘리트' 문화와 비교할 때 진

지하게 주목할 만한 가치가 없는 것으로 간주되기 때문일 수 있다(Kong, 1995a). 또한 이러한 견해는 지리학자들이 오랫동안 '시각적' 공간과 대상에 집중한 나머지 소리를 포함한 다른 감각을 소홀히 한 결과일 수도 있다. 많은 사람들에게 음악은 단순히 즐기는 것이기 때문에, 음악을 형식적인 분석의 대상으로 삼는 것은 음악을 그토록 호소력 있고 의미 있게 만드는 활력을 제거하는 것일 수 있다.

하지만 음악은 단순히 배경에 '있는' 것이 아니다. 실제로, 음악은 단순한 '음악'이 아니다. 지리학자마다 음악 스타일, 퍼포먼스, 소리가 중요한 이유에 대해 다르게 해석해 왔으며, 관련 주제에 대한 연구도 매우 다양하다. 신문화지리학(1장 참조)은 음악, 장소, 공간 사이의 연관성에 대한 여러 지리적 연구의 출현을 목도했다(Leyshon *et al.*, 1998 참조). 이 장에서는 음악의 생산과 소비를 서로 얽혀 있는 요소로 간주해 음악이 사회 공간 프로세스와 특정 장소의 경험에서 중요한 몇 가지 방식을 살펴볼 것이다.

문화지리학의 오랜 관심사는 음악과 문화 지역 간의 관계였다(Carney, 1998; **경관**에 관한 5장의 내용을 참조할 것). 이 접근법은 음악이 특정한 장소와 어떻게 연관될 수 있는지 탐구한다. 특히 전통 혹은 '민속' 음악 스타일은 특정한 도시, 지역 또는 국가와 연관되는 경우가 많다. 가령 화이트와 데이는 '문화 지역' 접근법을 사용해 미국 내 162개 컨트리 음악 라디오 방송국과 관련된 청취 관행을 분석했다(White and Day, 1997). 그 결과 컨트리 음악의 '발상지'인 대평원, 텍사스와 오클라호마에서 컨트리 음악 라디오 방송국의 인기가 매우 높다는 사실을 발견했다. 컨트리 음악은 미국의 다른 지역으로 '전파'되었지만, 인구 밀도가 높고 가구 평균 소득이 높은 지역, 특히 북동부 해안에 위치한 도시에서는 훨씬 인기가 적었다.

문화 지역 접근법과 버클리 학파와의 연관성은 여전히 인기가 있지만, 많은 문화지리학자로부터 비판을 받아왔다(1장과 5장 참조). 그럼에도 불구하고 '전통'과 '지역'의 개념은 음악에 대한 지리적 연구에서 비판적인 관심의 초점이 되어 왔으며, 특히 글로벌화에 대한 논쟁에서 가장 빈번하게 논의되었다(Box 7.1 참조). 일부 연구자는 대중음악의 글로벌화 및 상업화 추세로 인해 개별 장소의 중요성이 사라졌다는 생각에 이의를 제기했다. 오히려 음악은 로컬과 지역 정체성을 재협상하는 핵심적인 매개체가 될 수 있다(Hudson, 2006). 한 예로, 영국의 리버풀에서는 록 음악이 "고유한 신념, 규범, 의식을 가진 삶의 양식"이 되었다(Hudson, 2006: 627). 허드슨은 이러한 '삶의 양식'이 특히 엄청난 수의 아마추어 록 뮤지션과 청중, 도시와 비틀매니아(Beatlemania) 및 록 음악과 함께하는 다양한 음악 공연장과의 문화적 연관성에서 분명하게 드러난다고 주장한다.

음악의 세계화에 관한 더욱 친숙한 이야기로는 **정체성** 형성에 있어 음악 스타일의 이동과 혼합에 관한 것이 있다(3장과 8장). 이는 영국 아시아 댄스 음악(Jazeel, 2005)과 '월드 뮤직'(Connell and Gibson, 2004)과 같은 '혼성적' 음악 장르와 관련 있다는 점에서 지리학 안팎에서 익숙한 이야기다. 가장 일반적인 혼성 음악 스타일은 종교 또는 민족 집단이 '새로운 국가, 특히 글로벌 남부에서 글로벌 북부로' 이주하면서 수반되는 음악 스타일로 간주된다. 가령, 코넬과 깁슨은 1960년대 자메이카에서 영국으로의 대서양 횡단 이주(transatlantinc migration)가 이루어졌던 시기에 영국에서는 다양한 형태의 카리브해 레게가 인기를 얻었으나, 레게가 다른 음악 형식, 신(scene), 정체성과 다양한 방식으로 섞이면서 '혼성화'되었고, 일부 영국의 백인 그룹이 레게를 연주하고 레게 아티스트의 스타일, 음악 및 제작 요소를 (음악적, 상업적 성공의 정도에 따라) 채택하면서 해당 장르가 점차 '주류'가 되기 시작했다고 보았다(Connell and Gibson, 2004). 한편, 1970년대 영국의 도시 생활 환경을 음악에 반영한 영국 레게 그룹은 자메이카에서 성공을 거두기 시작했다. 국제 이주가 뒷받침된 이 과정은 "민족성과 정치적 동기의 새로운 표현으로 변모"했다(Connell and Gibson, 2004: 347). 음악의 혼성성과 정체성에 관한 좀 더 자세한 내용은 Box 7.1에서 확인할 수 있다.

여기서는 정체성에 계속 초점을 맞추면서, 이 장의 서두에서 제기한 질문으로 돌아간다. 즉, 음악의 지리에 대해 쓸 때 정확히 무엇이 수행되고 있는 것인가? 지리학자는 이 질문에 다양한 방식으로 답해 왔다. 첫째, 음악의 문화지리학은 음악의 **문화 정치**에 주목해야 한다는 주장이 설득력 있게 제기되었다(1부와 Kong, 1995a; 1995b 참조). 즉, 음악의 문화지리학은 음악을 생산하고 수행하는 사람의 의도를 파헤쳐야 한다는 것이다. 여기서 음악은 권위를 행사하기 위해 수행(작곡, 녹음, 연주)될 수도 있고, 권위에 대한 저항을 드러내는 매개체가 될 수도 있다. 싱가포르에 관한 콩의 영향력 있는 연구에서 그녀는 싱가포르 정부가 국가 정체성을 홍보하기 위해 지원한 '국가' 노래집과 '싱가포르 노래집이 아닌 노래집(Not the Singapore Song Book)'에 수록된 노래를 대조했다(Kong, 1995b). 전자는 싱가포르의 신 지배 엘리트에 대한 대중의 충성심을 조성하기 위한 것이었지만, 후자는 "공식적인 문화 재현에 대한 저항의 한 형태"로 라이브 무대에서 공연되는 "대중적인 곡조에 맞춘 새로운 가사"가 포함된 풍자(tongue-in-cheek) 형식의 노래들이었다(Kong, 1995b: 448).

둘째, 많은 지리학자가 음악의 형식, 내용, 정서적 효과를 좀 더 자세히 이해하려고 노력해 왔다(텍스트에 관한 비슷한 주장에 대해서는 6장 참조). 이 경우, 지리학자들이 음악을 가사의 '전달자(carrier)' 또는 다른, 어쩌면 더 의미 있는, 정체성이나 정치적 신념의 상징으로 간주하는 경우가 너무 많다는 주장이 제기된다. 레빌은 다음과 같이 주장한다. "문화 분석의 초점은 음악의 음향적 특성보다는 음악과 관련된 실천에 있다"(Revill, 2000: 597; Jazeel, 2005). 따라서 일부 문화지리학자는 비재현의 지리로 전환하는 일련의 과정에서 특정 음악의 의도된 효과(소리, 음정, 리듬, 음색)가 청취자의 신체에 어떻게 작용하는지 연구하기 시작했다. 특정 리듬은 특정 감정을 자극하거나 청취자를 진정시키거나, 차분하게 하거나, 달랠 수 있다(Anderson, 2004; 2006). 그러나 레빌(Revill, 2000: 606)은 이러한 신체적 효과는 개인적이거나 단순히 '자연스러운' 것이 아니라고 보았다. 그는 "[음악적] 즉시성은(immediacy)… 사회 문화적으로 특정한 형식을 통해서만 접근할 수 있다"고 주장한다. 그의 예시에 따르면, 이러한 형식은 20세기 초 영국 국가 정체성에 대한 (가부장적, 엘리트적, 보수적) 비전으로 재현된다고 설명한다. 이러한 사

Box 7.1

 프랑스와 인도의 음악, 전통 그리고 장소

점점 더 많은 지리학자들이 음악의 소비, 특히 녹음된 음악을 듣는 것이 어떻게 현대 문화 공간, 정체성과 이를 구성하는 신체적 실천에 대한 예리한 통찰력을 제공할 수 있는지 탐구해 왔다(Anderson, 2004). 이러한 주제에 대한 대조적인 시각을 보여주는 두 가지 예가 있다. 인도 방갈로르(Bangalore)의 상류층 청소년을 대상으로 한 살다나(Saldanha, 2002)의 연구와 프랑스 지역 민속 음악과 춤의 형식에 관한 조지 레빌(Revill, 2004)의 비판적 성찰이 그것이다. 두 가지가 눈에 띈다.

- **전통/모더니티**: 방갈로르의 상류층 청소년들은 MTV와 같은 글로벌 음악 스타일과 네트워크에 대한 접근성이 높아지고 있다. 많은 이들이 스스로를 '글로벌 유스'라고 여기며, '낙후되고 절망적이며 추악한' 이미지의 인도 전통과는 대조되는 모던한 인도의 일부로 여긴다(Saldanha, 2002: 345). 그들은 인도 음악 형식보다는 서양의 '팝' 음악을 선호한다. 프랑스에서 레빌은 민속 음악이 연주되는 춤 공연에 참석하면서 음악 스타일과 실천(춤)이 창조성을 특징으로 한다는 점에 주목했다. 프랑스 민속 음악의 상대적으로 제한적이고 '전통적' 형식(일부 프랑스인 관찰자에게는 프랑스 농촌 생활의 일부로 인식될 수 있는)을 단순히 따르는 대신, 춤은 "자유롭고 유동적이며 약간은 위험하고 도시적인 것과 소박한 것이 흥미롭게 뒤섞인" 것으로 여겨졌다(Revill, 2004: 206). 두 가지 경우 모두 음악의 '전통'은 음악 소비의 창조적(수동적이지 않은) 실천의 일부로서 음악의 '모더니티'와 섞여 있다.
- **신체적 실천/국가적 (국제적) 상징**: 프랑스와 방갈로르의 사례 모두 음악 수행의 재현지리와 비재현지리 사이의 관계를 탐구한다(7.4절과 사진 7.1 참조). 프랑스의 지역 민속 음악 형식을 묘사한 레빌의 글에서는 신체의 '자유롭고' 창조적인 역량이 강조되지만, 그

는 사회적, 문화적 가치(특히 정체성에 대한 상징적 혹은 재현적 개념)도 똑같이 중요하다고 강조한다. 따라서 프랑스 공연자는 신체적 수행과 문화적 가치를 고려해 프랑스와 영국 민속 음악/춤 장르의 지역 차이를 강조한다.

우리는 영국에서 너무 억압받았기 때문에, 영국스러운 억압을 뚫을 수 있는 경쾌한 무언가가 필요했어요. 프랑스의 민속 무용은 표현의 자유를 주었고, 영국의 세트 댄스보다 전통에 얽매이지 않았고, '모리스 춤(Morris)'보다 훨씬 더 세련되었습니다.

–Revill, 2004: 206

방갈로르의 상류층 젊은이도 모던하고 글로벌하며 부유한 자신의 정체성에 대해 매우 상징적인 선언을 하기 위해 다양한 신체적 수행을 활용한다. 프랑스의 사례와 마찬가지로 이러한 수행은 다른 정체성 집단과의 차이에 대한 분명한 표식을 만드는 데 의존한다. 상류층의 젊은이들은 방갈로르에서 음악을 들으며 빠르게 운전하고, 도시를 일종의 '놀이공원'으로 여기며 운전한다(Saldanha, 2002: 342). 팝 음악과 시원한 에어컨 소리는 도시의 더위, 먼지, 대중, (상류층 젊은이들이 생각하는) 비참함을 추상적인 무언가로 바꾸어놓는다. 또한 상류층의 소녀들이 안전하다고 느끼는 공간을 만들어내기도 한다. 청소년은 이를 '일상적인' 정체성의 표현으로 삼는다. 그들은 의도적으로 '정상적'이지만 상징적인 행위를 하며, 모든 사람이 보는 앞에서 거리에서 보고 들을 수 있는 그들만의 '폐쇄적인' 파티처럼 이를 수행한다. 방갈로르의 부유한 젊은이들은 음악 수행을 통해 자신의 정체성을 드러내며, 이를 지켜보는 이들에게 자신을 '모던'하고 '서구적인' 존재로 각인시킨다.

두 가지 사례 모두 음악의 소비에는 재현적이면서('전통적' 가치에 의존하거나 이를 수정하는 것), 비재현적인

('정상성'을 드러내는 춤, 운전과 같은 신체적 수행에 의지하는 것) 일련의 복잡한 행위가 포함된다는 점을 시사한다. 그러나 궁극적으로 두 가지의 매우 다른 종류의 문화 공간이 만들어졌다는 점을 주지해야 한다. 프랑스에서는 '진정성'과 전통이 특정한 의미를 유지하고 있다. 한편, 방갈로르에서는 음악 소비에서 전통은 멀리해야 할 것으로 간주한다.

사진 7.1 프랑스 시골에서 공연되는 프랑스 전통 지역 민속 음악
출처: Alamy Images/Jeffrey Blacker

회 정치적 맥락은 연주되는 음악의 음향적 특성을 둘러싼 일종의 '프레임'을 형성했다. 그러나 연주되는 음악의 소리, 이 경우에는 "후기 낭만주의 화음과 광범위한 민속적인 멜로디"가 음악의 라이브 연주를 청취자에게 의미 있게 만드는 데 중요한 역할을 했다(Revill, 2000: 611). 따라서 레빌은 "음악의 소리 자체가 영국다움(Englishness)의 문화 정치에서 독특한 역할을 했다"고 주장할 수 있었다(Revill, 2000: 610).

마지막으로 공식적인 음악 제작과 음악 산업의 영역으로 넘어가면, 음악이 문화 경제적 과정과 함께 수행되는 이중적인 방식, 즉 음악 제작자가 기반을 두고 있는 장소의 선택에 이르기까지를 생각해 볼 수 있다. 최근의 연구에 따르면 음악 산업 자체가 매우 특정한 방식으로 '수행'(느슨한 의미로 사용)된다는 사실이 밝혀졌다. 가령, 미국 상업 음악 산업은 뉴욕, 로스앤젤레스, 내슈빌이라는 세 개의 주요 중심지를 중심으로 집중화되고 있다(Florida and Jackson, 2010). 한 예로, 허드슨은 문화 산업(특히 행위 예술)으로의 '전환'의 일환으로 내슈빌과 같은 도시가 스스로를 '음악 도시'로 브랜딩하고 있다고 주장한다(Hudson, 2006). 미국 이외의 지역인 호주 시드니에서는 대중음악이 새롭게 젠트리피케이션된 도심 공간의 홍보에 활용되었다(Gibson and Homan, 2004). 과거 시드니의 교외 지역은 창의성과 음악 하위문화를 위한 주요한 장소로 묘사되었다. 그러나 1990년대부터 이 도시는 라이브 음악 공연장의 쇠퇴를 경험했다. 깁슨과 호만은 교외 지역인 마릭빌시(Marrickville City)의 지방의회가 의회가 관리하는 공공장소에서 일련의 무료 라이브 콘서트에 자금을 지원함으로써 공연장 쇠퇴에 대응한 방식에 대해 살펴본다(Gibson and Homan, 2004). 음악 수행은 다른 다양한 '문화적' 수행과 마찬가지로 도시를 더 경쟁력 있고 살기 좋은 곳으로 만들기 위해 고도로 관리되며 국가 주도의 시도에 통합되기도 한다(Hall and Hubbard, 1998).

이 절에서는 음악이 다양한 방식으로 수행될 수 있으며, 음악은 여러 지리적 과정을 연상시킨다고 주장해 왔다. 음악 스타일은 특정한 문화 지역과 연관되어 있을 수 있으며 이러한 연관성은 지속될 수도 있다. 그러나 동시에 전 지구적인 사람, 상품 및 실천의 흐름으로 인해 음악 스타일이 혼성화되는 경향도 오랫동안 지속되어 왔다고 말할 수 있다. 또한 음악이 제공하는 상징적인 '자원'부터 국가 정체성과 관련된 관념, 동작, 감정을 불러일으킬 수 있는 리듬과 박자에 이르기까지 음악이 정체성의 수행을 가능케 하는 다양한 방식을 이해할 수 있다.

7.3 스포츠 수행

스포츠 실천은 음악 스타일과 함께 '수행'을 명백하게 강조하지만, 중복되는 지점이 있음에도 뚜렷이 다른 방식으로 해석된다. '스포츠 지리학(Sports geography)'은 스포츠 기관의 지도화부터 스포츠 활동을 위한 장소를 제공하는 지원 인프라와 기술의 구성에 이르기까지 다양한 이슈를 포괄하는 광범위한 지리학 연구 분야다(Henry and Pinch, 2000; Bale, 2003).

이 절에서는 문화지리학에서 스포츠가 잘 다루어지지 않고 있지만, 스포츠 수행이 실제로 수행의 지리학을 사고하는 데 얼마나 도움이 되는지 살펴보고자 한다. 스포츠 수행을 통해 이 장의 서론에서 제기한 질문, 즉 '구별되는(marked-out)' 스포츠 공간 및 수행과 일상을 구성하는 '비'-스포츠 실천 간의 관계가 무엇인지 비판적으로 고찰할 수 있다.

이 절에서는 '비'스포츠(또는 '일상') 공간에서 숙련된 운동 수행을 하는 것에서부터 시작한다. 스케이트보드(Borden et al., 2001), 얼티미트 프리스비(Griggs, 2009), 파쿠르 또는 프리러닝(Mould, 2009) 등이 그 예로, 주로 정식 스포츠 경기장이 아닌 도시 환경 안에서 이루어진다. 그러나 이러한 종류의 활동을 '비'스포츠 환경에서 '스포츠'로 병치할 때, 정확히 무엇을 수행하고 있는 것인지 결정하는 데 어려움을 겪는다. 파쿠르를 예로 들어보자. 이상적으로 파쿠르는 길고 연속적이며 유동적인 일련의 신체 움직임을 통해 계단, 벽, 지붕, 난간 및 기타 도로 시설물을 '장애물'로 바꾸면서 도시 경관을 달리는 것이다(사진 7.2). 파쿠르는 '움직임의 예술', '스포츠', 신체적, 정서적 훈련이 필요한 "다른 장소에 있는 법을 배우는 방법"으로 다양하게 정의되어 왔다(Saviile, 2008: 891).

파쿠르와 스케이트보드에 대한 지리학자의 연구는 모두 단순한 '스포츠'가 아니라는 인식과 함

사진 7.2 도시에서 파쿠르를 연습하는 모습. 흥미롭게도 이 이미지가 보여주는 동작이 실제로 '파쿠르'인지 아닌지에 대해 온라인상에서 논쟁이 벌어졌는데, 일부 비평가는 이 도로 시설물에서 할 수 있는 가장 효율적이고 유려한 동작이 아니기 때문에 '파쿠르가 아니다'라고 주장했다. 따라서 파쿠르는 어떤 스포츠 못지않게 퍼포먼스(그리고 퍼포먼스의 종류)가 중요하다.

출처: Alamy Images/Jeffrey Blacker

께, 전문화된 스포츠는 거의 하지 않는 도시의 일상과 불안한 관계를 맺고 있다는 인식으로 묶여 있다. 마셜은 퀘벡과 파리에서 파쿠르는 '청소년' 운동이라고 하며 다음과 같이 주장한다(Marshall, 2010: 65).

벽, 난간, 지붕, 차량 진입 방지용 말뚝의 의미가 새로운 도시 여정에서 변형되는 환경의 재협상… 행정과 도시 계획의 그리드를 넘어서는 대중적 에너지와 의미 창출을 강조한다.

스케이트보드와 파쿠르는 도시 공간의 '재협상'을 통해 종종 도시 공간의 '허용 가능한' 사용 및 이동의 결에 고의적으로 반한다는 점에서 범법적인('제자리를 벗어난') 수행으로 틀지어진다

(Borden et al., 2001). 카스텐과 펠이 암스테르담에서 진행한 연구에서 주장했던 것처럼, 청소년(특히 10대)과 스케이트보드를 연관짓는 것은 이를 둘러싼 논란을 고조시키는 경향이 있다(Karsten and Pel, 2000). 왜냐하면 10대 스스로가 어른들에게 '제자리에서 벗어난(out of place)' 존재로 간주되기 때문이다.

하지만 상황은 이보다 조금 더 복잡하다. 시간이 지남에 따라 일부 지역에서는 특정 종류의 스케이트보드 수행이 일상적인 공공 장소에서 허용되는 요소로 자리 잡았다. 놀란은 호주 뉴캐슬에서 스케이트보더가 '언더그라운드' 이미지를 가지고 있지만, 다양한 종류의 공공장소에서 스케이트보드 수행이 허용된다는 점을 보여준다(Nolan, 2003). 뉴캐슬에서는 지역 의원들이 '좋은' 스케

이트보드 활동과 '나쁜' 스케이트보드 활동을 구분하는데, '좋은' 활동은 스케이트보드를 교통수단으로 사용하는 것이고 '나쁜' 활동은 공공 또는 사유 재산에 피해를 주는 트릭(trick)을 수행하는 것이다. 그러나 일부 쇼핑몰과 공원은 '스케이트보드 금지 구역'으로 지정되어 있기 때문에 단순히 해당 구역을 지나다니는 스케이트보다는 '적절'(in place)하면서도 '부적절한'(out of place) 행동을 하게 된다(Cresswell, 1996). 곧, '잘못된' 공간에서 허용된 행동을 하는 것이 된다(Nolan 2003).

지금까지 파쿠르와 같은 활동은 스포츠와 일상, 그리고 도시의 공공장소에서 허용되는 것과 허용되지 않는 것 사이의 경계를 모호하게 만든다고 설명했다. 하지만 스포츠 수행을 다른 방식으로 바라보면 '스포츠'와 '비스포츠' 수행 간의 명확한 구분 또한 모호하게 만들 수 있다. 여기서는 어떤 사람들에게는 스포츠가 일상생활이라고 제안하고자 한다. 왜냐하면 스포츠는 생활양식, 정체성, 장소감의 기본이 되기 때문이다.

이와 관련해 신체적 수행이 중요하다. 앤드루스 등은 영국의 보디빌딩 문화에 관한 연구에서 스포츠 지리학은 스포츠 공간을 생산할 때 신체적 수행 능력의 역할을 강조해야 한다고 주장한다(Andrews et al., 2005). 이들은 보디빌딩이 스포츠라기보다는 '극한의 피트니스 활동'으로 간주된다는 점에서 보디빌딩을 실천하는 사람의 라이프스타일의 중심이 된다고 주장한다(Andrews et al., 2005: 879). 이들은 영국 남서부에 있는 '로이스 짐(Roy's Gym)'을 중심으로 연구를 진행하면서 스포츠(또는 피트니스) 수행에 대한 몇 가지 중요한

사항을 강조한다(헬스장 및 헬스장의 장비에 대해서는 12.1절 참조). 첫째, 그들은 헬스장이 단순히 피트니스 활동을 위한 '용기'가 아니라 '복잡한 사회적, 문화적 구성물'이라고 제안한다(Andrews et al., 2005: 888). (주로 남성인) 참가자들은 공식적인 규칙, 에티켓, 보디빌더 간에 비공식적으로 전달되는 조언과 도움 그리고 사회적 위계질서 등을 협상해야 한다. 위계질서의 경우 자신의 '위치'는 오로지 자신의 '신체 자본'에 의해 결정된다.

당신은 바벨 바에 달아놓은 플레이트의 양으로 판단됩니다. 두 개의 플레이트(100kg)로 스쿼트를 하면 아무도 신경 쓰지 않습니다. 5개를 올리면 보디빌더들이 지켜보는데… 사회에서 돈이 그렇지 않습니까? 당신보다 더 많은 돈을 가지는 사람은 돈이 더 많은 권리를 준다고 생각합니다. 보디빌딩 세계에서는 몸집이 얼마나 크냐에 따라 서열이 결정되죠.

-도리안, 보디빌더, Andrews et al., 2005: 883에서 인용

둘째, 헬스장은 모든 규칙과 허용되는 실천을 통해 보디빌딩 문화의 일부가 된다는 것의 의미를 강화하고, '보디빌더'라는 정체성을 채택한다. 하지만 앞서 언급했듯이 보디빌딩은 단순히 헬스장이라는 공간에만 존재하는 것이 아니다. 오히려 보디빌딩은 헬스장 안뿐만 아니라 헬스장 밖의 일상생활 공간과 수행에도 영향을 끼치는 하나의 생활양식이다. 또 다른 보디빌더 마이크의 사례를 보자(Andrews et al., 2005: 886에서 인용).

일주일에 세 번만 운동하지만 쉬는 날에는 다음 날을 준비하면서 음식을 얼굴에 쑤셔 넣습니다. 쉬는 날에는 일에 대해 생각하지 않고 '내일 밤에는 다리 운동을 하고 수요일에는 가슴 운동을 해야지'라고 생각합니다. 진지한 커리어를 향한 노력과 이에 필요한 모든 것에 대해 생각을 할 수 없었고, 헬스장에 가서 근육을 만드는 데 완전히 동기를 얻을 수 있길 기대했어요. 보디빌딩은 내 삶의 다른 측면에까지 영향을 끼쳤습니다.

보디빌딩의 사례는 특정한 신체 수행에 얼마나 몰입하고, 거의 집착할 수 있는지를 보여 준다. 또한 지리학자들은 앤드루스 등(Andrews et al., 2005)이 '피트니스' 지리라고 명명한 것에 대해 비판적으로 사고할 필요가 있음을 강조한다. 이는 스포츠 문화지리의 일환으로, 신체 수행이 사람들의 일상생활에서 의미를 창출하는 데 얼마나 중요한지를 더 잘 반영한다.

앤드루스 등이 중요한 지적을 하고 있지만, 지리학자들은 스포츠 수행이 일상적인 커뮤니티 또는 공동체 생활의 일부로서 상당히 다른 방식으로 작동할 수 있음을 보여주기도 했다(Andrews et al., 2005). 일련의 연구들은 스포츠 활동, 스포츠 클럽, 스포츠 팬덤이 어떻게 '사회 자본'을 창출할 수 있는지 보여 주었다(Tonts, 2005). 우정은 스포츠 활동을 통해 형성될 수 있으며, 이는 종종 종교, 인종, 계급 차이를 뛰어넘어 형성되기도 한다. 스포츠는 지역 축구팀이나 럭비팀에 대한 참여나 지원을 통해 특정 장소에 대한 공동의 목적, 신념 또는 (종종 감정적인) 헌신을 기반으로 사람들을 결속시킬 수 있다(Hague and Mercer, 1998; Bale, 2003).

위와 같은 방식으로 스포츠를 생각하면 스포츠 수행을 정치적, 경제적 맥락 속에 배치할 수 있다. 이와 관련해 호주 농촌의 구조 조정에 대한 톤츠의 연구는 모범적인 사례다(Tonts, 2005). 그는 글로벌 경제 구조 조정이 호주 농촌의 농업 생산 과정에 큰 영향을 끼쳐 농가 소득이 감소하고, 농업을 뒤로하고 도시로 떠나는 가구가 꾸준히 증가하고 있다고 주장한다. 그러나 여전히 많은 농촌 지역 사회가 남아 있는데, 톤츠는 스포츠 클럽과 같은 커뮤니티 조직이 이러한 경제적 위협에도 불구하고 지역 사회를 하나로 묶어줄 수 있다는 가설을 세웠다. 톤츠의 연구에 따르면 서호주 농촌 지역 주민 3명 중 1명은 스포츠가 사회생활에서 가장 중요한 세 가지 측면 중 하나라는 데 동의했다. 한 주민의 말을 빌리자면, 스포츠는 사회 자본을 창출하는 핵심 과정인 지역 사회를 "하나로 묶어주는"(Tonts, 2005: 143) 역할을 했다(Putnam, 2000). 흥미롭게도 스포츠 수행의 종류보다 스포츠에 단순히 참석하는 것이 더 중요했다.

플레이하지 않더라도 상관없어요. 가장 중요한 것은 참여하고 관심을 보이는 거예요. 축구(footy, 호주식 규칙의 축구)를 한다는 것은 건강을 유지하는 것만큼이나 친구들과 함께하고 지역 사회의 일원이 되는 겁니다.

-스리스프링스 거주 남성, Tonts.
2005: 143에서 인용

그러나 톤츠는 스포츠를 통한 사회 자본 생산의 '어두운 면(darker side)'도 제시한다. 즉, 커뮤니티 구성원을 묶는 것에는 종종 적절하게 '수행'하지 못하거나 수행할 수 없는 사람을 배제하는 규칙이나 기준이 포함된다는 것이다. 호주 시골의 골프 클럽의 경우, 이는 단순히 해당 스포츠가 너무 비싸기 때문일 수 있다. 그러나 인구의 거의 10%가 호주 원주민인 이 지역에서는 스포츠의 '포용적' 특성에 대한 호소에도 불구하고 원주민의 커뮤니티 스포츠 참여 수준이 낮다. 실제로 톤츠는 원주민이 주로 참여하는 스포츠는 네트볼, 농구, 호주 규칙의 축구 등으로 신체 능력이 (부분

적으로) 핵심적인 역할을 한다고 말한다. "이러한 스포츠는 저렴할 뿐만 아니라 상당한 속도와 운동 능력을 필요로 하기 때문에 원주민에게 이상적이라는 속설이 있다."(Tonts, 2005: 146). 따라서 스포츠 활동은 호주 농촌의 커뮤니티를 하나로 묶는 역할을 하지만, 이 과정에서 암묵적인 인종 차별적 고정관념과 배제가 동반될 수 있다. 스포츠 정체성, 팀 스포츠, 축구 팬덤의 신문화지리학을 자세히 알아보려면 Box 7.2를 참조하라.

Box 7.2

 ### 축구 팬덤의 신문화지리학(과 사회학)

1990년대 지리학자들은 축구의 지리에 관심을 기울이기 시작했다. 많은 연구가 선수들이 특정 국가, 특히 영국, 스페인, 이탈리아의 주요 리그에서 뛰기 위해 어떻게 '이주' 했는지, 즉 선수 자체에 초점을 맞추었다. 다른 연구에서는 축구 경기장이 로컬 커뮤니티에 끼치는 사회적, 환경적 영향을 탐구하기도 했다. 그러나 베일은 1990년대 신문화지리학이 등장하면서 축구의 문화적 의미, 특히 팬들의 정체성을 탐구하는 축구 연구에 많은 영향을 끼쳤다고 주장한다(Bale, 2003; 정체성에 대한 자세한 내용은 3장과 8장 참조). 그 이후로 문화지리학 및 사회학 분야에서 축구 팬이 된다는 것의 의미와 문화적 경험에 관한 많은 연구가 진행되었다. 축구 팬덤의 일상적인 경험은 문화적으로 특수하지만(특정 클럽에 국한되는 경우가 많다), 여기서는 축구 팬덤 문화지리의 중요성을 강조하는 두 가지 광범위한 특징에 주목하고자 한다. 첫째, 비교적 간단한 의미에서 축구 팬이 되는 경험은 종종 명확한 공간적 규칙과 경계의 적용을 받는다는 점이 지적되어 왔다. 전 세계 대부분의 지역에서 축구 경기 관람의 일반적인 경험은 '홈' 팬은 경기장의 한쪽 구역에, '원정' 팬은 다른 구역에 앉는다는 것

이다(Bale, 2003). 이는 특히 축구와 폭력의 오랜 연관성에서 말미암은 것으로, 다른 스포츠 행사(예: 럭비, 크리켓 또는 육상 경기)에서는 덜 발생한다. 훨씬 미시적인 스케일에서 보면, 많은 클럽에서는 같은 클럽 내의 특정 팬 그룹(예: 시즌권 소지자)이 함께 같은 좌석에 앉아 거의 매주 서로 만나는 것이 일반적이다. 함께 앉는다는 단순한 행위는 구호와 노래부터 음식과 의복에 이르기까지 다양한 의미와 실천을 반복적으로 공유할 수 있다는 것을 의미한다(사진 7.3). 가령, 카이퇴는 튀르키예 축구팀인 베식타시(Beşiktaş)의 서포터스 그룹인 차르슈(Çarşı)의 '소리 경관(soundscape)'을 탐구한다(Kytö, 2011). 카이퇴는 차르슈가 경기 전, 경기 중, 경기 후에 수행하는 다양한 "행진, 노래 및 음향 의식"을 가지고 있다고 주장했다(Kytö, 2011: 77). 이러한 의식은 문화적으로 매우 구체적이었다. 특히 서포터스의 많은 구성원들이 정치적 동기가 뚜렷했고(반파시스트, 반인종차별주의 그리고 일반적으로 좌파 성향), 축구만큼이나 시사 문제에서 동기를 얻었기 때문이었다. 21세기의 첫 10년까지는 집단의 미래가 불투명했지만, 튀르키예(그리고 그 너머)에서는 클럽 홈구장의 특정 구역에 함께 앉

아 클럽의 모든 팬이 "공유 공간에 대한 감각(a sense of shared space)"과 "음향 공동체(acoustic community)"를 형성하는 것으로 그 명성을 유지하고 있다(Kytö, 2011: 77). 따라서 축구 팬덤의 문화지리는 부분적으로는 (종종 지역 경찰에 의해) 강제되는 공간적 폐쇄성에서 비롯되며, 이는 문자 그대로 팬덤이 함께 앉아 '수행'하는 행위를 통해 강화된다. 두 번째로 강조하고 싶은 특징은 팬들이 축구 경기에 물리적으로 참석하지 않아도 팀을 응원하는 방식이다. 마이크 위드(Mike Weed)는 사회학자이긴 하지만, 이 중요한 지리적 주제에 대해 다루고 있다(Weed, 2007). 그의 연구는 펍에서 축구 팬을 대상으로 한 심층적인 관찰을 바탕으로 이루어졌다. 그는 앞선 사례와는 달리 팬이 된다는 경험은 경기장에 '있는 것(being there)'이 아니라 같은 생각을 가진 다른 서포터와 함께 자신의 팀을 응원하는 경험을 '공유'하는 것이라고 주장한다. 여기서 핵심은 **감정**(11장)이다. 팬들은 펍에 빼곡이 들어차서 팀의 색을 입고, 구호를 외치고, 노래를 부르고, 술을 마시며, 이야기를 나누는 등(또는 펍에서 팀을 응원하는 현지의 적절한 관행에 따라) 함께한다는 느낌을 받는다는 점에서 팀과 이벤트 그 자체(경기)에 친밀감을 느낄 수 있다. 위드는 경기장에 반드시 '있어야' 할 필요가 없다는 것이 더 중요하다고 말하면서도, 많은 팬에게 실제 경기장에 있었다는 사실과 관련한 일종의 문화적 자부심(cultural kudos)이 여전히 존재하며, 특히 헌신적인 팬들 사이에서 이런 경험은 기억에 더 오래 남고 더 큰 문화 자본을 제공하는 경향이 있다고 주장한다(Weed, 2007).

사진 7.3 튀르키예 축구팀 베식타시의 서포터 집단인 차르슈
출처: Getty Images/Bongarts

이 장에서는 스포츠 수행이 일상과 교차하는 다양한 방식을 살펴보았다. 파쿠르처럼 정식 '스포츠'로 간주되지 않는 스포츠는 도시 공간을 다시 사고한다는 급진적인 방식을 도입하지만, 종종 '제자리에서 벗어난' 것으로 여겨지기도 한다. 보디빌딩과 같은 다른 스포츠의 경우 헬스장에서 벗어나 개인의 생활 세계의 여러 측면을 장악하는 다양한 수행들로 구성된다. 마지막으로, 선수든

관중이든 스포츠에 참여하는 행위 자체가 다양한 지리적 맥락의 커뮤니티가 글로벌 경제 변화에 대응하는 방식에서 중요한 부분을 차지할 수 있다. 그러나 이러한 대응은 계급이나 인종에 따라 배타적일 수도 있다.

7.4 춤과 행위 예술

나는 여기서 '텍스트'와 재현에서 수행과 실천으로의 은유적이고 실질적인 전환을 통해 얻을 수 있는 것이 무엇인지 생각해 보고자 한다.

-Nash, 2000:654

이 절의 내용은 춤의 '문화지리'에 대한 조사라기보다는 춤이 만들어내는 문화지리의 종류를 생각해 보자는 도발에 가깝다. (행위 예술과 마찬가지로) 춤은 문화지리학의 개념과 방법론적인 방향에 대한 논쟁의 중심이 되어 왔다. 이 절을 시작하는 인용문에서 캐서린 내시(Catherine Nash)는 이 논쟁의 광범위한 방향, 즉 텍스트와 재현이 아니라(혹은 그와 함께) 수행에 초점을 맞출 때 얻을 수 있는 이익에 대해 제시하고 있다(Nash, 2000). 앞부분에서 이미 음악 스타일과 국가 정체성의 관계부터 보디빌딩 문화와 '피트니스' 공간의 구성에 이르기까지 수행을 살펴보는 몇 가지 이유를 탐구한 바 있다. 수행이 특정한 맥락에서 중요하다는 점은 의심의 여지가 없다. 그렇다면 춤에 대한 지리학자의 연구에서는 무엇을 추가할 수 있을 것인가?

이는 내시의 연구와 더불어 나이절 스리프트(Nigerl Thrift)의 비재현이론에 관한 연구로 시작하는 것이 유용하다(Thrift, 1997; 2000a, 9장 참조). 여기서 스리프트는 문화지리학자들이 재현(특히 텍스트와 시각적 유형)에 초점을 맞추는 데 도전하기 위해 고안한 두 가지 명제를 제시한다.

- 삶의 특정한 요소는 인지적 사고를 초월하거나, 회피하거나, 인지적 사고 이전에 발생하기 때문에 말이나 이미지 등으로 '재현'하기 어렵다.
- 재현하기 어려운 활동이란 바로 사회적, 정치적으로 중요한 문제를 정의하는 학자나 사회 평론가들이 무시하는 경향이 있는 '평범한 삶'의 기술이나 실천적 지식이다. 이 '평범한' 실천에는 걷기, 놀이, 정원 가꾸기 등 다양한 활동이 포함될 수 있다.

스리프트는 춤이 비재현적 접근의 모범이 되는 이유를 다음과 같이 설명한다(Thrift, 1997). 첫째, 춤은 유희적이다. 무용수들은 종종 '자유로운' 모습으로 묘사되며, 음악적 리듬을 몸짓으로 해석하는 데 인지된 '스타일 규칙'을 따르거나 음악에 '자신을 내맡기는 것'으로 여겨지기도 한다. 둘째, 춤은 재현하기 어렵고 통제하기는 더욱 어려운 복잡한 신체적 움직임을 수반한다. 즉, 춤추는 몸은 ('불법'적인 것과 같이) 쉽게 분류할 수 있는 형식(예: 말)으로 이루어지지 않기 때문에 권력자의 실천에서 벗어날 수 있다(Thrift, 1997; Box 3.13 참조). 셋째, 춤은 비영구적이고 끊임없이 변화하는 수행의 형태이며, 그 의미의 대부분은 (계획대로) 수행 전이나 후(기억, 기록, 사진 촬영)가 아니라 수행되거나 관람하는 순간에 경험된다.

마지막으로 춤은 사람들을 감정적으로 움직일 수 있다. 무용 동작 치료(Dance Movement Therapy, DMT)의 사례는 신체의 움직임과 감정 사이의 관계를 보여 준다(McCormack, 2003). 여기에서는 눈을 가린 파트너를 방으로 안내하거나 놀이처럼 싸우는 등 움직임이 새로운 느낌과 존재방식을 만들어낼 수 있는 공동의 신체적 실험이 수행된다. 매코맥은 무용 동작 치료에서 나타나는 기쁨, 두려움, 유머 등 공유된 감정을 설명하기 위해 **정동** 개념을 사용한다(11장 참조). 치료 환경에서는 이러한 기법을 의사소통이 불가능한 환자에게 사용할 수 있다. 따라서 무용 동작 치료는 언어적 연결이 아닌 정서적 연결을 만드는, 표면적으로는 비재현적인 치료의 대안적인 형태를 제공한다. 또한 중요한 것은, 매코맥이 지리학자가 이러한 정동적 순간을 기록할 수 있는 다양한 글쓰기 및 도식화 전략을 개발했다는 점이다(Box 7.3 참조).

그러나 몇몇 문화지리학자들은 춤에 대한 비재현적 접근 방식에 대해 몇 가지 준거점을 표명했다(Revill, 2004). 가령, 내시는 지리학자들이 춤의 전인지적(pre-cognitive), 정서적, 비언어적 요소를 지나치게 강조해서는 안 된다고 경고한다(Nash, 2000). 오히려 춤은 "말, 글쓰기, 텍스트, 신체"의 복잡하고 변화무쌍한 조합을 포함한다(Nash, 2000: 656). 따라서 위의 음악과 국가 정체성에 관한 논의에서 제안했듯이 특정 수행의 리듬은 말(words)로 표현되는 경향이 있는 담론과 교차한다. 내시는 다음과 같이 주장한다(Nash, 2000: 657). "이는 특히 서로 다른 물질적 신체가 젠더, 계급, 인종 또는 민족에 따라 다르게 수행할 것으로 예상되는 경우에 해당된다." 또한 좋든 나쁘든 특정 형태의 춤(예: 탱고 또는 운동가의 시위의 일부로 사용되는 춤)은 특정 시간, 장소, 사건, 젠더 관계 또는 정치적 신념을 연상시키는 신체적 움직임, 표정, 복장에 포함된 상징적 의미로 인해 작동하기도 한다(Kolb, 2010; Box 7.4 참조).

피터 메리먼(Peter Merriman)이 수행한 미국의 경관 건축가이자 환경 계획가 로런스 핼프린(Lawrence Halprin)에 관한 연구는 춤의 비재현지리와 재현의 지리를 결합하려는 내시의 호소와 더불어 춤의 정치적인 함의에 대한 전형적인 사례이다(Merriman, 2010). 또한 춤 수행에서의 최종적인 긴장 상태를 나타낸다. 핼프린은 1950년대와 60년대 일리노이, 미니애폴리스, 샌프란시스코에서 공공 경관 디자인 작업을 수행했다. 핼프린과 그의 아내 안나는 현대 무용과 연극 연습에서 얻은 통찰력을 바탕으로 공공장소에서 보행자의 움직임을 '안무(choreograph)'하는 방법을 모색했다. 핼프린은 자유민주주의 원칙에 입각해 사회적으로나 경험적인 측면에서 더 활기차고 자유로우며 다양한 도시를 만들고자 했다(Merriman, 2010). 그는 춤과 행위 예술이 혼합된 일련의 연출된 사건을 건축 디자인과 결합했다. 핼프린은 공식적인 디자인과 '비공식적인' 사건을 혼합함으로써 (종종 인종적으로 다양한) 로컬 커뮤니티의 일상과 당연시되는 공공 공간에 참여하고 안무할 수 있는 새로운 방법을 모색했다.

핼프린의 작업은 춤의 비재현지리에 대한 두 가지 준거점을 제공한다. 첫째, 핼프린은 경관 실무자이자 계획가로서 일상적인 디자인의 문제를 해결하기 위해 자신의 접근 방법을 체계화하고자 했

수행에 대한 다양한 '도식화(diagrammings)'

데릭 매코맥(Derek McCormack)은 무용 동작 치료에 관한 연구에서 자신과 동료 무용수의 경험을 (직접적으로 재현하는 대신) 다양한 방식으로 목격하는 실험을 했다(11장의 정동적 실천을 참조할 것). 그는 '도식화'라고 부르는 방법을 선택했다. 아래 이미지(그림 7.1과 7.2)에서 볼 수 있듯 도식화에는 비교적 단순한 선과 도형을 사용해 무용 동작 치료를 구성하는 신체 움직임의 감각을 불러일으키는 것이 포함된다. 이러한 형태의 도식화를 비디오, 자신의 기억, 시(6장), 사진(사진 7.4) 등 춤을 재현하거나 목격하는 다른 방법과 비교해 보라. 어느 것이 가장 인상적인가? 춤의 재현적 특성이나 문화적으로 특정한 의미를 이해하는 데 도움이 되는 것은 어느 쪽인가?

그림 7.1 무용 동작 치료의 초기 단계: 참가자들은 거즈로 얼굴을 가린 채 서로 얼굴을 마주 보고 앉아서 '치료사-내담자' 관계를 파악하려고 노력한다.
출처: McCormack, D. 2003: 492. Reproduced with permission of John Wiley and Sons Ltd.

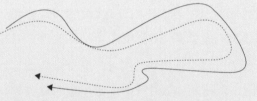

그림 7.2 실제 무용 동작 치료 도식화: 한 명의 참가자가 눈을 감고 위의 이미지처럼 대략적으로 매핑된 경로를 따라 방안을 돌아다니며 안내를 받는다.
출처: McCormack, D. 2003: 429. Reproduced with permission of John Wiley and Sons Ltd.

사진 7.4 하와이 훌라 무용수의 흐릿한 사진: 춤을 '목격'하는 또 다른 방법
출처: Getty Images/Alvis Upitis

Box 7.4

인도의 춤, 행위 예술과 정치

행위 예술 측면에서, 인도는 화려한 '발리우드' 댄스 영화로 세계적으로 유명하다. 그러나 이에 비해 잘 알려지지 않은 인도의 행위 예술 유산은 정치사상을 표현하는 데 비재현적 실천과 재현적 실천이 어떻게 결합하는지를 잘 보여 준다.

인도의 행위 예술은 1970년대에 시작했다. 1971년 봄베이의 예술가 부펜 카카르(Bhupen Khakhar)는 인도의 결혼 행렬과 새 정부의 시작을 알리는 의식을 모방한 퍼포먼스를 무대에 올렸다. 이는 독립 이후 인도에서 '대중' 예술가의 역할에 의문을 제기하는 예술적 발언이기도 했으나, 인도 전통 의례에 포함된 '과도한' 의식(춤을 포함)을 겨냥한 정치적 발언이기도 했다.

2000년 이후 인도의 행위 예술은 국내 및 국제 스케일에서 점차 널리 알려지게 되었다. 2000년 이후 수많은 예술가 협회가 생겨났다. 이들은 인도에서 대안적인 실험을 위한 공간을 제공하고 국제적인 행위 예술가와의 교류의 장을 마련한다. 가장 주목받는 단체 중 하나는 코즈(Khoj)*다. 이 단체는 '경로 협상하기: 샛길의 생태학'이라는 제목의 프로젝트를 주최했다. 이는 잠재적으로 파괴적인 국가의 도로 건설 계획의 맥락에서 "예술가, 지역 커뮤니티의 연구, 예술 창작을 결합해 현재 주변 환경에서 일어나는 가시적, 비가시적 변화를 다루는"(Khoj Workshop, 2010) 것을 목표로 했다. 프로젝트의 의도는 춤과 행위 예술을 통해 커뮤니티의 참여를 유도하고, 텍스트와 비텍스트적인 예술 형식을 정치화된 성명서 제작과 연결하는 것이었다. 이 프로젝트는 "지역의 도시나 마을의… 로컬 생태를 재생"하는 것에 대한 희망을 반영하는 커뮤니티의 '경로'를 제작하는 것을 목표로 한다(Khoj Workshop, 2010). 또한 이 프로젝트는 국가의 도로 건설 계획*을 모방한 대안적인 '로드맵'의 일환으로 각 커뮤니티가 로컬의 '경로'를 공유하도록 장려한다는 점에서 로컬과 국가 스케일을 넘나들게 된다. 따라서 행위 예술은 환경 정치를 실천하는 방법이자 다양한 스케일의 경관에 대한 문화지리학을 (말 그대로) 실천하는 방법으로 제시된다.

고 또 그렇게 해야만 했다. 다시 말해, 그는 자신의 해프닝을 구성하는 움직임과 관련해 좀 더 광범위한 디자인과의 연관성을 갖기 위해 생각하고, 분류하고, 일반화해야 했다. 둘째, 메리먼은 춤이 다른 종류의 수행(예: 건축 실천)으로 확장될 때, 춤이 가지는 잠재적인 정치적 함의를 강조한다. 가령,

핼프린은 도시 계획에서 지역 커뮤니티의 참여를 촉진하기 위해 무대화된 해프닝을 점점 더 많이 사용했다. 핼프린과 같은 진보적인 계획가들은 소수 집단을 내쫓을 수 있는 대규모 도시 재생 프로젝트의 맥락에서 시민권 운동가와 연대해 좀 더 민주적인 계획 기법을 도입할 것을 촉구했다. 따라서 춤의 비재현지리를 구축할 때, 체현된 수행과 정치 담론이 어떻게 자주 함께 그려지거나 내포되는지 고려하는 것이 중요하다. Box 7.4에서는 인도의 사례를 통해 무용과 행위 예술의 매우 다양한 문화적, 정치적 연관성을 살펴본다. 건축과

---

* 원저에 제시된 홈페이지들(www.khojworkshop.org와 http://www.khojworkshop.org/project/12223)은 더 이상 링크가 유효하지 않아, 현재 운영 중인 KHOJ 홈페이지(https://khojstudios.org/)와 KHOJ Internatioanl Artists Workshop 홈페이지(https://www.transartists.org/en/air/khoj-international-artists-workshop)를 대신 소개한다.

건축지리에 대한 자세한 내용은 4장을 참조하라.

이 절에서는 문화지리학의 방향과 성격에 대한 논쟁의 중심에 춤, 그리고 그보다는 덜하지만 행위 예술이 어떻게 자리 잡고 있는지를 살펴보았다. 로리머가 각주에서 언급했던 것처럼, 비재현이론의 여파로 "많은 문화지리학이… 줄어들지 않고 계속 이어지고 있지만(Lorimer, 2005: 557)" 지리학자들은 이제 수행이 어디서 어떻게 중요한지 이해하기 위한 다양한 접근법을 갖게 되었다. 실제로 춤과 행위 예술에 대한 관심 덕에 지리학자들은 1990년대 초에는 상상할 수 없었던 방식으로 예술가와 협력할 수 있게 되었다(그 예로, 지리학자와 예술가의 경관을 통한 여행에 관한 협력 프로젝트에 대해 연구한 Merriman and Webster, 2009를 참조할 것). 그러나 여기서는 춤의 체현적이고 감정적인 요소만을 중시하는 비재현이론만으로 단순하게 해석하는 것을 경계해 왔다. 오히려 내시가 제안한 것처럼 춤은 재현적, 비재현적 실천으로 정의할 수 있는 것을 모두 포함하고 있다(Nash, 2000). 이 장의 다음 부분에서 살펴볼 일상생활의 수행도 마찬가지이다.

7.5 일상생활 수행하기

이 장의 첫 세 개 절에서는 음악, 스포츠, 춤 등 '이름 붙일 수 있는' 종류의 수행에 초점을 맞췄다. 이 절에서는 '수행'이라는 개념이 비전문적이고 겉으로 보기에는 평범한 '일상생활'의 일부로 간주되는 루틴과 실천에 어떻게 적용되었는지를 살펴볼 것이다. 앞의 절에서 언급했듯이, 전문적인 수행과 일상을 명확하게 구분하는 것은 매우 어려운 일이다. 이 절에서는 가장 당연하게 여기는 '비전문적인' 수행이 어디서 어떻게 의미를 획득하는지 발상의 전환을 통해 이 문제를 다뤄보고자 한다. 우선, 공공장소와 '엮인' 일상의 루틴과 의식(rituals)을 고려하는 것에서부터 시작한다. 그런 다음 소비자본주의의 조건 하에서 일상의 수행이 어떻게 그 자체로 가치 있는 시각적(또는 '미학적') 프로젝트가 되었는지 생각해 보고자 한다. 마지막으로 이러한 추세와 관련한 다양한 정치적(그리고 예술적) 반응에 대해 생각해보는 것으로 이 절을 마무리할 것이다. 일상성에 대해 더 자세히 알고 싶다면 9장으로 넘어가도 된다.

■ 일상의 루틴과 의식

대부분의 사람들은 특정한 수행이 사회 공간을 특정한 방식으로 유지한다는 사실을 인정한다. 다음의 질문을 고려해 보자.

- 왜 (어떤 상황에서는) 은행이나 상점에서 줄을 서서 기다릴까(일상 공간과 일과에 관한 9장의 내용도 참조할 것)?
- 왜 어떤 사람은 뒤에 오는 사람을 위해 문을 열어주지만 어떤 사람은 그러지 않을까?
- 만원 버스에서 다른 사람의 기분을 상하게 하거나 앉을 자격이 있는 사람의 자리를 빼앗지 않고 어떻게 자리를 확보할 수 있을까?

사회학자 어빙 고프만(Erving Goffman)은 위의 과정에 대한 통찰력 있는 설명을 제시했다(Goffman, 1963). 그는 사람들이 자신을 가장 잘 드러내기 위해 '역할'을 수행하며, 이러한 '자아 연출(self-presentation)' 행위가 사람들이 대중 속에서 상호작용하는 방식을 지배한다고 주장했다. 그는 사람들은 집, 거리, 직장 등 다양한 장소에서 다른 사람에게 각기 다른 인상을 남기기 위해 서로 다르게 행동한다고 주장했다. 사람들은 사회 규칙과 도덕 규범에 의존하지만, 개인은 본질적으로 무대 위의 배우와 같은 역할을 수행하거나 수행하는 방법을 결정한다. 엘리엇은 이를 깔끔하게 정리한다(Elliot, 2001: 32). "[고프만의] 주요 관심사는 자기(the self)가 타인에게 행위 주체성을 드러내는 극적인 테크닉", 즉 자신이 누구인지(혹은 되고 싶은 사람인지)를 타인에게 과시하는 움직임, 몸짓, 말투에 있다. 고프만의 접근법에서 특히 중요한 진전은 정체성의 수행성에 관한 연구이며, 이는 이 책의 다른 장에서 살펴볼 것이다(12장 신체 참조).

많은 지리학자들이 고프만의 연구를 직접적으로 활용했다. 가령, 크랭은 영국 남동부의 테마 레스토랑('스모키 조')에서 일할 때 그와 그의 동료들이 어떻게 미국 남부의 분위기를 불러일으킬 수 있었는지 보여 주었다(Crang, 1994). 이는 음식과 장식을 통해서뿐만 아니라 직원들이 역할(특히 '행복해 보이는')을 수행하고 식당 손님들의 참여를 독려함으로써 달성할 수 있었다. 다시 소비 공간의 맥락에서 로리어와 파일로는 "카페라는 공공 공간에서 모르는 사람 사이의 제스처"라고 부르는 것을 살펴본다(Laurier and Philo, 2006a: 196). 이들은 미소 짓기, 고개 돌리기, "얼굴, 테이블, 의자, 냅킨, 신문 및 다른 손님" 바라보기 또는 상호작용하기 등의 특정 제스처가 낯선 사람 간에 친근함에서 무례함에 이르기까지 다양한 종류의 관계를 형성할 수 있음을 보여 준다. 이는 사소한 제스처나 순간적인 만남일 수 있지만, 사람들이 낯선 사람과 자기 자신을 표현하는 방식에 대해 많은 것을 알려줄 수 있다(Laurier and Philo, 2006a: 204; 일상 공간, 실천, 사건에 관한 9장의 내용을 참조할 것).

장애 지리학과 관련한 중요한 연구는 고프만의 '앞'과 '뒤' 무대 수행에 대한 개념에서 발전했다(Goffman, 1963). 가령, 스코틀랜드의 광장 공포증(일반화하자면, 사회적 공간에 대한 공포증) 환자를 위한 자조 그룹에 관한 연구에서는 많은 환자들이 공공장소에서 두려움에 대처하기 위해 다양한 기술을 사용하는 것으로 나타났다(Davidson, 2003). 가령 어떤 사람은 위협으로 인식되는 사회적 접촉과 대규모의 사교 모임, 붐비는 공공장소를 피하려고 노력한다. 다른 사람은 자신과 타인 사이에 '거리'를 두기 위해 어떤 종류의 물질적인 도움을 받기도 한다. 모이라(Moyra)는 안경 사용에 대해 다음과 같이 언급한다(Davidson, 2003: 117-118).

부분적으로는 약간의 안정감을 주기 때문이에요. 상대방이 나를 볼 수 있지만 내 눈은 볼 수 없다고 생각하기 때문이죠. 가끔 고민이 있으면 그 고민이 눈에 보이는 거 아세요?

이러한 수행은 대중의 시선에 '어울리기' 위해 개인이 자신을 특별한 방식으로 관리하고 표현해야 한다는 점에서 '앞' 무대(front stage) 수행이라고 한다. '뒤' 무대(back stage) 공간(예: 집 안에서의 사생활)에 들어가면 경계를 늦출 수 있기 때문에, 일반적으로 이런 수행은 불필요하다. 이러한 행동은 시선, 호칭, 수치심 또는 '다른 사람'이라고 표시되는 '낙인'을 피하기 위한 것일 수 있다(Parr, 2008).

■ 미적(aesthtic) 수행으로서의 일상

앞부분에서는 수행이 일상, 특히 공공장소에서 일상생활이 진행되는 방식의 중심이라고 주장했다. 또한 스포츠나 예술 수행도 일상의 일부이자 일상을 구성하는 요소라고 제안했다. 마지막 항에서는 다시 '원점으로' 돌아온다. 이 항의 핵심 주장은 일부 이론가가 일상 자체를 전문적인 종류의 수행, 즉 20세기 초부터 서구 소비문화에서 점점 더 널리 퍼진 미적(예술적, 시각적) 프로젝트로 본다는 것이다. 여기서는 수행을 통해 일상이 미학화되는(aestheticised) 두 가지 대조적인 방식을 강조하고자 한다.

첫째, 다양한 사상가와 예술가들이 일상과 예술의 경계를 허물기 위해 노력했다. 이러한 '전위적' 예술가에는 극장을 공공장소로 가져와 관객과 공연자 간의 형식적인 경계를 허물려고 시도했던 다다이스트와 초현실주의 공연가가 포함되었다(Bonnett, 1992). 또한 이들은 대량 생산품의 공급이 늘어나는 것에 의문을 제기하며 '평범한' 일상의 물건을 창작을 위한 자원으로 전환시켰다. 이는 일상생활의 반복적인, 일부에게는 소외감을 주는, 효과에 혼란을 주려는 의도적인 시도였다. 이는 의도적인 미학적 프로젝트였으나, 의미 있는

예술적 성과를 창출하기 위해 일상에서부터 시작한다는 점에서 차이가 있다. 문화지리학자들은 프랑스 이론가 앙리 르페브르(Henri Lefebvre, 9장 일상의 지리를 참조할 것)와 상황주의자의 연구에서 영감을 받아 일상의 전위적 수행이 갖는 함의를 탐구해 왔다. 특히 이들은 특정 형태의 행위 예술로서의 걷기를 통해 문화지리학을 행할 수 있는 잠재력을 탐구했다(Box 7.5).

둘째, 우리는 하이모어가 '미학적으로 살아온 삶'이라고 부르는 것을 고려한다(Highmore, 2004: 314). 이 문구는 다양한 방식으로 해석될 수 있다. 일부 평론가들은 일상을 '라이프 스타일' 또는 정체성 '프로젝트'로 보는 것이 서구 소비문화의 핵심적인 부분이라고 말한다(Giddens, 1991). 실제로 의류, 모바일 기술, 해외 휴가 등 소비재를 통한 자기(the self)의 수행은 많은 사람들이 일상에서 가장 열망하는 유형의 수행이라고 볼 수 있다. 하이모어는 이를 다음과 같이 표현한다(Highmore, 2004: 314).

따라서 패션, 디자인, 음식, 음악 등의 측면에서 일상의 미학화는 일상의 핵심으로 보아야 한다. 옷이나 방의 색을 선택하는 순간, 우리는 일상의 미학화에 참여하고 있는 것이다.

이러한 소비 실천이 갖는 함의는 너무나 많고 다양해서 여기서 모두 고려하기는 어렵다(이에 관한 다양한 사례는 Clarke et al., 2003 참조). 하지만 한 가지만 생각해 보면, 영국과 미국에서 스포츠 스타, 팝스타, 언론계 인사를 중심으로 고조된 셀러브리티에 대한 숭배를 사례로 들 수 있다. 이

Box 7.5

 수행, 예술 그리고 일상생활: 걷기의 문화지리학/걷는 문화지리학

프랑시스 알리스(Francis Alÿs)는 벨기에 출신으로 멕시코시티에 거주하며 활동하는 국제적으로 유명한 예술가다. 그의 작품은 라틴 아메리카 도시(특히 멕시코시티)의 사회적 차별, 환경, 기본 서비스를 둘러싼 지속적인 문제를 비판적으로 반영한다. 그의 작품은 도시 안팎의 일련의 산책로(paseos)를 중심으로 예술과 일상의 상호 생산에 중점을 두고 있다: "거리는 활기찬 가능성과 융합의 장소, 대중의 복잡성이 예술을 만드는 실천과 충돌하고 상호작용하는 공간이 된다"(Schollhammer, 2008: 144).

1991년, 알리스는 작은 자석 장난감을 목줄에 묶고 도시를 돌아다니며 금속성의 물체와 파편을 모으는 '수집가(The Collector)'를 공연했다. '애국적인 이야기 (Patriotic Tales, 1997)'에서는 양떼를 이끌고 도시의 중앙 광장으로 가서 깃대를 돌게 했다(Schollhammer, 2008). 그의 작품 다수는 비디오로 기록되었다. 그의 산책은 라틴 아메리카 도시의 대조적인 일상생활을 형성하는 사회적, 공간적 프로세스에 대한 장난스럽지만 도전적인 성찰을 제공해 준다. 특히 그는 수십 년 동안 도시 계획가들이 소홀히 해 온 '중심부' 공공 공간의 역할에 대해 비판적이다. 그 결과 멕시코시티에서는 도시 주민에게 '중심부'가 가지는 중요성을 상실했다. 알리스는 '수집가'와 같은 작품에서 "거리에서 방치된 존재의 비공식적인 자료를 구출해 도시의 상징적이고 역사적인 역학 관계에 다시 삽입"한다(Schollhammer, 2008: 148). 즉, 알리스는 현대 도시 개발 정책과 소외 계층이 도시 안팎에서 생계를 유지하는 다양한 방식 간의 긴장을 이끌어 낸다. 그의 산책은 이러한 긴급한 도시 및 사회지리에 대한 관심을 끌기 위해 고안되었다.

특히 초현실주의자와 상황주의자로부터 영감을 받은 문화지리학자들은 걷기라는 평범해 보이는 일상적인 행위가 도시의 리듬과 긴장을 끌어낼 수 있는 예술적(그리고 학문적) 수행이 될 수 있는 다양한 방법을 탐구해 왔다(Pinder, 2005a). 노섬브리아(Northumbria)의 '나의 산책(My walks)' 프로젝트는 대중이 자신이 살고 있는 지역을 걸으며 '간지럽거나', 혐오스럽거나, 좌절하게 만드는 것을 오디오 또는 시각적으로 기록함으로써 당연하게 여겨지는 환경을 다시 바라보도록 독려한다(Fuller et al., 2008). 버틀러는 런던과 뉴욕에서 '예술의 산책'을 제작했다(Butler, 2006). 버틀러는 산책을 하면서 소리를 녹음함으로써 도시의 복잡한 문화, 역사 지리를 대중에게 더욱 접근하기 쉬운 방식으로 제시한다. 따라서 걷기를 통해 (이러한 도시의 사례에서) 문화지리학에 대해 생각해 볼 수 있을 뿐만 아니라 연구자와 대중이 실제로 연구 실천으로 문화지리학을 수행하는 방식에 대해서도 생각해 볼 수 있다(Latham, 2003).

와 동시에 '빅 브라더(Big Brother)' 시리즈와 같은 '리얼리티 텔레비전' 프로그램이 전 세계적으로 급성장하면서 '평범한' 사람의 일상생활에 대한 특별한 매력이 나타나고 있다. '빅 브라더 하우스'에서 잠자고, 먹고, 다투고, 섹스하는 평범한 일상은 시청자를 몰입시키는 '엔터테인먼트'가 되었다.

한편, 비슷한 맥락에서 온갖 셀러브리티의 쇼핑, 해변 방문, 불륜, 자동차 충돌 등 일상생활의 복잡하고 가끔은 내밀한 사항이 타블로이드 신문과 잡지 지면을 도배하고 있다. 기이한 스캔들에도 불구하고, 셀러브리티가 뉴스의 가치를 유지하는 데는 미학적 수행이 절대적으로 중요하다. 그들은 최신 디자이너의 패션 모델이 되고, 특

정한 파티에서 모습을 드러내고, 최신 유행의 휴가지에서 사진을 찍어야 한다. 어떤 의미에서 그들은 자기 '숭배'의 정점(어떤 사람에게는 우스꽝스럽고 과한 얼굴)이며, 겉으로 보기에는 끝이 없는 일련의 퍼포먼스를 보여야만 가치를 얻을 수 있다. 여기서 일상은 다다이스트, 초현실주의자 및 기타 일상 예술가들이 제시한 급진적이고 비판적인 일상 개념과는 전혀 다른 수행 프로젝트가 되었다.

7.6 결론: 정확히 무엇을 수행하는가?

지리적, 사회적 맥락이 다른 사람이 '미학적으로 사는 삶'에 참여할 수 있는 (그리고 참여하기를 원하는) 정도는 엄청나게 다양하다. 그러나 이전 절의 마지막에 나오는 사례는 이 장을 시작했던 질문, 즉 정확히 무엇이 수행되고 있는가라는 질문으로 되돌아가게 만든다. 이 장을 읽고 나면 이 질문에 대해 많은 답을 떠올릴 수 있을 것이다. 하지만 두 가지를 간략하게 짚고 넘어가고자 한다.

첫째, '미학적으로 살아온 삶'이라는 용어는 다양한 맥락에서 일상생활이 그 자체로 전문적인 수행이 되고 있음을 시사한다. 살다나가 방갈로르의 엘리트 청년을 대상으로 한 연구에서 보여준 것처럼 음악, 춤 및 기타 '유명한' 수행은 좀 더 '세속적이고' 유명하지 않은 수행과 섞여 그 구분이 모호해진다(Saldanha, 2002; Box 7.1). 따라서 열망적이고, 대중 매체를 매개로 하는 소비문화에서 '라이프 스타일'이라는 개념을 만들기 위해 '일상은 좀 더 전문적인 수행과의 경계가 흐려지며 하나의 세트가 된다.' 본질적으로 이러한 라이프 스타일은 장소를 새로운 방식('모던', '진정한', '커뮤니티 중심' 등)으로 수행하고 묘사하며, 장소 자체를 소비하거나 무시해야 할 대상으로 만들 수도 있다.

둘째, 이 장의 맨 처음에 있는 Box('이 장을 읽기 전에')에서 행위 예술가인 마리나 아브라모비치의 설치 작품을 생각해 보라고 한 바 있다. 아마 가장 인상적인 것은 그녀가 본질적으로 아무것도 하지 않는 것, 즉 퍼포먼스를 전혀 하지 않는 것처럼 보인다는 점일 것이다. 또한 그녀의 철야(vigil)를 예술(전문적인 공연)과 일상의 극단적인 버전으로 볼 수도 있다. 700시간에 달하는 긴 설치 시간은 관객의 시선을 '그냥 앉아 있는 것'이라는 평범성(banality)에 집중시킨다. 그러나 효과는 그 반대다. 이상하게도 거기에 앉아 있는 것만으로도 비범해진다(Kraftl, 2010). 마이클 가디너(Michael Gardiner)는 이러한 특별한 순간은 일상과 분리된 것이 아니며, 하이모어(Highmore, 2004: 321)가 말한 것처럼 잠깐 동안의 즐거움을 제공하는 '사소한 전복'이라고 주장한다(Gardiner, 2004). 그리고 이러한 순간은 일상을 일상적으로 만드는 것이 무엇인지에 대한 비판적인 시각을 가능케 하는 순간이기도 하다. 이것이 '예술'이든 파쿠르와 같은 '스포츠'로 정의할 수 있든, 이러한 수행과 수행의 지리는 문화지리학자들이 있는 그대로의 삶과 그렇지 않은 삶을 비판적으로 고찰할 수 있는 중요한 방법이다(Gardiner, 2004; Pinder, 2005a).

요약

- 음악은 단순히 '배경에서 재생되는 것'이 아니라, 공간을 경험하는 방식에서 필수적인 요소다. 특히 음악은 정체성을 형성하는 과정에서 소비되며, 일상의 신체적인 실천을 국가 또는 전 지구적 스케일에서 문화적 가치와 연결하는 경우가 많다. 음악은 또한 전 세계 다양한 도시에서 진행되고 있는 문화 재생 전략에서 핵심적인 역할을 한다.
- 문화지리학자들은 다양한 공간에서 스포츠의 '역할'에 대해 많은 의문을 제기해 왔다. 일부는 거리 경관의 '적절한' 사용에 대한 열띤 논쟁의 중심에 있는 파쿠르와 스케이트보드와 같은 스포츠에 초점을 맞췄다. 또 다른 연구자들은 스포츠가 커뮤니티를 하나로 묶는 '접착제'가 될 수 있지만, 동시에 스포츠가 커뮤니티 내 특정한 집단의 소외를 강화할 수도 있다는 점을 탐구하기도 했다.
- 춤은 문화지리학에서 재현과 비재현에 관한 논쟁의 중심에 서 있다. 대부분의 지리학자는 춤이 재현 가능한 문화적 가치와 비재현적인 신체적 실천/감정을 모두 포함한다는 점에 동의한다. 그러나 춤이 왜 중요한지 이해하는 데 있어서는 이 두 가지의 상대적 중요성에 대해 상당한 논쟁이 지속되고 있다.
- 다양한 '전문적' 수행에 대한 문화지리학 연구는 음악, 스포츠, 춤이 일상적 또는 '비전문적' 수행과 어떻게 연관되어 있고 어떻게 도움이 되는지를 강조한다. 그러나 이와 마찬가지로 공공장소에서 이루어지는 일상생활의 수행에도 다양한 종류의 수행이 포함된다. 이러한 수행 중 일부는 소비자 및 셀러브리티 문화의 일부로 '미학화'되고 있으며, 지리학자와 예술가들은 걷기와 같은 일상적인 실천을 통해 도시의 삶을 구성하는 복잡한 과정을 성찰하면서 다양한 방식으로 미학화하고 있다.

 핵심 읽을거리

Anderson, B., Morton, F. and Revill, G. (2005) Editorial: practices of music and sound. *Social and Cultural Geography* 6, 639-644.

Kong, L. (1995) Popular music in geographical analyses. *Progress in Human Geography* 19, 183-198.

Carney, G. (1998) Music geography. *Journal of Cultural Geography* 18, 1-10.

위에 제시된 세 편의 논문은 일상적 실천으로서의 음악(Anderson et al.), 음악 지리의 방대한 가능성(Kong), 음악에 대한 '지역적' 접근 방식을 사용해 수행된 여러 연구에 대한 소개(Carney)를 담고 있다.

Bale, J. (2002) *Sports Geography*, Taylor & Francis, Abingdon.

스포츠에 관한 저술로 가장 존경받는 지리학자 중 한 명이 쓴 스포츠 지리학에 대한 흥미로운 책이다. 이 책은 글로벌화에서의 스포츠의 위치, 그리고 이 장과 더욱 관련되어 있는 스포츠, 감각, 상상된 지리 사이의 관계에 이르기까지 다양한 주제를 다룬다.

Leyshon, A., Matless, D. and Revill, G. (eds) *The Place of Music*, Guilford Press, New York.
일렉트로니카부터 빅토리아 시대의 브라스 밴드, 미국 컨트리 음악에 이르기까지 과거와 현재의 다양한 음악에 대한 사회, 문화지리를 탐구하는 에세이 모음집이다. 신문화지리학자들이 음악을 탐구하고, 지리학자들이 음악과 기타 대중문화 현상을 탐구할 수 있는 공간을 만든 방식을 고려하는 데 중요한 자료다.

McCormack, D. (2008) Geographies for moving bodies: thinking, dancing, spaces. *Geography Compass* 2, 1822-1836.
춤추는 몸에 대한 지리적 연구에서 제기된 개념적, 방법론적 문제에 대한 쉽고 광범위한 내용을 소개한다. (비)재현에 대한 논의를 확장하고 춤에 대한 미래 지리적 연구의 잠재력을 지적한다. 내시(Nash, 2000)의 논문은 춤에 대한 선구적인 연구로 자리매김했다.

Highmore, B. (2004) Homework: routine, social aesthetics and the ambiguity of everyday life. *Cultural Studies* 2/3, 306-327.
이 논문은 '일상'을 구성하는 몇 가지 수행을 탐구한다. 논문의 일부에서는 일상의 '미학화'에 대한 논쟁들을 검토한다. 또한 하이모어는 일상에 관련된 여러 가지 중요한 정치적 이슈를 제기하며 성찰을 촉구한다. 이는 일상에 대한 광범위하고 비판적인 2개 특집호의 일부다.

Chapter 08 | 정체성

이 장을 읽기 전에…

여러분의 정체성에 대해 생각해 보자. 자신의 정체성을 요약할 수 있는 몇 가지 키워드를 적어 보자. 다음의 제시어가 도움이 될 것이다.

- 신체적 특징
- 사회 범주(젠더, 민족성, 나이, 종교)
- 편안하거나, 어울리지 않거나, 갈 수 없다고 느끼는 곳
- 성격 특성
- 자신의 관심사와 취미
- 다른 사람들과 공유할 수 있는 신념이나 이상

이 과제를 간단히 생각해 보자. 쉬웠는가? 왜 쉬웠고, 아니라면 왜 어려웠는가?

이 장의 구성

8.1 도입: 정체성의 복잡성

정체성은 복잡하고 논쟁의 여지가 있는 용어다.

-Jackson, 2005: 392

우리는… '공간성'이라는 용어를 사용해 사회와 공간이 서로 불가분하게 실현되는 방식을 포착하고, 개인이 생각, 감정, 행동을 통해 사회와 공간이 동시에 실현되는 상황과… 그러한 실현이 주체에 의해 경험되는 다양한 조건들을 떠올린다.

-Keith and Pile, 1993: 6

위의 두 인용문은 정체성과 관련해 두 가지를 시사한다. 첫째, 잭슨이 지적했듯이 '정체성'이라는 용어를 이해하는 쉽고 단일한 방법은 없다. 사실 자세히 살펴보면 '이 장을 읽기 전에' 부분에

있는 여섯 가지 제시어가 이를 말해 준다. '신체적 특징'과 '사회적 범주'를 예로 들어보자. 일반적으로 신체 '장애'(예: 팔다리를 잃었거나 시각 또는 청각 장애)를 가진 사람들은 '장애인'이라고 명명할 수 있는 사회적 범주에 속해 있다고 여겨진다(Golledge, 1993). 이는 일반적인 수준에서 작동하지만, 수많은 예외가 있다. 가령, 스켈턴과 밸런타인은 얼마나 많은 청각 장애 청소년들이 자신을 '장애인'이라고 생각하지 않는지를 보여 준다(Skelton and Valentine, 2003). 그 대신 그들은 수화를 사용하는 소수 언어 집단에 속해 있다는 것을 중심으로 자신을 다른 정체성으로 규정한다. 따라서 '정체성'이라는 용어는 위의 여섯 가지 제시어 모두를 지칭할 수 있고, 훨씬 더 복잡하다는 점에서 하나로 정의하기 어렵다.

둘째, 키스와 파일의 인용문에서 알 수 있듯이 정체성은 지극히 지리적인 개념이다. 이는 정체성에 대한 연구가 지리학자만의 전유물이라는 뜻이 아니라, 문화지리학자가 정체성을 연구하는 데 중요한 역할을 한다는 뜻이다. 키스와 파일은 그 주된 이유는 사회 영역(개인 간의 상호작용)과 공간 영역(경관, 공공장소, 지역)이 항상 서로 연결되어 있기 때문이라고 설명한다. 이 둘은 결코 분리될 수 없다. 사회는 공간을 만들고, 공간은 사회를 만들고, 사회는 다시 공간을 만드는 식이다. 키스와 파일은 지리학자들이 이 분리할 수 없는 과정을 공간성이라고 부르는 방식에 주목한다(13장 참조). 마지막으로, 그들은 개별 인간(정체성을 가진 '주체')이 이 과정을 다양한 방식으로 경험할 수 있다고 제안한다. 따라서 앞으로 살펴볼 것처럼 정체성은 항상 사회적이며 공간적인 현상이다. 서로 다른 공간은 서로 다른 정체성을 만들어내고, 그 반대의 경우도 마찬가지다.

이 장의 나머지 부분에서는 위의 논의를 확장한다. 문화지리학자들이 발전시켜 온 정체성에 관한 다양한 설명을 살펴볼 것이다. 이는 계급이나 젠더 등 사회 범주와 같은 비교적 단순한 정체성의 '구성 요소'부터 시작한다. 다음 절에서는 더 복잡한 층위를 추가한다. 정체성의 공간성에서 매우 중요한 사회적 구성, 관계, 수행을 고려함으로써 사회 범주에 대해 비판적으로 생각해 보기 바란다.

8.2 정체성 모으기: 본질주의와 시간-공간 특수 정체성

누군가의 정체성을 고려할 때, 계급, 국가, '인종', 민족, 젠더 및 종교와 같은 사회적 역학의 영향을 선택하고 강조하고 고려하는 과정은 필연적으로 존재한다.

-Sarup, 1996: 15

'이 장을 읽기 전에' 부분에 있는 활동을 다시 생각해 보자. '사회 범주'에 집중해보자. 가장 일반적인 범주에는 젠더, 계급, 나이, 장애/비장애, 종교, 민족, 섹슈얼리티 등이 있다. 이러한 범주가 자신의 정체성에서 얼마나 중요한가?

어떤 사람은 삶을 살아가는 데 있어 단 하나의 사회 범주만 중요할 수 있다. 이러한 사람은 종종(항상 그런 것은 아니지만) 주류 사회에서 소외되거나 핍박을 받기도 한다. 훨씬 더 거슬러 올라가 역사적 뿌리에 기반을 둔 유명한 사례로는 20세기 흑인 미국인과 백인 미국인이 단지 피부색에 따라 분리된 것을 들 수 있다. 가령, 흑인과 백인은 대중교통에서 분리되어 같은 버스 안의 다른 좌석에 앉아야 했다. 1960년대에 많은 흑인 미국인은 단일한 사회 범주에 기반한 소외의 경험을 바탕으로 모든 인종의 평등한 권리를 증진하기 위해 노력했다.

정체성의 정치적 용도에 대해서는 이 장의 뒷부분('중심을 전복하기'를 살펴볼 때)에서 다시 살펴볼 것이다. 그 전에 정체성의 '구성 요소'라고 부르는 사회 범주를 두 가지 측면에서 살펴보고자 한다. 첫째, 민족과 같은 사회 범주가 특정 집단에게 그토록 중요한 이유가 무엇인지를 질문할 것이다. 이를 위해 정체성에 대한 '본질주의'적 이해에 초점을 맞춰 설명할 것이다. 둘째, 이 장에서는 미국의 분리 사례가 명확하게 보여주는 것, 즉 사회 범주가 역사적, 지리적 맥락에 따라 다른 의미를 갖는다는 점을 강조할 것이다. 이 장에서 반복해서 강조하겠지만, 정체성은 항상 장소, 시간 특수적이다.

■ 본질주의와 사회 범주

정체성에 대한 본질주의의 설명은 오랜 역사를 가지고 있으며, 문화지리학의 범위를 훨씬 뛰어넘는다. 고대 그리스 시대부터 많은 사람들이 정체성을 갖는다는 것은 곧 '본질적인' 특성을 갖는 것이라고 생각했다(Martin, 2005). 본질주의 설명에 따르면 각각의 사람은 선천적으로 타고나며 평생 동안 변하지 않는 어떤 본질적인 본질을 가지고 있다고 주장한다. 만약 그 본질을 제거한다면 더 이

상 같은 사람이 아닐 것이다. 실제로 사람의 본질을 '영혼' 또는 논리적으로 사고하는 능력이라고 주장했던 사상가들에게 이런 본질적 특성을 제거한다는 것은 사람을 인간답게 만드는 요소를 제거하는 것과 마찬가지였다!

마틴은 "개인의 정체성에 대한 언급은 종종 [정체성]에 무결성과 일관성을 부여하는 핵심 특성과 동일한 내면의 '자아' 또는 주관성이라는 개념을 수반한다"고 주장했다(Martin, 2005: 97). 따라서 정체성에 대한 본질주의 이해의 핵심은 사람을 어느 정도 동일하게 유지되는 하나의 정체성을 가진 개별적이면서 경계가 있는 존재로 본다는 점이다. 어떤 의미에서 이는 사람들이 정체성을 생각할 때 갖는 기본적인 입장이며, 그렇기 때문에 사람들은 자신이 독특한 개인이라고 믿는 것이다(즉, 자신을 다른 사람과 다르게 만드는 뭔가가 있다). 사실 본질주의의 주장은 사람의 특성이 선천적이거나 생물학적으로 타고난 것이라는 주장까지 나아갈 수 있다.

정체성에 대한 본질주의 설명은 다양한 사회 범주에 의존하는 경향이 있다. 인종과 젠더와 같은 범주는 생물학적 특성으로 간주되며, 특정 지역을 지칭하는 경향이 있다(예: 표 8.1에서 '아프리카'와 '인도'와 같은 지역을 포괄적으로 언급하는 것을 볼 수 있다). 실제로 문화지리학자를 비롯한 사회과학자들은 연구에서 사회 범주를 사용하는 경우가 많다.

표 8.1은 여러분이 접한 적이 있을 수 있는 한 가지 사례를 나타낸다. 이는 2011년 영국 인구 조사의 인종 분류를 보여준다(다른 국가에도 유사한 분류가 존재한다). 모든 인구 조사에는 연령, 젠더, 종

표 8.1 영국의 인종 그룹을 나타내는 국가 통계 표준 분류

백인	흑인 혹은 영국계 흑인
영국계 백인 아일랜드계 기타 백인계	카리브해계 아프리카계 기타 흑인계
혼혈	**중국계 또는 기타 민족 집단**
백인과 카리브해계 흑인 백인과 아프리카계 흑인 백인과 아시아계 기타 혼혈 인종	중국계 기타 민족 집단
아시아인 혹은 아시아계 영국인	
인도계 파키스탄계 방글라데시계 기타 아시아계	

출처: adapted from Office for National Statistics, http://www.ons.gov.uk/about-statistics/classifications/archived/ethnic-interim/presentingdata/index.html, Contains public sector information licensed under theOpen Government Licence (OGL) v1.0.http://www.nationalarchives.gov.uk/doc/open-government-licence/open-government licence.htm

교, 사회 경제 계급 등에 대한 유사한 표가 포함되어 있다. 인구 조사 시 응답자는 각 범주의 내용 중 하나만 선택하면 된다. 전국 스케일에서 인구 총조사가 완료되면 각 집단에 속한 사람의 비율을 깔끔하게 정량화할 수 있는 개요를 제공한다. 또한 두 개 이상의 변수를 조합해 인구의 하위 집단을 식별하는 교차성을 나타낼 수도 있다(예: 아시아계 영국인 〉 인도인 〉 남성 〉 18-30세). 홉킨스와 페인은 지리학자들이 '젠더, 계급, 인종, 능력(장애), 성, 연령 등 다양한 사회적 차이의 표식들이 교차하고 상호작용하는 방식을 탐구하고자 노력해 왔다'고 설명한다(Hopkins and Pain, 2007: 289-290). 그러나 그들의 연구는 실제로는 정체성에 대한 관계적 이해를 요구한다. 관계적 정체성에 대해서는 이 장의 뒷부분에서 더 자세히 살펴볼 것이다.

표 8.1과 같은 범주는 세 가지 측면에서 유용할 수 있다. 첫째, 국가 기관(예: 정부 부처)이 큰 스케일에서 인구를 더 잘 이해하고 계획할 수 있는 대규모의 정량적 기준 데이터를 제공할 수 있다. 둘째, 특정한 인종 집단이나 비슷한 사회 경제 계급의 사람들이 특정 지역에 모여 사는지 여부 등 장소에 대한 기본 정보를 파악할 수 있다. 연구자들은 종종 인구 조사 데이터 및 기타 유사한 척도를 사용해 특정(일반적으로 '낙후된') 장소에 대한 연구를 수행하고 이를 정당화한다. 셋째, 연구자들은 문화지리학 연구에서 차이가 중요하다는 것을 인정할 때 다양한 사회 범주를 '나열'하는 경향이 있다. 이렇게 할 때는 보통 표 8.1에 나열된 종류의 분류를 떠올리게 된다. 인구 조사 데이터의 유용성과 표 8.1과 같은 규범적 분류법에도 불구하고, 정체성에 대한 본질주의 설명에는 여러 가지 문제가 있음을 확인할 수 있다. 여러분은 이런 범주 중 몇 가지를 이미 확인했을 수도 있다. 자신을 이러한 범주 중 하나에 넣고 이것이 자신의 민족 정체성을 얼마나 잘 나타내는지 생각해 보자. 이러한 범주의 문제점은 다음과 같다.

- 많은 사람들이 한 가지 항목만 체크하는 것이 어려워 '기타'에 체크하는 경우가 많다. 규정된 필수 사회 범주 목록은 민족 정체성의 다양성을 담아낼 수 없다.
- 목록의 불완전성으로 인해 중요한 민족 집단이 인구 조사 작성 과정에서 '배제'되었다는 느낌을 받는다. 가령, 영국에서는 2011년 인구 조사(BBC 2011)에서 콘월족 압력 단체가 '콘월' 민족을 표현할 수 있는 체크박스를 요구하는 캠

페인을 벌였으나, 거부되었다(대신 '기타'에 체크하고 '콘월'을 직접 입력해야 했다). 콘월은 영국 남서쪽 끝에 위치한 카운티로, 자치권을 요구하는 움직임이 점차 확산되고 있다(이들은 자체적인 언어와 국기를 사용하기도 한다). 이는 정체성의 경합 가능성을 다시 한번 상기시켜 준다(Jackson, 2005).

- 단순히 상자에 체크하는 것만으로는 특정 민족 집단에 속해 있다는 것, 감정과 소속감과 관련된 다양한 의미를 표현할 수 없다. 이 장의 다음 부분에서 살펴 보겠지만, 문화지리학자들은 정체성이 각자의 내면에 고정된 것이 아니라 하나의 과정임을 보여주려고 노력해왔다.

- 한 지역 주민의 n%가 사회 경제적 계층 x에 속한다는 사실만으로는 충분하지 않다. 계급이 그 동네 사람의 일상생활에 어떤 영향을 끼치는지, 그 집단 내의 차이와 다양성을 인정하는지에 대해 많은 것을 알려주지 않는다. 더 문제가 되는 것은 이러한 지식(특히 계급과 인종에 대한 지식)이 특정 지역에 대해 광범위한 낙인을 찍고 이미 존재할 수 있는 사회적 배제의 과정을 강화할 수 있다는 점이다(Sibley, 1995).

슈머-스미스와 해넘은 사회 범주의 문제점을 다음과 같이 깔끔하게 요약한다(Shurmer-Smith and Hannam, 1994: 90).

분류 체계는 인공물이고, 자연스럽거나 명백한 것은 없으며 항상 특정 관점에서의 사고를 촉진하는 역할을 한다는 점을 항상 명심해야 한다. 범주 간의 접점상에는 두 개 이상의 사용 가능한 세트에 속해서 분류하기 어려운 사물, 장소, 사람 및 아이디어가 존재한다… 이러한 것은 분류하는 사람에 의해 변칙적인 것으로 간주되며, 이러한 변칙성에서 신성함, 경이로움, 공포 또는 혐오의 관념이 나오게 된다.

■ 사회적 범주는 장소-시간 특수적이다

지금까지 계급, 민족, 젠더와 같은 사회 범주가 많은 지리학자들이 정체성을 사고할 때 염두에 두는 기본적인 구성 요소라고 주장했다. 그러나 본질주의 설명과 '체크 박스' 분류의 사용은 널리 비판받고 있다.

순수한 의미에서 정체성에 대한 본질주의 이해를 사용한 문화지리학자는 거의 없을 것이다. 슈머-스미스와 해넘은 본질주의가 지리적 과정을 분석하는 데 강력하지만 문제가 있는 도구가 될 수 있다고 주장한다(Shurmer-Smith and Hannam, 1994: 101). 가령, 이들은 포스트모던 글로벌 문화의 부상에 대해 경제적 계급 기반 설명에 의존하는 데이비드 하비(Harvey, 1989)를 비판한다. 실제로 오랜 기간 정체성에 대한 지리학자들의 관심은 사회 경제 계급에 관한 마르크스주의 분석에 기반을 두고 있었다. 최근에는 이러한 연구가 젠더(Rose, 1993)나 민족성(Kobayashi, 2004)과 같은 다른 형태의 사회적 차이를 인정하지 않았다고 주장하는 지리학자들에 의해 비판받고 있다.

한편, 슈머-스미스와 해넘은 어떤 경우에는 특정한 필수 범주에 의존하는 것이 강력한 정치적 도구가 될 수 있다는 점도 인정한다. 소외된 집단은 종종 (필수적 범주에 근거한) 타인의 박해를 사회

Box 8.1

 ## 호주 이민 기준

호주도 다른 국가와 마찬가지로 일련의 공개된 기준에 따라 국경을 통한 이민을 통제한다. 이민시민부(Department of Immigration and Citizenship)는 "인종이나 종교를 이유로 차별하지 않는다. 즉, 어느 나라 출신이든 법에 명시된 기준을 충족한다면 출신 민족, 젠더 또는 피부색에 관계없이 누구나 이민을 신청할 수 있다."고 명시하고 있다. 비자 유형별로 각기 다른 기준이 적용된다.

기술(Skill): 대부분의 이주자들은 포인트 테스트를 충족하고, 특정 업무 기술을 보유하고, 특정한 고용주의 추천을 받거나, 호주와 다른 연고가 있거나, 호주에 도움이 되는 사업 또는 투자를 위해 호주에 가져올 수 있는 충분한 자본과 성공적인 사업 또는 기술을 보유하고 있어야 한다.

가족(Family): 호주 내 스폰서와의 가족 관계를 기준으로 선정되며, 기본적으로 파트너, 약혼자, 부양 자녀 및 부모가 포함된다.

인도주의적(Humanitarian): 난민 및 기타 인도주의 프로그램 입국자는 난민 또는 인도주의적 사례에 관한 기준을 충족해야 한다(www.immi.gov.au, 2009).

따라서 기준에는 "호주 영주권자 또는 시민권자와의 관계, 기술, 연령, 자격, 자본 및 비즈니스 통찰력 등의 요소가 포함된다. 또한 모든 신청자는 이민법에 명시된 건강 및 인성 요건을 충족해야 한다."

호주 정부는 잠재적 이주자의 적합성을 테스트하기 위해 '포인트 시스템'을 활용한다. 이런 종류의 시스템은 다른 많은 국가에서도 사용된다. 따라서 이 시스템은 어느 정도는 사람의 신원을 정량화할 수 있는 범주로 축소한다. 하지만 이 '포인트 시스템'의 단점이 무엇이든지 간에, 이는 인종이나 젠더 같은 고전적인 본질주의 범주 이상의 기준으로 개인의 정체성을 평가하려는 시도를 나타낸다. 인종이나 젠더 대신, 기술, 비즈니스 통찰력, 가족 관계에 초점을 맞추고 있다.

그러나 호주 이민 정책의 역사적 선례(현재는 공식적으로 폐지됨)도 주목할 필요가 있다. 가장 악명 높은 것은 (백인) 영국인 이민자들에게 다른 인종보다 특혜를 준 백호주의 정책(White Australia Policy)이다. 이 정책은 1901년 국회 최초의 법안 중 하나로, 법으로 통과되었다. 1975년에는 인종차별법이 통과되어 인종을 기준으로 이민 여부를 결정하는 것이 불법이 되었다. 오히려 위에 나열된 종류의 기준이 절대적인 우선순위를 차지했다.

이 간단한 사례는 본질주의적 범주가 시간과 장소에 따라 어떻게 적용될 수 있는지를 잘 보여준다. 이는 (특히 돌이켜보면) 논란의 여지가 있고 문제가 될 수 있다.

출처: adapted from Australian Government, Department of Immigration and Citizenship.

변화를 추동하기 위한 전술로 전환하기도 한다. 위에서 언급한 1960년대 미국 흑인의 사례가 대표적이다. 호주, 북미, 라틴 아메리카를 포함한 전 세계 원주민의 토지 기반 권리를 위한 현대적인 투쟁도 또 다른 사례가 될 수 있다. 그러나 정치적인 진전을 이룰 수 있는 일시적 합의를 위한 '공통점'을 전술적으로 찾는 것과 변경 불가능하고 보편적으로 인정되는 실제의 본질적인 범주를 혼동하지 않도록 주의해야 한다(Pickerill, 2009).

위의 주장에 동의하든 동의하지 않든, 문화지리학자들은 한 가지 분명한 사실을 밝혀냈다. 사회 범주는 항상 장소와 시간에 따라 달라진다는 것이다. 지리는 역사와 마찬가지로 중요하다. 그리고 이러한 관찰을 바탕으로 다음 절에서 정체성에 대한 좀 더 미묘한 이해를 구축할 수 있다. 간단히 말해, 사회적 범주가 장소-시간 특수적이라는 점을 인정함으로써 '본질적인' 범주에 대한 개념이 풀리기 시작한다. 다음 절로 넘어가기 전에, 호주에서 사회적 범주가 장소-시간 특수적으로 사용되는 것을 보여 주는 Box 8.1을 살펴보자. 이는 정체성이라는 범주가 지리학자가 일상적으로 탐구하는 공간적 흐름과 모빌리티(13장)를 어떻게 활성화하고 제약하는지 강조한다는 점에서 특히 중요하다.

8.3 복잡성 더하기: 정체성에 대한 사회 구성주의, 관계적, 수행적 설명

호주 이민 시스템(Box 8.1)의 사례는 여러 가지 이유로 매우 흥미롭다. 첫째, 계급, 인종 또는 젠더와 같은 고전적이고 본질주의적인 범주에 의존하지 않는다(적어도 명시적으로는 그렇지 않다). 그 대신, 이 시스템은 개별 특성을 분류하고 가치를 부여하는 방식으로 작동한다. 이 중 일부는 가족 관계나 난민이 될 수밖에 없는 조건처럼 구조적으로 주어진 것이며, 종종 변경할 수 없는 것이다. 그렇지 않은 것도 있는데, 자격처럼 학습되거나, 충분한 자본을 보유하는 것처럼 후천적으로 획득되거나 상속될 수도 있고, 특정한 실무 기술이나 의료 건강처럼 단순히 개인이 '수행'하거나 보유하는 방식의 일부일 수도 있다. 따라서 나중에 설명하겠지만, 정체성은 수행적일 뿐만 아니라 여러 범주의 체크리스트에서 '체크'되는 것이다.

둘째, 표 8.1의 범주와 Box 8.1의 범주 사이에 상당한 차이가 있다는 것을 분명히 알 수 있을 것이다. 각각의 범주 세트는 서로 다른 작업을 하도록 설계되었다. 이 두 가지 범주는 모두 특정한 목적을 위해 설계 또는 구성되었기 때문에 차이가 있다는 것이다. 정체성이 '자연스러운' 것이라는 주장에는 항상 일련의 사회적, 문화적, 정치적 또는 경제적 고려 사항이 깔려 있다. 정체성은 사람들이 가지고 있는 중립적이고 객관적인 '것들'인 경우가 거의 없다. 대신 사회적으로 구성되고 수정된다. 정체성은 만들어지고, 재창조된다. 호주의 이민 기준은 시간이 지남에 따라 점차 변화해 왔으며(Box 8.1), 이는 정치적, 경제적, 인구 통계학적 요구의 변화와 민족에 관한 사회적 태도의 변화에 따라 결정된다. 따라서 미래에 더 많은 의료 전문가가 필요하다면 그에 따라 기준도 바뀔 것이다. 이 외에도 정말 많은 사례가 존재한다. 관련해서 이 장의 뒷부분에서 '유년기(childhood)의 사회적 구성'이라는 개념을 살펴볼 것이다(Box 8.2).

세 번째는 더욱 정치적인 것으로, Box 8.1에 나열된 기준이 호주인들이 국가 '내부'와 '외부'를 정의하는 방식의 일부라는 점이다(Gelder and Jacobs, 1998). 이는 폐쇄 공동체에서 특수 이익 집단의 성원권에 이르기까지 다양한 공간에서 발생하는 과정이다(Cresswell, 1996). 여기서 정체성은 매우 중요한데, 소속된 사람과 '이방인'을 구분하는 데 핵심적인 역할을 한다(Sarup, 1996). 즉, 정체성은 관계적인 것으로, 개인은 다른 사람(소속된 사람들과 그렇지 않은 사람)과 비교해 자신의 정체성을 획득한다. 마찬가지로 국가 전체는 국가 '외부'의 것과 구별되는 국가 정체성(8.4절)을 얻는다. 따라

Box 8.2

캐나다 브리티시컬럼비아의 식민지적 유년기 구성

지리학자들은 얼마나 많은 '본질적인' 정체성이 사회적 구성물인지 밝혀냈다. 최근에는 '자연스러운' 정체성의 범주로 여겨졌던 어린 시절이 어떻게 오랜 역사를 거쳐 창조되고 재창조되었는지를 탐구하는 대규모의 연구가 진행되었다. 한 예로 제임스와 제임스는 중세 시대부터 성인들이 유년기를 구성해 왔다는 설득력 있는 주장을 펼쳤다(James and James, 2004). 이러한 구성의 대부분은 어린이를 위한 특별한 법과 장소를 만드는 것과 관련되어 있다. 가령, 19세기에 영국은 일련의 교육법(예: 1870년)을 도입해 학교를 떠나는 연령을 점진적으로 높였다. 이 법은 아이들을 빅토리아 시대 공장의 위험하고 더러운 '성인'의 공간에서 학교라는 '안전한' '어린이'의 공간으로 옮겼다. 이후 지리학자들은 행동적 이상(Pike, 2008), 아이들이 배워야 할 '바람직한' 지식의 종류(Plozajska, 1996), 학교가 어떻게든 가정과 같은 공간이어야 한다는 개념(Kraftl, 2006a)에 초점을 맞춰 학교 공간이 유년기를 어떻게 구성하는지 정확하게 탐구해 왔다. 시간이 지남에 따라 유년기의 사회적 구성은 법적, 문화적, 특히 공간적으로 아동과 성인을 분리하는 것을 포함했다. 문제는 이러한 분리가 거의 전적으로 성인에 의해 이루어졌고 아동의 발언권은 거의 없었다는 점이다. 더욱이, 그것은 차이와 다양성을 무시하고 모든 아동을 같은 방식으로 대하는 경향이 있는 힘 있는 성인들에 의해 행해졌다.

이는 브리티시컬럼비아의 원주민 아동을 대상으로 한 드 레이우(de Leeuw, 2009)의 연구에서 신랄하고 극명하게 드러난다. 드 레이우는 19세기 유럽 정착민이 어떻게 원주민 집단을 더 우월한 근대 사회로 간주되는 정착민 사회로 '통합'시키려고 했는지 보여 준다. 정착민들은 원주민의 문화 정체성을 '파괴'하기 위해 아이들을 원주민 배경으로부터 격리했다. 아이들은 오랜 기간(종종 수 년) '기숙학교'에 보내졌다. 이 학교는 '유럽식' 기술, 지식, 가치관을 주입하려는 위압적인 장소였다. 그러나 그 방법은 잔인한 경우가 많았다. 피부색이 어두운 아이들은 '불결해 보인다'는 이유로 자주 씻어야 했다(식민지 시대에는 백인성에 대한 이상이 강요되었다). 많은 아이들이 학교 교육으로 인해 정신적 또는 신체적 상처를 입었고, 일부는 학교를 다니다가 혹은 학교를 떠나면서 죽음에 이르렀다. 이는 극단적인 사례지만, 정체성의 구성이 종종 공간적 배제와 문자 그대로의 정체성을 만들고 통제하기 위한 장소의 구성을 포함하는 지리적 과정이라는 점을 강조한다.

서 많은 국가들과 마찬가지로 호주도 '호주인'이 될 수 있는 능력을 평가하는 '시민권 시험'을 시행하고 있다(Löwenheim and Gazit, 2009). 1901년에 처음 도입되어 가장 최근에는 2007년에 개정된 이 시험에는 호주 시민권, 역사, 가치 및 전통에 관한 20개의 객관식 문항이 포함되어 있다. 다른 나라의 유사한 시험이나 여러 나라에서 이민과 다문화주의 관념과 관련된 모든 사안들과 마찬가지로, 호주의 시민권 시험 또한 극심한 갈등과 논란을 초래한다(Löwenheim and Gazit, 2009).

호주 이민 정책의 사례는 이 절을 소개하는 데 유용하다. 핵심은 정체성이 자연스럽다거나 필수적이라는 가정에서 벗어나고 있다는 점이다. 오히려 지난 20년 동안 문화지리 연구의 대부분은 정체성의 복잡성을 탐구해 왔다. 이러한 복잡성에도 불구하고, 문화지리학자들은 대체로 정체성의 사회적 구성, 관계적 정체성, 정체성의 수행성에 초점을 맞추어 정체성에 대한 세 가지 접근 방식을 취해 왔다고 말할 수 있다. 각각의 아이디어를 더 자세히 알아보고 싶다면 계속해서 읽어보길 바란다.

8.4 정체성의 사회적 구성

이 장에서는 정체성이 진정으로 '자연스럽거나', 고정되거나 본질적인 경우는 거의 없다고 주장해 왔다. 따라서 정체성이 사회적으로 구성된다는 생각은 매우 중요하다. 실제로 이 주장은 지난 30여 년 동안 다양한 종류의 정체성을 탐구해 온 문화지리의 핵심이다.

사회적 구성이라는 개념은 정체성이 항상 잠정적인 것이며, 끊임없이 (재)창조되고, 조정되고, 협상되고, 논쟁이 된다는 점을 강조한다. 가령, 사람의 생물학적 나이는 18세일 수 있지만, 그 나이는 특정 사회에서 특정한 가치를 내포하고 있다 (즉, 그 의미는 공간과 시간에 따라 달라진다). 유럽 대부분에서 18세라는 나이는 투표, 음주, 결혼 등에 관한 법률에 의해 규정된 '성인'이 되는 나이로, 급격한 전환을 의미한다. 그러나 이러한 법 그리고 이와 유사한 많은 법은 수 세기에 걸쳐 진화해 왔으며 (동성애 커플이 결혼하거나 시민 파트너십을 맺을 수 있는 나이처럼) 여전히 논쟁의 여지가 있다 (Valentine, 2003).

정체성은 다양한 방식으로 사회적으로 구성될 수 있다. 이 절에서는 정체성이 구성될 수 있는 네 가지 주요 방식을 요약한다(3장 참조). 언어, 내러티브, 제도의 역할, 물질 공간의 중요성에 초점을 맞춘다. 실제로는 이러한 측면 중 일부 또는 전부가 정체성의 구성에 포함될 수 있다는 점을 염두

에 두어야 한다.

첫째, 마틴은 "정체성 개념은 '담론적' 구성, 즉 언어 안에서 그리고 언어를 통해 구성되는 개념" 이라고 주장했다(Martin, 2005: 99). 정체성을 설명하는 데 사용하는 단어에는 종종 정치적 또는 문화적 가정이 담겨 있다는 점에서 볼 때, 언어는 정체성 논의에서 중요하다. 이러한 가정은 공간에 따라 다르다. 영국에서 '노동 계급'과 같은 문구는 존경, 노력, '거칢' 및/또는 생계를 유지하기 위한 투쟁과 관련된 도덕적 의미를 내포하고 있다. 그러나 폴란드에서는 노동 계급을 'dresiarze'(운동복을 입은 사람) 또는 'blokersi'(아파트에 사는 사람)로 분류하는 경우가 많다(Stenning, 2005). 간단히 말해, 정체성은 일반적으로 특정 집단을 지칭하고 일반화하기 위해 언어를 활용하는 과정이며, 따라서 특정한 단어와 문구를 통해 정체성을 구성하는 것이다.

둘째, 새럽은 라벨링 과정만이 언어를 통해 정체성을 구성하는 유일한 방법은 아니라고 주장한다(Sarup, 1996). 대신 그는 "우리 모두는 이러한 역학 관계(라벨, 범주)를 연결하고 이를 '내러티브'로 구성한다. 만약 여러분이 누군가에게 정체성을 물어보면 곧 이야기가 드러난다"고 생각한다(Sarup, 1996: 15). 그 이야기는 개인적이고 사적인 이야기일 수도 있고 집합적인 '역사'일 수도 있다. 문화지리학자들은 자서전, 여행기, 일기, 교육용 텍스트, 다른 사람에게 들려주는 이야기 등 다양한 형태의 '생애사'가 정체성을 형성하는 데 얼마나 중요한지 보여 주었다(Daniels and Nash, 2004). 지리학자들은 개인 또는 집합적인 역사에서 공간과 흐름(여행)이 갖는 중요성 때문에 이

주자의 정체성 내러티브 구성에 주목해 왔다(예: Hopkins and Hill, 2008; 모빌리티에 대해서는 13장을 참조할 것).

셋째, 지리학자들은 정체성을 구성하고 구조화하는 데 '제도(institutions)'가 얼마나 중요한 역할을 하는지 보여 주었다(2장에서는 문화 공간의 생산, 13장에서는 공간의 생산에서 제도의 역할에 대해 살펴본다). 여기서 장소는 개인이 자신의 정체성(혹은 자신의 운명)을 완전히 통제할 수 없다는 구조적 설명과 마찬가지로 매우 근본적인 요소다. Box 8.2에서 볼 수 있듯이 정부, 학교, 학계와 같은 제도는 사람들이 어떻게 행동해야 하는지에 대한 기대치를 제시하고, 그들의 행동을 감시하고 규제하는 공간을 설계하며, 결정적으로 어떤 종류의 정체성이 허용되는지에 대한 기준을 설정한다(Rose, 1993; 학교 정책에 관해서는 6장을 참조할 것).

장애를 연구하는 지리학자들은 정체성을 구성하는 데 제도의 역할에 대한 극명한 사례를 제시했다(Holloway, 2005). 임리는 장애는 자연적인 상태가 아니라 주류(비장애인) 사회에 의해 구성되고 영속화된다고 주장한다(Imrie, 2001). 임리는 기능 손상(예: '시각 손상')을 가진 사람도 있지만, 이러한 기능 손상이 무심하고 접근하기 어렵고 침묵의 편견을 가진 제도에 의해 어떻게 악화되고 장애로 바뀌는지를 보여 준다. 은행에 있는 접근성 낮은 ATM부터 높은 턱, 좁은 슈퍼마켓 통로, 휠체어 사용자에게 '뒷문'을 이용하라는 비하적인 표지판까지, 사회는 도시 디자인의 특정한 특징을 통해 개인을 장애가 있는 사람으로 만든다(dis-ables)는 것이다.

넷째, 문화지리학자들은 물질 공간이 정체성의 사회적 구성과 어떻게 연관되어 있는지 보여 주었다. 다시 한번 공간성의 개념으로 돌아가지만, 이 경우에는 장소의 물리 구조가 어떻게 특정한 사회 과정, 즉 정체성의 사회적 구성과 얽혀 있는지를 살펴본다. 이는 특히 국가 정체성의 구성에서 노골적이지는 않지만 분명하게 드러난다. 국가 정체성은 문화지리학자의 오랜 관심사였다(예: Gruffudd, 1995; Matless, 1998). 가령, 매틀리스는 영국의 '푸르고 쾌적한' 경관 이미지부터 영화, 지형 안내서, 사진, 시, 동상 등에서 '영국다움'이 생산되는 방식에 이르기까지 영국의 국가 정체성의 구성에서 지리적 과정이 중심이 되는 방식에 대해 설명했다(Matless, 1998). 한 나라의 경관이 어떤 식으로 텍스트에 묘사되었는지와 관련된 사례를 살펴보려면 6장의 가와바타 야스나리의 『설국』(1956)에 관한 논의로 넘어가면 된다.

그러나 여기서는 물질 공간에 초점을 맞추고자 한다. 물질 공간을 통해 국가 정체성이 구성되는 방식은 겉으로 보기에는 비슷해 보여도 엄청나게 다를 수 있다. 여기서는 수도에서 눈에 잘 띄는 공공장소에 있는 두 개의 동상에 초점을 맞춘다. 사진 8.1과 8.2를 비교해 보자. 사진 8.1은 제2차 세계 대전 말기에 영국 총리를 역임한 윈스턴 처칠(Winston Churchill)의 동상이다. 그는 영국 역사에서 연합군의 승리를 이끈 공로로 유명한 인물이다. 이 동상은 트래펄가 광장이나 버킹엄 궁전과 마찬가지로 미디어에서 수많은 훼손과 풍자적 조작의 대상이 되어 왔음에도 불구하고, 영국의 국가 정체성을 상징하는 수많은 물질적(물리적) 상징 중 하나다. 이 동상은 비교적 최근의 사건(제2차 세계 대전)에 대한 물질적 상징으로, 한 국가 국민

사진 8.1 런던의 윈스턴 처칠 동상
출처: Alamy Images/Peter Greenhalgh

의 집단 정체성을 하나로 묶는 역할을 한다.

반면 사진 8.2는 1990년부터 2006년까지 집권했던 투르크메니스탄 총리 사파르무라트 니야조프(Saparmurat Niyazov)가 세운 기념비를 보여 준다. 그는 해외에서 현대 세계의 역사상 가장 억압적이고 전체주의적이며 이기적인 지도자 중 한 명이라고 비판받았다. 가령, 그는 통치 기간 국명에 자신의 이름을 포함하도록 했으며, 학교, 병원 심지어는 운석의 이름까지도 자신의 이름을 따 바꾸었다. 또한 투르크메니스탄의 수도인 아시가바트(Ashgabat)의 광장에 12미터 높이의 니야조프 동상이 태양의 경로를 따라 회전하는, 75미터 높이의 '중립 아치(Neutrality Arch)'(사진 8.2)를 세우는 화려한 건축 프로젝트에 참여하기도 했다. 니야조프는 이러한 프로젝트와 일련의 혁신(새로운 알파벳과 공휴일 등)을 통해 하향식 국가 정체성을 구성했다. 그러나 그의 동상은 (영국의 사례와는 달

사진 8.2 투르크메니스탄 아시가바트의 중립 아치
출처: Alamy Images/Peter Greenhalgh

리) 대중적 또는 집단적 합의에 기초하지 않은 독재적인 국가 정체성의 물질적인 상징으로 여겨졌다. 이는 생생한 기억 속에서 국가 정체성을 사회적으로 구성한 가장 극단적인 사례였으며, 물질 공간이 그 안에서 핵심적인 역할을 했다.

물론, 국가 정체성(그리고 그 잔재)의 상대적인 도덕적 가치는 항상 논쟁의 여지가 있다. 여기서는 영국 버전의 국가 정체성이 투르크메니스탄 버전보다 '더 낫다' 혹은 덜 문제가 있다는 점을 지적하는 것이 아니다(영국은 오랜 식민주의와 착취의 역사를 갖고 있으며, 이는 영국인이라는 의미에서 뗄 수 없는 부분을 형성한다는 점을 기억하라). 오히려 눈에 잘 띄는 공공장소(수도)에 위치한 단순한 물질적 대상(동상)이 시간과 장소에 따라 매우 다른 국가 정체성의 구성에 휘말릴 수 있음을 관찰하고 있다(위 8.2절의 '사회 범주는 장소-시간 특수적이다' 부분을 참조할 것). 만약 연합국이 2차 대전에서 승리하지 못했다면, 세계는 처칠 동상을 지금과 같은 방식으로 바라보지 않았을 수도 있다(동상이 세워지지 않았을 수도 있다). 실제로 영국의 국가 정체성과 그 물질적 잔재가 2차 대전 이후 나치당과 그들의 건축 프로젝트와 같은 의혹을 받았을지도 모른다(후자에 대한 자세한 내용은 2장 참조). 국가 정체성의 구성은 항상 논쟁의 여지가 있고(결국 수많은 사람이 관련되어 있기 때문이다!) 역사와 지리적 맥락에 따라 맥락화된다. 이 점을 강조하기라도 하듯, 사진 8.2에 있는 동상은 2010년 투르크메니스탄의 새 대통령이 보다 온건한 버전의 국가 정체성 구축을 위해 니야조프에 대한 '인격 숭배'의 흔적을 모두 없애버리려고 하면서 철거되었다. 국가 정체성에 대한 매우 다른 그리고 덜 물질적인

표현을 보려면 Box 8.4를 참조하라.

마지막 사례는 정체성이 단순히 언어나 내러티브뿐만 아니라 전 세계의 기관, 정부, 사회가 일상 공간을 설계, 사용, 통제하는 (때로는 무의식적으로 편견을 갖고 있는) 방식을 통해 어떻게 구성되는지 보여 준다. 이는 정체성의 사회적 구성이 다면적인 과정이라는 점을 강조한다. 또한 키스와 파일이 주장한 것처럼, 이는 정체성의 '공간성', 즉 사람들이 다양한 장소와의 상호작용을 통해 자신의 정체성을 표현하고 인식하는 다양한 방식을 다시 한번 상기시켜 준다(Keith and Pile, 1993).

8.5 관계적 정체성

사회적 구성에 관한 앞선 논의에서는 구성의 문제에 초점을 맞추었다. 다른 측면은 바로 이와 밀접하게 연관되어 있는 사회적인 것이다. 즉, 대부분의 경우 정체성은 자유롭게 떠다니는, 경계가 있는 것과는 거리가 멀다는 뜻이다. 대신, 정체성은 관계적인 것이다(Jackson, 2005). 이 절에서는 '관계적 정체성'이라는 용어의 의미를 정의하는 것으로 시작할 것이다. 그런 다음 문화지리학에서 관계적 정체성이 중요한 두 가지 영역인 페미니즘 지리와 인터넷 지리에 초점을 맞출 것이다.

관계적 정체성이 무엇을 의미하는지 이해하려면 '자아 타자 이원론'이라는 개념을 이해해야 한다. 이 개념은 인간이 자신의 정체성을 구성할 때 항상 '자아'를 구성한다는 주장이다. 적어도 현대 문화에서 정체성이라는 개념은 자아에 대한 이미지, 내러티브 또는 법적 정의를 의미한다. 그러나

자아는 자유롭게 떠다니는 실체가 아니다. 우리는 뚫을 수 없는 거품 속에 살고 있지 않다. 여기서는 사람들이 매일 다른 사람들과 상호작용한다고 가정한다. 이러한 상호작용의 가장 중요한 요소 중 하나는 끊임없는 비교의 과정이다. 크랭이 주장했듯이 "정체성은 우리가 누구인가만큼이나 우리가 아닌 것에 의해 정의될 수 있다.(Crang, 1998: 61)" 사람들은 끊임없이 자신을 다른 사람과 비교한다. 사람들은 자신과 비슷한 사람이나 다른 사람을 바라보며 무의식적으로 질문을 던지기도 한다. 어떤 사람의 헤어스타일, 음악 취향, 정치 성향 또는 주체에 대한 도덕적 입장을 모방하고 싶은지 고민할 수도 있다. 또는 '나와는 다르다'고 인식하는 사람과 문자 그대로 혹은 은유적으로 거리를 두고 싶은지 고려할 수도 있다. 이 절의 뒷부분에서 이 '타자화' 과정을 다시 설명할 것이다.

많은 이론가들은 아이가 아주 어릴 때 정체성 형성의 관계적 과정이 시작된다고 주장한다. 이러한 아이디어의 대부분은 유명한 정신분석학자인 지그문트 프로이트(Sigmund Freud)의 영향을 받았으며, 그의 아이디어는 이후 자크 라캉(Jacques Lacan)에 의해 수정되었다. 라캉에게 "개별 주체(어린 아이)는 거울 속 자신의 이미지와 시각적 동일시를 통해 자아를 확립한다(Elliott, 2001: 53)." 라캉은 이것이 처음으로 아이에게 자아감(a sense of self)을 주며, 더 나아가 도엘이 주장한 것처럼 자신의 신체가 독특한 총체(wholeness)나 통일성을 가지고 있다는 환상적인 감각을 제공한다고 주장한다(Doel, 1994). 즉, 자아의 이미지는 바로 망상(delusion)이다. 라캉에게 이러한 망상은 모든 사회관계의 근간이 되며, 따라서 타인과 비교해

자신을 인식하는 근거가 된다(Elliott, 2001).

여기서는 정신분석학적 관념을 더 깊이 탐구하지는 않을 것이다(더 자세히 알고 싶다면 Elliott, 2001과 Pile, 1996을 참조할 것). 관계적 정체성의 개념을 연구하는 대부분의 지리학자들은 '차이'의 중요성을 강조하는 경향이 있기 때문이다. 다음에서는 페미니스트 지리학을 통해 이 개념을 살펴볼 것이다.

■ 페미니스트 지리학과 차이의 지리

페미니스트 지리학자들(Box 8.3)은 차이의 문화 지리학을 알리는 데 중요한 역할을 해 왔다. 가령, 로즈는 1990년대까지 대부분의 학계 지리학자들은 남성, 백인, 이성애자 그리고 거의 확실하게 중산층 교육을 받은 배경을 가진 사람이었다고 주장한다(Rose, 1993). 이는 로즈에게 두 가지 문제를 야기했다. 첫째, 이것이 학계의 지리학자들이 글을 쓸 때 가정한 '표준'이라는 점이다. 따라서 지리학자들의 목소리는 주로 남성, 백인 등의 것이었고, 이는 놀라울 정도로 편협하고 동질적이었다는 점이다. 둘째, 이는 또한 인문지리학에서 수행되는 연구에서 (극히 소수의 예외를 제외하면) 다른 사회 집단, 특히 여성, 소수 민족, 다양한 장애를 가진 사람, 어린이와 게이, 레즈비언 또는 양성애자가 느끼는 장소에 대한 다양한 경험을 고려하려는 시도가 거의 없었다는 것을 의미했다. 1990년대에는 지리학에서 사회적 차이를 인정해야 한다는 요구가 여러 차례 있었으며, 오늘날 지리학자들은 정체성 집단 내의 그리고 정체성 집단 간의 다양성을 인정해야 한다고 지속적으로 요구하고 있다.

Box 8.3

 페미니스트 지리학: 공공 및 가정 공간에서의 젠더

페미니스트 지리학은 남성, 백인, 중산층의 지식의 형태를 넘어 세상을 아는 다양한 방식을 조명하는 데 중요한 역할을 해 왔다. 문화지리학에서 가장 중요한 연구 중 일부, 실제로 지리학 전반에서 젠더화된 기대가 사회 공간에 어떻게 스며드는지 탐구했기 때문이다(Rose, 1993; Massey, 1994; WGSG, 1997). 페미니스트 연구는 남성이 여성을 어떻게 구성해 왔는지(그리고 그를 통해 여성을 종종 지배해 왔는지) 조명하고자 한다는 점에서 정체성에 대한 관계적 이해의 관점을 취한다. 이는 젠더를 사회적 구성물로 파악하지만, 일반적으로 남성이 자신의 정체성을 재확인하기 위한 여성의 역할, 섹슈얼리티, 기술 및 지식에 대한 가정을 세운다고 주장한다. 다시 한번 말하지만, 이는 더 강력한 집단(이 경우에는 남성)에게 부풀려진 자아의 이미지를 제공하기 위해 고안된 '타자화'의 과정이다.

여기에서는 지리학에서의 페미니즘 연구(및 젠더에 관한 연구)의 몇 가지 예를 간략하게 살펴본다. 페미니스트들은 남성이 지배해 온(따라서 남성을 '위한') 공공 영역과 구분되어 여성의 '자연스러운' 영역이 가정(home)으로 간주되는 방식을 보여 주었다. 이는 여러 방식으로 지속되고 있는 일종의 신화다. 도모시는 19세기 후반 뉴욕의 특정한 거리가 어떻게 '여성화'되었는지, 즉 옷과 보석을 진열한 상점이 어떻게 '여성화'되었는지 보여 준다(Domosh, 1989). 이러한 방식으로 뉴요커('남성')는 '사적인 것'을 공공의 영역으로 끌어들이고 여성의 존재를 더 받아들일 수 있게 만들었다. 인도에 대한 다양한 연구에서는 포스트식민주의 맥락에서 가정이 여성성과 민족주의에 대한 논쟁의 핵심적인 장소가 되는 방식을 탐구했다(Blunt, 1999; Gowans, 2003). 가령 레그는 여성들이 문화적 기대에 따라 가정에 갇혀 있는 동시에 집에서 공공 시위를 지원함으로써 인도 민족주의 운동에 참여할 수 있었다고 주장한다(Legg, 2003). 마지막으로 지리학자들은 공공장소에 대한 여성의 두려움을 연구하면서 공공장소는 '남성적'(사적이고 가정적인 공간은 '여성적')이라는 가정이 여성이 혼자 또는 밤에 외출하는 것에 대한 불안의 근간이라고 주장했다(Valentine, 1989).

여러 지리적 맥락에서 여성과 남성 간의 관계의 핵심인 배제, 지배, 저항의 형태에 초점을 맞추고 있다는 점에서 이 모든 연구가 관계적이라는 것은 분명하다. 이 장의 마지막 절에서 수행성을 논의할 때 이를 다시 살펴볼 것이다.

관계적 정체성, 특히 차이에 관한 연구의 중요한 시사점은 사람들 간의 상호작용이 배제와 주변화의 형태로 이어질 수 있다는 것이다. 위의 몇 가지 사례(특히 Box 8.2와 8.3)를 다시 살펴보면 서로 다른 정체성 집단이 상호작용할 때 사회적, 공간적 배제가 종종 발생한다는 것을 알 수 있다. 이는 지배 집단이 자신의 우위를 지속적으로 주장하기 위해 주변화의 과정에 관여하기 때문이다. '타자화'라고도 알려진 이 과정은 상대적으로 유사한 집단의 사람들이 자신이 생각하는 '표준'에서 벗어난 사람을 만날 때 발생한다. 흔히 외부자 또는 '타자'라 불리는 사람들은 자신을 '내부자'라고 생각하는 사람에게 도전한다(Crang, 1998). 이러한 도전, 즉 '타자성'은 외모(피부색이나 옷차림), 행동(몸짓이나 언어), 신념(종교적 또는 도덕적 관점)이 다르다는 데에서 비롯될 수 있다.

문화지리학자들은 '타자'를 배제하거나 주변화하는 과정에 많은 관심을 기울여 왔다. 무엇보다도 지리학자는 사회가 '적절한 것'과 '부적절한 것'을 정의하는 데 장소의 중요성을 중시해 왔다. 크레스웰의 저서에서는 특정 정체성과 그와 관련된 행동이 '제자리에서 벗어난(out of place)' 것으로 이해된다고 주장한다(Creswell, 1996). 이는 일상적인 행동 방식에서 조금 이상하거나 불편한 것을 설명할 때 자주 사용하는 용어다. 하지만 크레스웰의 연구는 '제자리(in place)'에 있는 사람들의 규범을 위반(훼손하거나 의문을 제기)하는 다양한 정체성 집단의 사례를 강조한다는 점에서 중요한 의미를 갖는다. 가령, 배제에 관한 다른 연구에서는 계획법과 사회적 편견이 영국 사회에서 집시(Gypsy), 로마니(Romany), 유랑자(Traveller) 커뮤니티의 위치를 어떻게 '제자리에서 벗어난' 것으로 만들고 강화했는지 살펴본 바 있다(Sibley, 1995; Holloway, 2003). 이 장의 몇 가지 사례를 다시 한번 살펴보고 '다른' 집단이 어떻게 '부적절한' 집단으로 정의되는지(때로는 그렇게 강요되는지) 생각해 보자(3장의 쇼핑몰 안의 젊은 사람들에 관한 사례도 참조할 것). 이 장의 마지막 부분에서는 '제자리에서 벗어난' 집단이 자신의 정체성을 주장하고 배제에 대처하기 위해 사용하는 범법적이거나 전복적인 행동을 살펴볼 것이다.

■ 인터넷 지리

1990년대 후반부터 많은 문화지리학자들이 (산발적이기는 하지만) 인터넷에 대한 연구에 참여해 왔다. 처음부터 이 작업이 월드와이드웹의 놀라운 속도, 복잡성 및 지리적 범위를 결코 따라잡지 못했다는 점을 관찰해야 한다. 흥미롭게도 다른 문화지리학 분야와 비교해 볼 때, 인터넷의 문화지리는 그 수가 매우 적다. 초창기의 에세이 모음집에서는 전화와 인터넷을 포함한 다양한 통신 기술이 어떻게 사회적 기대치를 재구성하고, 거리에 대한 인식을 변화시켰으며(Harvey, 1989에서 주장한 시간과 공간의 '압축'), 이 절에서 주장한 것처럼 정체성에 중요한 사회적 관계에 새로운 기회를 제공했는지 탐구하고자 했다(Crang et al., 1999).

그 이후로 다양한 연구가 사이버 공간을 둘러싼 선정주의적(sensationalist) 예측을 넘어서 인터넷이 어떻게 사회적 관계, 사회적 공간, 정체성을 생산하는 방식을 변화시키고 있는지 살펴보고자 노력해 왔다(Pickerill, 2003). 특히 실제 인터넷 사용에 관한 지리학자들의 연구는 기술이 항상 사람들의 관계의 방식을 근본적으로 바꾸지는 않는다는 점을 보여 주는 경향이 있다. 이에 대한 비 지리학자의 연구 중 좋은 사례로는 호드킨슨의 '고트족(goth)' 하위문화 구성원이 사용하는 온라인 소셜 포럼에 대한 연구다(Hodkinson, 2007). 이 연구에서 그는 고트족이 포럼을 단순히 기존의 사회 관계를 유지하기 위해 그리고 대면 환경에서도 보여 줄 수 있는 정체성을 표현할 수 있는 다소 '폐쇄적인' 공간으로 사용한다고 주장한다. 마찬가지로 학교 교실의 젠더 정체성에 관한 초창기의 주요 연구에 따르면, 여학생과 남학생의 인터넷 사용에서 만연한 (이성애적) 젠더 규범이 강화되는 경향이 있는 것으로 나타났다. 특히 (적어도 2000년대 초반에는) 영국 학교의 정보 기술(IT) 교육은 남학생에게 유리한 경향이 있었다(Holloway et al., 2000). 따라서 학교 정책을 통해 정보 기술에 대한 접근을 평등하게 하려는 시도에도 불구하고, 이러한 정책은 실제로 컴퓨터, 프로그래밍 및 소프트웨어(특히 게임)에 대한 남학생의 적성과 관심에 관한 젠더화된 가정을 강화하는 경향이 있었다.

젊은 층, 이 경우에는 대학생을 사례로 한 조사에 따르면 2009년 영국 학생의 약 95%가 소셜 네트워킹 사이트(당시에는 페이스북(Facebook)과 비보(BeBo) 등)를 사용하는 것으로 나타났다(Madge *et al.*, 2009). 이 사실은 그리 놀랍지 않을 것이다. 최근의 연구에서도 소셜 네트워킹 사이트가 학생들의 학습에 중요한 자원이 될 수 있다는 사실이 밝혀지긴 했지만, 학생들은 학습보다는 사회적 네트워크를 강화하기 위해 페이스북과 같은 사이트를 사용하는 경향이 있는 것으로 나타났다. 그러나 호드킨슨의 연구(Hodkinson, 2007)와는 달리 이 연구의 중요한 부분은 학생들이 대학 입학 전 페이스북 사용에 대해 이야기했다는 점이다(Madge *et al.*, 2009). 즉, 이들은 소셜 네트워킹 사이트가 기존의 관계를 어떻게 지원하는지 살펴보는 대신, 그 이후의 우정과 정체성에 끼치는 영향을 조사했다. 연구 참여 학생의 4분의 3 이상이 대학에 입학하기 전에 페이스북을 사용했으며, 가장 자주 사용하는 목적은 대학 입학 전 새로운 친구를 사귀거나 같은 기숙사에서 생활하게 될 학생과 연락하기 위해서였다. 동시에 학생들은 고향에 있는 기존 친구들과의 연락을 유지하기 위해 페이스북을 사용하기도 했다.

따라서 매지 등이 주장한 것처럼, 이는 인터넷 사용과 사회적 관계에 대한 복잡한 모습을 보여준다(Madge *et al.*, 2009). 한편으로는 대학에 입학해 처음 몇 주 동안 친구를 사귀는 전통적인 경험은 더 일찍 그리고 부분적으로는 온라인으로 옮겨가고 있다. 다른 한편, 페이스북은 학생들이 기존 친구들과 계속 연락을 유지함으로써 대학으로의 전환(그리고 '학생'이라는 정체성)이 이전보다 사회적 관계(그리고 정체성)를 덜 단절시킨다는 것을 의미한다. 물론, 여러분도 알다시피 페이스북 및 기타 소셜 네트워킹 사이트의 사용 방식은 매우 다양하기 때문에 자신의 경험이 이 연구 결과와 어떤 관련이 있는지 생각해 볼 수 있을 것이다. 중국인의 국가 정체성에 초점을 맞춘 젊은 층과 인터넷에 관한 매우 다른 사례 연구에 대해 읽어보려면 Box 8.4를 참조하면 된다.

인터넷이 사회운동과 활동가 정체성의 새로운 가능성을 제시할 수 있다는 주장도 있다('행동주의'에 대한 자세한 내용은 3장 참조). 마누엘 카스텔(Manuel Castells)은 인터넷이 사회운동과 정체성을 위해 세 가지 역할을 할 것이라고 주장했다(Castells, 2000). 즉, 인터넷은 시간이나 공간으로 분리되어 있던 다양한 사람들이 특정한 문화적 가치(예: 대안 종교)를 중심으로 모일 수 있도록 돕고, '실제' 공간과는 달리 자율적인 사회운동의 중요한 특징인 비계층적 사회조직의 기회를 제공하며, 자신의 지역(또는 국가) 문화에 뿌리를 두면서도 동시에 글로벌 수준에서 활동할 수 있도록 만들 수 있다는 것이다. 사회과학자들(예: Featherstone, 2008)은 사회운동과 시위 네트워크가 트랜스로컬적일 수 있음을, 다시 말해 서로 다른 공간 스케일에 있는 사람들을 연결해 어떻게 더 효과적으로 만들 수 있는지를 보여 준다(스케일에 대한 자세한 내용은 13장 참조).

그러나 환경 운동가의 인터넷 사용에 관한 피커릴의 연구에 따르면 새로운 기술은 카스텔이 예상

Box 8.4

 젊은이, 인터넷 사용과 중국의 국가 정체성

젊은이의 기술 사용, 특히 인터넷 사용에 관해 많은 논쟁이 있어 왔다. 탄탄한 연구를 바탕으로 젊은이가 실제로 인터넷을 사용하는 방식과 정체성 형성의 미묘한 차이를 지적한 연구도 있다(예: Holloway et al., 2000; Hodkinson, 2007; Madge et al., 2009). 가령, 수 팔머(Sue Palmer)의 저서에는 인터넷 기술이 문자 그대로, 혹은 은유적으로 젊은 사람을 '중독'시키는 유해한 어린 시절(toxic childhood)을 만들어낸다고 비난하는 등 더 선정적인 논평도 있다(Palmer, 2007). 마찬가지로 2011년에 이른바 '아랍의 봄'과 영국의 여름 폭동 등 여러 나라에서 폭동과 봉기가 일어났던 것을 기억할 것이다. 이러한 폭동의 배후에는 복잡한 이유가 있었음에도 젊은 사람과 그들의 소셜 네트워킹 사이트 사용이 폭동을 선동했다는 비난을 받기도 했다.

이러한 차이에도 불구하고, 논쟁의 상당수가 영국과 미국 등 영어권 국가와 그 주변에서 벌어지고 있다는 점도 주목할 만하다. 이는 필연적으로 젊은 사람들 사이에서 매우 구체적인 종류의 정체성과 사회적 관계에 대해 듣게 된다는 것을 의미한다. 이는 사람들, 특히 젊은이가 다른 맥락에서 온라인에서의 자신의 정체성을 어떻게 만들어내고 사용하는지 의문을 제기한다.

리우의 연구는 중국 대학생의 인터넷 사용을 조사했다(Liu, 2012). 이 연구는 다른 지역과 마찬가지로 중국의 젊은이들이 정치적으로 무관심하다는 점을 지적하는 것으로 시작한다. 하지만 이들의 온라인 소셜 네트워크를 살펴보면 이러한 통념은 깨지게 된다. 오히려 대학생이 '민족주의적 열정'이라는 '새로운 정치'에 참여하고 있다는 사실이 드러났다(Liu, 2012: 53). 가령, 2008년 올림픽과 중국의 티베트 정책을 둘러싼 중국 외부의 반중 발언 이후 대중 사이에서 민족주의가 급증했다. 중요한 것은 중국 정부가 정치적 열정을 표출하는 것을 억압하는 경향이 있기 때문에, 인터넷이 중국인의 정체성 표현을 활성화하는 주요 통로가 되었다는 점이다. 2008년 인터넷 사용자의 상당수가 교육을 받은 젊은 중국인(주로 학생)이었다는 점에서 이러한 현상은 더욱 두드러졌다.

다음과 같이 뉴스 네트워크 CNN이 중국에 대해 부정적으로 표현한 이후 많은 학생이 온라인에 접속하게 되었다. 두 학생의 말을 빌리면,

저는 너무 화가 났어요. CNN과 달라이(Dalai), 서구에 의해 국가의 존엄성이 모욕당했어요. 미국으로 대표되는 서구는 중국이 강해지는 걸 두려워하고 있습니다. 그들은 우리를 방해할 수 있는 모든 기회를 잡을 거예요… 우리 중국인은 과거에 너무나도 많은 고통을 겪어왔습니다. 이제는 중국이 강해질 때입니다. 저는 중국인을 응원하기 위해 게시판에 많은 글을 올렸어요.

–학생, Liu, 2012: 60에서 인용

중국인은 오랫동안 단결[tuanjie]하지 못했어요. 개혁이 시작된 이래로 사람들은 분열되어 왔죠. 모두 경쟁적인 시장 경제에서 사적 이익에 집착해 왔습니다. 우리를 단결하게 해 준 반중 세력에게 감사해야 합니다. 그들이 반대할수록 우리는 더 단결할 수 있습니다. 이는 우리 중국인에게 큰 용기를 주었어요. 티베트가 국가라고 주장하기 전에 중국 역사부터 공부해야 합니다. 말도 안되는 소리죠!

학생, Liu, 2012: 61에서 인용

위와 같은 사례는 인터넷이 매우 특별한 방식으로 정체성 구성의 핵심 요소가 될 수 있음을 보여 준다. 다른 연구들과는 달리, 여기서는 영어권 학자들이 더 많은 관심을 가졌던 인터넷(하위문화; 3장 참조)보다는 국가 정체성과 관련해 인터넷이 사용되었다는 점을 지적했다는 것이 특히 중요하다. 소셜 네트워크 사이트가 없었다면 중국의 상황에서 새로운 정치적 열정을 동원하는 것은 어려웠을 것이다. 그러나 동시에 인터넷은 젊은이들이 이미 느끼고 있던 분노(와 민족주의적 정체성)를 표출

하는 단순한 출구 역할도 했다. 따라서 정체성과 인터넷의 관계는 기껏해야 복잡하고 재귀적(recursive)이라고 말할 수 있다. 다시 말해, 인터넷은 우리가 만들어내는 정체성이나 이를 뒷받침하는 사회적 관계에 대한 인과적 힘은 없지만(Pickerill, 2003), 그런 과정을 위한 중요한 도구 또는 암호(cipher)가 될 수는 있다.

했던 것만큼 활동가에게 큰 변화를 일으키지는 못하고 있었다(Pickerill, 2003). 특히 그녀는 많은 환경 운동가 집단(예: 지구의 벗과 어스 퍼스트!)이 이미 비계층적으로 조직되어 있으며, 이미 '글로벌하게 생각하되 로컬적으로 행동한다'는 아이디어에 투자하고 있다고 주장한다. 인터넷 기술과 소셜 미디어는 기존에 존재하던 사회적 관계를 더욱 밀도 있게 혹은 다른 방식으로 발전시켰을 뿐이다. 이러한 관찰을 통해 그녀는 활동가의 '정체성'에 관한 함의는 그렇게 간단하지 않다고 주장한다. 다른 한편, 그녀는 (카스텔의 주장대로) 일부 활동가 집단의 경우 온라인 포럼이 연대의 표현과 특정한 환경적 문화적 가치에 관한 집단 정체성 확립의 핵심적인 장소라는 사실을 발견했다. 그러나 '지구의 벗'과 같이 더 크고 확고한 단체의 경우, 인터넷이 회원들의 정체성에 끼치는 영향은 미미했으며, 인터넷은 업무를 더 효율적으로 처리하기 위한 단순한 통로의 역할을 했다.

이 장의 내용을 요약하자면, 최근 발표된 나이의 지리(geographies of age)에 관한 논문을 살펴보는 것이 도움이 될 것이다. 이 논문에서 홉킨스와 페인은 정체성과 차이의 관계 지리를 통해 얻을 수 있는 몇 가지 이점을 명확하게 설명한다 (Hopkins and Pain, 2007). 여기서 두 가지 중요한 우려가 눈에 띈다. 앞으로 보게 되겠지만, 지리학자들이 이 두 가지 우려에 대해 명확한 답을 내리기에는 아직 멀었다!

- 차이에 관한 지리적 연구는 사회의 주변부에 있는 사회 집단에 초점을 맞추는 경향이 있다. 과거에는 지리학자들이 백인, 중산층, 중년, 이성애자 남성의 입장을 가정하는 경향이 있었지만, 오늘날에는 다른 집단을 비판적으로 탐구해 그들의 경험을 중시하는 연구가 이루어지고 있다는 주장이다. 이 장에서 주장하고자 했던 것처럼 이는 좋은 일이다. 그러나 문제는 남성성에 대한 연구와 같은 몇 가지 예외를 제외하면 비판지리학 연구에서 '중심부(centre)'가 여전히 소외되어 있다는 점이다(McDowell, 2003). 따라서 "지리학자들은 여전히 주변부를 물신화하고 중심부를 무시하는 전통에서 벗어나야" 한다(Hopkins and Pain, 2007: 287). 중심부는 자세한 연구에서 벗어난 채로 그대로 남아 있다. 즉 관계론적 접근은 사회의 중심부와 주변부를 연구하는 것이지만, 이 연구와 관련해서는 아직 해야 할 일이 많이 남아 있다.

- '중심부'의 문제를 해결하는 한 가지 방법은 세대 간 연구 및 교차 연구를 수행하는 것이다 (Hopkins and Pain, 2007: 288-289). 이는 "집단 간의… 관계와 상호작용"을 말한다(Hopkins and Pain, 2007: 288). 가령, 연령에 기반한 정체성은 단순히 개인의 '젊음'(또는 젊지 않음)의 결

과물이 아니다. 오히려 젊음에 대한 이해는 항상 비교를 통해 이루어진다. 또한 다양한 세대 간의 상호작용은 기대치, 행동, 복장, 취향 등의 측면에서 차이점(및 유사점)을 부각시키는 경향이 있다. 이러한 차이점, 즉 정체성을 만드는 특징은 상호작용이나 관계 속에서만 드러난다. 하지만 앞서 언급한 바와 같이, 나이, 섹슈얼리티, 계급, 인종 등 정체성을 구성하는 관계의 종류에 대해서는 아직 해야 할 일이 많이 남아 있다.

8.6 정체성의 수행성

Box 8.1의 호주 사례 연구로 잠시 돌아가 보면, 호주 이민 정책에 대한 해석 중 하나가 정체성의 수행성에 초점을 맞춘 것을 확인할 수 있다. 이 절에서는 이 아이디어를 확장하고자 한다. 이를 통해 자신의 정체성을 되돌아봄으로써 매우 당연해 보일 수 있는 정체성에 관한 네 가지 주장을 제시하고자 한다. 첫째, 자신을 표현하는 방식(옷차림, 매너, 습관)은 다른 사람과의 관계에서 그리고 일반적인 사회 규범과 관련해 정체성을 구성하는 핵심적인 부분이다(12장의 신체에 관한 내용도 참조할 것). 둘째, 앞서 설명한 정체성의 사회적 구성은 이러한 종류의 수행적 행위를 통해 달성된다. 셋째, 지배적인 집단에 의해 주로 수행되는 정체성과 관련해 행동과 실험은 소외된 집단이 자신의 정체성을 위한 공간을 만들 수 있는 중요한 방법이 될 수 있다는 점이다. 넷째, 공간에 대한 가정과 그 안에서 행동하는 방식은 일반적으로 '수용 가능한'(또는 수용 불가능한) 것으로 간주되는 것을 '코딩

(code)'하는 데 도움이 된다.

먼저, 사람들이 행동하는 방식이 정체성에 어떤 영향을 끼치는지 생각해 볼 것이다. 7장에서 언급했듯이 사회학자 어빙 고프먼은 사람들이 서로 다른 맥락에서 수행하는 역할에 초점을 맞춰 통찰력 있는 설명을 제공했으며, 장소에 따라 사람들이 다른 사람에게 다른 인상을 남기기 위해 다르게 행동한다고 주장했다. 이것이 수행성에 대한 설명의 첫 번째 부분이다(비록 고프먼이 실제로 이렇게 부른 것은 아니라도 말이다).

둘째, 위에서 언급한 수행과 제스처를 통해 사회적 구성이 어떻게 이루어지고 있는지를 강조하고자 한다. 페미니스트 철학자 주디스 버틀러(Judith Butler)는 고프만의 본질주의적 범주 사용에 대해 매우 비판적이지만, 수행성이라는 개념을 개발했다는 점에서 주목할 만하다. 그녀의 연구는 젠더에 초점을 맞춰 정체성의 사회적 구성을 이해하는 특별한 방법을 발전시켰다. 그렉슨과 로즈는 "버틀러의 프로젝트는 두 개의 신체[남성과 여성], 두 개의 젠더가 있으며 이성애가 그들 사이의 필연적인 관계라고 가정하는 성별, 젠더, 섹슈얼리티에 대한 지배적인 이해를 무너뜨리는 것이다."라고 말한다(Gregson and Rose, 2000: 437). 버틀러의 이해에 따르면 젠더 정체성은 본질적인 것이 아니라 담론을 통해서만 유지되는 허구다(담론에 대한 자세한 내용은 2장과 6장 참조). 여기서 담론이란 각각의 젠더가 무엇으로 구성되어야 하는지, 특히 신체가 어떻게 생겨야 하는지에 대한 기대를 구성하는 가장 일반적인(그러나 보편적이거나 자연스러운 것은 아닌) 언어와 도덕적 규범을 말한다(주디스 버틀러의 신체에 관한 자세한 내용은 12장 참조).

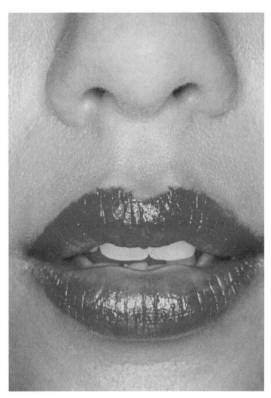

사진 8.3 화장을 한 여성. 이 이미지는 더 '아름답게' 보이기 위한 선택(그러나 아름다움은 누가 정의하는가?), 여성성에 대한 남성의 기대에 부응하기 위한 화장, 레즈비언 정체성의 일부로 지나치게 여성적인 속성을 드러내는 자칭 '립스틱 레즈비언'의 '일탈적 예술' 자화상(그리고 사실 여성의 섹슈얼리티에 대한 남성의 기대를 패러디하고 있는 것)으로 읽힐 수 있다.
출처: Alamy Images/Corbis Super RF

이러한 조작은 여러 가지 이유로 유지될 수 있으며, 사회의 지배적인 구성과 남성이 여성에 대해 갖는 권력의 지위를 유지하거나 전복시킬 수도 있다(사진 8.3). 이는 이제 사회적 구성과 관련한 익숙한 주장이지만(Box 8.3), 신체가 무엇을 하고, 어떻게 보이는지, 특히 담론에 의해 어떻게 만들어지는지에 초점을 맞춘 아이디어의 구체적인 버전이다.

버틀러는 '드래그(drag)'(크로스 드레싱의 한 형태)의 예가 젠더 담론을 단순한 날조로서 불안정하게 만들거나 폭로한다고 주장한다. 사실상 모든 행위, 제스처 또는 대화는 젠더화된 것이며(고프먼이 말하는 대부분의 행위가 여기에 해당할 수 있다), 양식화되어 있다. 젠더 '규범'에 따라 행동한다는 것은 그러한 젠더 규범의 캐리커처를 실제 수행하는 것과 마찬가지다. 따라서 버틀러의 공헌은 첫째, 사회적 구성으로서의 젠더를 드러내고, 둘째, 특정 종류의 수행이 겉보기에는 안정적인 젠더 구조의 토대를 어떻게 강화하거나 약화시킬 수 있는지 보여 주었다는 점이다. 버틀러의 연구는 실제 사례를 거의 사용하지 않았고 공간의 중요성을 무시했다는 비판을 받아왔다(Thrift and Dewsbury, 2000). 그럼에도 여러 문화지리학자는 경험 연구를 통해 버틀러의 작업을 발전시켰다. Box 8.5에서 몇 가지 사례를 살펴보자.

셋째, Box 8.5에서도 강조했듯이, 문화지리학자들은 (종종 주변화된) 집단이 어떻게 특정한 수행을 발전시켜 지배적인 아이디어에 도전하거나 그것을 전복시킬 수 있는지를 보여 주고자 했다. 문화지리학자들이 젠더와 같은 지배적인 정체성 담론이 만들어내는 배제와 주변화를 비판하는 데 큰 관심을 가지고 있다는 점에서 이 분야의 연구 범위는 매우 넓다. 3장에서는 하위문화의 수행적 소비 실천, 즉 "특정한 관심사와 실천, 그들이 무엇이고, 무엇을 하고, 어디에서 하는지를 통해 어떤 식으로든 비규범적이거나 주변적인 것으로 재현되는 사람들의 집단"(Gelder, 2005: 1)을 강조했다. 이들은 행동주의의 수행도 탐구하기 시작했다. 행동주의는 다양한 형태를 취할 수 있으며 시위, 집회, 직접 행동(사보타주 등), 축제나 임시 캠프와 같은 이벤트를 포함한다(Brown and Pickerill, 2009).

Box 8.5

문화지리학에서의 수행성

수행성의 개념은 젠더와 섹슈얼리티를 포함한 정체성이 어떻게 실천을 통해 만들어지는지를 강조한다. 수행은 규범과 사회적 코드를 강화하기 위해 반복되는 양식화된 행위인 경우가 많다(Butler, 1990b). 버틀러의 연구는 지리학자에 의해 여러 방식으로 활용되어 왔으며, 이 Box에서는 그중 두 가지만 강조하고자 한다.

첫째, 몇몇 지리학자는 젠더 수행에서 공간의 역할을 강조한다. 가령, 롱허스트는 뉴질랜드 웰링턴의 한 공공장소에서 임산부를 대상으로 열린 비키니 콘테스트를 탐구한다(Longhurst, 2000). 그녀는 사회가 임산부에게 정숙하고 겸손해야 하며 '가려야(cover up)' 한다는 등 특정 방식으로 행동할 것을 기대한다고 주장한다. 버틀러는 이러한 행동이 시간이 지남에 따라 강화되면서 자연스러워 보인다고 주장한다. 롱허스트는 비키니 콘테스트가 웰링턴 주변의 공공장소에서 임산부의 신체를 거의 알몸으로 노출하는 것과 어떤 관계가 있는지 보여 준다. 임산부는 공공장소에서 '부끄러움' 없이 자신의 몸을 과시하는 '태도'로 행동함으로써 사회가 임산부의 행동에 대해 갖는 기대치를 일시적으로 불안정하게 만들었다.

두 번째 연구 갈래는 일(work)의 수행 지리에 초점을 맞췄다. 터너와 맨더슨은 대형 로펌이 브랜드 홍보를 위해 주최하는 사교 행사에서 캐나다 법대생이라는 엘리트 집단이 어떻게 변호사를 '연기'하는지 보여 준다(Turner and Manderson, 2007). 즉 실제로 '일'을 하지는 않지만, 이 학생들은 유명한 변호사가 되기 위해 필요한 의식, 대화, 소셜 네트워킹 기술을 배우기 시작하고, 로펌에 입사했을 때 해당 직군에서 인정받을 수 있는 능력을 갖추게 된다.

이와는 매우 다른 맥락에서 블루먼은 이스라엘의 출퇴근 일상을 탐구한다(Blumen, 2007). 그녀는 출근하는 사람과 그렇지 않은 사람 간의 차이를 탐구한다. 전자의 경우(일하는 사람), 그녀는 대중교통 시스템, 경로, 일과, 출근 준비 상태임을 알리는 '적절한' 복장 등 도시 경관을 통해 출근이라는 일상이 어떻게 수행되는지 보여 준다. 후자(일하지 않는 사람)의 경우, 무급으로 종교 공부를 하는 초정통주의(ultra-Orthodox) 유대인 남성에 초점을 맞춘다. 눈에 띄는 외모(어두운 색의 구식 옷을 입음)와 유급 노동을 위해 출퇴근하지 않는다는 사실로 인해 그들은 이스라엘의 공공장소에서, 특히 아침과 저녁 출퇴근 시간에 '타자'로 보인다. 블루먼은 공공 공간에서 두 집단의 병치를 강조하면서 유대인의 정체성에 대한 두 가지 대조적인 개념('현대적' 그리고 '초정통주의적')이 동시에 어떻게 작용하고 있는지 보여 준다. 따라서 일의 경관과 그 안에서 펼쳐지는 대안적인 수행은 유대인의 정체성을 둘러싼 투쟁이 펼쳐지는 핵심적인 장소다.

가령, 브라운은 시위 및 활동가 네트워크에서 급진적인 형태의 퀴어 행동주의를 탐구한다(Brown, 2007). 그는 '주류' 동성애자 인권 운동이 상업적 이해관계와 전문직 중산층의 이해관계와 어떻게 결합하게 되었는지 보여 준다. 티켓으로만 입장할 수 있고 울타리가 쳐진 공간에서 열리는 (이제는 주류가 된) 런던의 '게이 프라이드' 행진에서 계급의 수행성을 패러디하기 위해 활동가들은 가짜 '보안' 경비원과 함께 작고 울퉁불퉁한 울타리 뒤에 가짜 'VIP 구역(enclosure)'을 만들었다. 이 외에도 문화지리학자들은 걷기에서 행위 예술에 이르기까지 도시에서의 창의적인 예술 실천을 탐구했다(2장의 문화 공간 생산하기와 7장의 행위 예술과 일상 공간에서 걷기를 참조할 것). 이러한 실천은 참여자들이 도시 공간을 조직하는 지배적인(종종 자본주의적인) 방식에 대한 대안적인 '비전'을 상상할 수 있게 해 준다고 주장한다.

넷째, 지리학자들은 공간이 특정 방식으로 '규범화'되어 특정 종류의 수행은 허용되는 반면, 다른 종류의 수행은 허용되지 않는 경향이 있다고 주장해 왔다. 문화지리 분야에서는 주로 섹슈얼리티에 관해 글을 쓰는 '퀴어 이론가들'이 이러한 논쟁의 최전선에 서 있다. 섹슈얼리티에 관한 초창기 지리학 연구는 '이성애'로 규범화되는 경향이 있는 공간에서 자신을 게이 또는 레즈비언으로 정체화한 사람들의 경험을 이해하고자 했다(Oswin, 2008). 크레스웰의 용어를 빌리자면, 그들은 '제자리에서 벗어난' 신체인 것처럼 느꼈다(Creswell, 1996). 따라서 지리학자들은 공간이 본질적으로 이성애적이지 않으며, 거주하기 전에 공간에 미리 주어진 섹슈얼리티에 대한 자연스러운 가정 같은 것은 존재하지 않는다는 사실에 주목했다. 이들은 정체성과 마찬가지로 공간도 미리 주어져 있고 자연스러운 것이라는 생각을 비판했다. 이 장의 앞부분의 본질주의적 접근 방식에 대한 비판을 참조하라.

대신, 벨과 밸런타인이 주장하듯이, 현대 사회 공간은 공공장소에서 '적절한' 애정 행각을 단속하고, 주로 이성애 중심인 광고 등을 통해 "자연스럽게 이성애적인 공간으로 생산되어 왔다"고 할 수 있다(Bell and Valentine, 1995: 18). 이는 13장에서도 자세히 살펴볼 공간 생산의 한 예다. 문화지리학자들은 이러한 통찰을 바탕으로 어떻게 다양한 하위문화 집단이 자신의 정체성을 더욱 편안하게 표현할 수 있는 공간을 개척하는지 탐구해 왔

다. 앞서 언급한 사례 중 브라운의 경우는 활동가들이 일시적으로 이성애 공간을 점거하거나 행진함으로써 이성애 공간(그리고 동성애의 규범적 유형에 대한 광범위한 사회적 기대)을 점유하고 저항하며 파열시키는 방식을 탐구한다(Brown, 2007). 클럽, 바, 사적 공간 등 '분리주의(separatist)' 공간에서 게이, 레즈비언 또는 양성애자의 경험을 탐구하는 경우도 있다.

가령, 미국 미시간 여성 음악 축제(Michigan Womyn's Music Festival)*에 관한 브라운의 연구는 시골에 있는 이 축제가 참가자에게 거의 유토피아적인 가능성을 제공한 방식에 대해 살펴본다(Browne, 2009). 특히 이 축제는 시골에 있다는 이유로 레즈비언 여성이 도시의 거리와 같은 '일상적인'(이성애 중심) 도시 공간에서는 할 수 없는 정체성 표현을 실험해 볼 수 있는 기회를 제공했다. 그러나 브라운은 축제가 열리는 장소가 시골이기 때문에 일부 여성은 여성에 대한 규범적 관념에서 완전히 벗어날 수 없었다고 주장하는데, 이는 '여성으로 태어난 여성(womyn-born-womyn)'(즉, '남성'으로 태어난 트랜스젠더 여성은 안 됨)만 참가할 수 있다는 입장 정책 때문이었다.

브라운의 마지막 요점은 정체성이 수행될 때 복잡하고 역동적이며 교차적인 특성에 주의를 기울이는 것이 중요하다는 점을 다시 한번 강조한다.

---

* Womyn이라는 용어는 일부 페미니스트들이 사용하는 여성(women)과 관련된 여러 대체 단어 중 하나다. 접미사 '-men'이나 '-man'의 사용을 피하기 위해 대체적인 철자를 사용하는 페미니스트들은, 이런 방식이 여성의 독립성을 표현하고 남성적 규범에 따라 여성을 정의하는 전통을 거부하는 것이라고 여긴다. 최근에는 트랜스젠더 여성, 넌바이너리 여성, 인터섹스 여성, 퀴어 여성, 유색인종 여성을 전면에 내세우는 교차적 페미니스트들에 의해 womxn이라는 용어가 사용되기도 한다.

이는 8.5절의 마지막 부분에서 고려했던 내용이다. 미시간 여성 음악 축제의 사례에서 이 점이 중요한데, '여성(woman)'과 같이 겉으로 보기에 단일한 정체성의 범주는 사실 복잡하고 경합적이며 사람마다 매우 다른 의미를 갖는 경우가 많고, 현재 진행형인 사회적 구성물이기 때문이다. 특히 브라운의 연구는 축제 입장 정책에 대한 지속적인 논쟁 속에서 '여성(woman)'이 무엇인지, 또는 무엇이 되어야 하는지에 관한 상당한 불확실성을 특징으로 하는 '여성(women)'이라는 하나의 정체성 범주에 관련된 분리주의적 공간을 살펴본다는 점에서 더욱 주목할 만하다.

교차성을 좀 더 폭넓게 고려할 때, 문화지리학자들은 특정한 종류의 성적 정체성(sexual identity)에 초점을 맞추는 경향이 있다. 브라운이 지적했듯이, 게이 남성에 대한 연구의 대부분은 상대적으로 규범적인 게이 정체성에 초점을 맞추는 경향이 있기 때문에 다양한 게이 공간과 경제를 무시하는 결과를 초래했다(Brown, 2009). 또한 브라운은 문화지리학자들이 섹슈얼리티와 인종 간의 교차점보다 섹슈얼리티와 사회 경제적 계급 간의 교차점을 훨씬 더 자세히 탐구해 온 점에 주목했다(Brown, 2012).

8.7 결론

앞 절의 마지막 부분에서 논의한 섹슈얼리티에 대한 연구뿐만 아니라 다양한 종류의 정체성 연구에서도 정체성이 어떻게 수행되는 것인지에 대해 탐구해야 할 것들이 많이 남아 있다. 따라서 브라운의 비판은 문화지리학자들이 연구하고자 하는 대부분의 정체성 집단에 유효한 것이다(Brown, 2009; 2012).

이는 여러분이 정체성의 문화지리를 스스로 성찰하는 계기가 될 것이다. 사람들이 특정 공간에서 지배적인 법이나 도덕률에 저항하기 위해 자신의 정체성을 활용하는 다양한 사례를 생각해 볼 수 있을 것이다. 특정한 사회 집단의 권리를 증진하기 위한 집회에 참여나 목격한 적이 있을 수 있다. 본인 또는 지인이 대안적인 정치 메시지를 홍보하는 스타일의 음악을 듣고 있을 수도 있다. 세계화, 소비자 자본주의, 여타 지배적인 문화 경제적 권력에 도전하거나 전복하려는 시도를 피하려고 할 수도 있다. 또 이 장의 서두에서 제안한 것처럼 자신의 정체성을 생각해 볼 때 이 장에서 다루지 않은 다양한 정체성의 형태와 수행이 서로 어떻게 교차하는지에 대한 고민에 사로잡혀 있을 수 있다.

하지만 여기서 중요한 것은 단순히 흐름을 따라가고 있고, 자신의 정체성이 주류 집단의 정체성을 반영한다고 느끼더라도 정체성은 결코 고정되어 있지 않으며, 정체성을 유지하기 위해서는 다양한 형태의 수행이 필요하다는 점이다. 다시 한번 강조하지만, 키스와 파일이 제안한 것처럼 공간과 공간성이 중요한 이유는 적어도 일부 현상학자들에게 있어 공간과 공간성이 없다면 인간의 행위, 즉 인간의 정체성이라는 것이 성립할 수 없기 때문이다(Keith and Pile, 1993; 13장 참조). 다소 진부하게 들릴 수 있지만, 이 장에서는 문화지리학자들이 본질주의, 사회구성주의, 관계적 및 수행적 렌즈를 통해 정체성의 수행이 항상 공간에서 일어나고, 장소를 만드는 데 도움이 된다는 것을 보여 주었다고 설명했다. 독재자나 중앙 정부, 하위문화 및 활동가 집단이 의도적으로 '주류' 또는 '대안' 공간을 만들면서 장소 만들기의 좀 더 명백한 사례를 제공할 수도 있다. 그러나 로리어와 파일로가 보여주었듯이, 정체성의 '가장 작은' 표현조차도 사회적, 공간적 관계의 핵심이다(Laurier and Philo, 2006a; 7장의 일상생활의 수행을 참조할 것). 이러한 정체성의 표현은 카페, 통학로, 공공 장소와 같은 공간을 계속 유지하게 하거나, 오히려 혼란을 야기할 수 있는 요소일 수 있다. 정체성이 사회적 공간의 전부이자 끝은 아니다. 그러나 문화지리학자들은 제자리에 '있거나' '없는' 사람이나 장소를 가정하는 것이 자연스러워 보이지만, 대개 사회적으로 구성되고 관계적이며 복잡하고 역동적이며 수행되는 정체성의 표현에 의존하는 경향이 있음을 보여 주었다.

요약

- 정체성은 복잡하고 경합적인 것이다. 그러나 정체성은 정체성의 '공간성', 즉 사람들이 개인 또는 집단의 정체성을 형성하고 경험할 때 사회와 공간이 어떻게 항상 융합되는지 살펴봐야만 제대로 이해할 수 있다.
- (젠더나 민족과 같은) 본질주의 범주는 정체성의 구성 요소로 이해될 수 있다. 그러나 이런 범주는 '자연스러운' 분류가 아니라는 점을 기억하는 것이 중요하다. 문화지리학자들은 본질주의 범주에 비판적인데, 이는 이러한 범주의 사용이 시간과 공간에 따라 달라지기 때문이다.
- 정체성은 본질적이라기보다는, 거의 항상 사회적으로 구성되는 것이다. 즉, 어린 시절과 같은 사회 범주는 주로 특정한 사회적 역할을 수행하기 위한 발명품이다. 종종 정체성은 지배 집단에 의해 주변 집단을 통제하고 동화시키거나 심지어는 배제하기 위해 만들어진다. 종종 배제는 공간적 형태를 취한다(예: 공공장소에서 누가 제자리에 '있고' 누가 제자리에서 '벗어났는지'에 대한 논쟁에서).
- 정체성은 관계적이다. 개인이나 집단의 정체성에 대해 다른 개인이나 집단과 비교하지 않고 생각하는 것은 (거의) 불가능하다. 종종 정체성에 대한 경험과 재현은 집단들이 서로 상호작용할 때 가장 분명하게 드러난다.
- 정체성은 수행적이다. 정체성은 말하고, 움직이고, 몸짓을 하고, 출퇴근하고, 옷을 입고, 놀이를 하는 신체에 의해 만들어진다. 사람들의 정체성 수행은 공공장소나 그 공간에서의 젠더 역할에 대한 지배적인 역할을 강화하기도 한다.
- 그러나 지리학자들은 사람들이 창의적인 수행을 통해 지배적인 정치 세력에 저항하거나 전복할 수 있는 대안적인 공간을 만드는 방식에 점점 더 많은 관심을 갖게 되었다.

핵심 읽을거리

Cloke, P., Crang, P. and Goodwin, M. (2005) *Introducing Human Geographies*, Hodder Arnold, London.
피터 잭슨과 세라 홀러웨이가 쓴 장은 정체성에 대해 읽기 쉽게 소개하고 있다. 또한 이 책은 '자아와 타아', '남성성과 여성성'에 대한 장 등 위에서 사용한 주요 용어에 대한 설명으로도 확장된다.

Duncan, J., Johnson, N. and Schein, R. (eds) (2004) *A Companion to Cultural Geography*, Blackwell, Oxford.
4부(문화와 정체성)에서는 민족주의, 인종, 계급, 섹슈얼리티 등 다양한 종류의 정체성에 대해 더욱 상세하고 이론적으로 복잡한 논의를 펼친다. 모든 장에는 자세한 참고 문헌이 포함되어 정체성을 더 깊이 탐구하고자 하는 경우 읽기의 방향을 잡는 데 도움이 될 것이다.

Sarup, M. (1996) *Identity, Culture and the Postmodern World*, Edinburgh University Press, Edinburgh.
엄밀하게 말해 문화지리학 책은 아니지만, 이 장에서 사용된 여러 주요 용어를 소개하는 입문서로 읽을 수 있다. 특히 1장, 2장, 10장, 12장에서는 정체성이 지리적으로 만들어지고 경험되는 방식에 특히 관심이 많다. 또한 이 장에서 다루지 않은 정체성과 관련한 개념들도 소개한다.

문화지리학자를 위한 핵심 개념

1장에서는 문화지리 연구가 중요한 세 가지 이유를 살펴보았다.

• 문화지리학자는 문화 과정과 그 복잡한 지리와 정치에 대한 연구를 수행한다.
• 문화지리학은 모든 종류의 공간과 지리적 맥락에서 문화 대상, 미디어, 텍스트 및 재현의 중요성을 탐구한다.
• 문화지리학자는 새로운 사회 문화 이론을 접하

고 그것이 인문지리학자에게 중요한 이유 등을 성찰한다.

3부에서는 위의 주제 중 세 번째를 다룬다. 1장에서 언급했듯이 문화지리학자들은 인문지리학에서 가장 개념적으로 모험적인 연구를 수행해 왔다. 그들의 작업에는 종종 현대 사회 및 문화 이론의 전위성에 대한 탐구와 참여가 포함되었다. 9-13장에서는 문화지리학자들이 상당한 관심을 가졌고, 1부와 2부에서 다룬 문화 과정, 정치, 현상의 종류를 이해하기 위해 매우 중요하게 고려해야 한다고 주장하는 몇 가지 핵심 개념을 소개한다. 다음 장들은 각 개념에 대한 독립적인 소개로 읽을 수 있다. 이 장들이 각각의 개념을 이해하는 '길잡이'가 될 수 있기를 바란다. 그러나 3부의 내용은 총체적으로 일종의 개념적 지형, 즉 모든 문화 지

237

형의 복잡하고 일상적이며 물질적, 정서적, 신체적, 공간적 특성에 진지하게 주의를 기울여야 하는 일련의 상호 연관된 개념으로 이해할 수 있다. 현대의 비재현, 페미니즘, 행위자-네트워크 이론에서 파생된 특정 개념들이 지리학자의 작업에 깊은 영향을 끼쳤다는 점은 분명해질 것이다. 그러나 이러한 개념에 대한 지지를 끌어내려는 의도는 없으며, 대신 각 개념을 신중하고 비판적으로 성찰하고 다음 장들에서 논의되는 아이디어와 관련해 여러분의 의견을 정리해 보기 바란다.

9장에서는 문화지리 연구에서 일상 공간, 실천, 사건의 중요성을 살펴본다. 특히 일상성을 재현하고 글을 쓰는 데 따르는 어려움을 강조하고, 이러한 문제를 반영한 비재현이론이라는 지리학 연구를 소개한다. 10장에서는 문화지리학에서 물질적 대상의 중요성을 인식한다. 마르크스주의 유물론, 물질문화, 행위자-네트워크 이론의 개념을 통해 물질적 대상에 접근하는 몇 가지 영향력 있는 방법을 소개한다. 또한 문화 생산(2장 참조), 소비(3장 참조), 특히 문화 과정 간의 연관성(3.5절 참조)에 관심이 있는 지리학자에게는 '물건을 따라가는 (followed the thing)' 지리학자들의 작업을 추천한다. 11장과 12장에서는 모든 인문지리가 감정-정동적(emotional-affective)이고 신체적이라는 사실을 인식한 주요 지리학 연구를 살펴본다. 인간이 감정적이고 신체를 가지고 있다는 것은 당연해 보이지만, 역사적으로 보면 지리학자들이 이러한 인간 생활의 특성을 간과하는 경향이 압도적으로 많

았다는 점에 주목한다. 그런 다음 모든 문화 과정과 지리의 신체적, 감정적-정동적 측면을 인정할 것을 요구하는 지리학과 사회학의 연구를 살펴본다. 마지막으로 13장에서는 공간과 장소의 개념을 살펴본다. 이 용어는 인문지리학의 핵심이며, 여기서는 문화 과정과 지리의 공간성을 탐구하는 것이 중요한 이유를 요약한다. 그리고 1부와 2부에서 논의한 문화적 이슈, 과정, 현상에 대한 지리적 접근의 가치를 다시 한번 강조한다. 여기서 여러분의 관심을 불러일으키고, 여러 개념 중 몇 가지를 더 자세하게 탐구하도록 유도하는 무언가를 발견하기를 바란다. 실제로 문화지리학의 개념적으로 모험적, 실험적 정신은 저자들이 이 학문 분야를 좋아하는 이유 중 하나다.

- 이 절에서 설명하는 많은 개념이 다소 논란의 여지가 있다는 점에 주목할 필요가 있다. 이 개념들은 문화지리학자들이 중요하게 여기지만, 다른 지리학자들은 그 가치와 유용성에 대해 매우 다른 생각을 가지고 있을 수 있다. 여러 지리학 교수자들에게 감정과 신체의 지리에 대해 어떻게 생각하는지 물어보는 것은 흥미로울 것이다. 그들은 어떤 식으로든 강한 의견을 가지고 있을 가능성이 높다.
- 이 책의 서론(Box 1.5)에서 문화지리에 접근하기 위한 몇 가지 핵심 원칙을 설명했다. 3부의 각 장을 읽은 후에는 Box 1.5의 두 가지 요점을 되짚어보는 것이 특히 유용할 것이다. 먼저, 자

신의 생각을 정리하라. 이 개념과 관련해 내가 어느 쪽에 서 있는지 스스로에게 물어보자. 자신만의 비평을 진전시켜보자. 하지만 부정적으로 느껴지는 부분에 대해서는 열린 마음을 유지하라. 둘째, 문화지리학자들이 생각하는 개념의 '요점', 유용성과 적용을 생각해 보자. 이러한 개념이 주요 이슈에 대한 이해를 정확히 어떻게 확장하고 향상시킬 수 있을지 스스로에게 물어보라.

Chapter 09 | 일상의 지리

9.1 도입: 기다리기 …

다음 장면을 상상해 보자. 도시 외곽의 버스 정류장. 이미 15분 늦은 버스를 기다리는 일곱 명과 강아지 한 마리. 바람이 불고 비가 오는 저녁. 버스 정류장의 지붕이 약간의 피난처를 제공한다. 헤드폰을 끼고 밥 말리 티셔츠를 입은 남자가 핫도그를 먹고 있다. 지팡이를 든 남자가 시계를 본 후 헛기침을 한다. 그의 개는 얌전히 앉아 있다. 난 휴대폰을 확인한다. 세 명의 자녀에게 인내심을 잃은 한 여성이 "다시 말하지 않을 거야. 그냥 가만히 앉아 있어."라고 말한다. 모두 무거운 쇼핑백을 들고 지친 모습이다. 시간이 흐른다. 바람이 분다. 버스는 아직도 오지 않는다. 아무도 말하지 않는다. 아무 일도 일어나지 않는다. …

이 책의 저자 중 한 명은 2년에 걸쳐 사진 9.1 속의 버스 정류장에서 거의 매일 기다렸다. 그동안 거기에서는 아무 일도 벌어지지 않았다. 그곳에서 보낸 많은 시간은 멍때림과 심심함(오지 않는 버스를 기다리는 것), 피곤함(또 다른 하루의 업무) 그리

사진 9.1 영국 웨스트미들랜즈의 어느 버스 정류장. 어쩌면 여러분도 매일 같은 장소에서 대중교통을 기다리고 있을 것이다.

출처: Dr Faith Tucker

고 사교적 상호작용에 대한 무관심을 특징으로 했다. 이 버스 정류장에서의 기다림은 이처럼 따분하고 대부분 기억에 남지 않은 채 매일 반복되었다. 따라서 버스 정류장은 일종의 일상 공간(everyday space, 13장 참조)으로서, 위와 같이 특정한 사회·역사적 맥락에서 평범하고 정상으로 보이는 루틴과 실천(12장 참조), 감정과 정동(11장 참조)을 특징으로 한다. 버스 정류장에서의 기다림은 일상적 실천의 한 사례에 불과하다. 여러분은 여러분의 경험에서 사례를 발견할 수 있을 것이다. 아침식사 준비, 옷 갈아입기, 청소, 교통 체증 상태에서 기다림, 취침 준비 등.

이러한 일상 공간과 실천이 처음에는 평범하고 주목할 가치가 없는 것처럼 보일 수 있다. 학술 교재에서 이를 다루는 것이 어색하게 느껴질 수도 있다. 그러나 이 장에서는 문화지리학에서 일상

의 지리가 많은 연구와 이론의 주요 초점으로 부상하게 된 변화를 소개한다. 문화적 전환(1장 참조)의 중요한 결과 중 하나는, 지리적 문제를 이해하는 데 일상 공간의 중요성에 대한 인식이 높아졌고 이를 설명하려는 다양한 개념이 증가해 왔다는 점이다. 이 책에서는 문화지리학이 일상생활(9장), 일상의 물질적 대상(10장), 일상적 감정과 정동(11장), 일상의 신체적 실천(12장), 일상적 공간과 장소(13장)와 관련된 개념을 다룸으로써, 이러한 일상지리학이 부상했음을 검토한다.

9.2 일상의 지리 바로 알기

사진 9.1의 버스 정류장은 영국 미들랜즈 지역의 산업 도시인 웨스트브로미치(West Bromwich) 근

처에 있다. 1994년에 지리학자 도린 매시(Doreen Massey)는 다음과 같이 말했다(Massey, 1994: 163).

리들리 스콧의 세계 도시에 대한 이미지, 초고층 요새에 대한 글쓰기, 보드리야르의 하이퍼스페이스에도 불구하고 … 대부분의 사람은 여전히 할스덴(Harlesden)이나 웨스트브로미치 같은 곳에서 살아간다. 많은 이들의 삶은 여전히 버스 정류장에서 쇼핑백을 들고 결코 오지 않는 버스를 기다리는 것으로 이루어져 있다.

위 인용문에서 매시의 첫 문장은 1990년대 초반 현대 영미권의 문화지리학자들을 흥분시킨 몇 가지 이슈들인 초고층 건물, 영화적 재현, 화려한 도시성에 관한 포스트모던 이론을 풍자한 글이다(2장과 4장 참조). 매시는 이와 대비해 "대부분의 사람들은 여전히 할스덴이나 웨스트브로미치 같은 곳에서 살아간다."고 언급한 것이다. 영국 대중문화에서 웨스트브로미치는 퇴락해 가는 별 매력 없는 시골의 '노동자 계급' 산업 커뮤니티를 상징하는 곳이다. 이와 마찬가지로 런던 서쪽에 있는 할스덴은 영국 주요 도시를 둘러싼 초라한 교외 지역을 대표하는 곳이다. 따라서 매시는 문화지리학자들이 흥미로운 이론가와 화려한 도시지리의 사례(예로 2장의 라스베이거스 논의 참조)에 상당한 관심을 기울였던 것에 반해, 할스덴이나 웨스트브로미치 같은 곳을 대부분 방치해 왔다는 점을 지적한 것이었다. 이런 곳들은 곧 활력 넘치는 세계 도시도 아니고 흥미로운 이론가들의 작품에 잘 등장하지도 않으며, 포스트모던 건축, 전위적 문화, 급진적 사회운동으로 알려진 곳도 아니다. 더구나

매시는 이러한 장소에서 특히 평범한 삶의 측면을 강조한다. 버스 정류장에 앉아 쇼핑 가방을 들고 버스를 기다리는 사람들처럼 말이다. 간단히 말해, 매시는 문화지리학자들이 이러한 사람과 이러한 평범함을 문화지리학자들이 기록하지 않았다고 주장한 것이다.

매시가 '대부분의 사람들이 여전히 할스덴이나 웨스트브로미치 같은 곳에서 살아간다'고 상기시키는 것은, 비단 문화지리학뿐만 아니라 사회학, 역사학, 문화연구 등 다른 학문에서 나타난 '일상'으로의 폭넓은 관심 변화의 맥락에서 생각해야 한다. 앞서 1장에서 언급한 대로, 이러한 초점 변화는 인문지리학을 비롯한 사회과학에서 나타난 문화적 전환의 주요 특징이자 결과였다. 이런 연구와 이론의 각 영역에서는, '일상' 장소, 실천, 사람, 관심에 더욱 많은 주의를 기울여야 한다는 주장이 대두해 왔다.

문화지리학에서 '일상'으로의 전환에 관한 광범위한 논의에도 불구하고, '일상'은 여전히 정의하기 어려운 용어다. 아래는 문화지리학자들이 '일상'으로 관심을 전환하면서 더욱 주의를 기울이고 있는 주제를 나열한 것이다.

- "모든 종류의 일상적인 상황에서 모든 종류의 일상적인 (어쩌면 학계 외부인이라고도 칭할 수 있는) 사람들의 경험, 이슈 그리고 '일반인의 담론(lay discourses)'(Jones, 1995; Murdoch and Pratt, 1993: 434)."
- 평범하고 눈에 띄지 않아 주목할 만하지 않은 공간 및 경관.
- '보통의' 일상적인 실천과 루틴: "사람들 모두

가 하는 것, 참여하는 것 … 일상에서 의미를 만들고 세계를 이해하는 과정 … 일상생활에서 평범한 사람들이 하루하루 살아가는 동안의 반복적인 활동과 조절(MacKay, 1997:7)."

- 흔하고 '무감한(low key)' 경험과 사건: "출퇴근하고, 가정, 공장, 사무실, 쇼핑몰 등에서 일하고, 영화를 보러 가고, 식료품을 사고, 음반을 사고, 텔레비전을 보고, 사랑을 하고, 대화를 나누고, 대화를 나누지 않고, 할 일을 목록으로 작성해 보면서 사람들이 실제로 '살아가는' 환경(milieu)(Marcus, 1989:3)."
- 중요 '사건'의 역사로 기록되지 않는 모든 것(Attfield, 2000:50). 여기서 '역사(History)'는 '공식적', '학술적' 또는 헤게모니적 담론을 의미함(2장 참조).
- 현대의 사회 문화 생활에서 당연하게 여겨지거나 언급되지 않는 것: "일상적으로 주목하지 않고 당연하게 여기는 생활의 형태(Chaney, 2002:10)."
- 위의 모두가 갖는 '평범하고 당연시되며 우리 주위 모든 것으로서의 성격'. 이 때문에 '일상'을 "정확하게 정의하고 평가하고 생각하기란 어렵다(Valentine, 1999:348)."
- 위의 사안들이 제기하는 학술적 연구와 이론에의 도전.

많은 지리학자들은 프랑스 사회학자 앙리 르페브르(Henri Lefebvre)의 연구가 '일상'에 관해 성찰하는 데에 유용하다는 것을 깨닫게 되었다. 르페브르에 관한 인용에서 자주 언급되는 바와 같이, 그는 '일상'이라는 단어에는 다음과 같이 상호

연관된 세 가지 관념이 있다고 보았다(Lefebvre, 1988:87).

- *la vie quotidienne* — 대개 '일상생활(everyday life)'로 번역됨
- *le quotidien* — 일상(the everyday)
- *quotidienneté* — 일상성(everydayness)

위의 세 관념은 수수께끼 같아서 다양하게 해석되어 왔다. 이 장에서는 그 중 문화이론가 그레고리 시그워스(Gregory Seigworth)의 해석을 소개한다. 그에 따르면 '일상생활'은 "가장 구체적인 물질적 생활"을 의미한다(Seigworth, 2000:245). 즉, 일상에서 매일 개인적으로 경험하고 인식하는 일, 상황, 사건을 지칭한다. 반면, '일상'이란 '일상생활'이 그 시대의 재현과 담론의 체계를 통해서 묘사되고 개념화되는 방식을 의미한다(2장과 6장 참조). 따라서 '일상생활'은 실제로 체험되고(lived) 경험되는 생활을 지칭하는 반면, '일상'은 재현 체계(예: 언어, 사진, 미디어 텍스트)에 의해 포착되고 변형된 생활의 형식이라고 할 수 있다. (르페브르에게는 이 구분이 근대화와 자본주의에 의한 일상생활의 변형에 대한 광범위한 비판의 출발점이었다는 사실을 기억하자.)

마지막으로, '일상성'은 두 가지 의미에서 "위 용어들의 과정적 과잉(processual excess)"이라고 할 수 있다(Seigworth, 2000:245). 첫째, '일상성'은 '일상'의 재현에서 상실했거나 간과되는 '일상생활'의 모든 측면을 의미한다(이 주제는 이 장 후반부에서 재현의 위기에 관한 논의를 통해 다시 다룰 것이며, 11장에서 감정과 정동을 구별할 때도 다룰 것이다).

둘째, 이와 동시에 '일상성'은 '일상생활'과 '일상' 둘 다에서 간과하는 실제적 체험의 모든 측면을 가리킬 수 있다. 이 과잉의 개념은 9.4절에서 자세히 다룬다.

최근 문화지리학의 토대를 이루는 이론의 발달은 위의 개념을 토대로 할 때 아래와 같이 정리할 수 있다.

- 문화적 전환 이후, 점차 많은 학자들은 그동안 문화지리학이 '일상생활'의 다양한 형태, 경험 및 양상을 간과했다는 점을 인식하고 있다.
- 이 과정에서 지리학자들은 '일상생활'에 주목해 오고 있으며, 이들은 학술 연구와 저술을 위한 세계의 지리학적 표현과 이해 방식이 '일상성'의 함의를 제대로 파악하지 못하고 있다고 주장해 왔다.

이 장은 이러한 점을 차례로 살펴본다. 9.3절은 일상생활에 관한 지리학 연구의 폭을 살펴본다. 이를 통해 일상생활이 문화지리학에 근본적으로 중요하다는 주장을 검토한다. 9.4절은 일상성의 '과잉적' 성격에 초점을 두고, 문화지리학 분야의 연구, 이론, 글쓰기와 관련한 그 함의를 탐색한다. 이는 10장에서부터 13장에 걸친 내용의 주요 주장을 뒷받침할 것이다.

9.3 왜 일상생활이 중요한가?

아마 이쯤 되면 여러분은 일상생활의 사소한 세부 사항(예: 버스 정류장에서 서 있는 것과 같은)이 왜 학술 교재에서 다루어져야 하는지 궁금할 것이다. 이는 결국 다음과 같다.

> 얼핏 보기에 일상생활은 학술적 조사의 가치가 있는 주제로 보이지 않을 수 있다. 일상생활을 머릿속에 떠올려 보면, 대개 세속적이고 반복적인 (종종 따분하다고 여겨지는) 루틴을 생각하게 된다. 바로 이러한 일상생활의 루틴한 성격 때문에, 많은 사람은 일상생활에 대해 많이 생각하지 않게 된다.
> ‒Eyles, 1989: 102

이 인용문에서 에일스는 인문지리학자들이 일상적인 삶과 그 배경에 질문을 던지고 주목해야 한다고 명시적으로 요구했다(Eyles, 1989). 초창기를 열어젖힌 그의 주장 이후, 많은 문화지리학자들은 정확하게 이를 시도해 그의 주장을 되풀이했다. 이 절은 이러한 지리적 작업을 몇몇 사례 중심으로 요약하고, 이 맥락에서 영향력 있는 몇 가지 사회과학 개념을 소개한다. 이를 통해 이 장은 일상생활이 문화지리학에 중요한 일곱 가지 이유를 제시한다.

(1) 첫 번째 이유: 인문지리학자들은 일상생활을 너무나 간과해 왔다

문화지리학자들이 일상생활에 관심을 기울이게 된 근본적인 이유는 세계의 많은 부분이 학술적 연구, 담론, 이해에서 오랫동안 간과되었다는 주장 때문이다. 가령, 인문지리학을 비롯한 사회과학에서는 "예외적이고, 새롭고, 이국적인 것을 기록하려는 열망으로 인해 일상을 무시했다"는 주장이 널리 퍼져 있다(Holloway and Hubbard, 2001: 36). 분명 인문지리학자들은 경관, 교통, 사회, 문화 등 언제나 일상생활을 포함한 주제에 관심을 가져왔지만, 중요한 점은 이러한 연구가 주제의 핵심에서 일상생활을 간과했다는 사실이다. 가령, 특정 순간에 경관 속에 거주하는 사람들, 교통 네트워크의 일상적인 이용객들, 사회와 문화 속에 살아가는 사람들의 일상적인 생활, 이야기, 감정 등 말이다.

이 책의 대부분은 이상적이거나 극적인 것을 강조했던 과거의 경향을 계속 비판한다(이 장의 처음에 제시한 매시의 인용문이나 1장에서 **버클리 학파**에 대한 신문화지리학자들의 비판을 상기해 보라). 다음 인용문은 이러한 비판을 보여 주는 추가적인 사례이다.

가령, 사람들 삶에서 중요한 활동으로서의 쇼핑과 관련된 방대한 지리학 문헌이 있지만, 현재 대부분 집중되는 대상은 에드먼턴 몰 같은 서양의 몇몇 거대한 쇼핑몰이다. 지리학에서는 매주 월마트나 세이프웨이에서 식료품을 구매하거나 로컬 골목 상점에서 우유나 담배를 사러 가는 등의 일상적인 행위를 간과한다. 마찬가지로 여가와 레크리에이션의 지리에 대한 많은 글은 디즈니랜드처럼 화려한 장소와 테마파크에서 발생하는 활동에 주목하지만, 사람들이 텔레비전을 보거나 정원에서 노닐거나 하는 여가는 살펴보지 않는다.

-Holloway and Hubbard, 2001: 36

이 장의 초반 매시의 인용문처럼, 인문지리학이 다양하고 반복적인 일상생활을 '간과'했다는 주장은 이런 맥락에서이다. 특히, 문화지리학자들은 이러한 '간과'가 일상생활의 3가지 핵심 측면인 일상 공간, 일상적 실천, 일상적 사건의 무시로 이어졌다고 주장한다. Box 9.1, 9.2, 9.3은 이의 몇 가지 사례를 설명한다. 이를 하나씩 살펴보자.

Box 9.1의 인용문에서 마르크 오제(Marc Augé)는 일상생활의 상당 부분이 소비되는 (가령, 공항 터미널, 버스 정류장 또는 그 외에 우연히 가는 어떤 곳이든) 공간을 환기하기 위해 기다림(waiting)을 사례로 든다. 오제는 사람들이 삶의 상당 부분을 "관계적이거나 역사적이거나 정체성과 연관되어 있다고 정의할 수 없는" 공간에서 보낸다고 말한다. 즉, 이런 공간은 다음과 같다(Augé, 1995: 77-78).

- 특별히 중요한 관계나 애착이 없는 공간
- 특별히 중요한 자체의 역사가 없는 듯한 공간
- 자신의 정체성이나 문화생활을 형성하는 데 특별하게 중요하지 않거나 매력적인 정체성이 없는 듯한 공간

오제는 위와 같은 종류의 공간을 '비장소(non-place)'라고 부른다. 그는 점차 많은 사람의 일상생활이 이러한 공간으로 가득 차 있다고 주장하면서 ATM, 호텔 로비, 고속도로, 버스 정류장 같은 예를 들었다. 이를 통해, 오제는 사랑받지 않고 눈에 띄지 않지만, 현대 지리의 근본을 구성하는 중요한 요소인 일상 경관에 관심을 집중한다(5장 참조). 그의 동료 여행자들과 문화지리학자들도 이와 비슷한 영역으로 공항(Adey, 2007), 고속도로(Merriman, 2007), 대중교통(Bissell, 2008), 인프라(Hayes, 2005), 시민 공간(Clay, 1994), 그 외의 여

Box 9.1

일상 공간: (또다시) 기다림

사진 9.2 공항의 출발 라운지
출처: Shutterstock.com/Claudio Zaccherini

인류학자 마르크 오제는 『비장소(*Non-Places*)』(1995: 2)에서 "기다릴 수밖에 없는" 상황에서 경험할 수 있는 공간과 활동의 범위를 떠올린다. 예를 들어, 그는 파리 샤를드골 공항에서 비행기를 기다리는 여행객의 기다림을 상상한다. 다음 인용문을 읽으면서 자신의 생활에서 이와 비슷한 기다림과 지루함의 경험을 생각해 보자. 특히, 이러한 기다림을 위해 설계된 공간의 특성을 생각해 보자.

그는 지하 2층 J열에 주차하고 주차권을 지갑에 넣은 후 에어프랑스 체크인 카운터로 서둘러 갔다. 정확히 20킬로의 여행 가방을 맡기고 비행기 표를 호스티스에게 건넨 후 비로소 안심이 되었다. … 그는 면세점에서 약간의 쇼핑을 하기 위해 여권 검사를 거쳤다. 코냑 한 병과 … 시가 한 박스를 샀다. 그는 몇몇 보석, 의류, 향수를 대충 눈여겨보며 고급 상품의 창 진열장을 지나쳤고, 그 후 몇 권의 잡지를 펼쳐 둔 서점에 들렀다.

–Augé, 1995: 2

러 기다림과 지루함의 공간(Anderson, 2004) 등 일상 공간의 중요성을 탐구하기 시작했다.

Box 9.2에서, 로리어(Laurier)는 운전을 사례로 해 (운전이 자신 있든 서투르든) 우리 각자가 매일 반복하는 여러 복잡한 실천에 주목한다. 가령, 출근길 운전은 "이 길을 수없이 많이 운전함으로 인해

여기서 이 도로를 타고, 이 교차로에서 대기했다가, 이 출구로 빠져나간 후, 왼쪽으로 세 번째 모퉁이에서 좌회전하는 등의 … 지식의" 누적적 사용을 동반한다(Laurier and Philo, 2003: 99). 일반적으로 이러한 실천은 매우 잘 훈련되어 있고, 당연시되어 우리는 이러한 기술을 인식하지 못할 수도 있

일상적 실천: 출퇴근 운전

Box 9.2

사진 9.3 러시아워에 갇힌 운전자
출처: Dr Faith Tucker

점차 많은 사회과학자들이 자동차와 관련된 문화, 경제, 지리를 탐구하고 있다(Featherstone *et al*., 2005 참조). 이들은 수백만 현대인의 루틴인 일상의 운전 습관에 주목한다. 예를 들어, 로리어는 출퇴근 운전 경험이 풍부한 통근자의 특징적이면서도 당연시되는 신체적 운전 습관에 주목한다(Laurier, 2003: 4).

차 안에서 시간을 보내는 경험이 많은 운전자는 클러치나 액셀 조종을 위한 기술 따위에 더 이상 주목하지 않는다. 그들은 앞차와의 거리가 넓은지 좁은지를 감지하려고 바라보지도 않는다. 운전은 … 꽉 막힌 도로 위 차량 장비는 그에 대해 완벽히 알고 있는 살아 있는 거주지다.

이동 중에 필요한 기술과 그러한 기술의 당연성은, 좀 더 경험이 적은 운전자가 똑같은 도로를 운전하려고 시도하는 순간에 비로소 드러난다.

[이들은] 페달 밟는 것에 고생하고, 교차로에 진입할 때 양방향 확인을 잊어버리며, 기어 변속을 놓치고, 잘못된 차선에 들어서 경적을 유발하기도 한다. 이들은 도시 위를 부드럽게 운전하는 데 필요한 여러 기술과 장비 조작에 대해 잘 알고는 있다.

　　　　　　　　　　　　　　　　　　　–Laurier, 2003: 4

자신이 (특별한 생각 없이) 매일 실행하는 일상적 실천을 떠올려 보자. 그러한 기술을 어떻게 배우게 되었는가?

다. 운전 같은 단순한 기술은 다른 일과 동시에(이따금 정신이 산만해지긴 하나) 수행하곤 한다. 운전에 필요한 기술과 지식은 "[머릿속]의 추상적인 개념이라기보다는 … 앞을 바라보며 [도로]를 보고 손과 발, 운전대, 버튼, 레버에 대한 일련의 체화된 참여로서 존재한다(Laurier and Philo, 2003: 99)."

Box 9.3

일상적 사건: 커피 구매

사진 9.4 디카페인 카푸치노, 설탕이나 초콜릿 가루 빼고 주세요.
출처: Dr Faith Tucker

로리어와 파일로는 카페에서 커피를 사고 자리에 앉는

행위를 성찰했다. 이들은 겉보기에 단순해 보이는 이 거래 행위가 얼마나 비가시적인 규칙, 규범, 교류를 포함하는지를 보여 준다(Laurier and Philo, 2006a: 198-199).

카페에서 (매장용) 커피 한 잔을 살 때 우리는 테이블에 앉을 권리도 함께 구매하는 것임을 잘 알고 있다. 카페는 적어도 도시에서 좌석, 테이블, 약간의 보호를 일시적으로 할당받을 수 있는 장치다. 많은 사람에게 '방해받지 않고' 독서, 글쓰기, 노트북 사용 등을 할 수 있는 자리와 테이블은 희소한 자원이다. 카페는 흥겨움을 기대하게 하면서도 이러한 형태의 일시적 거주를 제공하며, 그에 따라 공공장소에서의 일부 사생활 보호 권리도 부여한다. 또 직장이나 집의 시급한 문제로부터 잠시 떨어져 상념에 잠길 수 있는 곳이기도 하다.

자신에게 이러한 익숙한 공간을 특징짓는 암묵적 규칙과 규범에 대해 생각해 보자(13장 참조). 이러한 규칙과 규범은 어떻게 학습, 유지되는가?

Box 9.3에서, 로리어와 파일로는 일상생활을 특징짓는 많고 사소하며 대개 순식간에 지나가는 사건과 만남에 주목한다. 이들에 따르면, 커피를 사는 것은 작고 사소한 일처럼 느껴질 수 있지만 각 컵은 무언의 규칙과 규범을 포함한다. 또한, 커피를 마시는 것은 카페라는 일상 공간에서 특정 시점에 타인의 일상생활과 교차되는 것을 의미한다. 일반적으로 이러한 만남은 기억에 남지 않고 중요하지 않을 것이다. 그러나 이러한 일상적인 사건과 만남은 중요하고 긍정적일 수 있고(커피를 마시면서 미래의 배우자를 처음 만날 수도 있음), 실망스럽거나 문제가 될 수도 있다(커피를 마시는 동안의 언쟁이 이혼으로 이어질 수도 있음)! 따라서 일상적 사건의 성격은 완전히 예측될 수 없다.

카페에서 타인과 첫 만남의 순간에서는, 그 만남이 둘 다 카페의 단골손님이라는 공통점을 바탕으로 해 지인 관계로 이어질 것인지를 알 수 없다. 마찬가지로 그 만남이 도시에서의 많은 만남과 마찬가지로 일회적일지를 확신할 수도 없다.

–Laurier and Philo, 2006b: 356

(2) 두 번째 이유: 사회·문화지리의 일상적 작동을 이해하기

첫 번째 이유의 연장선에서, 우리는 일상생활에 주목함으로써 오랫동안 인문지리학이 관심을 두었던 문제와 질문에 새로운 관점을 제공해야 한다. 이 점에서 지리학자들은 다양한 사회·문화적 맥락에서 다음에 주목하고 있다.

> 인간 사회의 작동에 대한 모든 통찰력은 특정 집단의 세계가 지니는 경제적, 정치적, 사회적 핵심처럼 보이는 것을 기록하는 데서 기인하기보다는, 겉보기에는 꽤 주변적이고 무시할 만한 (심지어 난해한 듯한) 것으로 보이는 원천인 … 인간 생활의 '조각들'에서 비롯된다고 할 수 있다.
>
> -Philo, 1994: 1-2

예를 들어, 문화지리학 연구와 조사의 중심이 된 (가령, 경제, 경관, 정체성, 문화의 생산과 소비 같은) 몇 가지 '중요한' 주제를 생각해 보자(1부와 2부의 각 장을 참조할 것). 아니면, 많은 지리학자들이 자신의 연구에서 다룬 주요 사회 문제와 불평등을 (가령, 가난, 인종 차별, 성차별, 사회 계급 등을) 고려해 보자. 물론 이와 관련한 지리학 연구는 상당히 많이 존재한다. 그러나 이런 이슈 각각을 다룰 때 일상생활을 간과함에 따라 이들이 어떻게 '작동'하고, 발생하며, 실제 어떤 의미를 갖는지에 관한 이해가 제한이라는 주장이 점차 많아지고 있다. 따라서 이러한 문제의 일상적 측면에 지속적인 주의를 기울이면, 근본적이면서도 지금까지 감춰져 있던 세부 사항과 작동 방식을 드러낼 수 있을 것이다.

사회 계급의 예를 들어 보자. 20세기에 인문지리학을 비롯한 사회과학에서는 다양한 맥락에서 계급에 따른 불평등을 탐구하고 이론화해 왔다(Blunt and Wills, 2004 참조). 그러나 이러한 연구는 일반적으로 '계급의 숨겨진 상처(hidden injuries of class)'를 간과해 왔다(Sennett and Cobb, 1977). 여기에는 실제로 계급에 따른 불평등을 구성하는 사소하고 일상적인 모욕, 그리고 (분노, 결핍, 창피함 같은) 관련된 감정을 통해 실제 '계급'이 일상적으로 경험되는 방식이 포함된다. 사회학자 존 쇼터(John Shotter)는 항공기 제조 공장에서 기계공 견습생으로 첫 직장을 시작한 경험을 회상하면서, 이런 '숨겨진 상처'의 몇몇 사례를 제시한다(Shotter, 1993: xi).

약 천 명에 달하는 근로자들은 오전 7시 30분에 하나뿐인 공장 뒷문을 통해 출근했다. 1분 지각할 때마다 15분에 해당하는 임금을 잃는다는 사실을 염두에 두고, 제시간에 출근부 도장을 찍기 위해 서로 밀치고 밀어냈다. … 경영진과 공군 장교들은 아침 9시에 장엄한 계단을 오르며 정면의 큰 이중문을 통해 (우리는 이들이 '산책하는 듯하다고' 생각했다) 들어왔다. 하지만 더 중요한 것은 '그들'은 우리보다 5피트 높은 메자닌 층에서 점심 식사를 한다는 점이다. '그들'은 하얀 천이 깔린 식탁에서 웨이터 서비스를 받았으며, '우리'는 합성수지로 덮인 테이블 위에 종이로 포장된 식빵에 버터를 바르곤 했다.

쇼터는 공장에서 일어나는 계급의 일상적인 감정지리를 묘사한다(Shotter, 1993: xii). 여기서 '근로자들'은 위에서 상세히 설명한 사소한 모욕에 항상 화가 났다고 인식했지만, '관리자들'은 "근로자들의 화가 그들의 행동과 그들이 받는 특혜 때문에 일어난다는 사실에 둔감한 듯했다".

근로자들이 … 경영진과 불협화음을 겪고 다시 작업장으로 돌아와서, 모두 … '저걸로 불평을 제기하겠다'고 말했지만 실제로는 아무도 그렇게 하지 않았다. 결국 그건 너무 사소하게 느껴졌고, 불만을 제기하더라도 쓸모없을 것이라는 점을 알고 있었다. 가령, 남자 화장실의 창문에 대해 불평하는 것과 관련해서 (화장실에 창문이 나 있었는데 이는 공장장이 근로자가 시간을 낭비하지는 않는지 볼 수 있도록 하기 위함이었다) 그냥 '화장실에서까지 감시받고 싶지는 않아'라고 말하는 것은 우리의 분노에 부적절하고 효과적이지 않을 것으로 보였다. … 우리가 왜 그렇게 화가 났는지를 표현할 적절한 언어가 없었다. 이것이 더 화나게 만들었다. 그리고 스스로에게 화를 냈다. 자신을 그렇게 사소한 일로 괴롭히는 것이 마치 자기 비하를 하는 것처럼 느꼈다.

공장 생활에 대한 쇼터의 관찰은, 일상생활에 주목함으로써 '사회 계급'과 같이 상대적으로 당연시되는 용어 뒤에 숨겨진 세부 사항을 드러낼 수 있음을 보여 주었다. 페미니스트 지리학자들이 '젠더'라는 당연시되는 개념의 문화적 생산을 연구하는 것도 이러한 맥락에서 특히 중요했다(12장 및 다음의 세 번째 이유를 참조할 것).

이 점에서 지리학자들은 사회이론가 브뤼노 라투르(Bruno Latour)의 작업을 특별히 중시해 왔다.

라투르의 방법은 본질적인 의미에서 '과학'과 같은 현대의 주요 담론과 사회적 구성물을 구성하는 사소하고, 일상적인 디테일, 생활 그리고 행위자-네트워크를 드러내는 데 목적이 있다(10장 참조). 이러한 작업을 통해 사회적 구성물은 일반적으로 상상되는 것보다 훨씬 덜 엄격하고 덜 강력하며 불가피하지 않고 훨씬 복잡하다는 것이 드러난다. 10장에서 라투르의 작업과 그의 광범위한 개념인 행위자-네트워크 이론(ANT)에 대해 다시 다룰 것이다. 이제까지의 핵심 포인트는, 일상 공간, 실천 및 사건이 인문지리학에 중요한 거시적 과정과 문제의 핵심으로 이해되어야 한다는 점이다(문화 생산 및 소비 과정과 관련해서 다양한 일상 공간, 실천 및 사건을 생각해 보자. 2장과 3장을 참조할 것).

(3) 세 번째 이유: 배타적, 문제적 공간으로서의 일상 공간

많은 사회지리학 연구에서 명확하게 드러난 것처럼, 종종 일상 공간은 특정 사회 집단에 대해 배타적이거나 문제시될 때가 있다(Valentine, 2001 참조). 11장에서 감정과 정동의 지리를 논의할 때 살펴보겠지만, 누군가의 관점에서 당연하고 정상적이며 문제가 없어 보이는 공간이 다른 사람에게는 종종 두렵고 고통스럽고 불편할 수 있다. 따라서 문화지리학에서는 문화 공간(2장 참조)이 사람의 정체성(3장과 8장 참조)에 따라 매우 다르게 경험될 수 있다는 것을 인식하는 것이 중요하다. 2장에서 문화 공간의 규제를 논의한 것처럼, 이러한 공간은 때로는 특정 사회 집단을 배제하기 위해 의도적으로 설계될 수 있고 다른 사회 집단의 이익을

Box 9.4

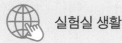 실험실 생활

『실험실 생활(Laboratory Life)』(1979)에서 브뤼노 라투르와 스티븐 울거(Stephen Woolgar)는 캘리포니아의 유명한 신경내분비학 실험실에서의 일상 활동을 관찰한다. 이 책은 실험실의 하루를 세세히 기록한 두 페이지의 현장 노트로 시작한다. 다음 인용문을 생각해 보자.

6분 15초. 윌슨이 들어와 여러 사무실을 살펴본다. 직원 회의를 위해 사람들을 모으려는 것이다. 거의 가망이 없다는 걸 눈치챈다. … 그는 로비로 떠난다.

6분 20초. 빌이 화학실에서 나온 후 스펜서에게 얇은 시험관을 건넨다. '여기 자네가 요청한 200마이크로그램이네. 장부에 코드 번호를 기록해 둬'라고 말하며 라벨을 가리킨다. …

긴 침묵. 도서관은 비어 있다. 몇몇은 사무실에서 글을 쓴다. 몇몇은 밝은 햇볕이 비치는 벤치 공간의 창가에서 일한다. 타자기 소리가 들린다. …

9분. 줄리어스가 사과를 먹으며 『Nature』를 훑어보며 들어온다.

–Latour and Woolgar, 1979: 15

'과학적 사실'을 대할 때, 대개 시험관에 라벨을 붙이고 사과를 먹으며 동료에게 짜증을 내거나 잡지를 읽는 과학자들의 일상생활을 생각하지 않는다. 그러나 라투르와 울거는 이러한 일상적 세부 사항에 주의를 기울이면서 "일하는 과학자들의 일상 활동이 사실을 구축하는 방식"을 기록하고자 한다(Latour and Woolgar, 1979: 40). 현대 사회에서 '과학'은 여러 활동과 지식 중 특별히 귀중하다고 인식된다. '과학자'는 중요한 지식의 발견자로서 무서울 정도로 영리하다고 생각하며, '과학적 사실'은 불가피하다고 생각한다. 그러나 『실험실 생활』은 '과학'에 대한 이러한 인식을 '과학 만들기(science in the making)'의 일상적 현실 및 그 불확실성과 대비시킨다. 이 책은 고도로 훈련된 학자들에 의한 유명한 과학적 발견이, 위의 인용문과 같이 평범하고, 틀리기 쉬운 작업과 사건을 포함한다는 것을 보여 준다. 이 작업의 핵심에는 **물질**, 기술 그리고 이와 관련된 실천의 복잡하고 어수선한 이질적 아상블라주(assemblage)가 있다. 근본적인 의미에서 그러한 작업이 바로 과학인 것이다. 그럼에도 라투르와 울거는 과학에 대한 대부분의 중요한 문화적 재현물(예: 과학 저널 기사나 미디어 보도)이 '과학 만들기'의 이러한 일상적 작업을 은폐하고 있다고 주장한다.

촉진할 수도 있다.

이 맥락에서 특히 페미니즘 지리학자들의 작업은 상당히 중요한데, 이들은 다양한 여성에게 여러 일상 공간의 배타적, 문제적 성격을 지도화하고 인식시키는 데 기여했다(Rose, 1993; Valentine, 1989; 2001 참조). 일상 공간에 대한 페미니즘 비판은 다양한 맥락에서 젠더에 따른 여러 공간적 불평등에 주목했다(Smith, 1989 참조). 페미니즘 지리학자들이 인정한 공간 불평등과 배제에 관한 4가지의 문제 설정을 요약하면 다음과 같다. 첫째, 많은 페미니즘 지리학의 연구로부터 분명해진 점은 일상 공간에 대한 경험이 뚜렷이 젠더화되어 있다는 것이다. 특히, 공원, 거리, 시민 공간, 직장, 문화 행사 같은 공간은 많은 여성에게 불안과 두려움의 장소로 자주 경험되지만, 남성들은 이에 특별히 주목하지 않고 심지어 편안하고 즐거운 곳으로 여기는 경우가 많다. 문화적 전환 이전의 인문지리학은 여성의 목소리와 관점이 상대적으로 부

Box 9.5

 멕시코 농촌의 신자유주의 경제 개발과 청년층

1994년, 캐나다, 미국, 멕시코 정부는 북미자유무역협정(North American Free Trade Agreement, NAFTA)을 체결했다. 이 협정은 세 국가 간의 전례 없는 자유무역지대를 창출해 국경을 넘어선 경제적 교류에 큰 기회를 제공했다. 이 무역 자유화 프로젝트의 결과는 복잡하고 다양하다. 피나 카르페나-멘데즈(Fina Carpena-Mendez)의 연구는 중앙 멕시코 한 마을에서의 이 국제 개발 프로젝트의 영향을 보여 준다(Carpena-Mendez, 2007). NAFTA의 시행 이후, 멕시코에서는 농촌 커뮤니티의 많은 젊은이들이 미국-멕시코 국경 부근에서 새로운 경제 활동을 추구하거나 미국으로의 합법적, 불법적 이주 기회를 찾아 마을을 떠났다. 카르페나-멘데즈의 사례 연구 마을에서는 인구의 5분의 1이 이런 식으로 이주했다. 카르페나-멘데즈에 따르면 이에 따라 마을의 일상적 문화생활이 근본적으로 변했는데, 그 몇 가지 예시는 다음과 같다.

- 이주자가 보내거나 가져온 하이테크 제품의 유입(텔레비전, 카메라, CD, DVD).
- 이주자가 귀환 후 소개한 새로운 패션, 헤어스타일, 음악 장르.
- 새로운 주거 공간 — 예를 들어, 많은 가정이 이주자 친족이 보낸 돈으로 전통적인 단칸방을 여러 개의 방이 딸린 '미국식' 주택으로 재건축한다.
- 새로운 가정 공간으로 인한 전통적 가족생활의 붕괴.
- 새로운 형태의 불평등 — 이주자 친족으로부터 돈과 제품을 받는 가족과 그렇지 않은 가족 간의 불평등.
- 새로운 청소년의 정체성과 생활양식 — 많은 이주자들이 무리를 결성해 '뭉쳐 다니기', 마약 복용하기, 낙서하기 등의 새로운 문화를 형성한다.
- 세대 간 및 이주자 집단 간 새로운 사회적 갈등의 형성.

재했기 때문에 이러한 두려움과 불안의 일상지리는 상당히 무시되었다(Valentine, 1989 참조).

둘째, 8장과 12장에서 논의한 대로, '이상적인' 여성성에 대한 강력한 문화적 재현은 일상 내에서 그리고 일상을 통해서 코드화되고, 유통되고, 경험된다. 예를 들어, 페미니즘 비판가들은 우리가 모든 일상 공간에서 마주치는 몸매, 미모, 생활양식, 이성애 관계, 모성 등에 관한 규범, 재현 및 담론이 얼마나 당연한 것으로 경험되는지를 상세히 설명했다. 압도적으로 남성적이었던 이전의 문화지리학에서는 이러한 규범적, 지배적 문화 담론의 보편성과 그 힘을 간과해 왔다.

셋째, 게다가 많은 일상적 문화 공간의 규제와 물질적 구축은 젠더 차이와 불평등의 생산에 기여한다. 예를 들어, 특정 문화 공간과 소비 기회가 '남성을 위해서' 또는 '여성을 위해서' 특별하게 디자인되고 마케팅되는 방식을 생각해 보자(이는 12장에서 다시 다룬다). 좀 더 일반적으로 젠더화된 차이가 문자 그대로 많은 공간에 얼마나 새겨져 있는지를 생각해 보자. 성별로 구분된 화장실이나 탈의실뿐만 아니라 성별에 따라 기대되는 행동의 차이가 그 사례이다.

넷째, 로즈는 일상적인 공간적 실천과 시간-공간적 루틴이 얼마가 심층적으로 젠더화되어 있는지를 강조한다(Rose, 1993). 특히, 그녀는 육아, 가사 노동, 식사 준비에 관한 젠더 규범이 다양한 맥

Box 9.6

 ## 남아프리카공화국의 청년층과 HIV/AIDS

1980년 이후 HIV/AIDS으로 최소 2,500만 명 이상이 사망했다. 현재 약 3,300만 명이 HIV/AIDS에 감염된 채 살고 있다. 이 중 약 3분의 1은 남부 아프리카에 거주하는데, 이 지역에서는 이 질병으로 인해 전례 없는 사회·인구학적 결과가 지속되고 있다. 로레인 밴 블러크(Lorraine van Blerk)와 니컬라 앤셀(Nicola Ansell)의 2006년 말라위와 레소토의 아동에 관한 연구를 통해 이러한 세계적 팬데믹이 일상 깊숙이 미친 영향을 밝혀냈다. 아동들에게서 나타난 HIV/AIDS의 일상적 결과는 다음과 같다.

• 새로운 일상적 임무, 책임 및 루틴: 가령, 죽어 가는 가족에게 음식을 주고 약을 투여하는 일.
• 부모의 사망으로 인한 새로운 일상적 맥락으로의 이동: 가령, 친족의 집, 기관 또는 무주택 상태에서 지냄.
• 이동으로 인한 고립, 소외, 향수병 경험.
• 슬픔과 외상에 대한 심리 사회적, 육체적 대응: 가령, 우울증, 불안, 은둔 또는 행동.
• 사회적 낙인에 대한 일상적 경험: 가령, '에이즈 고아'들은 괴롭힘이나 모욕을 당하며 사회적으로 배제되는 경우가 빈번함.
• 새로운 일상적 실천과 사회적 조직화: 가령, HIV/AIDS로 고아가 된 아동들은 돈을 벌기 위해 일하거나 구걸하거나 훔치는 등의 활동에 연루됨.

락에서 여러 여성의 일상적 움직임과 생활양식을 제한하고 있다고 말한다.

(4) 네 번째 이유: 지리적 이슈의 일상적 결과를 드러내기

사회/문화적 이슈가 구체적이고 일상적인 원인과 작동이라면(두 번째 이유 참조), 분명코 이는 구체적이고 일상적으로 경험되는 결과를 가질 것이다. 그러나 많은 주요 사회과학적 설명은 이러한 결과를 간과해 왔다는 점이 분명해지고 있다. 이는 특히 인문지리학에 중요하다. 왜냐하면 사회 구조와 개인적 전기(傳記) 간의 관계는 일상 공간, 삶, 사건을 통해 뒤엉킨 채 생겨나기 때문이다. 에일스에 따르면, 사회·문화적, 정치적, 경제적, 역사적 이슈와 이들의 일상적 결과 사이의 관계는 모든 접근의 문화지리학에서 근본을 이룬다(Eyles, 1989: 103).

사람들은 일상생활에서의 행동을 통해 바로 그 행동의 정의, 역할, 동기를 구축하고 유지하며 재구성한다. 인간의 경험에서 당연시되는 배경인 문화와 사회를 지속적으로 유지한다. 그러나 행동은 공허 속에서 일어나지 않는다. 인간 행동의 패턴, 의미, 이유는 사람들이 태어난 사회에 의해 구조화된다. 우리는 사회를 창조하기도 하고 사회에 의해 창조되기도 한다. 이러한 과정은 일상생활의 맥락 안에서 벌어진다.

Box 9.5와 9.6은 현행의 전 지구적 사건인 신자유주의 경제 발전과 HIV/AIDS 팬데믹의 일상적 결과를 요약한 것이다. 이 사례 연구는 오랫동안 인문지리학자들이 주목해 왔던 유형의 사건이다. 그러나 이 주제에 관한 많은 연구와 대조적으로, Box 9.5와 9.6에서 강조하는 연구자들은 이러한 전 지구적 문제의 일상적 결과를 탐구했다. 특히, 신자유주의화와 HIV/AIDS 팬데믹이 어린이와 청소년의 일상생활에 미치는 영향을 강조한다(Box 12.4도 참고할 것). 이 연구자들의 사례 연구를 읽으면서, 일상적 결과에 주목하는 것이 어떻게 중요하면서도 쉽게 지나칠 수 있는 결과를 드러내는지 생각해 보자. 이 날카로운 세부 사항들은, 모든 사회·문화적 이슈가 "매일 그리고 매일 밤 반복되는 루틴한 실천과 사건을 야기한다"는 사실을 상기시킨다(Pred, 2000: 118).

(5) 다섯 번째 이유: '과정적 복잡성'에 대한 인정

10장부터 13장에서도 다루는 것처럼, 일상지리에 집중함으로써 모든 사회·문화적 실천, 공간, 사건을 특징짓는 거대하면서 종종 숨겨져 있거나 당연시되는 '복잡성'을 발견할 수 있다. 문화지리학자들은 이러한 사실이 심지어 가장 (외관상) 간단하고 루틴하며 지나치게 평범한 실천에도 똑같이 해당한다는 점을 인정하고 있다. 이러한 실천의 사례로 단순히 차나 커피를 내리는 것을 들 수 있다(사진 9.5 참조). 세계 여러 나라의 수백만 사람들에게 뜨거운 카페인 음료를 만드는 것은 일상생활의 주요 루틴 중 하나이다. 이는 거의 생각 없이 또는 의식 없이 이루어진다. 필자가 이 문장을 입력하는 이 순간에도 주전자가 끓고 있다. 아마도 여러분도 이 책을 읽는 동안 차나 커피를 마시고 있을 것이다. 앵거스 등이 말한 것처럼, 뜨거운 음료

를 '단지 컵 한 잔'으로 간주하고 별다른 의미, 복잡성, 중요성이 없다고 간주하기 쉽다(Angus et al., 2001). 그러나 '컵 한 잔'은 겉으로는 간단해 보이지만 매우 복잡한 다양한 과정과 지리를 내포한 문화 대상/실천이다.

예를 들어, 앵거스 등은 커피 한 잔을 만드는 데 필요한 "이곳과 저곳 사이, 인간 사이, 인간과 비인간 사이, 비인간과 비인간 사이"의 복잡한 과정과 연결에 대해 다음과 같이 설명한다(Angus et al., 2001: 196).

커피는 토양에 심어져 시비되고, 해충으로부터 보호되고, 관리되고, 수확되고, 건조되고, 가공되고, 구입되고, 거래되고, 병에 담기고, 라벨이 붙여지고, 광고되고, 운송되고, 진열되고, 구매되고, 캔에 담기고, 지급되고, 집으로 가져가고, 진열되고, 숟가락으로 떠지고, 올바른 그릇에 올려져야 한다. … 올바른 비율로, 올바른 온도로, 올바른 혼합재료와 함께. 뜨거운 물은 수돗물이 어느 파이프를 통해 차가운 상태로 흘러왔고, 어느 정화시설을 통해서, 어느 저수지에서, 어떤 강의 수원지에서, 누구도 알 수 없는 어딘가로부터의 물이 거쳐온 것이다.

이들은 물을 끓이는 복잡한 과정, 도자기 컵을 만드는 것, 냉장고를 여는 것, 우유를 생산하는 것 등에 주목하면서 커피를 만드는 과정을 상세히 설명한다. 그렇게 하면 다음과 같은 것이 분명해진다.

하나의 연결이라도 제대로 이루어지지 않았다면

사진 9.5 '한 잔의 차'를 만드는 것조차 상당한 과정적 복잡성을 동반한다.
출처: Dr Faith Tucker

모든 게 쉽게 실패했을 것이다. … 정전이었다면, 우유가 상했다면, 배관공이 연결을 제대로 하지 않았다면, … 우유 탱크 운전사들이 최근의 연료 시위에 참여했다면, … 일부 작물 질병이 라틴 아메리카의 커피 수확을 망가뜨렸다면, 영국의 젖소 생산성이 감소했다면, 지역 가게 주인이 건강상의 이유로 그날 일찍 문을 닫아야 했다면, 주전자가 과열되어 플라스틱이 녹았다면.

-Angus *et al.*, 2001: 196

이 모두는 차나 커피를 만들기 위한 기반인 파이프와 케이블 설치에 필요한 상당한 발명, 노동, 기술을 생각하게 한다(McCormack, 2006). 또는 커피 같은 상품을 생산하는 데 관련된 무역, 생산, 노동의 글로벌 네트워크를 생각나게 할 수도 있다(2장과 10장 참조). 또는 음료를 만드는 데 관련된 신체적 실천과 기술을 생각하게 만들 수도 있다(자

신이 원하는 대로 커피를 내리는 법을 어떻게 배우는가? 그 과정에서 화상으로부터 자신을 어떻게 보호하는가?)(12장 및 Roe, 2006을 참조할 것).

이러한 관점은 커피를 만드는 것과 같은 간단한 소비 행위조차도 실제로 엄청난 "과정적 복잡성(processual complexity)(Paterson, 2006: 7)"을 포함한다는 것을 드러낸다. 이는 그 자체로 복잡한 물질과 실천의 복합체에 의존하는 엄청난 범위의 과정을 포함한다(10장 참조). 사실상 이 책이 설명하는 모든 사회/문화지리는 (버스가 오지 않아 기다리는 것조차도) 이러한 과정적 복잡성을 특징으로 한다고 할 수 있다. 두 번째부터 네 번째까지의 이유에서 제시한 바와 같이, 문화지리학자들은 사회/문화지리가 실제의 실천과 현실에서 중요하며 이러한 중요성은 일상생활의 복잡성과 연결을 통해 나타난다고 주장한다.

(6) 여섯 번째 이유: 학술 지식의 정치에 대한 비판

많은 사회과학자들이 일상생활에 주목하는 이유는, 일상생활이 현대 학술적 담론의 맥락에서 보면 부적절하고, '타자'로 보이며, 도전적으로 느껴지기 때문이다.

이러한 도전에는 두 가지 측면이 있다. 첫째, 이 장에서 언급한 바와 같이, 많은 사회과학자들은 (특히 인문지리학자들은) 일상생활에 관한 연구를 무시해 왔다. 이런 맥락에서 볼 때, 일상생활에 명시적으로 주목하는 것은 '적절하고', '중요한' 학술적 관심사의 "뺨을 때리는" 노릇이기도 하다 (McRobbie, 1991: ix). 따라서 일상지리학으로의 전환은 현행의 인문지리학의 규범 안에서 '중요' 하거나 '적절'하다고 '여겨지는' 것의 일반적 개념에 대한 비판적 도전이 될 수 있다.

둘째, 이 도전에서 좀 더 나아가면, 사회과학자들은 일상생활 중 특정한 형태와 측면을 좀 더 체계적으로 무시해 왔다는 주장도 있다. 예를 들어, 1장에서 언급한 바와 같이, 이전의 인문지리학 연구는 대중문화를 주변화하고 여러 사회 집단의 일상생활과 관점을 배제해 왔다는 점에서 널리 비판받았다. 학술 담론에서의 이러한 배제를 고려한다면, '소홀한 타자(neglected other)'(Philo, 1992)의 일상생활에 주목하는 것은 현행의 학문적 규범과 가정 그리고 계층 구조에 대한 근본적인 도전일 수도 있다.

실례로 (셋째 이유에서 제시한 바를 확장하면) 많은 페미니즘 지리학자는 이전의 문화지리학자들이 다양한 사적, 가내 공간에서 여성의 일상 노동을 거의 인식하지 않았다고 주장했다. 이는 문화지리학자들이 당시 이러한 공간 내에서 펼쳐지는

젠더 기반의 불평등과 복잡한 문화생활을 충분히 이해하지 못했음을 함의한다(자세한 내용은 10장을 참조할 것).

(7) 주요 방법, 개념, 표현의 한계 드러내기

아마도 위에서 제기한 모든 이슈 중 가장 어려운 것은 문화지리학 '하기(doing)'와 관련된 이슈일 터이다. 간단히 말하자면, 어떻게 하면 일상생활을 효과적으로 연구하고, 개념화하고, 표현할 수 있을까 하는 것이다. 이 질문에는 세 가지 관련된 문제가 있다.

첫째, 일상생활은 연구 방법에 대해 도전적인 문제를 제기한다. 왜냐하면, 만약 우리가 일상의 지리(버스를 기다리는 것이나 커피를 내리는 것 등)가 조사할 가치가 있다고 인정한다면, 그 과정적 복잡성을 연구할 때 어떤 종류의 방법이 유용할까? 거시적으로 볼 때 **문화적 전환** 이후 문화지리학을 특징지어온 방법론적 비판과 혁신은 대부분 이러한 질문이 주도했다(1장을 참고할 것).

둘째, 9.4절에서 논의된 바와 같이, 일상생활에의 주목은 이전에 인문지리를 이해하고 그에 대해 글을 쓸 때 중요했던 많은 기존의 개념에 의문을 제기한다. 이러한 유형의 도전과 이에 따른 **재현의 위기**는 다음 절에서 논의한다. 이러한 도전으로 많은 문화지리학자들은 새로운 개념을 탐색하고 실험하고 있다. 이러한 탐구 중 일부는 10장에서 13장까지 소개된다.

셋째, 이러한 모든 인식의 기저에는, 일상생활의 성격, 곧 일상성(everydayness)은 세계를 연구, 개념, 언어를 통해 표현할 수 있는 능력에 의문을

제기한다는 주장이 있다. 이러한 도전은 다음 절에서 탐구한다.

9.4 일상의 '벗어남'

9.2절에서는 일상생활을 특징짓는 '과정적 과잉(excess)'을 설명하기 위한 용어로 '일상성'을 소개했다. 일상성은 (1) 일상생활을 영위하는 동안 간과하거나 (2) 일상생활의 표현에서 '잃어버리는' 측면을 가리킨다. 문학 이론가 모리스 블랑쇼(Maurice Blanchot)의 유명한 인용 구절은 이러한 '간과됨'과 '잃어버림'을 다음처럼 요약한다. "일상은 벗어남이다. 이것이 일상의 정의다. 우리는 지식을 통해 일상을 찾으려고 하지만 놓칠 수밖에 없다(Blanchot, 1993[1969]: 241)." 따라서 어떤 사람이 일상지리학을 알려 하거나 이해하려고 아무리 노력하더라도, '일상성'이라는 특성 중 일부는 항상 '벗어난다'. 달리 말해 "일상생활은 벗어난다. 그리고 '초과한다'(Seigworth, 2000: 231)." "세상은 우리가 이론화할 수 있는 것보다 과잉적이다(Dewsbury *et al.*, 2002: 474)."

따라서 '일상성'이란 일부 문화지리학자들이 인간이나 인문지리학자로서 일상지리를 알거나 이론화하는 능력을 '벗어나고' '초과하는' 일상생활의 제 측면을 지칭하는 말이다. 구체적인 예로 이 장의 맨 앞에 있는 질문을 생각해 보자. 여러분의 일상생활에서 중요한 것 중 하나를 떠올려 보자. 왜 그것이 그렇게 중요한지 어떻게 설명할 수 있을까?

아니면 다음 과제를 해 보자.

- 가장 최근에 춘 춤을 생각해 보자. (1) 춤을 추었을 때의 느낌과 (2) 어떻게 춤을 추었는지를 글로 적어 보자.
- 최근에 매우 슬펐을 때를 떠올려 보자. 그 슬픔이 어떤 느낌이었는지 적어보려고 해 보자.

실제로, 일상은 '벗어난다'는 생각은 이러한 연습의 결과가 기술하려는 대상(중요한 것, 춤추기, 슬픔)과 그에 상응해 작성한 기술(description) 간의 근본적인 차이를 나타낼 것이라는 것을 예측한다. 실제로 많은 사람은 어떠한 글쓰기로도 이러한 일상생활 특성을 체계적으로나 적절하게 재현할 수 없다고 주장한다. 왜냐하면 '말'과 '세상' 사이에는 항상 차이와 격차가 있기 때문이다(Dewsbury *et al.*, 2002 참조). 즉, 일상적 존재와 이를 표현하는 데 사용되는 단어 사이에는 차이와 간극이 있다. 이는 세계에 대한 글을 쓰고 표현하는 전통적 방법에 중요한 도전을 제기한다. 왜냐하면 우리가 아무리 많은 글을 쓴다고 할지라도 또는 아무리 많은 세부 사항을 사용한다고 하더라도, 결코 어떤 방식으로든 그것을 묘사하려는 핵심에는 도달하지 못할 것이기 때문이다. 어쩌면 생활에서 어떤 것은(가령, 중요한 것, 춤추기의 활력과 에너지 또는 슬픔의 느낌은) 그것을 표현할 수 있는 능력을 초월한다. '슬픔'이라는 말이나 '슬픔'에 대한 한 장의 글로도 어떤 식으로든 슬픔 그 자체의 실제 느낌을 충분히 표현하지 못할 것이다. 바로 이러한 종류의 '과잉'이 바로 '일상성'이라는 용어가 지칭하는 것이다. 따라서 글쓰기라는 재현은 일상생활의 공허하고 부적절하며 생기 없는 하나의 버전일 뿐이다(Thrift and Dewsbury, 2000 참조). 따라서 일상성의 '벗어남'과 '과잉'이라는 본질은 글쓰기라는 재현이 일상생활을 체계적으로 표현할 수 있다는 가정에 영구적으로 도전한다.

다음과 같은 질문을 던질 수도 있다. 중요한 것, 춤추기 또는 슬픔에 관해 글을 쓰는 것이 어렵다면 과연 무엇이 문제일까? 이 어려움은 모호하고 별로 적절하지 않을 수도 있다. 사실 많은 문화지리학자들의 주장에 따르면, 이러한 어려움은 어떠한 재현 체계라고 할지라도 일상생활의 특정 측면을 충분하게 재현할 수 없다는 것을 보여 준다. 흔히 '재현의 위기'라고 불리는 이러한 문제는 지난 세기에 미술, 철학, 문학에서도 주요 관심사였다(Box 9.7 참조). 이 '위기'는, 일상생활이 텍스트, 이미지, 담론, 대화 등의 조합을 통해 어떤 방식으로든 재현될 수 있다고 가정하는 기존 사회과학의 이론, 실천, 지식을 근본적으로 비판했다.

아래에 '재현의 위기' 비평의 핵심 주장을 요약하고자 한다. 그 출발점으로서, 세계에 관한 전통적인 이해 방식과 글쓰기 방식은 세계가 어느 정도까지 재현될 수 있는지에 관한 여러 가정에 의존한다는 것을 염두에 두자. 가령, 대부분의 사회과학 연구와 이론은 다음의 가정을 당연시해 왔다.

- '저기 바깥의' (즉, 명백하고 객관적인) 세계가 존재하며, 이는 연구되고 재현될 수 있다는 것.
- 특별히 고안된 방법을 사용함으로써 외부 세계에 관한 연구와 데이터 수집이 가능하다는 것.
- 특별히 고안된 연구 수단, 질문, 경험적 프로젝트를 사용함으로써 세계에 관한 이론, 이해, 설명을 개발할 수 있다는 것.
- 글쓰기나 말하기 등 일반적인 용인된 재현 체

계를 사용함으로써 세계에 대한 타당한 글쓰기, 이론화, 재현이 가능하다는 것.
- 이러한 방법, 프로젝트, 재현을 통해 세계의 여러 측면을 샅샅이 이해하는 것이 궁극적으로 가능하다는 것.

이러한 가정은 인문지리학을 포함한 많은 사회과학의 역사 전반에 걸쳐 아무런 문제의식 없이 받아들여져 왔다. 이는 언어, 설명, 이해, 해석 및 (특히) 재현에 대한 기본적 신념을 습관적으로 받아들였기 때문이다. 즉, 언어와 같은 재현 체계는 세계를 설명하고, 이해하고, 해석하는 데 아무런 문제가 없다고 가정되었다.

그러나 '재현의 위기' 비평은 실제로 특정하고 구체적인 재현의 사례를 진지하게 생각하면, 개별 가정과 그 토대가 문제적인 것으로 드러난다고 주장한다. Box 9.8은 바로 이 점을 요약해서 보여 준다. 그리고 정말 이러한 토대가 문제적인 것으로 드러난다면, 이를 바탕으로 한 모든 작업에 의문을 제기해야 한다고 주장한다. 이것이 바로 재현의 위기이다.

따라서 일부 문화지리학자들은 일상성을 인정함으로써 (그리고 그에 따라 재현의 위기를 인식함으로써) 중요한 철학적 질문을 제기한다.

- 확실히 아는 것이 단 하나라도 있는가?
- 재현의 위기에 비추어 볼 때, 과연 학문적 실천의 목적과 미래는 무엇일까?
- 재현에 대한 기본적 신념이 없이 인문지리학은 어떻게 나아갈 수 있을까?
- 사회과학자는 일상성의 과정적 과잉을 어떻게

Box 9.7

 일상성의 재현을 시도하기: 울리포(OuLiPo)

그렇다면 어떻게 하면 일상성을 파악하고 이해하며 재현할 수 있을까? 이 문제는 문화지리학의 여러 방법론적, 이론적 논쟁의 중심에 있다(11장과 12장 참조). 그렇지만 이는 20세기의 많은 예술, 철학, 문학의 주요 관심사이기도 했다. 가령, '울리포(OuliPo)'의 작품을 살펴보자. 울리포는 프랑스어 'Ouvroir de Littérature Potentielle'의 약자로 ('잠재 문학 작업실(Workshop for Potential Literature)'을 뜻함) 1960년에 설립된 파리의 작가 및 수학자 모임이다. 이 모임은 문학적 게임과 실험을 통해 쓰인 언어의 형식과 그 한계를 탐구했다. 이들의 작업 중 상당 부분은 일상적 장소와 사건을 직면했을 때 문어(文語)의 부적절성에 관한 것이었다. 울리포의 핵심 인물은 소설가 레몽 크노(Raymond Queneau, 1903-1976)와 조르주 페렉(Georges Perec 1936-1982)이었다. 이들의 작업 몇 가지를 살펴보자.

(1) 크노의 버스 타기

붐비는 출근 시간의 만원 버스 안에서 떠밀리던 한 남자가 자리에 앉는 모습을 상상해 보자. 『*Exercises in Style*』(1981 [1947])에서 레몽 크노는 이 보통의 일상적인 사건을 완전히 다른 99가지 방식으로 표현할 수 있다는 것을 보여 준다. 가령, 버스 타기를 한 편의 시(소네트), 하나의 악보, 항의 서한, 논리적 주장, 심리 분석 등으로 표현하는 것이다. 또한 색상, 질감, 크기, 개성 등 버스 타기를 둘러싼 다른 측면을 강조하는 다양한 서사를 제시한다. 이 책을 처음부터 끝까지 읽고 나면 어리둥절하게 된다. 이는 도전적인 질문을 던진다. 이 버스 타기를 가장 잘 나타내는 글쓰기 스타일은 무엇인가? 그 이유는 무엇인가? 그러나 독자들은 99개의 설명 중 어느 것도 이 일상적인 사건의 핵심에 도달하지 못했다는 느낌을 갖게 된다.

(2) 페렉의 카페에서의 전망

『공간의 종류들(*Species of Spaces*)』(1999 [1974]: 50-53)에서 조르주 페렉은 독자들에게 동네 카페에 앉아 '거리를 관찰하라'고 도발한다. 페렉의 지시에 따라 독자는 직접 시도해 볼 수 있다. "시간을 내어 … 볼 수 있는 것을 기록하세요. 주목할 만한 일이 일어나고 있는지요? … 가장 관심이 없는 것, 가장 분명한 것, 가장 색깔이 없는 것을 글로 써 봅시다." 페렉은 이 연습을 시도한다. 그는 건물, 자동차, 도로 위의 포장, 조명, 담배, 표지판, 포스터, 쓰레기, 여성, 신발, 개, 새, 하수구, 케이블 등 세부 사항을 기록한다. 너무나 많아 결국 지치게 된다. 모든 걸 적으려고 시도해 보지만 불가능하다. 왜냐하면 점점 더 많은 일이 일어나고, 겉보기에 아무 사건이 없는 듯한 주변에서부터 더 많은 복잡성을 발견하게 된다. 페렉은 이 작업의 허무함을 깨닫고 좌절한다. 독자들은 그의 서술이 그의 주변에서 벌어지는 장면을 따라잡지 못하는 것을 보면서, 일상적인 장면에 관한 글이 모든 것을 충분히 '포착'할 수 없다는 느낌을 받는다.

다룰 수 있고 다루어야 하는가?

• 더 구체적으로 말해서, 위의 모두를 고려한다면 어떻게 일상생활에 관해 연구하고 글쓰기를 할 수 있는가?

문화지리학에서는 이른바 '비재현이론(NRT)'이라고 불리는 연구들이 위의 질문들을 직접적으로 다루어 왔다. 이 용어를 창안한 지리학자 나이절 스리프트(Nigel Thrift)는 비재현이론을 "사회과학을 재현과 해석에 대한 강조로부터 급진적으로 떼어내려는 시도"라고 묘사한다(Thrift, 2000c: 556). 실제 비재현이론은 서로 공통점이 없는 다

Box 9.8

재현의 위기를 구성하는 요소: 버스 정류장에서의 어느 (모자 쓴) 문화지리학자의 인터뷰

다음 장면을 상상해 보자. 모자를 쓴 한 명의 문화지리학자와 또 다른 남자가 버스를 기다리고 있다. 문화지리학자가 그에게 일상생활에 관해 이야기해 달라고 요청한다. 그 남자는 주변을 둘러보면서(A), 그가 보는 것을 문화지리학자에게 이야기한다(B). 문화지리학자는 듣는 내용을 토대로 메모를 작성한다(C). 그는 이 자료를 최종적으로 책으로 정리하며(D), 그 책은 대학 도서관에서 다른 사람들이 읽게 된다(E).

A부터 E까지의 단계는 대부분의 사회과학자들이 세계를 이해하고 표현하는 방법을 풍자적으로 묘사한 것이다. 관찰(A), 언어(B), 해석과 분석(C), 글쓰기와 보고(D) 그리고 읽기(E). 재현의 위기는 이들 각각의 표현과정이 잠재적으로 문제가 될 수 있다는 것을 지칭한다. 다음을 고려해 보자.

- (A) 자신의 일상적 맥락에서 항상 모든 것을 정확하게 관찰하는가? 관찰하는 모든 것을 항상 이해하는가? 일상생활에서 일어나는 많은 일은 주목하지 않고 지나가는 경우가 아닌가? 때로는 "아무 일도 (명확하게) 일어나지 않지만 뭔가 (불분명하게) 진행 중인 때가 있지 않는가?"(Seigworth and Gardiner, 2004: 140). 일상생활에서 얼마나 많은 부분이 (그에 대해 알지 못하거나 반대로 너무나 잘 알기 때문에) '비가시적'인

가(Law and Costa Marques, 2000)?

- (B) 단어는 (또는 모든 표현은) 일상생활을 완전히 설명할 수 있을까? 단어를 통해서 "실제로 매 순간 일상의 사항들을 실제 어떻게 처리하는지"를 체계적으로 포착할 수 있을까(Shotter 1997: 2)? 항상 자신이 하는 일과 이유를 정확하게 표현할 수 있을까? "(왜 그리고 무엇을 하고 있는지 정확하게 언급할 수 없는) 수많은 행동을 일관되게 설명할 수 없다. 그 순간에도 그리고 그 후에도. 왜냐하면 사람은 자신이 하고 있는 특정한 일에 정신이 팔려 있기 때문에"(Dewsbury, 2000: 474). 정말로 그렇지 않을까?

- (C) 관찰하는 것을 이해하려고 노력할 때 항상 100% 정확할까? 그 대상이 흥미롭지 않거나 관련이 없거나 명백하거나 도움 되지 않는 것처럼 보이기 때문에, 세계를 해석할 때 얼마나 많은 것을 놓치는가(Law, 2003)?

- (D) 세계, 생각, 경험을 이해 가능한 전통적인 서사로 옮길 때 얼마나 많은 것이 소실되는가? 이 과정에서 얼마나 많은 것이 '잘리거나' '무시되는가'(Harrison, 2002: 489)?

- (E) 다른 사람들은 항상 우리가 의도한 방식으로 메시지를 받는가? 가령, 여러분은 방금 읽은 것을 기억하고 이해했는가?

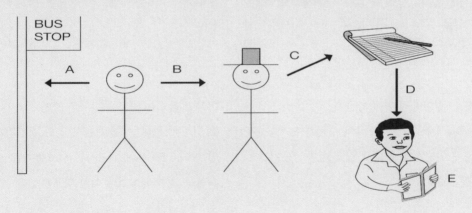

그림 9.1 재현의 위기를 구성하는 요소

원적인 철학적 작업을 아우르는 우산처럼 사용되는 용어다. 가령, 그림 9.2는 재현의 위기에 관심을 둔 지리학자들에게 중요하다고 생각되는 주요 사상가들을 개략적으로 보여준다. 이 그림에 나열된 각각의 사상가는 이런 맥락에서 훌륭하고, 도전적이며, 매력적인 저술을 남겼다. 만일 여러분이 이 주제와 관련된 주요 문헌과 수준 높은 자료를 탐색하고 싶다면, 이 중 어떤 사람일지라도 여러분의 주목을 받을 만한 가치가 있다.

스리프트에게 비재현이론은 "사회과학과 인문학의 노동자들에게 현재 거의 보이지 않는 세계의 주요 부분들에 대한 안내서"와 같다(Thrift, 1997: 128). 이는 다음의 상호 관련된 네 가지의 초점을 갖고 있다.

- 일상지리에 근본적이며 "특정한 지점에서 사람들의 행위를 타인과 자기 자신에게 형성"하는 "실천, 즉 평범한 일상적 실천(Thrift, 1997: 128)."

- 인간 경험의 **감정적, 정동적, 신체적** 측면(11장 및 12장 참조).
- 일상지리의 복잡한 공간적, 시간적 특성(13장 참조).
- 일상생활의 작은 부분들을 구성하는 **물질, 기술, 건축물** 등 복잡한 '존재의 기술(technologies of being)'(4장과 10장 참조).

비재현이론의 관심사와 비평은 인문지리학에 큰 영향을 끼쳤고 논란이 되었다. 10-13장에서는 위의 각 항목에 포함된 주요 아이디어를 더 자세히 소개한다. 많은 다른 문화지리학자들처럼 우리는 다음 장에서 논의되는 아이디어가 문화지리학에 근본적으로 중요하다고 (그리고 어떤 면에서는 계시적이기까지 하다고) 주장한다. 이러한 개념을 통해 적어도 문화 생산과 소비가 지니는 일상적 과정의 복잡성을 신중하게 생각할 수 있다. 그러나 다음 장에서는 신체, 감정, 사물, 공간성과 관련

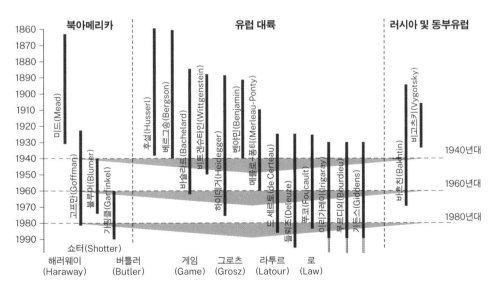

그림 9.2 비재현이론의 생애 연표
출처: Thrift, 1999: 303. Permissions granted by Nigel Thrift

된 개념들이 비단 '비재현지리학자'만의 전유물이 아니라는 것을 보여 주고자 한다. 실제로 이러한 개념에는 더 오랜 전통이 있고, 매우 다양한 사상적 교류를 통해 발전해 왔다.

요약

- 일상생활은 모든 인문지리학과 지리적 이슈의 근간이다. 그러나 인문지리학 내의 주요 텍스트와 접근은 대체로 일상생활을 간과해 왔다.
- 일상 공간, 실천 및 만남으로의 전환은 문화적 전환의 한 측면으로서, 학술 연구와 조사 주제로 부상했다. 이러한 일상지리에 집중함으로써 사회적, 문화적 이슈가 구체적으로 어떻게 작동하고 영향을 미치는지를 심도 있게 이해할 수 있다.
- 나아가 일상생활에 관한 글쓰기와 이론화를 시도함으로써, 학술 지식의 엘리트주의적 규범과 많은 전통적인 방법, 개념, 표현의 주요 한계가 무엇인지를 드러낼 수 있다.
- 일상생활은 '과정적 복잡성'과 '과잉'을 특징으로 한다. 즉, (1)일상지리는 형형색색의 복잡성과 세밀함을 지니고 있고(비록 이 복잡성은 흔히 당연시되곤 한다), (2)일상생활의 많은 부분은 우리의 이해를 초과하거나 벗어난다. '일상성'이라는 용어는 일상생활의 이러한 두 특징을 지칭하는 용어다.
- '일상성'은 '재현의 위기'로 나타난 핵심적인 철학적 질문을 유발한다. 비재현이론은 이 '위기'의 부상과 더불어 이러한 질문에 대한 답을 찾으려고 해 왔다.

 핵심 읽을거리

Anderson, B. and Harrison, P. (eds) (2010) *Taking-Place: Nonrepresentational theories and geography*, Ashgate, Farnham.
지리학자들이 자신의 연구에서 비재현이론의 중요성을 보여 주는 훌륭한 에세이 모음집. 나이절 스리프트와의 어렵지 않으면서도 재미있는 내용의 인터뷰가 포함되어 있다. 비재현이론의 발상과 주요 요소를 논의한다.

Clay, G. (1994) *Real Places: An unconventional guide to America's generic landscape*, University of Chicago Press, Chicago.
도시 계획 전문가인 클레이가 북미의 '일반적인' 도시 경관에서 우리가 쉽게 간과하는 공간과 특징을 매력적으로 소개하는 책. 백과사전식으로 구성되어 있다.

Highmore, B. (2002) *Everyday Life and Cultural Theory: An introduction*, Routledge, London.
일상생활에 관한 주요 이론가들과 그들의 개념을 쉽게 소개한 개론서. 독자들은 이 이론가들의 주요 원문에 접근할 수 있다.

Rigg, J. (2007) *An Everyday Geography of the Global South*, Routledge, London.
대부분 일상생활에 관한 연구는 저자와 주제 측면에서 글로벌 북반구의 '선진국'에 굳게 뿌리를 두어 왔다. 이 책은 오늘날 세계의 개발, 빈곤, 불평등의 지리를 이해하는 데 일상생활에 관한 지리적 이해가 중요하다는 점을 보여 주며, 대안적인 관점도 제시한다.

Rose, G. (1993) *Feminism and Geography: The limits of geographical knowledge*, University of Minnesota Press, Minneapolis.
일상생활과 일상 사건에 관한 지리학 연구를 요약한다. 특히 이 주제를 개척했으면서도 그간 간과되었던 페미니즘 지리학자들의 초창기 작업을 알 수 있는 유용한 정보원이다.

Sheringham, M. (2006) *Everyday Life: Theories and practices from Surrealism to the present*, Oxford University Press, Oxford.
일상성에 관한 주요 사상의 궤적을 자세하게 종합한 책으로, 위의 하이모어(Highmore)의 책이 소개하는 개념들을 더 심층적으로 이해하는 데 유용하다.

Valentine, G. (2001) *Social Geographies: Space and society*, Pearson, Harlow.
이 훌륭한 교과서는 다양한 사회 집단이 일상 공간을 어떻게 다르게 경험하는지를 사고하는 데 유용하다. 저자는 성차별주의와 이성애중심주의의 지리에 관한 자신의 연구를 토대로, 사회적, 공간적 배제가 서로 어떻게 관련되어 있는지를 설명한다.

물질

10.1 물건은 도처에 있다

9장에서 많은 인문지리학자들이 점차 자신의 연구에서 일상성(everydayness)에 주목한다는 것을 탐구했다. 일상성으로의 이러한 전환으로 인해 점차 많은 사람들이 물질적 대상의 현존과 중요성에 세심하게 주목하고 있다. 여기에는 사물, 상품, 도구, '잡동사니', 물건 등 일상생활과 지리 속의 모든 것이 포함된다. 잠시 하던 일을 멈추고 (이 장 서두에서 말한 것처럼) 주변을 돌아본다면, 자신이 누구든 그리고 어디에 있든 물질에 의해 다양한 방식으로 둘러싸여 있음을 알게 될 것이다(자신에게 정말로 중요한 것들도 있을 터이고, 미처 생각하지 못했던 것들이 있을 수도 있다).

이 장에서는 왜 많은 문화지리학자들이 물질적 대상에 초점을 두는지 세 가지 이유를 살펴보고, 이들이 연구에 이용하는 세 가지 개념을 소개한다. 우선, 여기서는 상품이 실제로 생산되는 과정과 공간을 이해하는 데 도움을 주는 '물건 따라가기'에 관한 연구를 강조한다. 상품 자본주의에 관한 카를 마르크스(Karl Marx)의 이론과 주요 개념을 소개하면서 상품 생산 배후의 지리적 과정을 비판적으로 살펴본다. 둘째, 공간, 사회적 실천, 의미, 정체성의 구성에서 물질적인 것의 중요성을 분석했던 지리학 연구를 살펴본다. 여기에서는 '물질문화' 연구 분야의 개념과 주요 용어를 소개한다. 셋째, '물질성' 연구를 통해 많은 지리학자들이 '사이보그'나 '행위자-네트워크'와 같은 개념과의 관련 속에서 '인문지리학' 그 자체를 어떻게 새롭게 사유하게 되었는지를 강조한다.

또한, 이 장 곳곳에는 저자가 이 책을 집필하던 당시 책상 위에 있던 물건들에 관한 짧은 이야기들이 흩어져 있다. 이 이야기를 통해 물질적 대상이 (비록 겉보기에는 진부하고 일상의 잡동사니일지라도) 복잡하고 중요한 (그리고 그간 종종 간과되어 온) 문화지리적 이슈와 문제를 드러내고자 한다. 이 장의 숙독에 앞서 Box 10.1, 10.3, 10.8을 읽어 본다면, 저자가 제기하려는 이슈와 문제가 어떤 것인지 맛볼 수 있을 것이다.

10.2 '물건 따라가기'와 마르크스 유물론

인문지리 연구에서 물질적 대상의 중요성에 대해 가르치고 글을 쓰면서, 이따금 프랑스의 사회이론가 브뤼노 라투르의 멋진 인용구인 "사물을 생각하라, 그러면 인간을 떠올릴 것이다. 인간을 생각하라, 그러면 그 행위 자체로 사물에 관여하게 될 것이다(Latour, 2000: 20)."를 떠올리곤 한다(10.4절 및 9장 참조). 라투르의 코멘트는 일상생활에서 물질적 대상이 (당연하게도) 중심적이라는 것을 단적으로 보여 준다. 물질적인 것은 인문지리학에 언제나 존재하며 중요하다. 그럼에도 이런 사실이 간과되거나 언급되지 않는 경우도 비일비재하다. 우리는 언제나 물질을 통해서 또는 물질과 함께 일을 한다. 물질적 대상은 모든 활동에 핵심적이며 우리의 체험을 구성하는 요소이다. 이를 눈치채든 아니든 말이다. 그러나 지리학 연구에서는 물질적 대상의 중요성이 그간 간과되어 온 것이 사실이다. 그렇기 때문에 일상의 물질에 초점을 둠으로써 새로운 사실을 발견할 때가 많다.

물질적 대상에 초점을 둠으로써 새로운 지리적 이슈를 이해할 수 있는 한 가지 방식은 특정 상품이 어떻게 생산되는지를 탐구하는 것이다. 이 점에서 지리학자 이안 쿡(Ian Cook)의 연구는 상당한 영향력이 있기에 이를 읽어보기를 추천하고 싶다. 쿡의 작업 방식은 오늘날 서구 사회에서 매우 평범한 상품이나 음식의 생산을 추적하는 것이다. 여기에는 양말, 바나나, 휴대폰, 파파야, 한 잔의 차 등이 포함된다. 그는 다위치적 민족기술지 연구(multi-site ethnographic research)를 통해서 이러한 상품을 역추적해 생산의 과정과 공간을 들추어 낸다. 이를 통해 이안은 모든 상품 배후에 숨겨진 이야기, 사람, 생산 과정을 생각하도록 독자를 이끈다. 어떠한 '메이드인' 상표이든 아니면 어떠한 성분 목록이든, 이는 "지리적 추적 연구의 출발점"이 될 수 있으며, 이는 모든 지리적, 정치적, 환경적, 경제적 이슈를 밝혀 내는 시작점이 될 수 있

Box 10.1

책상 위의 물건 제1호: 휴대폰

사진 10.1 저자 책상 위의 휴대폰
출처: John Horton

사진 10.1은 저자의 휴대폰이다. 이 글을 쓰는 이 순간 손쉽게 내 손이 닿을 수 있는 책상 위에 놓여 있다.

이 휴대폰을 보자마자 여러분은 이 휴대폰과 그 주인에 대해 어떤 판단을 내리지 않았는가? 부인하지 마라. 이전에 가르친 한 학생은 '아, 맞아, 이 모델 기억나', '우리 아빠가 이걸 쓴 적이 있어.'라고 말한 적 있다. 휴대폰 주인은 이 모델이 저가의 구형 모델임을 알고 있지만, 그 사실에 크게 개의치 않는다. 그리고 그는 사람들이 최신 모델의 휴대폰을 갖는 데 얼마나 신경을 쓸지 그리고 그것이 자신의 정체성에 얼마나 중요할지에 대해 잠시 생각해 본다. (그러나 자랑스럽게도 최신형 휴대폰을 갖지 않은 것이 그가 구성한 자기 정체성의 일부이므로, 어쩌면 그는 어느 정도 신경 쓰고 있음이 틀림없다. 잠시 곁길로 샜다. … 3장과 8장에서 말한 바와 같이, **정체성**은 복잡한 실천이다.) 그는 자기 휴대폰을 책상 위에 두고 가족으로부터 온 문자를 확인하거나 뉴스가 없는지 확인하는 것을 즐긴다.

그리피스 등은 휴대폰의 생산을 추적할 수 있는 몇몇 훌륭한 단서들을 제공한 바 있다(Griffiths *et al.*, 2009). '물건 따라가기'의 실험에서와 같이, 사진 9.1의 휴대폰 주인은 이를 활용해서 특정 휴대폰이 어디서, 어떻게, 어떤 조건에서 생산되었는지를 추적했다. 그 과정은 어려웠다. 특히 휴대폰은 매우 많은 부품으로 구성되어 있으며, 각각의 부품은 저마다의 이야기와 '전기(biography)'를 갖고 있다(9.3절 참조). 그러나 이 하나의 상품을 만드는 데 관여되어 있는 생산 과정의 일부를 지도화하는 것은 가능했다.

- **플라스틱 케이스**: 원료는 에콰도르, 러시아, 사우디아라비아의 원유에서 유래했다. 원유는 중국 및 멕시코에서 정제되었고, 이는 다시 주조를 위해 중국으로 운송되었다. 플라스틱 케이스는 서부 유럽의 항구로 운송되었고, 최종 조립을 위해 다시 헝가리와 폴란드의 항구로 운송되었다.
- **배터리**: 칠레, 일본, 미국에서 채굴된 카드뮴, 니켈, 리튬으로 만들어졌음. 멕시코 공장에서 조립된 후 서

부 유럽의 항구로 운송되고, 다시 헝가리, 폴란드, 핀란드의 항구로 보내져 최종 조립 단계에 투입된다.

- **스피커와 마이크**: 태국에서 원료를 구한 후 말레이시아에 있는 10개의 공급업체로부터 전기 부품을 공급받는다. 재료와 전기 부품은 다시 중국의 공장으로 운반되어 최종 조립된다.
- **회로 기판**: 전기 부품은 말레이시아, 대만, 일본의 5개 공장에서 생산된다. 최종 조립을 위해 중국의 공장으로 운반된다.
- **전기 부품용 금속**: 남아프리카공화국, 칠레, 콩고민주공화국으로부터 원료가 채굴된 후 동남아시아로 운송된다.
- **화면, 버튼, 카메라 렌즈**: 에콰도르의 정유 공장에서 원료가 만들어진다. 멕시코 공장에서 생산된 부품은 서부 유럽으로 운반되고, 이는 다시 헝가리, 폴란드, 핀란드로 옮겨져 최종 조립에 투입된다.

그리피스 등이 강조한 것처럼 이 상품 사슬을 세계지도 위에 그릴 수 있다. (한번 시도해 보라!) 지도를 그려 보면 위의 생산 활동은 중국, 동남아시아, 멕시코 등 일부 지역에 조밀한 클러스터를 형성하고 있음을 알 수 있다. 이러한 지역에 위치한 휴대폰이나 전자제품 공장의 노동 조건이 어떠한지를 자선단체나 NGO의 보고서를 통해서 알아 보자(사례로 CAFOD, 2009를 참조할 것). 이러한 보고서를 통해 일상용품이 매우 놀랍고 불편한 조건에서 생산된다는 것을 알 수 있다. 특히 저임금, 장시간 노동, 비좁고 더러운 공장 공간, 위험하고 건강에 해로운 노동환경, 그리고 정말로 심리적, 육체적으로 매우 무섭고 착취적인 조건에서 말이다. 이러한 연구를 읽는 것은, 내 책상 위의 휴대폰과 저기 멀리의 노동자 삶 간의 연계를 이해할 수 있는 시작점이라는 점에서 매우 도전적인 일이다.

여러분은 그리피스 등이 제시한 자료를 기반으로 또는 웹사이트(www.followthethings.com)를 방문해 마찬가지 방식으로 자기 휴대폰의 생산을 지도화할 수 있다.

다(Cook *et al.*, 2007: 80). 가령 Box 10.1의 경우에는 휴대폰의 생산을 추적한 것인데, 쿡의 웹사이트(www.followthethings.com)를 방문하면 다른 사례들도 찾아 볼 수 있다.

쿡이 '물건 따라가기'라고 명명한 이러한 연구는, 2장과 3장에서 살펴보았던 문화의 생산과 소비라는 좀 더 넓은 문제에 훨씬 참여적이고 긴밀한 방식으로 접근할 수 있다(10.3절의 물질문화에 관한 논의를 참조할 것). 특히, 여기의 사물이 저기의 사람들에 의해 그러한 조건에서 생산되었다는 점을 통렬하게 배우면서도 깊은 사고를 더할 수 있다(예를 들어, Box 10.1에서처럼 내 휴대폰이 저 사람들에 의해 그런 조건에서 생산되었다는 것을 알고 난 후에는 마음이 편치 않다). '물건 따라가기'는 새롭고

비판적인 방식으로 세상을 볼 수 있도록 촉진한다. 사람들의 이야기와 실제 공간이 상품 생산과 어떻게 얽혀 있는지를 배우고자 하는 새로운 욕망을 일으킨다. 지금껏 당연시되던 물질적 내상에 대해 잠시 멈추어 새로운 질문을 제기하도록 만든다. 소설가 리아 코언(Leah Hager Cohen)은 이러한 '사물-따라가기'의 마음가짐을 아래와 같이 아름답게 묘사하고 있다(Cohen, 1997: 13-14).

오늘날 대부분의 사물은 박스에 포장되어 리본으로 봉인되어 있다. 이들의 기원이 봉인 풀리기를 … 그 속에 담긴 사람과 노동과 삶에 관한 이야기가 들리기를 원한다. … 유리, 종이, 콩, 스냅드래곤, 양초, 면허, 캐러멜 시럽, 재즈, 장갑 … 신발 끈,

손톱깎이, 잼, 우표, 마늘, 제빙용 접시 … 보도를 만든 시멘트. 수도꼭지에서 흘러나오는 수돗물. 이 모든 것이 상품이며, 각각 지리와 시간, 공급과 수요, 원료, 시장의 힘, 사람을 모두 아우르는 이야기를 갖고 있다. 이름을 지닌 사람, 발가락, 상처, 임금, 공상, 기억. 내 손끝에 닿는 사물들을 바라본다. 문 손잡이, 수프 통조림, 입장권, 건포도 … '이 물건들이 누군가의 손을 거쳤을까? 노동자도 이 물건을 쥐어 봤을까?'라고 생각해 본다.

'물건 따라가기'가 종종 쉽지 않은 데에는 두 가지 이유가 있다.

- 일반적으로 이러한 연구는 상품의 생산자와 그 작업 환경으로부터 얼마나 떨어져 있는지를 강조한다.
- 특히 이러한 탐구 방식은 일상적으로 사용하는 많은 물건과 연관된 심층적인 문제와 착취적인 과정 그리고 그 지리에 대해 얼마나 무지한지를 드러낸다.

여러분이 이 장 초반에서 제시한 질문에 대한 답을 찾다 보면(Box 10.1과 이 책의 생산에 대해 기술했던 2.1절의 내용에서 제시된 바와 같이), 일상용품이 어떻게 생산되는지에 관한 지식에는 상당한 격차가 있다는 것을 알게 될 것이다. 사람들은 일상을 살아가면서 습관적으로 일상용품과 상품이 어떻게, 어디에서, 어떤 상태에서 생산되어 지금과 같이 우리에게 온 것인지를 무시하는 경향이 있다. 이와 관련해 많은 상품의 '무언(無言)'에 관한 다음의 인용 구절은 빈번히 언급되는 사례로

서, 하비(Harvey)의 지적은 일상의 모든 종류의 물질적 대상에 똑같이 적용될 수 있을 것이다.

나는 이따금 지리학에 갓 입문한 학생들에게 직전에 먹었던 음식이 어디에서 온 것인지를 생각해 보게 한다. 음식을 만드는 데 소요된 모든 과정을 추적하는 것은, 상이한 사회관계와 생산 조건 아래 많은 장소에서 수행되고 있는 사회적 노동의 전체 세계가 어떻게 상호 의존하고 있는지를 보여 준다. … 그러나 우리는 음식을 우리의 식탁 위에 올려 둔 복잡한 생산의 지리와 그 시스템에 뿌리내린 수많은 사회관계에 대해 극도로 적은 지식만을 갖고 있다. … 상품을 쳐다보는 것만으로는 그 상품이 이탈리아 협동조합의 행복한 노동자들에 의해 생산되었는지, 남아프리카공화국의 인종차별적인 조건에서 심하게 착취당하고 있는 노동자에 의해 생산되었는지, 아니면 적절한 노동 및 임금 협약으로 보호를 받는 임금노동자에 의해 생산되었는지 알 길이 없다. 슈퍼마켓 선반 위에 진열된 포도는 말이 없다. 그 포도에 묻은 착취의 지문을 볼 수 없고 그 포도가 어디에서 왔는지 즉각적으로 말할 수도 없다.

-Harvey 1990: 422

오늘날 온라인 자료의 발달로 인해(www.followthethings.com을 참조할 것), 일상용품과 물건이 어떠한 복잡한 지리와 관계를 통해 생산되었는지를 알 수 있는 신뢰할 만한 정보에 많은 소비자들이 접근하는 것이 상대적으로 쉬워졌다. '물건 따라가기'에 관한 연구를 읽는 것은 우리에게는 어려운 경험이 될 수도 있다. 왜냐하면 Box 10.1

에서와 같이, 일상에서 사용하고 즐기는 상품의 생산 과정이 착취적이고 해로우며 열악한 노동 환경, 심히 의심스러운 기업의 행위들, 그리고 환경 파괴적인 생산 기술과 연관되어 있음을 보여 주는 방대한 증거들과 마주치기 때문이다.

마르크스주의 경제학에서 출발한 여러 개념들은 지리학자들이 물적 대상의 생산을 탐구하고 생산 체계나 정치에 대한 소비자의 무지함을 탐구하는 데 중요하다. 비록 마르크스의 『자본론 1권』은 상이한 사회적, 역사적 맥락에서 1867년에 출판되었지만, 오늘날 많은 문화지리학자들이 공통적으로 사용하고 있는 주요 아이디어들은 바로 이 책에서 기인한 것들이다. Box 10.2에서는 이 용어들을 정리해 보았다. 여러분은 문화의 생산과 정치에 관한 많은 지리학자들의 논의가 이들을 사용하고 있다는 것을 알 수 있을 것이다. 이 용어들은 문화 생산의 과정을 비판하고 분석하며 정치화하는 데 중요한 어휘들이다. 우리는 이를 통해 물질적 대상의 상품화, 상품의 물신화, 인간 노동의 물화와 소외 등의 이슈를 탐구할 수 있다(지리학자들은 '물건 따라가기'를 통해 상이한 맥락에서 이러한 이슈를 밝혀오고 있다).

Box 10.2

 ## 마르크스주의 유물론의 주요 개념

많은 지리학자나 사회과학자는 상품화나 물질적 대상에 관한 글을 쓸 때 마르크스(1976[1876])에게서 유래한 아래의 용어들을 당연시해 사용하는 경향이 있다.

- **유물론**(또는 역사유물론): 인류 역사의 발전 과정에서 생산수단, 노동 과정, 계급 관계, 경제 불평등의 '인과적 우위(causal primacy)'(곧, 이들이 절대적인 차원에서 중심적이고, 일차적이며, 중요한 영향력을 갖는다는 것을 의미함)에 대한 마르크스의 포괄적인 신념을 일컫는 광의의 용어.
- **가치**: 상품에 관한 저술에서 마르크스주의 이론가들은 아래의 용어들을 구별한다.
  - 가치(또는 '노동 가치'): 상품 제조에 소요되는 노동 시간, 원료, 도구의 화폐적 가치를 일컬음.
  - 사용 가치: 상품이 유용하고 소비자의 필요를 충족한다는 좀 더 질적인 의미에서 사용됨.
  - 교환 가치: 시장 내에서 잠재적으로 다른 상품을 획득할 수 있는 가치.
  - 가격: 특정 순간에 실제로 상품을 획득하는 데 요구되고 지급되는 값. 많은 비판가들이 강조하듯, 자본주의의 상품 생산자들은 상품의 교환 가치를 그에 대한 노동이나 사용 가치보다 높이려고 애쓴다.
- **상품화**: 상품을 창조하는 (그리고/또는 물질적 대상을 시장에 팔 수 있는 것으로 바꾸는) 과정. 이는 어떤 상품화된 물질적 대상을 규범으로 만드는 사회적, 시장적 맥락을 창조하는 것이기도 하다. 마르크스주의 비판에 따르면 이 과정은 대체로 아래의 방법을 통해 교환 가치를 극대화하려고 한다.
  - 노동 착취(예: 노동비를 낮추거나 노동 과정을 합리화하거나 이윤을 노동자와 공유하지 않는 방식 등).
  - 상품 생산자와 소비자의 분리(예: 최종 상품으로부터 생산자의 공정 흔적을 말끔히 지워버리는 것)와 이러한 착취의 노출이나 그에 대한 인식을 줄이는 것.
  - '허구적 필요(false needs)'의 촉진(예: 새로운 상품이 긴급한 사용 가치를 지닌 것처럼 만들거나 유용하지

않은 상품에 대한 욕망을 창출하는 것).

- **물신화**(Fetishism): 이 용어는 전통적으로 인류학의 용어로, 어떤 물질적 대상이 신성하거나 주술적인 힘을 갖고 있다고 생각하거나 의식이나 믿음 체계를 통해서 그러한 힘을 투여하는 것을 지칭함. 마르크스는 이 개념을 자본주의 사회에서 상품의 생산과 사용에 적용했다. 상품은 그것이 지닌 사용 가치를 훨씬 넘어선 주목할 만한 의미가 투여되는 방식에 의해 물신화된다(예를 들어 '반드시 가져야 할(must have)' 상품이나 특정한 선망(cachet), 어떤 브랜드에 부착된 가격표 등). 상품 물신화는 그 상품을 생산하는 노동과 관련되기보다는 소비자가 스스로 상품에 가치를 부여하는 것을 의미한다.

- **물화**(Reification): '무엇을 만들다'라는 의미를 지닌 라틴어 'res facere'에서 유래한 용어이다. 마르크스주의자들은 특정 사람들이 물질적 대상으로 간주되거나 특정한 과정이 마치 물질적 대상처럼 필수적이며 '꼭 그러한(just so)' 것으로 간주되는 것을 지칭한다. 특히 이 용어는 인간과 그 노동이 물질적 대상처럼 간주되는 (아마도 글로벌 상품 생산자의 대차대조표 속의 숫자로 재현되는 것처럼) 방식에 적용된다. 예를 들어, 이 장 여러 곳에서 언급하는 바와 같이, 우리는 일상적으로 사용하는 상품의 생산자에 대해 지극히 분리되고 제한된 정도의 이해만 하고 넘어간다. 따라서 '물건 따라가기' 연구는 상품 생산에 연관된 특수한 개인, 이야기, 공간을 들추어 낸다. 물화와 상품 물신화 결과는 동전의 양면과 같다. 상품이 점점 더 특별한 가치를 덧입게 될수록, 그 상품의 소비자는 점점 더 그 상품 배후의 노동 과정에 대한 사고로부터 멀어진다.

- **소외**: 마르크스주의 이론의 핵심 개념으로서 상품화 및 상품 물신화의 결과이다. 소외란 자신이 살아가는 세계 속에서 가지는 '낯선' 느낌이며, 마르크스는 소외가 자본주의 사회에서 특징적인 병폐라고 지적했다. 마르크스는 상품 생산자들이 겪는 다중적인 소외를 통렬하게 비판하면서 다음의 양상들을 지적했다.
  - 자기 노동의 산물로부터 멀어짐(예: 조립 라인의 노동자는 자기가 일한 완제품을 볼 수 없다).
  - 노동에 대한 대가로부터 멀어짐(앞서 언급한 바와 같이, 상품화로 인한 이윤은 그 상품을 실제로 만든 개인들과 잘 공유되지 않는다).
  - 생산 과정 그 자체가 따분해지고 행복하지 않으며 착취를 당함.
  - 자기 노동이 상품화의 시스템 속에서 어떻게 착취당하는지를 뼈아프지만 허무하게도 자각함.
  - 자기가 만드는 상품의 최종 소비자로부터 멀어짐.

'물건 따라가기'의 연구에는 집중이 필요하며 우리를 불편하게 하면서도, 아래의 사항들을 드러내어 더욱 깊은 사고를 촉진한다.

- 당연히 여기는 물질적 대상을 만드는 과정에서 '비가시적인', 숨겨진, 눈에 띄지 않는, 인정받지 못한 노동.
- 상품의 구매나 사용을 통해 "복잡하고 광범위한 사람 및 기계의 네트워크"와 연결되는 방식 (Cook et al., 2007: 80).
- 이러한 네트워크에서 종종 발견되는 착취, 비윤리적 실천, 환경 파괴의 형태.
- "오늘날 세계에서 다른 사람 및 장소의 삶과 경관과 (불가피하게 그리고 더 긴밀하게) 연결되는 방식(Desforges, 2004: 1)."
- 소비자로서 멀리 떨어진 낯선 사람들에 대해 가져야 하는 책임감. "이 이야기는 … 부지불식간에 착취의 과정에 참여하고 있는 사람들에게 도덕적, 윤리적 문제를 제기한다(Cook, 2005: 3)."

책상 위의 물건 제2호: '원숭이' 사진

Box 10.3

사진 10.2 엄마와 원숭이와 함께 찍은 필자의 사진
출처: John Horton

이 책의 한 저자는 책상 옆면에 복사본 사진 한 장을 꽂아 두었다. 원숭이 인형을 손에 든 아이를 안고 있는 여성의 모습이다. 사진의 배경은 1970년대 후반 어느 즈음 런던 템스강 강변이다(사진 10.2). 저자는 물질적 대상의 중요성에 대해 강연할 때 이 사진을 빈번히 이용해 왔다. 공간을(이 경우에는 사무 공간을) 좀 더 집답게 만드는 데 가족사진을 활용한 사례이기도 하며(Box 10.4 참조), 특정한 물질적 대상이나 상품에 부여된 감정이나 기억에 관해 말할 때 활용하기도 한다. 왜냐하면 저자는 '원숭이'를 떠올릴 때마다 고통 어린 향수와 슬픔을 생생하게 느끼기 때문이다. 저자가 부둥켜안은 원숭이 인형의 길이는 6인치이고, 옅은 오렌지 갈색이며, 몸은 털실로 만들어져 있고 얼굴은 부드러운 벨벳으로 되어 있으며, 파란색의 작은 나비넥타이를 하고 있다. 저자가 태어난 후에 부모님이 선물로 사 준 원숭이 인형이었다. 매우 어렸을 때 저자는 늘 원숭이와 함께 다녔다. 공원에서든, 침대에서든, 병원에서든, 소풍을 가든, 아니면 휴일이든 말이다. 그리고 원숭이의 손목에는 저자의 손목에 걸린 것과 똑같은 띠가 매어져 있었다.

이따금 저자와 그 가족들은 이 사진을 슬픔 어린 미소로 바라보곤 한다. 이 나날이의 여러 측면들을 더 이상 기억하기 어려워졌기 때문이다. 가족들은 당시 무엇을 했는지, 어떤 장소를 보았는지, 사진 속의 추운 겨울 날씨 속에서 무엇을 느꼈는지 더 이상 기억하지 못한다. 한 가지 뚜렷하게 기억하는 것은 이 사진을 찍었던 휴일이 '바로 원숭이 인형을 잃어버린 휴일'이라는 사실이다. 그 후로 다시는 원숭이 인형을 보지 못했다. 가족들은 이날을 생생하게 기억하고 있다. 분명 호텔 방 침대에 놔두었는데, 다시 외출 후 돌아와 보니 원숭이 인형이 없어진 것이다. 누군가 훔쳐 갔을 수도 있고, 청소 직원의 실수로 침대 시트에 싸여 갔을 수도 있다. 저자는 충격을 받았던 것으로 기억한다. 울지 않으려 했고, 욕실로 달려가서 원숭이의 무사 귀환을 위해 기도했다. 그 사이 호텔 매니저는 원숭이 인형을 찾기 위해 백방으로 쫓아다녔다. 그러나 원숭이 인형이 다시 돌아오지는 않았다. 이후 몇 년간 저자의 인생에서 가장 슬펐던 날은 바로 이날이었다.

원숭이의 이야기는 저자 가족사의 일부로, 대량 생

산된 물질적 대상이 어떻게 특별한 의미를 가질 수 있는 지를 보여 준다(그 원숭이 인형은 단지 원숭이 인형이 아니라 원숭이(Monkey)였다). 10년이라는 세월이 지난 후에도 원숭이 인형은 생생한 기억과 추억과 감정을 불러일으킨다. 또 원숭이 인형은 서구의 많은 가족에게 사진이 어떻게 사용되는지를 보여 준다(Box 10.4 참조). 사진 10.2의 이미지를 생산하려면, 특정한 사진첩(집 벽장에 꽂혀 있으며 주로 시간 순으로 사진을 저장해 둔 앨범임)으로

부터 원본 사진을 매우 조심스럽게 뜯어 내야 하고 스캔을 한 후에 다시 사진첩에 꽂아 둔다. 이 사진은 특별한 사건이나 장소를 생각하게 하고 옛날 이야기를 다시 꺼낼 수 있게 하므로 가족들은 사진첩 꺼내 보기를 사랑한다. 원숭이 인형 사진을 볼 때마다 슬픈 한숨과 가엾은 미소를 띤 누군가가 "오, 불쌍한 원숭이. 지금쯤 어디에 있을지 궁금하다."고 속삭인다.

10.3 유의미한 사물과 물질문화 연구

앞 절에서는 인문지리가 물질적 대상으로 가득하다는 특징이 있음을 (그럼에도 이러한 물질적 대상의 존재나 유래는 간과되곤 한다는 점을) 살펴보았다. 이와 더불어 물질적 대상은 사람들에게 실제로 중요한 것이 사실이다. 물질적 대상은 어떤 일을 가능하게 한다(이 또한 우리가 당연시하는 것이기도 하다). 우리가 물질적 대상을 중요시하는 이유는 매우 다양하다. 우리는 특정한 사물을 걱정하며, 그것이 없을 때 혼란을 느낀다(Box 10.3의 '원숭이'에 관한 슬픈 이야기를 참조할 것).

물질적 대상은 다양한 의미와 가치를 지닌다. 이들이 지니는 중요성은 실용적일 수도 있고(Box 10.1의 경우 휴대폰은 멀리 떨어진 가족 간의 의사소통을 촉진한다), 감정적이거나 감성적일 수도 있고 (Box 10.3에서처럼 사진은 특정한 기억을 불러일으킨다), 상징적일 수도 있고(특정 물질적 대상을 소유하는 것은 자신에 대해 '무엇을 말하는 것'이기도 하다), 경제적일 수도 있고(어떤 물질적 대상이 '얼마의' 가치가 있는지 아니면 어떠한 경제적 성공을 가져오는지의 측면에서), 아니면 위의 모든 것을 포괄할 수

도 있다. 특정 물질적 대상이 우리에게 갖는 중요성을 생각해 봄으로써, 우리는 물질이 공간(13장)과 정체성(3장 및 8장)의 구성에 중요한 역할을 한다는 것을 알 수 있다. 크레스웰이 자신의 책 『장소(*Place: A Short Introduction*)』 서문에서 말하는 것처럼, 사람들은 사물을 이용함으로써 공간을 개조하거나 좀 더 편안하고 '집에 있는 듯한' 느낌을 만들곤 (그리고 그렇게 함으로써 스스로 물질적 자취를 남기곤) 한다(Cresswell, 2004: 2).

어떤 공간에 맨 처음 왔을 때를 머릿속에 떠올려 보자. 대학 기숙사가 좋은 사례일 것이다. 그곳은 특정한 마루 공간을 갖고 있을 것이고 특정한 분위기를 자아낼 것이다. 방에는 침대, 책상, 서랍, 벽장 같은 몇몇 기본적인 가구들이 있을 수도 있다. … 이는 기숙사 내 모든 방에 공통적일 것이다. … 자 이제 무엇을 하는가? 공통의 전략은 공간이 당신에게 무엇인가를 말하게끔 만드는 것이다. 당신이 갖고 있는 것을 추가하고, 한정된 공간 속에서 가구를 재배치하고, 벽에 포스터를 붙이고, 책상 위에 책을 가지런히 정리한다. 이처럼 공간은 장소가 된다. 자신만의 장소 말이다.

집에 관심이 있는 지리학자들이나 **건축지리** 분야에서는, 이처럼 공간을 집답게, 편안하게, 기능적으로 만들거나 공간을 다른 사람 및 장소와 연결하는 데 물질적 대상이 얼마나 중요한지를 공통적으로 인식하고 있다(4장 참조). 인간이 주위를 습관적으로 자신에게 유의미한 (메모지, 장식물, 단장, 사진 등의) 물질적 대상으로 채우거나 아니면 특별한 실천이나 생활방식을 가능케 하는 물질적 대상으로 채운다는 것을 보여 주는 지리학 연구는 놀라울 정도로 많다. 예를 들어 가족사진과 연관된 활동에 관한 로즈(Rose)의 연구(Box 10.4), 영국 내 아시아계 여성의 집에서 물질적 대상이 얼마나 중요한지를 보여 주는 톨리아-켈리(Tolia-Kelly)의 연구(Box 10.5), 죽음 이후의 기념화 실천에 관한 할람과 하키(Hallam and Hockey)의 연구 등은 이 주제와 관련해서 각별히 영향력 있는 질적 자료를 제공한다. 이와 관련해 Box에 실린 일부 발췌 내용을 숙독하길 권한다. 이를 통해 여러분은 저자들의 연구를 좀 더 상세하게 알아보고 싶은 마음이 생길 것이다. 이러한 연구들은 다양한 주제를 다루고 있지만, 아래 사항들을 공통적으로 지적하고 있다.

- 물질적 대상은 (지극히 작은 물건이거나 겉보기에는 아무 상관이 없어 보이지만) 개인과 커뮤니티에 상당한 중요성을 갖고 있다.
- 물건과 관련된 공간적 실천은 개인의 정체성와 자아감 형성에 매우 중요하다(Box 10.4에서부터 10.6까지의 사례에서 나타나는 가족적 소속감, 디아스포라 커뮤니티, 슬픔이나 상실과 관련해서).

이 대목에서 이 책 곳곳에서 언급되고 있는 문화 소비와 정체성에 관한 논의와의 중요한 연결점을 찾아볼 수 있다. 우리가 3장과 8장에서 개관했던 것처럼, 특정 물건(예: 옷, 상품, 글 등)의 소유, 전시, 사용은 문화 정체성의 형성과 유지에 중요하다. 이는 깜짝 놀랄 정도로 하위문화적인 스타일로 나타날 수도 있고(3.4절 참조), 더 세련된 실천 방식을 통해 (예: Box 10.8의 콘택트렌즈 착용) 나타날 수도 있다.

물질적 대상의 중요성을 탐구하는 많은 지리학자는 '물질문화' 연구라고 알려진 개념과 접근 방식을 활용해 왔다. 공식적으로나 전통적으로, 이 용어는 물질적 대상에 초점을 둔 인류학적, 고고학적, 역사적 연구의 전통을 나타낸다(1장의 내용을 기억하겠지만, 전통적인 문화지리학자들은 바로 이런 의미의 물질문화에 관심을 가졌다). 더 최근에는 이 용어가 사회과학의 여러 분야에서 새롭게 '물질화된' 감각(sensibility)을 지칭하는 용어로 확장되었다(이 장에 요약된 지리학 연구는 이러한 감각의 일부이다). 셀리아 루리(Celia Lury)가 설명한 대로 '물질문화'라는 용어는 다음의 내용을 담고 있다(Lury, 1996).

- 문화는 언제나 물질적이다. 즉, 개인, 커뮤니티, 사회의 일상생활과 문화적 실천에서 물질적 대상은 물건의 내재적 또는 명시적인 중요성을 갖고 있다.
- 물질적 대상은 언제나 문화적이다. 즉, 특정한 시간과 장소에서 물질적 대상에는 일정한 규범, 의미, 가치가 부여된다.
- 이 두 가지 사실은 (즉, 문화의 물질적 성격과 물질

Box 10.4

 가내 공간의 가족사진에 관한 로즈의 연구

다음은 사우스이스트 잉글랜드의 엄마들에 관한 로즈의 연구에서 인용한 글이다(Rose, 2003).

> 네, 막 이사 왔어요. 이사를 오자마자 사진을 [가족사진을] 걸어두었답니다. 아시다시피 집처럼 느끼기 위해서 말이죠. (p.6)

> 제 생각으로는, 이들이 [가족사진이] 창가에 걸려 있어서 보게 되는 것 같아요. 어쩔 수 없이 보게 되죠. 밤에 커튼을 칠 때를 제외하면 말이죠. 단지 몇 초에 불과하지만 제 눈은 사진을 인식하게 되고, 그러면 저는 사진들을 유심히 바라보게 됩니다. (p.10)

로즈의 연구는 물질적 대상이 집다운 공간을 연출하는 데 얼마나 중요한지에 관한 수많은 이야기들로 가득하며, 가족사진이 '집을 가정으로 바꾸는' 과정에 얼마나 핵심적인지를 보여 준다. 위의 인용문에서처럼, 로즈는 가족사진이 새 집으로 이사한 후에 가장 먼저 하는 일이라는 것을 강조한다. 일상에서 여러 반복적인 소일을 할 동안 거의 잠재의식적이라고 할 정도로 잠시 '눈을 사로잡을 수 있는' 곳에 사진을 놓아둔다.

로즈의 주장에 따르면, 가족사진은 그 사진이 어떤 사진인가도 중요하지만 그 사진으로 무엇을 하는지도 중요하다(Rose, 2010을 참고할 것). 로즈는 이러한 활동이 고도로 젠더화되어 있다고 주장한다. (봉투, 앨범, 상자, 벽장 안에 있거나 디지털 파일로 저장돼 있는) 사진을 배열하고 정돈하며, 사진 틀에 끼우고, 전시하고, 패널에 붙이거나 핀으로 꽂고, 다른 가족이나 친구와 사진을 교환하는 등의 다양한 활동은 압도적으로 엄마의 몫으로 여겨진다. 로즈는 가족사진이 여러 측면에서 가족에게 중요하다는 것을 강조한다.

- 가족, 가족사 및 가족사 중 핵심 장면을 알 수 있도록 창조, '연출'한다.
- 가내 공간을 '확장'해 '집에 있는 듯한' 느낌을 갖게 한다(예를 들어 지갑에 사진을 갖고 다니거나 사무실에 사진을 꽂아 둔다).
- 가족 및 친구 네트워크를 유지한다(특히 사진 교환을 통해서).
- 지리적으로 멀리 떨어져 있음에도 불구하고 (사진을 공유하거나 보여 주거나 주고 받음으로써) '함께 있음'의 공간과 순간을 가능하게 한다.
- '의례적인' 가족적 실천(친척이나 조상의 이름을 사진 얼굴에 적어 두거나, 급속히 변하는 얼굴이나 장면을 기록하거나, 특별한 순간을 강조하거나 열거하는 등의 활동)을 촉진한다.

적 대상의 문화적 성격은) 서로 밀접하고 복잡하게 관련되어 있다. 그리고 이는 관습, 사회 구조, 지리적, 역사적 패턴 그리고 예술적, 종교적, 철학적 운동 등으로 나타난다.

아르준 아파두라이(Arjun Appadurai)와 이고르 코피토프(Igor Kopytoff) 같은 인류학자들은 물질 문화의 고전적 개념화를 추구한 인물들로서, '사용 중인 물건'과 '개인-사물 관계'에 관한 관심사를 다양한 연구 맥락에서 형성해 왔다. 루리가 기술한 바와 같이, 이러한 이론가들은 (1) '사회적 삶에는 사물이 있다'는 점과 이와 동시에 (2) '사물도 사회적 삶이 있다'는 점을 뚜렷이 밝히는 데 큰 영향을 끼쳤다(Lury, 1996).

영국의 아시아계 가구 내 소품들에 대한 톨리아-켈리의 연구

Box 10.5

디브야 톨리아-켈리(Divya Tolia-Kelly)는 런던 및 런던 북서쪽 일대를 대상으로 1970년대에 영국으로 이주해 온 아시아계 여성 집단에 대한 풍부한 질적 연구를 수행한 바 있다(Tolia-Kelly, 2004a; 2004b). 개별 및 집단 면담과 가정 방문을 통해서, 톨리아-켈리는 '집을 만드는 데' 물질적 대상이 (종교적 상징물, 장식, 사진, 기념품, 풍경화, 순례지에서 가져온 물건 등) 얼마나 중요한지를 보여 주었다. '집을 만든다'는 것은 다음의 활동과 연관되어 있다.

- 집을 편안하게 느낄 수 있게 만드는 것.
- 이주하고 몇 년 또는 수십 년이 지난 후에도 '집에 있는 것처럼' 느낄 수 있게 만드는 것.
- 정체성을 형성하거나 디아스포라 커뮤니티와 연결되어 있음을 보여 주는 것.

예를 들어, 톨리아-켈리는 힌두 여성의 집에서는 만디르(mandir)가 중요하다는 것을 밝혀냈다. 힌두교에서 만디르는 '집' 또는 '거처'라는 의미의 산스크리트어 'mandira'에 어원을 두는데, 특정한 신을 모시는 사원이나 사당을 지칭하는 용어다. 만디르는 거대한 규모의 기념비처럼 지어진 것도 있지만, 힌두 가정의 경우에는 집에 작은 만디르를 만들어 두는 것이 전통이다(집안의 벽장이나 캐비닛 또는 제사를 지내기 위한 특별한 방에 있는 경우가 많다).

톨리아-켈리는 만디르 내부의 종교적 상징물과 유물이 개인이나 가족의 소품의 '콜라주'로 둘러싸여 있는 모습을 기술한다. 이런 상징물과 유물에는 주로 머티스(murtis, 절을 할 때 사용하는 조각상으로 주로 순례지에서 가져온 것이 많음), 강가잘(gangajaal, 갠지스강 물을 담은 작은 병), 비부티(vibhuti, 절이나 순례지에서 가져온 향불의 재), 힌두 성직자의 이미지 등이 공통적으로 포함된다. 이에 따르면,

[만디르는] 신성하고 축복받은 물품들이 성장하도록 한다. 이는 신성한 종교적 물품이나 상징물에만 국한된 것이 아니다. … 사당은 중요한 가족적 물건을 보관하는 … 장소가 되어 간다. 조부, 증조모, 조모, 증조부 등 고인이 된 가족의 사진도 들어 있다. 사당은 친숙했던 순간이나 신성한 삶의 순간을 드러내는 물건들로 계속해서 쌓이면서 일종의 콜라주가 되어 간다. … 아버지한테서 받은 묵주, 결혼식 날 받았던 금붙이, … 결혼 전부터 집에 있었던 조개껍데기 … 등은 모두 사당 바깥에 가지런히 펼쳐져 있다. … 이따금 가족들은 사당에 편지를 놓아두기도 한다. 그리고 입사 지원서, 제안서, 상장, 여행 승차권을 놓기도 한다. 그래야 축복받는 여행이 될 수 있기 때문이다. 갓 태어난 아기, 첫 직장, 결혼 등 상징하는 물건 등을 통해 일생 단계의 굵직굵직한 통과 의례를 추적해 갈 수 있다. … 축하, 간구, 봉헌 등에 관한 지극히 개인적인 기도도 이루어진다. 이는 감동의 순간, 작은 물건, 원형의 물품, 순간, 연결을 상징하는 소품 등의 집합이다.

–Tolia-Kelly 2004a: 319

만디르는 이 과정을 통해 다음을 동시에 나타낸다.

- 종교적 상징물(인물, 이야기, 힌두 성전의 메시지 등)
- 종교적 관례(기도와 성찰을 위한 공간)
- 가족의 계보와 관계
- 특별한 순간(아버지로부터 묵주를 받는 이벤트)
- 커뮤니티에의 소속과 정체성(가족, 로컬 커뮤니티, 넓은 디아스포라 커뮤니티와의 연결이나 이와 연관된 의미를 나타내는 상징물)
- 과거, 현재, 미래의 여행(위에서 언급했던 '향후의 여행'의 사례 외에, 만디르와 연관된 물건을 통해 이주 이전의 집을 떠올릴 수도 있다.)

Box 10.6

묘지석의 장식에 관한 할람과 하키의 연구

할람과 하키는 슬픔과 기념, 과거와 현재의 과정에서 물질문화의 중요성을 탐색한다(Hallam and Hockey, 2001). 이들은 죽음에 대처하는 데 공통적으로 중요하게 간주되어 온 물질적 대상들이 엄청나게 광범위하다고 강조한다. 여기에는 기념비적인 물질적 축하(예: 전쟁기념관)에서부터 소규모의 기념 장소(예: 교통사고 희생자들을 위한 도로변의 추모 벤치나 추모비)와 장례 의식에 관련된 물질적 대상(예: 관, 묘비, 화환) 그리고 감정적인 슬픔을 유발하거나 위로의 기억을 일으키는 데 작은 물건들이 하는 역할(예: 죽은 조부모의 슬리퍼를 찾거나 그들의 집 옷장을 정리하는 것)까지도 포함된다(Maddrell, 2009b; Wylie 2009; Maddrell and Sidaway, 2010; Horton과 Kraftl, 2012a를 참조할 것).

죽음과 관련된 물질적 실천은 시간과 공간에 따라 상당히 다양하다. 가령, 사별 이후에 물질문화의 (변동적) 역할의 사례로서, 할람과 하키는 영국 노팅엄셔(Nottinghamshire)의 한 묘지를 방문한 방문객들이 남긴 물질적 대상을 관찰한다. 그들은 1990년대 이후 묘지를 방문한 사람들에 대해 다음과 같이 말한다.

점점 더 많은 사람들이 자신의 … 친척이나 친구를 기리기 위해서 묘지에 선물과 개인 소지품을 가져오고 있다. 머릿돌 주변에는 화분과 꽃병, 편지와 카드, 장난감과 작은 장식품, 장식용 풍차와 풍경(風磬), 작은 액자 안의 시, 랜턴과 촛대, 맥주캔 등이 가지런히 모여 있다.

–Hallam and Hockey 2001: 147

할람과 하키는 이러한 장식물과 관련해 각별히 중요하고 감동적인 점은 방문객들이 이러한 물질적 대상으로 무엇을 하는지에 있다고 주장한다. 그들은 방문자들이 다음과 같은 행동을 한다고 언급한다.

- 방문한 묘비 주변의 장식물을 자주 돌보고, 보수하고, 닦으며, 잡초를 뽑는다.
- 고인의 관심사, 취미 및 성격에 맞게 장식물을 재배치하고 추가한다.
- 물질적 대상을 이용해서 다른 방문객과 이야기를 나누며, 소소한 가족 이야기나 애도 경험을 서로 나눈다.
- 기념일, 휴일, 생일 및 중요한 날짜를 머릿돌 근처 진열대에 추가하거나 재배치해 기념한다.

물질적 대상(장난감, 꽃, 양초, 돌, 맥주캔 등)과의 이러한 실천을 통해 접촉, 돌봄, 성찰의 감정이 머릿돌 주변에서 유지된다. 할람과 하키는 이를 '생동감(liveliness)'이라고 부른다. 그들은 이러한 실천이 특히 어린이의 묘비 주변에서 강렬하고 유달리 크게 진열된 모습으로 나타난다고 언급한다.

위의 주장들을 하나씩 검토해 보자. 사회적 삶에는 사물이 있다는 첫 번째 관찰은, 물질적 대상이 사회관계와 상호작용에 얼마나 빈번하게 직접적으로 또는 은밀하게 관련되어 있는지를 묘사한다. 앞으로 (Box 10.4와 10.6에 명시적으로 나타나는 것처럼) 지위재(status objects)와 선물(gift objects)에 대해 논의할 터이지만, 물질적 대상은 사회적 관계 및 문화적 실천과 핵심적으로 관련되어 있다. 물질문화 이론가들은 사회 구조에서 물건의 중요성을 설명할 수 있는 용어들을 제공해 왔다. 가령, 쉬퍼와 그레이브스-브라운 같은 고고학자들은 물건의 다양한 기능을 설명하려고 시도해 왔으며, 어떤 물건이 사회에서 다음과 같이 다양한 기능을 한다는 점을 확인했다(Schiffer, 1992;

Graves-Brown, 2002).

- **기술적 기능**: 실용적 목적(예: 의자는 인체의 무게를 지탱한다).
- **사회적 기능**: 특정 유형의 사물은 더 광범위한 의미나 목적을 가질 수 있다(예: 특히 호화로운 디자이너 의자는 기술적 기능 외에도 소유자의 부와 지위를 상징화하고 뽐낼 수 있다).
- **이념적 기능**: 특정 물건은 더 광범위한 아이디어를 나타낼 수 있다(예: 왕좌는 편안한 의자가 될 수 있고 소유자의 부를 나타내기도 하지만, 왕권과 권력이라는 개념 자체를 상징화하기도 한다. 이는 '왕의 권력(the power of the throne)'과 같은 개념에서 명시적으로 나타난다).

이와 유사하게 인류학자 매크래컨은 정체성 형성이나 사회적 상호작용에서 중요한 역할을 하는 의식(ritual)에 물질적 대상이 사용되거나 활용될 수 있는 실천들을 아래와 같이 목록화한 바 있다(McCracken, 1988).

- **소유 의식**: 물건의 축적, 저장, 전시, 기획, 유지/보수와 관련된 활동, 특정 물건을 얻는 것은 **정체성 형성**에 중요할 수 있고(3장과 8장을 참고할 것), 특정 물건을 모으고 분류하는 것은 집과 개인 공간의 생산에서 중요한 작업이다(이 장의 다른 부분에서도 이를 논의하고 있다).
- **선물 의식**: 이 장의 후반부에서 설명하는 바와 같이, 선물의 선택, 제시, 교환, 수령과 관련된 활동은 개인 간 의사소통과 영향 발휘의 중요한 방식일 수 있다.

- **포기 의식**: 물건이나 공간의 의미를 '비우는' 활동(예: 이사 나갈 때 방을 비우거나 이사 들어와서 재단장하는 것)이나 이전에 물건에 부여된 의미를 지우는 활동(예: 어떤 물건이 더 이상 중요하지 않다고 자신을 설득해 그것을 버릴 수 있다고 생각하는 것)을 포함한다.

모든 지리학자가 이러한 용어를 활용하는 것은 아니지만, 지리학자에게 중요한 것은 사회 실천과 문화지리학에서 물질적 대상이 상당히 복잡하고 중요하다는 것을 인식하고 분석하는 과정이다(이점은 Box 10.4에서 10.6까지의 사례에서 뚜렷이 드러난다).

사물도 사회적 삶이 있다는 루리의 두 번째 논점은 직관적으로 와닿지 않을 수 있다(Lury, 1996). 이 장 전반부에 소개된 휴대전화, 원숭이 인형, 콘택트렌즈 용액 병 같은 물건에도 '사회적 삶'이 있다고 생각하는 것은 어리석은 것처럼 느껴질 수 있다. 그러나 물질문화 이론가들은 물질적 대상의 '생애사'나 '전기'에 주의를 기울이라고 촉구한다. 코피토프는 두 가지 의미에서 물건이 진기를 갖는다고 주장한다(Kopytoff, 1986).

- 개별 사물에는 특별한 생애사가 있다. 각각 특정한 방식으로 만들어지고 소유되고 사용되며, 특정 사람들에 의해 특정한 장소에서 사용된다(예: Box 10.3의 원숭이 인형 사진은 특정 부모에 의해 구매되어 특정 어린이에게 사랑받은 뒤 1970년대 어느 날 특정 런던 호텔에서 사라졌다).
- 더 넓게는 사물의 종류에는 사회적 역사가 있으며, 그 형태와 특성은 넓은 문화 역사적 변화를

반영한다(예: Box 10.3의 원숭이 인형은 '장난감 인형(cuddly toy)' 현상의 사례로 해석될 수 있는데, 이는 19세기 중반 이후 전 세계적으로 인기를 누리고 있다. 이는 초기 유년기의 발달과 밀접한 관련이 있는데, 그 대표적 형태는 아마도 당시『정글북』의 인기와 관련이 있을 것이다).

아파두라이는 '사물의 사회적 삶'에 관한 영향력 있는 논평을 통해, 이러한 종류의 개별적 또는 사회적 역사를 추적함으로써 다음과 같은 사실을 발견할 수 있다고 주장한다(Appadurai, 1986: 3-5).

상품은 사람과 마찬가지로 사회적인 삶을 지닌다. … 이들의 의미는 그 형태, 사용법, 궤적에 기록되어 있기 때문에 [우리는] 이를 직접 추적해야 한다. 오직 이러한 궤적의 분석을 통해서만 사물을 살아 있게 만드는 인간의 거래와 계산을 해석할 수 있다.

'사물 그 자체 따라가기'에 관한 아파두라이의 견해와 이를 통해 드러나는 물건의 사회적 '활기'에 대한 논의로 인해, 많은 지리학자는 저마다 다양한 맥락에서 '사용 중인 물건'과 '이동 중인 물건'에 주목해 논의를 전개해 나갔다(Bridge and Smith, 2003 참조). Box 10.4부터 10.6까지의 사례 연구와 이안 쿡의 '물건 따라가기'에 관한 작업(10.2절 참조)을 살펴보면 흥미로운 예시를 찾을 수 있다. 또 모든 인문지리학에서 물질적 대상의 중요성을 고려한다면, 자신이 관심 있는 특정 공간이나 지리적 문제를 찾아 그 속에서 물질적 대상의 중요성을 생각해 보길 권한다. 다음의 질문

은 물질문화 연구에서 도출된 주요 아이디어를 기반으로 한 것으로, 자신이 선택한 공간이나 문제와 관련해 사물의 중요성을 성찰하는 데 도움이 될 것이다.

• 어떤 물질적 대상이 가치가 있는가? 그 이유는 무엇인가?

이미 이 장에서 언급한 것처럼 물질적 대상은 금전적, 상징적, 정서적 가치를 가질 수 있다. 소비자에게 가치 있는 것일 수도 있고, 편안한 느낌을 갖게 하거나 정체성 형성에 도움이 될 수도 있다. 이외에도 여러 다른 방식으로 가치를 가질 수 있다. 물건이 가치를 획득하는 방식은 장소와 시간에 따라 상당히 다르다.

• 어떤 물질적 대상이 높은 지위를 갖는가?

특정 대상물의 상징적 지위(예: 새로운 '필수품')는 사회적 상호작용을 형성하는 데 깊게 작용할 수 있다. 작은 사례로 Box 10.1에서는 '구형' 휴대폰을 소지하는 것은 현대 영국의 소비문화에서 사회적 당혹스러움의 원인이 될 수 있다고 언급한다. 이처럼 수많은 가치 판단이 이루어지며, 우리가 소유한 물질적 대상(입는 옷, 운전하는 차, 구매한 물건, 구매할 수 없는 물건)은 정체성 형성과 사회적 배제에 중요한 기반이 될 수 있다.

• 물질적 대상은 사회적 실천과 관계에 어떻게 관여하는가?

오랫동안 인류학자들이 인식해 온 것처럼, 선물 주기, 편지 쓰기, 물건 빌려주기 같은 실천은 우정, 가족적 유대 및 사회관계를 유지하는 데 중요하

다. 일반적으로 이러한 실천은 문화적으로 특정한 의식적(ritual) 형식을 갖는다(예: 영국과 북미의 크리스마스 아침의 연례 의식). 좀 더 일반적으로 말하자면, 물질적 대상은 사회관계에서 중요한 중개자가 될 수 있다(소통을 편리하게 하는 전화기, 펜, 랩톱 컴퓨터 등의 중요성을 생각해 보자).

• 물질적 대상이 공간 형성에 얼마나 중요한가?
이미 언급한 것처럼, 물질적 대상은 집이나 책상 등 공간의 형성에 중요한 역할을 한다. 더 일반적으로 볼 때, 건축지리학자들이 분명히 지적하듯(4장 참조) 건축 재료의 특성과 구성 요소는 공간의 건축과 공간적 경험에 중요하다. 공간의 물질적 특성은 특정한 분위기를 조성하거나(11장 및 13장 참조), 행동에 영향을 주거나, 특정 이미지를 제시하거나, 일부 사람을 포함하고 다른 사람을 배제하기 위해 조작될 수 있다(간단한 예로 벽과 장애물 등의 건축적 특징을 생각해 보자).

• 어떤 유형의 물건이 감정이나 기억과 연결되어 있는가?
원숭이 이야기(Box 10.3)가 보여 주는 것처럼, 대량 생산된 물질적 대상에는 상당한 감정이 투여될 수 있고, 사진과 같은 물건은 다양한 기억을 불러일으킬 수 있다(Box 10.4 참조). 물질적 대상과 관련된 많은 일상적 실천은 이러한 종류의 기억 및 감정과 관련이 있다. 예를 들어, 장식품의 전시(Box 10.5), 기념물 관리(Box 10.6), 기념품 구매, 연인과의 선물 교환, '집' 만들기(앞서 언급한 크레스웰의 인용문 참조) 등이 있다.

• 물질적 대상은 어떻게 분류, 범주화되는가?
다음 인용문에서처럼 인간은 다양한 종류의 분류 작업을 수행한다. 물질적 대상이 어떻게 분류, 범주화되고 가치가 매겨지는지는 대개 개인적, 사회적 규범과 이상을 반영한다(예: 어떤 작업이 먼저 완료되어야 하는지 또는 어떤 물건이 전시되거나 전시되지 말아야 하는지에 대한 것).

분류는 인간적이다. … 인간은 모두 일상생활의 큰 부분을 분류 작업에 할애하며, 암묵적으로 다양한 분류 방법을 만들고 사용하곤 한다. 더러운 그릇을 깨끗한 그릇과 구분하고, 흰색 세탁물을 [색깔이 있는 세탁물과] 구분하며, 중요한 이메일을 … 전자 쓰레기와 구분한다. … 데스크톱 컴퓨터는 일반인의 혼란스러운 분류를 보여 준다. 어제 읽어야 할 논문이지만 작년부터 거기에 있었던 논문, 꼭 읽어야 할 오래된 학술지, 실제로 언젠가 읽힐 수도 있고 작년부터 거기에 있던 저널, 다양한 연구비 신청서, 세금 양식, 다양한 업무 관련 설문 및 양식 등 … 이미 읽은 이러한 표면들은 감정적 카드로 쌓여 있지만 아직은 버릴 수 없다. … 집, 학교, 직장의 모든 부분은 분류 체계를 나타낸다. 아이들에게 적합하지 않은 의약품은 더 안전한 의약품보다 높은 선반에 둔다. 참고서는 일요일에 가로세로 퍼즐을 푸는 곳 근처에 둔다. 문 열쇠는 색깔로 분류한다.
　　　　　　　　　　　　　　-Bowker and Star 1999: 1

• 대체로 눈에 띄지 않는 물질적 대상은 어떤 것들인가?
앳필드는 물질문화 연구 분야에서도 특정 종류의 물건은 보통 주목을 받지 못하거나 일상 공간에서 당연시되는 경향이 있다고 지적한다(Attfield, 2000). 문화적 맥락 내에서 놀랍고, 특별한 의미가 있고, 시각적으로 두드러지는 '유명한' 물건은 쉽게 알아차리고 탐구할 수 있지만, 앳필드는 이와는 다른 종류 물건을 찾아보라고 상기시킨다(그리고 시시각각 높은 지위를 갖춘 물건들이 '레이더를 벗어나거나' 쓸모없어지면 어떻게 되는지도 주목하라고 말한다).

- 어떤 물질적 대상이 원치 않는 폐기물이나 쓰레기로 취급될까?

이와 관련해 앳필드는 "우리가 가치를 두는 물건뿐만 아니라 쓰레기, 퇴적물, 버려진 물건들로부터도 많은 것을 배울 수 있다."고 주장한다(Attfield, 2000: xv). 그녀는 폐기물, 쓰레기, 더러움, 혼란 그리고 특정 맥락에서의 금기나 원치 않는 물건의 세계에 대한 지리적 관점에 관심을 가지라고 강조한다.

- 물질적 대상은 우리에게 광범위한 사회적 추세와 맥락에 대해 어떤 정보를 제공하는가?

많은 물질문화 연구가 주장했듯, 특정 종류의 물건의 사회적 역사는 넓은 문화적, 역사적 세계를 나타낼 수 있다. 예를 들어, 어린이에 관심을 가진 사회과학자들은 다른 역사 시대의 어린이를 위해 디자인된 침대, 의류, 장난감의 모습과 기능 변화 등을 어린이에 대한 사회적 태도 변화의 지표로 삼는다.

- 물질적 대상은 어떤 활동을 가능하게 하는가?

물질문화 연구의 중요한 기여 중 하나는, 물질적 대상이 모든 종류의 활동과 상호작용을 가능하게 하거나 '제공'하는 방법을 보여 주는 데 있다. 이미 논의한 대로 물질적 대상은 개인과 커뮤니티 사이의 중개자로서 역할을 한다. 또 도구, 장치, 상품, 건축 재료 같은 물질적 대상은 문자 그대로 모든 활동을 가능하게 한다. 마지막으로 시집 『축구돌(Football Stone)』이 잘 보여 주는 것처럼(Box 10.7), 물질적 대상은 놀이와 상상력을 가능하게 한다. 이 경우에는 교외의 거리를 축구 경기장으로 상상하는 힘을 발휘해 대규모 경기 분위기를 연출한다.

10.4 비인간지리와 이질적 물질성

10.2와 10.3절을 통해 드러난 두 가지 핵심 요점을 되풀이해 보자. 먼저, 우리는 일상지리에서 물질적 대상이 엄청나게 중요하다는 것을 확인했다. 그러나 이는 당연시되는 경향이 있고, 다른 것보다 중요하거나 문제가 있다고 보지 않는다.

우리는 물건과 가깝게 살아가고 있다. 우리는 그들을 당연시하고, 세탁기나 의자와의 관계를 어떤 문제로 여기지 않는다. 한 번 소유되면, 그 물건이 고장 나거나 다른 사람이 말하기 전까지는 그에 주목하지 않는다. 박물관에 전시되거나 이상한 맥락에서 등장하기 전까지, 그것이 문화적으로 독특하고 우리와 함께 사는 사람들처럼 생활의 일부라는 것에 주목하지 않는다. 일상은 대부분 다른 사람과 상호작용하는 것보다 물질적 대상과 상호작용하는 데 소비된다. 실제로 그들을 직접 다루지 않더

Box 10.7

 축구 돌: 물질적 대상이 제공하는 상상력 넘치는 놀이

사진 10.3 거리 위의 돌은 놀이와 상상을 가져올 수 있다.
출처: Pat Bond

집에 가는 길에, 땅 위에
작고 둥근 돌을 보았네
돌에 강한 일격을 가해봐
벽에 부딪히고 다시 돌아와
한 번 더 터치, 멋진 컨트롤
부드러운 태핑, 안정된 드리블
길 따라, 집으로 향해
계속해서 움직이는, 축구 돌
…

나는 달리기 시작해, 나는 스타
가로등 주위를 돌아, 차를 주시해
우편함을 지나 승리를 향해 내차기
강렬한 슛, 꼭 들어가야 해
심판이 큰 소리로 휘파람을 불면, 경기 끝
다음날을 위해 거기 두고 갈게
길을 따라, 집으로 향해
계속해서 움직여, 축구 돌

출처: 미상

라도, 물건과의 접촉은 지속적이고 친밀하며, 다른 사람과의 접촉보다 훨씬 많다(여러분이 앉아 있는 의자와 시야 내의 다양한 물건을 생각해 보라. 필요할 때 손 닿을 수 있는 반경 내에 있다).

-Dant, 1999: 15

실제로 물건은 도처에 있기에 물건이 세상을 형성하는 데 얼마나 중요한지 간과한다.

어떤 면에서 '사물'은 매우 자연스러운 측면이 있다. 사물은 항상 거기 있었던 것처럼 보이며, 벽과 문 같은 사물은 실제적으로 세계를 정의한다. 사물은 앉을 때 몸을 지탱해 주는 가구처럼 편재적(ubiquitous)이며, 우리의 발걸음을 이끌어 주는 길과 같다. 사물은 세상과 어떻게 관련되는지에 대한 방향을 제시한다.

-Attfield, 2000: 14

책상 위의 물건 제3호: 반쯤 빈 콘택트렌즈 용액 병

Box 10.8

사진 10.4 저자 책상 위의 콘택트렌즈 용액 병
출처: John Horton

저자 중 한 명은 책상 위에 120ml리 브랜드 있는 '가스 투과성 콘택트렌즈를 위한 전문 보호액' 병을 보관하고 있다(사진 10.4). 그는 렌즈 표면에 먼지나 유사한 물체가 끼었을 때 이 무색 액체를 콘택트렌즈에 몇 방울 떨어뜨려 사용한다(렌즈 착용자는 알겠지만 미세한 먼지 한 개처럼 아주 작은 물질이 얼마나 안구의 불편을 초래하는지 놀랍다). 그는 10대 후반부터 콘택트렌즈를 착용하고 있다. 안경 대신 콘택트렌즈를 착용하는 것은 그의 자신감과 **정체성**에 큰 영향을 미쳤다(8장 참조). 실제로 그는 과거에는 공공장소에서 안경을 쓰는 것을 부끄러워하고 수줍어했지만(Horton and Kraftl, 2006 참조), 이제는 그렇게 크게 신경 쓰지 않는다.

콘택트렌즈 착용은 매일 복잡하고(그리고 상당히 비용이 많이 드는) 다양한 장비와 제품(주로 액체 병)이 필요한 루틴을 수반한다. 렌즈 착용자들은 선호하는 렌즈 유형, 청소 방법, 안구 관리 기술에 대해 자세하고 확실한 의견을 갖고 있다(게다가 다시 말하지만, 렌즈 착용자들은 자기의 눈에 불편한 것을 다루는 데 매우 능숙해지고 익숙해진다. 비착용자들이 상상할 수 없고 혐오스러워하는 신체적 실천 방식을 개발한다). 그러나 저자는 거의 20년간 '전문 보호액'을 눈에 정기적으로 넣어 왔음에도, 이것이 실제로 무엇인지에 대해 생각해 본 적이 없다는 것을 깨달았다. 그래서 여기 재료 목록을 적어 보았다.

폴리아미노프로필 비구아니드, 염화헥시딘글루콘산염, 이산화탈칼슘, 폴리쿼터늄 10, 세포용체형 분자, 폴리비닐 알코올, 트리쿼터너리 인산지질, 유도된 폴리에틸렌 글리콜.

여기서는 쿡과 쿡 등의 연구를 기반으로 이 목록을 '지리적 추적 작업의 출발점'으로 사용하기로 했다(Cook, 2004; 2005, Cook et al., 2007). 솔직히 말해서 이는 화학적 이해와 용어에 대한 이해가 제한된 문화지리학자들에게는 어려운 일이다. 그러나 이러한 성분에 대한 정보를 온라인으로 검색하는 하루 동안, 몇 가지 사고를 유발하는 지리적 문제와 현상에 도달할 수 있었다.

첫째, 위 성분은 화학 화합물의 제조와 정제를 담당하는 거대한 글로벌 산업의 생산물임이 분명하다. 이 화학 물질 대부분은 연간 수백만 톤의 속도로 생산되고 수출되며, 특히 중국과 동남아시아에 생산 클러스터가 있다.

둘째, 이 물질이 어떻게, 어디서, 어떤 조건에서 생산되는지에 대한 정보를 찾는 것이 특히 어려웠다. 각 성분에 대한 명칭과 목록화 방식은 이들이 필수적이고 자연적으로 발생하는 요소임을 시사하지만, 이들이 실제로 무엇이며 생산 수단이 무엇인지에 대한 단서는 제공하지 않는다.

셋째, 이러한 성분에 관한 정보를 공유, 보관하는 다양한 온라인 소비자 포럼이 존재한다. 이러한 온라인 공

282 **3부** 문화지리학자를 위한 핵심 개념

간은 소비자들이 화장품, 의약품, 청소액, 샴푸, 식품 등의 일상 제품에서 특정 성분의 사용을 조회, 이해, 비평할 수 있게 한다.

넷째, 위와 같은 물질의 기원은 다소 지루하고 무감동한 화학적 명명법에 의해 숨겨져 있음에도 불구하고 주목할 만하다. 실제로, 이러한 성분 중 일부는 살아 있는 생물체에서 비롯된 것이다. 예를 들어, 폴리아미노프로필 비구아니드 생산에 사용되는 분자들은 상당히 아름다운 초목 식물(프랑스 백합)에서 비롯되었으며, 점착

제는 해조류나 세균의 세포벽에서 제조되며, 트리쿼터너리 인산지질은 코코아 식물에서 유래한 것이다. 특히, 이러한 물질의 화합물에는 저작권이 부여되었고, 제약 회사에 의해 그들이 붙인 상표명으로 판매되고 있다.

명백하게도 여기에는 많은 것들이 일어나고 있다. 그리고 심지어 이는 이 성분을 혼합하고, 병에 담고, 콘택트렌즈 자체를 제작하고 맞추고, 렌즈 용액 병을 제조하는 것을 아직 고려하기 전의 일이다. … 물건을 추적하려고 할수록 더 많은 질문이 제기된다.

둘째, '물건 따라가기'가 물질적 대상의 복잡한 생애와 생산 과정에 대한 관심을 끌고 있다는 점에 주목한다. Box 10.8은 이러한 유형의 복잡성에 대한 또 다른 사례다. 이를 사례로 글을 쓰려고 할 때, 병에 있는 간단한 성분 목록이 무수한 지리적 이야기로 이어질 수 있다는 점을 발견했다(Box 10.1 참조). 이는 밀러(Miller)가 '폭발적인' 나선형의 복잡성이라고 부르는 물질문화의 복잡성의 사례이다.

늘상 경험하는 다양한 사물의 거대한 세계를 생각하는 순간, 물질문화는 거의 순식간에 폭발한다. 일어나서 1시간 안에 실내 가구부터 시작해 … 의류 선택을 통해, 음식 섭취에 대한 도덕적 불안을 통해, 거대한 도시 건축물과 하부구조 시스템에 포함된 다양한 현대 교통수단을 통해 이동한다.

-Miller, 1998: 6

따라서 물질적 대상은 (1) 일상의 지리에 중요하고 (2) 복잡하다고 확언한다. 더군다나 물질문화의 많은 전문가는 오늘날 여러 맥락에서 물질

적 대상이 점점 더 중요해지고 복잡해지고 있다고 주장한다. 스콧 래시(Scott Lash) 같은 사회과학자들은 세계 많은 지역에서 점점 더 '기술적 생활 형식'이 나타난다고 주장했다. 이러한 지역에서는 상품과 기술이 많은 사람의 정체성과 생활 양식에 점점 더 중요해지고 있고(Lash, 2001) 이러한 상품과 기술이 더 복잡한 글로벌 생산 시스템을 통해 생성되고 있다고 주장한다(Lash and Lury, 2007).

많은 지리학자는 물질적 대상의 중요성과 복잡성이 인문지리학에 대해 새로운 사고를 요구한다고 주장한다. 이 주장은 아래의 네 가지 구성 요소로 요약할 수 있다. 지리학자들은 각 요소에 대해 좀 더 넓고 중요한 개념을 소개하고 있다. 이 맥락에서 '물질성(materiality)'이라는 용어가 복잡한 세계의 물질적 존재를 설명하기 위해 자주 사용된다.

(1) 포인트 1: 사물과 '비인간'은 행위를 되갚을 수 있다

오늘날 인문지리학을 비롯한 사회과학에서는 그동안 인간의 행위성을 지나치게 중시해 왔다는 주장이 널리 퍼져 있다. 즉, 대부분 사람이 하는 일에 초점을 두었고, 그 행동의 이유와 결과에 대해 지나치게 집중해 왔다는 것이다. 그러나 이러한 접근이 세계에 대한 지극히 제한적인 견해였다는 인식이 널리 확산되고 있다. 인간은 지리적 문제를 형성하고 영향을 미치는 유일한 존재가 아니다. 세계에서는 인간 이외 다른 형태의 행위성(이는 다소 서투르지만 '비인간 행위성'이라고 불린다)이 발생하고 있다. 즉, 인간 이외의 사물들이 무엇을 하고 공간에 영향을 미친다.

비인간 행위성의 가장 생생한 사례는 동물, 식물, 유기체에 관심을 가진 인문지리학자의 작업에서 찾을 수 있다. 실제 '동물지리학'에 전념한 사회·문화지리학 분야가 있다는 사실이 놀랍게 느껴질 수도 있을 것이다. 동물지리학자들은 동물들이 "인간이 그들에게 할당하려는 장소를 회피하는 경향"이 있다고 강조한다(Philo and Wilbert, 2000: 14). 애완동물을 키워 본 사람이나 가축과 함께 일해 본 사람들은 동물이 인간에게 상당한 일을 유발할 수 있다는 것을 알 것이다. 동물은 인간이 할 일을 요구할 수 있고, 그들이 사는 공간을 다양하게 바꿀 수 있고, '잘못된 행동'을 할 수도 있고, '행위를 되갚을 수 있고', 우리의 규칙과 경계를 넘어서기도 한다.

파일로(Philo)와 윌버트(Wilbert)는 이러한 종류의 위반을 보여 주는 직접적이고 급진적인 사례로서 1951년 1월 런던 동물원에서 우리를 탈출한 침팬지인 콜몬들리(Cholmondeley)를 든다(사진 10.5 참조). 결국 콜몬들리의 행동은 동물원 공간의 (사진 10.6처럼 이상화되어 있던) 깔끔한 울타리, 경계, 기대를 근본적으로 뒤섞었다.

그러나 이것이 비인간 행위성의 유일한 형태는 아니다. 생브리외만(St Brieuc Bay)의 가리비 사례처럼(Box 10.9), 덜 적극적인 생물도 지리적 맥락과 문제를 세밀하게 형성하는 데 중요할 수 있다. 생브리외만의 점진적으로 변화하는 가리비 생태계는 상당한 인간 활동과 행동 변화를 유발했다.

여기서 과연 이것을 실질적으로 행위성이라고 간주할 수 있는지 의문을 제기할 수 있다. 콜몬들리 침팬지는 탈출을 의도했을 수 있다(그러나 이 또한 확실하지는 않다. 아마도 그가 단지 잠시 겁을 먹은 것일지도 모른다). 그러나 가리비는 거의 확실히 자신이 해양 보전과 생물학적 발전에 기여한다고 생각하지 못할 것이다. 그럼에도 이러한 비인간은 환경을 형성하고 인간으로 하여금 무언가를 하도록 유도했다. 이 맥락에서 비인간은 종종 '행위소(actant)'라고 설명된다. 행위소는 영향을 미치고, 행동을 유도하며, 공간을 변형하지만, 이를 의도한 것은 아닐 수 있다(또는 사실 의도적인 행위 능력이나 개념이 없을 수도 있다).

어떤 지리학자들은 이 주장을 확장해서 나무 같은 식물의 '행위성'을 탐구했다(Cloke and Jones, 2004). 그리고 이러한 주장을 더욱 확장하면 완전한 비생물 물체도 행위자가 될 수 있다. 왜냐하면 효과를 가질 수 있고, 활동을 유발하며, 공간을 변형할 수 있기 때문이다. 그들이 '그저' 물건에 불과할지라도 말이다. 예를 들어, Box 10.10의 올빼

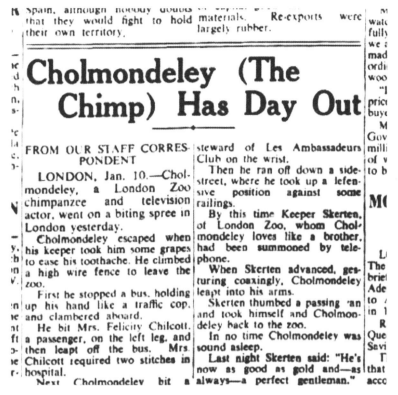

Cholmondeley (The Chimp) Has Day Out

FROM OUR STAFF CORRESPONDENT

LONDON, Jan. 10.—Cholmondeley, a London Zoo chimpanzee and television actor, went on a biting spree in London yesterday.

Cholmondeley escaped when his keeper took him some grapes to ease his toothache. He climbed a high wire fence to leave the zoo.

First he stopped a bus, holding up his hand like a traffic cop, and clambered aboard.

He bit Mrs. Felicity Chilcott, a passenger, on the left leg, and then leapt off the bus. Mrs. Chilcott required two stitches in hospital.

Next Cholmondeley bit a steward of Les Ambassadeurs Club on the wrist.

Then he ran off down a side-street, where he took up a defensive position against some railings.

By this time Keeper Skerten, of London Zoo, whom Cholmondeley loves like a brother, had been summoned by telephone.

When Skerten advanced, gesturing coaxingly, Cholmondeley leapt into his arms.

Skerten thumbed a passing 'an and took himself and Cholmondeley back to the zoo.

In no time Cholmondeley was sound asleep.

Last night Skerten said: "He's now as good as gold and—as always—a perfect gentleman."

사진 10.5 콜몬들리 침팬지에 관한 보도 기사

출처: Cholmondeley (The Chimp) Has Day Out, Sidney Morning Herald 11/01/1951, 3.

사진 10.6 1950년대 런던 동물원 관람지도

출처: 1950s visitor map of London Zoo, Zoo Guide © Published in 1958 by the Zoological Society of London.

Box 10.9

🌐 생브리외만의 가리비

사진 10.7 왕가리비(*Pecten maximus*)
출처: FLPA images of Nature/DP Wilson

브르타뉴의 생브리외만은 유럽에서 식용 가리비 어로의 주요 지역 중 하나다(사진 10.7). '행위자-네트워크 이론'의 고전적 사례로 인정받는 논문에서 미셸 칼롱(Michel Callon)은 "1974년 11월 브레스트 해양 연구소에서 열린 해양 생물학자의 한 회의장에서 … 몇 명의 연구원이 폐쇄된 공간에서 몇 개의 다이어그램과 몇 개의 숫자가 있는 표에 대해 논의한다"(Callon, 1986: 218). 이 다이어그램과 데이터는 상당한 영향을 미쳤다. 왜냐하면 이는 생브리외만에서의 새로운 어로 방법과 만을 위한 해양 보존 조치로 이어졌기 때문이다.

칼롱은 라투르(Latour)와 울거(Woolgar)의 『실험실 생활』과 비슷하게, 과학적 사실이 3명의 해양 생물학자(그리고 전문가들의 글로벌 네트워크), 지역 어민 조합의 선출직 대표자(그리고 노동자 및 지역 커뮤니티의 대표자들), (생물학자들의 실험에 사용되었던) 100개의 왕가리비 샘플, 수많은 실험실 장비(밀짚, 비, 이끼, 야자 섬유로 만든 그물 등) 등 다양한 행위자 간의 복잡한 상호작용을 통해 생산된다는 것을 보여 주었다.

이 (모든 복잡성으로부터 도출된) 다이어그램을 만들고 지역 어민에게 그 함의를 설득하는 것은 주로 해양 생물학자들이 수행했던 작업이었다. 더욱이 칼롱은 생브리외만의 가리비, 해양 생물학자, 어민의 상호작용은 훨씬 더 광범위한 상호 연결의 과정과 지리 중 지극히 일부에 불과하다는 것을 보여 준다. 예를 들어 생물학자, 어민, 가리비의 삶에 영향을 미친 원인에는, 노르망디와 생브리외만의 다양한 가리비 종류들의 생태적 적소(niche) 변화, 특정 생태적 적소에서의 포식성 가오리의 침입, 혹독한 겨울이 가리비 번식과 서식지에 미치는 영향, 어업 방법의 혁신, 지역 어민 사회에서의 노동관계, 노동조합의 정치와 지방정부의 행정 변화, 현대적 마케팅과 상업화와 관련된 프랑스의 가리비 소비자의 취향 변화(특히, 가리비가 성탄절에 더 인기 있으며, 가리비를 알과 함께 먹는 것이 더욱 풍미가 있음), 일부 지역에서 가리비 재고 감소 등이 연관되어 있다(그리고 이밖에도 더 나열할 수 있다). 칼롱의 주장은 해양 생물학자의 활동이 극도로 복잡한 상호 연결된 과정 중 일부에 불과하다는 것이다.

나아가 칼롱은 행위자−네트워크의 불안정한 성격과 관련해서 주목할 점도 제기한다. 과학적 데이터의 존재, 해양 생물학자들의 노력 그리고 지역 사회의 해양 보존 계획 시행 결정 등에도 불구하고 그 시행은 곧 무

산되었다고 언급한다. 해양 생물체의 복합적 질병, 포식자의 패턴 변화, 계절에 맞지 않는 조류 및 수온, 어민 조합 대표자의 변경, 지역 해양 보존 자금의 철회 등 복합적 조합으로 인해 이러한 계획이 처음 12개월 동안 '작동'하지 않았다고 설명한다.

 올빼미 오지

사진 10.8 올빼미 오지
출처: Stoke Potteries Museum

'오지(Ozzy)' 올빼미(사진 10.8)는 세계적으로 유명한 도자기 미술관인 영국 스토크온트렌트의 핸리시립미술관 (Hanley City Art Gallery)에 전시된 17세기 주전자이다.

이 미술관의 값비싼 영국 도자기 컬렉션은 1930년 대에 모아졌고, 미술관은 1979년에 현재의 형태로 개장되었다. 그러나 '오지'는 더 최근에 입수된 작품이다. 헤더링턴은 설득력 있는 논문을 통해 오지가 이 공간에 거주하게 된 과정을 설명한다(Hetherington, 1997: 206).

1990년 … 오지는 전국 뉴스를 장식했다. 오지는 노샘프턴에서 BBC TV의 '앤티크 로드쇼'에 등장했다. 이 쇼는 대중이 자신의 고미술품을 전문가에 의해 평가하고 가치를 매기는 오랜 프로그램이다. … 오지는 어떤 여성이 플라스틱 캐리어에 담아서 이 TV쇼에 가져왔는데, 그 여성의 가족은 1930년대에 버밍엄의 한 골동품 가게에서 싼값에 오지를 구입한 후 줄곧 소유하고 있던 것이었다. 그의 주인은 오지를 화분으로 사용하고 있었고, 평범하지만 사랑스럽다고 생각했다. … 전문가는 오지의 가치를 2만 파운드 이상으로 평가했다.

오지는 경매에서 판매되었고 도자기 미술관이 입수하게 되었다. 오지는 더 훌륭하고 비싸며 학술적, 역사적으로 중요한 수천 개의 유물들로 둘러싸였음에도 불구하고 미술관에서 가장 중요한 전시품이 되었다. 모든 홍보 자료에 등장하며, 헤더링턴이 기록한 대로 많은 방문객이 특별히 그를 보기 위해 찾아왔다. 오지는 비교적

작고 조잡하게 만들어졌지만, 그는 특유의 '카리스마'를 가지고 있었다. 이름이 있고, 유명세가 있고, '건방진' 미소가 있으며, 텔레비전에 출연했고, 매력적이고 겸손한 역사(고물상에서 구매되었고, 캐리어에 싸여 운반되었고, 화분으로 사용되었으며, 소유자의 사랑을 받음)를 지니고 있다.

헤더링턴은 이 매력적인 물건의 존재가 미술관의 공간을 변화시킨다고 설명한다. 많은 방문객이 오지에 이끌리며, 그들은 전시장의 의도된 시간 순서를 무시하고 맨 먼저 그를 방문한다. 그들은 미술관의 다른 곳에서는 볼 수 없는 방식으로 그와 '연결'된다. 그의 전시장 주변은 미소와 웃음소리가 흐른다. 많은 방문객은 미술관에서 기술적으로 가장 우수한 최고의 전시품을 무시하고 오지를 닮은 전시품을 찾는 것을 좋아한다. 따라서 헤더링턴은 비생물적인 물질적 대상이 공간을 변형하고 새로운 감정과 공간적 실천을 제공할 수 있다고 제안한다.

미 오지(Ozzy)는 작은 흙 병일 뿐이지만 전시된 갤러리 공간에 생기와 활기를 가져온다.

스리프트는 물질적인 것들이 '반작용(act back)' 할 수 있다는 인상적인 주장을 남긴 바 있다 (Thrift, 2000a). 예를 들어, 상품은 인간에 의해 만들어지고 사용될 수 있지만, 고장이 나거나 작동하지 않을 때 반작용한다. 고장 난 물질적인 대상(아마도 고장 난 휴대폰, 분실된 장난감, 모래 묻은 콘택트렌즈)은 영향을 줄 수 있고, 활동을 촉발하며, 공간을 변형할 수 있다. 비인간 행위성을 인정하는 것은, 인문지리가 항상 인간과 모든 비인간의 상호작용에 의해 '공동-조성'되는 것을 이해하는 것이다. 실제로 '인간 행위성'이 매우 복잡한 세계에서 다양한 행위 중 하나에 불과하다는 것을 인식할 수 있어야 한다(Whatmore, 2006).

(2) 포인트 2: '인문' 지리는 단지 인류에만 국한되지 않는다

이 장에서 이미 물질적 대상이 사회관계를 중재하는 데 얼마나 중요할 수 있는지 살펴보았다(예: 선물 교환이나 지위재를 통해). 그러나 포인트 1에서 언급한 것처럼, 비인간 행위성을 인정하려면 인문지리의 모든 부분에서 인간과 비인간이 (그리고 이들의 다양한 행위성 및 행위소가) 복잡하게 연관되어 있다는 것을 인식할 수 있어야 한다.

행위자-네트워크 이론(ANT)이라고 불리는 개념 체계는 이러한 관점에서 사고하는 지리학자에게 중요한 역할을 해 왔다. ANT는 세상을 바라보는 여러 방식 중 하나로서 "사회, 조직, 행위자, 기계 모두가 (단순히 인간뿐만이 아닌) 다양한 재료의 패턴화된 네트워크에서 생성된 결과임을 인정하는" 접근이다(Law, 1992: 2). 즉, 지리적 문제와 맥락은 (그리고 세계의 거의 모든 것은) 복잡하고 (ANT 용어를 사용하자면) 이질적인 인간과 비인간의 연합으로 이해된다. 이질적인 것은 비슷하지 않고, 구별되며, 여러 구성 요소로 이루어진 것을 의미한다(즉, 동질성의 반대임).

9장에서는 라투르와 울거의 저작 『실험실 생활』을 소개했다(Box 9.4 참조). 라투르는 ANT의 핵심적인 사상가로서, 실험실에 관한 그의 연구는 행위자-네트워크 이론의 초기 고전이다. 우리가 논의했던 대로, 『실험실 생활』은 과학적 '사실'을 생산하는 관행과 작업을 탐구한다. 라투르와 울거

(1987)는 여러 과학사학자들과 더불어, 과학적 지식은 반드시 "다양한 작은 부분들, 곧 시험관, 시약, 기관, 숙련된 손, 스캐닝을 위한 전자현미경, 방사능 감시기, 다른 과학자, 논문, 컴퓨터 단말기, 기타 모든 것들이 … 패턴화된 네트워크로 겹쳐져서" 생산된다는 점을 보여 준다(Law, 1992: 2). 라투르의 작업은 과학적 데이터란 '번역' 및 정렬(측정치의 해독, 방정식 풀이, 보고서 작성 등의 관행을 통해 실험실 생활의 복잡한 이질성을 깔끔하고 가독성 있고 독특하며 강력한 결과로 변환하는 것)이라는 딱딱하고 물질적인 작업과 과정을 통해서만 비로소 나타난다는 것을 보여 준다.

행위자-네트워크 이론가들은 이러한 세계관을 전체 사회의 제도, 조직, 계급, 이슈, 현상에 (기본적으로 모든 인문지리학에) 적용해야 한다고 주장한다. 이 주장을 이해하려면 사례 연구를 살펴보는 것이 유용하다. Box 10.9는 사회학자 미셸 칼롱에 의한 ANT의 유명 사례를 소개한 것으로, 브루타뉴 생브리외만의 가리비, 어부, 생물학자가 등장한다. 이 사례 연구는 처음에는 명백한 인간의 행위성을 드러내면서, 3명의 해양 생물학자가 어떤 데이터를 제시해 생브리외만의 어업 관행을 변화시킨다는 진술로 시작한다. 그러나 이후 칼롱의 매우 상세하고 신중한 분석은 이와 교차하는 복잡한 과정을 (그리고 그 속에서 발생하는 인간과 비인간 행위성의 이질적인 형태를) 밝혀낸다.

지리학자들에게 이 깨달음(겉보기에는 간단한 문제와 공간이 실제로는 인간과 비인간의 복잡하고 이질적인 연합이라는 사실을 앎)은 행위자-네트워크 이론에서 가장 중요한 포인트이다. 이 깨달음이 여러 이유에서 상당히 도전적인 이유는 우리에게 아래의 사항을 요구하기 때문이다.

• "사회의 본질은 단순히 인간만이 아니라" 모든 비인간, 기계, 텍스트, 건축 및 기타 모든 것과 공동으로 구성됨을 인정하는 것(Law, 1992: 2).
• 세계의 이질성에 대한 과도한 단순화를 피하는 것.
• 인간을 '우주의 중심'에 놓고 인간의 행위성을 우선시하는 (그리고 여러 복수의 행위성을 무시하는) 세계관에 유혹되지 않고 이를 거부하는 것.
• 인간 행위성을 우선시하는 사회과학적 설명과 방법이 어떻게 일반적이고 자연스럽게 보이게 되었는지를 비판적으로 성찰하는 것.

(3) 포인트 3: 인간과 비인간은 긴밀히 연합되어 있다

인간과 비인간은 종종 매우 밀접하게 관련되어 있다. 콘택트렌즈의 사례를 생각해 보자(Box 10.8 참조). 많은 사람이 이러한 작은 상업적으로 제작된 사물을 (그리고 관련된 액체와 제품을) 하루 종일 눈에 착용한다. 이는 일상생활과 공간의 일부이자 정체성의 일부가 될 수 있고, 본질적으로는 눈의 시각 장치의 연장이 될 수 있다. 약간의 연습만 하면 이를 착용했음에도 불구하고 이들이 있다는 것을 느끼지 않게 된다. 우리는 단지 보기만 할 뿐이며, 각막을 덮은 합성 렌즈가 눈의 초점 길이를 변조하고 있다는 사실에 별다른 주의를 기울이지 않는다.

콘택트렌즈는 인간과 비인간 간의 매우 밀접한 관련성의 하나의 사례일 뿐이다. 이보다 많은 예시가 쉽게 떠오른다. 가령, 옷, 신발, 보청기, 고관절 대체물, 안경, 선글라스, 의치, 보석, 모자 등이다. 이러한 물건은 신체의 각 부분과 밀접하게 연관되어 있고, 인간의 신체 능력을 확장시킬 수도 있다. 콘택트렌즈와 안경은 시력을 최적화한다. 옷은 모든 날씨에서의 몸의 편안함과 생존을 제공한다. 의치와 보청기는 부상당한 사람이 좀 더 독립적으로 걷거나 생활할 수 있게 한다(Pels et al., 2002 참조).

이 외에도 다양한 종류의 인간과 기술의 연결을 생각할 수 있다. 헤드폰을 착용하는 것, 모니터를 응시하는 것, 휴대폰으로 문자 메시지를 입력하는 것(아마도 키패드를 보지 않고서도 되는 경우가 많다), 자동차 운전(아마도 모든 작은 동작이나 기동을 생각할 필요가 없다), 기계 조작하기(노련한 굴삭기 운전자들은 기계의 레버와 부품이 그들의 몸의 연장인 것처럼 느껴진다고 말한다), 체육관에서 운동하기 등.

인간과 비인간 사이의 이러한 밀접한 관련성으로 인해, 많은 지리학자는 인간과 비인간 간의 구별을 비판적으로 생각하게 되었다. 이미 언급했듯이, 인문지리학을 비롯한 여러 사회과학에서는 대체로 인간을 우선시해 왔고 인간을 분리된 존재로 (어떤 면에서는 비인간보다 더 주목할 만하다고) 간주해 왔다. 그러나 이러한 가정은 문화적 전환 이후 점점 불안정해지고 있고, 오늘날 많은 문화지리학자들은 이를 지지하기 어렵다고 여긴다.

이 점에서 페미니스트 이론가인 도나 해러웨이(Donna Haraway)의 '사이보그(cyborg)' 개념은 매우 영향력이 크다. 해러웨이는 세계가 점점 더 복잡한 "유기체와 기계 간의 결합"으로 가득 차 있다고 주장한다(Haraway, 1991: 150). 그녀는 이러한 '혼성적' 결합을 설명하기 위해 '사이보그'라는 용어를 사용하며, 이는 몸, 유기체, 물체, 기술, 인간 및 비인간이 밀접하게 관련된 상황을 의미한다. 해러웨이는 현대 과학, 의학, 사회, 문화 및 정치에서 발생한 세 가지 '중요한 경계 붕괴'가 이러한 다양한 혼성적 연결을 창출하고, 서로 배타적으로 보이던 범주 간의 '누수(漏水)'를 야기했다고 주장한다. 그녀가 말한 3가지 경계 붕괴는 다음과 같다.

- 인간과 동물의 경계 붕괴: 해러웨이에 따르면, 생물학 및 진화 이론의 발전이 인간이 특별하거나 독특한 것이 아니라 여러 동물 종 가운데 하나에 불과하다는 것을 보여 주며, 동물권 운동은 인간이 다른 동물보다 우월하다고 믿을 만한 철학적, 실용적 이유가 없음을 보여 준다. 또한, 에코 페미니즘과 환경운동은 자연과 사회 간의 구별이 지지받을 수 없으며 인간의 문화는 생태계와 생물 주기의 일부로 이해되어야 한다는 것을 보여 준다.

- 인간과 기계의 경계 붕괴: 이 절에도 언급한 인간과 비인간의 상호 관련성 외에도, 해러웨이는 더욱 '생생한' 기계(예: 인공지능), 새로운 사이버네틱스 기술 그리고 일상 기술에 내장된 더욱 정교한 인터페이스의 발전이 인간과 기계 간의 분리감을 줄이고 있다고 주장한다.

- 물리적인 것과 비물리적 것의 경계 붕괴: 해러웨이는 '가상' 기술과 공간이 인문지리에 매우 중요하다고 주장한다. 그녀는 보이지 않는 연결과 구조(예: 컴퓨터 간의 가상 연결)가 점점 더 실질적인 의미와 중요성을 갖추어 우리의 삶을 구조화

하거나 강화 또는 약화할 수 있다고 주장한다.

해러웨이의 연구는 지리학 연구가 더욱 풍성해지도록 촉발했는데, 여기에는 신체 물질, 장기, 유전자 자원의 상품화(Greenhough, 2006; Greenhough and Roe, 2006), 인간의 신체와 상상력의 기계적 확장, 생물·분자적 물질의 상표 등록과 지식 재산권 그리고 유전자 조작 유기체 같은 혼성물에 대한 논란과 불안(Whatmore, 2002; 2006) 등이 있다.

(4) 포인트 4: 인간 신체는 복잡한 물질이다

마지막 포인트는 인간의 신체가 복잡하고 변화무쌍하다는 12장의 주장과 연관되어 있다. 신체를 단일하고 일관된 특성과 정체성을 지닌 개체로 인식하기 쉽다. 그러나 12.5절에서 살펴보겠지만, 이는 문제가 있다. 왜냐하면 이런 관점은 신체의 다양하고 이질적이며 역동적인 물질성을 간과하기 때문이다. 다음의 두 장으로 넘어가기 전에, 모든 신체적 실천(앉거나 원고를 작성하는 등)을 구성하는 행위소들의 이질적 아상블라주(assemblage)를 연상시키는 정치학자 제인 베넷(Jane Bennett)의 인용문으로 이 절을 마무리한다.

이 책의 문장은 다음과 같은 요소들로부터 나왔다. … '나의' 기억, 의도, 주장, 장내 세균, 안경 그리고 혈당, 플라스틱 컴퓨터 키보드, 열린 창문으로부터 들리는 새소리, 아니면 방 안의 공기나 입자 등으로부터 말이다. 이는 참여자 중 몇몇 예시에 불과하다.
-Bennett, 2010: 23

요약

- '물건 따라가기'의 지리 연구는 상품의 실제적 생산과정과 공간을 이해하는 데 새로운 것을 포착할 수 있게 한다. 칼 마르크스의 상품 자본주의 이론은 이러한 공간 프로세스의 정치를 사고할 수 있는 용어와 틀을 제공한다.
- 많은 문화지리학자는 공간, 의미, 정체성 형성에 물질적 대상이 갖는 중요성을 탐구했다. 이런 맥락에서 '물질문화' 연구라는 학제적 분야는 유용한 개념과 아이디어를 제공한다.
- 사람, 물질적 대상, 다른 '비인간' 간의 관계는 매우 복잡하며 우리가 새로운 방식으로 세상을 생각하고 글을 쓰게 한다. 많은 지리학자는 행위자-네트워크 이론과 사이보그 혼성성에 관한 언어와 개념이 이러한 작업에 유용하다고 생각한다.

핵심 읽을거리

Actor-Network Resource (www.lancs.ac.uk/fass/centres/css/ant/ant.htm)
행위자–네트워크 이론을 탐구하기를 원한다면 이 사이트가 좋을 출발점이 될 것이다. 관련 자료와 읽을 문헌 목록을 갖추고 있고, 다양한 관심사와 사고 수위를 충족할 수 있는 유용한 주석도 제공한다.

Anderson, B. and Tolia-Kelly, D. (2004) Matter(s) in social and cultural geography. *Geoforum*, 35, 669-674.
물질문화와 물질성에 관한 여러 아이디어가 갖는 함의를 깔끔하게 요약하고 있어서 문화지리학 연구에 도움이 된다.

Bennett, J. (2010) *Vibrant Matter: A political ecology of things*, Duke University Press, Durham, NC.
이 장 말미의 인용문에서 잠깐 언급했던 것처럼, 이 책은 물질성, 감정 및 정동의 지리(11장), 그리고 신체의 지리(12장)를 상호 연결하는 주제를 잘 전개하고 있다.

Clark, N., Massey, D. and Sarre, P. (eds) (2008) *Material Geographies: A world in the making*, Sage, London.
이 장에서 다루는 많은 아이디어를 '현실 생활(real life)'의 지리적 이슈에 적용하고 있는 훌륭한 책이다.

www.followthethings.com
이안 쿡과 동료 연구자들이 운영하는 흥미롭고, 요란하고, 광범위한 웹사이트이다. 이 사이트는 일상 상품의 생산과정을 추적하는 연구와 자료를 모아놓았다. 각종 자료는 식료품, 전기제품, 패션, 약국 등 '부서'별로 그룹화되어 있어서 현대 서양의 가정생활과 소비문화의 제 측면을 포괄한다.

Lash, S. and Lury, C. (2007) *Global Culture Industry*, Polity Press, Cambridge.
읽기 쉽게 집필된 이 책은 물질문화와 물질성 이론을 우리가 2장과 3장에서 논의한 문화 생산 및 소비 논의와 매끄럽게 연결한다. 이 책에는 대중문화 텍스트, 물건, 미디어의 유통 등을 탐구하는 다양하고 매력적인 사례 연구가 포함되어 있다.

Miller, D. (2008) *The Comfort of Things*, Polity Press, Cambridge.
인류학자 대니얼 밀러(Daniel Miller)는 물질문화에 대한 주요한 사상가로서, 이 책은 런던의 어느 '평범한' 동네 주민을 대상으로 물질의 중요성을 심층적으로 고찰한다.

Whatmore, S. (2002) *Hybrid Geographies: Natures, cultures, spaces*, Sage, London.
지리학자를 대상으로 행위자–네트워크 이론과 해러웨이의 혼성성 개념의 함의를 논의하는 책으로 훌륭하고 도전적이며 사고를 자극한다.

감정과 정동의 지리

11.1 도입: '감정적인' 순간

이 장의 도입부로, 지리학자 카이 애스킨스(Kye Askins)가 영국 북동부의 한 커뮤니티 센터를 방문했을 때를 묘사한 다음의 인용문을 살펴보자.

> 나는 문을 통과하는 순간 그것을 느꼈다 … '그것'이 정확히 무엇인지 말할 수 없다. 지금으로선 이를 '감정(emotion)'이라고 부르자.
>
> -Askins, 2009: 4

애스킨스에게 (그녀는 센터와 긴밀히 협력하고 직원과 사용자와의 긴밀한 관계를 발전시켰다) 이는 '문을 통과하는 순간 그것을 느낀' 감동적인 순간이었다. 돌이켜보면 그녀는 이 순간의 몇 가지 특징을 떠올리고 말로 표현할 수 있다는 사실을 발견했다.

무형의 따뜻함… 은유적인 포옹. 어떤 종류의 행복, 즐거움 … 우리 모두의 얼굴에 떠오른 미소… 포옹과 인사… 새로운 희망, 새로운 불안. 내가 여기서 뭘 하고 있었던 걸까? 어떻게 하면 변화를 만들 수 있을까?

-Askins, 2009: 7

애스킨스가 문을 통과하면서 느낀 감정에 대한 묘사는 특정한 공간, 마주침, 여행, 관계에 의해 특정 순간에 얼마나 복잡하고 깊이 느껴지는 '감정'이 유발될 수 있는지를 보여 준다. 실제로 앞의 인용문은 우리 자신의 삶에서 비슷한 '감정적' 순간을 떠올리게 하고, 일상이 어떤 식으로든 항상 감정적이라는 점을 생각하게 만든다(어디에 있든, 무엇을 하든, 항상 무언가를 느끼고 있다).

다음 절에서는 인문지리학자들이 일상지리(9장), 경관(5장), 정체성(8장)에서 '감정'의 중요성을 간과하거나 과소평가하는 경향이 있었다고 주장한다. 그런 다음 다양한 사회문화적 이슈에서 '감정'의 중요성을 인정하고 연구하는 전환점을 설명하고, 이러한 맥락에서 몇 가지 중요한 지리적 연구를 고려한다. 애스킨스의 첫 인용문에서처럼 본 절에서 '감정'이라는 단어를 작은따옴표 안에 넣었다는 점을 눈치챘을 것이다. 이는 이 용어와 개념이 대중적으로나 지리학자들 사이에서 널리 사용되고 있지만 일부 비평가에게는 문제가 있는 것으로 간주된다는 점을 나타내기 위한 것이다. 자세한 설명은 11.4절의 '감정' 또는 '정동'?이라는 제목의 절을 참조하라.

11.2 '감정' 표현하기의 어려움?

본디 등을 비롯한 많은 사회·문화지리학자들은 이제 인문지리학이라는 학문이 "종종 감정적으로 척박한 지형, 열정이 없는 세계를 제시"하며 "지리학은 많은 인접 학문 분야와 마찬가지로 감정을 표현하는 데 어려움을 겪어왔다"고 주장하고 있다(Bondi et al., 2005: 1). 문화적 전환(1장) 이후, '감정 표현하기의 어려움'은 "서구 사상의 역사에 깊숙이 묻혀 있는" 것으로 인식되고 비판받아 왔으며, 이는 사회과학적 탐구의 여러 영역에서 분명하게 드러나고 있다(Williams, 2001: 2). 이러한 '감정 표현하기의 어려움'과 관련해 다섯 가지의 근본적인 원인이 제시되었다. 이 요인들은 인문지리학 및 기타 사회과학의 많은 연구에서 오랜 기간 **신체**와 **체현**이라는 주제가 부재했던 것과 밀접한 관련이 있다(12장 참조).

첫째, 무엇이 '좋은' 학문적 연구로 간주되는지에 대한 현재의 가정은 학문과 지식의 본질에 대한 특정한 이상에 의해 지속적으로 형성되고 있으며, 이는 18세기 서구 사회의 '계몽주의' 시대에서 유래했다고 여겨진다. '계몽주의'라는 용어는 많은 현대 학술 기구와 학문의 시작을 알리는 사회사적 시기를 설명하는 데 사용되며, 합리적이고 과학적인 탐구의 중요성을 강조하는 지적 운동을 특징으로 한다. 이러한 맥락에서 '객관성', '진리', '이성', '객관적인 과학적 사고' 같은 이상은 특권을 누렸고, 감정(비이성적이고 육체적, 동물적이며 '비합리적인' 행동을 유발하는 것으로 추정되는)은 이러한 이상과 "정반대"로 간주되었다고 주장한다(Williams and Bendelow, 1998: 131). 좀 더 광범위하게 이 시기에는 민주적 절차, 종교적 관용, 인권과 관련된 다양한 사회 개혁이 이루어졌는데, 이러한 '문명적 진보'의 이상은 종종 이전의 '비합리적'이고 '감정적인' 사회 형태에서 "나아가는"것으로 칭송되었다(Greco and Stenner, 2008: 5).

감정에 대한 이해는 서구 사회의 여러 측면에서 여전히 영향력을 발휘하고 있다고 여겨진다. 예를 들어, 연구에 대한 대중적인 가정이 그 바탕에 깔려 있을 수 있다. '객관적이고 과학적인 사고'라는 개념은 계속해서 특권과 가치를 누리고 있으며, 대중 및 학술 담론(2장과 6장 참조)에서 "좋은 학문은 자신의 감정을 통제하고 다른 사람의 감정을 감추는 데 의존하는 반면, 감정은 시야를 흐리고 판단력을 손상시키는 주관성의 원천"으로 계속해서 재현되거나 암묵적으로 이해되고 있기 때문이다(Anderson and Smith, 2001: 7).

둘째, 많은 페미니스트 사회과학자들은 "자신의 감정을 논의하는 것이 (남성이 지배하는 학계에서) 학문적 논쟁과 관련이 없거나 불법적인 것으로 인식되는 것 같다"고 주장해 왔다(Widdowfield, 2000: 200). 이와 같은 비판은 여성들의 개인적이고 사적이며 감정적인 삶과 일을 인정하는 연구가 부족하다는 점과 "공평성, 객관성, 합리성이 중시되고 암묵적으로 남성화된 반면, 참여, 주관성, 열정, 욕망은 평가 절하되고 종종 여성화되는 연구의 젠더 정치"를 지적한다(Anderson and Smith, 2001: 7). 후자의 요점은 현대 서구 사회의 이원론적 문화 규범과 가정을 반영하는데, "정신/신체, 공적/사적, 문화/자연, 이성/감정, 구체적/추상적 이분법이 젠더 차이에 따라 지도화되며 두 속성 중 열등한 것이 여성적인 것으로 간주되고 …

이론적인 연구에서도 배제된다"는 것이 그 예다(McDowell, 1992: 409).

셋째, 문화적으로, 현대 사회에서 감정을 드러내는 것은 여전히 금기시되고 있다. 실제로 건강과 웰빙에 관심이 있는 사회과학자들은 감정이 '병리화'되는 경향을 오랫동안 인식해 왔으며, '과도한' 감정을 보이는 개인은 비합리적이거나 결함이 있거나 문제가 있는 것으로 널리 인식되고 재현되는 경향도 인식해 왔다. 가령, 이는 정신 건강 상태 공개에 대한 현대의 금기 사항에서 분명하게 드러난다(Parr, 2008). 앞서 지적한 바와 같이, '과도한' 감정을 문제가 있는 것으로 재현하는 것은 압도적으로 젠더화된 것이라고 주장한다. 즉, 감정은 "역사적으로 여성의 '히스테리적인' 신체와 '위험한 욕망'에 묶여 사적이고 '비이성적인' 내적 감정이나 감각으로 치부되는 경향이 있다(Williams, 2001: 2)."

넷째, 앞서 설명한 감정에 대한 억압은 현대 학술 연구의 일상화된 실천에서 명백히 드러나고 재생산된다. 가령 비평가들은 이러한 억압이 중립적이고 '객관적'이며 '이성적'이고 '사실적'인 스타일이 표준으로 유지되는 학술적 글쓰기 실천과 연구(연구자는 '중립적'이고 '이성적'인 데이터 수집 및 해석자로 기능할 것으로 널리 기대되는 연구)에서 발견될 수 있다고 주장한다. 이러한 맥락에서 감정은 종종 '적절한' 학문적 관심사에 비해 상대적으로 중요하지 않은 것으로, 즉 '진짜, 정말 중요한 비즈니스'에 비해 "일종의 경박하거나 산만한 배경"으로 재현되어 왔다(Thrift, 2004: 57). 감정에 대한 억압은 교육 기관 내에서의 학습 또는 교육 중 행동 규범, 예를 들어 대부분의 수업에서 기대되고 강요되는 차분하고 조용한 분위기, 또는 교사와 학생 간에 전통적으로 존재하는 멀고 제한된 사적 관계에도 존재한다고 할 수 있다.

다섯째, 사회학이나 인문지리학 같은 학문이 '평판이 좋고 자립적인' 학문 분야로 확립되기 위해서는 인간을 연구하는 다른 오랜 전통적 학문 분야와의 분리를 강조하는 것이 필요했다. 특히 초창기 사회학자와 지리학자들은 인간의 생리와 심리학에 관한 기존의 주요 연구 영역과 거리를 둠으로써 정당성을 얻었다고 주장한다. 즉, 인간의 신체와 감정에 관한 연구와 차별화했기 때문에 그들의 연구가 구체화되고 명성을 얻을 수 있었다는 것이다(Greco and Stenner, 2008). 이러한 학문 정체성과 인간의 정서적, 신체적 측면과의 분리는 전통적으로 지리학자들이 교육 및 훈련 중에 노출되는 비교적 좁은 문헌과 연구 프레임워크를 통해 재현되어 왔다. 실제로도, 감정의 신경과학과 생리학 연구에 사용되는 복잡하고 전문적인 언어, 개념, 방법은 다른 사회과학자들이 이러한 연구 영역에 접근하기 어렵게 만든다.

따라서 인문지리학자들은 대체로 연구, 글쓰기 및 개념적 측면에서 '감정'을 "부정, 회피, 억압 또는 경시"하는 경향이 있다는 사실이 점차 인정받고 있다(Bondi et al., 2005: 1). 더욱이 이런 '감정 표현하기의 어려움'은 지리학자들의 사회 및 문화 공간에 대한 이해에 근본적인 격차와 한계를 구성한다고 여겨진다. 이런 이유에서 비롯한 '감정'의 '침묵'은 분명 "세계의 작동에 대한 불완전한 이해를 낳았고… 삶을 살아가고 사회가 만들어지는 핵심적인 관계들을 배제하는" 결과를 낳았다(Anderson and Smith, 2001: 7).

11.3 '감정적' 전환?

앞 절에서 설명한 맥락에 따라 최근 지리학자들은 지리적 이슈와 연구에서 '감정'의 중요성을 암묵적 또는 명시적으로 고려하고 있다. 실제로 많은 지리학자들은 **문화적 전환**(1장을 참조할 것) 이후 자신의 학문 분야에서 '감정적 전환'이 일어나고 있음을 확인했다(Bondi et al., 2005). 지리학의 '감정적 전환'은 다양한 이론과 연구로 구성되어 있으며, 사회과학의 거의 모든 영역에서 감정을 고려하는 훨씬 더 광범위한 전환의 한 부분으로 이해되어야 한다(Bendelow and Williams, 1997; Williams, 2001; Greco and Stenner, 2008 참조). 인문지리학에서 '감정적 전환'을 구성하는 네 가지 핵심 요소는 다음과 같다.

- 1970년대 인본주의 및 행동주의 지리학자의 연구는 마르크스주의 분석과 계량적 공간 과학의 '비인간화' 경향을 비판했다. 본질적으로, 그들은 현대 인문지리 연구에서 지배적인 의미를 지니고 있는 마르크스주의와 실증주의 접근법이 개인적이고 당연시되는 인간의 경험, "공간과 장소에 관한 감정과 생각"에 대해 거의 언급하지 않기 때문에 문제가 있다고 주장했다(Tuan, 1976: 266). 인문지리학자들은 이러한 '감정'과 감정의 중요성을 더 잘 이해하기 위해 현상학, 실존주의, 정신분석학, 사회/환경 심리학 등 다양한 전통에서 도출된 개념과 방법을 사용해야 한다고 주장했다(Cloke et al., 1991: 57-92; Ekinsmyth and Shurmer-Smith, 2002 참조). 인본주의와 행동주의 접근법은 이후 비판을 받았지만

(실제로 이러한 방법을 무비판적으로 채택하는 지리학자들은 적은 편이다) 지리적 맥락에서 '감정'을 고려하는 개방성을 키우는 데 중요한 역할을 했다.

- 1970년대 중반 이후 페미니스트 지리학자들은 인문지리학의 수많은 측면에서 드러나는 '감정'에 대한 제한적인 관여를 강하게 비판해 왔다. 네 가지 주요 사례는 다음과 같다.

  - 페미니스트 비평가들은 학계 연구 현장에 대해 (압도적으로 그리고 전통적으로 남성인) 동료 간의 공감, 배려, 지원, 대인관계 소통이 부족하다는 점을 강조했다. 이들은 협업, 동료 지원, 정서적 경험에 대한 공유된 인식을 바탕으로 업무 관행을 조성함으로써 이러한 상황을 변화, 전복 또는 극복하고자 했다.

  - 연구에서의 위치성의 중요성에 대한 성찰은 앞서 언급한 '객관적인 과학적 사고'라는 계몽주의적 이상과는 정반대로 "연구자가 연구 과정에 영향을 끼칠 뿐만 아니라 연구자 자신도 그 과정에 영향을 받는다"는 사실을 분명히 했다(Widdowfield, 2000: 200).

  - 사회·문화지리에 대한 페미니스트 연구에서는 종종 감정을 "지식의 대안적 원천"으로 이해해 왔다(WGSG, 1997: 87). 즉, 이들의 연구는 특정한 연구 프로젝트에서 '감정'을 출발점이나 초점으로 삼는 것이 주어진 연구 맥락에서 "일상적인 인간의 삶에 대한 다양한 이해를 열어 줄"(Parr, 2005: 473) 가능성이 있음을 분명히 했다(그 예는 다음 문단을 참조할 것). 이를 위해 페미니스트 지리학자들은 지리적 맥락에서 감정적으로 생생한 경험에 초점을 맞춘 연구 방법을 개발하는 데 중요한 역할을 해 왔다. 예를 들어, 페미니스트 지리학자들의 선구적인 작업은 포커스 그룹, 심층 인터뷰, 라이프코스(lifecourse) 서술 같은 질적 방법이 문화지리학자의 주요한 도구가 될 수 있도록 보장해 주었다. 또한 페미니스트 지리학자들은 섹슈얼리티, 행동주의, 돌봄, 가정, 모성. 가족 실천 등 이전에는 금기시되었던 감정적인 주제를 중심으로 새로운 연구 의제를 만드는 데 중요한 역할을 해 왔다.

  - 12장에서 언급하겠지만, 페미니스트 지리학자들의 신체 그리고 체현된 경험에 관한 선구적인 연구는 특정 공간에서 몸이 느끼는 방식과 '느낌' 자체의 본질과 중요성을 개념화하는 근본적이고 새로운 방법을 열어 주었다. 페미니스트 지리학자들은 새로운 이해와 개념, 방법을 도입하고 다양한 사회적, 문화적 맥락에서 새롭고 감정적으로 조율된 연구를 요구하면서 더 넓은 학문 분야에 혁신적인 영향을 끼쳤다.

- 페미니스트 및 사회지리학자들의 '상애', '질병', '정신 건강'에 초점을 맞춘 일련의 연구(Butler and Parr, 2004 참조)는 '감정'의 지리를 경험적으로 조사하려는 가장 지속적인 시도일 것이다. 이 연구는 세 가지 의미에서 지리학의 '감정적 전환'에 중요한 역할을 해왔다.

  - 이 연구는 감정이 사회적으로 어떻게 구성되는지를 강조하고, 상당히 상세하게 조사했다. 지리학자들은 역사 기록 연구(Philo, 2004)와 최근의 정책 및 대중 담론 분석(Parr, 2008: 29-30)을 통해 특정한 감정적, 생리적 상태가 어

떻게 치료, 감금 또는 은폐가 필요한 문제적 장애(예: '광기', '우울증')로 분류되었는지 조사해 왔다. 이들의 연구는 서구 사회에서 이러한 장애를 '타자'로 규정해 온 의료화되고 대중화된 담론의 오랜 역사를 보여 준다.

– 이러한 맥락에서 지리학자들의 연구는 다양한 장애, 장애 및 질병을 가진 사람들이 일상적으로 경험하는 사회적, 공간적 배제의 형태를 밝혀냈다. 따라서 지리학자들은 실제로 특정 개인과 집단이 감정적, 생리적 조건의 결과로 어떻게 '타자화'되는지, 그리고 '타자화된' 상태로 살아가는 감정적인 경험에는 무엇이 있는지 탐구해 왔다.

– 지리학자들은 특정 종류의 공간과 사회적 상호작용이 그러한 상태를 겪는 사람에게 정서적 지원, 돌봄, 휴식, 연대를 제공할 수 있는(혹은 실제로 제한할 수 있는) 능력을 고려했다.

• 9장에서 언급했듯이, 지리학자들은 비재현이론을 통해 인간의 신체적, 감각적, 생리적 측면이 세계에 대한 고전적이고 지리적인 이해에 끼치는 영향을 고려했다. 일반적으로 '감정'으로 묘사되는 체현적이고 인지적인 강도와 감각에 대한 조사가 이 작업의 핵심이었다. 따라서 많은 비재현지리 연구는 '감정'과 일상성 사이의 관계에 대한 사례 연구의 연속으로 읽힐 수 있다. 그러나 비재현이론가들은 이보다 더 나아가 지리학의 '감정적 전환' 내에서 '감정'이라는 개념 자체에 대한 비판적 성찰을 요구해 왔다. 실제로 이들은 지리학자들이 '감정'을 다루어야 한다는 요구에서 '감정'이 정확히 무엇을 의미하는지 또는 실제로 어떠한 특정 '감정'이 구성

되어 있는지 정의한 경우가 거의 없다는 사실에 주목한다(Anderson and Harrison, 2006 참조). 9장의 일상성에서 제시했듯, 후자의 문제는 비재현 이론가들에게 특히 중요한 문제다. 가령, '사랑', '행복', '슬픔'을 설명할 적절한 단어를 찾기 어려운 것처럼 '감정'이 '언어를 압도'하고 '말에 저항'하는 방식은 기존의 재현을 뛰어넘는 세계의 능력을 깔끔하게 설명해 준다(Harrison, 2007). 따라서 비재현이론가들은 위에서 설명한 '감정'이라는 개념에 의문을 제기하고 '정동(affect)'이라는 개념이 더 유익하다고 주장해 왔다(11.4절 참조). 이러한 비판에 대한 페미니스트 및 사회지리학자들의 반박은 '감정'/'정동'과 사회적 문화적 이슈 간의 관계에 대한 새로운 논쟁을 불러일으켰다(Nash, 2000; Thien, 2005; Tolia-Kelly, 2006; Colls, 2012 참조).

인문지리학의 '감정적 전환'은 실제로 여러 이론과 실천으로 구성되어 있으며, 많은 지리학자들의 연구가 서로 다른 시기에 다양한 정도로 일치하거나 상호 연관되거나 상충되어 왔다는 점에 유의하라. 실제로 이러한 일련의 작업은 다양한 사회적, 문화적 맥락에 걸쳐 '감정'의 중요성에 대한 놀랍도록 다양한 연구를 가능하게 했다. 파일은 21세기의 첫 10년 동안 이러한 연구의 폭이 얼마나 넓어졌는지 깔끔하게 설명한다(Pile, 2010: 6).

지리학자들은 다음과 같은 다양한 맥락에서 광범위한 감정을 설명해 왔다: 양면성, 분노, 불안, 경외감, 배신감, 배려, 친밀감, 편안함과 불편함, 사

기 저하, 우울증, 욕망, 절망, 좌절, 혐오, 환멸, 거리감, 두려움, 당황, 시기, 배제, 친숙함, 공포(공포증 포함), 두려움, 슬픔, 죄책감, 행복과 불행, 고난, 증오, 가정, 공포, 적대감, 질병, 불의, 기쁨, 외로움, 그리움, 사랑, 억압, 고통(정서적), 공황, 무력감, 자부심, 이완, 억압, 신중함, 로맨스, 수치심, 스트레스 및 고충, 고통, 폭력, 취약성, 걱정 등

이러한 맥락에서 비재현지리학자의 공헌을 요약한 파일의 목록은 계속 이어진다.

감정의 언어를 의심한다고 선언하는 [지리학자들]조차도… 분노, 지루함, 편안함과 불편함, 절망, 고통, 매혹, 에너지, 희열, 흥분, 공포, 좌절, 은혜, 행복, 희망, 기쁨, 웃음, 활기, 고통, 놀이, 분노, 이완, 리듬, 슬픔, 수치, 미소, 비탄의 놀라움, 눈물… 감동, 폭력, 활력에 주목해 왔다.

앤더슨은 이 모든 연구에서 두 가지 광범위한 주제의 초점을 확인한다(Anderson, 2009a: 188). 첫째, 감정을 "삶의 다루기 어려운 측면으로서 잠재적으로 모든 지리를 구성하는 부분"이라고 인정하려는 관심과 둘째, "감정이 다양한 형태의 권력의 구성 요소로서 오랫동안 어떻게 조작되고 변조되어 왔는지"를 연구하려는 관심이다. 즉, 한편으로는 다양한 지리적 이슈에서 '감정'의 중요성을 고려하고자 하는 연구이며, 다른 한편으로는 정치적 및/또는 문화적 권력을 행사하는 사람들의 감정 조작에 관한 좀 더 구체적인 연구다. 감정적으로 조율되는 지리적 연구의 사례는 11.5절과 11.6절에 소개되어 있다. 다음 절에서는 이러한 연구

에서 사용되는 서로 다른, 때로는 상반되는 용어를 설명한다.

11.4 '감정' 또는 '정동'?

'감정'과 '정동'이라는 용어는 이제 인문지리학자 사이에서 널리 사용되고 있다. 이 용어들은 이따금 정의되지 않은 상태로 남겨지거나 모호하게, 일관성 없이 또는 혼용되어 사용되는 경우가 많아서, 이 둘의 구분을 강력하게 주장하는 이론가의 불만을 사고 있다. '감정'과 '정동'의 개념적 구분은 한 가지 예를 통해 가장 쉽게 이해할 수 있다(계속 읽기 전에 Box 11.1을 참조할 것).

그렇다면 낭만적인 사랑을 생각해 보자. '사랑에 빠진다'는 것은 어떤 것일까? 이 질문을 숙고하면 일련의 신체적, 정신적 감각, 강렬함, 경험, 즉 '가슴이 울렁(butterflies in the stomach)'거리거나, 붉어진 뺨, 손을 잡고 키스하는 것, 일종의 만족감, 따뜻함, 자신과 세상을 다르게 느끼게 만드는 변덕스러움 등을 떠올릴 수 있다. 또는 이 질문은 한숨이나 깊은 후회, 상실감, 부재감, 실망감을 불러일으킬 수도 있다. 또는 많은 현대 문화에서 낭만적 사랑이라는 규범적이고 역사적으로 특수하며 이성애주의적인 사회적 구성이 지속되는 것에 대한 분노를 불러일으킬 수도 있다.

'사랑'에 대한 느낌이 어떻든, 현대 서구 사회에서 살아가고 있는 사람들이 로맨스에 대한 문화적 재현에 휩싸여 있다는 것은 분명한 사실이다. Box 11.1에서 연상되는 수천 개의 텍스트, 이미지, 개념 및 문구를 생각해 보라. 각기 나름대로 '사랑'

Box 11.1

'사랑'은 어디에나 있다

사진 11.1 밸런타인데이 선물: '사랑에 빠졌다'는 감정의 문화적 재현?
출처: Rex Features/Per Lindgren

이 장은 밸런타인데이 몇 주 전에 작성되었다. 이 글을 작성할 당시 영국의 한 온라인 소매업체에서 다음 물품을 구매할 수 있었다.

- MP3 형태로 된 402,804개의 다양한 '사랑 노래'
- 47,093개의 다양한 '사랑 노래' CD 컴필레이션
- 18,755개의 다양한 '사랑 시' 선집
- 27,011개의 다양한 '로맨틱 소설' ("밸런타인데이에 이상적인")
- 3,593개의 '로맨틱 코미디' DVD ("사랑하는 사람과의 하룻밤을 위해")
- 293,002개의 다양한 밸런타인 카드
- 22,317개의 '로맨틱한 선물' ('사랑은 영원히'라고 새겨진 만년필, '고급 벨벳 선물 케이스'에 담긴 붉은 장미, I ♥ U 자수가 놓인 테디베어, '안녕 핸섬' 메시지를 직접 그린 컵, '인어와 연인의 청동 조각상' 등) (2012년 1월 Amazon.co.uk에서)

문화 이론가 더그 아오키(Doug Aoki)는 서구 대중문화에서 낭만적인 사랑에 관한 수많은 텍스트, 상품, 사물(위의 목록은 일부에 불과함)을 고찰하면서 "모든 사람이 사랑에 대해 말할 권한이 있지만 모든 말은 불충분한 것으로 입증되어야 한다"고 썼다(Aoki, 2004: 97). 즉, 서구 문화에서 '사랑'의 재현이 방대하게 확산되고 그 안에 수많은 단어, 문구, 메타포, 개념, 클리셰가 존재함에도 불구하고 '사랑'은 여전히 "말해지는(또는 글로 쓰이는) 것을 거부한다"(Aoki, 2004: 87). 어떤 재현도 그 느낌 자체를 제대로 재현해 내지 못한다는 것이다. 그래서 그는 우리가 아무리 많은 사랑 노래를 다운로드하고, 사랑에 관한 시를 읽고, 로맨틱한 선물을 사서 주어도 '사랑'에 대한 무언가는 여전히 애매모호하다고 주장한다. 이러한 애매성 그리고 느낌의 재현과 느낌 자체의 불일치는 '감정'과 '정동'의 차이를 이해하려고 할 때 염두에 두어야 할 유용한 사례다.

이 어떤 것인지 조금씩 말하려고 노력한다. 그러나 이렇게 방대한 문화적 자원을 가지고 있더라도 특정한 감정이나 분위기를 적절하게 묘사하거나 설명하기는 어려울 수 있다. '사랑' 또는 다른 감정을 말로 표현하는 것은 매우 어려운 일이며, 어쩌면 불가능할 수도 있다. Box 11.1에서 아오키는 비교해 보면 부적절하고 비틀어지고 생동감 없는 단어, 텍스트, 문구 및 클리셰라는 레퍼토리에 의존하지 않고는 불가능하다고 주장한다(Aoki, 2004).

따라서 '사랑' 같은 느낌을 생각해 보면 두 가지 현상에 주목하게 된다. 한편으로는 '사랑'이 어떤 것인지에 대한 공유된 문화적 개념과 '사랑'과 관련된 어휘 및 규범이 존재하며, 이 모든 것은 다양한 문화 매체와 담론에서 존재하고 재생산된다. 다른 한편으로는 붉어진 뺨, 잡은 손, 무의식적인 한숨, 가슴의 울렁거림 등 궁극적으로 '사랑'이 무엇이고 어떤 느낌인지, 그러나 말로 적절하게 표현하기는 불가능한 작은 사건, 상호 관계, 신체적 감각이 있다. 인문지리학자들은 점점 더 두 가지의 차이를 인식하고 있다. 하나는 감정과 관련된 공유된 문화적 기술(description)과 개념(예: '사랑'이라는 단어)이고, 다른 하나는 특정 순간에 느끼는 특정한 감정의 말하지 않거나 말할 수 없는 신체성과 감각(예: '사랑'이라는 단어가 묘사하려는 복잡한 감정과 관계)이다. 이러한 구분을 위해 '정동'이라는 용어는 두 현상 중 후자(일어나는 감정의 신체적이고 감각적인 것)를 설명하는 데 더 많이 사용되는 반면, '감정'이라는 용어는 전자(공유 가능한 사회적 구조로 변환된 느낌)를 설명하는 데 사용된다. Box 11.2에는 이 두 개념의 주요한 차이점이 요약되어 있다.

감정과 정동은 '실제 삶'의 맥락에서 쉽게 분리되지 않는다. 실제로, 이 둘은 항상 상호 구성된다(Ahmed, 2004). 예를 들어, 사회적으로 구성된 감정은 종종 신체적 정동을 촉발하는 반면(진부한 사랑 노래가 눈물을 흘리게 할 수 있음), 정동적 감각은 감정의 사회적 구성으로 이어진다(눈물을 흘리면 진부한 사랑 노래를 쓰게 될 수 있음). 결정적으로, 감정과 정동 모두 문화지리학자에게 중요하다(다음 절에서 설명하겠지만, 사랑 노래를 쓰는 것 외에도 다양한 주요 사회·문화적 맥락에서 중요하다).

11.5 감정-정동으로서의 지리

그렇다면 문화지리 연구에서 감정과 정동을 중요하게 여겨야 하는 이유는 무엇인가? 다음의 사항을 종합하면 인문지리학에서 감정과 정동은 상호 연관되어 있으며, 인문지리학은 '본질적으로' 감정-정동적인 것으로 이해되어야 하며, 감정-정동적 특성이 지리적 문제를 이해하는 데 핵심이라는 주장이 성립된다.

(1) 포인트 1: 인간은 항상 감정-정동적이다

사회학자 사이먼 윌리엄스(Simon Williams)는 인간으로서 "우리는 결코 세상에 대해 감정적인 입장이 없는 존재가… 아니다"라고 말한다(Williams, 2001: vii). 우리는 항상 무언가를 느끼고 있다(그것이 눈에 띄지 않거나 설명하기 어려울지라도). 언제, 어디서, 누구와 함께 있든 항상 어떤 종류의

Box 11.2

 '감정'과 '정동'의 비교

'감정'은…	'정동'은…
표현하고, 성찰하고, 다른 사람들에게 전달할 수 있는 '느낌(feeling)'의 측면을 의미한다.	표현할 수 없는 '느낌'의 측면에 주의를 기울이며, 기존의 '감정'에 대한 재현이 생동감이 없거나 부적절하다고 느끼게 만든다.
"강도의 사회 언어적 고정(socio-linguistic fixing of intensity)"에서 비롯된 **담론**과 사회적 구성을 지칭한다(Anderson, 2009b: 9). 즉, 신체적 느낌을 깔끔하고 공유 가능한 단어, 아이디어 및 재현으로 '번역' 또는 '포장'하는 것(Greco and Stenner, 2008: 10).	무의식적이고, 말로 환원할 수 없으며, 인지 또는 발성하기 전의 상태이다.
'나는 x를 느낀다', '너는 y를 느낀다', '그녀는 z를 느낀다'처럼 암묵적으로 개인에게 '속하는 것'으로 이해된다.	**체현된다.** 예: "부끄러워하는 몸의 홍조…, 분노한 몸의 열…지루해하는 몸의 불안한 내적 긴장(Anderson, 2006: 736)."
몇몇 느낌의 보편성, 즉 어떤 감정이 다른 문화와 시/공간에서 다양한 개인에 의해 유사하게 경험되는지에 주목한다.	사람, 사물, 장소, 사건 사이의 복잡한 상호작용을 통해 감정이 실제로 어떻게 발생하고 순환하는지를 강조함으로써 '감정'이 개인에게만 존재하는 것으로 이해하는 것을 비판한다. 즉, 감정이 어떻게 "신경계, 호르몬, 손, 연애편지, 스크린, 군중, 돈을 통해… 전 세계로 분배되는지"를 강조한다(Anderson and Harrison, 2006: 334).
대중들이 직관적으로 이해할 수 있는 개념이다.	특정한 정동적 사건, 만남 및 '강도'의 우연성, 미묘함 및 복잡성을 인식한다. 예: 특정 순간에 "지형이… 신체를 밀어붙이는 것…, 음악 화음의 영적인 끌어당김이나 고양 그리고 물감의 색채가 주는 고요함"에 의해 어떻게 느낌이 촉발될 수 있는지(Dewsbury et al., 2002: 459).
때때로 인문지리학자에 의해 부적절하게 정의되거나 이론화된다.	많은 문화 이론가들이 선호하지만 대부분의 사람들에게는 모호한 개념이다. 많은 사람들이 난공불락이라고 생각하는 이론적 문헌을 참조하기 때문에 복잡하게 정의되기도 한다.

정동적인 상태(우리가 느끼는 감정을 손가락으로 가리키거나 설명할 수 있든 없든 간에)의 한가운데에 있다. 게다가 트라우마, 돌봄, 공포, 억압, 불안, 충격, 욕망 같은 정동적 경험은 **정체성**을 형성하며(3장과 8장 참조), 우리가 완전히 이해하지 못하는 방식으로(실제로 최첨단의 심리학자도 완전히 이해하지 못하는 방식으로) 복잡하게 "…신체에 새겨진"것이다(Attfield, 2000: 241)(7장과 12장).

모든 인간의 경험이 정동적이라면(그리고 종종 감정적이라고 설명할 수 있다면), 모든 인문지리학은 감정-정동적이라는 결론에 도달하게 된다. 다음의 각 요점은 모든 사회·문화지리학의 감정-정동적 특성을 증명하며, 인간의 두 가지 특성에 주목해야만 한다. 첫째, 감정과 정동은 "과거, 현재, 미래의 실체를 감지하는 방식에 영향을 끼치며, 우리의 감정적인 전망에 따라 모든 것이 밝게 보이거나, 어둡게 보일 수 있다"는 점에서 세상에 대한 경험의 근본이 된다는 점을 분명히 해야 한다 (Bondi et al., 2005: 1). 이러한 '전망'은 당연한 것으로 받아들여져 오랜 시간 동안 눈에 띄지 않고 지나갈 수 있다. 그러나 다른 시/공간의 경우에는 훨씬 더 큰 정동적 강도를 특징으로 한다. 둘째, 특정한 지리 또는 순간은 다른 것보다 더 감정적으로 경험된다. "특정한 시간과 장소에서는 감정적 관계의 힘을 무시할 수 없을 정도로 삶이 고통, 사별, 환희, 분노, 사랑 등을 통해 명백하게 드러나는 순간이 있다(Anderson and Smith, 2001: 7)."

(2) 포인트 2: 지리적 이슈는 감정-정동적 결과를 가져온다

지리학의 '감정적 전환'의 핵심은 모든 인문지리가 정동적이며 잠재적으로 감정적인 결과를 초래한다는 사실을 깨닫는 것이었다. 이는 감정이 결여되어 있다고 생각하는 지리적 이슈에 있어서도 마찬가지다. 따라서 앤더슨과 스미스는 직관적으로 다소 '중립적'이고 감정이 없는 것처럼 보이는 문제조차 자세히 살펴보면 "감정적 관계로 가득 차 있다"고 설명한다(Anderson and Smith, 2001: 8). 예를 들어, 그들은 경제지리학의 이론과 수학적 모델이 어떻게 복잡한 개인의 이야기, "감정적으로 존재하는 복잡성", 특정한 일상적인 경제 활동 공간 내의 관계를 위장하는 것으로 이해되어

야 하는지를 보여 준다. 지리학자들이 그러한 이슈에 대해 글을 쓰거나 이론화하는 경향을 보면 이를 짐작하지 못할 수도 있지만, 대체로 인문지리학을 연구하는 동안 고려하게 될 모든 문제는 어느 정도 감정적인 결과를 가져온다고 주장할 수 있다.

앞서 언급했듯이 페미니스트 사회과학자들은 특히 사회 및 문화적 이슈의 (종종 간과되고 젠더화된) 감정적이고 정동적인 결과를 밝혀내는 데 큰 영향을 끼쳤다. 이러한 맥락의 연구 중 한 가지 예로, Box 11.3에서 거대한 스케일의 정치/역사적 갈등이 여성의 일상생활에 어떤 개인적, 감정적 영향을 끼쳤는지 살펴볼 수 있다. 페미니스트 사회과학자의 광범위한 연구는 글로벌화, 경제 개발, 무력 분쟁, 자연재해(Box 12.4 참조), 사회적 배제, 빈곤, 팬데믹이 다양한 맥락에서 일상에 끼치는 감정-정동적인 영향을 강조했고, 다른 거대한 스케일의 지리적 이슈와 관련해 유사한 지적을 해 왔다.

(3) 포인트 3: 감정과 정동은 사회관계를 형성한다

자신, 타인, 이슈, 공간, 상황에 대해 어떻게 느끼는지는 다른 사람과의 상호작용을 형성하는 데 매우 중요하다. 따라서 감정과 정동은 모든 사회관계와 지리를 구성하고 형성하는 데 핵심적인 역할을 한다. 다른 사람 및 다른 사회 집단과의 만남은 우리가 느끼는 감정에 의해 상당 부분 영향을 받기 때문에, 그들에 대한 사랑, 증오, 공감 또는 무관심 여부에 따라 다르게 행동하고 상호작용할 가능성이

Box 11.3

사회·역사적 이슈의 정동적 결과

사진 11.2 벨파스트 거리의 사회·문화적 분열의 물질적 표시
출처: Rex Features/Per Lindgren

17세기부터 북아일랜드의 마을/도시에는 통합론주의자(주로 개신교)와 공화주의자(주로 로만 가톨릭) 공동체가 서로 가까이 살아왔다. 수세기에 걸친 정치적 불화(아일랜드와 영국 간의 깊은 갈등 관계와 관련된)와 범유럽 종교 종파주의의 역사는 이들 공동체 간의 긴장, 적대감, 폭력으로 표출되었다. 특히 1960년대 후반부터 1990년대 후반까지, 흔히 '더 트러블스(the Troubles)'라고 불리는 기간에 아일랜드, 영국, 유럽 본토에서 민병대, 경찰, 군대뿐만 아니라 민간인이 포함된 3,000명 이상이 사상하는 심각한 정치 및 종파적 폭력 행위가 발생했다(Boal, 2002 참조).

1998년 '휴전'이 체결되었지만 '더 트러블스'의 여파는 상당했다. 예를 들어, 페미니스트 심리학자 앨리스 매킨타이어(Alice McIntyre)의 연구는 이러한 사회·역사적 맥락이 벨파스트 거리에 사는 여성들의 일상 공간과 일상에서 어떻게 느껴지는지를 보여 준다(McIntyre, 2002). 그녀의 인터뷰에서 발췌한 다음 내용은 위와 같은 맥락에서 살아가는 여성이 묘사하는 두 가지 주요 감정을 보여 준다. 이러한 감정은 여성의 일상과 공간에 널리 퍼져 있다.

• **정상적 비정상**: "사람들이 여러 형태의 제재 및 비제재 폭력, 주변화, 억압과 함께 살아갈 것을 예상하게 되는 존재/생활 상태, 이 모든 것이 삶의 일상성에 영향을 끼치고 형성하는 상태(McIntyre, 2002: 394)."

1969년 제가 11살 때, 더 트러블스가 최악이었어요. 우리 학교의 절반에 군대가 있었죠… 그게 정상이었어요. 거리에서 총잡이들을 봤어요. 그건 정상이었죠. 총에 맞은 군인들도 봤어요. 그게 정상이었죠. 우리에겐 그게 우리가 자란 환경이었어요. 전 다른 건 몰랐어요.

(398)

1974년 [로컬의 펍이] 폭파되었을 때, 저는 학교에 있다가 집에 돌아왔는데 사람들이 길바닥에 누워 있는걸 봤어요.

(396)

- **얼어붙은 경계심**: "자신과 가족, 특히 자녀에게 무슨 일이 일어날지 모른다는 임박한 파멸에 대한 끊임없는 감각(McIntyre, 2002: 394)."

우리 계단에는 보안 게이트가 있어요. 밤에는 잠겨서 원치 않는 방문자가 잠든 가족들에게 해를 끼치는 것을 막았습니다. 대부분의 가정, 90%의 가정… 집에 일종의 보안 장치를 갖추고 있어요. 커뮤니티의 아이들은 이런 환경에 익숙해요. 우리집은 왜 이런 문이 있는지 물어

본 적도 없고요. 아직 충분히 신뢰할 수 없기 때문에 이 문은 절대 없애지 않을 겁니다.

(399)

저는 부엌에 가는 게 무서워요. 휴전 중이 아닐 때는 부엌에 들어가는 게 끔찍하게 두려워요. 왜냐면 제 뒤에는 철로만 있거든요. 그리고 [한 번은]… [통합론주의자 민병대가] 뒤쪽으로 올라와서 모든 덤불과 관목에 불을 붙이고 모두 태워버렸어요. 그리고 제 마음속에는 항상 두려움이 있어요. 그 사람들이 집 뒤편으로 올라와서 총을 쏠까 봐 항상 무서웠어요.

(397)

높다. 다른 한편으로는 사회적 상호작용의 종류에 따라 감정적/정동적 반응이 달라지는데, 다른 사람이나 사회 집단이 지속적으로 보살펴 주거나 끊임없이 잔인하게 대하는 경우 등에 따라 그들을 다르게 느끼고 생각할 가능성이 높다.

이러한 진리는 정동/감정이 "어떤 주체를 다른 주체와 함께하게 하고 다른 주체와 대립시키는" 능력을 분명하게 한다(Ahmed, 2004: 25). 이러한 깨달음은 많은 사회 및 문화지리학자들이 훨씬 더 광범위한 형태의 사회적 배제와 불평등의 핵심에 있는 작고 개인적인 일상적 느낌, 불안, 긴장을 연구하도록 자극했다. 가령, 사회지리학자 데이비드 시블리(David Sibely)는 그의 주요 저서인 『배제의 지리학(*Geographies of Exclusion*)』(1995)에서 사회적, 공간적 배제의 거대한 스케일의 문제를 연구하는 사회과학자에게 (지금까지 간과되어 온) 작은 스케일에서의 개인의 감정적인 경험을 면밀하게 연구하라고 촉구한다. 즉, 시블리는 다음을 통

해 거대한 스케일의 지리적인 이슈를 더 잘 이해할 수 있다고 주장한다(Sibely, 1995: 3).

사회적 상호작용 특히 인종차별 및 관련된 형태의 억압의 경우에는 감정이 중요하기 때문에… 타인에 대한 사람들의 감정을 고려하는 것에서부터 시작한다. 예를 들어, 도시지리학에서 가장 널리 연구되는 이슈 중 하나인 주거지 분리의 문제를 생각해 보면, 이웃으로 이사해 오는 다른 종류의 사람에 대한 저항은 불안, 긴장, 공포의 감정에서 비롯된다고 주장할 수 있다… 타인에 대한 이러한 종류의 적대감은 자산 가치에 대한 우려로 표현되는 경우가 많지만, 문화적으로 구성된 특정 종류의 차이는 불안을 유발하고 타인과 거리를 두려는 사람들의 욕구를 유발한다.

이러한 개인적 차이, 불안 또는 적대감은 종종 담론, 재현 및 규범의 현대적 문화 순환을 통해 중

Box 11.4

 대중 매체 보도에서 감정의 생산

2004년 5월, 동유럽 8개국(체코, 에스토니아, 헝가리, 라트비아, 리투아니아, 폴란드, 슬로바키아, 슬로베니아)이 유럽연합(EU)에 가입했다. EU의 3개 국가(영국, 아일랜드, 스웨덴)는 이들 국가 출신 이민자들에게 비교적 자유로운 취업, 이동, 시민권을 부여했다. 그 결과 2004년부터 2007년까지 약 63만 명의 동유럽 근로자가 영국으로 이주했다. 이 인구 집단이 사회적으로 어떻게 구성되었는지를 보여주는 예로, 12개월 동안 영국의 베스트셀러 타블로이드 신문 두 곳에서 1면 헤드라인으로 보도한 다음의 기사에 대해 생각해 보자. "이민자 러시가 서비스에 큰 타격을 주다: 어제 감시 단체에서는 급증하는 이민자들로 인해 학교, 병원, 주택 등 공공 서비스가 큰 타격을 입었다고 경고했다. 외국인 입국자들이 넘쳐나면서 인종적 긴장, 길거리의 범죄, 폭음으로 도시가 몸살을 앓고 있다. 또한 일부 새로운 이민자들의 잘못된 운전으로 인해 도로는 그 어느 때보다 위험하다."(더 선, 2007년 1월 31일); "폴란드인 낚시꾼들에게 '잉어를 다 잡아먹지 말라'고 경고하는 표지판"(데일리 메일, 2007년 3월 5일); "폴란드어 거리 표지판은 '예산 낭비'"(데일리 메일, 2007년 6월 15일); "이주자들이 에이즈 검사를 받다"(더 선, 2007년 6월 16일); "폴란드어를 못한다는 이유로 일자리를 거부당한 영국인 노동자"(데일리 메일, 2007년 6월 19일); "폴란드 이민자들이 영국 경제에서 10억 파운드를 빼앗아 가다"(데일리 메일, 2007년 6월 28일); "동유럽인이 시골 도로에서 일어나는 사망 사고의 15%를 유발"(데일리 메일, 2007년 8월 1일); "이주자 세금 인상 공포: 이민 비용을 충당하려면 의회 세금이 물가상승률 이상으로 인상되어야 할 것이라고 타운홀의 대표들이 경고했다."(더 선, 2007년 8월 8일); "폴란드 깡패들이 여기서 흥을 돋우다: 폴란드인 축구 훌리건들이 영국 폭력 조직과 손잡고 이번 시즌 경기장에서 난동을 부리고 있다. 일자리를 찾기 위해 영국으로 온 동유럽 깡패들이 영국 출신 훌리건들과 친구가 되고 있다. 이제 경찰은 이민자들이 프리미어리그 경기장 안팎에서 폭력 사태를 일으킬 수 있다고 우려하고 있다."(더 선, 2007년 8월 21일); "이주자 강간범 체류 허용"(더 선, 2007년 9월 1일); "이주자들이 '영국인을 돌로 치다'"(더 선, 2007년 9월 18일); "폴란드인 어머니들에게 한 달에 100만 파운드의 아동 수당 지급"(데일리 메일, 2007년 9월 21일); "이주자들의 충돌 사고가 '엄청나게 증가': 경찰은 어제 동유럽 출신 운전자의 음주 운전, 그리고 도로 표지판을 이해하지 못하는 태도가 충돌 사고의 폭증을 부추기고 있다고 밝혔다."(더 선, 2007년 9월 25일); "영국에서 폴란드 라거 판매량이 250% 급증하면서 맥주 가격이 오를 전망"(데일리 메일, 2007년 11월 7일)

요하게 형성되고, (재)생산되고, 강화된다. 따라서 특정 시공간에서 '타자'에 대한 감정적 반응은 현대의 헤게모니적 대중 규범과 담론에 의해 상당 부분 예상되고 각본화된다(2장과 6장). Box 11.4에 대해 생각해 보자. 이 사례 연구에서 특정 인구 집단과 관련한 대중 매체의 보도에서 다양한 형태의 불안과 분노가 생성되는 지점에 주목하라. 지리학자들은 망명 신청자, 노숙자, 젊은이, 정신건강 질환자, '박탈된' 공동체 등 사회적으로 배제된 다른 집단과 관련해 대중 매체가 매개하는(mass-mediated) 불안의 순환을 조사해 왔다.

(4) 포인트 4: 감정과 정동은 모든 공간 경험의 기본이다

감정과 정동이 사회관계의 핵심인 것과 마찬가지로, 이는 "특정 장소에 대한 기피…반대로 특정 장소의 사회적 [환경]에 대한 매력에도 기여"한다(Sibley, 1999: 116). 예를 들어, 특정 공간을 통과하는 경험은,

다른 사람, 다르다고 표시된 사람들에 대한 정동을 유발하거나 이에 영향을 받을 수 있다. 위험하다고 표시된 지역의 거리를 걷는 것과 관련한 긴장, 특정 냄새와 관련된 메스꺼움, 반대로 상쾌함이나 평온함…, 반발과 욕망, 두려움과 매력은 사람과 장소 모두에 복잡한 방식으로 얽혀 있다.

-Sibley, 1995: 3-4

이러한 느낌, 그로 인해 발생하는 일상적인 회피 또는 애착의 지리는 그 기원이 매우 복잡하다. 이는 논리적일 수도 있고, 다소 개인적이고 기발할 수도 있으며, 본질적으로 설명할 수 없는 것일 수도 있다. 이는 해당 공간의 지역별 또는 장소별 심리지리(psycho geographies), 즉 "그 장소에 거주하고 장소를 창조하는 사람들"이 특정한 경관에 부여한 독특하고 로컬적으로 이해되는 느낌, 감정, 내러티브, 역사 및 유대를 반영할 수 있다(Nold, 2009: 37).

이러한 개인적이고 로컬적인 감정은 더 광범위한 불평등한 문화 정치와 정체성, 포용, 배제의 사회지리에 의해 구조화되고 교차되기도 한다(3장과 8장). 예를 들어, 페미니스트 사회과학자들은 특정 공간의 감정적 경험이 어떻게 강하게 젠더화되는지, 다양한 환경에서 여성의 일상지리가 젠더화된 형태의 공포의 영향을 받는지 탐구해 왔다(Koskela and Pain, 2000). 밸런타인은 "많은 [여성들이] 겉으로 보기에 '당연한' 경로와 목적지를 선택하는 것은 사실 여성이 안전을 유지하기 위해 채택하는 '대응 전략'의 산물"이며, 이는 많은 공공장소에서 (특히 남성) 폭력에 대한 잠재적 두려움과 예측이라고 강조한다(Valentine, 1989: 386). 다른 연구에서는 사회지리학자들이 병행적 연구를 통해 이주자, 소수 민족 및 종교 집단, 게이 및 레즈비언 커뮤니티, 노인, 장애인의 공공장소 이용이 제한되는 등에 관한 두려움의 지리를 탐구해 왔다.

게다가 이러한 종류의 감정-정동적 경험은 현대의 문화 규범과 극심한 공포에 의해 구조화되고 패턴화된다. 가령, 아동 지리학자들은 영국에서 어린이와 청소년의 공공장소에 대한 경험이 어떻게 구조화되고, 제한되며, 양육에 관한 규범에 의해 영향을 받는지 탐구해 왔다. 또 공공장소에서 (성인을) 동반하지 않은 청소년을 항상 ('낯선 위험', 괴롭힘 등 여타 위험에 대해) 취약한 존재나 (다양한 형태의 '반사회적 행동'의 잠재적 원천으로) '부적절하고' 위협적인 존재로 상상하고 역사 문화적으로 특정한 공포에 의해 맥락화하는 방식에 대해 연구했다(Valentine, 1996). 실제로 이러한 규범과 불안은 어린이와 부모/보호자가 공공장소에서 특정한 공간, 시나리오 및 사회적 상호작용에 대한 두려움과 회피의 느낌으로 경험(그리고 재생산)하는 경우가 많았다. 실제로 위의 정동적인 공간 경험의 형태는 특정 공간에서 복잡한 방식으로 상호 연관되고 결합된다(한 가지 사례로는 Box 11.5를 참

Box 11.5

공공장소의 복잡한 감정의 지리

사진 11.3 영국 북동부의 놀이터
출처: John-Horton

사진 11.3은 런던 북동부의 한 공원에 있는 어린이 놀이터를 보여 준다. 저자들이 이 지역에 거주하는 5-13세 어린이 750명을 대상으로 연구한 결과, 이 작은 공간과 관련된 다양한 의미와 감정이 드러났다. 이 공간에 대한 어린이들의 불안감의 예는 다음과 같다. 이러한 감정이 개인적인 일화, 로컬과 도시 신화, 더 넓은 사회지리가 복잡하게 혼합된 것과 어떻게 관련되어 있는지 주목하라.

여기는 가면 안 됨 ─ 도로가 너무 혼잡함.
싫어함 ─ 개가 너무 많음☹
십대와 불량배가 너무 많음.
그네는 항상 공공 기물을 파손하는 사람들에 의해
　　부서져 있음.
[특정 거리 이름]의 갱단들이 어울림.

한번은 여기 와서 발을 다친 적이 있다.
그라피티와 변태.
불쾌한 장소 ─ 안전하지 않음. 너무 어둡다.
나이 많은 애들은 항상 여기서 스케이트보드를 탐.
여기서 살인이 있었음[분명 사실이 아니지만,
　　많은 아이들이 믿고 있음].
여기는 가면 안 됨 ─ 엄마가 거칠다고 했음.
나이 많은 애들은 항상 그네를 부숨.
여기에는 아시아인들이 많다.
사람들이 미끄럼틀에 면도칼을 올려놓기도 한다.
수상한 사람이 뛰어나올 수도 있다.
이슬람의 공격을 받을 수도 있다.
쥐와 쓰레기가 널려 있다.
사방에 개똥이 있다.

조할 것). 이러한 사례는 모든 일상 공간, 루틴 그리고 실천에서 감정과 정동의 중요성을 보여 준다 (Stewart, 2007 참조).

(5) 포인트 5: 감정과 정동은 문화의 근간이다

앞서 살펴본 것처럼 이 책에서 소개하는 문화 실천, 정치, 형식 및 장르에서 감정과 정동은 중요한 것으로 이해되어야 한다. 실제로 문화 이론가인 레이먼드 윌리엄스(Raymond Williams)는 문화는 특정 시간/공간에서 "느낌의 구조" 즉 문화의 "일반 조직에 있는 모든 요소들의 생생한 결과"를 탐구함으로써 가장 잘 이해할 수 있다고 주장했다 (Williams, 1979: 48). 이후 문화 이론가들은 이 개념을 특정한 공간적, 문화적 맥락에서 "항상 '현재', '이동 중', '활동적', '형성적', '해결 중', '과정 중'"이라는 복잡하고 정동적인 특성에 주목하는 것으로 이해했다(Thrift, 1994: 183). 비슷한 맥락에서 스리프트는 도시(그리고 암묵적으로 '도시의' 문화적 삶과 공간)를 다음과 같이 이해해야 한다고 주장한다(Thrift, 2004: 57).

복잡하고 과정적인 정동의 소용돌이로 이해되어야 한다. 분노, 두려움, 행복, 기쁨 같은 특정한 정동은 … 스포츠 경기장에서 결정적인 득점이 터졌을 때 들리는 귀가 먹먹한 함성, 직장에서의 일상적인 감정 노동, 도로 위의 분노로 가득찬 외침, 테마파크를 구경하는 아이들의 웃음, 경찰의 심문을 받는 중범죄 용의자의 눈물 등 … 거대한 스케일로 또는 단순히 지속적인 일상생활의 일부로서 끊임없이 끓어오르거나 가라앉는다.

또한 많은 문화적, 특히 소비 실천은 종종 감정적인 특성으로 인해 가치를 부여받고 명시적이고 의도적으로 사용된다. 대중음악 소비에 관한 앤더슨의 연구(Box 3.2 참조)에서 인용한 내용은 대중문화 텍스트가 개인의 기분에 어떤 영향을 끼치는지를 보여 주는 예시다.

앞서 언급했듯이 대중문화 텍스트와 미디어는 유사한 방식으로 배포되어 수많은 소비 실천을 통해 영향을 끼친다(3장). 실제로 일부 문화 이론가들은 서구의 대중문화 실천이 점점 더 이러한 활동에 초점이 맞추어져 있다고 주장한다. 이들은 21세기 문화의 '감정화(emotionalisation)'를 스크린과 인쇄 매체에서 점점 더 '감정적으로 가득 찬' 콘텐츠(예: 현재 유럽과 북미에서 방송되는 많은 '고백' 토크, 토론, 다큐, '리얼리티' 텔레비전 쇼)와 소비자의 감정적인 삶을 명시적으로 다루는 상품과 서비스의 확산에서 확인할 수 있다고 말한다. 예를 들어, 윌리엄스는 의약품과 치료법의 상업화, 기분 좋게 해 준다는 제품 마케팅, 자조 서적과 웹사이트의 우세 등 수많은 "상품화되고 상업화된 형태의 감정적 경험과 표현"에 대해 지적한다(Williams, 2001: 9-10).

(6) 포인트 6: 문화지리학을 한다는 것은 그 자체로 감정-정동적이다

지리학의 '감정적 전환'(일반적으로 다른 곳과 다른 사람들의 감정을 탐구하는 것과 관련한)에는 지리학자로서 자신의 감정적 경험에 대한 인식이 수반되어야 한다는 주장이 제기되고 있다(Widdowfield, 2000). 사실, 앞서 살펴본 바와 같이 지리적 연구를 한다는 것은 언제나 감정-정동적 경험과 과정이다. 이는 지리학자들이 자기 연구의 감정적인 특성에 대해 성찰한 이야기를 살펴보면 알 수 있다. 가령, 감정은 특정한 종류의 연구를 수행하는 데 중요한 단서가 되는 경우가 많다. 근본적으로 감정은 지리학자들이 자신이 하는 일에 관심을 갖고 동기를 부여하는 원동력인 경우가 많다. 그 예로, 이 장의 서두에서 인용한 애스킨스는 다음과 같이 말한다(Askins, 2009: 10).

나는 애초에 감정에 이끌려 학자가 되겠다는 동기를 갖게 되었다. 나는 다양한 경험에 착근되어 있는 일련의 감정들을 강화하는 사회적, 환경적 이슈와 이를 이해하는 방법에 관심을 갖고 있다.

그리고 이러한 감정과 동기는 지리학자의 연구와 일상생활에 복잡하게 얽혀 있다.

나는 항상 참여하고 싶다는 강박을 느낀다… 참여한다는 것은 새롭고 더 많은 감정을 불러일으키고, 결정적으로 이러한 감정은 내 일과 일상생활의 모든 측면과 교차하며, 감정은 다시 나의 연구에 작용한다.

-Askins, 2009: 3

게다가 지리적 연구를 수행하다 보면 연구자가 영향을 받는 상황에 처할 수 있다. 가령, 이 장의 서두에서 언급한 바 있는, 커뮤니티 센터에서 망명 신청 가족과 함께 일한 애스킨스의 설명을 생각해보라(Askins, 2009: 8).

여기에는 많은 슬픔이 있다… 망명 신청이 거부되고 강제 추방될까 봐 두려워서 눈물을 흘리고, 몇 달이 지나도 신청이 처리되지 않아 좌절감에 울고, 너무나도 자주 경험하는 인종 차별에 화가 나고 분노하고, 사랑하는 사람들에게 무슨 일이 일어나고 있는지 모른다는 무력감에 좌절하고, 당장 위험에 처한 가족과 친구의 부재 또는 최악의 소식을 듣고 슬퍼하는 사람들. 여기에는 많은 행복이 있다… 그룹 내 누군가가 난민 지위를 얻었을 때의 기쁨의 비명, 아이의 코믹한 행동에 대한 웃음, 새로운 헤어스타일/코트/옷차림/가방에 대한 칭찬, 문화적 및 언어적 오해에 대한 웃음과 즐거움… 요리할 때나 제공된 모든 식사에서 나오는 만족하는 '음' 소리… 누군가의 눈에서 흐르는 눈물은… 금세 다른 사람들의 눈물이 되고, 행복의 인정과 순환에 따라 미소가 퍼진다.

이러한 종류의 감정/정동적 경험은 사회/문화적 이슈와 문제를 연구하는 지리학자들의 경험의 핵심이다(Cloke et al., 2000; Horton, 2008). 그러나 눈물과 웃음 그리고 연구를 수행하면서 겪은 수많은 신체적, 정동적 경험은 일반적으로 '지리학자'의 연구 출판물에서 제외된다. 과거와 현재의 많은 지리학자들이 "감정의 인정과 표현을 경계하는 것처럼 보인다"(Widdowfield, 2000: 200)는 인식은 지리학자들이 자신의 연구와 주제의 감정적인 특징을 인식해야 한다는 요구를 불러일으켰고(Laurier and Parr, 2000; Bondi, 2005), 사회 문화적 이슈에 대한 효과적인 연구를 수행하는 데 공감, 배려 및 감정의 중요성을 인식하게 했다(Jupp, 2007; 2008).

11.6 정동적 실천

지리학자들은 지리적 경험, 이슈 및 연구에서 감정과 정동의 중요성에 대한 일반적인 인식과 더불어 현대 사회에서 정동을 대상으로 하는 특정한 실천의 역할에 대해서도 탐구하기 시작했다. 이러한 연구는 다양한 사회적, 문화적 맥락에서 다양한 목적을 위해 정동을 조작하는 여러 가지 은밀한 방식에 주목한다. 이러한 종류의 실천은 오랜 역사를 갖고 있다. 정치적 또는 문화적 권력을 행사하는 사람들은 오랫동안, 거의 당연하게, 대상의 감정과 정동에 영향을 끼치려고 노력해 왔다. 가령 스리프트는 "드릴(drill) 같은 다양한 형태의 군사 훈련을 통한 공격성 강화", 즉 수 세기에 걸친 반복적인 훈련 절차의 전통을 이용해 군인의 감정을 조작하고 '꺾어' 국가의 이익을 위한 명령을 수행할 수 있도록 만드는 방식을 설명한다(Thrift, 2004: 64, Box 12.3도 참조할 것). 그는 다음과 같이 지적한다.

17세기 이후부터 이러한 종류의 훈련은 점점 더 정교해졌다. 훈련은 군인과 다른 전투원이 살인을 할 수 있도록 훈련하는 데 사용되었으나, 전장에서 대부분의 사람들이 규범적으로 행동할 가능성은 거의 없어 보인다. 이러한 훈련에는 공포를 통제해야 한다는 신체적 훈련이 포함되었다. 분노와 기타 공격적인 감정을 특정한 상황에 따라 조절할 수 있도록 했다. 분노가 폭발하는 상황에서 보복 살인을 억제하고, 이전에는 군이 달성하지 못했던 특별한 효과(예: 사격률 증가 및 살상률 증가)를 가져왔다.

-Thrift, 2004: 64

다른 사례에서도 사회과학자들은 비슷한 종류의 정동적 훈련이나 조작에 대해 기록했다. 예를 들어, 학교를 비롯한 여타 기관에서 침착하고 '좋은 행동'을 유지하기 위해, 도시에서 반대 의견을 억제하거나 억압하기 위해, 특정 소비 습관을 갖도록 하기 위해, 또는 다른 시공간에서 충성심, 존경심 또는 애국심을 키우기 위해 사용되는 미묘한 전략이 있다.

이 장의 나머지 부분에서는 문화지리와 관련된 정동적 실천의 몇 가지 사례를 간략하게 설명한다. 이러한 다양한 실천은 몇 가지 특징을 공유한다. 현대의 문화적 맥락에서 말하지 않거나 눈에 띄지 않는다는 점, 작은 스케일의 신체 및 일상 공간의 정교한 조작을 수반한다는 점, 그리고 "고의로… 정치적으로 (주로 부자와 권력자들에 의해)" 배치된다는 점, 특히 유럽과 아메리카 문화에서 점점 더 널리 확산된다는 점 등이다(Thrift, 2004: 58).

이러한 정동적 실천의 첫 번째 예로, 현대의 문화적 맥락에서 일상적이고 당연하게 여겨지는 소비 행위인 슈퍼마켓 방문을 생각해 보자. 동네 슈퍼마켓은 여러분이 어떤 것을 느끼게 하는가? 슈퍼마켓 공간은 여러분의 행동에 어느 정도 영향을 미치는가? 유통 기업은 일상적으로 슈퍼마켓에 기발하고 복잡한 공간 전략을 배치해 쇼핑객의 신체와 감정에 미묘한 영향을 끼침으로써 소비 행동에도 영향을 끼치려고 한다. 영국 슈퍼마켓에서 일반적으로 사용되는 것으로 알려진 몇 가지 전술의 사례는 Box 11.6에 나와 있다. 이러한 전략이 실제로 효과가 있는지 여부는 소비자 선택에 대한 이해에 비추어 볼 때 다소 의문스럽다(3장 참조). 확실한 것은 소비자 행동에 영향을 끼치고 쇼핑에

Box 11.6

슈퍼마켓 디자인: 소비 공간에서의 정동적 관리?

사진 11.4 슈퍼마켓 디자인은 어떻게 특정한 분위기와 행동을 만들어 내는가?
출처: Alamy Images/Aardvark

스페이스하이재커 같은 활동가 집단은 영국 슈퍼마켓에서 점점 더 많이 도입되고 있는 교묘한 전술과 설계를 비판한 바 있다(Spacehijackers, 2009). 몇 가지 사례가 아래에 나열되어 있다. 이 글을 읽으면서 쇼핑하는 공간의 디자인, 레이아웃, 기능이 어떤 방식으로 소비를 유도하는지 생각해 보라.

'쇼핑을 유도하는 소매점의 트릭'에는 다음과 같은 것들이 있다(Spacehijackers, 2009).

- '필수 구매 품목'(예: 빵, 우유)을 매장 뒤쪽의 서로 다른 지점에 배치해 고객이 매장에서 머무는 시간과 통로 및 오퍼 수를 최대화한다.
- 매장 내 통로 사이 주요 '동선'의 눈에 잘 띄는 지점에 주요 행사 및 눈길을 끄는 제품들을 배치한다.
- 에어컨을 통해 베이비 파우더 또는 이와 유사한 은은한 향기를 순환(어린 시절의 추억을 떠올리게 함으로써 성인들의 긴장을 완화하는 효과)시킨다.

- 슈퍼마켓에 도착하면 쇼핑 바구니를 나눠 준다(쇼핑객이 한 가지 품목이 담긴 바구니를 계산대에 들고 가는 것을 어색해하기 때문에 여러 개를 구매하도록 유도).
- 식욕을 돋우는 냄새(구운 빵, 시나몬)을 순환시켜 배고픔을 유발한다.
- 매장 내 특정 지점이나 동선으로 쇼핑객을 유도하기 위해 바닥 질감과 질감의 대비를 활용한다.
- 더 비싼 상품이나 '간식'이 있는 통로에 더 작은 바닥 타일이나 더 시끄러운 바닥재를 배치한다(쇼핑 카트가 작은 타일 위를 지나갈 때 달그락거리는 템포가 증가하면 쇼핑객들이 통로에서 속도를 늦추고 더 오래 머물게 되는 것으로 추정됨).
- 편안한 상태와 최적의 쇼핑 템포를 유도하기 위해 중간 템포의 악기 연주곡을 배경음악으로 선택한다.
- 계산대 대기열 옆에 '충동 구매' 상품(과자, 잡지)을 배치해 주의가 산만한 쇼핑객과 아이들을 유혹한다.

도움이 되는 감정과 욕구를 유발하며 궁극적으로 이윤을 증가시킬 수 있는 전술과 공간에 상당한 시간, 노력, 자본이 의도적으로 투입된다는 것이다. 이러한 수많은 유통 공간과 전술, 그리고 이를 위해 헌신하는 수많은 유통 심리학자, 브랜드 기술자, 컨설턴트, 마케터들은 일상적인 문화적 지형 속에서 자주 접하지만 눈에 띄지 않는 경우가 많다.

슈퍼마켓의 예는 현대 건축 및 문화 공간의 생산에서, 디자인 그리고 이를 통해 구현되는 수많은 정동적 전략의 사례에 주목하게 한다(2장 참조). 예를 들어, 3장에서 언급했듯이 소비를 위해 설계된 공간은 특정한 목적이나 이상에 부합하는 행동과 감정에 도움이 되도록 만들어지는 경우가 많다. 좀 더 광범위하게 문화지리학자들은 다양한 맥락에서 **건물, 감정, 행동** 간의 상호작용을 탐구해 왔다(4장 참조). 주목할 만한 두 가지 사례는 교육을 위한 공간과 돌봄을 위한 공간이다. 지리학자들은 과거와 현재의 학교 건물이 교육과 규율과 관련된 현대적 규범에 부합하는 특정하고 제한된 형태의 학생 행동을 장려하도록 명시적으로 설계된 과정을 기록해 왔다. Box 11.7에는 학교 디자인에 관한 저자의 연구 결과 중 하나가 사례로 포함되어 있다.

Box 11.7에 나열된 기능은 현대 학교 건물에 설계된 기능, 논리 및 기술 중 일부에 불과하다. 나열된 각각의 사례에서 공간적 특징을 활용해 작은 스케일의 실천(따라서 효과적인 학습에 도움이 되는 것으로 여겨지는 감정 및 '좋은 행동'을 촉진)을 목표로 삼는 것이 분명했다. 세부 사항과 실천에 대한 유사한 관심은 돌봄의/돌봄을 위한 공간의 조성에 관한 지리적 연구에서도 분명하게 드러난다. 지리학자들은 다양한 형태의 치료, 상담, 지원, 의료 서비스를 제공하는 데 사용되는 공간의 물질적, 사회적 구성 요소를 조사했다. 즉, 무엇이 공간을 '돌봄'의 공간으로 만드는지, 실제로 어떻게 하면 공간을 더 '돌봄'의 공간으로 만들 수 있는지 이해하려고 노력했다. 돌봄을 구성하는 데 공간 설계 및 배치와 관련된 작은 실천은 항상 중요하다. Box 11.8에는 저자들이 영국 미들랜즈의 미취학 아동을 돌보기 위해 설계한 공간에서 연구한 몇 가지 사례가 포함되어 있다.

Box 11.8과 같은 돌봄 공간에 관한 연구는 이러한 공간에서 실무자들이 수행하는 신중하고 인내심 있는 '감정 노동'의 형태, 즉 실무자들이 다른 사람에게 영향을 끼침으로써 '돌봄' 그 자체를 창출하기 위해 사용하는 기술과 전략의 유형을 보여준다(Conradson, 2003a; 2003b; Milligan and Wiles, 2010). 돌봄의/돌봄을 위한 공간의 맥락에서 이러한 기술은 일반적으로 신뢰와 개방성을 특징으로 하는 관계를 점진적으로 발전시키는 데 도움이 되는 미묘한 신체적인 실천을 수반한다. 이런 미묘함은 무용 음악 치료(dance music therapy) 세션에 참석한 매코맥의 논의에서 잘 드러난다(McCormack, 2003, Box 7.3 참조). 이 독특한 치료법은 다음을 추구한다.

움직임 실험을 활용해 새로운 존재와 느낌의 방식을 탐구하고 말로 표현할 수 없는 감정에 접근하는 것을 추구한다… 무용 음악 치료사는… 지시적이지 않으며 내담자가 표현해야 할 감정을 처방하거나 내담자에게 움직이는 방법을 지시하

Box 11.7

학교 건물 디자인: 행동적 및 정동적 통제?

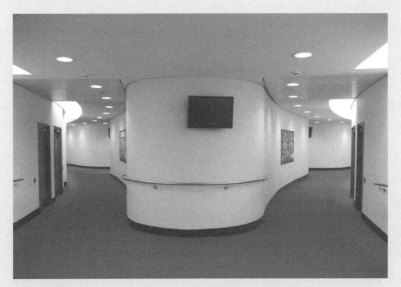

사진 11.5 학교 디자인은 어떻게 특정한 분위기와 행동을 만들어 내는가?
출처: Peter Kraftl

학교 건물 디자인에 대한 저자들의 연구에서, 영국 이스트미들랜즈에 새로 지어진 한 학교는 다음과 같은 디자인 특징이 세심하게 적용되었다는 것을 발견했다(사진 11.5; den Besten *et al.*, 2011 참조). 이 글을 읽으면서 학교, 대학, 병원, 교도소 등의 기관 공간이 특정한 분위기, 무드, 행동을 조성하기 위해 어떻게 설계되는지 생각해 보자(사진 6.2와 12장 참조).

- 넓은 곡선형의 복도는 혼잡한 시간대에 학생들이 '복도에서 정체'되어 있는 것을 방지해 불안, 충돌, 과열을 줄인다. 이 복도는 복도를 지나는 군중 패턴을 컴퓨터로 모델링해 설계되었다.
- 벽과 카펫, 패브릭은 부드러운 파스텔 톤으로 칠해 흥분보다는 사색에 잠길 수 있는 편안한 분위기를 조성했다.
- 허가되지 않은 활동이나 모임과 관련된 공간을 제거해 학생들의 게으름 및 '어울리기'와 관련된 것으로

여겨지는 반사회적 행태를 줄인다. 특히 막다른 골목이나 고립된 공간(많은 학생들의 괴롭힘에 대한 두려움과 관련이 있는 것으로 추정됨)은 학교 건물에서 제외하도록 설계되었다.
- 학생들이 모일 수 있는 모든 공간을 교직원이 쉽게 볼 수 있도록 한 것은 감시의 가능성을 통해 질서 정연한 시민 행동을 장려하기 위한 것으로 추정된다. 이러한 감시의 의미는 CCTV의 설치를 통해 확장되었다.
- 모든 내부 및 외부 문에 전자 잠금 시스템을 설치해 학생의 출입과 이동을 통제하고 필요한 경우 학교를 '폐쇄'할 수 있도록 했다.
- 학교 내에 '영감을 주는' 건축 공간(예: 넓은 유리로 된 아트리움)을 통해 자부심, 정체성, 열망을 심어 준다.
- 학교에 지역 커뮤니티를 연상시키는 디자인 요소(예: 현지에서 채석한 석재 사용)를 통해 공동체 의식을 심어 준다.

- 학교 건물에 대한 '주인' 의식을 고취하기 위해 학생들이 디자인을 결정하거나 커스텀할 수 있도록 했다.
- 수업 중 학습과 관련해 학생의 집중력, 행동 및 학습

윤리를 최적화하기 위해 교실 내의 좌석의 디자인, 크기, 배치에 세심한 주의를 기울인다.

Box 11.8

 미취학 아동을 위한 돌봄 공간 만들기

사진 11.6 영국 미들랜즈의 아동 센터
출처: John Horton

저자들은 영국 미들랜즈의 미취학 아동을 돌보기 위해 설계된 공간(사진 11.6; Horton and Kraftl, 2011 참조)을 연구하면서 직원들이 돌보는 아동을 위해 해당 공간을 '배려', '친절', '신뢰', '멋', '재미' 있게 만들기 위해 노력하는 다양한 실천에 주목했다. 그 사례는 다음과 같다.

- 벽장에서 자물쇠를 제거하는 행위(학대하는 가족에 의해 방에 갇힌 충격적인 경험을 한 아동을 속상하게 만들었기 때문에).
- 문턱에 있는 거미줄과 긁힌 자국을 털어내는 것(아이들이 기어다닐 때 불쾌하다고 느꼈기 때문에).

- 작은 잔디밭 깎기(킥보드를 타고 야외 놀이를 할 수 있도록 질감을 개선하기 위해).
- 장난감 상자를 재배치해 공간 전체에 여러 집단의 아이들을 분산시키고 인기 있는 장난감을 둘러싼 다툼 줄이기.
- 기저귀 갈 때 냄새를 가리기 위한 방향제 사용(나이 많은 아이들이 이를 불쾌하게 여기고 같은 방에서 장난감을 가지고 노는 것을 거부했기 때문에).
- 다른 브랜드의 소독용 손 세정제 사용(아이들이 이전 브랜드의 냄새, 질감 및 손 건조 효과가 불쾌하다고 느꼈기 때문에).

지 않는다.

-Stanton-Jones, 1992:3

매코맥은 '말로 표현할 수 없는 감정'에 대한 접근을 촉진하기 위한 다양한 종류의 무용 음악 치료 활동에 대해 설명한다(McCormack, 2003: 497).

방에 있는 모든 사람이 짝을 이룰 것을 요청받는다. 각 쌍의 한 사람이 다른 사람을 이끌고 방을 돌아다녀야 한다. 안내를 받는 사람은 눈을 감고 있어야 하며, 비언어적인 방법으로 활동해야 한다. 오른손으로 파트너의 왼손을 잡고 약간 앞으로 내밀어 잡으면서 여러 가지 잡는 방법을 실험해 본다. 느슨하지만 영향력을 발휘할 수 있는 자세를 찾아서 아주 천천히 이 손을 방 주위로 안내하기 시작한다… 움직임이 계속되면 손이 닿는 표면이 방에서 가장 중요한 장소가 된다.

따라서 매코맥은 특정 공간 안에서 신뢰, 지원, 돌봄의 분위기와 관계를 조성하기 위해 이 치료법을 비롯해 여러 종류의 치료 전문가들이 시도하는 작은 활동에 주목한다. 이러한 작업을 통해 돌봄의/돌봄을 위한 공간으로 설계되지 않은 공간도 최소한 그 안에 있는 사람들에게 영향을 끼치는 방식에서는 일시적으로 변화할 수 있다. 결정적으로, 이 장의 앞부분에서 설명한 구분으로 돌아가서 이러한 실천은 감정적이라기보다는 정동적인 것으로 이해되어야 한다. 매코맥의 말처럼, "전반적으로… 18개월 동안 [무용 음악 치료] 상담 지원 세션에 참석하는 동안, 나는 한번도 내 기분이

어떤지에 대해 질문을 받은 적이 없으며, 이는 다른 사람도 마찬가지였다. 나 또한 다른 사람에게 기분이 어땠는지 물어본 적이 없다(McCormack, 2006:331)."

다른 경우, 지리학자들은 공항, 직장, 교회, 기념물, 박물관, 관광지 등 다양한 공간에서 정동적 실천과 감정 노동을 조사해 왔다. 또한 2장에서 언급한 바와 같이, 대규모 시민 공간에서/시민 공간을 통한 특정 감정과 상호작용의 생산, 특정한 도시 지역과 행사에서 다양한 종류의 '소란(buzz)' 또는 '분위기'의 생성과 마케팅은 현대의 문화적 삶에서 정동적 실천에 관한 이해를 넓혀 주었다.

이러한 다양한 맥락의 연구를 통해 지리학자들은 더욱 광범위한 정치적(지정학적) 이슈와 실천에서 감정/정동의 중요성을 탐구하기 시작했다. 스리프트는 여러 의미에서 감정/정동이 정치적 힘과 설득의 형태에서 필수적인 것으로 이해되어야 한다고 주장한다(Thrift, 2004). 그 예는 다음과 같다.

- 특정 이미지, 정체성, 감정적 호소력을 구축하기 위해 정치인의 몸짓, 외모, 수행 같은 디테일에 대한 관심이 높아지고 있다.
- 마찬가지로, 공개 석상에서 정치인의 감정적 호소력과 효과를 최적화하기 위해 이벤트 관리, 디자인, 조명 및 신중한 미디어 연출의 활용이 증가하고 있다.
- 정치인들이 의도적으로 감정에 호소하는 수사와 담론의 형태를 사용하는 것.
- 큰 스케일의 정치 행위에서 '미시적 생명정치(micro-biopolitics)'의 중요성 증가(즉, 좀 더 큰

정치적 목적을 위해 작은 스케일의 신체적, 정동적 공간을 표적으로 삼고 관여하는 것).

예를 들어, 많은 사회과학자들은 현대 지정학에서, 특히 서구 사회에 대한 테러 공격과 이른바 '테러와의 전쟁'의 여파에서 특정한 '공포를 유발하는 사건'의 역할을 도표로 작성했다(Pain, 2009: 471). 이들은 공포를 유발하는 사건(fear-ful events)의 재현과 그 여파에 따른 담론과 실천의 정치적, 문화적 중요성이 더욱 커졌다고 주장한다. 이러한 '공포를 유발하는 사건'에는 몇 가지 반복적인 특징이 있는 것으로 알려져 있다.

- 정치인들의 수사에서는 분노, 애국심, 독선, 불의에 대한 감정을 자극하기 위한 목적으로 공포를 유발하는 사건을 언급한다.
- 공포 담론은 다양한 문화적 매개를 통해 널리 확산된다.
- 이러한 담론은 일반적으로 특정 지역, 개인, 사회 또는 민족 집단을 '타자' 그리고 용서할 수 없는 악당으로 묘사함으로써 그들에 대한 적대감을 촉발하거나 고조시킨다.
- 이러한 담론은 일상의 느낌, 경험, 사회적 상호작용이 일시적으로나마 불안에 사로잡히는 일종의 '정동적 전염(affective contagion)'을 불러일으킨다.

- 미래의 공포를 유발하는 사건에 대한 위협은 다른 상황에서는 용납될 수 없는 정치 행위를 정당화하는 데 사용된다(실제로 정치 및 미디어 담론은 불안을 적극적으로 '자극'해 이러한 행위가 그럴싸하게 보이도록 만든다).
- '결정적인' 담론, 상징적인 제스처, 상징적인 이미지는 정치 및 미디어 담론에서 상황이 통제되고 있다는 느낌을 주기 위해 널리 사용된다.
- '공포를 유발하는 사건'과 관련된 특정한 용어(예: '9·11'이라는 용어), 상징 및 재현은 현대 대중문화에서 두드러지게 나타난다.
- 당국은 신체 훈련의 형태(예: 소방 훈련, 공습 훈련, 재난 대비 훈련)를 사용해 지역 사회, 도시 또는 국가의 준비 상태에 대한 안정감과 믿음을 심어줄 수 있다.

위와 같은 특징이 '공포를 유발하는 사건'의 구체적인 사례인 '테러와의 전쟁'(Box 11.9)에서 어떻게 작동했는지 생각해 보라. 정동 정치에 관심이 있는 사회과학자들은 정동의 실천이 강력한 정치 주체에 의해 의도적이고 냉소적으로 전개된 것으로 볼 수 있는 사건에 주목해 왔다. 그러나 3장과 8장에서 설명했던 것처럼, 더 반문화적이고(countercultural) 전복적이거나 활동적인 형태의 정체성, 실천 및 반대에서는 다른 종류의 정동의 실천이 중요한 경우도 있다.

Box 11.9

'테러와의 전쟁'을 구성하는 것

사진 11.7 2001년 9월 20일 조지 W. 부시 대통령의 의회 연설
출처: Getty Images

아래의 인용문은 뉴욕, 워싱턴 D.C., 펜실베이니아에서 2,973명이 사망한 테러 공격(흔히 '9·11'이라고 불리는 일련의 사건)이 발생한 지 9일 후인 2001년 9월 20일 미국 텔레비전 네트워크에서 동시 송출된 조지 W. 부시 대통령의 의회 연설에서 발췌한 것이다. 모든 인용문은 미국 국토안보부에서 발췌한 것이다(DHS, 2001: 페이지 번호 없음). 이 연설에서 부시 대통령은 "테러와의 전쟁은… 전 세계의 모든 테러리스트 집단을 찾아 저지하고 패배시킬 때까지 끝나지 않을 것"이라고 말했다. 아래의 인용문이 어떻게 감정적인 '공포를 유발하는 사건'을 구성하는지 생각해 보라.

통상적으로, 대통령은 국정 보고를 위해 이곳 본회의장에 옵니다. 오늘 밤에는 그런 보고가 필요하지 않습니다. 이미 미국 국민들은 이에 대해 보고를 받았습니다. 우리는 지상의 다른 사람들을 구하기 위해 테러범들에게 달려든 승객들의 용기를 보았습니다. 인내의 한계를 넘어 헌신하는 구조대원들의 모습을 보았습니다. 성조기를 펼치고, 촛불을 켜고, 헌혈을 하고, 영어, 히브리어, 아랍어로 기도하는 모습을 보았습니다. 낯선 사람의 슬픔을 자신의 일처럼 여기고 사랑을 베푸는 고결한 사람들을 보았습니다. 친애하는 국민 여러분, 지난 9일 동안 전 세계가 미합중국을 지켜보았고, 우리는 건재합니다. (박수)

우리는 공격으로부터 자유롭지 않습니다. 미국인을 보호하기 위해 테러리즘에 대한 방어 조치를 취할 것입니다… 이러한 노력에는 FBI 요원부터 정보 작전 요원, 활동 복무로 호출된 예비군에 이르기까지 많은 사람들이 참여할 것입니다… 그리고 오늘 밤 파괴된 펜타곤에서 몇 마일 떨어진 이곳에서, 나는 우리 군에게 전할 메시지가 있습니다. 준비하세요. 나는 군에 경계 태세를 발령했고, 거기에는 이유가 있습니다. 미국이 행동할 때가 다가오고 있으며, 여러분은 우리를 자랑스럽게 할 것입니다. (박수) 그러나 이는 단지 미국만의 싸움이 아닙니다… 이는 문명의 싸움입니다. 이는 진보와 다원주의, 관용 그리고 자유를 믿는 모든 사람들의 싸움입니다…

문명화된 세계가 미국의 편으로 모여들고 있습니다. 그들은 이 테러가 처벌받지 않는다면, 자신의 도시와 국민이 그다음일 수 있음을 이해합니다. 테러에 대응하지 못하면 건물이 무너질 뿐만 아니라 합법적인 정부의 안정도 위협받을 수 있습니다. 그리고 그거 아십니까? 우리는 그것을 허용하지 않을 것입니다. (박수)

미국인들은 묻습니다. '우리에게 무엇을 기대하는가?' 저는 여러분이 여러분의 삶을 살고 아이들을 안아주시기를 부탁드립니다. 오늘 밤 많은 시민들이 두려움에 떨고 있다는 것을 알고 있으며, 계속되는 위협에 직면해도 침착하고 단호하게 대처해 주시기를 요청합니다. 저는 여러분이 미국의 가치를 지키고, 왜 이렇게 많은 사람들이 이곳에 왔는지 기억해 주시기를 요청합니다. 미국 경제에 대한 여러분의 지속적인 참여와 신뢰를 부탁드립니다. …마지막으로 테러 희생자와 그 가족, 제복을 입은 군인들과 위대한 조국을 위해 계속 기도해 주십시오. 기도는 슬픔 속에서 우리를 위로하고 앞으로의 여정을 강화하는 데 도움이 될 것입니다. …미국에 큰 피해가 발생했습니다. 우리는 큰 상처를 입었습니다. 그리고 슬픔과 분노 속에서 우리는 사명과 순간을 발견했습니다… 우리나라, 이 세대는 우리 국민과 우리의 미래에서 폭력의 어두운 위협을 제거할 것입니다. 우리의 노력과 용기

로 이 대의에 전 세계를 결집시킬 것입니다. 우리는 지치지 않을 것이고, 주저하지 않을 것이며, 실패하지 않을 것입니다. (박수)

우리는 그날 무슨 일이 일어났는지, 누구에게 일어났는지 기억할 것입니다. 뉴스가 전해진 순간, 어디에 있었고 무엇을 하고 있었는지 기억할 것입니다. 어떤 이들은 화재나 구조 장면을 기억할 것입니다. 누군가는 영원히 사라진 얼굴과 목소리에 대한 기억을 간직할 것입니다. 그리고 저는 이것을 간직할 것입니다. 세계무역센터에서 다른 사람들을 구하려다 사망한 조지 하워드(George Howard)라는 남성의 경찰 배지입니다. 그의 어머니 아를렌(Arlene)이 그의 아들을 자랑스럽게 기리기 위해 저에게 준 것입니다. 이는 끝나지 않는 임무에서 끝나버린 삶에 대한 저의 기억입니다. 저는 조국이 입은 상처와 가해자들을 잊지 않을 것입니다. 저는 미국 국민의 자유와 안보를 위한 이 투쟁에서 굴복하지 않을 것이며, 쉬지 않을 것이며, 포기하지 않을 것입니다. 이 싸움의 향방은 알 수 없지만 결과는 확실합니다. 자유와 공포, 정의와 잔혹함은 항상 전쟁 중이었고, 하나님이 그들 사이에서 중립이 아니라는 것을 압니다. (박수) 국민 여러분, 우리는 정당성과 다가올 승리를 확신하면서 인내심 있는 정의로 폭력에 맞설 것입니다. (박수)

요약

- 역사적으로 인문지리학자들은 지리적 이슈에서 '감정'의 중요성을 과소평가하거나 간과하는 경향이 있었다.
- 다른 많은 사회과학 분야와 마찬가지로 인문지리학도 문화적 전환의 여파로 일종의 '감정적 전환'을 경험했다. 인본주의자, 행동주의자, 페미니스트, 비재현주의자, 의료 지리학자들의 다양한 연구는 지리적 연구에서 '감정'의 중요

성을 강조했다.
- 많은 지리학자들은 '정동'(복잡하고 신체적이며 종종 말로 표현하기 어려운 감각)과 '감정'(정동을 이해하기 위해 사용하는 문화적이고 공유 가능한 재현, 표식 및 개념)을 구분한다.
- 최근의 지리학 연구에서는 지리는 항상 감정-정동적이며, 지리적 이슈는 감정-정동적 결과를 가져오고, 감정과 정동은 사회적 관계를 형

성하고 공간 경험의 기본이 되며, 감정과 정동
이 '문화'와 문화지리학에 필수적인 요소라는
점을 탐구하기 시작했다.
- 지리학자들은 정동이 전략 그리고 공간적 실천
을 통해 어떻게 표적이 되고 조작되는지 이해

하려고 노력해 왔다. 예를 들면 슈퍼마켓에서
욕망의 생산, 학교에서 좋은 행동의 생산, 돌봄
의 공간 조성, 정치적 수사(예: '공포를 유발하는
사건'의 대중적/정치적 재현)를 통한 정동의 표적
화 같은 것이 있다.

 핵심 읽을거리

Anderson, B. and Harrison, P. (2006) Questioning
affect and emotion. *Area*, 38, 333-335.
인문지리학에서 감정과 정동에 대한 엄밀한 개념과 이해의
필요성에 대한 명확한 진술.

Butler, R. and Parr, H. (eds) (2004) *Mind and Body
Spaces: Geographies of illness, impairment and
disability*, Routledge, London.
11.3절에서 언급했듯이 질병과 장애에 대한 지리학적 연구
는 지리학에서의 '감정적 전환'에서 중요한 역할을 했다. 이
책에는 다양한 감정적 형태의 질병, 상해, 장애에 대한 지리
학적 연구들이 포함되어 있다. 예를 들어 파르와 밀리건이
쓴 장에서는 정신 건강에 대한 담론과 의료 실천이 특정한
감정-정동적 상태를 문제적인 것으로 재현하고, 감정과 정
동을 조절하고 통제하려고 하는지 살펴본다.

Davidson, J., Bondi, L. and Smith, M. (eds) (2005)
Emotional Geographies, Ashgate, Aldershot.
지리학의 '감정적 전환'에 관한 중요한 출판물. 본디 등이 쓴
장에서는 지리학 연구에서 감정이 차지하는 위치에 대한 유
용한 개요를 제공해 준다. 이어지는 장에서는 다양한 감정
과 정서적 주제와 관련된 지리적 연구들을 다룬다.

Greco, M. and Stenner, P. (eds) (2008) *Emotions: A
social science reader*, Routledge, London.
감정과 정동을 다루는 과거와 현재의 주요 사회과학 저술에

대한 유용한 개요를 제공한다. 감정과 정동에 관련된 사회
과학 연구의 역사에 대한 맥락적 논의를 담고 있는 윌리엄스
(Williams)의 저서 『*Emotion and Social Theory*』(2001)
와 함께 읽을 수 있다.

Pain, R. and Smith, S. (eds) (2008) *Fear: Critical geo-
politics and everyday life*, Ashgate, Farnham.
다양한 맥락과 스케일에서의 공포의 지리를 다룬 훌륭한 에
세이 모음집이다. '테러와의 전쟁'에 관한 장이 포함되어 있
다. '팬데믹 불안'을 비롯해 다양한 정치, 사회, 문화 공간에
서 공포의 생산과 규제에 관한 장들이 포함되어 있다.

www.softhook.com
런던에서 활동하는 아티스트 크리스천 놀드(Christian
Nold)의 웹사이트. 놀드의 작업은 디지털 및 GPS 기술을
사용해 여러 현장(locales)의 '감정 지도'를 제작하는 것이
포함된다. 이러한 지도 그리고 이에 수반되는 토론은 감정과
정동의 지리에 관심이 있는 모든 사람에게 유용한 자료이다.

Thrift, N. (2004) Intensities of feeling: towards a
spatial politics of affect. *Geografiska Annaler B*,
86, 57-78.
정동의 정치적, 지리적 중요성에 관한 핵심 이론. 정치화된
정동이 어떻게 일상, 일상생활의 일부인지를 고찰한 스튜어
트(Stewart)의 『*Ordinary Affects*』(2007, 한국어판 『투명한
힘』)와 함께 읽을 수 있다.

Chapter 12 | 신체의 지리

12.1 도입: 운동하기

미국과 영국의 5천만 명이 넘는 사람들과 마찬가지로, 저자들도 가끔씩 헬스장에서 운동을 한다. 헬스장은 그 특성상 신체, 특히 자신의 몸을 돌아보게 하는 공간이다.

예를 들어, 운동을 할 때 우리는 다음의 사항을 절실히 깨닫게 될 수 있다.

• 자신의 몸에 대한 불안(헬스장에 '충분히' 가는가? 라커룸에서 편안함을 느끼는가?).
• 특정 운동을 수행할 수 있는 신체의 능력 또는 무능력(얼마나 많은 무게를 들 수 있는가? 얼마나 멀리 달릴 수 있는가?).
• 우리 몸의 신체적 활동(심장박동, 땀, 근육 긴장, 젖산).

사진 12.1 헬스장: 몸에 대한 성찰을 촉구하는 공간

출처: Shutterstock.com/Vasaleki

- 현대 사회에서 신체와 관련해 엄청나게 많은 상품과 수백만 달러 규모의 산업(운동화, 의류, 에너지 드링크, 체육관 멤버십).

따라서 헬스장은 현대의 여러 문화적 맥락에서 신체가 중요한 몇 가지 방식에 주목하게 한다. 물론 헬스장에서의 운동은 신체가 중요한 활동 및 공간의 한 예일 뿐이다. 이 장에서는 실제로 신체가 어떻게 모든 인문지리학의 중심이 되는지를 설명한다(실제로, 이 책의 모든 장이 신체에 관한 내용이라는 점은 분명하다). 이 장에서는 문화지리학에서 몸이 연구와 이론의 중심이 된 일종의 학문적 전환을 소개하고, 신체적 실천과 체현에 초점을 맞춘 지리적 연구의 몇 가지 사례를 제시한다.

12.2 신체 인식하기

다음과 같은 자명한 사실에서부터 시작해 보자. "인간 존재에 관한 명백하고도 분명한 사실이 있다. 인간은 신체를 갖고 있으며 인간 또한 신체라는 것이다"(Turner, 1984: 1). 모든 인간이 신체를 갖고 있고 인간이 신체라면, 인문지리학은 정의상 항상 신체를 포함해야 한다. 인문지리학을 공부하면서 배우게 될 사회학, 역사학, 정치학, 심리학, 문화연구, 경제학 등 모든 학문은 본질적으로 인간과 환경과의 관계에서 작동하는 인간의 몸을 포함하게 될 것이다. 모든 인간은 신체이다. 그러므로, 모든 인문지리학에 신체가 포함된다는 것은 당연해 보인다.

그러나 **문화적 전환기**(1장 참조)에 인문지리학이라는 학문은 신기하게도 모든 인문지리학의 기본이 되는 신체에 대해 거의 언급하지 않았다는 것이 명백해졌다. 인문지리학의 많은 고전적 연구들이 미국의 시인 에이드리엔 리치(Adrienne Rich)가 "가장 친밀한 지리-신체"라고 명명한 것(Rich, 1986: 212)을 간과하거나 외면하고 있다는 주장이 제기되었다. 가령, 전통적으로 인문지리학 분야를 구성하는 연구 관심사, 지도, 모델, 논의에서 신체에 관한 내용은 압도적으로 부재했다는 지적이 있었다. '가장 친밀한 지리'에 대한 경시는 사회과학 연구가 "신체와 감정적 삶에 … 침묵"한다는 더 광범위하고 역사적인 경향의 일부로 이해할 수 있다(Seidler, 1994: 18).

지금도 인문지리학 교재에서 신체에 대해 생각해 보라는 요청을 받는 것이 이상하게 느껴지거나 놀랍게 느껴질 수도 있다(인간은 신체를 가지고 있으므로, 인문지리학은 신체에 관한 것이어야 한다는 것을 알고 있음에도 말이다).

그렇다면 왜 많은 지리학자와 사회과학자들이 몸을 그토록 소홀하게 다뤄 왔는가? 이 질문에 대한 광범위한 해답은 이른바 '몸의 사회학'에서 발전해 왔다. (이 절을 시작한) 브라이언 터너(Brian Turner) 같은 사회학자는 전통적인 사회과학 연구에서 신체가 소외된 것은 아래의 네 가지 관련 요인으로 인한 것이라고 주장했다(Turner, 1984; 2008 및 11장 참조).

- 사회과학 분야의 근본적인 관심사는 주로 산업화, 제국의 확장, 이데올로기적 혁명, 국가와 종교 같은 제도의 미래 등 현대 사회의 주요한 변화와 관련이 있었다. 모든 관심사는 '큰' 이론, 모델, 프로젝트를 필요로 하는 것처럼 보였다(Shilling, 2003). 이러한 맥락에서는 개인의 신체는 말할 것도 없고, 개인에 초점을 맞추는 것

이 무의미하고 난해해 보였을 것이다.

- 사회과학은 철학자 르네 데카르트(Rene Descartes, 1596-1650)의 이름을 딴 '데카르트적(Cartesian)' 유산을 특징으로 한다. 데카르트는 (신체가 아니라) 의식적이고 이성적인 사고가 인간 존재의 독특하고 정의적인 특성이라는 생각을 표현한 *cogito, ergo sum*('나는 생각한다, 고로 존재한다')로 널리 알려져 있다. 몸의 사회학을 연구하는 학자들은 이러한 '데카르트적' 사고가 서구 학문의 기초이자 발전의 중심이 되어 왔다고 주장한다. 그 이후 인간에 관한 학문적 연구는 인간의 의식, 지성, 관념을 압도적으로 우선시해 왔다. 반면 인간의 신체는 압도적으로 소홀하게 다루어져 왔다. *cogito, ergo sum* 이후에는 신체가 아닌 인간의 생각이 '인격'을 정의하는 것으로 여겨졌기 때문이다(Howson, 2004: 3).

- 서구 학계에서 사회과학을 '신뢰할 만한' 학문으로 자리매김시키기 위한 노력에는 사회과학보다 오랜 기간 확립된 학문(예: '자연과학')과 근본적으로 다른 것으로 위치 짓는 것이 포함되었다. 이는 두 가지 효과를 가져왔다. (ⅰ) 사회과학은 자연과학에서 다루지 않았던 주제에 집중하게 되었고, (ⅱ) 사회과학 분야는 자연과학의 접근 방식과 관심사에 대한 비판을 발전시키고 거리를 두게 되었다. 신체의 작용은 자연과학에 '속하는' 것으로 여겨졌기 때문에, 사회과학 분야에서 신체는 다뤄지지 않게 되었다(Shilling, 2007: 3).

- 비교적 최근까지, 저명한 학계 연구자의 대다수는 특권을 가진 서구 남성이었다. 사회과학 분

야의 전통적인 관심사는 이러한 불균형을 반영해 정치, 경제, 제국주의, 국가, 시민 공간 같은 큰 스케일의 (아마도 남성적인) 문제에 관심을 기울였다. 이러한 맥락에서 세상의 여러 측면(예: 육아, 가정, '작은 스케일'의 사적 공간)이 '사소하고' '여성적인' 것으로 치부되었다. 특히 다양한 현대 담론은 월경과 출산의 경험을 통해 여성을 자신의 신체 그리고 자연과 밀접하게(아마도 '위험하게', '비이성적으로') 연결된 존재로 이해했다(Valentine, 2001). 따라서 사회과학에서 신체는 (ⅰ) 큰 스케일의 '적절한' 학문적 관심사와는 '명백히' 관련이 없는 것으로 정의되었고, (ⅱ) 본질적으로 '여성적'이고 '비합리적'인 것으로, 기피 대상이 되었다.

문화적 전환과 그에 따른 전통적인 학문 규범과 접근 방식에 대한 비판의 여파로, 많은 사회과학자들은 일상성과 감정으로의 전환 과정에서 신체의 중요성을 고려하기 시작했다(9장과 11장 참조). 신체의 사회학자들은 이러한 '신체'로의 전환의 배경에는 몇 가지 광범위한 현대 서구 사회의 사회사적 변화가 있었다고 말한다.

• 많은 사회과학자들은 이른바 사회의 '개인주의'를 지적한다. 이전에는 개인이 전통적인 집단 정체성의 지표(예: 종교, 관습적 도덕(customary morals), 1차 산업, 사회운동 등)와 관련해 자신을 정의했다면, 사회·문화적 변화로 인해 이러한 정체성이 해체되고 있기 때문이다. 그 결과, 현대 사회는 훨씬 더 자기 존중적이고 자립적인 개인을 특징으로 한다. 이러한 맥락에서 개인은 자신의 목표, 욕구, 의견, 관심사 및 소비 선호도에 따라 자신의 문화와 정체성을 만들 수 있는 더 큰 자유를 갖게 되었다(3장과 8장 참조). 실제로 정체성 만들기 프로젝트의 중심에는 신체가 있다. 예를 들어, 개인은 자신의 개성과 정체성을 표현하는 수단으로 신체의 외모와 건강을 위해 전례 없이 많은 노력을 기울인다. 그 결과, "사람들이 자아를 구성하는 신체를 더 중요시하는 경향이 있다"고 주장한다(Shilling, 2003: 3). 따라서 신체의 이러한 구성적 역할에 대한 관심은 현대 사회를 이해하는 데 핵심이 되었다.

• 많은 사회과학자들이 20세기 들어 몸의 정치화가 심화되고 있음을 인식하고 있다. 이는 현대의 신체에 대한 이해를 비판하는 급진주의자 및 활동가 집단이 형성되었다는 점에서 분명히 드러난다.

– 첫째, '제2물결' 페미니스트 연구는 사회과학에서 몸을 의제로 삼는 데 중요한 역할을 했다. 1970년대와 1980년대 페미니스트들은 '젠더 차이', '아름다움', '글래머', '날씬함'과 관련해 여성 신체에 대한 현대의 대중적 재현에 대한 다양하고 중요한 비판을 전개했다. 좀 더 일반적으로 보면, 페미니스트 연구는 이 장에서 설명한 거의 모든 개념과 비평의 기초가 된다.

– 두 번째 중요한 정치화 노선은 게이 및 레즈비언 권리 운동과 이성애 정상성 및 동성애 혐오에 대한 비판에서 등장했다. 가령, 드래그(drag), 트랜스젠더주의 또는 트랜스섹슈얼리티의 정치에 대한 설명은 '정상적인' 신체에 대한 문화 관념과는 현저하게 대조되는 신체의 "변화 가능하고, 유동적이며, 우발적인 특

성"(Turner, 1996: 5)을 강조했다.

- 셋째, 현대 사회에서 '장애'라고 불리는 다양한 정신-신체 감정적 차이에 대한 문화 재현에 이의를 제기하는 장애인 권리 운동에서 중요한 비판이 등장했다(Holt, 2007).

- 마지막으로 몸의 사회학자들은 의식을 변화시키는 물질, 수행, 명상이나 요가 같은 실천들을 통해 정치화된 신체 경험을 배양하려는 반문화(counterculture)의 확산에 대해 기술한다(Shilling, 2007).

- 최근 신체와 관련해 수백만 달러 규모의 산업과 경제가 확산되고 있다. 한편으로는 소비자의 신체를 구체적으로 다루는 소비자 산업과 제품이 존재한다(12.4절을 참조하거나 앞서 소개한 헬스장의 사례를 생각해 보라). 이러한 산업은 신체와 신체적 실천(예: 헬스장에 가는 것)이 소비자의 라이프 스타일과 정체성의 핵심이 되는 복잡한 소비자 문화를 만들어 냈다. 다른 한편으로는 신체 또는 신체의 일부가 상품화되는 경제 구조가 존재하기도 한다. 예를 들면 인신매매, 이식을 위한 합법 및 불법 장기 교환, 생체 인식 데이터베이스 형태로 신체의 흔적들을 교환하는 것 등이 있다.

- 신경과학, 단층 촬영, 현미경 외과 수술, 사이버네틱스, 장기 이식, 체외 수정 같은 신기술과 기법은 "과학, 기술, 신체 간의 경계가 약해지는" 현상을 효과적으로 구성했다(Shilling, 2007: 8). 이러한 혁신은 과학, 기술, 사회 신체 간 관계에 대한 대중, 언론, 학계의 논쟁을 불러일으켰다(10.4절 참조).

- 많은 서구 사회에서 인구 통계학적 변화로 인

해 인구가 고령화되고 있다. 이러한 사회 및 문화적 맥락에서 나이 드는 신체 그리고 노년기의 '이상적이지 않거나' 쇠약해지는 신체 상태가 훨씬 더 눈에 띄게 되었다는 것은 분명한 사실이다. 이로 인해 나이든 신체를 돌보는 것에 대한 현대의 논쟁이 촉발되었고, 사회는 매일 "허리둘레가 두꺼워지고 살이 처지고, 피할 수 없는 죽음이라는 … 냉혹하고 불안한 사실"에 직면하게 되었다(Shilling, 2003: 7).

- 위의 경향은 신체에 관한 다양한 사회과학 연구를 촉발시켰다. 이는 1990년대에 사회과학자들이 출간한 『신체(*The body*)』(Featherstone *et al.*, 1991), 『신체와 사회 이론(*The Body and Social Theory*)』(Shilling, 1993), 『신체와 사회(*The Body and Society*)』(Turner, 1984), 『사회 속의 신체(*The Body in Society*)』(Howson, 2004), 『신체와 도시(*The Body and the City*)』(Nettleton and Watson, 1998), 『신체가 중요하다(*Body Matters*)』(Scott and Morgan, 1993) 『살아 있는 신체(*The Lived Body*)』(Williams and Bendelow, 1998) 같은 책에 가장 잘 드러나 있다. 이 책들과 매우 유사한 여러 논저들은 사회과학자들이 각자의 관심 분야에서 신체가 어떤 영향을 끼치는지에 대해 자세하게 설명한다. 이는 결과적으로 매우 다양한 맥락에서 신체에 대한 상당한 범위의 연구와 이론을 촉발시켰다.

모스와 다이크는 이러한 광범위한 연구들을 반영해 세 가지 주요 관심 분야를 파악했다(Moss and Dyck, 2003).

- 특정 맥락에서 신체의 사회적 구성 또는 대중적 재현.
- 특정 이슈 및 공간과 관련된 신체적 실천의 중요성.
- 사회와 문화에 대한 이해를 위한 신체의 의미 그리고 신체의 복잡한 물질성.

이러한 연구는 문화지리학자들에게 중요한 역할을 해 왔다. 이 장에서는 위의 세 가지 관심 분야를 차례로 살펴본다. 12.3절에서는 신체의 문화적 구성과 재현 그리고 그 지리적 함의에 대한 연구를 소개한다. 12.4절에서는 다양한 지리적 맥락에서 신체적 실천의 '재발견'을 소개한다. 12.5절에서는 인문지리학에서 '인간'에 대한 이해를 위해 '체현'이 제기하는 몇 가지 질문을 개괄적으로 설명한다.

12.3 신체 재현하기

제2물결 페미니즘에서 등장한 중요한 연구 중 하나는 현대 대중매체와 담론에서 신체가 재현되고 사회적으로 구성되는 방식에 대한 상세한 비판이었다(2장과 6장 참조). 페미니스트 철학자 수전 보르도(Susan Bordo)는 이런 비판에 대해 다음과 같이 성찰한다(Bordo, 1993: 16).

문학 작품, 철학 작품, 예술 작품, 의학 텍스트, 영화, 패션, 드라마 등 서구 문화의 모든 다양한 텍스트를 덜 순진하게… 역사적으로 만연해 있는 젠더-, 계급-, 인종-코드화된 이원론의 존재에 주목하면서 가장 평범하면서도 순수해 보이는 재현에 항상 착근되어 있음을 경계하며 읽는 법을 배웠다… 고도의 종교 예술부터 세포 수준의 생명체 묘사에 이르기까지 순수함을 주장할 수 있는 재현은 거의 없다.

보르도는 '이원론(duality)'이라는 용어를 사용해 자아/타자 또는 우리/그들 사이에 인식된 차이의 사회적 구성을 언급한다. 즉 그녀는 페미니즘 이론의 핵심적 성과는 과거와 현재의 거의 모든 종류의 문화 산물과 재현에서 젠더, 계급, 인종에 대한 고정관념에 기반한 이원론이 '만연해 있다'는 사실을 밝혀낸 것이라고 주장한다(2장 참조). 이 프로젝트의 핵심은 이러한 맥락에서 '신체'가 재현되어 온 방식에 대한 비판이었다. 왜냐하면 다음과 같은 사실이 명백하기 때문이다.

미디어, 패션 산업, 의학 및 소비자 문화의 담론은 신체적 필요, 쾌락 및 가능성을 지도화해 지리적, 역사적으로 특수한 신체 '규범'을 만든다… 20세기 후반에 우리는 자신이 부합하기를 바라는 이상적인 신체 이미지에 둘러싸여 있다.

-Valentine, 1999: 349

이 절에서는 신체에 대한 사회과학의 전환을 촉진하는 데 중요한 역할을 한 위 비평의 몇 가지 핵심 측면을 소개한다. 여기서 인용된 대부분의 사례는 젠더, 특히 여성의 신체에 대한 재현을 구체적으로 언급하는 페미니즘의 학문적 중요성에 관한 것이다. 그러나 핵심은 (문화지리학자들에게 현대 신체의 재현에 관한 관심은 중요하다) 모든 신체에 대한 대중적 재현의 성찰을 촉구해야 한다는 것이다.

신체의 재현이 중요한 몇 가지 이유를 보여 주는 한 사례 연구를 살펴보자. 페미니스트 사회과학자들의 연구와 비평은 현대 대중문화를 통해 유통되는 '정상적'이고 '이상적인' 여성 신체의 재현에 초점을 맞추고 있다. 럽턴은 서구 사회에서 이러한 재현을 생산하는 세 가지 주요 문화 산업, 공간 및 담론을 설명하기 위해 '음식·건강·미용의 삼중 복합체(triplex)'를 언급한다(Lupton, 1996). 이 삼중 복합체의 첫 번째 부분은 서구 사회에서 여성의 몸과 음식 사이의 '이상적인' 관계에 대한 만연하고 모순적인 가정에 주목한다. 현대 서구 사회에서는 한편으로 여러 세대에 걸쳐 전승되고 여러 종류의 담론과 가정 내 공간적 실천을 통해 정상화된, 여성이 음식 준비와 부엌에서 '가정'을 책임져야 한다는 기대가 존재한다. 반면, 보르도가 여성의 신체 사이즈와 여성 간의 관계에 대해 인상적으로 성찰한 글에서 설명했듯이(Bordo, 1993), 서구 대중문화는 날씬하고 '건강'하며, '아름다운' 몸매를 추구하기 위해 여성의 음식 소비 조절을 이상화하는 재현으로 가득 차 있다.

둘째, 이와 관련해 럽턴의 삼중 복합체의 중심에 있는 '건강'의 존재는 '이상적인' 여성 신체의 현대적 재현에서 의료화된 담론의 중요성에 주목한다. 즉, 서구 사회에서 '이상적인' 여성의 몸은 '건강한' 식단과 생활양식을 가진 '건강한' 몸으로 널리 재현된다. 여기서 '건강함'의 본질은 종종 다양한 과학적, 의학적 기준과 장치에 따라 정의되며, 이는 신체를 '건강함' 또는 '건강하지 않음', 또는 '정상'이나 '비정상'으로 효과적으로 명백

하게 '사실적'이고 결정적으로 정의한다. 그 예로, 영국과 미국에서 태어난 대부분의 어린이들이 '비만' 혹은 '저체중'인지를 판단하기 위해 '체질량 지수'와 '키-몸무게 차트' 또는 '연령별 체중' 표를 사용하는 것을 들 수 있다(그림 12.1 참조). 에반스와 콜스가 지적했듯이, 이러한 의학 구조는 신체 사이즈에 대한 규범과 가치 판단을 조장함으로써 개인의 삶과 지리에 심대한 영향을 끼치는 비만에 대한 정치적, 대중적(그리고 종종 배타적이고 젠더화된) 사고를 정상화하는 데 중요한 역할을 해왔다(Evans and Colls, 2009).

럽턴의 음식·건강·미용 삼중 복합체의 세 번째 용어는 현대 대중문화 내에서 순환하는 여성의 아름다움과 매력에 관한 복잡한 재현에 주목한다. 예를 들어,

우리는 드러그스토어 화장품 진열대, 슈퍼마켓 잡지 진열대, 텔레비전 등 모든 곳에서 완벽한 여성의 아름다움에 대한 이미지를 접하고 있다. [여성에게], 이러한 이미지는 우리가 기대에 부합하지 못한다는 사실을 끊임없이 상기시킨다. 누구의 코가 올바른 모양이고, 누구의 엉덩이가 너무 넓거나 좁지 않은가?

−Bartky, 1990: 40

그렇다면 여기서 현대의 매력에 대한 개념을 (재)생산하는 데 있어서의 셀러브리티 및 문화 생산 시스템(2장 및 사진 12.2 참조)의 중요성과 소비자가 '아름다운' 얼굴과 몸매를 갖출 수 있도록 지원하는 다양한 상품과 서비스의 존재에 주목해야 한다. 이러한 재현과 상품에 내재된 아름다움에

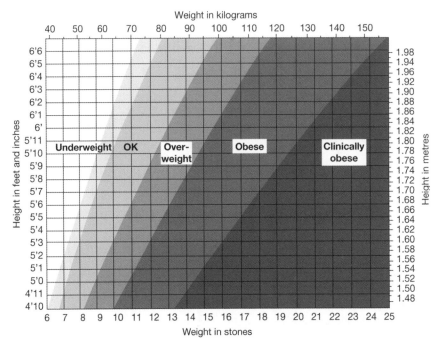

그림 12.1 표준 키-몸무게 차트: 신체의 건강 상태를 판단하는 데 널리 사용되는 도구

대한 개념은 당시에는 당연한 것으로 받아들여지고 '자연스러운 것'으로 보일 수 있다(그러나 '아름다움'에 대한 규범은 시간과 공간에 따라 크게 달라질 수 있다).

페미니스트 비평가들은 사회과학자에게 이러한 종류의 담론을 통해 지속되는 신체의 재현이 크게 세 가지 의미에서 중요하다고 주장한다. 첫째, 대중적인 신체의 재현은 광범위한 사회·문화적 규범과 이상을 드러내는 반복적인 '코드'를 포함하고 있기 때문이다(McRobbie, 2000 참조). 가령, 1970-1990년대 서구의 인기 잡지, 드라마, 텔레비전 광고에 등장하는 여성의 재현에 대한 페미니스트 분석에서는 현대 대중문화에서 널리 유포된 다음과 같은 반복적인 '코드들'을 확인했다.

• 대중매체에서 '매력적'이라고 재현되는 여성은 일반적으로 날씬하고, 태닝을 하고, 몸매가 좋고, '패셔너블하게' 옷을 입고, 이성애자다. "시각적 대상이면서 '매력적'이고 금발과 흰 피부를 선호한다(Frost, 2001: 75)."

• 여성은 '매력적인' 신체와 얼굴을 갖기 위해 노력하고, '패셔너블하게' 옷을 입고, '건강하게' 먹고 살며, 낭만적인 이성애적 사랑을 추구하는 것이 표준이라고 재현된다. 따라서 "여성의 신체는 이러한 이상을 추구하기 위해 변형이 필요한 대상이자 과제로 드러난다(Bartky, 1990: 40)." 따라서 여성이 이러한 이상과 관련한 자신의 신체 상태, 즉 이러한 '과제'를 얼마나 가시적으로 달성했는지에 따라 판단되는 것이 '수용 가능한 것'으로 재현된다.

• 여성이 '열등한' 존재로 상상되는 것, 즉 동시대 남성보다 열등하거나 복종적인 역할과 위치에

존재하는 것이 규범인 것처럼 재현된다(Frost, 2001).

• 여성은 남성의 시선이 집중되는, 시각적으로 매력적인 대상이 되는 것이 일반적인 것처럼 재현된다. 결과적으로 여성이 자신과 다른 여성의 '매력'을 비판적으로 면밀히 검토하는 것은 '정상'으로 간주된다. 버거는 이러한 '대상화' 과정을 다음과 같이 설명한다(Berger, 1972: 47). "남성은 여성을 본다. 여성은 보여지는 자신을 본다… 따라서 [여성]은 자신을 하나의 대상, 특히 시선의 대상으로 바꾸어 놓는다."

둘째, 대중적인 신체의 재현이 중요한 이유는 신체에 대한 현대의 '문화적 상상력', 곧 특정 문화적·역사적 맥락에서 사용할 수 있는 신체에 대한 재현과 아이디어의 저장소를 구성하기 때문이다(Gatens, 1983). 현대 서구 사회의 문화적 상상력은 신체에 대해 제한적이고 문제가 있는 재현의 범위만을 제공한다고 여겨진다. 즉 특정한 신체와 신체를 재현하는 방식이 대중문화에 의해 과대하게 재현되고 정상인 것으로 취급된다는 주장이 제기된다. 반면, 다른 여러 신체와 신체를 재현하는 방식은 과소 재현되고 '비정상적인' 것으로 취급된다. 예를 들어, 프로스트 같은 페미니스트 비평가들은 현대 서구 대중문화가 10대 여성의 신체에 대해 편협하고 문제가 있는 재현의 범위만을 제공한다고 주장한다(Frotst, 2001).

다른 한편으로는, 생리와 같은 일부 신체적 특징이 금기시되고 대중문화에서 거의 재현되지 않거나 공개적으로 다루어지지 않는다고 주장한다. 프로스트는 대중문화(텔레비전 광고, 잡지의 조언 칼럼 등)에서 생리를 인정하는 경우에는 은폐와 청결의 중요성이 강조되며, 이러한 메시지는 일반적으로 중립적이고 '의학적인' 어조로 전달된다고 주장한다. 따라서 근본적인 '코드'는 생리가 부끄러운 신체의 문제로 이해된다는 것이다.

이와 반대로, 프로스트는 서구 대중문화에서 젊은 여성 신체의 특정 측면이 (일반적으로 성적인) 대상으로 과도하게 재현된다고 주장한다. 예를 들어, 그녀는 대중문화에서 생리를 은폐하는 것과는 대조적으로, 패션 잡지(glossy magazine, 사진 12.2), 팝 비디오, 패션 및 셀러브리티 문화, 포르노 등 대중문화에서 젊은 여성의 가슴이 과도하게 성적으로 재현된다고 주장한다. 이러한 재현을 통해 여성의 가슴은 "현대 서구 문화에서 고도로 물신화되어 여성이 성적으로 매력적으로 보일지 여부를 결정하는 거의 결정적인 특징"이 되었다고 주장한다(Frost, 2001: 74). 따라서 여기에서 숨어 있는 '코드'는 특정한 신체적 특징이 '자연스럽게' 바람직하고, 성적으로 매력적이며, 다른 사람들이 조사하거나 평가할 수 있는 것이라는 점이다.

위와 같은 의미에서 서구의 젊은 여성들은 자신의 (발달하는) 신체를 받아들이는 데 제한적이고 문제가 있는 대중문화 재현의 레퍼토리를 접하게 된다고 주장한다. 그들은 자신의 몸을 부끄럽고 금기시되거나(예: 생리), 전시되고 감시의 대상이 되는(예: 가슴의 물신화) 다양한 대중문화 담론에 둘러싸여 있다. 여성의 성년과 생식 능력을 축하하려는 일부 페미니스트의 시도 같은 대안적 담론은 압도적으로 주변화되고 있다.

셋째, 결정적으로 신체의 대중적 재현이 중요한 이유는 다양한 스케일의 사회적, 공간적 관계를

사진 12.2 패션과 유명인들의 가십을 다루는 잡지: 여성의 아름다움에 관한 규범적 관념이 널리 퍼져 있다.
출처: Alamy Images/Alex Segre

(재)생산하기 때문이다. 개인적 차원에서는 '이상 적인' 신체의 대중적 재현이 가하는 끊임없는 공격이 자아상 및 자존감 문제의 중요한 원인이 될 수 있음이 분명하다. 자신을 보는 방식과 타인이 나를 보는 방식은 일상적인 사회적 만남과 경험을 결정하는 데 중요하므로 대중문화의 '코드'는 "일 상생활의 실천과 신체적 습관을 통해… 직접적인 영향력을 갖게 된다"고 할 수 있다(Bordo, 1993: 16). 가령, 10대 여성의 신체에 대한 현대적 재현은 종종 당혹감, 부적절함, 타인의 감시 또는 성적 권력에 대한 새로운 인식을 통해 개별 젊은 여성이 자신의 몸에 대해 강력하게 의식하게 만든다는 풍부한 증거가 존재한다.

이런 자기 인식은 이후 거의 모든 개인의 신체적 실천과 사회적 상호작용에 스며들어 영향을 끼친다. 좀 더 넓은 사회 수준에서는 대중문화적 재현이 신체에 대한 공유된 규범의 생산에서 중심

이 된다고 여겨진다. 예를 들어, 아름다움, 매력 또는 셀러브리티에 관한 패션 잡지가 특정 커뮤니티 (예: 고등학교 또는 직장)에서 신체에 대한 로컬 토크를 촉진한다고 볼 수 있다. 이러한 과정은 '이상적인' 혹은 '정상적인' 신체를 구성하는 요소에 대한 집단적 이해와 규범을 촉진한다. 일반적으로 '이상적인' 신체와 '정상적인' 신체에 대한 공유된 이해가 존재하는 곳에는 '비이상적'이거나 '비정상적'인 신체에 대한 이해도 존재하기 마련이다. 여러 지리학자가 탐구했던 것처럼, 이러한 이해는 장애, 피부색, 신체 사이즈 또는 장신구와 같은 신체의 차이에 기반한 사회적 배제의 지리를 만들어 낸다(이와 관련된 다양한 사례에 대해서는 Valentine, 2001을 참조할 것).

12.4 신체적 실천

문화적 전환 이후, 특히 제2물결 페미니즘의 연구를 통해 사회과학자들은 다양한 신체적 실천의 중요성을 탐구하기 시작했다. 이는 몸으로, 몸에게, 몸과 몸 사이에서 또는 몸을 위해 행해지는 모든 행위로 폭넓게 정의할 수 있다. 모든 인간의 삶에는 어떤 형태의 신체적 실천이 포함된다는 점에 주목해야 한다. 어디에 있든, 무엇을 하든, 우리의 몸은 항상 무언가를 하고 있다. 헬스장에서 운동을 하든, 조용히 앉아 책을 읽든, 심지어 잠을 자든 항상 신체적 실천을 하고 있는 것이다. 따라서 이 장의 시작 부분에서 언급했던 진리를 확장하자면, 모든 인문지리학은 신체적 실천과 관련이 있다고 말할 수 있다. 여러분이 인문지리학(또는 다른 사회과학 분야)에서 배우는 모든 것은 근본적으로 어떤 '신체'(또는 신체들)가 환경 그리고 그 안의 다른 신체와 관련해 어떤 종류의 실천에 관여하는 것에 관한 것이다. 모든 인간의 삶이 신체적 실천과 관련되어 있다는 깨달음(또는 상기)은 진부하고 당연해 보일 수 있다. 그러나 사회과학자들은 이러한 깨달음이 사회·문화적 삶에 대한 개념을 발전시키고 새롭게 정립하는 데 도움이 된다는 사실을 발견했다. 다양한 연구 결과를 종합해 보면, 문화지리학자에게 신체적 실천이 특히 중요한 이유를 네 가지로 요약할 수 있다.

(1) 이유 1: 신체적 실천은 공간과 루틴을 만들어 낸다

사람들은 "신체적 실천(먹기, 자기, 씻기, 다른 사람에게 자신을 드러내기 등)이 일상생활을 지배"하는 정도를 당연하게 생각할 수 있다(Valentine, 1999: 329). 그러나 이러한 종류의 신체적 실천이 일상생활에서 얼마나 중요한지 생각해 보라. 물론 현대 서구 문화에서는 신체적 실천을 위한 전용 공간과 시간을 따로 마련하는 것이 일반적이다. 현재 유럽과 북미에 지어진 대부분의 주택에 '식당', '침실', '욕실'처럼 특정한 신체적 실천을 위한 공간이 마련되어 있다는 점을 생각해 보자. 마찬가지로, 이러한 맥락에서 얼마나 많은 사람들의 삶이 '저녁 식사 시간', '취침 시간', '목욕 시간' 등 신체적 실천에 전념하는 일상을 중심으로 구성되어 있는지 생각해 보자. 현대 서구 문화에 살고 있는 사람들은 이러한 일상적인 공간 배치와 일상을 당연하게 여길 수 있다. 그러나 이러한 규칙은 많은 일상을 구성하고 있다. 게다가 신체적 실천과 관련된 공간과 시간은 사회적 관계와 구조를 유지하는 데 중요한 역할을 하는 경우가 많다. 가령, '식사 시간'은 매일 가족이 함께 모이는 장소이거나 가족 간의 다툼이 일어나는 장소가 될 수 있다. 마찬가지로 '취침 시간'은 커플 사이의 친밀감이 높아지는 시간(아마도 연애 초기에)이거나 큰 슬픔을 느끼는 시간(연애 막바지에)이 될 수 있다. 각각의 사례에서 신체적 실천과 그 공간/시간은 특정한 사회관계(특정한 가족 간 또는 커플 간)의 본질뿐만 아니라 더 일반적인 사회 구조 및 규범('가족', '커플')의 본질에서 명백히 중심적인 위치를 차지한다. 특정한 신체적 실천을 위한 상품과 공간의 확산(예: 헬스장 또는 2장과 3장에서 논의한 도시 소비 공간의 사례)도 이러한 중심성과 관련해 수많은 사례 연구를 제공한다.

사진 12.3 식사 시간: 가족 관계와 긴장의 핵심 장소가 될 수 있는 신체적 실천
출처: Alamy Images/Photo Alto

(2) 이유 2: 신체적 실천은 주요 사회적/문화적 이슈의 근본이다

다시 말하지만, 모든 인간의 삶은 일종의 신체적 실천과 관련되어 있으므로 신체적 실천은 모든 인문지리학의 핵심이 되어야 한다. 겉보기에는 단순해 보이지만, 이러한 관찰은 '가장 가까운 지리'를 너무나 자주 간과해 온 학술 연구와 이론의 맥락 속에서 새로운 의미를 갖게 된다.

사회과학이 신체에 주목한 결과 중 하나는 사소해 보이는 신체적 실천이 주요한 사회·문화 이슈와 규범의 중심이라는 사실을 깨달은 것이다. 여기서 페미니스트들의 '젠더'의 사회적 구성에 대한 비판이 중요하다. 특히 철학자 주디스 버틀러(Judith Butler)의 젠더 연구는 사회과학자들이 당연시되는 사회·문화 규범의 (재)생산에서 신체적 실천을 이해하는 데 널리 활용되었다. 버틀러의 연구는 남성과 여성의 생물학적 차이('성차')가 문화와 사회 안에서 남성과 여성이 대우받는 방식('젠더 차이')의 실질적인 차이를 설명하지 못한다는 제2물결 페미니즘의 핵심적인 관찰에서 출발했다. 버틀러에게 있어 이러한 젠더 차이는 '수행적'으로 이해되어야 한다. "아주 간단하게… 이는 수행되는 범위 내에서만 실재한다(Butler, 1990a: 411)."

따라서 다양한 사회·문화적 맥락에서 젠더 불평등이 당연시되고 '정상'으로 여겨지지만, 실제로 젠더 차이는 일반적으로 남성과 여성의 신체적, 생물학적 차이에 따른 차이와 비례하지 않는다. 대신, 젠더 차이는 "시간이 지남에 따라 응축되어 자연스러운 존재의 모습을 만들어내는… 반복된 행위를 통해 재생산된다(Butler, 1990b: 33)." 버틀러는 작은 스케일의 일상적인 신체적 실천이 젠더 차이의 생산, 규제 및 정상화의 핵심이라고 주장한다. "젠더는 신체의 양식화(stylization)를 통해 확립되므로, 다양한 종류의 신체적 제스처, 움직임, 실행이 젠더화된 자아의 환상을 구성하는 일상적인 방식으로 이해되어야 한다(Butler, 1990b: 402)."

이러한 일상적인 '양식화'의 예로 현대 서구 문화에서 신생아가 관례적으로 어떻게 취급되는지 생각해 보라.

인간은 태어난 순간부터(때로는 그 이전부터) 성별에 따라 다른 대우를 받는다. 예를 들어, 현대 서구 사회에서 사람들이 신생아에 대해 가장 먼저 묻는 질문 중 하나는 '남자아이냐, 여자아이냐?'이다. 이러한 질문은 보통 아이의 외모가 시각적으로 불확실할 때 발생하며, 아기 용품점을 살펴보면 신생아용 옷이 이러한 질문에 답하기 위해 어떻게 디자인되는지 파악할 수 있다.

-Gregson et al., 1997: 50

앞의 인용문에서 알 수 있듯이 남아와 여아는 신체적으로 매우 유사할 수 있다. 그럼에도 서구 문화권에서는 관례적으로 옷을 다르게 입히고, 호칭하고, 안고, 이름을 다르게 부르며, 남아냐 여아냐에 따라 매우 다른 장난감과 텍스트, 공간 및 물질 문화를 제공한다(10장 참조). 즉 신체적 실천을 통해 특정한 남녀 아동의 실질적인 차이와는 맞지 않는 상당한 수준의 젠더 차이가 수행된다.

사회·문화 규범이 일상적인 신체적 실천을 통해 '수행적으로'(재)생산된다는 인식은 널리 적용될 수 있다. 실제로 많은 사회과학자들은 오랫동안 학계 연구자와 이론가들이 관심을 가져온 이슈에서 중요한 신체적 실천을 탐구하기 시작했다. 또한 일종의 "사회 이론에서 신체의 비밀스러운 역사", 즉 비록 많은 고전 사회과학 이론가의 연구가 직접적으로 신체를 언급하지는 않더라도 신체와 신체적 실천이 이들의 이론과 관심의 중심이 되어 왔던 방식을 밝히려는 노력도 있어 왔다(Turner, 1991: 12).

이러한 접근 방식의 예는 계급에 기반한 불평등에 관한 마르크스주의 비판에서 신체와 신체적 실천의 중요성에 관한 최근의 회고적 성찰에서 찾을 수 있다(Box 12.1 참조). 여기에서는 신체적 실천에 대한 관심이 사회·문화 이슈에 대한 이해를 확장하고 발전시킬 수 있다고 주장한다. 따라서 신체에 대한 관심은 (신체적) 실천에서 주요한 사회·문화 이슈가 어떻게 발생하고 중요한지에 대한 이해를 높일 수 있다(감정과 정동에 관한 11장을 참조할 것). 실제로 신체적 실천은 모든 사회·문화 규범과 이슈의 핵심적인 '매개체'로 이해되어야 한다.

먹는 음식, 옷을 입는 방법, 몸을 돌보는 일상적인 의식 등 신체는 문화의 매개체이다. 식사 매너와 화장실 습관을 통해, 겉보기에는 사소한 일상, 규칙, 실천을 통해, 문화는 '만들어진 신체'이며… 자동적이고 습관적인 활동으로 전환된다.

-Bardo, 1993: 165

위와 같은 인식, 즉 모든 정체성의 신체적이고 수행적인 특성은 **정체성**과 **문화 실천**에 대한 지리적 연구에서 매우 중요한 요소이다(3장 및 8장 참조).

윌리엄스와 벤델로(Williams and Bendelow)의 신체적 실천과
마르크스주의

Box 12.1

신체를 연구하는 사회학자들은 고전 사회학 이론 연구에서 신체적 실천이 '부재하는 존재(absent presence)'였다고 주장한다. 즉, 신체적 실천은 이론 연구에서 항상 중요했지만 명시적으로 언급되지는 않았다고 주장한다. 그 결과 신체적 실천을 '재발견'하기 위한 목적으로 고전 사회학 이론 연구에 대한 재독해가 이루어졌다. 예를 들어, 카를 마르크스의 저작이 재독해되었다. 특히 마르크스의 '소외된' 노동계급 노동자에 대한 개념에 특별한 의미가 부여되었다. 윌리엄스와 벤델로는 다음의 인용문을 고려하라고 요구한다(Williams and Bendelow, 1998: 9-16).

무엇이 노동의 소외를 구성하는가?
첫째, 노동이 노동자의 외부에 있다는 사실, 즉 그 본질적인 속성이 아니라는 사실. 따라서 노동자는 노동에서 자기 확신을 가지지 못한 채, 자신을 부정하고, 비참하고 불행하다고 느끼고, 정신적, 육체적 에너지를 자유롭게 발전시키지 못하며 자신의 신체를 피폐하게 하고 정신을 망가뜨린다는 사실이다. 따라서 노동자는 일하지 않을 때만 자신을 느끼고 일할 때는 자신을 느끼지 않는다. 그는 일하지 않을 때는 집에 있고, 일할 때는 집에 있지 않는다. 그러므로 노동자의 노동은 자발적인 것이 아니라 강제적인 것이며, 강제 노동이다.

—Marx, 1959[1844], n.p.

마르크스의 '소외된 노동'이라는 개념은 "[노동자의] 본질적 속성이 아닌" 노동을 의미한다. 요컨대, 마르크스는 자본주의 노사 관계에서 일반적으로 노동자들은 노동자 자신의 이익, 욕구, 필요와는 동떨어진 업무를 수행할 것을 요구받는다는 사실을 관찰했다. 가령, 소외된 노동은 반복적이고 지루하며 착취적인 노동(노동자 자신을 희생해 자본가의 이익을 증진시키는 노동)을 의미할 수 있다. 더 넓게 보면 마르크스는 자본주의가 노동력(노동하는 신체)의 재생산에 의존하며, 일반적으로 노동자(와 그 신체)가 주로 생산의 대상이자 수단으로 간주된다는 점을 지적했다. 이 모든 과정에서 신체의 사회학자들은 소외된 노동이 '신체를 피폐하게 하고 정신을 망가뜨린다'는 마르크스의 관찰이 특히 중요하다는 사실을 발견했다. 여기에는 마르크스의 영향력 있는 비판이 신체적 실천과 어떻게 밀접하게 연결되어 있는지 보여 주는 제스처가 분명히 존재한다. 신체의 사회학자들은 마르크스의 협력자였던 프리드리히 엥겔스(Friedrich Engels)처럼 노동 계급의 삶에 대한 현대의 직접적인 관찰을 참고해 논의를 발전시켜 왔다.

순전히 제조업체의 증오스러운 탐욕이 낳은 질병 목록! 순전히 부르주아의 지갑을 채우기 위해, 여성은 출산에 부적합하게 만들고, 아이들은 기형아로 만들고, 남성은 허약해지고, 팔다리가 으스러지고, 모든 세대가 망가지고, 질병과 허약함에 시달리게 되었다.

—Engels, 1987[1845]: 184-185

윌리엄스와 벤델로는 이런 종류의 다시 읽기를 통해 자본주의에 대한 마르크스의 비판이 철저하게 '신체적' 비즈니스로 이해되어야 한다는 점을 보여 준다.

(3) 이유 3: 신체적 실천은 권력과 저항의 핵심 지점이다

'식사 시간'의 사례(이유 1 참조)는 이를 잘 설명해 준다. 가족 식사 시간은 종종 어린이의 행위 주체성(채소 먹기 거부)이 성인의 권력('채소 먹어!')에 저항할 수 있는 지점이다. 이는 식사와 같은 신체적 실천이 사회적 권력관계의 핵심이 될 수 있음을 보여 주는 진부하지만 흥미로운 사례다. 이는 유용하게 확장될 수 있다. 실제로 신체적 실천이 모든 인문지리학의 중심이라면, 모든 사회·문화 권력과 저항의 지리의 중심에도 신체적 실천이 있어야 한다(이에 대해서는 2장과 3장을 참조할 것).

많은 사회과학자들은 철학자 미셸 푸코의 연구가 사회·문화 권력과 신체적 실천 사이의 관계를 이해하는 데 유용하다는 사실을 발견했다. 푸코는 국가, 군대, 종교, 의학, 법률 체계 등 강력한 제도가 개인의 신체를 대상으로 하는 관행, 규칙, 도구를 통해 어떻게 권력을 행사하는지 탐구하고자 했다. 따라서 제도는 신체를 '규율'하고 '유순하게', 즉 규범과 기대되는 행동이 최소한의 저항으로 재생산되는 한도 내에의 제도적 권력을 수용하도록 만든다. Box 12.2는 권력에 대한 푸코의 설명 중 하나인 국가 차원의 처형과 투옥의 신체적 실천에 관한 내용 중 일부를 발췌한 것이다.

푸코의 연구는 주로 18세기 프랑스의 사회·문화 맥락과 관련된 역사적 연구였다. 그러나 그의 연구는 과거와 현재의 신체 규율과 사회·문화 권력과의 관계에 대한 다양한 탐구에 영향을 끼쳤다. 오늘날 학교, 기관, 도시의 치안, 군사 훈련 형태 등을 특징짓는 신체 규율의 형태에 푸코의 아이디어를 적용한 광범위한 지리 및 사회과학 연구들이 존재한다. 이러한 연구의 한 예로 미군의 신임 장교 훈련(Box 12.3)에 대해 살펴보라.

신체가 사회·문화 권력의 주요 표적이라면, 특정한 신체적 실천은 권력에 저항할 수 있다. 물론, 3장과 8장에서 설명한 모든 형태의 저항, 행동주의, 하위문화 행위 주체성은 어떤 형태로든 신체적 실천과 관련이 있다. 신체적 저항의 형태는 의도, 야망, 신랄함 등 다양할 수 있다. 스펙트럼의 한쪽 끝에는 작은 신체 제스처(머리카락 기르기, 문신이나 피어싱, 채소 먹기 거부)가 자신의 정체성과 자아상 내에서 반항적이고 중요하게 느껴질 수 있으며, 이는 아마도 "자신의 몸에 대한 통제감, 자신의 몸을 어떻게든 소유하고 있다는 느낌"을 줄 수 있다(Featherstone, 2000: 2).

그러나 다른 부분에서는 개인의 신체적 실천이 주요한 사회·문화적, 정치적 맥락에서 중요한 순간을 재현할 수 있다. 가령,

> 역사적으로 신체는 활동가의 활동에서 강력한 정치적 도구였다. 캠페인에서 몸을 나무에 묶거나 불도저 앞에 놓거나 핵 기지 밖에서 야영을 하거나 국회의사당까지 행진하는 등 신체는 도구나 오브제로 사용되어 왔다. 신체는 방사능에 노출되거나 반대 세력에 의해 구타당하거나 적절한 식량, 물, 의료품을 박탈당하는 등 위험에 처하기도 한다.
>
> –Prviainen, 2010: 312

행동주의, 시위, 하위문화 전복의 형태에는 종종 어떤 형태의 목적의식적이고 저항적인 신체적 실천이 수반된다(사진 12.5).

Box 12.2

 푸코의 처벌에 관한 신체적 실천

푸코의 『감시와 처벌(*Discipline and Punish*)』을 읽어본 사람이라면 첫 페이지의 섬뜩한 폭력 장면을 잊을 수 없을 것이다(Foucault, 1991[1975]). 이 책은 18세기와 19세기 파리의 죄수에게 가해진 형벌을 설명하는 기록 자료로 시작한다. 다음의 두 가지 짧은 인용문을 통해 이 자료의 분위기를 엿볼 수 있다.

공개 처형, 1757
죄수는 유죄 판결을 받았다.

셔츠만 입고 2파운드 무게의 뜨거운 밀랍으로 만든 횃불을 들고 수레에 실려… 처형대로 옮겨져… 가슴, 팔, 넓적다리, 장딴지를 뜨겁게 달군 쇠집게로 고문을 가하고, 그 오른손은 국왕을 [살해] 했을 때의 단도를 집게 한 채, 유황불로 태워야 한다… 살이 찢어진 곳에는 불로 녹은 납, 펄펄 끓는 기름, 지글지글 끓는 송진, 밀랍과 유황의 용해물을 붓고, 몸은 네 마리의 말로 잡아끌어 사지를 절단하게 한 뒤, 손발과 몸은 불태워 없애고… 그 재는 바람에 날려 버린다.   (p.3)

감옥 시간표, 1837
기상. 첫 번째 북소리가 울리면, 죄수들은 감독관이 감

방 문을 열 때 조용히 일어나 옷을 입어야 한다. 두 번째 북소리가 울리면 옷을 입고 침대를 정리해야 한다. 세 번째 북소리에는 아침 기도를 위해 줄을 서서 예배당으로 가야 한다…

일. 죄수들은 여름에는 4시에서 6시, 겨울에는 4시에서 7시 사이에 마당으로 내려가 손과 얼굴을 씻고 첫 번째 빵을 배급받아야 한다. 그 직후, 그들은 작업 팀으로 편성되어 여름에는 6시, 겨울에는 7시에 일을 시작해야 한다.   (p.6)

푸코는 국가와 제도가 개인의 신체에 (때로는 끔찍하게) 영향을 끼치면서 작동하는 처벌과 교정의 형태를 개발하는 방식에 주목한다. 또한 그는 이러한 신체적 실천이 공간과 시간에 따라 크게 달라진다는 점에 주목한다. 예를 들어, 그는 유럽에서 제정된 형벌의 형태가 변화(대략 18세기 말)하면서 스펙터클로서의 처벌(위의 첫 번째 발췌문에서와 같이)이 사라지고 좀 더 미묘하고 숨겨진 형태의 규율, 질서 및 교정(두 번째 인용문의 루틴과 훈련처럼)이 등장했음을 확인한다.

예를 들어, 1955년 12월 앨라배마주 몽고메리의 버스에 앉기로 결정한 로자 파크스의 사소한 신체적 행위가 인종 차별에 대한 당시의 사회·문화 규칙과 규범을 거부하고 북미 민권 운동의 상징적이고 활기찬 촉매제가 되었던 것을 생각해 보라. 물론 이런 종류의 정치적 힘을 가진 신체적 실천은 드물다. 그러나 위에 소개한 사례는 다양한 형태의 사회·문화 권력이 신체적 실천을 통해 어떻게 (종

종) 재생산되고 (때로는) 저항받는지 상기시켜 준다. 이러한 저항의 개념은 2장과 8장의 하위문화 정체성에 관한 논의에서 더 자세히 살펴볼 수 있다.

(4) 이유 4: 연구는 신체적 실천이다

모든 인문지리학이 신체적 실천을 수반한다는 관점에 따르면, 인문지리학을 하는 것도 신체적 실

Box 12.3

신체 단련과 미군 장교 훈련

사진 12.4 연병장 훈련: 전투에 대비해 신체를 단련하는 훈련
출처: Getty Images/AFP

아래 인용문에서 란데는 연병장(사진 12.4)과 사격장에서 미군 신임 장교의 훈련 모습을 관찰한다(Lande, 2007). 흥미롭게도 두 환경 모두에서 장교가 된다는 것은 근본적으로 '올바르게' 호흡하는 법을 배우는 것이다.

이제 막 지휘관으로 순환 배치된 젊은⋯생도 앞에 두 개의 소대가 줄지어 서 있다. 소대원들은 '편안하게' 서서 큰 소리로 수다를 떨고⋯ [생도]는 '주목'(ATTENtion)이라고 말한다. 이는 명령이라기보다는 질문처럼 들린다. 소대원은 주의를 기울이지만, 여느 장교가 날카롭고 크고 정확한 억양으로 외칠 때 관례적으로 나타나는 긴박감과 확신을 가지고 있지는 않다. (교관) 중 한 명이 대열의 앞쪽으로 달려가 [생도]에게 '목으로 말하지 마. 아무도 네가 하는 말을 명령으로 듣지 않을 거다. 복식 호흡을 해라.'고 말한다. (p.95)

교관이 '좋아, 방아쇠 당기기와 호흡 연습을 할 겁니다. 총을 쏠 때는 가능한 움직임을 줄이고 싶을 겁니다. 조금만 움직여도 총알이 잘못된 방향으로 날아갈 수 있으니

까.' ⋯ [훈련이 계속된다] '천천히 꽉 쥐고 흔들지 않습니다' ⋯ '손가락의 살이 많은 부분을 사용합니다' ⋯ '숨을 내쉴 때 [숨을] 멈추고⋯ (숨을 쉬고) 폐의 공기를 비울 때 잠깐 멈춥니다. 그때가 바로 총을 쏴야 할 때입니다.' (p.103)

유능한 군대의 리더가 되기 위해서는 평소 당연하게 여겼던 호흡의 리듬이 매우 중요하다는 사실을 깨닫게 된다. 호흡을 '잘못'하면 총알이 엉뚱한 곳으로 향하거나 병사를 지휘하지 못하는 등 심각한 결과를 초래할 수 있다. 따라서 장교 훈련의 핵심은 훈련생이 힘들이지 않고 안정적으로 호흡할 수 있을 때까지, 푸코의 표현을 빌리자면 상급자의 요구에 저항 없이 순응하는 '유순한' 몸이 될 때까지 훈련생의 신체를 단련하기 위한 신체 지구력 및 호흡 훈련 프로그램이다. 다시 말해, 이 사례에서 국가의 이익(국가 권력을 행사할 수 있는 전투할 준비가 된 군대를 재생산하는 것)은 개인의 신체를 목표로 삼아 궁극적으로 '유순하게' 만드는 규율적 실천을 통해 실현된다.

사진 12.5 시위에서 일어나는 신체적 실천

출처: Getty Images/AFP

천이 수반된다는 결론에 이르게 된다. 연구, 이론의 정립, 교육, 학습은 모두 신체적 실천이다. 다시 생각해 보면, 현장 조사 같은 학문적 활동은 의심할 여지없이 신체적 실천이라 할 수 있다(Okely, 2007). 가령, 지리학 현장 연구는 종종 신체적 노력(등산, 하이킹, 발굴, 측정, 기록) 또는 신체 간의 상호작용(인터뷰, 토론, 관찰)을 수반한다. '문화지리학'이라는 학문처럼 "…규율적인 학문의 더 큰 파사드(façade)"는 세계와 모든 종류의 신체적 만남 그리고 습관적이고 규율적인 신체적 실천으로 구성되어 있다(Dewsbury and Naylor, 2002: 254). 그러나 이러한 신체적 실천의 상당 부분은 학문적 실천으로 출간된 기록의 범위에서 제외된다. 가령, 현장 연구의 핵심인 육체적 노력과 신체적 실천은 거의 언급되지 않는다. 학술 연구 논문이나 단행본을 읽다 보면 지식 생산의 중심이 되어야 하는 "의미 있고 생생한 실천"에 대한 인상을 거의 받지 못한다(Lorimer, 2003: 213).

이러한 깨달음은 두 가지 불안감을 불러일으킬 수 있다. 첫째, 지식 생산 과정에서 어떤 형태의 신체 노동이 부당하게 인정받지 못하는가? 예를 들어, 포스트식민주의 역사가들은 초창기 지리 답사가 가능했던 것은 (때로는 문자 그대로) 탐험가를 지원하는 원주민 하인과 노예의 상당한, 그러나 인정받지 못한 육체적 노력의 결과였다는 사실을 설명하기 시작했다(Pratt, 2007 참조). 둘째, 연구에서 신체는 얼마나 중요한가? 가령, 역사적으로 (다양한 신체와 정체성을 배제하고) 강하고 건강하며 유능한 경관 탐험가들이 정상적이고 가치 있는 것으로 여겨진 지리학 현장 연구의 남성주의적이고 능력주의적인 성격을 비판하는 많은 문헌이 있다(Rose, 1993; 사진 12.6). 또는 다양한 종류의 신체 외형, 사이즈, 제스처, 체력, 행동, 복장이 다른 사람과 함께 연구할 때 어떤 차이를 만들 수 있

사진 12.6 지리 답사: 남성주의적이고 배타적인 신체적 실천?

출처: 왼쪽 위-Alamy Images/Robert Harding Picture Library; 오른쪽 위-Dr. Faith Tucker; 아래-Alamy Images /Kevin Britland

을지 생각해 보라. 예를 들어, 어린이를 대상으로 연구를 수행하는 성인은 신체 크기의 차이로 인해 발생하는 연구 문제를 잘 알고 있다(인터뷰에 참여하기 위해 어떻게 어린이의 '눈높이'로 내려갈 수 있을까?). 마찬가지로, 이러한 맥락에서 연구하는 사회과학자는 신체 접촉과 관련된 잠재적인 윤리적 문제를 심각하게 인식하게 되었다. 확실히 영국에서는 현재 성인 연구자가 함께 연구하는 어린이를 안거나 치는 것은 매우 부적절한 행위로 간주된다. 실제로 어린이를 대상으로 하는 연구를 수행하는 사회과학자들은 자신과 연구 참여자 간의 신체 접촉을 피하는 프로젝트에 참여하고 있다.

12.5 체현

'체현'이라는 용어는 몸을 구성하는 복잡한 물질, 복잡하고 과정적인 것을 의미한다(지금 여기에서 우리 몸이 어떻게 느껴지는지 생각해 보면 그 중 일부는 분명해진다). 점차 많은 사회과학적 설명, 심지어 '신체'에 초점을 맞춘 설명조차도 이러한 체현을 간과하거나 지나치게 단순화하거나 은폐하는 경향이 있다는 사실이 인정되고 있다.

> 유동적이고 변덕스러운 살… 몸의 지저분한 표면, 몸의 깊이, 불안정한 경계, 몸에 스며들고 새는 액체… [그리고] 소변, 피, 구토, 방귀, 탐폰, 사정, 출산 등 신체가 경계를 무너뜨리는 방식.
>
> -Longhurst, 2000: 23

이 복잡한 신체의 물질성은 사회과학자들에게 중요한 의미를 갖는다. 가령, 문화지리학자에게 체현이 중요한 이유는 다음의 네 가지로 정리할 수 있다.

(1) 이유 1: 체현은 곧 우리 자신이다

또 다른 진리: 몸의 형태, 크기, 특성, 능력, 습관, 욕구 등 신체의 물질성은 자신이 누구인지에서 중요한 부분이다. 신체의 구성 요소는 (상당 부분) 자기 자신이다. 예를 들어, 사람들은 '걷는 방식, 고개를 기울이는 자세, 얼굴 표정, 앉는 자세, 도구를 사용하는 방식' 등 자신이 누구인지 알아볼 수 있는 신체 습관과 특성이 있다(Bourdieu, 1977: 87). 페미니스트 이론가인 아이리스 매리언 영(Iris Marion Young)은 이를 '신체의 행동거지(bodily comportment)', 즉 각자가 행동하고 신체를 '보유'하는 특징적인 방식이라 부른다(Young, 1990). 이러한 (대부분 무의식적인) 습관은 사람들이 하는 모든 일, 사회적 상호작용, 세상과의 모든 만남에 영향을 끼친다(이유 2 참조). 신체의 행동거지는 '신체 언어(보디랭귀지)'로 해석될 수 있다. 사람들은 수줍음, 화, 외향성, 두려움 등의 특징을 나타내는 신체적 행동거지의 유형을 알아볼 수 있다. 아버지와 아들이 일반적으로 앉고, 서고, 움직이고, 행동하는 방식이 이상할 정도로 비슷한 것을 생각해 보라. 몸의 흉터, 움찔거림, 공포 반응은 마치 텍스트처럼 읽을 수 있다(6장 참조). 그러나 영에게 신체는 현대 사회·문화 맥락에서 신체가 어떻게 양육되고, 사회화되고, 규율되어 왔는지를 보여준다는 점에서 중요하다. 영은 공을 던지고 잡는 것을 예로 들었다(Young, 1990: 146). 특히 그녀는 이런 종류의 놀이 활동에서 남성과 여성의 신체적 행동거지가 어떻게 다른지 고찰한다.

> 남성은 날아오는 공을 향해 앞으로 나가서 반대 동작으로 맞서는 경우가 더 많다. 여성은 공이 날아오는 것을 맞닥뜨리기보다는 기다렸다가 공의 접근에 반응하는 경향이 있다. [여성은] 공이 날아오는 움직임에 반응하는 경우가 많으며, 즉각적인 신체적 충동은 도망치거나 몸을 피하는 등 공의 비행으로부터 자신을 보호하려는 것이다.

'여자애처럼 던지기(Throwing like a girl)'는 주저함, 긴장, 자기 인식, 억제를 특징으로 하는 신체의 행동거지로, 상황에 온몸을 던지기보다는 몸의 일부를 사용하는 것이다. 영은 이것이 공공장소에서 여성들이 보이는 신체의 행동거지의 축소판이라고 주장하며, 이는 남성과 여성이 공공장소를 마주하는 훈련의 현대적 차이와 타인의 시선에 평생 노출되는 경험을 반영한다고 말한다. 여기서 광범위한 사회·문화적 규범('젠더'와 관련된)은 개인의 신체적 물질성과 습관('여자애처럼 던지기')에서 나타나며, 이는 대체로 한 사람을 정의하는 특정한 신체의 행동거지(행동 방식, 자신을 보는 방식, 타인에게 보이는 방식)를 구성한다. 이러한 방식으로 광범위한 사회·문화 이슈와 현상은 개인의 체현과 밀접하게 연관되어 있다.

(2) 이유 2: 체현은 세상과의 만남이다

또 다른 진리: "체현은 보고 말하는 모든 것에 내포되어 있다(Harrison, 2000: 497)." 세상에 대한 모든 경험은 신체를 통해 이루어지며, 실제로 체현은 세상에 대한 경험이라고 말할 수 있다. 이를 이해하는 한 가지 방법은 지금 내가 세상을 어떻게 경험하고 있는지 잠시 멈춰서 생각해 보는 것이다. 지금 여러분이 어디에 있든, 여러분의 신체적 실체가 조금만 달라진다면 지금 여러분이 있는 곳에서의 경험이 어떻게 달라질 수 있을지 상상해 보자.

몸집이 더 크거나 작거나, 근시가 더 심하거나, 두통이나 치통이 있거나, 거동이 더 힘들거나, 숙취와 고독감이 있거나, 추위를 느끼거나, 감기에 걸렸거나, 정말 피곤하거나, 스트레스가 심하거나, 침착하거나, 낮은 문틀에 머리를 부딪혔거나, 배고프거나, 배가 부르거나, 우울한 느낌이거나, 무언

가에 낄낄거리고 있다면?

-Horton and Kraftl, 2006a: 76

위의 활동은 세 가지 성찰을 불러일으킬 수 있다. 첫째, 세상과의 만남은 항상 체현되고 다감각적이다. 신체는 세상에 열려 있으며, 궁극적으로 체현과 관련해 모든 방식으로 '세상과 접촉'하는 데 열려 있다(Paterson, 2005). 둘째, 신체의 아주 작은 변화도 세상을 만나는 방식에 근본적인 영향을 끼칠 수 있다. 예를 들어, 혈류에 몇 밀리미터의 카페인이나 알코올이 유입되면 반응과 지각이 달라지고, 미세한 박테리아를 섭취하면 질병, 쇠약 또는 사망을 초래할 수 있다. 셋째, 장소, 공간, 경관에 대한 경험(5장 및 13장 참조)은 신체의 물질성과 그 공간 사이의 만남으로 이해해야 한다.

따라서 인문지리학자들은 일상생활을 "장소와의… 다감각적 관계"로 이해해야 한다고 주장한다(Rodaway, 1994: 4). 즉, 공간을 구성하는 여러 종류의 감각 자극을 인정해야 한다는 것이다. 가령, 5장에서는 문화지리학자에게 있어서의 경관의 중요성과, 지리학자와 경관의 만남에서 신체와 감정의 중요성을 인식하려고 시도해 온 변화 방식을 고찰한다. 경관에 대한 주요 설명이 경관의 시각적 재현을 압도적으로 우선시하고 경관에 존재하는 특정 사건의 다감각적 경험에는 훨씬 덜 관심을 기울인다는 것이 분명해졌다. 따라서 어리 같은 사회과학자는 경관에 대한 이해를 '소리 경관(soundscapes)'(경관의 소리, 소음, 침묵, 청각적 현상), '냄새 경관(smellscape)'(냄새, 악취, 맛), '촉각 지리(haptic geographies)'(질감, 촉감, 신체 감각), '심리지리(psychogeographies)'(감정, 무드, 경관에

의해/에서 유발된 유대)까지 포함하도록 확장할 것을 촉구한다(Urry, 2007).

(3) 이유 3: 모든 사회·문화적 이슈는 체현된 결과를 갖고 있다

모든 인문지리가 체현적이라면, 오랫동안 인문지리학자들이 관심을 가져온 사회·문화 현상도 체현된 결과를 가질 수 있다. Box 12.4는 한 가지 예로 자연재해가 어린아이의 체현에 끼치는 영향을 제시한다. 여기서는 범 대륙적인 주요 지리적 사건(예: 재난이나 전쟁)이 개인의 체현 수준에서 얼마나 심각한 결과를 초래하는지 살펴본다. 이러한 종류의 체현된 **정동**에 관한 더 많은 사례는 11장을 참조하라. 또한 다른 장에 있는 소비와 감정에 관한 사례 연구(3장과 11장)도 자연에서 어떻게 체현되고 또 어떤 체현된 결과를 초래하는지 생각해 보자.

(4) 이유 4: 체현은 인문지리학에서 '인간'에 대한 의문을 제기한다

체현에 대한 성찰은 많은 사회과학 연구와 실천의 근간이 되는 몇 가지 기본 가정에 대해 근본적인 의문을 제기해야 한다고 주장한다. 예를 들어, 사회과학적 설명에서는 인간을 경계가 분명한 개인으로 보는 것이 일반적이다. 그러나 도나 해러웨이(Donna Haraway) 같은 이론가들은 신체의 살과 복잡한 물질성에 주목하면 이러한 가정이 흔들릴 수 있다고 주장한다. 10장에서 언급했듯이 해러웨이는 비인간 물질에 의해 인간의 체현이 강화되고 확장되는 다양한 방식에 주목한다. 안경이나 콘택트렌즈, 옷, 치아 수리, 보청기, 의족 등을 생각해 보자. 모든 소재 기술은 사람의 신체에 통합되어 그 기능을 확장할 수 있다. 이 장의 서두의 사례로 돌아가서 운동복, 스포츠 장비, 에너지 음료,

---

Box 12.4

 지리적 사건, 신체적 정동: 재해가 아이들에게 끼치는 영향

자연재해와 무력 분쟁 이후 자선단체와 구호 기관에 의해 수행된 연구는 주로 지리적 사건으로 인한 일상적이고 신체적인 결과를 기록한다. 예를 들어, 안셀은 자연재해와 무력 분쟁이 유아, 아동 및 청소년에게 끼치는 영향에 관한 증거를 수집한다(Ansell, 2005: 197; Jabry, 2002 이후). 이러한 영향은 근본적으로 개인적, 신체적, 정동적 영향을 끼치며, 일상생활에 중요한 결과를 초래한다.

유아에게 미치는 영향
행동 퇴행, 식욕 감소, 악몽, 무뚝뚝함, 집착, 과민성, 과장된 놀람 반응.

학령기 아동에게 미치는 영향
현저한 공포와 불안 반응, 형제자매에 대한 적대심 증가, 신체 증상 호소(예: 복통), 수면 장애, 학교 문제, 또래 및 취미에 대한 관심 감소, 사회적 위축, 무관심, 놀이를 통한 재연, 외상 후 스트레스 장애.

청소년에게 미치는 영향
사회 활동, 또래와 취미, 학교에 대한 관심 감소, 즐거움을 느끼지 못함, 책임감 있는 행동의 감소, 반항 및 문제적 행동, 신체 증상 호소, 신체 활동의 변화(증가 및 감소), 혼란, 집중력 부족, 위험을 감수하는 행동, 외상 후 스트레스 장애.

영양 보충제 또는 휴대용 음악 기기가 헬스장에서 운동하는 능력을 향상시킨다고 느낄 수 있다. 이러한 경우 체현은 인간이 아닌 **물질적 대상**에 의해 보완된다(10장 참조). 해러웨이는 인간의 체현과 비인간 물질을 연결하는 이러한 종류의 집합체를 '사이보그'라고 정의한다(Haraway, 1991). 해러웨이의 '사이보그'는 사회과학자들에게 어려운 질문을 던진다. 결국 사이보그 집합체에서 인간의 체현과 비인간 물질성의 경계는 어디에서 시작되는가? 많은 사회과학 설명에서 흔히 볼 수 있는 두 번째 가정은 인간을 의식적 행위자로 확실하게 이해할 수 있다는 것, 즉 사람들은 (대부분) 행동하기 전에 생각한다는 것이다. 그러나 체현, 특히 감각과 인지의 체현에 주목하면 이 가정은 다시 한번 흔들린다. 예를 들어, 듀스버리는 체현과 의식의 관계에 대한 의문을 제기하는 다음의 인용문을 나란히 제시한다(Dewsbury, 2000).

피험자들은 자신이 선택한 순간에 손가락을 구부리고 결정에 걸린 시간을 시계에 기록할 것을 요청받았다. 손가락을 구부린 시점은 결정을 내린 지 0.2초 후였다. 그러나 뇌파 기계는 결정이 내려지기 0.3초 전에 상당한 뇌 활동을 기록했다… 신체적 사건이 시작될 때와 완료될 때 사이의 0.5초 공백을 두고 외부로 정향된, 능동적인 표현이 나타났다.

-Massumi, 1996: 222-223

손가락으로 발가락과 발바닥을 가볍게 원을 그리며 돌린다. 자극적인가? 간지러운가? 에로틱한가? 편안한가?

-Brusseau, 1998: 10

첫 번째 인용문에서 특히 '0.5초의 공백'을 생각해 보라. 여기서 인용한 실험은 '신체적 사건의 시작'과 그 신체적 사건에 대한 의식 사이에 0.3초의 간격이 있음을 확인했다는 점에서 중요한 의미가 있다. 사람들은 행동하기 전에 생각하는 것처럼 느끼지만, 과연 이것이 사실일까? 실험에 따르면, 자신이 행동하고 있다는 의식적 인식에 선행하는 0.3초의 시간은 무엇인가?

이제 두 번째 인용문을 생각해 보자. 손가락으로 가볍게 원을 그리며 돌리는 것은 어떤 느낌일까? 손가락이 누구의 것인지(연인? 안마사? 아이? 괴롭히는 사람?) 또는 이 시나리오가 진행되는 장소(침대에서? 신발 가게에서?)에 따라 대답할 수 있다. 또는 타이밍이 중요할 수도 있다. 깊은 잠을 자고 있을 때나 몸이 아플 때 이러한 감각은 반갑지 않을 수 있다. 그러나 이러한 모든 전제 조건은 체현된 감각과 그것을 의식적으로 '이해'하는 능력 사이의 또 다른 종류의 '간극'에 주목한다. 예를 들어, 신발 가게에서 경험한 간지러운 감각은 사람이 의식적으로 '자신을 포착'하고 이를 '부적절'하다고 억제하기 전에 일시적으로 즐거운 것으로 경험될 수 있다. 반대로, 경험이 많고 비싼 안마사의 손길은 간지럽게 느껴져도 웃음을 억제해야 할 수도 있다. 이러한 모든 경우에서 체현된 감각은 동일하게 유지되지만, 몇 초 간의 의식적 해석을 거친 후의 감각 경험은 맥락, 그리고 그 맥락 안의 문화 규범 및 기대에 따라 크게 달라질 수 있다. 다시 한번 생각해 보면, 체현된 감각과 의식 사이의 이러한 '간극'이 의식적 존재로서의 인간에 대한 사회과학적 특성에 어떤 함의를 갖는지 궁금할 수 있다.

마지막으로, 체현에 대한 관심은 신체가 변화하

고, 발달하고, 노화되는 등 얼마나 유동적인지 보여 준다. 신체와 그 기능을 당연하게 여기기 쉽다. 그러나 신체는 유한하고 취약하며 조만간 변화할 가능성 있는 복잡한 존재다. 예를 들어, 노화 및 만성적으로 아프고 고통스러운 신체에 대한 연구는 일상지리에서 체현이 얼마나 중요한지를 보여 준다. 여기서 만성적인 고통의 체현은 "일대기, 자아 그리고 그 기반이 되는 세계의 당연한 구조에 대한…심오한 혼란"으로 경험된다(Williams and Bendelow, 1998: 159). 고통의 체현은 "몸의 충실성은 너무 기본적이어서 우리가 생각하지 못하는, 일상 경험의 근거"이며(Kleinman, 1988: 45), 이 충실성이 무너지면 사회적, 공간적으로 수많은 결과가 초래된다는 점을 보여 준다(Box 12.5 참조).

Box 12.5

관절염의 사회적, 문화적, 공간적 결과

'관절염'이라는 용어는 근육과 결합 조직 및 관절에 발생하는 약 200가지 유형의 쇠약성 질환을 포괄한다. 영국에서는 약 1,000만 명, 미국에서는 4,600만 명이 관절염을 앓고 있다(Arthritis Care, 2012). 사회학자 윌리엄스와 바로우의 연구는 이러한 질환이 환자들의 일상생활에 끼치는 영향을 탐구한다(Williams and Barlow, 1998). 최근 관절염 진단을 받은 사람들과의 인터뷰 내용 중 일부를 발췌해 아래에 소개했다. 이러한 요인이 관절염 환자의 사회문화적 삶에 어떤 영향을 끼칠 수 있는지 생각해 보라.

'몸이 떨어지는' 느낌

제 관심은 부어오른 손가락, 부어오른 발, 어느 부분이 부어오르는지에 관한 거예요. 손가락이 다 뒤틀려서 가고일처럼 생겼네요…
이 상태의 몸이 마음에 들지 않아요. 누가 마음에 들겠어요? 기형적이잖아요. (p.128)

자기 인식과 변화하는 사회적 관계

전혀 매력적이지 않다고 느낍니다… 여전히 매력적이라고 느끼고 그가 당신을 좋아하길 바라죠… 사람들이 이 모든 일이 일어나기 전과 같이 생각하기를 바라지만, 그들이 그럴 수 있으리라고 생각하진 않아요… 몸에 대해 항상 스스로 인식하고 있고, 가능한 그걸 위장하고 싶어 합니다. (p.134)

자기 인식과 사회적 접촉 회피

스스로를 인지하고 느끼고 몸과 부기를 숨기려고 노력합니다. 사람들과 접촉하는 일을 피하고, 친구와 만날 것 같은 장소를 피하고… 마치 전염병처럼 모든 종류의 접촉을 피합니다. (p.134)

신체 활동을 할 수 없음(예: 유행하는 옷을 입을 수 없음)

전 커프스, 칼라, 단추 때문에 예쁜 블라우스를 입지 않아요. 부종이 생기더라도 옷이 문제가 되지 않도록 헐렁한 옷을 입죠. 옷을 고를 때는 신중하게 골라야 하고, 대응 가능한 옷을 선택해야 해요. (p.132)

우울감과 자기 의심

자주 우울감에 빠져요… 저는 가끔 저 자신이 짜증나고 저한테 화가 나요. 자기 파괴적인 분노죠… 얼굴에 눈물이 흐르고 '살아 있지 않았으면 좋겠다, 죽었으면 좋겠다'고 생각합니다… 관절염에 걸리면 통증, 극심한 고통… 죽을 것 같은 통증이 있을 때면 끊임없이 저 자신을 의심하기 때문에 이런 일이 일어나는 편이에요. (p.134)

핵심 읽을거리

Environment and Planning D 18 (4) (2000)–Theme issue on *Spaces of performance*
인문지리학자들의 선구적이고 이론 지향적인 논문 모음. 모든 논문은 이 장의 신체 및 체현에 대한 논의와 관련이 있다. 예를 들어, 주디스 버틀러의 정체성의 신체적 수행성에 관한 자세한 논의는 그렉슨과 로즈의 논문을, 활동가들의 실천과 신체적 차이에 대한 사례 연구는 롱허스트의 논문을(이 경우 임신한 신체와 관련됨), 인문지리학자들에게 중요한 체현된 수행성에 대한 논의는 해리슨, 스리프트와 듀스버리의 논문을 참조하라.

Hiirschelmann, K. and Coils, R. (eds) (2009) *Contested Bodies of Childhood and Youth*, Palgrave Macmillan, Basingstoke.
유년기와 청소년에 관심 있는 지리학자들의 연구 모음. 각 장에서는 이 장에서 논의된 많은 개념을 특정한 연구 맥락에 적용하고, 신체, 신체적 실천과 체현된 지리의 재현에 관한 경험적 사례를 제공한다.

Longhurst, R. (2001) *Bodies: Exploring fluid boundaries*, Routledge, London.
지리학자들이 신체적 실천, 특히 체현의 복잡성에 초점을 맞출 것을 촉구하는 매우 읽기 쉬운 책이다. 학생들은 이 책이 페미니스트 논쟁과 개념에 대한 명확한 '길잡이'라는 사실을 깨달았다.

Rodaway, P. (1994) *Sensuous Geographies: Body, sense, and place*, Routledge, London.
인문지리학자들이 감각, 감정 및 신체에 관련된 이슈를 어떻게 다루어왔는지에 관한 논의에 유용한 자료다.

Shilling, C. (2003) *The Body and Social Theory*, Sage, London.
이 장의 많은 논의가 지리학자가 아닌 사회학자의 연구에 기반하고 있다는 점을 눈치챘을 것이다. 이는 신체의 사회학자들이 사회학자는 자신의 연구에서 신체에 대해 진지하게 고려해야 한다는 가장 초창기의 설득력 있는 주장을 제기했기 때문이다. 실링의 책은 이러한 개념과 논의를 훌륭하게 종합한 책이다.

공간과 장소

이 장을 읽기 전에…

일상 영어에서 '공간'과 '장소'라는 용어가 얼마나 다양하고 많이 사용되는지 생각해 보라. 예를 들어(세 가지만 들자면):

- '데이비드는 **상황**이 좋지 않아요(in a bad *place*).'
- '생각할 **시간**이 필요해(I need *space* to think).'
- '당신의 패션 감각에 대해 말할 **입장**(*my place*)이 아닙니다.'

이 밖에도 많은 예가 있을 수 있다. 각각의 경우에 '공간' 혹은 '장소'가 문자 그대로 또는 은유적으로 무엇을 의미하는지 신중하게 생각해 보라. 사람을 묘사하는가? 사물을 묘사하는가? 감정 또는 체현된 상태를 묘사하는가? 행동을 묘사하는가? 정체성을 묘사하는가?

13.1 도입: 지리, 공간, 장소

대부분의 지리학자(학생, 강사, 교사, 연구자)들은 지리학이 무엇인지에 대한 질문을 한번쯤은 받아 봤을 것이다. 지리학이 사회학이나 문화 연구, 인류학이 아닌 이유를 묻는 질문도 받았을 것이다. 지리학자가 하는 일을 요약해 달라는 요청을 받았을 수도 있다. 또는 지리적인 노력을 특징짓는 개념적, 방법론적, 정치적 접근 방식이 무엇인지에 대한 질문을 받았을 수도 있다.

궁극적으로 많은 지리학자들의 답변은 '공간'과 '장소'라는 두 가지 키워드 중 하나를 언급하는 경향이 있다. 각각의 용어는 과거에도 그랬고 지금도 열띤 논쟁을 벌이고 있다. 이러한 이유로 이 두 용어에 대해서는 책 한 권을 쓸 수도 있을 것이다. 실제로 이 장의 마지막에 있는 핵심 읽을거리에는 저자들이 생각하는 최고의 문헌이 나열되어 있다. 또 다른 어려움으로는 각 용어가 인문지리학의 핵심이기 때문에 인문지리학에 대한 모든 철학적 접근 방식에 대해 쓸 수 있다는 점이다. 어떻게 보면 모든 것이 공간이나 장소 혹은 둘 다에 관한 것이다. 그리고 이러한 접근법을 읽고 싶다면 참고할 만한 훌륭한 문헌이 많다(예: Hubbard *et al.*, 2002; Johnston and Sidaway, 2004; Clifford *et al.*, 2009; Nayak and Jeffrey, 2011). 따라서 공간과 장소에 대해 글을 쓰거나 읽는 것은 매우 어려운 작업이다. 그러나 이러한 주제에 대한 지리적 글쓰기의 복잡성과 방대함을 인정하는 것 또한 중요하다.

하지만 이 장에서는 조금 다르면서도 훨씬 소박한 작업을 해 보고자 한다. 여러분이 문화지리학에서 공간과 장소가 왜 중요한지 생각해 볼 것을 권장한다. 이 장에서는 '공간' 및/또는 '장소'에 대한 논의를 전경화하기 위한 연구의 '개념적 접근'으로 자주 인용되는 마르크스주의, 페미니즘, 포스트구조주의(Poststructuralism) 등 -주의(-ism)의 '기저'를 살펴볼 것이다. 즉, 이 장은 문화지리학자들이 자신의 경험적 연구에서 전개한 공간과 장소에 대한 다양한 아이디어를 소개한다는 점에서 다른 장(특히 1부와 2부)의 일부 또는 전체와 함께 읽는 것이 가장 도움이 될 것이다. 이런 이유로 이 장에서는 1부와 2부의 사례와 사례 연구를 상호 참조하고 있으며, 이 중 일부를 따라가며 공간과 장소에 대한 아이디어를 '실제로' 읽어 볼 것을 권장한다. 이를 통해 문화지리학에서 공간과 장소의 사용을 어떻게 이해하고 있는지, 즉 하위 학문 분야의 정의(1장)만큼이나 다양하지만, 문화 실천

과 정치(1부), 문화 대상, 텍스트, 미디어(2부)를 중심으로 이해하는 방법을 알 수 있을 것이다. 이 장은 다소 '추상적'이고 이해하기 어려운 부분도 있지만, 핵심 아이디어를 설명하는 데 도움이 되는 몇 가지 새로운 사례를 포함하고 있다.

이 장은 '공간'과 '장소'에 대한 간략한 정의를 제시하는 절로 시작하지만, 두 용어의 정의 사이에는 생산적인 긴장과 중첩이 있음을 강조한다. 그런 다음 공간 및/또는 장소에 대한 개념을 때로는 더 구체적이고, 때로는 더 정치적이고, 때로는 더 이론적으로 논쟁적인 방식으로 확장하는 세 가지의 매우 광범위한 '핵심 주제' 아래 수집된 일련의 아이디어를 도표로 정리한다.

13.2 공간과 장소: 정의와 논쟁

이 장을 시작한 영어의 관용적 표현을 다시 살펴보자. 두 가지 특징을 공유하는 것이 눈에 띈다. 한편으로, 이들 중 어느 것도 지리적으로 참조되는 '실제' 공간이나 장소를 가리키지 않는다. 지도상에 명명된 지형을 나타내지도 않으며, 격자 모양의 좌표가 주어질 수 있는 지점을 연상시키지도 않는다. 둘째, 각각의 관용적 표현은 어떤 의미에서는 특정한 종류의 삶을 포함한다. 나열된 모든 사례에서 이는 모두 인간의 (때로는 '사회적') 삶이다. 각각의 표현은 그 자체로 조용한 방식으로 이러한 삶 없이는 공간과 장소가 존재할 수 없음을 나타낸다. 8장의 서두에서 주장했듯이 공간과 사회는 항상 함께 얽혀 있다. 우리는 도린 매시(Doreen Massey)의 다음과 같은 주장에 전적으로

동의한다.

사회적, 개인적, 정치적인 것을 이해하기 위한 이런 접근법들은 그 자체로 강력한 차원의 공간성과 공간성에 대한 특정한 개념화 두 가지를 모두 함축하고 필요로 한다는 것이다. 한 수준에서 이는 사회성이라는 개념이… 공간성의 차원을 내포한다는 사실을 다시금 일깨운다. 이 점은 분명하지만, 일반적으로 은연 중에 내포되어 있기 때문에… 그 함의가 거의 드러나지 않는다.

-Massey, 2005: 189

매시는 공간 없이는 인간의 삶이 존재할 수 없으며, 그 반대도 마찬가지라고 주장한다. 게다가 인용문 말미에 그녀는 이 (명백해 보이는) 주장의 함의가 거의 고려되지 않았다고 주장하고 있다. 2005년에 글을 쓴 지리학자의 지적이라기엔 매우 이상한 것처럼 보인다. 지리학자들은 사회와 공간이 어떻게 상호작용하는지에 대해 오랫동안 고민해 오지 않았는가?

어떤 측면에서, 위의 질문에 대한 답은 '그렇다'이다. 하지만 요점은 다음 두 개의 하위 절에서 확인할 수 있듯이 '공간'과 '장소'에 대한 특정한 가정이 지배적인 경향이 있었다는 점이다. 이는 가정일 뿐, 용어의 '정확한' 정의가 아니라는 점을 기억하라. 공간과 장소에 대한 자신의 생각을 바탕으로, 수강했던 수업을 바탕으로, 또는 이 책의 다른 장에서 읽은 내용을 바탕으로 각각의 요점에 동의하는지 혹은 동의하지 않는지 잠시 생각해 보기 바란다. 이 절의 나머지 부분에서는 정의를 둘러싼 몇 가지 주요 논쟁과 문제점을 간략하게 설명한다.

■공간에 대한 지배적인 가정: 계량적 또는 '과학적' 접근법

1. 가장 근본적으로 공간의 정의는 추상적인 영역을 의미한다. 공간은 여기가 아니라 '저기'에 있으며, 인간의 정신과 육체를 넘어서는 것이다. 공간은 광범위하다. 가장 큰 스케일의 경우, 전 지구(혹은 지구의 표면)를 포괄한다.

2. 공간은 '표면(surface)'이자 '용기(container)'이다. 독일의 철학가 고트프리트 라이프니즈(Gottfried Leibniz)에 따르면, 공간은 단순히 세계의 표면에 있는 사물 사이의 관계를 표현한 것이다. 공간은 이런 사물 간의 관계를 추상화한 것이다. 그러나 영국의 수학자 아이작 뉴턴(Issac Newton)에 따르면 공간은 물질과 독립적으로 존재하며, 물질은 공간 안에 담겨 있다.

3. 위의 각 설명에서, 공간은 측정 가능한 것이다. 공간에 x와 y 좌표를 지정해 거리를 측정할 수 있고, z 좌표를 추가해 깊이와 부피를 측정할 수 있다. 시간에 따른 변화를 표시하기 위해 t 차원을 추가할 수도 있다. 모든 차원에서 공간(그리고 시간)은 유한한 자원이자 개인과 사회가 작동하는 닫힌 영역이다(Haegerstrand, 1978).

4. 위에 이어서, 공간은 재현될 수 있다. 일단 측정한 후에는, 공간은 지도화될 수 있다. 지구본 또한 평면에 투영해 그리드로 만들 수 있다. 건축가와 특히 캐드(CAD, computer-aided design)에서 사용하는 도식화된 입면도를 통해 공간을 3차원으로 재현할 수도 있다.

5. 공간은 정치적으로 중립적이다. 공간은 움직이지 않는다. 공간은 닫혀 있다(지도, 표면, 용기 또는 지구도 끝이 존재한다).

6. 공간은 지도화가 가능하기 때문에, 사회의 지배를 받을 수 있다. 특히, 공간은 이를 '비어 있는 것'으로 보고 '계획'되거나 '식민화될' 준비가 되어 있는 것으로 바라보는 지배 집단에 의해 지배의 대상이 될 수 있다(5장의 경관 '보기' 참조).

7. 크게 일반화하자면, 위의 가정 1-4는 1970년 이전 대부분의 인문 및 자연지리학 연구의 기초를 형성했다. 이러한 접근법은 지도화 가능한 공간에서 현상의 위치에 대한 객관적이고 과학적이며 합리적인 규칙을 기반으로 했다는 점에서, 지리학에 대한 계량적 접근법 혹은 실증주의 접근법으로 알려져 있다(Hubbard et al., 2002). 좀 더 근본적으로 이는 문화지리학자 칼 사우어(Carl Sauer)의 영향을 받은 리처드 하트숀(Richard Hartshorne)이 '지역적 분화 연구(the study of areal differentiation)'라고 명명했던 지리학의 핵심 과제를 가장 일반적으로 표현한 것이다(Hartshorne, 1959). 이러한 방식으로 지리학자들은 (지금은 다소 딱딱하고 추상적으로 보이는) 도시와 그 배후지의 토지 이용을 도식화하고 예측하려는, '시카고 학파'의 도시의 토지 이용 모델에서부터 폰 튀넨(von Thünen)의 고립국 이론에 이르기까지, 일련의 모델을 만들었다(Box 13.1).

8. 다소 논쟁의 여지가 있지만, 1970년대까지 가정 5와 가정 6은 지리학자들에 의해 일정 부분 무시되어 왔다. 그러나 (이 장에서 논의하겠지만) 문화지리학자들이 실제로 공간에 대해 글을 쓰는 것처럼 일부 계량지리학자도 문화지리학의 더 활기차고 때로는 난해해 보이는 관심사와 관련해 장소를 사고하는 법에 대한 아이디어와 씨름해 왔다는 사실을 인식해야 한다(Box 13.3 참조).

■ 장소에 대한 지배적인 가정

1. 가장 근본적으로, 장소는 공간의 한 지점을 뜻한다. 장소는 지표면의 한 지점이다.

2. '장소'도 지도화 가능하고, 재현 가능하고, 측정 가능하다. 장소는 x, y, z, t 차원의 특정한 좌표를 가질 수 있다.

3. 공간은 추상적인 반면, 장소는 구체적이다(Massey, 2005: 184). 장소에는 장소를 독특하게 만드는 물질적 요소가 있다. 이는 버클리 학파가 경관 연구에서 취한 관념론적 접근법의 핵심 가정이었다(1장과 5장 참조). 장소에는 '베이징', '플래그스태프', '카라카스', '에베레스트산' 등의 이름이 있는 경향이 있다.

4. 공간은 로컬 스케일로 지도화될 수 있지만, 궁극적으로는 추상적인 전 지구적 시스템을 의미한다. 그러나 장소는 다른 곳이 아닌 지표면의 '여기'에 있는 지점을 지칭한다는 점에서 로컬적이다. 장소를 구체적이고 고유하게 만드는 것은 로컬이며, 그 반대의 경우도 마찬가지다(즉, 자기 충족적 예언이다!).

5. 장소는 사람들에게 의미가 있으며, 사람들이 장소를 장소로 만들기 위해서는 의미를 찾아야 한다. 의미가 없는 공간은 '완전한' 장소가 아니며, 단지 지도상의 한 지점으로 '장소-화

Box 13.1

폰 튀넨(von Thünen)의 농업적 토지 이용 모델(1826): 계량지리학 시대의 등방성 지면(isotropic plane)

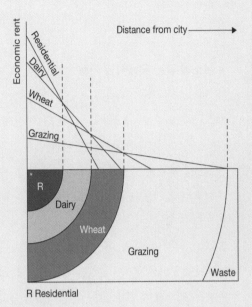

그림 13.1 폰 튀넨의 농업적 토지 이용에 관한 '고전' 모델
출처: Von Thünen Model, 1826

그림 13.1의 모델을 본 적이 있을 것이다. 이는 지리학에서 가장 유명한 이미지 중 하나다. 이 모델은 지대와 운송비에 따라 도심으로부터의 거리가 멀어질수록 토지 이용의 유형과 집약도가 어떻게 달라지는지 보여 준다. 이 모델은 '등방성' 지면에 위치하며, 이는 어떤 방향으로든 이 모델을 교란시킬 수 있는 인적, 물적, 지리적 변화가 없다는 것을 의미한다(모두 '평원(flat)'이다).[*] 물론 이는 모델로 의도된 것이지만, 실제로는 매우 딱딱하고 (문화적) 의미가 없는 것으로 여겨졌던 계량지리학의 시대(1950년대와 60년대)에 공간이 평평하고 측정 가능하며 모델링의 대상이 되는 방식을 잘 보여 주고 있다. 동시에 이러한 모델이 (객관적이라고 주장하더라도) 전혀 중립적이지 않으며, 특정한 정치 경제적 요구를 지지하는 데 활용되기도 했다는 점을 인식해야 한다. 또한 이는 과학적 모델과 실험을 통해 세상을 이해하고 변화시킬 수 있다는 당시의 문화적 신념을 재현하는 것이기도 하다.

(place-d)'될 뿐이다. 사람들은 장소에 대해 다양한 수준의 애착을 가질 수 있다. 에드워드 렐프(Edward Relph)는 이를 누군가가 장소에 대해 갖는 관여의 정도를 의미하는 '내부성(ins-ideness)'이라고 불렀다(Relph, 1976).

6. 장소는 다양한 인간 특성과 연관되어 있다. (이

용어의 가장 유명한 지지자인) 인본주의 지리학자에 따르면, 장소는 인간 활동이 밀집된 노드로 특징지어질 수도 있으며, 개인 또는 집단적 기억(과 향수)의 현장(locales) 또는 단순히 사람들이 강한 정서적 유대감을 갖는 현장일 수 있다(Relph, 1976; Tuan, 1977; Cresswell, 2004; 2장). 누군가의 고향이나 출생지가 특히 중요한 장소가 될 수 있다.

7. 장소는 특정한 공간적 특성을 포함할 수 있다(여기서는 공간의 개념과 겹치는 부분이 있다). 출입구, 아치, 아트리움, 복도, 장식 등 건물의 내부 공간은 장소에 대한 감정적 또는 정동적 애

---

[*] 튀넨의 고립국 이론에서 제시한 모델은 다음과 같은 가정을 전제로 한다. "어떤 가항 하천이나 운하가 없는 비옥한 평원 중심에 있는 규모가 큰 도시를 가정해 보자. 평원 전체는 경작이 가능한 동일한 비옥도의 토양으로 되어 있다. 평원 밖의 지역은 이 국가와 교류가 전혀 없는 황량한 지역이다. 평원에는 중심에 위치한 도시 외에 다른 도시는 없다. 따라서 중심도시는 주변 농촌지역에 공산품을 공급하고, 주변 농촌으로부터 모든 식료를 구입한다(한국지역지리학회 편저, 2016, 『인문지리학개론(개정판)』, 한울아카데미: 서울 p. 151에서 직접 인용)."

착을 형성하는 방식으로 배치될 수 있다(Tuan, 1977; Kraftl and Adey, 2008; Box 13.2).

8. 문화지리학은 공간이 아니라 장소에 관한 것이다. 특히 문화지리학은 우리가 장소에 부여하는 의미를 구성하는 감정, 의미, 텍스트, 이미지, 수행에 관한 것이다(4장-8장 및 11장 참조). 따라서 문화지리학은 공간의 '한 지점'으로서의 장소에 대한 이해보다는 장소에 대한 인본주의적 이해의 영향을 받았다.

■ 문화지리학에서 공간과 장소에 대한 논쟁

처음에는 별 특징이 없던 공간은 그곳을 더 잘 알게 되고 그곳에 가치를 부여하면서 장소가 된다… 공간과 장소의 개념은 각각의 의미를 규정하기 위해 서로를 필요로 한다. 우리는 장소의 안전과 안정을 통해 공간의 개방성과 자유, 위협을 인식하며 그 반대의 경우도 마찬가지다. 더욱이 공간을 움직임이 허용되는 곳으로 생각한다면, 장소는 멈춤이

Box 13.2

숲속의 학교

사진 13.1 영국 콘월의 한 숲속의 학교
출처: Peter Kraftl

덴마크에서 시작된 숲속의 학교는 아이들이 교실 밖에서 지역의 '자연' 환경을 이용해 교육을 받도록 하는 방법이다. 이 경우처럼 숲속의 학교 지도자들은 아이들이 도착하기 전에 '기지' 내지 '집'을 만들려 애쓴다. 간단한 의자와 '쉼터'를 상징하는 다양한 색깔의 '그늘막'을 설치한다. 이 공간은 아이들에게 중심을 잡아주는 구실을 하며, 자칫 혼란스러워할 수도 있는 크고 복잡한 공간에서 안정감을 느낄 수 있도록 도와 준다. 이는 비교적 초보적이지만 현대적이고 문화적으로 특정한 방식으로, 인간이 단순한 구조를 이용해 어떻게 소속감을 형성하고자 하는지를 보여주는 사례다. 인문지리학에서 건축 공간(아치, 출입구, 방 등)이 어떻게 사람들로 하여금 장소에 대한 애착을 느끼게 만드는지 살펴볼 수 있는 사례라고도 할 수 있다.

일어나는 곳이 된다. 움직임 중에 멈춤이 발생한다면, 그 위치는 바로 장소로 바뀔 수 있다.

— Tuan, 1977: 6

인본주의 지리학자 이-푸 투안(Yi-Fu Tuan)의 인용문은 앞에서 제시했던 긴 정의에서 공간과 장소의 주요한 차이점을 깔끔하게 포착하고 있다. 공간은 독일의 철학자 마르틴 하이데거(Martin Heidegger)가 '거주(dwelling)'라고 불렀던, 의미와 (보통 장기적인) 주거(inhabitation)와의 연계를 통해 장소가 된다(Ingold, 2000 참조). 5장에서는 경관에 대한 인본주의적 개념을 논의했으며, 6장에서는 시적이고 인본주의적인 장소 개념이 허구의 텍스트와의 관계 속에서 표현되는 방식을 논의했다. 그러나 여기에서 요점은 장소에는 영역, 부피, 표면 또는 현장(locale) 같이 명명 가능하고 거주가 발생할 수 있는 물리적/상상적 공간을 제공하는 공간이 필요하다는 것이다. 장소를 만들 공간을 갖지 못하는 사람들은 '제자리에서 벗어난(out of place)', '쫓겨난(dis-placed)', '집이 없는(home-less)' 상태에 놓일 수 있다(Cresswell, 1996; 3장과 8장의 정체성에 관한 내용을 참조할 것).

여기까지는 그럭저럭 괜찮다. 그러나 앞의 두 하위 항에서 제시한 두 가지 정의는 길고 복잡하며 무엇보다도 문화지리학자들 사이에서 뜨거운 논쟁을 불러일으켰다. 이를 투안의 이원론적 설명으로 축소할 수는 없다(그리고 투안조차도 자신의 저작에서 두 용어를 그리 단순하게 구분하지 않았다). 따라서 위에 나열된 정의 그리고 공간과 장소에서 종종 활용되는 이원론적 의미에 대해 많은 비판이 존재했다. 아래에서는 다섯 가지에 초점을 맞추고자 한다.

첫째, 공간을 '표면' 또는 '용기'로 생각하는 것 외에도 여러 가지 방식으로 생각해 볼 수 있다. 공간을 생각하는 (여전히 주로 시각적이지만) 다른 방법의 몇 가지 예는 13.5절의 '흐름/모빌리티'에서

사진 13.2 위성 내비게이션 장치. 많은 차량 이용자와 등산객들은 이러한 장치의 '렌즈'나 '프레임'을 통해 장소를 경험하기 때문에 자신들의 경로 상에 있는, 즉각적인 맥락을 제외한 모든 것들을 무시하게 될 수 있다.
출처: Shutterstock.com/Pincasso

Box 13.3

 산은 어디인가? 경관 '보기', GIS 그리고 '퍼지 논리'

인본주의 접근법과 마르크스주의 접근법 모두 문화지리학의 발전에 핵심적인 역할을 해왔다. 이들은 공간에 대한 수학적·지도학적 개념을 특징으로 하는 계량지리학에 대한 비판을 (다른 방식으로) 공유한다. 따라서 여러분은 이 Box에 수학적·지도학적 공간에 기반한 계량지리학의 토대를 공유하는 GIS에 대한 언급이 포함되어 있다는 사실에 놀랄 수도 있다.

그러나 많은 차이점에도 불구하고 일부 GIS 이론가들은 장소의 본질과 중요성이 지도학적 격자망의 설명 논리를 뛰어넘는다는 문화지리학자의 의견에 동의한다. 단순히 장소의 좌표를 아는 것만으로는 충분하지 않다는 것이다. "에베레스트산은 어디에 있는가?"라는 지극히 순진해 보이는 질문을 예로 들어 보자. 고등학생이라면 이에 대해 아시아의 네팔/중국 국경 지역에 있다고 대답할 수 있을 것이다. 그러나 문화지리학자와 GIS 이론가 모두 이 문제가 그리 간단하지 않으며, 에베레스트산이 위치한 공간과 장소에 대한 이야기를 들려줘야 한다는 데 동의할 것이다.

문화지리학자들은 (여러분이 **경관**에 관한 5장의 내용을 읽었다면) 세계에서 가장 높은 산이 다양한 공간과 장소에 '위치'한다는 것을 의미하는 여러 자연적, 문화 과정을 언급할 것이다. 오늘날 산은 엄청난 크기와 스펙터클함을 지닌 대상으로 존경받고 있지만, 이는 낭만주의 시대 유럽 예술에서 산을 평가하고 재현하는 방식이 변화한 것에 지나지 않는다. 산은 (서양의) 탐험과 (남성적인) 스포츠 활동의 역사에서 중요한 상상적 역학을 담당했다. 산은 수많은 사진, 영화, 우화의 소재가 된 친숙한 곳이다. 기하학적 공간에서 산의 위치는 수많은 이미지, 실천, 텍스트가 다양한 공간 스케일에 교차되어 있다(13.3절 참조).

그러나 에베레스트산은 결국 '다른 곳'이 아니라 여전히 '거기'에 있다. 그렇지 않은가? 헬벨린(Helvellyn, 영국 레이크 디스트릭트에 있는 산)에 관한 피셔 등의 연구는 산의 위치를 정의하는 작업이 생각보다 복잡하다는 것을 보여 준다(Fisher et al., 2004).

- 산의 위치는 '정상'이나 '가장 높은 지점'이라고 할 수 있는가? 지도(작은 삼각형 기호)로 보면 그럴 수도 있지만, '정상'이라는 단어가 '산'과 동의어인 경우는 거의 없다.
- "따라서 대부분의 사람들에게 산은 한 지점이라기보다는 방문할 수 있는 일정 범위의 지역을 의미한다"(Fisher et al., 2004: 106). 그러나 그들이 정상에 가까이 가지 않는다면, 다른 사람들은 그들이 산에 갔다는 것에 동의할 것인가?
- 산에 공간적 범위가 있다고 한다면, 그 범위는 어디까지인가? 다음 산의 시작점, 산기슭, 가장 가까운 강이나 계곡까지 확장될 것인가?

피셔 등은 '퍼지 논리'에 대해 논한다(Fisher et al., 2004). 즉 산의 위치에 대한 모든 정의가 '참'일 수 있지만, 하나 이상의 정의가 있고 각각의 정의가 다르기 때문에 절대적이고 단일한 진실과 관련해서는 모호함(fuzziness)이 존재한다는 것이다. 그리고 바로 이 지점에서 GIS 이론의 퍼지 논리(공간의 추상적 개념에서 나온)가 문화지리학자의 공간, 장소, 경관에 대한 개념과 일치하기 시작한다. '문화지리학자'가 아니라 GIS 전문가인 피셔 등은 이에 대해 다음과 같이 설명했다(Fisher et al., 2004: 106-107).

산은 실재하는 (진정한) 지형이 아니라 사람들이 식별하고 이름붙이기로 선택한 지표면 변화의 연속선상에 있는 하나의 지역으로 해석할 수 있다. 산은 경관에 대한 인간의 이해와 구분 속에서만 존재하는 평면적인 대상으로…해석될 수 있다.

궁극적으로 피셔 등은 새로운 형태의 계량적인 다중 스케일 분석을 사용해 산이나 정상이 아닌 '정점(peak-ness)'을 식별한다(Fisher et al., 2004). 이들은 장소 명명, 지도 제작 및 로컬 지식의 세대 간 전승이라는 오랜 사회적, 과학적 역사를 통해 레이크 디스트릭트의 지형 데이터베이스에 포함된 유명한 봉우리(지명)와의 유의미한 통계적 상관관계를 식별한다. 두 경우 모두 장소의 식별과 공간의 기술(記述)은 기술적 실천과 문화적 실천을 포함하는 과정이다. 중요한 것은, 이것이 여전히 '과학적인' 주장이지만, 지리학자들의 공간과 장소에 대한 개념의 복잡성 그리고 공간과 장소에 대한 인식과 문화적 가치의 중요성을 인정하는 주장이라는 측면에서 중요한 의미를 갖는다. 또한 단순히 공간에 대한 다른 이야기 대신 하나의 '이야기'만을 선택하는 것(예: 기하학적인 것보다 문화적인 것을 선택하는 것)이 실수일 수 있다는 점을 강조한다.

이 사례는 공간과 장소에 대한 문화지리적 이해를 넘어설 여지를 주는 관대한 접근법(이 경우에는 경관에 대한 접근법)의 가치를 보여 준다.

살펴볼 것이다.

둘째, 공간(그리고 실제로 장소)의 특정한 특징들은 지도화에 저항하며, 그리드 상의 좌표를 통해 정확하게 파악하기 어렵다. 도시의 '가장자리'나 산의 '위치'를 묘사하는 것이 얼마나 어려운지 생각해 보라(Box 13.3). 장소는 우리가 '있다'고 생각하는 바로 그 공간(정확하게 파악할 수 있는 장소)을 넘어선다. 처음에는 다소 직관적이지 않을 수 있는 이 개념에 대해서는 13.3절의 '사회적 구성으로서의 장소'와 13.4절의 '스케일'에서 확장할 것이다.

셋째, 수학적·지도학적 시스템을 사용해 공간을 구성하고 시각화하면 많은 이점이 있다. 실제로 많은 사람들이 수학적·지도학적 시스템에 의존하고 있다(도보 지도부터 자동차의 GPS 장치까지; 사진 13.2 참조). 그러나 이러한 시스템의 세상을 보고 아는 방식 그리고 식민적이거나 억압적인 행위에 연루된 지배 방식 모두에 관심을 가져야 한다(5장의 경관에 관한 내용을 참조할 것). 수학적·지도학적 공간은 결코 정치적으로 중립적이지 않으며, 공간을 구상하는 다른 모든 방식도 마찬가지다. 이 문제에 대해서는 13.5절의 '흐름/모빌리티'에서 다룰 것이다.

넷째, 공간은 종종 시간과 대비되는 개념으로 여겨져 왔다(Massey, 2005). 시간이 개방적이고 예측할 수 없으며 무한한 가능성으로 가득 차 있는 반면, 공간은 정적이고 유한하며 폐쇄적이고 제한적인 것으로 여겨져 왔다. 공간이 이런 식으로 여겨진 것은 부분적으로는 공간에 대한 사회적 이해를 지배해 온 수학적·지도학적 시스템 때문이다. 그러나 이제 많은 이론가들이 시간이 없는 공간은 존재하지 않으며, 그 반대의 경우도 마찬가지라고 주장한다. 이 장의 뒷부분에서 공간-시간에 대한 논의를 확장할 것이다.

다섯째, 현장(locales)이 장소로 인정받기 위해서는 특정 요소를 포함해야 한다는 위험성이 존재한다(적어도 인본주의 지리학의 몇몇 문헌에서는). 인본주의 지리학자들은 프랑스의 1000년 된 마을처럼 깊은 애착과 오랜 거주가 이루어지지 않았다는 이유로 특정한 장소(쇼핑몰, 공항, 고속도로 휴게소 등)를 '장소 상실(placeless)' 또는 '비장소(non-places)'로 규정해 비판을 받았다(Relph,

1975; Augé, 1995; '비장소'에 대한 자세한 논의는 13.3절의 현상학에 관한 논의를 참조할 것). 따라서 어떤 공간이 어떻게 그리고 왜 장소가 되는지 그리고 그 사이의 진정한 차이점은 무엇인지에 대해 비판적으로 질문할 필요가 있으며, 이에 대해서는 13.3절의 '사회적 구성으로서의 장소'와 13.5절의 '흐름/모빌리티'에서 다룰 것이다.

요약하자면, 이 절은 공간과 장소의 정의 사이에 다소 '잘못된 구분'을 설정하면서 시작했다. (영미권 과학과 인문지리학의 후원 아래) 공간과 장소는 다음과 같은 주요 가정과 연관되어 있다. 공간은 추상적이며 글로벌 스케일, 속도와 움직임, 통제할 수 없고 헤아릴 수 없는 낯선 것이며, 장소는 로컬 스케일, 느림, 전통, 주거(dwelling), 친숙함, 심지어는 정체된 것이라는 가정이다. 그러나 이 절에서는 이런 연관성이 자연스럽지 않으며, 두 용어 사이의 표면적인 구분이 정치적으로 심각하게 문제가 될 수 있음을 보여 주기 시작했다. 이러한 점에서 공간과 장소의 구분은 모호하다고 주장하는 것이 가장 적절할 것이다. 따라서 이 장의 나머지 부분에서는 (세 가지 '핵심 모티프'를 통해) 문화지리학자들이 공간과 장소 정의 사이의 긴장을 탐구해 온 최근의 생산적인 방식을 살펴볼 것이다. 1장에서 주장했듯이 어떤 '하나의' 문화지리학으로 일반화하는 것은 무척이나 어렵기 때문에, 이 책에서는 (특히 1부와 2부에서) 공간과 장소에 관한 이론이 문화지리학 연구에서 중요했던 몇 가지 '순간들'을 골라 소개할 것이다. 이를 통해 이 장에서 다루기 위해 다른 장에서 다소 함축적으로 설명했던 장소와 공간에 관한 다양한 아이디어에 관해 파악할 수 있을 것이다.

13.3 핵심 모티프 1: 사회적 구성으로서의 장소(와 공간)

앞 절에서 주장했던 것처럼, 문화지리학의 대부분은 '장소'와 관련이 있다고 할 수 있다. 예를 들어, 버클리 학파의 경관에 대한 접근법은 지역적 장소, 즉 문화 지역을 독특하게 만드는 요소에 집중했다. 인본주의, 마르크스주의, 비재현 이론에서 영감을 받은 연구는 로컬의 장소가 구성되고 경험되는 담론, 수행, 일상의 루틴, 물질, 감정(2장, 7장, 9장, 10장, 11장)을 폭넓게 탐구했다. 문화지리학자들은 로컬의 장소를 통해 구성되고, 흐르고, 저항되거나 재구성되는 국가적, 전 지구적 과정에도 관심을 기울여 왔다.

장소에 관한 초창기의 설명에서 두 가지 관련 사항이 도출된다. 두 가지 모두 사회적 구성이라는 개념과 관련된다. 즉 장소(그리고 앞으로 도달하게 될 공간)는 자연스러운 것이나 주어진 것이 아니라 사회적 과정의 결과라는 것이다(Harvey, 1996). 첫 번째 아이디어는 장소의 사회적 구성과 직접적으로 관련이 있고, 두 번째 아이디어는 '공간의 생산'으로 알려진 것과 관련이 있다.

■ 장소의 사회적 구성

장소는 다양한 방식으로 사회적으로 구성된다. 말 그대로 설계, 건축, 계획 및 규제와 같은 물리적 행위를 통해 장소가 구성될 수 있다. 장소는 경계(벽, 울타리)와 사회적 필요에 따라 배치된 물리적 특성(건물, 나무, 포장도로, 도로 시설물)에 의해 구분된다. 문화지리학자들이 장소의 물리적 구성(또는 생산)을 탐구한 구체적인 사례를 보려면, 2장으로 넘어가 공공 공간, 빅토리아 시대의 빈민가 정리, 두바이와 라스베이거스의 스펙터클한 건축물을 지배하는 디자인의 특징과 경계를 살펴보라. 여기서 장소와 관련해 중요한 사실은 문화지리학자들이 장소에 다양한 규범, 가치, 의미가 투입되면서 사회적 구성의 일부가 될 수 있음을 보여 주었다는 것이다.

'집(home)'이라는 장소는 중요한 사례다. 집은 '주택(house)'에 해당하는 물질 또는 규제 공간뿐만 아니라 '집'과 관련된 복잡하고 문화적으로 다양한 감정, 의미가 법적인 프레임워크와 교차하는 지점이다(Jacobs and Smith, 2008). 따라서 집이라고 부르는 장소의 사회적 구성은 시간과 공간에 따라 달라지는 물질적, 법적, 도덕적, 체현적, 감정적 과정의 결과물이다.

마지막으로, 이 책의 다른 장에서 살펴본 바와 같이 장소는 **정체성**의 구성에서 중요할 수 있으며, 그 반대도 마찬가지이다. 특정 장소는 국가 또는 민족 정체성이나 정치적 투쟁을 재현하는 데 매우 중요한 역할을 수행할 수 있다. 런던의 트래펄가 광장이나 베이징의 천안문 광장에 대해 생각해 보자(Box 13.4와 8장의 정체성에 관한 내용을 참조할 것). 하나의 정체성 집단에 다른 정체성 집단을 해하거나 배제할 특권을 부여할 수 있는 사회적 구성의 영향을 받는다는 점에서 장소는 기념비적이거나 화해의 장소가 될 수도 있고, 괴롭거나 심지어 고통스러운 장소가 될 수도 있다(Sibley, 1995; Cresswell, 1996).

모든 문화지리학자가 장소가 단지 사회적 구성의 결과물이라는 데 동의하는 것은 아니다. 행위

자-네트워크 이론(10장 참조)에 근거해 장소는 인간과 비인간 행위자(동물, 식물, 광물 그리고 장소가 지속되게 하는 수많은 도구와 기술) 간의 지속적인 상호작용의 결과라고 주장하는 사람도 있다(Whatmore, 2006; Hinchliffe, 2008). 이 책의 다른 장에서는 이것이 **경관**을 물질적 현상으로 이해하는 핵심적인 방법이며, 문화지리학자의 핵심적인 관심사였다고 주장했다(5장). 구체적으로 살펴보면, 경관이란 경관을 구성하는 인간과 비인간 행위주체 간의 관계를 통해 ('장소'로서) 의미를 획득한다. 따라서 새의 이동, 식물 종의 침입, 수천 년에 걸친 퇴적암의 침식 등은 '우리'(특정한 관점으로 생각하고 느끼는 인간)가 경관을 경험하는 방식만큼이나 경관의 의미를 구성하는 데 중요할 수 있다(Box 5.2 참조).

다른 한편, 크레스웰은 현상학 연구에서 영감을 받은 지리학자들이 (인본주의 지리학자들의 초창기 연구를 수정해) 장소에 대한 본질주의적 이해를 회복하고자 노력했던 과정을 보여 준다(Cresswell, 2004). 색에게 장소란 "인간의 의미와 사회적 관계의 기반"이다(Sack, 1997; Cresswell, 2004: 31). 이들은 장소가 사회적으로 구성될 수 있다는 데는 동의하지만, 어떤 의미에서는 한 걸음 물러나서 장소가 없다면 우리는 존재하지 않을 것이라고 주장한다. 장소는 인간 존재의 주요한 측면이며, 인간이 된다는 것은 세상에 존재한다는 것이다. 크레스웰이 정확하게 지적한 것처럼, 이 사실은 (철학적 의미에서 그렇게 간주되기 때문에) 문화지리학자들이 관심을 갖고 있으며 이 책에 인용된 대부분의 경험적 사례를 구성하는 갈등, **정체성**, **텍스트** 및 실천의 많은 부분을 설명하지 못한다. 그러나

Box 13.4

천안문 광장

사진 13.3 베이징의 천안문 광장
출처: Getty Images/Chen Hanquan

1989년 4-6월, 이 광장은 집권 공산당에 반대해 정치적 자유를 요구하던 학생들의 대중 시위가 벌어졌던 장소였다. 이 시위는 6월 4일 군부에 의해 수많은 시위대가 목숨을 잃으면서 끝나게 되었다. 천안문 광장은 중국 역사상 여러 중요한 사건의 현장(1860년대 영국군과 프랑스군의 침공 등)이며 중국 문화 정체성의 중심이자 유명하고(악명 높고) 논쟁의 여지가 있는 장소이기도 하다.

인간의 경험은 장소 없이는 전혀 상상할 수 없다는 사실을 상기시켜 준다. 따라서 장소에 대한 본질주의적 이해는 로컬적(사람들에게 가장 의미 있으면서도 이것들이 없으면 의미를 만들 수 없는 건물, 거주지 또는 사회적 공간에 관한 것)이면서 동시에 (인류의 '장소'는 지구라는 직접적인 의미에서) 전 지구적인 것이다.

■ 공간의 생산: 앙리 르페브르

공간의 사회적 구성에 관한 또 다른 버전은 도시, 특히 공공 공간에 대한 논쟁에 관심이 있는 문화지리학자들에게 영향을 준 프랑스 철학자 앙리 르페브르(Henri Lefebvre)의 연구에서 찾아볼 수 있다(Lefebvre, 1991). 르페브르는 자본주의 경제의 영속성 안에서 공간, 특히 도시 공간의 역할을 이해하고자 했다(9장의 일상성에 관한 내용을 참조할 것). 그는 또한 역사적으로 '평범한' 시민의 일상이 자본주의 공간에서 어떻게 펼쳐졌는지에 대해서도 탐구했다(Gardiner, 2004). 르페브르는 13.2절에서 설명했던 아이디어를 모아 '공간의 생산'에 관한 명시적인 이론을 통해 자신의 아이디어 중 일부를 공식화했다. 그는 마르크스주의의 영향을 받은 지리학자들이 경관을 독해하려고 했던 방식과 유사하게 공간을 드러내고 해독하고 읽으려했다(5장). 그 과정에서 르페브르는 '공간의 삼항변증법(trialectics of spaces)'이라는 세 개의 상호연관된 방식 안에서 공간의 생산이 이루어진다고 주장했다(Soja, 1996).

- **공간의 재현.** 전문가, 도시 계획가, 정치인에 의해 인지되고, 계획되고, 그려지고, 기록되는 공간이다. 이러한 공간에는 전문 용어, 코드, 공간을 추상적으로 보이게 만드는 '객체화된 재현'이 포함된다(Merrifield, 1993: 523; 13.2절 참조). 어느 사회에서나 공간의 재현은 지배 계급(즉 자본가)의 이익을 영속화하고 물질 공간의 모습을 결정한다는 점에서 지배적이다. 주요한 사례로는 클러프 윌리엄스-엘리스(Clough Williams-Ellis) 같은 도시 계획가들이 도시와 시골을 명확하고 깔끔하게 구분하기 위해 어떻게 교외 개발을 제한하려고 했는지 탐구했던 전간기(inter-war) 영국에 대한 역사학적 연구가 있다(자세한 내용은 2장을 참조할 것).
- **재현의 공간.** 일상생활의 공간, 즉 특정한 장소에 대한 경험이다. 도시의 일상적인 거주민들은 도시의 공공 공간과 건물 주변으로 이동하면서 의미를 만들어 간다(Lees, 2001; 4장의 건축지

리에 관한 내용을 참조할 것). 재현의 공간은 '공간의 재현' 안에서 발생하고 지배받는 '체험된(lived)' 공간이다.
- **공간적 실천.** 이는 일상의 리듬, 출퇴근, 등하교 등 도시 생활의 현실을 구성하는 실천이다. 때때로 공간적 실천은 '공간의 재현'과 '재현의 공간'이 지배하는 공간 모두에 저항할 수 있다. 일부 학자는 '공간적 실천'을 '제3의 공간(third space)'이라고 부른다(Soja, 1996). 매슈스 등의 연구에서 제3의 공간은 아이들이 어른의 감시를 피해 평범한 거리 경관에서 집합적 공간이나 거의 숨겨져 있는 '틈새(niche)'를 발견하고 상대적으로 편안하게 자신의 정체성을 수행할 수 있는 방식을 설명하는 데 사용된다(Matthews *et al.*, 2000). 3장에서 이러한 '제3의 공간'을 전복적 공간으로 볼 수 있는 젊은 사람들의 쇼핑몰 공간 소비의 사례를 통해 살펴본다.

르페브르의 연구는 비판지리학과 문화지리학 분야에서 널리 활용되었다(예: Gregory, 1994; Shields, 1999). 이는 지배적인 사회, 정치적 가정에 도전하는 저항적이고 전복적인 실천이 어떻게 공간에서 일어나고 생산되는지를 이론화해 온 문화지리학자에게 영감을 주었다(3장의 하위문화에 관한 내용 참조). 이는 공간이 경험되는 생생하고 체현된 방식보다 '추상적'이고 시각적인 것에 특권을 부여하는 공간 개념에 대한 비판이기도 하다(12장 참조). 실제로 르페브르는 공간의 생산에서 추상적인 것과 신체적인 것이 분리될 수 없다고 주장했다.

영향력이 있었지만, 르페브르의 연구는 신랄한

비판을 받기도 했다. 페미니스트 학자들은 르페브르의 젠더 무감성(gender-blindness)과 이성애에 대한 특권을 비판했으며(Blum and Nast, 1996), 이로 인해 이는 섹슈얼리티의 지리에서만 제한적으로 사용된다(8장의 정체성에 관한 내용 참조). 지리학에서 마르크스주의 변증법에 대한 관심이 다소 줄어들면서 사회 계급 및 자본주의의 작동과 덜 관련되어 있는, 차이를 이론화하는 더 다양하고 복잡한 방식이 채택되었다. 게다가 그의 연구가 갖는 불투명한 스타일과 잦은 일반화로 인해 일부 독자는 그의 저작에 실망하기도 했다.

이 절에서는 장소와 공간이 사회적으로 구성된다고 할 수 있는 다양한 방식을 살펴보았다. 공간과 장소는 사회적 행위를 위한 완전히 '자연스러운' 것이거나 '중립적인' 용기(container)가 아니며, 개인과 사회가 필요에 따라 공간을 형성하는 데 개입한다는 점을 알 수 있다. 또한 르페브르의 공간의 생산에 관한 연구는 많은 공간이 지배 집단, 특히 전문직 엘리트의 요구를 대변하는 경향이 있음을 보여주는 데 중요한 역할을 했다. 따라서 공간은 과정적이고 생동감 넘치며 지속적인 무언가다. 공간과 장소는 항상 그리고 이미 진행 중인 것이다.

13.4 핵심 모티프 2: 스케일

위에서 살펴본 바와 같이, '장소'는 일반적으로 특정한 공간적 스케일, 가장 일반적으로는 로컬(마을 또는 근린)과 연관된다. 로컬은 로컬에서 글로벌에 이르는 스케일의 '위계'에서 '최하위'에 있는 것으로 이해된다(Box 13.5 참조). 언뜻 보면 이러한 위계는 자연스러워 보인다. '로컬'이 '글로벌'보다 '작거나' 심지어는 '반대'라는 것이 당연한 것처럼 보이기 때문이다. 실제로 미디어는 물론이고 로컬 시위에 참여하는 사람들조차도 로컬 시위의 경험을 글로벌에 대항하는 로컬의 직접적인 행동으로 이해하고 있다. 사람들은 일상적으로 특정한 결정(예: 유엔 인권 협약)이 글로벌 스케일에서 이루어지고, 각국 정부가 비준하며, 지역 또는 로컬 스케일에서 일하는 실무자에 의해 이행된다고 이해한다. 전국 단위의 선거 또는 인구조사 조직에 대한 일반적인 근거는 한 국가의 국토를 훨씬 더 작은 단위로 세분화해 분석의 정교함을 높이고, 이를 통해 더 큰 수준의 분석이 가능하다(Box 13.5에서 볼 수 있듯이, 이상적으로는 정치적 대표성을 확보할 수 있다)는 것이다.

그렇다면 스케일이 중요해진다. 그러나 문화지리학자들 사이에 장소가 사회적으로 구성되는 정도에 대한 의견이 일치하지 않는 것처럼, 스케일이 사회적으로 구성되는 정도에 대해서도 의견이 일치하지 않는다. 이는 문화지리학자들이 글을 쓰는 과정과 글을 쓸 때 취하는 정치적 입장(특히 글로벌화에 관한 글에서)을 이해하는 방식에 깊은 영향을 미친다. 또한 '로컬'이 실제로 '글로벌'보다 얼마나 '작거나' 반대되는지, 그리고 로컬이 실제로 어느 정도 로컬인지 이해하는 데에도 시사점을 준다.

다음의 내용은 지리학자들이 Box 13.5의 논리적으로 보이는 스케일과 관련해 이를 재정립한 네 가지 중요한 방식을 나타낸다. 혼란스러운 점은 여기서 스케일이 공간적 범위에 대한 완전히 자연스러운 설명이 아니라는 데에는 어느 정도 동의한다고 가정하고 있지만, 아래에서 설명하는 학자

Box 13.5

'중첩된' 스케일의 위계

스케일에 관한 일반적인 이해(학계와 사회 모두)는 직관적으로 보이는 '크기'에 대한 감각을 바탕으로 한다. 즉 '글로벌'이 국가보다 더 크고 궁극적으로 더 중요하다는 생각이다. 조금 덜 일반적으로는, 로컬과 글로벌이 독립적인 스펙트럼의 양 끝을 의미한다는 생각, 로컬과 글로벌이 어떤 식으로든 대립한다는 생각, 로컬이 글로벌보다 더 '진정한' 것이라는 생각, 아이디어나 규제, 물질, 문화 대상이 어떻게든 글로벌에서 로컬로 '흘러간다'는 생각 등이 아래의 도식을 뒷받침하고 있다. 아래 도식을 설명하는 사례들은 오스트리아에서 가져온 것이다.

스케일 (큰 순서대로)	사례
글로벌	국제 연합(UN). 일련의 인권 협약에 대한 책임이 있다.
대륙적	유럽 연합(EU). EU의 무역 관련 법률을 담당한다.
국가적	오스트리아 국가 정부. 보건, 교육 등에 관한 연방법을 제정하고 시행할 책임이 있다. 또한 UN 및 EU 법률의 유지 및 비준을 담당한다.
지역적	주(Provinces) (영국의 카운티, 미국, 독일, 호주, 캐나다의 주와 거의 동일). 그 예로 슈타이어마르크(Steiermark; Styria) 주가 있다. 주는 계획 및 자연 보호에 관한 권한을 가지고 있지만, 세금 및 연방법 시행의 일부 측면에 대한 책임도 있다.
하위지역적	Bezirk(미국의 카운티에 해당). 오스트리아에는 84개의 Bezirk가 있다. 오스트리아의 경우, 이 스케일은 장소 기반 차량 번호판의 지정에서 가장 두드러지게 나타난다(예: Sankt Johann의 경우 JO). 다른 국가들과 마찬가지로 이는 개인의 일상적인 장소 기반 정체성에 중요한 의미를 지닐 수 있다.
로컬	개별 타운이나 마을. 로컬 계획이나 문화 행사 중 일부(예: 로컬 축제)가 이 스케일에서 조직된다.

모두가 '스케일의 사회적 구성'에 대해 명시적으로 글을 쓴 것은 아니라는 점이다.

첫째, 대부분의 지리학자, 특히 문화지리학자들은 이제 스케일이 사회가 작동하기 이전에 미리 주어진 토대(platform)라는 생각에 의문을 제기한다. 스케일은 만들어지는 것이다. 가령, 테일러는 세계 경제에 관한 연구에서 글로벌 자본주의의 확장에 따른 효과로 도시, 국가, 글로벌이라는 세 가지 스케일이 처음에는 식민주의를 통해, 그 다음에는 글로벌 비즈니스를 통해 출현했다고 주장한

다(Taylor, 1982). 마스턴 등은 Box 13.5에서처럼 이것이 어떻게 '스케일의 정치'로 이어져 경계와 흐름(예: 상품의 흐름)이 규제되는지를 보여 준다(Marston et al., 2005).

스케일의 사회적 구성을 이해하는 두 번째 방법은 스케일을 문화적, 경제적, 정치적 과정의 결과물로 보고 그에 대한 특정한 이야기를 통해 겉으로 보기에는 '안정적인' 것처럼 보이게 만드는 것이다. '다양성 경제'에 관한 깁슨-그레이엄의 영향력 있는 연구는 앞서 언급한 내용을 진전시키는

데 특히 중요하다(Gibson-Graham, 2006). 깁슨-그레이엄이 보기에 지리학자들에게 시급한 과제는 '글로벌화'가 단순히 전 세계, 글로벌 스케일에서 '일어나고 있는' 과정이라는 생각을 해체하는 것이다. 이들은 글로벌화와 글로벌화의 문화, 경제, 정치적 효과를 '이해'하려는 시도를 반대하는데, 이는 글로벌화가 인간의 개입과는 무관하게 '존재한다'는 생각을 강화할 뿐이기 때문이다. 대신 그들은 "구조적 논리의 전개보다는 사회적 결과의 우연성을 이론화하는 반본질주의 접근법"을 채택한다(Gibson-Graham, 2008: 615).

궁극적으로, 이는 많은 문화지리학자들이 글로벌화(와 글로벌 스케일)를 2008년 '글로벌 금융 위기'가 보여 주었던 것처럼 규제, 창의성 및 위험 감수라는 척도에 의해 만들어진 인간의 노력의 결과로 간주한다는 것을 의미한다. 그렇기 때문에 '글로벌'해 보이는 산업이 실제로는 매우 특정한 로컬 지역에 위치해 있다. Box 2.6에서 살펴본 것처럼 영국에서 '글로벌'하다고 자부하는 다양한 창조 산업(북동부 지역의 건축 회사, 이스트미들랜즈의 디자이너 패션 등)은 특정 지역에 위치해 있다. 다만 이들은 브랜딩의 일부로 '글로벌 산업'이라는 사실을 특히 강조하고 있을 뿐이다. 깁슨-그레이엄 같은 지리학자들은 글로벌화에 만연한 이러한 이야기의 결을 끊어내기 위해 일련의 대안적인 문화경제적 실천에 대해 설명했다. 여기에는 가정 내 무급 노동과 돌봄, 소비자 협동조합, 환경 보호 운동 등이 포함되며, 이 모든 것들은 '글로벌' 자본주의와 반대되는 '로컬' 공간이 아니라 독자적인 공간 스케일을 가로지르며 만들어질 수 있다.

이런 '운동' 중 주목할 만한 사례 하나는 영국 브리스틀에 새로운 슈퍼마켓을 입점시키고자 하는 슈퍼마켓 체인의 힘을 약화시키려는 스토크스 크로프트의 'NO TESCO' 시위다(Box 3.11 참조). 이 시위는 로컬 푸드 네트워크를 강조했지만 '글로벌' 자본주의에 대항하는 '운동'의 성격을 띠고 있었다. 두 번째 사례는, 이 책의 다른 장에서 소개하고 있는 코즈(Khoj)의 '협상하는 샛길' 행위 예술/춤 설치 작품이다(Box 7.4 참조). 이 설치물은 인도 전역의 도로 건설 프로젝트에 대한 관심을 불러일으키면서 로컬 및 국가 스케일을 가로질러 사람들을 하나로 모으고, 인터넷을 통해 전 지구적 관심을 불러일으켰다는 점에서 정치적 비판의 한 부분으로도 작동했다(자세한 내용은 7장의 수행의 지리에 관한 내용과 Brown, 2009의 다양한 게이 및 레즈비언 경제에 관한 내용을 참조할 것).

스케일에 대해 사고하는 세 번째 방식은 '로컬' 또는 '글로벌'이라는 개념에서 벗어나 일반적으로 '크다' 또는 '작다'고 생각하는 것을 다시 생각해 보는 것이다. 다시 말하지만, 이러한 범주는 미리 주어진 것이 아니라 (종종) 지리적, 문화적으로 특수한 과정의 결과다. 이에 대한 사례는 Box 13.3에서 산의 GIS 재현과 관련해 논의한 바 있다. 최근 건축의 문화지리학에서도 크기의 문제를 고민하고 있다(Jacobs, 2006; Rose et al., 2010). 가령, 제인 제이콥스(Jane Jacobs)의 연구는 부분적으로 '글로벌한' 이야기, 이 경우에는 고층 건물에 관한 이야기와 관련되어 있다(자세한 내용은 4장의 건축지리에 대한 내용을 참조할 것). 그녀는 단순히 글로벌 건축 양식이 전 세계로 '확산'되는 방식, 즉 Box 13.5에 나타나 있는 하향식, 일방향적 흐름을 따르는 접근 방식에 반대한다. 오히려 그녀는 문화지리학자들은 '어떤 것들이 일관성을 갖게 되는 과정'을 탐구해야 하며, 그 결과 '건물' 또는 '고층 건물'이라고 식별할 수 있는 무언가가 출현한다고 주장한다. 그러나 그녀는 (깁슨-그레이엄의 글로벌화에 대한 비판과 마찬가지로) 의도적으로 '건물'이라는 용어를 피한다. 왜냐하면 이 용어가 면밀히 조사할 수 없는 것처럼 보이는, 겉으로 보기에는 안정적인 일련의 건축에 대한 이야기, 실천, 규제의 형태를 의미하기 때문이다. 이러한 이야기들을 피하기 위해, 그녀는 주거용 고층 건물을 일종의 '표면 해석(surface accounting)'을 통해 새로운 시각으로 바라볼 수 있는 '큰 것(big thing)'이라고 부른다. 이는 다음을 뜻한다.

이 기법을 통해 '장난감 토끼'처럼 사소해 보이는 것이 '선진자본주의(advanced capitalism)'와 같은 수준에 있음을 알 수 있다… 표면에 대한 관심이 '사물'이 얽혀 있는 더 넓은 시스템에 대한 무관심을 의미하는 것은 아니다… 오히려 이 자명해 보이는 '것'[고층 건물]의 일관적인 소여성(coherent given-ness; 所與性)이 어떻게 다양하게 만들어지거나 만들어지지 않는지 살펴보는 것이다. 더 나아가 스케일의 구성이 고층 건물이라는 큰 것을 안정화하는 데 어떤 역할을 하는지 보여 주고자 한다.

-Jacobs, 2006: 3, 저자 강조

즉 제이콥스는 고층 건물이 '글로벌한' 건축 형태라고 생각하지 않으며, 단순히 물리적인 크기로 인해 '큰 것'이라고 생각하지도 않는다. 오히려 고층 건물은 일련의 크고 중요한 이야기(예: 르 코르뷔지에 같은 국제적으로 유명한 건축가의 경력)에 연루되어 '글로벌화'라 불리는 것을 강화하는 데서 그치는 것이 아니라, 이를 창조하는 데 도움이 되었다는 이유에서 큰 것이 된다. 고층 건물은 의도적으로 상품 ('장난감 토끼' 같은 다른 물건) 수준으로 축소되어 2장에서 논의한 상품 사슬이나 상품 회로와 같은 방식으로 이해할 수 있다. 고층 건물은 단지 그러한 사슬과 회로에서 위치하는 방식, 즉 정부의 담론, 비교적 큰 재정적 가치 또는 그 안에 살거나 방문하는 수백 명의 사람들이 느끼는 감정적 의미로부터 힘을 얻기 때문에 강력한 의미를 갖게 된다(Kraftl, 2009 참조). 따라서 이는 스케일의 사회적(그리고 물질적) 구성에 관한 훌륭한 사례다.

넷째, 마스턴 등은 매우 중요하고 도발적인 논문에서 '스케일이 없는' 인문지리학(그리고 문화지리학)에 대해 어느 정도까지 상상할 수 있는지 질문을 던진다(Marston et al., 2005). 언뜻 보기에는 불가능해 보이지 않지만, 매우 어려운 것처럼 보일 수 있다. 스케일은 인문지리학의 기본 아닌가? 이들은 스케일에 대한 여러 비판들을 인용하지만, 이 부분에 가장 부합하는 것은 스케일이 단순히 '개념적으로 주어진 것'이 될 위험이 있다는 점이다(Marston et al., 2005: 422). 일단 스케일이 명확해지면, 경험적 연구는 단순히 그 스케일에 '부합하는' 일련의 사회적 또는 문화적 실천과 관련된다.

연구 프로젝트는 종종 [스케일적] 위계를 미리 가정해… 대상, 사건, 프로세스를 미리 분류하고, 즉시 스케일적 구성 요소에 끼워 넣을 수 있도록 준비한다.

-Marston et al., 2005: 422

따라서 마스턴 등은 스케일이 없다면 지리가 어떤 모습일 것인지에 대해 질문을 던진다(Marston et al., 2005). 이들은 아래와 같이 새로운 공간 용어를 발명하는 것을 뜻하는 '사이트 온톨로지(site ontology)'를 제안한다.

- 스케일이 아니라 사회·공간적 관계를 통해 나타나는 사이트(sites)에 집중한다.
- 사이트는 사건(events)을 통해 나타난다. 따라서 사회·공간적 관계는 이벤트의 결과물이자 이벤트 간의 관계다. 이벤트는 시간과 공간을 모두 포함한다. 예를 들어, '글로벌' 이슈에 반대하는 정치 시위가 로컬의 한 장소 '에서' 일어나는 것이 아니라, 시위가 그 자체로 하나의 사이트를 생산한다. 이는 모든 종류의 효과, 즉 사회·공간적 결과를 만들어내는 사건이다. 우리는 스케일이 아니라 사건(시위)에서부터 시작한다.
- 사회·공간적 결과는 어느 정도 질서정연할 수도 있고, 지속 시간이 길거나 짧을 수도 있으며, 경계에 의해 제약을 받을 수도 있다. 이는 (몇몇 비평가들이 포스트구조주의 이론을 잘못 이해한 것처럼) 세계가 경계가 없는 흐름의 공간이라는 주장은 아니다. 대신, 사건은 관계를 만들고, 형성하고, 접고, 끊는다(Doel, 1999: 16).
- 그렇다면 마스턴 등이 정의한 '사건 관계'의 효과는 경계(시위대의 손이 닿지 않는 일시적인 출입 금지 구역을 의미)로서, 통로(도시의 거리를 통과하는 경로)로서, 또는 전 세계 곳곳에 송출되는 CNN이나 폭스 뉴스의 이미지로서 다양하게 느껴질 수 있다(Marston et al., 2005: 424).
- 따라서 사이트는 크기, 구성, 지속 시간에 관계없이 다양한 기간 동안 지속되는 사건 관계의 효과다. 사이트는 항상 공간적, 시간적으로 존재한다. 사이트는 창발적이다. 어떤 것은 예측 가능한 것이고, 어떤 것은 계획된 것이며, 어떤 것은 완전히 예상치 못하는 방식으로 다른 창발적인 사이트로 흘러가거나 연관될 수 있다. 마스턴 등은 건조 환경에서 일어나는 사건의 관점에서 그들이 의미하는 바를 설명하고 예시를 제시한다(Marston et al., 2005: 425).

[이] 전략은 세계를 완전히 혼란스러운 것으로 잘못 재현하는 것을 피하고, 로컬화된 실천에 영향을 끼치는 질서에 대해 설명할 수 있는 역량을 유지한다. 가령, 사이트 온톨로지는 (상대적으로 느리게 움직이는 사물들의 집합인) 건조 환경의 레이아웃이 그와 함께 배치된 인간의 실천과 관련해 질서정연한 힘으로 작용할 수 있는 방식을 설명할 수 있다. 사회적 사이트에서의 특정한 움직임과 실천은 질서에 따라 활성화되고 제한된다.

마스턴 등이 제안한 스케일 개념을 지지하는 사람들도 있지만 비방하는 사람들도 존재하며, 이 장의 뒷부분에서 몇 가지 비판을 살펴볼 것이다(13.6절). 지금은 이 절을 요약하면서 앞서 설명한 네 가지 예는 빙산의 일각에 불과하다는 점을 강조하고 싶다. 이 절에서는 대부분의 문화지리학자들이 스케일이 어느 정도 사회적으로 구성된 것이라는 데 동의하며, 이것이 연구에 대한 암묵적인 지침이 된다고 주장했다. 또한 인문지리학이 스케일을 '뛰어넘을' 수 있다는 생각도 제시했지만, 이러한 주장은 논쟁의 여지가 있다. 하지만 스케일에 대한 사고는 다른 종류의 공간적 메타포와 모티프를 내포하고 있다. 이를 염두에 두고 '흐름'의 공간으로 눈을 돌린다.

13.5 핵심 모티프 3: 흐름/모빌리티

상품, 자의로든 강제적으로든 이주하는 사람들, 전자 거래, 이메일, 편지, 팩스, 전화, 비행기와 배의 '흐름'에 대해 자주 들어 보았을 것이다(2장과 10장의 문화 생산과 물질적인 것에 관한 내용 참조). 또한 글로벌 흐름이 '로컬' 장소에 어떻게 영향을 끼치고, 상호작용하며, 재해석되는지에 대해 듣는 것도 익숙하다(예: Box 7.1의 프랑스와 방갈로르의 혼성적 음악 공연에 관한 내용 참조). 따라서 '흐름'이라는 개념은 문화지리학자들에게 상당히 중요한 의미를 지니며, 이 절에서는 세 가지의 서로 다른 종류의 흐름에 집중한다. 첫 번째는 스케일의 문제와 직접적으로 관련되어 있다. 두 번째는 물질적인 것과 관련이 있다. 세 번째는 '모빌리티'라는 아이디어와 연관되어 있다.

■ 흐름과 스케일의 문제

이 장의 앞부분에서 언급한 장소의 전통적인 정의에 따르면, 장소는 식별 가능하고 구체적이며 로컬의 스케일이 있는 영역으로 여겨진다(13.2절 참조). 이 절의 핵심은 로컬 장소는 단순히 로컬이

아니라는 점이다. 또한, 어떤 실천(예: 기후 변화에 반대하는 시위)을 '로컬'이라고 명명하는 것은 여러 의미에서 이를 주변적인 것이나 무관한 것으로 치부하는 것이기도 하다. 도린 매시는 페미니스트 투쟁은 '로컬적'이지만, 좀 더 일반적인(그리고 더 시급한) 투쟁은 계급 불평등에 관한 전 지구적 투쟁이라는 데이비드 하비(David Harvey, 1989)의 주장에 맞서면서 이를 강력하게 주장했다(Massey, 1991).

매시는 다른 어떤 지리학자보다도 문화지리학자들의 장소에 관한 초기 개념을 확장하고 심지어는 폭발적으로 발전시켰는데, 주로 장소가 흐름을 통해 생성된다는 사고에 기초한다. 칼라드는 다음과 같이 말한다(Callard, 2004: 224).

매시가 강조한 모빌리티, 개방성, 흐름, 차등적 권력관계는 이 용어들이 인문지리학의 기본 원칙으로 자리 잡는 데 기여했다.

1990년대 초부터 매시는 '글로벌 장소감'이라는 개념을 발전시켰다(Massey, 1991: 29). 그녀의 연구는 '로컬 장소'를 구성하는 다양한 스케일의 흐름을 전경화한다. 위에서 글로벌화가 주어진 것이 아니라 만들어졌다고 주장했던 것처럼, 로컬 장소도 주어진 것이 아니다. 도시, 타운, 마을, 심지어는 집조차도 로컬적인 과정의 결과물인 경우는 거의 없다. 모든 종류의 사람, 모든 종류의 사물, 모든 종류의 아이디어가 모여서 만들어지는 것이다. 그 중 일부는 로컬에서 조달된 것일 수도 있고, 옆 카운티나 주에서 온 것일 수도 있으며, 지구 반대편에서 온 것일 수도 있다.

예를 들어 자신의 집에 대해 생각해 보자. 방갈로(단층 주택)에 살고 있다면 '방갈로'라는 용어가 17세기 인도에서 영국 선원들이 처음 사용했던 주거 형태를 나타내는 데 사용되었고, 이후 인도에서 영국 식민지 엘리트들의 넓은 숙소를 묘사하는 데 사용되었다는 사실을 알 수도 있을 것이다. 이후 방갈로는 다양한 모습으로 전 세계에 등장했다(King, 1984). 혹은 잠시 시간을 내어 주변 사물을 둘러보라. 사과, 바나나, 파파야는 어디에서 왔는가(Cook, 2004; 2장과 10장 참조). 이 모든 공간 프로세스는 서로 다른 스케일에서 작동하고 그 스케일을 구성하는 일종의 흐름이라고 생각할 수 있다. 이는 일종의 자기 충족적 논리처럼 들린다(글로벌화의 경우가 그렇다). 그러나 '로컬'이라는 장소가 의미하는 바는 이 장소가 항상 '트랜스로컬(translocal)'하다는 것이다(Brickell and Datta, 2011). 그렇다면 이는 내성적 장소감이라기보다는 '장소 너머의 장소'라는 개념이다(Massey, 2005). 즉 도시는 항상 겉으로 보이는 경계를 '넘어서는' 것처럼 보이는 것에 의해, 그리고 그것과 관련되어 형성된다는 것이다. 매시의 연구가 갖는 함의와 이에 영감을 준 여러 경험적 연구에 대해 자세히 알아보고 싶다면 Box 13.6을 참조하라.

■ 흐름, 유동성 그리고 물질적인 것들

여기서 행위자-네트워크 이론의 핵심 이론가인 존 로(John Law)의 연구가 중요하다. 로와 몰은 공간에서 사물에 관한 서로 다른 사고방식을 대조적으로 제시한다(Law and Mol, 2001). 그들은 처음에 바다를 건너는 선박을 예로 들었다. 유클리드 공간(즉, 지도의 기하학적 공간)에서 배가 항구에 있을 때는 움직이지 않고 항구를 떠나자마자 "스스로 이동한다"(Law and Mol, 2001: 611). 배는 움직인다. 이것이 대부분의 독자가 '이동(movement)'에 대해 상식적으로 이해하는 사실이다.

그러나 행위자-네트워크 이론가들이 주장하는 것처럼 공간을 관계적으로 생각할 수도 있다. 이러한 공간에 대한 이해에서는 단순히 대상(혹은 시스템)을 구성하는 관계 자체가 변화하고 있는지에만 관심을 갖는다. 이는 이동(혹은 유동성)에 관한 또 다른 이해다. 3차원 공간에서 물체가 움직였는지 여부가 중요한 것이 아니라, 그 물체에 관한 무언가가 변화해 더 이상 '배'라고 부를 수 없을 정도로 모양이 바뀌었는지 여부가 중요한 것이다. 로와 몰은 다음과 같이 말한다.

> 선체, 원재(spars), 선원 그리고 나머지 모든 것들 사이의 작업 관계는 변화가 없는가? 그렇다면 배는 불변하는 것이다… 네트워크 공간과 관련해 배는 움직이지 않는다.
>
> -Law and Mol, 2001: 612

다소 직관적이지 않은 것처럼 보이지만, 이 주장은 완전히 타당하다. 배는 여전히 배이며, 침몰하지 않았고, 기차가 되지도 않았다. 따라서 관계적 측면에서 이를 여전히 배라고 부를 수 있다. 배가 움직인다는 사실 자체가 이를 뒷받침한다. 배가 단순히 떠 있거나 부두에 묶여 있거나 뭍에 놓여 있다면 배는 거의 쓸모가 없다. 이것이 공간의 관계적 개념이다. 앞서 흐름과 스케일을 설명한 것과 유사한데, 이 역시 공간, 장소, 로컬과 글로벌

Box 13.6

 도린 매시의 장소 연구와 그녀의 연구에서 영감을 받은
문화지리학의 사례들

매시는 그녀의 저서 『공간을 위하여(*For Space*)』 (2005)에서 공간과 장소에 대한 확장된 논의를 제시한다. 이 책에서 그녀는 공간과 장소에 관한 여러 명제를 제시한다. 특히, 그녀는 철학자들이 시간에 우선순위를 두면서 공간이 주변화되어 왔다고 주장한다. 그 이유는 이 장의 앞부분에서 제시했듯이, 시간은 좀더 개방적이고 창의성을 허용하는 것처럼 보이는 반면, 공간은 전통적으로 정적인 것으로 간주되어 왔기 때문이다. 또한 그녀는 인종이나 유산을 근거로 배제하는 '진정한' 정체성의 형태부터 '소속'되지 않은 사람에 대한 물리적 폭력으로 이어진 민족주의의 형태까지, 장소는 이따금 문제가 있는 가정과 실천의 현장으로 간주된다고 말한다 (8장 참조). 그녀는 오히려 장소가 지속적인 창조와 만남의 과정의 결과이며 결코 고정되어 있지 않다는, 시간과 공간의 결합이라는 관점을 주장한다. 다음은 그녀의 사상을 받아들인 문화지리학자들의 사례 연구와 함께 그녀의 연구가 시사하는 바를 네 가지로 정리한 것이다.

- 공간은 "상호 관계의 산물"이다(Massey, 2005: 10; Box 2.4 참조). 이 장에서 강조했듯이 많은 사람, 아이디어, 사물, 실천이 공간을 **생산**한다(Lefebvre, 1991). 매시에 따르면, 이는 '이미 구성된 정체성'과는 거리가 멀다는 것을 시사한다(Massey, 2005: 10). 대신 **정체성**은 구성되는 것이며(8장 참조), 진정한 로컬, 장소 기반 정체성 같은 것은 존재하지 않는다.
- 매시의 글은 책임에 대해 시사하는 바가 있다. 매시는 자신의 연구에서 장소 간의 친밀한 상호 관계와 대중 매체의 가능성(일부 맥락에서)이 결합되어 가장 가까운 사람을 돌보고자 하는 충동이 이제 문제시되고 있다고 주장한다. 도발적인 마지막 장에서 매시는 옛 격언처럼 왜 자선활동이 '집에서 시작'되어야 하는가에 대해 의문을 제기한다(Massey, 2005). 추상

적인 의미에서 우리는 지구 반대편에서 일어나는 일에 관심을 가져야 한다. 이는 단순히 자연재해로 인해 '멀리 떨어진' 곳에 있는 수천 명의 낯선 사람들이 피해를 입었기 때문이 아니라, 그 낯선 사람들이 우리가 생각하는 것보다 더 가깝기 때문이다. 간단히 말해, 이들은 우리가 신고 있는 신발을 만든 사람일 수도 있고, 그들의 삼촌이 옆집에 살고 있을 수도 있으며, 그들도 우리와 같이 '글로벌' 과정의 일부일 수 있다.

- 메이 등의 런던의 이주 노동자에 관한 연구에 따르면, 저임금 노동에 종사하는 노동자 중 상당수가 외국 태생인 것으로 나타났다(May *et al.*, 2007). 메이 등은 이들의 노동 조건을 설명한 후, 앞서 언급한 것처럼 모든 런던 사람들(정책 입안자와 대중 모두)은 '이방인'으로 보이는 이들의 복지와 공정한 처우를 보장해야 할 윤리적 책임이 있다고 결론지었다. 매시의 말처럼, 이들은 런던에 거주하는 동안에는 "런던을 런던답게 만드는 멀리 떨어진 장소와 사람 그리고 런던이 [멀리 떨어진] 장소에 미치는 영향력"을 대표하는 사람들이다(May *et al.*, 2007: 163). 그러나 이는 실제로는 어려운 질문을 남긴다. 한편으로는, 일부 런던 사람들(그들 중 다수가 이주자거나 이주자의 후손임)이 여기에 동참해 식료품을 지원하거나 새로운 이주자를 대신해 노동 운동가로 활동하고 있다. 다른 한편, 메이 등은 "다른 런던 시민의 시급한 요구를 훼손하지 않으면서도 어떻게 과거에는 멀리 떨어져 있던 타인의 요구를 '여기'에서 해결할 수 있는가"에 대해 묻는다(May *et al.*, 2007: 165). 이는 런던 사람들이 (그리고 매시 자신조차) 쉽게 답할 수 없는 질문이다.
- 매시의 연구는 로컬의 장소를 '넘어서는 것'의 정치적 함의를 탐구하고자 하는 연구에 큰 영향을 미쳤다. 니콜스는 프랑스와 한국처럼 다양한 현장에서 시작된 사회운동이 서로 다른 로컬의 활동가들을 '연결'

하는 과정을 탐구한다(Nicholls, 2009). 그는 계급, 민족 또는 종교적 노선을 따라 초국가적 연대, 즉 '사회운동 공간'을 만드는 과정은 자연스러운 것이 아니며, 상당한 노력이 필요하다고 주장한다. 그는 유럽 사회포럼과 같은 대륙별 회의부터 온라인 소셜 네트워킹 사이트 같은 커뮤니케이션 기술에 이르기까지 로컬 활동가들과 멀리 떨어진 동맹국을 연결하는 메커니즘을 탐구한다. 또한 일부 활동가는 다른 활동가보다 '거리'의 영향(여행 능력, 다른 언어로 의사소통할 수 있는 능력, 새로운 환경에 적응할 수 있는 능력 등)을 더 잘 극복할 수 있다고 주장한다. 따라서 사회운동 공간을 하나로 묶는다는 것은 매우 가변적인 것이며, 활동가의 작업이 갖는 고유한 로컬리즘을 초월하는 복잡한 사회, 문화, 재정적, 기술적 과정의 결과다.

에 대한 관계적 개념으로, 관계가 장소를 구성하는 방식을 따른다(그 반대의 경우는 아님).

로와 몰은 배의 사례에서 흐름을 논하고 있다(Law and Mol, 2011). 그러나 '흐름' 또는 '유동적' 공간은 더 확장될 수 있다. 모저와 로는 영국과 노르웨이에서 전자 기록 관리('건강 정보학')를 구현하려는 계획을 비판적으로 분석한다(Moser and Law, 2006). 건강 정보학에서 주장하는 것은 더 효율적이고 더 나은 정보의 '흐름'이 장기적으로 환자의 안전과 복지에 더 좋다는 것이다. 모저와 로는 이에 대해 직접적으로 이의를 제기하지 않는다(Moser and Law, 2006). 오히려 이들은 흐름에는 변화도 포함된다고 주장한다. 예를 들어 하나의 의료 행위에서 다른 의료 행위로 정보가 전달될 때, 그 정보가 동일한 형식으로 제공되거나 원래 의도했던 것과 동일한 방식으로 해석되리라는 보장은 없다. 모저와 로는 "전자 정보는 항상 복잡하고 이질적인 다른 물질적 형태의 정보와 교차하게 된다"고 말한다(Moser and Law, 2006: 68).

모저와 로의 사례를 통해, 그들은 정보가 사용될 수 있는 모든 방식을 예측하려는 경직된 정보 시스템에 대해 경고한다. 그러나 여기서 관심을 갖고 있는 좀 더 넓은 개념적 의미에서 보면, 유동

적인 객체(와 유동적인 공간)는 다양한 맥락에서 모양을 바꾸는 객체라는 의미가 내포되어 있다. 이러한 객체는 적응력이 있다. 알아볼 수 없을 수도 있지만, 어떤 의미에서는 여전히 '이것'에 관한 정보이지 다른 정보가 아니다. 모레이라는 의료 행위(예: 혈압 측정)와 관련해 다음과 같이 요약한다(Moreira, 2004: 62).

구성 요소의 위치와 역할에 대한 공통된 이해(지역적 [또는 기하학적] 공간에서처럼) 또는 구성 요소에 대한 단일한 정의(네트워크 공간에서처럼) 대신, 유동적 공간에서 실체(entities)는 여러 방식으로 수행될 수 있다.

따라서 (이 장과 다른 장의 예시를 떠올려 보면), 정보의 조각은 네트워크 공간에서 본질적인 '선박다움(ship-ness)'을 유지하는 '배'와는 다르다. 이는 최초의 배가 발명된 후 시간의 안개 속에서 요트, 소형 보트, 저인망 어선, 정기선 등이 되어 온 수많은 버전의 '선박다움'이다.

겉으로 보기에 '유동적' 혹은 '흐름'의 공간에 대해 명시적으로 글을 쓰는 문화지리학자들은 거의 없지만, 존 로가 가장 명확하게 표현한 이러한

아이디어는 혼성성(hybridity)과 같은 개념을 이해하는 데 핵심이 된다. 또는 앞의 사례를 들자면, 전 세계로 확산되었지만 똑같다고 말할 수 없을 정도로 다양한 방식으로 변화해 온 '고층 건물'을 이해하는 데 도움이 된다(Jacobs, 2006). 그리고 이러한 아이디어는 상품이 전 세계를 이동하는 다양한 방식(2장)을 상기시킨다. 생산과 소비의 형태에 따라 그 의미(그리고 아마도 공간)가 달라질 수는 있지만 파파야가 파파야라는 사실은 변하지 않는다(Cook, 2004; 10장 참조).

■ 흐름과 모빌리티

모빌리티에 대한 연구는 이동, 이주, 여행, 궤적, 커뮤니케이션 및/또는 연결의 형태와 관련이 있다. 이들은 제트기를 타고 글로벌 도시를 오가며 회의를 하는 사업가부터 망명을 신청하고 런던에서 저임금 일자리를 구하는 가족(13.6절), 19세기 도시의 아케이드를 소비하던 부유한 신사들(3장)까지 현대 글로벌화에 관련된 이야기를 통해 사람들이 다양한 방식으로 이동하는 모습을 보여 주고 있다. 앞의 사례들은 전에는 경험하지 못했던 방식으로 세계가 이동하고 있다는 점, 저렴한 항공 여행과 전자 통신 기술이 주도하는 시공 압축의 힘(Harvey, 1989)이 지구를 효과적으로 축소시켰다는 점, 적어도 특권적인 맥락에서는 모빌리티가 단순히 문화적 재화일 뿐만 아니라 대중적 기대라는 점이 받아들여지고 있다는 사실을 보여 준다. 유럽의 일부 국가에서는 저가 항공사가 등장하면서 국민 대다수가 경제적 여유가 없더라도 최소 1년에 한 번은 해외여행을 기대한다.

여기서 모빌리티를 연구하는 문화지리학자의 저술을 모두 소개하기에는 지면이 부족하므로, 홀륭한 개론서인 크레스웰(Cresswell, 2006)과 애디(Adey, 2009)의 책을 참조하라. 또한 이 책의 다른 장에서도 모빌리티에 관한 사례를 소개하고 있다(예: 2장과 10장의 상품 사슬에 관한 내용, 12.4절의 다양한 종류의 신체 이동, 규율과 저항에 관한 내용 참조). 어떤 의미에서 이 장에서 제시한 모든 사례가 모빌리티 개념에 대해 고개를 끄덕이게 하지만, 모빌리티라는 개념은 공간과 장소를 사고하는 방식에서 더 나아간 여러 의의를 지니고 있다.

첫째, 인본주의 지리학자들은 모빌리티의 증대(와 더 빠른 커뮤니케이션 형태)가 장소의 의미를 약화시켰다고 주장해 왔다. 가령 렐프는 미국 주택 소유자들의 이동성이 증가해 집을 자주 옮기게 되면서 장소에서 '거주(dwelling)'라는 개념 자체가 의미를 잃었다고 주장했다(Relph, 1976). 다른 한편으로 어리는 (일반적인 의미이기는 하지만) 대중 관광이 '대중 관광객의 시선'(3장 참조)으로 이어지면서, 관광객은 장소를 짧게 방문하고, 사진 몇 장과 기념품만 챙긴 뒤 다음 여행지로 이동한다고 주장한다(Urry, 1990). 크레스웰은 현대의 교통 인프라가 어떻게 크고, 제도적이며, 표면적인 특징이 없는(그리고 장소 상실의) 건물을 만들어내고, 장소를 경험하는 속도를 높여 장소의 의미를 감소시키는지를 보여 주는 여러 연구를 강조한다(Cresswell, 2004). 이러한 주장에 대해서는 일상지리에 대한 논의(9장)에서 더 깊이 있게 다룬다.

둘째, 스리프트는 모빌리티가 근대성의 부상에 수반된 '느낌의 구조'라고 주장한다(Thrift, 1994). 여행과 커뮤니케이션이 빨라지면서 세계는 '사이

Box 13.7

베를린: 소니 센터

독일의 한 관광 웹사이트(https://www.germany.trav-el/en/cities-culture/berlin.html)에 따르면, 베를린은 스스로를 재창조하는 도시다. 베를린은 '유럽의 창조 수도: 클래식에서 쿨까지'로 브랜딩되었으며, 이러한 이미지에 부합하는 새로운 건축 양식부터 도시 곳곳의 공공 공간에 설치된 2만 개가 넘는 시각예술 작품에 이르기까지 전위적인 문화 생산의 최전선에 서 있다(2장). 따라서 도시의 물질 공간 자체가 이미지로 '재발명'되어 전 세계로 유통되고 있으며, 이를 통해 매년 수백만 명의 관광객을 끌어들일 것으로 예상된다.

사진 13.4 독일 베를린 포츠담광장에 위치한 소니 센터
출처: Shutterstock.com/Dainis Derics

에(in-between)' 있게 되었고, 장소는 단순히 사람, 상품, 교통수단의 흐름을 포착하는 전략적 위치가 되었다(Thrift, 1994). 이러한 속도의 세계에서는 '이미지'가 곧 왕이므로, 장소(예: 도시)는 끊임없이 최신 관광지, 살기 좋은 곳, 부동산 투자처로 자신을 (재)발명하고 마케팅해야 한다(Hall and Hubbard, 1998). 독일의 베를린은 도시 재발명의 사례 지역이다(Box 13.7).

셋째, 애디 등은 비행기를 이용한 여행에서 '항공-모빌리티'과 관련된 여러 사회적, 특히 문화적 공간에 주목한다(Adey et al., 2007). 이들은 단순히 다양한 모빌리티를 설명하는 것을 넘어 "모빌리티를 생산하는 사회적, 기술적 실천을 자세히 설명"하려고 한다(Adey et al., 2007: 776). 가령, 이들은 비행(그리고 항공사)이 '글로벌 시민권'이라는 새롭고 미화된 감각을 조장할 수 있음을 보여준다. 수 마일 위의 상공에서 지구를 보고, 분화되지 않은 '지표' 위를 여행하면 아래에 있는 다양한 정치적 영역과 경계에 대한 감각이 사라진다. 또한 그들은 신체의 스케일로 이동해(12장 참조), 공항이 무의미하고 장소성이 없는 곳이 아니라 모바일 세계의 핵심 결절 상에 일상적으로 살아가고 있는 많은 사람들 중 상용 고객, 수하물 처리 담당자, 난민 및 항공 교통 관제사들에게 의미 있는 장소임을 시사한다(Adey et al., 2007: 779). 이들은 사람들이 공항과 같은 장소에서 모빌리티를 통해 형성하는 **감정적** 연결에 더 많은 관심을 기울일 것을 요구한다.

넷째, 문화지리 연구들도 모바일 사회에서 점차 중요한 요소가 되고 있는 정체, 통제, 경계 설정과 같은 부동성(im-mobility)의 형태를 탐구해 왔다. 이는 특히 테러 위협과 같은 잠재적 위험과 관련해 인간의 **신체**(12장)와 **감정/정동**(11장)이 정부 및 기타 기관에 의해 어떻게 규제되는지에 관한 문화지리학자의 관심사와 맞닿아 있다. 예를 들어 어무어는 미국의 국경 통제, 특히 공항의 '생체 경계'에 초점을 맞추고 있다(Amoore, 2006). 이곳에서는 위험 프로파일링을 통해 '합법적인' 모빌리티(업무 또는 레저를 위한 여행)와 미국 안보에 잠재적 위협이 되는 모빌리티(불법 이민 혹은 테러리즘)를 구분한다. 생체 데이터부터 신용카드 기록에 이르기까지 다양한 기술을 활용해 여행자의 위험성을 파악한다. 여기서의 의도는 미래를 예측해 미국 국가 안보를 위해 여행자의 여행을 지속시킬 것인지, 돌려보내야 할 것인지, 극단적인 경우 심문을 위해 구금해야 하는지 여부를 결정하기 위한 것이다. 따라서 모빌리티는 단순히 흐름의 공간을 만들어낼 뿐만 아니라 멈춤, 휴식, 때로는 장기간의 구금을 수반하며, 이러한 상황은 장소를 상대적으로 이동 불가능한 상태로 만든다.

이 절에서는 '흐름'이라는 개념이 문화지리학에서 수행되는 매우 다양한 종류의 연구를 특징짓는다고 주장했다. 장소 사이의 흐름과 상호 관계는 바로 그러한 장소를 만들어 내는 요소다. 실제로 로컬의 장소는 끊임없는 변화 속에서 가까운 곳과 먼 곳에서 유입되는 사람, 물질 아이디어의 흐름에 의해 구성된다는 점에서 항상 '트랜스로컬적(translocal)'이다. 유동적인 공간은 정보와 사물이 다른 장소로 이동하고 다른 장소에서 수신되

는 방식에도 영향을 끼칠 수 있다. 유동적인 공간 개념은 정체성, 물질문화, 건축 공간에 대한 문화지리학자들의 연구에 포함되어 있다. 마지막으로, 문화지리학의 많은 연구가 모빌리티에 대한 관심에서 출발한다고 주장했다. 도린 매시가 가장 잘 상기시켜 주듯이, 모든 흐름과 모빌리티의 생산에는 정치적인 결정과 책임이 수반되며, 이는 거의 항상 일부 사회 집단에는 유리하게, 다른 집단에는 불리하게(때로는 부동성으로) 작용한다.

13.6 논의: 공간과 장소 다음은 어디인가?

이 장을 읽기 전에 Box에 있는 '공간'과 '장소'라는 단어의 일반적인 용례를 다시 한번 생각해 보자. 이 장을 읽고 난 후 이 단어의 다른 용례들이 떠오르는가? 가령, '생각할 여지(space to think)'라는 것은 무엇을 의미하는가? 이는 어떤 공간적 모티프(공간성)를 떠올리게 하는가? 이는 현상학적 전통 속에서 자신만의 장소라고 부를 만한 장소, 또는 이 문제나 저 문제를 곱씹으며 시간을 보낼 수 있는 편안함과 환경을 제공하는 소속감과 같은 것일 수도 있다. 다른 건축가나 도시 계획가가 설계하고 지은 조용한 카페나 공원 벤치의 일상적인 경험인 '공간적 재현'일 수도 있다. 또는 관용적 표현은 멀리 떨어진 타인에 대한 책임에 대해 생각해 볼 수 있는 공간과 같은 실질적인 무언가와 관련이 있을 수도 있다.

문제는 위의 공간과 장소에 대한 개념이 공간과 장소에 대해 이야기하고, 느끼고, 이동하고, 상상하고, 계획하고, 재현하는 다양한 방식을 정당화

하거나 설명하는 데 도움이 되느냐는 것이다. 어느 정도는 그럴 수 있기를 바란다. 하지만 완벽하지 않을 수도 있다. 그렇다면 문화지리학에서 공간과 장소 다음은 어디인가? 이 질문에 대한 답은 세 가지로 나눌 수 있다.

첫째, 공간에 대한 이전의, 어쩌면 '구식'이거나 유행이 뒤떨어진 방식을 너무 무시하지 않는 것이다. 이는 기하학적 공간(Box 13.3)이나 '장소'에 대한 로컬의 애착과 같은 다양한 개념에 적용된다. 이러한 개념은 각각 단점이 존재하지만 일부 집단이나 커뮤니티에는 여전히 의미가 있으며, 문화지리학자들의 비판적이면서도 세심한 관심을 받을 가치가 있다. 롭 임리(Rob Imrie)가 수행한 건축가들의 인체(human body) 개념에 관한 연구는 훌륭한 사례다(Imrie, 2003). 그는 대부분의 전문 건축가들이 자신의 작업에서 공간과 인체에 관한 다소 제한된 개념을 사용한다고 말한다. 신체는 건물 설계 과정에 존재하지 않거나 가정 정도로만 남아 있으며, 신체가 상상되는 경우에는 많은 사람들이 할 수 없는 작업(예: 걷기, 계단 오르기, 창문에 도달하기)을 수행할 수 있는 기하학적 비율의 '정상적인' 신체로 간주된다. 그러나 임리는 이러한 개념을 단순히 사회적 차이를 무시하는 기하학적 공간 개념의 확장으로 치부하기보다는 지리학자들이 건축가들과의 생산적인 대화를 통해 그들이 가정하고 있는 내용에 대해 도전하고 극복할 수 있도록 도와야 한다고 주장한다(Imrie, 2003).

리스 존스(Reece Jones)도 '국경' 개념에 대해 비슷한 주장을 펼친다(Jones, 2009). 최근 흐름, 이동성, 공간적 관계에 대한 논의로 인해 국경이라는 개념은 지리학자에게 덜 중요한 관심사가 되었

다. 그러나 그는 오히려 일상생활에서 여전히 피할 수 없는 것일 뿐만 아니라, 학계에서 사회와 공간 및 그 안의 분열에 대해 글을 쓸 때 다루기 어려운 주제인 국경, 범주, 경계에 다시 초점을 맞추어야 한다고 주장한다. 이는 "현시대의 외국인 혐오적(xenophobic)이고 배타적인 범주화"라 할 수 있는 국가 안팎의 반테러 정책에서 특히 중요하다(Jones, 2009: 186). 그에 따르면 경계를 완전히 넘어서는 것은 불가능하며, 오히려 흐름과 관계성의 개념을 사용해 경계가 어떻게 구성, 통제, 유지, 저항받는지 탐구하는 것이 더 중요하다(Jones, 2009). 따라서 먼저, 이 장에서 다룬 다양한 공간적 모티프의 등장 순서가 '계보'나 '현실적 중요성'을 전제로 한다고 가정하지 말라고 제안하고 싶다. '다음은 어디인가'라는 질문은 문화지리학에서 공간에 대한 사고의 역사를 거슬러 올라갈 뿐만 아니라 앞으로 나아갈 수도 있는 것이다.

'문화지리학에서 공간과 장소의 다음은 어디인가'라는 질문에 대한 두 번째 답은, 새로운 공간 프로세스에서 지도화되는 공간과 장소, 더 나은 표현을 원한다면 공간과 장소를 '하는 방식(ways of doing)'에 대해 좀 더 창의적으로 생각하는 방법을 육성하는 것이다. 위에서 인용한 존 로는 이런 창의적인 사고를 하는 학자다. 예를 들어, 그는 테크노사이언스에 관한 연구에서 유동적인 공간을 넘어 '불의(fire)' 공간, 즉 파괴나 관계의 순간적 붕괴 또는 네트워크의 순간적인 찢어짐으로 인해 새로워지는 공간을 고려한다(Law and Mol, 2001). '자연'의 세계에서 나무, 관목, 생태계 전체는 불이라는 파괴적인 과정을 통해 새롭게 태어나며, 연속성을 가능하게 해 지속적인 존재를 위한 공간

을 확보할 수 있다. 관계의 부재, 연속성은 공간의 구성에서 존재만큼이나 중요하다(Harrison, 2007; Kraftl, 2010).

다른 경우, 스리프트는 자신의 연구에서 다양한 종류의 공간성을 설명한다(Thrift, 2006). 그는 "공간은 점, 평면, 포물선, 얼룩, 흐름, 암흑 등 다양한 모습으로 나타난다"고 말한다(Thrift, 2006: 141). 그는 공간을 인지하는 방식은 사람, 세계, 실천만큼이나 다양하다고 주장한다. 그는 다음과 같이 주장한다.

사실, 공간에 대해 사고하는 이 모든 것들은 로컬 변형 시스템의 조율 과정에서 존재하지만 존재하지 않는다… 레벨이 없는 세계에서 [공간을 나타내는] 단어는 필연적으로 세계의 적절한 크기에 대한 근사치이며, 이는 인간의 의사소통의 근본적인 사실이 가변성이라는 사실과 일치한다. 또한 우리가 세계를 둘러싸는 방식과 세계가 우리를 둘러싸는 방식에 대해 배우는 과정의 일부다.

-Thrift, 2006: 141

따라서 스리프트는 공간과 장소에 관한 과거의 사고방식을 기억하면서 동시에 공간을 창의적으로 사고해야 하며, 공간에 대한 개념이 지배적인 정치 또는 문화적 질서를 위해 사용되지 않도록 해야 한다고 주장한다(Lefebvre, 1991; 13.3절 참조).

셋째, 스리프트의 긴 인용문에는 흥미로운 내용이 포함되어 있다. "이 모든 것들은 존재하지만 존재하지 '않는다'"(Thrift, 2006: 141; 강조 추가). 스리프트는 공간이 존재하기도 하지만 존재하지 않기도 한다는 역설적인 내용을 암시하는 것 같다. 아마도 이것이 위에서 언급한 로와 몰의 '불의' 공간 논의의 본질일 것이다(Law and Mol, 2001). 혹은 공간이란 항상 인간의 상상력과 감각적 인지의 산물일 뿐이며, 따라서 이 장에서 요약한 현상학적 의미에서의 공간은 우리가 세상에 존재하기 이전에 존재하는 것이 아니라는 점을 암시하는 것일 수도 있다. 또한 이는 우리가 마스턴 등의 '스케일 없는 지리'에 대한 요구, 그리고 조금 더 나아가 공간과 장소가 '없는' 지리를 고려할 수 있음을 시사한다(Marston et al., 2005). 공간이나 장소라는 '핵심 모티프'가 없는 문화지리학은 어떤 모습일 것인가? 여전히 지리라고 할 수 있는가? 공간과 장소의 개념 없이 '문화'가 존재할 수 있는가?

문화지리학자로서 너무 성급하게 공간과 장소의 개념을 완전히 배제해서는 안 된다. 오히려 1장에서 제안했듯이, 여러분과 모든 문화지리학자들이 공간과 장소 개념이 왜, 어떻게 더 다양한 방식으로 이론화되고 있는지, 그리고 공간과 장소에 관한 이론이 여러분이 공부하거나 연구하는 사례의 맥락 속에서 어떻게 작동하는지 생각해 볼 것을 권하고 싶다. 공간과 장소의 개념은 또 무엇을, 무엇을 더, 어떤 차이를 만들어낼 것인가? 그리고 공간과 장소의 개념은 문화지리적 현상(예: 경관)을 설명하는 또 다른 방법인가? 실제로 그러한 현상에서 비롯된 것인가? 학계와 정책 입안자, 대중 모두가 '공간'과 '장소'에 대해 계속 이야기함으로써 얻을 수 있는 것은 무엇인가?

요약

- '전통적인' 공간 개념에서는 '공간'을 명사, 추상적인 용기, 기하학적 좌표를 사용해 지도화할 수 있는 것으로 파악한다. '전통적인' 장소 개념은 '장소'를 로컬의 어딘가, 이름이 있고 그곳에 사는 사람들에게 깊은 의미를 갖는 명사로 간주한다. 공간은 종종 장소와 반대되며, 둘 모두 시간과 반대되는 경우가 많다. 그러나 문화지리학자들은 이러한 정의와 구분을 비판하며 다양한 대안적 아이디어를 제시해 왔으며, 여기서는 이를 '핵심 모티프'라고 불렀다.

- 공간과 장소는 흔히 '사회적 구성물'로 간주된다. 공간은 인간의 행동을 위한 중립적이고 자연스러운 용기가 아니라, 종종 사회의 지배 집단의 이익을 위해 만들어지고, 설계되고, 통제되고, 유지된다.

- 스케일은 사회적 구조로 볼 수 있다. 많은 문화지리학자들은 로컬이 글로벌 스케일과는 '반대'이고, 장소는 항상 '로컬'이라는 개념을 비판하려고 노력해 왔다. 그들은 장소를 다양한 공간 스케일에서 지속되는 실천, 즉 사회적 구성의 결과로 본다. 장소는 다양한 거리와 지속

시간의 연결의 결과로 발생한다. 최근 일부 지리학자는 지리학이 스케일이 없어도 괜찮을 것인가에 대한 질문을 던졌지만, 논쟁은 계속되고 있다.

- 스케일에 대한 사고는 '흐름'과 '모빌리티'의 문제와도 연결된다. 문화지리학자들은 장소, 텍스트, 이미지, 문화 대상, 정체성을 다양한 스케일을 넘나드는 끊임없는 이동의 결과로 본다. 유동성이라는 개념은 서로 다른 문화적 맥락 사이를 흐르는 문화적 유산이라는 '의미'뿐만 아니라 특정 장소의 사람들이 그러한 흐름으로 연결된 다른 장소의 사람들에 대해 어떤 종류의 책임을 지는지 이해하는 데 도움이 된다.

- 이 장의 마지막 절에서는 문화지리학자들이 공간과 장소를 개념화하는 데 앞으로 나아가야 할 방향에 관한 몇 가지 질문을 던져 보았다. 문화지리학자들은 공간과 장소에 대한 '전통적인' 사고방식과 좀 더 '창의적인' 사고방식 모두를 주시하면서 공간과 장소에 대한 아이디어가 왜 그리고 어떻게 유용한지 성찰해야 한다.

 핵심 읽을거리

Clifford, N., Holloway, S., Rice, S. and Valentine, G. (2009) *Key Concepts in Geography*, Sage, London.
지리학의 철학적 접근과 관련한 몇 가지 개론서 중 하나다. 이 책은 문화지리학에 대한 접근 방식을 자연지리학과 지

리학 연구 등 지리학 내 다른 분야의 접근 방식과 함께 다루고 있다는 점에서 유용하다. 지리학자들이 사용하는 접근법은 매우 광범위하지만, 각각의 접근 방식에는 고유한 '공간' 및/또는 '장소' 개념이 함께 제시되는 경우가 많다는 점에 유의하라! 다른 훌륭한 논저로는 Hubbard *et al.*(2002;

2008), Johnston and Sidaway(2004), Nayak and Jef-frey(2011) 등이 있다.

Cresswell, T. (2004) *Place: A short introduction*,
  Blackwell, Oxford. [한국어 제목: 장소―짧은 지리학
  개론 시리즈]
지금까지 출판된 장소 관련 책 중 가장 권위 있는 책일 것이
다. 이 책은 읽기 쉬운 편으로 '장소'라는 용어의 역사적/철
학적 계보를 탐구하고, 이 장에서 논의한 장소와 관련된 주
요 사상가들을 세밀하고 상세하게 다루고 있다.

Massey, D. (2005) *For Space*, Sage, London. [한국어
  제목: 공간을 위하여]
크레스웰(Cresswell, 2004)의 책보다 어렵지만, 이 책은 저
명한 지리학자가 20년간 공간에 대해 고민한 결과물이다.
1980년대 초로 거슬러 올라가는 매시의 공간에 대한 사고
는 문화지리학, 페미니즘 지리학 등 수많은 연구에 영감을
주었다. 이 책은 런던과 남미에서의 삶과 연구를 통해 얻은
매시 자신의 개인적인 통찰과 함께 읽기 쉽고 광범위한 사례

들을 담고 있으며, 독자들에게 복잡한 관계와 흐름의 세계
에서 살아간다는 것의 의미를 진지하게 받아들이라는 중요
한 정치적 과제로 끝을 맺는다.

Law, J. and Mol, A. (2001) Situating technoscience:
  an inquiry into spatialities. *Environment and Plan-ning D: Society and Space* 19, 609-621.
Marston, S., Jones, J. III and Woodward, K. (2005)
  Human geography without scale. *Transactions of
  the Institute of British Geographers* 30, 416-432.
Thrift, N. (2006) Space. *Theory, Culture and Society*
  23, 139-146.
공간과 장소에 대해 매우 다른 내용을 담고 있으며, 이 장에
서 심도 있게 논의한 세 개의 학술지 논문들이다. 이 논문들
은 개론적인 내용이 아니라, 이 장에서 대략적으로 그려낸
내용 중 일부를 좀 더 세부적으로 살펴보기 위한 시작점이
다. 세 논문 모두 생동감 있고 매력적인 사례(특히 로와 몰의
연구)를 제시해, 너무나 익숙해서 편안하게 느끼는 공간과
장소에 대한 사고방식에 도전할 것을 주장한다.

Chapter 14

결론: 문화지리학에 대한 이야기 나누기

14.1 도입

이 책의 서문에서는 '문화지리학'에 대한 깔끔하고 단일한 정의를 내리는 것을 피했다. 어떤 독자에게는 실망스러울 수도 있고, 어떤 독자에게는 '문화지리학'이라는 기치 아래 진행되는 연구의 깊이, 복잡성, 모순성, 전방위적이고 당황스러울 정도의 다양성을 지나치게 과장하는 전형적인 학문적 허풍의 사례처럼 보일 수도 있다.

1990년대의 신문화지리학(1장 참조)을 공부한 학생이라면 이 책을 읽고 나서 문화지리학이 길을 잃고, 활력도, 자긍심도, 급진적이고 '유행에 민감한' 최첨단의 지위도 잃어버린 것처럼 보일 수 있는데, 이는 수년간 문화지리학이 학문의 변방에 있었던 상황의 결과라고 할 수 있다(Crang, 2010; Cresswell, 2010). 혹은 문화지리학이 모든 것을 포괄하기 때문에 뚜렷한 정체성이 없는 것처럼 보일 수도 있다. 하나의 교재가 기념비적 조각, 버스 정류장에서 기다리기, 경관에 관한 일본의 소설, 하위문화의 문화 정치 같은 다양한 이슈를 어떻게 다룰 수 있을 것인가? 그렇다면 '문화지리학'은 모든 것에 대한 것이기 때문에 아무것도 아니라고 주장할 수 있을 것인가?(Box 1.4 참조)

위의 내용은 최근 문화지리학에 대해 제기된 의

문과 비평 중 일부에 불과하다. 그러나 저자들은 크랭, 크레스웰, 와일리를 비롯한 학자들이, 학술지『Cultural Geographies』(2010)의 특집호에서, '문화지리학'의 과거와 미래를 되돌아보며 모두가 좋아할 만한(심지어는 사랑할 만한) 것을 발견했다고 보는 쪽에 서 있다. 특히 크랭은 "훌륭한 문화지리학적 자료의 보고"를 발견했는데(Crang, 2010: 191), 그 중 지리학 안팎에서 영향력을 발휘한 연구와 저자들이 좋아하는 내용들을 이 책에 포함시켰다. 문화지리학과 다른 하위 학문분야(예: 사회지리학이나 공연예술학)의 경계가 어디인지 알기 어렵고, 때로는 하위 학문 분야에 대한 악의적인 비평이 쏟아지는 상황임에도 불구하고 우리는 여전히 문화지리학을 사랑한다.

프라이스의 주장처럼 '문화'라는 단어를 자신에 대한 이야기를 의미하는 것으로 해석한다면(Price, 2010), 문화지리학은 어떤 의미에서 세계에 대해 전해 내려오는 일련의 비판적이면서도 창의적인 이야기로 이해할 수 있다. 중요한 것은 이러한 이야기들이 말, 이미지, 수행, 설치, 아카이브, 전시 등 다양한 방식으로 전달될 수 있다는 것이다(Wylie, 2010). 다시 말해 의미, 내러티브, 재현이 단순히 자유롭게 떠다니는 것이 아니라 어떻게 '발생하는지(take place)'에 관한 연구이다. 이야기는 특정 장소, 특정 시간 속에 위치한다. 이야기는 (이주자와 함께, 인터넷을 통해, 상품과 함께) 이동하고, 장소에 의미를 부여하며, 그 반대의 경우도 마찬가지다. 왜냐하면 사람들은 점진적으로 쌓여가는 이야기를 통해 특정한 로컬리티에 속한다고 (또는 속하지 않는다고) 느끼기 때문이다.

따라서 이 책은 또 하나의 이야기다. 하지만 문화지리학의 '이야기'에 대해 깔끔하고 단일한 결론을 내리는 것은 매우 어렵다. 모든 이야기는 단지 부분적일 수밖에 없는 세계를 서술하려는 하나의 시도일 뿐이며, 어떤 사람에게는 '사실'로 여겨지는 것이 다른 사람에게는 '허구'로 여겨질 수 있고, 시간과 장소에 따라 달라질 수 있기 때문이다. 이 글에서 반복해서 주장했듯이, 문화지리학자들의 주요 공헌 중 하나는 세계에 대한 모든 이야기를 탈자연화하는 것이었다. 나이나 젠더 정체성이 공공장소의 표식이나 수행을 통해 사회적으로 구성된다는 것을 보여 주든, 진부하고 일상적이며 감정적인 경험이 실제로 '중요하다'는 것을 보여 주든, 문화지리학자들은 사람들이 세상에 부여하는 의미가 '자연스러운'('자연' 그 자체도 포함) 경우는 거의 없다는 사실을 보여 주었다.

실제로, 문화지리학자들은 디자인이나 우연에 의해 보이지 않는 문화적 삶의 측면을 가시화하려는 움직임의 선두에 서곤 했다. 초창기 북미 문화지리학자들(버클리 학파)은 과거에는 간과되었던 깊이와 풍요로움을 지닌 경관을 바라보고 인식하는 방식을 강조했다는 점을 잊지 말아야 한다. 표현 방식은 완전히 다르지만, 이러한 주장은 비재현 이론과 행위자-네트워크이론(9장과 10장 참조)을 통해 계속 이어지고 있다. 이 이론은 과거의 지리학 연구에서 간과했던 세계의 측면을 드러내고 목도하고자 하는 것이다.

문화지리학에서 공통적으로 발견할 수 있는 마지막 통찰은 이야기는 완결된 것이 아니라는 점에서 이야기라는 것이다. 이야기는 단순히 세계에 대한 '사실'을 반영하는 것이 아니기 때문에 언제든지 수정, 업데이트 혹은 다른 관점에서 다시 이야기할 수 있다. 13장에서 주장했듯이 공간과 장소는 죽은 좌표가 아니라 가만히 있지 않고 살아 움직이는 관계의 집합을 가리키는 개념이다. 문화지리학은 (문화지리학이 항상 담으려고 하는 이야기와 마찬가지로) 언제나 추가적인 해석의 여지가 열려 있다.

이 책이 문화지리학자들이 들려주는 이야기에 관한 또 하나의 이야기라고 한다면, 서론에서 언급한 것처럼 깔끔하고 단일한 정의를 찾는 것만큼이나 깔끔하고 단일한 결론을 내리는 것이 어려운 이유도 여기서 찾을 수 있다. 이 책이 지난 150여 년 동안 문화지리학 연구의 토대가 되어온 매우 방대한 개념들에 대한 이해를 증진시키는 데 도움이 되었기를 바란다. 이러한 생각을 바탕으로 마지막 장에서는 두 가지 성찰을 제시하는데, 두 가지 모두 부분적인 이야기이지만 문화지리학의 전망에 대해 비판적으로 고찰해볼 수 있도록 고안된 것이다.

먼저 21세기에 들어선 후 20년 동안 문화지리학에 관한 책을 쓴다는 것, 그리고 '문화지리학자'가 된다는 것에 대한 개인적인 성찰로 시작한다. 그런 다음 이 책에 등장하는 문화 대상, 텍스트, 실천, 이론에서 얻은 통찰을 바탕으로 문화지리학의 전망에 대해 생각해 볼 것이다.

14.2 우리는 …여전히…문화지리학을 사랑한다? 문화지리학에 대한 개인적인 성찰

우리는 이 책의 서두에서 설명한 세 가지 이유와 이 책의 2장에서 13장까지 다양한 방식으로 설명한 이유로 인해 '여전히' 문화지리학을 사랑한다.

- 문화지리학은 다양한 형태와 맥락에서 문화 실천과 지리에 대한 풍부한 연구와 증거에 기반한 이론을 제공한다(1부 참조).
- 문화지리학은 문화 미디어, 대상, 텍스트 및 재현의 지리적 중요성을 탐구하는 개념과 심도 있는 연구의 주요 자원을 제공한다(2부 참조).
- 문화지리학은 인문지리학에서 가장 이론적으로 모험적이고 개방적이며 전위적인 하위 학문 분야 중 하나였으며, 앞으로도 그럴 것이다. 문화지리학자들의 연구를 통해 많은 사회 및 문화 이론이 인문지리학이라는 더 넓은 학문 분야에서 중요한 위치를 차지하게 되었다(3부 참조).

과거와 현재의 문화지리 연구는 저자의 연구(주로 어린이와 청소년을 대상으로 한)에 영감을 주었고, 때로는 매우 특이한 방식으로 세계, 심지어는 자신에 대한 이야기를 하도록 유도했다(Horton and Kraftl, 2006b; Kraftl and Horton, 2007 참조).

그러나 여기서는 잔소리하는 마음으로 이 책을 마무리하고자 한다. 즉, 저자 둘 다 버클리 학파의 접근법이나 신문화지리학이라는 이름 아래 모인 연구자 집단에 속하지 않는 것처럼 느낀다. 실제로 우리는 문화지리학의 이야기 속에서 자신의 위치를 찾기 어렵다. 이는 저자의 지리적 위치(둘 다 영국에 거주)와 지리학을 공부한 시기(둘 다 1990년대 후반에 학부 공부를 시작해 2004년에 박사 학위를 마쳤다)를 반영한다. 오히려 우리는 자신의 작업에 '비재현지리'라는 명칭을 붙이는 지리학자 집단에 속하지만, 이러한 명칭 자체를 경계하고 문화지리 연구에 대한 이전의 접근법(아래에서 자세히 설명할 것이다)과의 연속성을 예민하게 인식하고 있다. 분명, 이 책에서는 비재현지리에서 중요한 의미를 지닌 일련의 아이디어와 사례 연구, 특히 9장에서 13장까지 논의한 일상성, 체현, 감정/정동, 물질성, 공간/장소에 대한 포스트구조주의 및 페미니즘 이론에 상당한 지면을 할애해 그 중요성을 강조하고자 했다. 이 이론들은 우리에게 영감을 주었고, (이 책을 집필할 당시에는) 문화지리학에서 최첨단으로 여겨지던 아이디어다.

동시에 이 책에서 문화지리에 대해 이야기한 것은 여러 측면에서 부분적인 이야기일 뿐이다. 첫째, 영어 이외의 언어를 읽고 이해하지 못한다는 한계로 인해 이 책은 무엇보다도 영미권 문화지리학에 관한 이야기이다. 이 책에서는 영어권 안팎의 지리적 맥락에서 다양한 사례 연구를 끌어왔지만, 이러한 편파성은 사실 저자의 언어적 능력으로 인한 결과라기보다는 스스로를 '문화지리학자'라고 부르는 연구자 대부분이 영어권에서 살고 일한다는 단순한 사실에 기인한 결과라고 할 수 있다.

브라질이나 독일 같은 비영어권 국가에서도 흥미로운 진전이 이루어지고 있으며(Crang, 2010), 다른 지리적 맥락에서도 무수히 많은 사례가 있을 것이라는 점에 주목할 필요가 있다. 이렇게 말하기에는 다소 경솔하게 들릴 수 있지만, 문화지리학자들이 그토록 비판하고자 하는 장소 간의 권력관계를 반영하지 않을 때 영어권 문화지리학과 다른 곳의 문화지리학 사이에는 (진정한 의미의 쌍방향적) 교차 수정의 여지가 훨씬 많다고 할 수 있다. 즉 녹솔로 등의 주장처럼, 포스트식민주의적 분석이 식민화 과정에서 소외된 사람들과 장소의 목소리를 밝히려고 노력한 만큼이나, 그 사람들과 장소에 대한 대부분의 '연구'는 여전히 소수의 서구 국가 출신의 영어권 학자들이 수행하며, 이들은 자신의 이론과 연구 방법을 다른 사람들에게 강요하고 있다(Noxolo et al., 2008).

첫 번째 성찰은 영미권 문화지리학에 관한 책을 쓰는 것이 불가피한 이유는 우리 자신의 위치 때문이기도 하지만, 무엇보다도 문화지리학이라는 이름 하에 진행되는 대부분의 연구가 영미권 문화지리학에 특권을 부여하고 있기 때문이다. 그렇다면 영미권 밖에서 시작된 문화 미디어, 텍스트, 자료, 실천 및 이론이 어떤 방식으로 문화지리학을 열어젖히고 이에 도전할 수 있을 것인가? 실제로 정체성, 상품, 장소와 같은 연구가 다양한 장소에서 비롯된 여러 과정의 결과라는 점을 고려할 때(매시의 '장소 너머의 장소' 개념에 관한 13장의 내용을 참조할 것), 우리는 어떻게 하면 영미권 문화지리학이 탈중심화될 수 있을 것인지 궁금하다.

이 책이 부분적인 이유 두 번째는 스스로를 '그냥' 문화지리학자라고 생각하지 않기 때문이다. 저자들이 수행하는 연구 중 일부는 사회지리학, 문화 연구, 정치지리학, 심지어 환경지리학에 대한 연구까지 아우른다. 중요한 것은 이 책에서 자신을 '문화지리학자'라고 생각하지 않은 많은 지리학자들의 연구를 인용했으며, 인용한 사람 중 일부는 자신을 전혀 '문화지리학자'라고 부르지 않는다는 사실이다. 오히려 자신을 '사회지리학자'라고 말하는 사람도 있고, 단순히 '지리학자'라고 말하는 사람도 있으며, 공연예술학에서 문학이론에 이르기까지, 사회학에서 문화 연구에 이르기까지 여러 학문의 경계를 넘나드는 연구를 하는 사람도 있다.

어떤 면에서는 '우리'가 스스로를 무엇이라 부르느냐가 중요한 것이 아니라, 오히려 우리가 문화지리학을 사랑한다는 사실이 중요하다. 왜냐하면 문화지리학은 모든 학문 분야의 연구자들에게 사고, 행동, 글쓰기 등 다양한 측면에서 흥미롭고 색다른 이야기를 세상에 전달할 수 있는 가능성을 제공했기 때문이다. 크레스웰이 말했듯이, 21세기 초반에 "'우리'[문화지리학자들]는 인문지리학 전체에서 광범위하게 개념화된 '문화'의 중심성을 확고히 하는데 성공한 것처럼 보인다(Cresswell, 2010: 169)."

위와 같은 성과에는 어려움과 기회가 동시에 존재한다. 형식적인 의미에서 정의된 '문화지리학'의 주요 메시지와 목적이 희석되고 너무 '주류화'돼서 예리함이 사라질 수 있다는 우려로 이어진다는 점에서 어려움을 겪을 수도 있다. 또한 저자들은 문화지리학의 특정 '학파'(예: 신문화지리학)에 속하지 않는다는 느낌을 받기도 하고, 문화지리 이론의 성공이 지리학의 여러 분야로 스며들었다는 점에서 문화지리학 '안에' 있다고 느끼지 못한다.

한편으로는 다른 '문화지리학자들'도 같은 생각을 하고 있는지 궁금해지면서 이 느낌을 반추해 본다. 직접 물어봐야 알겠지만, 많은 사람이 그렇게 느끼고 있을 것이라고 생각한다. 다른 한편으로, 더 심각하게는 문화지리학이 '무엇인지' 그리고 '무엇이 아닌지'에 관해 공인된 견해를 가지려고 너무 고심하지 않았으면 한다. 오히려 문화지리학의 실천은 자신이 말하는 이야기 속에서 자신의 목소리를 발전시키는 것이며, 특히 이를 위한 공간을 만드는 것이 훨씬 중요하다. 이것이 몸으로 글을 쓰든 시를 쓰든(6장), 회고록이나 여행기

또는 공간의 역사를 쓰든, 행위 예술의 한 형태에 참여하는 것을 의미하든(7장), 문화지리학의 실천은 항상 "'비판적'이고 창의적이며, 동시에 '학술적'이고 이야기 같은" 것이어야 할 것이다(Wylie, 2010: 212, 저자 강조).

이 장의 서두에서 강조했듯이 문화지리 연구가 영감과 사고를 자극하는 이유는, 의도적이든 우연적이든 세계의 숨겨진 측면에 대해 새로운 방식으로 새로운 이야기를 들려주려고 끊임없이 노력했기 때문이다. 문화지리학을 활용한 에세이를 쓰거나 연구를 하기로 결심했다면 (그리고 그렇게 하기를 바라지만) 문화지리의 접근법은 엄격하고 비판적이어야 하는 만큼 창의성과 (어느 정도의) 개성을 '허용한다'는 점을 명심하기 바란다.

이 책에 소개된 이야기가 부분적인 세 번째 이유는 특정한 역사적 순간에 쓰였기 때문이다. 특히 3부는 문화지리학에서 각기 다른 시기(일부는 1970년대 이후)에 각광을 받았던 특정 문화 이론을 다루고 있지만, 모두 21세기 초에 연구한 문화지리학자들이 관심을 갖는 이론들이다. 한편으로는 버클리 학파의 경관에 대한 연구가 어떻게 현대적 접근법과 공명하는지(5장), 또는 물질성의 개념이 지리학에서 마르크스주의 이론과 그 너머로 어떻게 연결될 수 있는지(10장)와 같이 '초창기'의 사고 방식이 어떻게 현재까지 영향을 끼치고 있는지에 관한 감각을 제시했다. 왜냐하면 저자들은 비교적 최근에야 문화지리학을 공부했지만, 신문화지리학의 '재현'에 대한 아이디어가 페미니스트와 포스트구조주의 지리학자들에 의해 도전받던 일종의 과도기(1990년대 후반과 2000년대 초반)에 공부했기 때문이다. 각 '시대'의 주요 문화지리학

자들로부터 가르침을 받을 수 있었는데, 이는 우리에게 최근의 접근법이 과거의 접근법을 대체하는 것으로 간주해서는 안된다는 사실을 끊임없이 상기시켜 주는 역할을 했다. 그렇기 때문에 여러 이론을 연대순이 아닌 주제별(4장 건축지리에서처럼)로 구성하려고 노력했다. 이를 통해 (건물과 같은) 지속적인 연구 대상에 대한 문화지리 연구의 특징이라고 할 수 있는 연속성과 변화를 모두 파악할 수 있기를 바란다.

다른 한편으로, 이 책에서는 21세기에 유행한 몇 가지 핵심 용어(예: 정동)로 문화지리학의 틀을 잡았지만, 실제로 인문지리와 문화지리의 대부분은 이론의 우여곡절과 상관없이 여전히 진행되고 있다. 이 책에서 인용한 학자 중 일부가 스스로를 '문화지리학자'라고 생각하지 않는 것처럼, 수많은 문화지리학자들도 비재현지리의 일부 통찰에 대해 동의하지 않거나 적극적으로 저항할 것이다.

문화지리학을 성찰할 때, 그리고 문화지리학의 일부를 활용하는 에세이를 쓰거나 연구 프로젝트에 착수할 때, 이 두 가지 관찰에 대해 좀 더 깊이 생각해 볼 것을 권장한다. 즉 한편으로는 '오래된' 접근법(또는 그 조합)이 여러분이 답하고자 하는 질문에 더 적합할 수 있기 때문에, 문화지리학에서 가장 최근에 유행하는 '섹시한' 이론만 연계시켜야 한다고 생각하지 마라. 다른 한편으로, 문화지리학자들은 다양한 연구자 집단으로 각자의 목소리를 가지고 있으며 각기 다른 이론적 접근법을 취하고 있다는 점을 기억하라. 자신이 선택한 주제와 관련해 '다양한' 문화지리학자들의 연구에 더 많이 노출되고 충분히 비판적인 태도를 유지할수록 더 좋은 결과물을 얻을 수 있다. 어떤 이야기

에도 '마지막 말(the last words)'은 없으며, 이 책도 예외는 아니다.

마지막으로, 이 책은 '마지막 말'을 할 수 없다는 점에서 부분적이다. 문화지리학자들이 탐구하려는 세계(그리고 이야기)와 마찬가지로 문화지리학은 계속 발전할 것이다. 즉, 문화지리학의 '미래'를 위한 핵심 '트렌드'를 파악하는 것은 참으로 어려운 작업이다. 그럼에도 불구하고 '문화지리학의 다음 단계는 무엇인가'라는 질문을 던지는 것이 중요한 과제라고 생각한다. 이런 질문을 던지는 것은 이 하위 학문 분야의 방향에 대해 어떤 단정을 내리기보다는 문화지리학이 또 무엇이 될 수 있는지, 또 무엇을 더 할 수 있는지 생각해 보도록 유도하기 위한 시도다.

이 질문은 다음 절에서 다루도록 하겠다. 하지만 다음 절을 읽기 전에, 이 절에서 강조하고자 한 두 가지 사항을 기억해 주길 바란다. 첫째, 다음 절에서 제기하는 질문은 부분적으로는 '문화지리학자'로서 글을 쓰고 연구를 수행하는 시간과 장소의 맥락에 대한 저자 자신의 위치성을 반영하는 것이며, 그 중 일부는 위에서 논의한 바 있다. 이러한 위치성에 대한 인식은 문화지리학자들이 시간이 지남에 따라 인지하게 된 것으로, 문화지리학 안팎의 연구 실천과 이 책과 같은 책의 집필에 영향을 끼친 관점 중 하나다. 이와 관련해, Box 14.1에서는 이 책과 관련해 자신의 위치성에 대한 논의를 계속 진행하기 전에 고려해야 할 일련의 질문으로 재구성했다. 둘째, 이 책을 집필한다는 위치성에도 불구하고, 현재 저자뿐만 아니라 많은 문화지리학자들이 관심을 갖고 있는 몇 가지 주요 이슈가 있다는 점이다. 그러나 다시 한번 말하지

Box 14.1

 '우리'의 문화지리학에 관한 4가지 질문 모음

1. 이 책에서 다룬 문화지리학에 대한 이야기가 상당히 영미권 중심적이라면, 영어권 연구자, 연구, 이론, 문화지리학의 사례를 '탈중심화'할 수 있는 방안은 무엇인가? 취할 수 있는 실질적인 조치(영어가 모국어가 아닌 국제 교환 학생과의 공동 프로젝트부터 영어 이외의 언어로 영어권 이외의 문화지리학 사례를 읽는 데 자신의 능력을 활용하는 것까지)는 무엇인가?

2. 문화지리학이 다른 다양한 연구 분야로 파급된다면, 여러분의 입장에서 이것이 실제로 얼마나 중요한가? 대학에서 공부하는 경우, 여러분을 가르치는 교수진의 관점에서 본다면 이것이 얼마나 중요한가 — 교수들은 스스로를 (문화)지리학자라고 생각하는가? 이 책을 읽은 다음 다른 어떤 연구 분야에 대해 읽어 볼

수 있을 것인가? 사회지리학, 문화 이론, 건축사…?

3. 저자들이 문화지리학사의 특정한 순간에 이 책을 썼다면, 오늘날 문화지리학을 공부하는 것을 어떻게 생각하는가? 문화지리학의 어떤 측면이 자신의 경험과 실제로 일치하는가? 사회지리학자나 경제지리학자보다 문화지리학자들이 사용한 아이디어와 사례에 얼마나 공감할 수 있는가?

4. 문화지리학에 대해 '마지막 말'을 할 수 없다면, 문화지리학의 이야기는 다음에 어디로 향할 수 있을 것인가? 시험공부를 위해 독창적인 사례를 찾거나 논문을 위해 독창적인 연구를 시작한다면 문화지리학은 어디로 나아갈 것인가? 이 장의 다음 절에서 이 마지막 질문을 더 자세히 살펴볼 것이다.

만, 문화지리학자 중 누구도 몇 가지 주요 이슈에 대해 최종 결론(사실, 최종 결론과는 거리가 멀다)을 내리지 않았으므로, 독창적인 연구 질문이나 문제를 찾고 있다면 다음 절에서 제기하는 몇 가지 질문을 고려해 보는 것도 좋을 것이다.

14.3 문화 지리학의 다음 단계는 어디인가… 문화지리학은 여러분을 어디로 데려갈 것인가?

이 절에서는 문화지리학에서의 '긴장'이라고 부르고 싶은 여러 가지를 살펴볼 것이다. 이런 긴장은 이 책에서 제기한 몇 가지 중요한 논쟁과 아이디어를 나타낸다. 이러한 긴장 중 일부는 오랜 세월 동안 문화지리학자들을 괴롭혀 왔으며 현재도

계속되고 있는 문제이며, 다른 것들은 비교적 최근에 생겨난 것이다. 이러한 긴장이 현대 문화지리학 연구의 모든 주요 논쟁을 대표하는 것은 아니지만(Box 14.2), 하위 학문 분야의 미래와 관련된 논쟁의 단면을 나타낸다. 이 책에서 더 중요한 것은, 이러한 긴장이 독자들로 하여금 문화지리의 미래뿐만 아니라 자신들의 연구가 어떤 방향으로 나아갈 수 있는지 더 깊이 사고하게 만들 것이라고 믿는다는 사실이다. 이 절은 이 책에서 다루고 있는 하위 학문 분야의 우여곡절에 관한 일종의 요약문으로 읽을 수도 있다. 아니면 논문이나 수업 과제와 관련된 연구 주제를 찾기 위한 목적으로 읽을 수도 있다. 어느 쪽이든, 이 절에서 문화지리학에서 얻어가고자 하는 주제와 관련된 특정 부분을 골라 읽는 것이 도움이 될 수 있다. 다음 부분

Box 14.2

문화지리학의 미래를 위한 다섯 가지 '긴장'…과 여러분이 고려해야 할 사항

1. 관련성, 유용성 및 사회 문제
2. 문화지리학의 '경계'
3. 문화지리학에서 '문화'란 무엇인가?

4. 재현/비재현: 또는 '누락된' 문화지리에 대한 설명
5. 문화지리학에서 '지리'란 무엇인가?

에는 각각의 '긴장'에 대해 간략히 논의한 후, 문화지리학이 여러분을 어디로 데려갈 수 있는지 스스로 성찰해 볼 수 있도록 특별히 고안된 질문들이 포함되어 있다.

■ 긴장 1: 관련성, 유용성 및 사회 문제

이 책의 일부 장(특히 2부)을 읽으면서 문화지리학자들이 왜 특정 주제를 연구하는지 궁금했을 것이다. 예를 들어, 문화지리학자들은 왜 어린이들의 수면을 연구하거나(Kraftl and Horton, 2008), 사람들이 카페에서 무엇을 하는지를 연구하거나(Laurier and Philo, 2006a; 2006b) 해안 도로를 따라 걷는 자신의 경험(Wylie, 2005)을 연구했는가?

지적으로 자극적이고 이론적으로 전위적인 것으로 인정받지만, 문화지리학의 일부 연구(방금 인용한 세 가지 예는 아니지만)는 '실제' 문제와 무관한 일시적인 것으로, 특정 저자의 특이한 관심사를 충족시키는 단순한 취미 생활에 불과하다는 비난을 받아 왔다(Peck, 1999; Martin, 2001). 그러나 이는 '유용한' 연구와 다른 모든 연구 사이에 다소 문제의 여지가 있는 구분을 설정한다(Horton and Kraftl, 2005). 한편으로는 어떤 연구가 정책과 관련

이 있는지, 특정 사회 문제를 해결할 수 있는지, 참여적인 방식으로 지역 사회를 지원할 수 있는지 미리 말하기란 불가능하다. 때로는 가장 모호해 보이는 연구 결과가 특정 시기에 특정 조직이나 집단에 공감을 불러일으켜 채택될 수도 있다. 반면에, 독창적이고 현대적이며 다양한 (때로는 '유용한') 맥락에서 적용될 수 있는 연구 의제나 이론적 아이디어를 발전시키는 것이라면 개인적 또는 지적 호기심으로 연구를 하는 것이 무엇이 문제인가?

또한 문화지리학에 대한 주요 접근법 중 일부, 특히 신문화지리학은 경관과 정체성에 관한 연구가 사회적 불의, 불평등한 권력관계, 정체성이나 신념에 근거한 사람들의 억압 같은 '실제' 사회 문제를 '다룬다'는 믿음에 기반을 두고 있다는 점을 기억하는 것이 중요하다(Cresswell, 2010). 5장에서 논의했듯이, 경관에 대한 신문화지리적 접근법은 계급에 기반한 불평등이 경관(그림, 건축, 물질 등)에 어떻게 내재되어 불평등을 강화할 수 있는지 탐구했다. 특히 이 책의 2장과 3장에서는 문화지리학자들이 다양한 지리적, 역사적 맥락에서 문화 공간의 생산과 소비를 직접적으로 언급하며 일련의 긴급한 사회의 관심사를 다룬 방식에 대한 추가 사례를 제공한다.

■ 긴장 2: 문화지리학의 '경계'

14.1절에서는 문화지리학과 다른 형태의 연구와 실천 간의 경계를 명확하게 구분하는 것은 (바람직하지 않더라도) 사실상 불가능하다고 주장한 바 있다. 여기서는 문화지리학자가 '다른 형태의 연구와 실천'과 어떻게 관계를 맺고 협력하는지에 대해 특정한 (일종의) 긴장을 제기한다. 와일리가 주장한 것처럼, 건축가, 사회학자, 행위 예술가, 문학 이론가, 무용가 등 다른 분야의 연구자 및 전문가들이 문화지리 연구를 점점 더 열정적으로 받아들이고 있다(Wylie, 2010). 중요한 것은 아카이브 연구를 바탕으로 박물관과 전시를 공동 기획하거나 예술가와 협력해 공공 예술 작품을 만드는 등 문화지리학자와 '타자' 간의 공식, 비공식 협업에 관심이 높아졌다는 점이다. 후자에 대해서는 글래스고 고르발(Gorbal) 지역의 '지속 가능한' 공공 예술에 관한 모리스의 글을 참조하고(Morris, 2011), 7장 수행의 지리에서 행위 예술로서의 걷기의 사례도 살펴보라. 학술지 『Cultural Geographies』의 '실천하는 문화지리학' 섹션에서는 협업 사례뿐만 아니라 문화지리학자 스스로 예술적, 수행적 노력에 참여하는 사례를 더 찾아볼 수 있다.

위의 긴장 1을 바탕으로 이러한 노력은 '지리학

이 아니'라거나, '현실 세계'의 사회 문제를 다루는 데 방해가 된다거나, 문화지리학을 뒷받침하는 핵심 목표, 이론 및 연구 방법론이 희석될 수 있다고 주장할 수 있으며, 여러분도 이에 동의할 수 있다. 그러나 저자는 이 견해에 동의하지 않는다. 적어도 이러한 협업은 문화지리학을 더 흥미롭고, 더 개방적이며, 비전통적인 연구 방식을 더 많이 수용하는 하위 학문 분야로 만들어 준다. 사실, 위에 열거한 것과 같은 협업은 (이 책을 쓰는 시점에서는 아직 초기 단계인 경우가 많지만) 수십 년 동안 문화지리학자들을 괴롭혀 온 주요 관심사(예: 시를 쓰는 실험을 하고 있는 지리학자가 사람들이 경관을 어떻게 느끼는지에 관해 어떻게 더 많이 알려줄 수 있을 것인지)와 비교적 최근의 관심사(예: 무용 전문가가 비재현지리학자들이 일상의 수행에 대해 새로운 사고와 글쓰기 방법을 찾도록 도울 수 있는 방법)에 대해 '더 많은 것들'을 알려줄 수 있다.

■ 긴장 3: 문화지리학에서 '문화'란 무엇인가?

1장에서 살펴본 것처럼 '문화란 무엇인가'라는 질문은 수십 년 동안 문화지리학자와 문화 이론가들을 괴롭혀 왔다. 이 책은 텍스트, 물질, 수행, 아이디어, 신념, 정체성 그리고 그 외에 훨씬 더 많은 것들처럼 다양한 문화의 사례에 대한 광범위한 개요를 제공하고 있다(구체적이지만 완전하지는 않은 목록에 대해서는 Box 1.4를 참조할 것). 이 시점에서 문화지리학자가 앞으로 연구할 수 있는 '문화'의 종류와 여러분이 참여할 수 있는 '문화'에 대해 생각해 볼 수 있는 세 가지 방법을 추가로 제안하고자 한다.

첫째, 어떤 삶의 요소에 '문화'라는 이름을 붙여야 하는지 항상 의문을 가질 수 있다. 문화지리학에서 '고급'(격식 있는, 엘리트적, 후원적, 종종 '예술적') 문화와 '저급'(대중적, 일상적, 토착적, 종종 '비예술적') 문화에 대한 논쟁은 어느 정도 줄어들었지만, 문화지리학에서 '문화적'이라는 것이 무엇을 의미하는지는 여전히 중요한 질문이다(Mitchell, 2000). 이런 질문을 하면서, 연구해야 할 대상의 경계를 정하는 것이 아니라 특정한 삶의 형태가 언제, 어떻게, 특히 어디에서 '문화'라는 이름을 갖게 되는지에 대한 의도를 가지고 있어야 한다.

둘째, 14.1절에서 주장했듯이 문화라는 개념은 (가장 넓은 의미에서) 결코 끝나지 않는 이야기를 가리킨다. 대중문화는 계속 이어진다. 2000년대 초반 영국에서 경이적인 성공을 거둔 팝 그룹인 S Club 7은 특히 어린이(그리고 영국 대학생)를 타깃으로 하고 이들이 열광적으로 받아들인 다양한 상품, 텔레비전 프로그램, 댄스 동작을 만들어냈지만 몇 년 후 다음 '대세(big thing)'가 등장하면서 거의 잊혔다(Horton, 2010). 다시 말해, 문화는 '전통적'이거나 오랫동안 지속되어 왔거나 대중의 상상력에 깊게 뿌리내린 것만큼이나 새롭고, 예상치

못하고, 일시적인 것일 때가 많다. 현재와 과거에 관심을 끌기 위해 경쟁하는 수많은 이야기가 등장하고 사라지는 속도를 고려할 때, 왜 특정한 팝 밴드나 소셜 네트워크 사이트, 예술가, 물질 대상을 연구해야 하는가? 그리고 한 순간 중요했다가 다음 순간 사라지는 문화 유물을 어떻게 연구할 것인가? 이런 질문들은 문화지리학자들이 계속 고민해야 할 문제다.

셋째, 이 책은 'culture'라는 단어의 다양한 정의를 생각해 보면서 시작했다. 당시에는 그냥 지나쳤을 수도 있는 한 가지 정의는 세균학자 같은 과학자들이 의학 검사나 생물학 실험을 위해 샘플이 필요할 때 피펫으로 채취하는 '배양'을 가리키는 것이었다. 그러나 문화지리학자들이 점차 '비인간'(흔히 '자연'이라 불리는)이 '문화'라고 부르는 것의 일부이자 일부가 되는 방식에 관심을 돌리고 있다는 점에서 이런 정의는 이제 그 어느 때보다 흥미로울 수 있다(10장). 이론가 니콜라스 로즈(Nikolas Rose)가 주장하듯, 인간 게놈 지도 작성의 발전과 인체의 일부분을 ('고치는' 것이 아니라) '개조'하고 심지어는 '(재)창조'할 수 있는 현대 생명공학 기술의 발전으로 의학 전문가들이 "생명 자체가 정치에 개방되는" 방식으로 점점 더 개입하고 있다(Rose, 2007: 15). 그는 현대 사회에서 생명 자체가 "분자 수준"으로 축소되었다고 말한다(Rose, 2007: 12). 그는 누구의 질병을 치료하고 치료하지 않을지, 어떤 형태의 삶이 다른 것보다 더 중요한지(종종 나이, 소득, 젠더, 인종이라는 오래된 정체성의 줄기를 따라), 누가 사회의 건강을 책임지는지(점점 더 국가 정부보다는 개별 시민으로) 등에 대한 가장 중요한 결정이 미시 스케일에서

내려진다고 주장한다. 로즈에게 이는 1장에서 논의한 culture의 정의 중 최소 두 가지, 즉 과학적 실천과 생활양식으로서의 문화를 본인이 "사고의 스타일(styles of thought)"이라고 부르는 것으로 재조합한 새로운 삶의 방식 그 자체이다(Rose, 2007: 12).

특정 질병의 연구를 위해 로비하는 압력 단체를 통해 형성된 새로운 정체성에서부터 유전자 변형 작물, 동물 및 인체 조직에 대한 행동주의에 이르기까지, 이러한 사고방식은 매우 빠르게 현대 문화의 측면을 정의하는 요소가 되고 있다. 물론 로즈는 문화가 새로운 방식으로 (재)정의되는 한 가지(중요하기는 하지만) 방식만 파악하고 있다. 이 외에도 다른 현대적 사고방식이 많이 있으며, 때로는 로즈가 말하는 분자 스타일과도 관련되어 있다. 문화지리학자들은 기후 변화의 미래와 '테러와의 전쟁'(Anderson, 2010)부터 비만 문제(Evans, 2010)에 이르기까지 '중요한 사회 문제'를 정의하고 다루는 데에 있어 새로운 사고방식이 어떤 영향을 끼치는지 보여 주기 시작했다. 따라서 앞서 주장했듯이, 문화의 정의와 사고방식에 대한 문화의 관여는 과거 문화지리학의 출현에 대한 질문만큼이나 문화지리학의 미래에 대한 생생하고 긴급한 과제로 남아 있다(그림 1.1).

> **여러분의 성찰을 위해** _____
> - 여러분이나 여러분이 이 책을 읽고 있는 곳에 살고 있는 사람들에게 중요한 문화는 무엇인가?
> - 여러분이 살고 있는 곳의 맥락에서, 문화지리학자들이 연구하는 요소가 (텍스트, 물질, 수행, 정체성 등) '삶 자체'를 통제하려는 새로운 시도와 어떻게 연관되어 있는가?

■ 긴장 4: 재현/비재현: 또는 '누락된' 문화지리에 대한 설명

이 책의 여러 부분에서 문화지리학자들이 어떻게 재현의 문제를 고민해 왔는지 살펴보았다. 일부 신문화지리학자들이 그림, 경관, 건물을 적절한 도구만 있다면 건축가나 후원자의 의도를 밝혀낼 수 있는 '텍스트'(4장과 5장)로 간주했던 것을 떠올려 보라. 이 기법을 통해 문화지리학자들은 겉보기에는 무해해 보이는 '예술' 작품이나 일상적인 경관이 어떻게 사회 내부의 가장 깊은 분열을 강화하고 심지어는 만들어낼 수 있는지에 대한 엄청난 통찰력을 얻게 되었다.

또는 1990년대 신문화지리학자들이 여성, 어린이, 장애인, 게이와 레즈비언 등 전통적으로 지리학에서 소외되어 왔던 사회, 문화 집단을 재현하기 위해 노력했던 다른 연구들을 떠올려 보라(8장). 이러한 연구는 타자의 관점에서 세상을 바라봄으로써 얻을 수 있는 이득뿐만 아니라 (백인, 남성, 중산층이 아니더라도) 특권을 누리는 학자들이 (종종) 훨씬 적은 권력을 가진 다른 사람을 대신해서 말하는 것의 위험성 등 재현에 관한 중요한 논의를 전면으로 끌어올렸다.

또는 문화지리학자들이 감정, 정동, 신체적 수행, 물질성 등에 주목함으로써 재현을 넘어서고자 했던 다양한 방식에 대해 생각해 보자(3부 참조). 한편으로 비재현지리는 세계를 바라보는 다양하고 흥미로운 방법을 제시해 왔으며, 그 중 많은 부분이 아직도 소진되지 않았다. 다른 한편으로, "일부 [문화지리학자들은] 학술 연구, 성찰, 글쓰기가 어느 정도는 본질적으로 재현적이라는 이유로 방법론적, 해석학적 역설을 숙고해 왔다"는 점에서 비재현지리는 재현에 대한 새로운 논쟁을 불러일으켰다(DeLyser and Rogers, 2010: 187). 예를 들어, 이러한 종류의 고찰은 감정과 정동의 차이(11장)와 문화지리학자들이 서로 연관되어 있지만 뚜렷한 삶의 특징을 설명하는 데 사용하는 단어에 대한 새로운 논쟁을 불러일으켰다(Pile, 2010).

재현과 비재현에 대한 논쟁은 계속될 것이며, 문화를 구성하는 이야기와 '사고의 스타일' 자체가 변화함에 따라(긴장 3 참조) 끊임없이 재해석될 것이라 확신한다. 그러나 문화-지리 연구의 핵심적이고 지속적인 특징 중 하나인 대중적 또는 학문적 관점에서 의도적으로 또는 기본적으로 숨겨져 있거나 누락된 것을 발견하고 분석의 대상으로 삼는 작업은 지속될 것이라 확신한다. 또한 삶의 어떤 부분, 즉 너무나 당연하고 일상적이어서 대부분이 지나치는 문화 실천(9장)이나 '주류'로 보이거나 '중심부'에 위치해 무시되는 경향이 있는 정체성 집단(Hopkins and Pain, 2007; 8장 참조)은 '눈에 잘 띄지 않는 곳에 숨겨져 있을 수 있다'는 점을 기억하라. 문화지리학은 명백한 것과 진정으로 숨겨진 것, 평범한 것과 비범한 것 모두를 이해하고 삶의 측면들이 서로 접촉할 때 어떤 일이 일어나는지에 대해 질문한다는 점에서 매우 다양하

여러분의 성찰을 위해 _____

- 이 책(혹은 적어도 책의 일부)을 읽은 후, 문화지리학자들이 (비)재현에 대해 말한 내용 중 가장 중요한 함의는 무엇이라고 생각하는가?
- 여러분의 관점에서 문화지리학자가 밝혀내거나 분석할 수 있는 숨겨진 사람, 장소, 텍스트, 물질. 수행 또는 믿음에는 무엇이 있는가?

고 통찰력 있는 학문이다(Kraftl, 2009).

■긴장 5: 문화지리학에서 '지리'란 무엇인가?

이 책의 앞 장(13장)에서는 공간과 장소에 대한 다양한 사고방식이 갖는 상대적인 장점을 생각해 볼 것을 요청하면서 마무리했다. 아직 읽지 않았다면 이 절을 계속 읽기 전에 해당 장의 결론부터 읽어 보기 바란다. 대부분의 문화지리학자들과 마찬가지로 저자는 공간과 장소가 '문화'라는 이름을 붙일 수 있는 삶의 형태에서 매우 중요하다고 확신한다(긴장 3). 이 책은 문화를 '발생하는(take place)' 다양한 방식에 대한 중첩되고 겹겹이 쌓인, 경쟁적이면서도 상호 보완적인 일련의 이야기로 본다. '발생하고 있다(taking place)'라는 용어는 문화지리학자들이 공간을 복잡하고, 생동감 있고, 과정적이며, 역동적이고, 문화를 구성하는 이야기들처럼 결코 끝나지 않는 것으로 이해한다는 것을 의미한다(Massey, 2005). 그렇다고 해서 '오래된' 형태의 문화지리학이 사라졌다는 것은 아니다. 19세기 말/20세기 초 북미와 유럽의 선구자들로부터 시작된 모든 접근법은(그림 1.2 참조) 공간과 장소가 어떻게 문화를 만들고, 문화가 공간과 장소를 만드는지에 대한 일련의 통찰을 끊임없이 제시해 왔다. 문화지리학에 관한 서로 다른 접근법 간의 긴장은 때때로 극도로 격화되기도 하지만(특히 신문화지리학이 등장하면서), 이 차이는 생산적인 대화로 봐야 한다. 일반적으로 이러한 대화는 이론적 논쟁만을 위한 것이 아니라 현실의 관심사와 일치하기 때문에 발생하는데, 한 예로 신문화지리학의 일부 내용에 마르크스주의 접근법

을 도입한 것은 1970년대 이후 신문화지리학자들이 활동하는 지역의 계급 관계 변화에 대한 우려를 반영한 것이었다.

따라서 문화지리학자가 사용하는 공간과 장소에 대한 서로 다른 개념을 단순한 메타포나 (기본적으로) 같은 것을 연구하기 위해 상호 교환 가능한 참조 프레임으로 보지 않는 것이 중요하다. 대신 (신문화지리학에서 마르크스주의 접근법에 관한 간략한 예에서 알 수 있듯이) 공간과 장소의 개념은 "물질적이고 상징적인 삶"의 복잡성을 지칭하고 설명하는 데 도움이 된다(Gulsom and Symes, 2007: 3; Smith and Katz, 1993 참조). 이런 이유로 우리는 13장에서 강조했던 내용을 반복해서 설명했다. 이 책에서 다룬 내용과 관련해 공간과 장소에 대한 이론이 어떻게 적용되는지(혹은 적용되지 않는지) 생각해 보기 바란다. 문화지리학자들이 공간과 장소에 대한 새로운 이론을 개발하겠지만, 이를 난공불락의 불변하는 '-주의'로 보지 말고, 공간과 장소라는 개념이 무엇을 할 수 있는지 비판적으로 생각하는 것이 중요하다.

여러분의 성찰을 위해 _____

공간과 장소에 대한 이론을 외면하지 말고, 그 이론이 여러분에게 어떤 도움을 줄 수 있는지 살펴보라. 특히 에세이를 쓰거나 프로젝트 작업을 시작하는 경우, 몇 가지 이론을 더 읽어 본 다음 어떤 이론이 특정한 사례 연구를 설명하는 데 도움이 되는지, 방법론을 세우는 데 특히 유용한지, 수집한 데이터를 분석하거나 뉴스에서 본 특정 항목에 대해 일반화할 수 있는지 '시도' 해 보는 것은 어떨까?

요약

- 이 책은 필연적으로 문화지리학의 주요한 현대적(그리고 역사적) 경향만큼이나 저자들의 위치성을 반영하고 있다. 그러나 문화지리학이 위치성의 인정이라는 측면에서 좀 더 넓은 지리학적 연구에 기여한 바가 크다는 점을 인식하는 것이 중요하다.
- 문화지리학 연구에는 현재 진행 중인 많은 '긴장들'이 있으며, 그 중 대부분은 아마도 영원히 해결되지 않을 것이다. 이 책에서는 문화지리학의 미래에 대한 정보를 제공하고 문화지리학에서, 문화지리학을 통해 어떤 연구를 할 수 있을지 생각해 볼 수 있는 다섯 가지 주요 긴장을 선정했다. 요약하자면, 다음과 같은 사항을 고려할 것을 제안한다.

  - 문화지리학이 언제, 어디서, 어떻게 '유용'할 수 있을 것인가(이에 대해 너무 걱정하지는 말고), 혹은 그 '관련성'이 즉각적으로 드러나지 않더라도 특정한 사회 문제를 해결할 수 있는가.
  - 문화지리학의 '경계'는 어디인가―문화지리 연구가 다른 지리학 연구와 교차하는 방식과 다른 분야의 학자 및 전문가(예: 행위 예술이나 건축)와 잠재적으로 개방적이고 창의적인 협업을 한다는 측면에서.
  - 문화지리학에서 '문화'라는 단어의 의미― 문화지리학이 '무엇'이고, 무엇을 연구해야

하는지 정의하는 것이 아니라 어떤 새로운 삶의 형태(대중문화 유행이든 생명공학이든)가 '문화'로 분류되고 지리학자들이 이를 어떻게 연구할 수 있는지에 대한 지속적인 질문이라는 관점에서.

- (비)재현에 대한 지속적인 질문을 통해 무엇을 얻을 수 있는지―특히 눈에 잘 보이지 않더라도 '숨겨진' 사람, 장소, 물질, 텍스트 또는 수행을 발견하고 분석의 대상으로 삼는

문화지리학의 오랜 사명이라는 측면에서.

- 문화지리학에서 '지리'의 의미―가장 중요한 것은 문화가 어떻게 '발생'하는지에 대한 질문을 지속적으로 던지는 것, 즉 우리가 문화에 대해 말하는 많은 이야기가 장소 만들기, 확장, 경계 설정 및 모빌리티라는 복잡하고 역동적인 과정에 어떻게 의존하는지(혹은 그 반대의 경우도 마찬가지임) 질문하는 전통을 유지한다는 점에서.

참고문헌

Adams, A. (1994) Competing communities in the 'great bog of Europe': identity and seventeenth century Dutch landscape painting. In Mitchell, W. (ed.) *Landscape and Power*, The University of Chicago Press, Chicago, 35-76.

Adams, P. (2009) *Geographies of Media and Communication: A critical introduction,* Wiley-Blackwell, Oxford.

Adey, P. (2007) 'May I have your attention': airport geographies of spectatorship, position, and (im)mobility. *Environment and Planning D: Society and Space*, 25, 515-536.

Adey, P. (2008) Airports, mobility, and the calculative architecture of affective control. *Geoforum*, 39, 438-451.

Adey, P. (2009) *Mobility*, Routledge, London.

Adey, P., Budd, L. and Hubbard, P. (2007) Flying lessons: exploring the social and cultural geographies of global air travel. *Progress in Human Geography*, 31, 773-791.

Adorno, T. and Horkheimer, M. (1979[1944]) *Dialectic of Enlightenment,* Verso, London.

Ahmed, S. (2004) On collective feelings, or the impressions left by others. *Theory, Culture and Society*, 20, 25-42.

Al-Hindi, K. and Stadder, C. (1997) The hidden histories and geographies of neotraditional town planning: the case of Seaside, Florida. *Environment and Planning D: Society and Space*, 15, 349-372.

Allen, M. (2008) *Cleansing the City: Sanitary geographies in Victorian London*, Ohio University Press, Athens, OH.

Amoore, L. (2006) Biometric borders: governing mobilities in the war on terror. *Political Geography*, 25, 336-351.

Amoore, L. and de Goede, M. (2008) Transactions after 9/11: the banal face of the preemptive strike. *Transactions of the Institute of British Geographers*, 33, 173-185.

Anderson, B. (2002) A principle of hope: recorded music, listening practices and the immanence of utopia. *Geografiska Annaler B*, 84, 211-227.

Anderson, B. (2004) Time stilled, space slowed: how boredom matters. *Geoforum*, 35, 739-754.

Anderson, B. (2006) Becoming and being hopeful: towards a theory of affect. *Environment and Planning D: Society and Space*, 24, 733-752.

Anderson, B. (2009a) Emotional geography. In Gregory, D., Johnston, R., Pratt, G., Watts, M. and Whatmore, S. (eds) *The Dictionary of Human Geography*, Wiley-Blackwell, Chichester, 188-189.

Anderson, B. (2009b) Affect. In Gregory, D., Johnston, R., Pratt, G., Watts, M. and Whatmore, S. (eds) *The Dictionary of Human Geography*, Wiley-Blackwell, Chichester, 8-9.

Anderson, B. (2010) Preemption, precaution, preparedness: anticipatory action and future geographies. *Progress in Human Geography*, 34, 777-798.

Anderson, B. and Harrison, P. (2006) Questioning affect and emotion. *Area*, 38, 333-335.

Anderson, B. and Harrison, P. (eds) (2010) *Taking-Place: Non-representational theories and geography*, Ashgate, Farnham.

Anderson, B. and Tolia-Kelly, D. (2004) Matter(s) in social and cultural geography. *Geoforum*, 35, 669-674.

Anderson, K. (1988) Cultural hegemony and the race definition process in Vancouver's Chinatown: 1880-1980. *Environment and Planning D: Society and Space*, 6, 127-149. Anderson, K. (1999) Introduction. In Anderson, K. and Gale, F. (eds) *Cultural Geographies*, Longman, New York, NY, 1-24.

Anderson, K. and Gale, F. (eds) (1999) *Cultural Geographies*, Longman, New York, NY.

Anderson, K. and Smith, S. (2001) Editorial: emotional geographies. *Transactions of the Institute of British Geographers*, 26, 7-10.

Anderson, K., Domosh, M., Pile, S. and Thrift, N. (2003a) A rough guide. In Anderson, K., Domosh, M., Pile, S. and Thrift, N. (eds) *Handbook of Cultural Geography*, Sage, London, 1-35.

Anderson, K., Domosh, M., Pile, S. and Thrift, N. (2003b) Preface. In Anderson, K., Domosh, M., Pile, S. and Thrift, N. (eds) *Handbook of Cultural Geography*, Sage, London, xviii-xix.

Andrews, G., Sudwell, M. and Sparks, A. (2005) Towards a geography of fitness: an ethnographic case study of the gym in British bodybuilding culture. *Social Science and Medicine*, 60, 877-891.

Angus, T., Cook, I. and Evans, J. (2001) A manifesto for cyborg pedagogy. *International Research in Geographical and Environmental Education*, 10, 195-201.

Ansell, N. (2005) *Children, Youth and Development*. Routledge, London.

Ansell, N., Hajdu, F., Robson, E., van Blerk, L. and Marandet, E. (2012) Youth policy, neoliberalism and transnational governmentality: a case study of Lesotho and Malawi. In Kraftl, P., Horton, J. and Tucker, F. (eds) *Critical Geographies of Childhood and Youth: Policy and practice*, Policy Press, Bristol, 43-60.

Aoki, D. (2004) True love stories. *Cultural Studies - Critical Methodologies*, 1, 97-111.

Appadurai, A. (1986) Introduction: commodities and the politics of value. In Appadurai, A. (ed.) *The Social Life of Things*, Cambridge University Press, Cambridge, 3-63.

Arthritis Care (2012) *Living with Arthritis*, Arthritis Care, London.

Askins, K. (2009) 'That's just what I do': placing emotion in academic activism. *Emotion, Society and Space*, 2, 4-13.

Attfield, J. (2000) *Wild Things: The material culture of everyday life*, Berg, Oxford.

Augé, M. (1995) *Non-Places: Introduction to an anthropology of super-modernity*, Verso, London.

Bale, J. (2003) *Sports Geography*, Taylor & Francis, London. Barnes, T. (2005) Culture: economy. In Cloke, P. and Johnston, R. (eds) Spaces of Geographical Thought, Sage, London, 61-80.

Barnes, T. and Duncan, J. (1992) *Writing Worlds: Discourse, text and metaphor in the representation of landscape*, Routledge, London.

Barnett, C. (1998) Cultural twists and turns. *Environment and Planning D: Society and Space*, 16, 631-634.

Bartky, S. (1990) *Femininity and Domination: Studies in the phenomenology of oppression*, Routledge, London.

BBC (2011) People urged to say they are Cornish on census. Available at http: //www.bbc.co.uk/news/ ukengland-cornwall-12809366

Bell, D. and Valentine, G.(1995) *Mapping Desire: Geographies of sexuality*, Taylor & Francis, London.

Bell, D. and Valentine, G. (1996) *Consuming Geographies: We are where we eat*, Routledge, London.

Bendelow, G. and Williams, S. (eds) (1997) *Emotions in Social Life: Critical themes and contemporary issues*, Routledge, London.

Benjamin, W. (1999) *Arcades Project,* Harvard University Press, Boston, MA.

Bennett, J. (2010) *Vibrant Matter: A political ecology of things*, Duke University Press, Durham, NC.

Berger, J. (1972) *Ways of Seeing*, Penguin, Harmondsworth. Bingham, N. (1996) Object-ions: from technological determinism towards geographies of relations. *Environment and Planning D: Society and Space*, 14, 635-657.

Bissell, D. (2008) Comfortable bodies: sedentary affects. *Environment and Planning A*, 40, 1697-1712.

Blanchot, M. (1993 [1969]) Everyday speech. In Hanson, S. (ed.) *The Infinite Conversation*, University of Minnesota Press, Minneapolis, MN, 238-245.

Blum, V. and Nast, H. (1996) Where's the difference? The heterosexualization of alterity in Henri Lefebvre and Jacques Lacan. *Environment and Planning D: Society and Space*, 14, 559-580.

Blumen, O. (2007) The performative landscape of going-to-work: on the edge of a Jewish ultraorthodox neighborhood. *Environment and Planning D: Society and Space*, 25, 803-831.

Blunt, A. (1999) Imperial geographies of home: British women in India, 1886-1925. *Transactions of the Institute of British Geographers*, 24, 421-440.

Blunt, A. and Wills, J. (2004) *Dissident Geographies: An introduction to radical ideas and practice*, Pearson, Harlow. Boal, F. (2002) Belfast: walls within. Political Geography, 21, 687-694.

Bondi, L. (2005) The place of emotions in research. In Davidson, J., Bondi, L. and Smith, M. (eds) *Emotional Geographies*, Ashgate, Aldershot, 231-246.

Bondi, L., Davidson, J. and Smith, M. (2005) Introduction: geography's 'emotional turn'. In Davidson, J., Bondi, L. and Smith, M. (eds) *Emotional Geographies*, Ashgate, Aldershot, 1-18.

Bonnett, A. (1992) Art, ideology and everyday space: subversive tendencies from Dada to postmodernism. *Environment and Planning D: Society and Space*, 10, 69-86.

Borden, I., Kerr, J., Rendell, J. and Pivaro, A. (2001) *The Unknown City: Contesting architecture and social space*, MIT Press, Cambridge, MA.

Bordo, S. (1993) *Unbearable Weight: Feminism, Western culture and the body*, University of California Press, Berkeley, CA.

Bourdieu, P. (1977) *Outline of a Theory of Practice*, Cambridge University Press, Cambridge.

Bourdieu, P. (1984) *Distinction: A social critique of the judgement of taste*, Harvard University Press, Boston, MA.

Bowker, G. and Star, S. (1999) *Sorting Things Out: Classification and its consequences*, MIT Press, Cambridge, MA.

Braudel, F. and Reynolds, S. (1975 [1948]) *The Mediterranean and the Mediterranean World in the Age of Phillip II*, Fontana, London.

Brickell, K. and Datta, A. (2011) *Translocal Geographies: Spaces, places, connections*, Ashgate, Farnham.

Bridge, G. and Smith, A. (2003) Intimate encounters: culture - economy - commodity. *Environment and Planning D: Society and Space*, 21, 257-268.

Brown, G. (2007) Mutinous eruptions: autonomous spaces of radical queer activism. *Environment and Planning A*, 39, 2685-2698.

Brown, G. (2009) Thinking beyond homonormativity: performative explorations of diverse gay economies. *Environment and Planning A*, 41, 1496-1510.

Brown, G. and Pickerill, J. (2009) Space for emotion in the spaces of activism. *Emotion, Space and Society*, 2, 24-35.

Brown, M. (2012) Gender and sexuality I: intersectional anxieties. *Progress in Human Geography*, 36, 541-550.

Browne, K. (2009) Womyn's separatist spaces: rethinking spaces of difference and exclusion. *Transactions of the Institute of British Geographers*, 34, 541-556.

Brusseau, J. (1998) *Isolated Experiences*, State University of New York Press, Albany, NY.

Bryman, A. (1999) *The Disneyization of Society*, Sage, London.

Bull, M. (2000) *Sounding Out the City: Personal stereos and the management of everyday life*, Berg, Oxford.

Butler, J. (1990a) Performative acts and gender constitution: an essay in phenomenology and feminist theory. In Case, S. (ed.) *Performing Feminisms: Feminist critical theory and theatre*, Johns Hopkins University Press, Baltimore, MD, 270-282.

Butler, J. (1990b) Gender Trouble: Feminism and the subversion of identity, Routledge, New York, NY.

Butler, R. and Parr, H. (eds) (2004) Mind and Body Spaces: *Geographies of illness, impairment and disability*, Routledge, London.

Butler, T. (2006) A walk of art: the potential of the sound walk as practice in cultural geography. *Social and Cultural Geography*, 7, 889-908.

Butz, K. and Besio, D. (2004a) The value of autoethnography for field research in transcultural settings. *The Professional Geographer*, 56, 350-360.

Butz, K. and Besio, D. (2004b) Autoethnography: a limited endorsement. *The Professional Geographer*, 56, 432-438.

CAFOD [Catholic Overseas Development Agency] (2009) *Working Conditions in the Electronics Industry*, CAFOD, London.

Callard, F. (2004) Doreen Massey. In Hubbard, P., Kitchin, R. and Valentine, G. (eds) *Key Thinkers on Space and Place*, Sage, London, 219-225.

Callon, M. (1986) Some elements of a sociology of translation: domestication of the scallops and the fishermen of St Brieuc Bay. In Law, J. (ed.) *Power, Action and Belief A new sociology of knowledge*, Routledge, London, 196-227.

Carney, G. (1998) Music geography. *Journal of Cultural Geography*, 18, 1-10.

Carpena-Méndez, F. (2007) 'Our lives are like a sock inside out': children's work and youth identity in neoliberal rural Mexico. In Panelli, R., Punch, S. and Robson, E. (eds) *Global Perspectives on Rural Childhood and Youth: Young rural lives*, Routledge, London, 41-56.

Castells, M. (2000) *The Rise of the Network Society*, Blackwell, Oxford.

CCCE [Center for Communication and Civic Engagement] (2011) Culture jamming and meme-based communication, available at http://depts.washington.edu/ccce/polcommcampaigns/CultureJamming.htm

Chaney, D. (2002) *Cultural Change and Everyday Life*, Palgrave, Basingstoke.

Chatterton, P. (2003) *Urban Nightscapes: Youth cultures, pleasure spaces and corporate power*, Routledge, London. Childs, I. (1991) Japanese perception of nature in the novel *Snow Country*. *Journal of Cultural Geography*, 11, 1-19.

Claeys, G. and Sargent, L. (1999) *The Utopia Reader*, New York University Press, New York, NY.

Clark, N., Massey, D. and Sarre, P. (eds) (2008) *Material Geographies: A world in the making*, Sage, London.

Clarke, D., Doel, M. and Housiaux, K. (2003) *The Consumption Reader*, Routledge, London.

Clay, G. (1994) *Real Places: An unconventional guide to America's generic landscape*, University of Chicago Press, Chicago, IL.

Clifford, N., Holloway, S., Rice, S. and Valentine, G. (2009) *Key Concepts in Geography*, Sage, London.

Cloke, P. and Jones, 0. (2004) Turning in the graveyard: trees and the hybrid geographies of dwelling, monitoring and resistance in a Bristol cemetery. *Cultural Geographies*, 11, 313-341.

Cloke, P., Philo, C. and Sadler, D. (1991) *Approaching Human Geography: An introduction to contemporary theoretical debates*, Paul Chapman, London.

Cloke, P., Cooke, P., Cursons, J., Milbourne, P. and Widdowfield, R. (2000) Ethics, reflexivity and research: encounters with homeless people. *Ethics, Place and Environment*, 3, 133-154.

Cloke, P., Cook, I., Crang, M., Goodwin, M., Painter, J. and Philo, C. (2004) *Practising Human Geography*, Sage, London.

Cloke, P., Crang, P. and Goodwin, M. (eds) (2005) *Introducing Human Geographies*, Arnold, London.

Cohen, L. (1997) *Glass, Paper, Beans: Revelations on the nature and value of ordinary things*, Doubleday, New York, NY. Cohen, S. (1967) *Folk Devils and Moral Panics*, Paladin, London.

Colls, R. (2012) Feminism, bodily difference and non representational geographies. *Transactions of the Institute of British Geographers*, 37, 430-445.

Connell, J. and Gibson, C. (2004) World music: deterritorializing place and identity. *Progress in Human Geography*, 28, 342-361.

Connolly, J. and Prothero, A. (2008) Green consumption: life-politics, risk and contradictions. *Journal of Consumer Culture*, 8, 117-145.

Conradson, D. (2003a) Geographies of care: spaces, practices, experiences. *Social and Cultural Geography*, 4, 451-454.

Conradson, D. (2003b) Spaces of care in the city: the place of a community drop-in centre. *Social and Cultural Geography*, 4, 507-525.

Cook, I. (2004) Follow the thing: papaya. *Antipode*, 36,

642-664.

Cook, I. (2005) Commodities: the DNA of capitalism. Available at: http: / /followthethings.files.wordpress. com/2010/07/commodities-dna.pdf

Cook, I., Crouch, D., Naylor, S. and Ryan, J. (2000) Foreword. In Cook, I., Crouch, D., Naylor, S. and Ryan, J. (eds) *Cultural Turns, Geographical Turns*, Prentice Hall, Harlow, xi-xii.

Cook, I., Evans, J., Griffiths, H., Mayblin, L., Payne, B. and Roberts, D. (2007) Made in...? Appreciating the everyday geographies of connected lives. *Teaching Geography*, Summer, 80-83.

Cosgrove, D. (1984) *Social Formation and Symbolic Landscape*, Croom Helm, Beckenham.

Cosgrove, D. (1985) Prospect, perspective and the evolution of the landscape idea. *Transactions of the Institute of British Geographers*, 10, 45-62.

Cosgrove, D. (1997) *Social Formation and Symbolic Landscape*, University of Wisconsin Press, Madison, WI. Cosgrove, D. and Daniels, S. (eds) (1988) *The Iconography of Landscape: Essays on the symbolic representation, design, and use of past environments*, Cambridge University Press, Cambridge.

Crampton, K. (2011) Cartographic calculations of territory. *Progress in Human Geography*, 35, 92-103.

Crane, D. (1992) *The Production of Culture: Media and the urban arts*, Sage, London.

Crang, P. (1994) It's showtime: on the workplace geographies of display in a restaurant in southeast England. *Environment and Planning D: Society and Space*, 12, 675-704.

Crang, M. (1998) *Cultural Geography*, Routledge, London. Crang, M., Crang, P. and May, J. (1999) *Virtual Geographies: bodies, spaces and relations*, Routledge, London.

Crang, P. (2010) Cultural geography: after a fashion. *Cultural Geographies*, 17, 191-201.

Cresswell, T. (1996) *In Place/Out of Place: Geography, ideology and transgression*, University of Minnesota Press, Minneapolis, MN.

Cresswell, T. (2004) *Place: A short introduction*, Blackwell, Oxford.

Cresswell, T. (2006) *On the Move: Mobility in the modern Western world*, Taylor & Francis, London.

Cresswell, T. (2010) New cultural geography- an unfinished project? *Cultural Geographies*, 17, 169-174.

Crewe, L. (2000) Geographies of retailing and consumption. *Progress in Human Geography*, 24, 274-290.

Crouch, D. (2003) Spatialities and the feeling of doing. *Social and Cultural Geography*, 2, 61-75.

Daniels, S. (1993) *Fields of Vision*, Princeton University Press, Princeton, NJ.

Daniels, S. and Nash, C. (2004) Lifepaths: geography and biography. *Journal of Historical Geography*, 30, 449-458.

Dant, T. (1999) *Material Culture in the Social World: Values, activities, lifestyles*, Open University Press, Buckingham.

Datta, A. and Brickell, K. (2009) 'We have a little bit more finesse as a nation': constructing the Polish worker in London's building sites. *Antipode*, 41, 439-464.

Davidson, J. (2003) 'Putting on a face': Sartre, Goffman and agoraphobic anxiety in social space. *Environment and Planning D: Society and Space*, 21, 107-122.

Davis, M. (1990) *City of Quartz: Excavating the future in Los Angeles*, Verso, London.

Dear, M. (2000) *The Postmodern Urban Condition*, Blackwell, Oxford.

de Certeau, M. (1984) *The Practice of Everyday Life*, University of California Press, Berkeley, CA.

DEEWR [Australian Department of Education, Employment and Workplace Relations] (2010) *Building the Education Revolution: Overview*, available online at: http: //www.deewr. gov.au/ Schooling/BuildingTheEducationRevolution/ Pages/ default.aspx

de Leeuw, S. (2009) 'If anything is to be done with the Indian, we must catch him very young': colonial constructions of Aboriginal children and the geographies of Indian residential schooling in British Columbia, Canada. *Children's Geographies*, 7, 107-122.

DeLyser, D. and Rogers, B. (2010) Meaning and methods in cultural geography: practicing the scholarship of teaching. *Cultural Geographies*, 17, 185-190.

den Besten, 0., Horton, J., Adey, P. and Kraftl, P. (2011) Claiming events of school redesign: materialising the promise of Building Schools for the Future. *Social and Cultural Geography*, 12, 9-26.

Denevan, W. and Mathewson, K. (eds) *(2009) Carl Sauer on Culture and Landscape: Readings and commentaries*, Louisiana State University Press, Baton Rouge, LA.

Dennis, R. (1989) The geography of Victorian values: philanthropic housing in London, 1840-1900. *Journal of Historical Geography*, 15, 40-54.

de Propris, L., Chapain, C., Cooke, P., MacNeill, S. and Mateos-Garcia, J. (2009) *The Geography of Creativity*, NESTA, London.

Dery, M. (1999) *Culture Jamming: Hacking, slashing and sniping in the empire of signs*, Open Magazine Pamphlet Series, Westfield.

Desforges, L. (2004) Bananas and Citizens, available at: http: / /www.exchange-values.org/

DeSilvey, C. (2007) Salvage memory: constellating material histories on a hardscrabble homestead. *Cultural Geographies*, 14, 401-424.

Dewsbury, J. (2000) Performativity and the event: enacting a philosophy of difference. *Environment and Planning D: Society and Space*, 18, 473-496.

Dewsbury, J. and Naylor, S. (2002) Practising

geographical knowledge: fields, bodies and dissemination. *Area*, 34, 253-250.

Dewsbury, J., Harrison, P., Rose, M. and Wylie, J. (2002) Introduction: enacting geographies. *Geoforum*, 33, 437-440.

DfES [UK Department for Education and Skills] (2003) *Building Schools for the Future: Consultation on a new approach to capital investment*, DfES, London.

DHS [Department of Homeland Security] (2001) *Presiden's Address to a Joint Session of Congress and the American People, United States Capitol, Washington, D.C., 20 September 2001 (9: 00 p.m. EDT)*, DHS, Washington DC, available at: http: / / www.state.gov/documents/ organization/10308.pdf

Doel, M. (1994) Writing difference. *Environment and Planning A*, 26, 1015-1020.

Doel, M. (1999) *Poststructuralist Geographies: The diabolical art of spatial science*, Edinburgh University Press, Edinburgh.

Doel, M. (2005) Deconstruction and geography: settling the account. *Antipode*, 37, 246-249.

Domosh, M. (1989) A method for interpreting landscape: a case study of the New York World Building. *Area*, 21, 347-355.

Domosh, M. (2002) A 'civilized' commerce: gender, 'race' and empire at the 1893 Chicago Exposition. *Cultural Geographies*, 9, 183-203.

Dovey, K. (1999) *Framing Places: Mediating power in built form*, Routledge, London.

du Gay, P. (1997) Introduction. In du Gay, P., Hall, S., Janes, L., Mackay, P. and Negus, K. (eds) *Doing Cultural Studies: The story of the Sony Walkman*, Sage, London, 1-7.

Duncan, J. and Ley, D. (1993) *Place/Culture/ Representation*, Routledge, London.

Edgell, S. and Hetherington, K. (1996) Introduction: consumption matters. In Edgell, S., Hetherington, K. and Warde, A. (eds) *Consumption Matters*, Blackwell, Oxford, 1-10.

Ekinsmyth, C. and Shurmer-Smith, P. (2002) Humanistic and behaviouralist geography. In Shurmer-Smith, P. (ed.) *Doing Cultural Geography*, Sage, London, 19-28.

Eldridge, J. (1993) News, truth and power. In Eldridge, J. (ed.) *Getting the Message: News, truth and power*, Routledge, London, 3-28.

Elliott, A. (2001) *Concepts of the Self*, Polity Press, Cambridge.

Engels, F. (1987[1845]) *The Condition of the Working Class in England*, Penguin, Harmondsworth.

Evans, B. (2006) 'Gluttony or sloth': critical geographies of bodies and morality in (anti) obesity policy. *Area*, 38, 259-267.

Evans, B. (2010) Anticipating fatness: childhood, affect and the pre-emptive 'war on obesity'. *Transactions of the Institute of British Geographers*, 35, 21-38.

Evans, B. and Colls, R. (2009) Measuring fatness, governing bodies: the spatialities of the Body Mass Index (BMI) in anti-obesity politics. *Antipode*, 41, 1051-1083.

Evans, B. and Honeyford, E. (2012) Brighter futures, greener lives: children and young people in UK sustainable development policy. In Kraftl, P., Horton, J. and Tucker, F. (eds) *Critical Geographies of Childhood and Youth*, Policy Press, Bristol, 61-78.

Eyles, J. (1989) The geography of everyday life. In Gregory, D. and Walford, R. (eds) *Horizons in Human Geography*, Macmillan, London, 102-117.

Featherstone, D. (2008) *Resistance, Space and Political Identities: The making of counter-global networks*, Wiley, London.

Featherstone, D., Thrift, N. and Urry, J. (eds) (2005) *Automobilities*, Sage, London.

Featherstone, M. (1991) *Consumer Culture and Postmodernism*, Sage, London.

Featherstone, M. (2000) Body modification: an introduction. In Featherstone, M. (ed.) *Body Modification*, Sage, London, 1-15.

Featherstone, M., Hepworth, M. and Turner B. (eds) (1991) *The Body: Social process and cultural theory*, Sage, London. Fine, B. and Leopold, E. (1993) *The World of Consumption*, Routledge, London.

Fisher, P., Wood, J. and Cheng, T. (2004) Where is Helvellyn? Multiscale morphometry and the mountains of the English Lake District. *Transactions of the Institute of British Geographers*, 29, 106-128.

Fiske, J. (1989) *Understanding Popular Culture*, Routledge, London.

Florida, R. and Jackson, S. (2010) Sonic city: the evolving economic geography of the music industry. *Journal of Planning Education and Research*, 29, 310-321.

Fotheringham, A., Charlton, M. and Brunsdon, C. (2000) *Quantitative Geography: Perspectives on spatial data analysis*, Sage, London.

Foucault, M. (1972) *The Archaeology of Knowledge*, Tavistock, London.

Foucault, M. (1991[1975]) *Discipline and Punish: The birth of the prison*, Penguin, Harmondsworth.

Frost, L. (2001) *Young Women and the Body: A feminist sociology*, Palgrave, Basingstoke.

Fuller, D., Askins, K., Mowl, G., Jeffries, M.J. and Lambert, D. (2008) Mywalks: fieldwork and living geographies. *Teaching Geography*, 33, 80-83.

Gagen, E. (2004) Making America flesh: physicality and nationhood in early-twentieth century physical education reform. *Cultural Geographies*, 11, 417-442.

Gardiner, M. (2004) Everyday utopianism: Lefebvre and his critics. *Cultural Studies*, 18, 228-254.

Gatens, M. (1983) A critique of the sex/gender distinction. In Allen, J. and Patten, P. (eds) *Beyond Marxism? Interventions after Marx*, Intervention, Sydney, 143-161.

Gelder, K. (2005) The field of subcultural studies. In Gelder, K. *(ed.)The Subcultures Reader*, Routledge, London, 1-16.

Gelder, K. and Jacobs, J. (1998) *Uncanny Australia: Sacredness and identity in a postcolonial nation*, University of Melbourne Press, Melbourne.

Gertler, M. (2003) A cultural economic geography of production. In Anderson, K., Domosh, M., Pile, S. and Thrift, N. (eds) *Handbook of Cultural Geography*, Sage, London, 131-146.

Gibson, C. and Homan, S. (2004) Urban redevelopment, live music and public space. *International Journal of Cultural Policy*, 10, 67-84.

Gibson-Graham, J.K. (2006) *A Postcapitalist Politics*, University of Minnesota Press, Minneapolis, MN.

Gibson-Graham, J.K. (2008) Diverse economies: performative practices for 'other worlds'. *Progress in Human Geography*, 32, 613-632.

Giddens, A. (1991) *Modernity and Self-Identity: Self and society in the late modern age*, Stanford University Press, Stanford, CT.

Goffman, E. (1963) *Stigma: Notes on the management of spoiled identity*, Spectrum, New York, NY.

Golledge, R. (1993) Geography and the disabled: a survey with special reference to vision impaired and blind populations. *Transactions of the Institute of British Geographers*, 18, 63-85.

Goodwin, M. (2004) Recovering the future: a post disciplinary perspective on geography and political economy. In Cloke, P., Crang, P. and Goodwin, M. (eds) *Envisioning Human Geography*, Arnold, London, 65-80.

Goss, J. (1988) The built environment and social theory: towards an architectural geography. *Professional Geographer*, 40, 392-403.

Goss, J. (1993) The 'Magic of the Mall': an analysis of form, function, and meaning in the contemporary retail built environment. *Annals of the Association of American Geographers*, 83, 18-47.

Gowans, G. (2003) Imperial geographies of home: Memsahibs and Miss-sahibs in India and Britain, 1915-1947. *Cultural Geographies*, 10, 424-441.

Granger, R. and Hamilton, C. (2011) *Breaking New Ground: Spatial mapping of the creative economy*, Institute for Creative Enterprise, Coventry.

Graves-Brown, P. (2002) Introduction. In Graves-Brown, P. (ed.) *Matter, Materiality and Modern Culture*, Routledge, London, 1-9.

Greco, M. and Stenner, P. (2008) Introduction: emotion and social science. In Greco, M. and Stenner, P. (eds) *Emotions: A social science reader*, Routledge, London, 1-24.

Greene, V. (2005) Dealing with diversity: Milwaukee's multiethnic festivals and urban identity, 1840-1940. *Journal of Urban History*, 31, 820-849.

Greenhough, B. (2006) Decontextualised? Dissociated? Detached? Mapping the networks of bio-informatic exchange. *Environment and Planning A*, 38, 445-463.

Greenhough, B. and Roe, E. (2006) Towards a geography of bodily biotechnologies. *Environment and Planning A*, 38, 416-422.

Gregory, D. (1994) *Geographical Imaginations*, Blackwell, Oxford.

Gregory, D. (2009) Regional geography. In Gregory, D., Johnston, R., Pratt, G., Watts, M. and Whatmore, S. (eds) *The Dictionary of Human Geography*, Wiley-Blackwell, Chichester, 632-636.

Gregson, N. and Rose, G. (2000) Taking Butler elsewhere: performativities, spatialities and subjectivities. *Environ ment and Planning D: Society and Space*, 18, 433-452.

Gregson, N., Kothari, U., Cream, J., Dwyer, C., Holloway, S., Maddrell, A. and Rose, G. (1997) Gender in feminist geography. In Women and Geography Study Group (eds) *Feminist Geography: Explorations in diversity and difference*, Longman, London, 49-85.

Griffiths, H., Cook, I. and Evans, J. (2009) *Making the Connection: Mobile phone geographies*, available at: http: // makingtheconnectionresources.wordpress.com/

Griggs, G. (2009) 'Just a sport made up in a car park': the soft landscape of Ultimate Frisbee. *Social and Cultural Geography*, 10, 757-770.

Gruffudd, P. (1995) Remaking Wales: nation-building and the geographical imagination. *Political Geography*, 14, 219-239.

Gruffudd, P. (1996) The countryside as educator: schools, rurality and citizenship in inter-war Wales. *Journal of Historical Geography*, 22, 412-423.

Gruffudd, P. (2001) 'Science and the stuff oflife': modernist health centres in 1930s London. *Journal of Historical Geography*, 27, 395-416.

Gulson, K. and Symes, C. (2007) *Spatial Theories of Education: Policy and geography matters*, Routledge, London.

Haegerstrand, T. (1978) A note on the quality of life-times. In Carlstein, T., Parkes, D. and Thrift, N. (eds) *Making Sense of Time, Volume 2: Human activity and time geography*, Wiley, Chichester, 214-224.

Hagen, J. (2008) Parades, public space, and propaganda: the Nazi culture parades in Munich. *Geografiska Annaler, Series B*, 90, 349-367.

Hagen, J. and Ostergren, R. (2006) Spectacle, architecture and place at the Nuremberg Party Rallies: projecting a Nazi vision of past, present and future. *Cultural Geographies*, 13, 157-181.

Hague, E. and Mercer, J. (1998) Geographical memory and urban identity in Scotland: Raith Rovers FC and Kirkcaldy. *Geography*, 83, 105-116.

Hall, S. (1980) Encoding/decoding. In Hall, S., Hobson, D., Lowe, A. and Willis, P. (eds) *Culture, Media, Language*, Routledge, London, 128-138.

Hall, S. (1990) Cultural identity and diaspora. In: Rutherford, J. (ed.) *Identity: Community, culture, difference*, Lawrence & Wishart, London, 222-237.

Hall, S. (1997) The work of representation. In Hall, S. (ed.) *Representation: Cultural representations and signifying practices*, Sage, London, 13-64.

Hall, S. and Jefferson, T. (eds) (1976) *Resistance Through Rituals: Youth subcultures in post-war Britain*, Centre for Contemporary Cultural Studies, Birmingham.

Hall, T. and Hubbard, P. (1998) *The Entrepreneurial City: Geographies of politics, regime and representation*, John Wiley, Chichester.

Hallam, E. and Hockey, J. (2001) *Death, Memory and Material Culture*, Berg, Oxford.

Hannigan, J. (1998) *Fantasy City: Pleasure and profit in the postmodern metropolis*, Routledge, London.

Haraway, D. (1991) A cyborg manifesto: science, technology and socialist-feminism in the late twentieth-century. In Haraway, D. (ed.) *Simians, Cyborgs and Women: The reinvention of nature*, Routledge, London, 149-181.

Harley, J. (2002) *The New Nature of Maps: Essays in the history of cartography*, Johns Hopkins University Press, Baltimore, MD.

Harrell, J. (1994) The poetics of deconstruction: death metal rock. *Popular Music and Society*, 18, 91-107.

Harrison, P. (2000) Making sense: embodiment and the sensibilities of the everyday. *Environment and Planning D: Society and Space*, 18, 497-517.

Harrison, P. (2002) The Caesura: remarks on Wittgenstein's interruption of theory, or, why practices elude explanation. *Geoforum*, 33, 487-503.

Harrison, P. (2007) 'How shall I say it?' Relating the nonrelational. *Environment and Planning A*, 39, 590-608.

Harrison, P. (2009) In the absence of practice. *Environment and Planning D: Society and Space*, 27, 987-1009.

Hartley, J. (1994) *Understanding News*, Routledge, London. Hartshorne, R. (1959) *Perspective on the Nature of Geography*, Association of American Geographers/Rand McNally & Co., Chicago, IL.

Harvey, D. (1973) *Social Justice and the City*, Arnold, London.

Harvey, D. (1989) *The Condition of Postmodernity: An enquiry into the origins of cultural change*, Blackwell, Oxford.

Harvey, D. (1990) Between space and time: reflections on the geographical imagination. *Annals of the Association of American Geographers*, 80, 418-434.

Harvey, D. (1996) *Justice, Nature and the Geography of Difference*, Blackwell, Oxford.

Harvey, D. (2000) *Spaces of Hope*, Edinburgh University Press, Edinburgh.

Hastings, A. (1999) Discourse and urban change. *Urban Studies*, 36, 7-12.

Hayes, B. (2005) *Infrastructure: A field guide to the industrial landscape*, W. W Norton, New York, NY.

Hebdige, D. (1979) *Subculture: The meaning of style*, Methuen, London.

Henry, N. and Pinch, S. (2000) Spatialising knowledge: placing the knowledge community of Motor Sport Valley. *Geoforum*, 31, 191-208.

Herman, E. and Chomsky, N. (1988) *Manufacturing Consent: The political economy of the mass media*, Pantheon, New York, NY.

Hetherington, K. (1997) Museum topology and the will to connect. *Journal of Material Culture*, 2, 199-218.

Highmore, B. (2002a) *Everyday Life and Cultural Theory: An introduction*, Routledge, London.

Highmore, B. (ed.) (2002b) *The Everyday Life Reader*, Routledge, London.

Highmore, B. (2004) Homework: routine, social aesthetics and the ambiguity of everyday life. *Cultural Studies*, 18, 306-327.

Hinchliffe, S. (2008) *Geographies of Nature: Societies, environments, ecologies*, Sage, London.

Hodkinson, P. (2007) Interactive online journals and individualization. *New Media and Society*, 9, 625-650.

Holloway, L. and Hubbard, P. (2001) *People and Place: The extraordinary geographies of everyday life*, Pearson, Harlow.

Holloway, S. (2003) Outsiders in rural society? Constructions of rurality and nature-society relations in the racialisation of English Gypsy-Travellers, 1869-1934. *Environment and Planning D: Society and Space*, 21, 695-715.

Holloway, S. (2005) Identity and difference: age, dis/ability and sexuality. In Cloke, P., Crang, P. and Goodwin, M. (eds) *Introducing Human Geographies*, Arnold, London, 400-410.

Holloway, S., Valentine, G. and Bingham, N. (2000) Institutionalising technologies: masculinities, femininities and the heterosexual economy of the IT classroom. *Environment and Planning A*, 32, 617-633.

Holt, L. (2007) Children's socio-spatial (re)production of disability in primary school playgrounds. *Environment and Planning D: Society and Space*, 25, 783-802.

Holt-Jensen, A. (2009) *Geography: History and concepts*, Sage, London.

Hones, S. (2008) Text as it happens: literary geography. *Geography Compass*, 2, 1301-1317.

Hopkins, P. and Hill, M. (2008) Pre-flight experiences and migration stories: the accounts of unaccompanied asylum seeking children. *Children's Geographies*, 6, 257-268.

Hopkins, P. and Pain, R. (2007) Geographies of age: thinking relationally. *Area*, 39, 287-294.

Hopkins, T. and Wallerstein, I. (1986) Commodity chains in the world economy prior to 1880. *Review*, 10, 157-170.

Horschelmann, K. and Colls, R. (eds) (2009) *Contested Bodies of Childhood and Youth*, Palgrave Macmillan, Basingstoke.

Horton, J. (2008) A 'sense of failure'? Everydayness and research ethics. *Children's Geographies*, 6, 363-383.

Horton, J. (2010) 'The best thing ever': how children's

popular culture matters. *Social and Cultural Geography*, 11, 377-398.

Horton, J. (2012) 'Got my shoes, got my Pokemon': spaces of children's popular culture. *Geoforum*, 43, 4-13.

Horton, J. and Kraftl, P. (2005) For more-than-usefulness: six overlapping points about children's geographies. *Children's Geographies*, 3, 131-143.

Horton, J. and Kraftl, P. (2006a) What else? Some more ways of thinking about and doing children's geographies. *Childre's Geographies*, 4, 69-95.

Horton, J. and Kraftl, P. (2006b) Not just growing up, but going on: children's geographies as becomings; materials, spacings, bodies, situations. *Children's Geographies*, 4, 259-276.

Horton, J. and Kraftl, P. (2009) Time for bed! Rituals, practices and affects in children's bed-time routines. In Colls, R. and Hörschelmann, K. (eds) *Contested Bodies of Childhood and Youth*, Palgrave Macmillan, Basingstoke, 215-231.

Horton, J. and Kraftl, P. (2011) Tears and laughter at a Sure Start Centre: preschool geographies, policy contexts. In Holt, L. (ed.) *Geographies of Children, Youth and Families: An international perspective*, Routledge, London, 235-249.

Horton, J. and Kraftl, P. (2012a) Clearing out a cupboard: memories and materialities. In Jones, O. and Garde Hansen, J. (eds) *Geography and Memory*, Palgrave Macmillan, Basingstoke.

Horton, J. and Kraftl, P. (2012b) School building redesign: everyday spaces, transformational policy discourses. In Waters, J., Brooks, R. and Fuller, A. (eds) *Changing Spaces of Education: New perspectives on the nature of learning*, Routledge, London, 114-134.

Howell, P. (2004a) Sexuality, sovereignty and space: law, government and the geography of prostitution in colonial Gibraltar. *Social History*, 29, 444-464.

Howell, P. (2004b) Race, space and the regulation of prostitution in Colonial Hong Kong. *Urban History*, 31, 229-248.

Howell, P. (2009) *Geographies of Regulation: Policing prostitution in nineteenth-century Britain and the Empire*, Cambridge University Press, Cambridge.

Howell, P., Beckingham, D. and Moore, F. (2008) Managed zones for sex workers in Liverpool: contemporary proposals, Victorian parallels. *Transactions of the Institute of British Geographers*, 33, 233-250.

Howson, A. (2004) *The Body in Society: An introduction*, Polity Press, Cambridge.

Hubbard, P., Kitchin, R., Bartley, B. and Fuller, D. (2002) *Thinking Geographically: Space, theory and contemporary human geography*, Continuum, London.

Hubbard, P., Kitchin, R. and Valentine, G. (2008) *Key Texts in Human Geography*, Sage, London.

Hudson, R. (2006) Regions and place: music, identity and place. *Progress in Human Geography*, 30, 626-634.

Imrie, R. (2001) Barriered and bounded places and the spatialities of disability. *Urban Studies*, 38, 231-237.

Imrie, R. (2003) Architects' conceptions of the human body. *Environment and Planning D: Society and Space*, 21, 47-65.

Ingold, T. (2000) *Perceptions of the Environment: Essays in livelihood, dwelling and skill*, Routledge, London.

Iveson, K. (2007) *Publics and the City*, Blackwell, Oxford.

Jabry, A. (2002) *Children in Disasters: After the cameras have gone*, Plan UK, London.

Jackson, P. (1989) *Maps of Meaning*, Routledge, London.

Jackson, P. (2003) Mapping culture. In Rogers, A. and Viles, H. (eds) *The Student's Companion to Geography*, Blackwell, Oxford, 133-137.

Jackson, P. (2005) Identities. In Cloke, P., Crang, P. and Goodwin, M. (eds) *Introducing Human Geographies*, Arnold, London, 391-399.

Jackson, P., Russell, P. and Ward, N. (2004) *Commodity Chains and the Politics of Food*, available at www.consume. bbk.ac.uk/working_papers/jackson.doc

Jacobs, J. (2006) A geography of big things. *Cultural Geographies*, 13, 1-27.

Jacobs, J. and Smith, S. (2008) Guest editorial: living room: rematerialising home. *Environment and Planning A*, 40, 515-519.

Jacobs, J., Cairns, S. and Strebel, I. (2007) 'A tall storey… but, a fact just the same': the Red Road high-rise as a black box. *Urban Studies*, 44, 609-629.

James, A. and James, A.L. (2004) *Constructing Childhood: Theory, policy and practice*, Palgrave Macmillan, Basingstoke.

Jayne, M., Holloway, S. and Valentine, G. (2006) Drunk and disorderly: alcohol, urban life and public space. *Progress in Human Geography*, 30, 452-468.

Jazeel, T. (2005) The world is sound? Geography, musicology and British-Asian soundscapes. *Area*, 37, 233-241.

Jenkins, L. (2002) Geography and architecture: 11, Rue de Conservatoire and the permeability of buildings. *Space and Culture*, 5, 222-236.

Johnston, R. (1997) *Geography and Geographers: Anglo American human geography since 1945*, 5th edn, Arnold, London.

Johnston, R. and Sidaway, J. (2004) *Geography and Geographers: Anglo-American human geography since 1945*, 6th edn, Hodder Arnold, London.

Jones, O. (1995) Lay discourses of the rural: developments and implications for rural studies. *Journal of Rural Studies*, 11, 35-49.

Jones, O. (2003) 'Endlessly revisited and forever gone': on memory, reverie and emotional imagination in doing children's geographies. *Children's Geographies*, 1, 25-36.

Jones, R. (2009) Categories, borders and boundaries. *Progress in Human Geography*, 33, 174-189.

Jupp, E. (2007) Participation, local knowledge and empowerment: researching public spaces with young people. *Environment and Planning A*, 39, 2832-2844.

Jupp, E. (2008) The feeling of participation: everyday spaces and urban change. *Geoforum*, 39, 331-343.

Kahn-Harris, K. (2004) Unspectacular subculture? Transgression and mundanity and the global extreme metal scene. In Bennett, A. and Kahn-Harris, K. (eds) *After Subculture: Critical studies in contemporary youth culture*, Palgrave Macmillan, Basingstoke, 107-118.

Karsten, L. and Pel, E. (2000) Skateboarders exploring public space: ollies, obstacles and conflicts. *Journal of Housing and the Built Environment*, 15, 327-340.

Kawabata, Y. (2011[1956]) *Snow Country*, Penguin, Harmondsworth.

Kearns, G. (2010) Geography, geopolitics and Empire. *Transactions of the Institute of British Geographers*, 25, 187-203.

Keith, M. and Pile, S. (1993) *Place and the Politics of Identity*, Routledge, London.

Kenny, J. (1992) Portland's Comprehensive Plan as text: the Fred Meyer case and the politics of reading. In Barnes, T. and Duncan, J. (eds) *Writing Worlds: Discourse, text and metaphor in the representation of landscape*, Routledge, London, 176-192.

King, A. (1984) *The Bungalow*, Routledge, London.

King, A. (2004) *Spaces of Global Cultures*, Routledge, London.

Kitchin, R. and Kneale, J. (2001) Science fiction or future fact? Exploring imaginative geographies of the new millennium. *Progress in Human Geography*, 25, 19-35.

Kleinman, A. (1988) *Illness Narratives*, Basic Books, New York, NY.

Kniffen, F. (1965) Folk housing: key to diffusion. *Annals of the Association of American Geographers*, 55, 549-577.

Kniffen, F. and Glassie, H. (1966) Building in wood in the eastern United States. *Geographical Review*, 56, 40-66.

Kobayashi, A. (2004) Critical 'race' approaches to cultural geography. In Duncan, J., Johnson, N. and Schein, R. (eds) *The Companion to Cultural Geography*, Blackwell, Oxford, 238-249.

Kolb, A. (2010) *Dance and Politics*, Peter Lang, Oxford.

Kong, L. (1995a) Popular music in geographical analyses. *Progress in Human Geography*, 19, 183-198.

Kong, L. (1995b) Music and cultural politics: ideology and resistance in Singapore. *Transactions of the Institute of British Geographers*, 20, 447-459.

Kopytoff, I. (1986) The cultural biography of things: commoditisation as process. In Appadurai, A. (ed.) *The Social Life of Things*, Cambridge University Press, Cambridge, 64-94.

Koskela, H. and Pain, R. (2000) Revisiting fear and place: women's fear of attack and the built environment. *Geoforum*, 31, 269-280.

Kraftl, P. (2006a) Building an idea: the material construction of an ideal childhood. *Transactions of the Institute of British Geographers*, 31, 488-504.

Kraftl, P. (2006b) Ecological buildings as performed art: Nant-y-Cwm Steiner School, Pembrokeshire. *Social and Cultural Geography*, 7, 927-948.

Kraftl, P. (2007) Utopia, performativity and the unhomely. *Environment and Planning D: Society and Space*, 25, 120-143.

Kraftl, P. (2009) Living in an artwork: the extraordinary geographies of everyday life at the Hundertwasser-Haus, Vienna. *Cultural Geographies*, 16, 111-134.

Kraftl, P. (2010) Architectural movements, utopian moments: (in)coherent renderings of the Hundertwasser Haus, Vienna. *Geografiska Annaler, Series B: Human Geography*, 92, 327-345.

Kraftl, P. (2012) Utopian promise or burdensome responsi bility? A critical analysis of the UK Government's Building Schools for the Future Policy. *Antipode*, 44, 847-870.

Kraftl, P. and Adey, P. (2008) Architecture/affect/dwelling. *Annals of the Association of American Geographers*, 98, 213-231.

Kraftl, P. and Horton, J. (2007) 'The Health Event': everyday, affective politics of participation. *Geoforum*, 38, 1012-1027.

Kraftl, P. and Horton, J. (2008) Spaces of every-night life: geographies of sleep, sleeping and sleepiness. *Progress in Human Geography*, 31, 509-524.

Kraftl, P., Horton, J. and Tucker, F. (2012a) Introduction. In Kraft!, P., Horton, J. and Tucker, F. (eds) *Critical Geographies of Childhood and Youth: Contemporary policy and practice*, Policy Press, Bristol, 1-24.

Kraftl, P., Horton, J. and Tucker, F. (eds) (2012b) *Critical Geographies of Childhood and Youth: Contemporary policy and practice*, Policy Press, Bristol.

Kytö, M. (2011) We are the rebellious voice of the terraces, we are the Çarşi: constructing a football supporter group through sound. *Soccer and Society*, 12, 77-93.

Kumar, K. (1991) *Utopianism*, Open University Press, Milton Keynes.

Lande, B. (2007) Breathing like a soldier: culture incarnate. *Sociological Review*, 55, 95-108.

Lanegran, D. (2007) Cultural geography and place: introduction. In Moseley, W., Lanegran, D. and Pandit, K. (eds) *The Introductory Reader in Human Geography*, Blackwell, Oxford, 181-183.

Lash, S. (2001) Technological forms of life. *Theory, Culture and Society*, 18, 105-120.

Lash, S. and Lury, C. (2007) *Global Culture Industry*, Polity Press, Cambridge.

Latham, A. (2003) The possibilities of performance. *Environment and Planning A*, 35, 1901-1906.

Latour, B. (1999) *Pandora's Hope: Essays on the reality of science studies*, Harvard University Press,

Cambridge, MA.

Latour, B. (2000) The Berlin key or how to do words with things. In Graves-Brown, P. (ed.) Matter, Materiality and *Modern Culture*, Routledge, London, 10-21.

Latour, B. and Woolgar, S. (1979) *Laboratory Life: The construction of scientific facts*, 1st edn, Sage, London.

Latour, B. and Woolgar, S. (1987) *Laboratory Life: The construction of scientific facts*, 2nd edn, Princeton University Press, Princeton, NJ.

Laurier, E. (2003) Searching for a parking space, available at http://web2.ges.gla.ac.uk/~elaurier/texts/park_search.pdf Laurier, E. and Parr, H. (2000) Emotions and interviewing. *Ethics, Place and Environment*, 3, 61-102.

Laurier, E. and Philo, C. (2003) The region in the boot: mobilising lone subjects and multiple objects. *Environment and Planning D: Society and Space*, 21, 85-106.

Laurier, E. and Philo, C. (2006a) Cold shoulders and napkins handed: gestures of responsibility. *Transactions of the Institute of British Geographers*, 31, 193-208.

Laurier, E. and Philo, C. (2006b) Possible geographies: a passing encounter in a café. *Area*, 38, 353-363.

Law, J. (1992) *Notes on the Theory of the Actor Network: Ordering, strategy and heterogeneity*, Centre for Science Studies, Lancaster, available at: http://www.lancs.ac.uk/sociology/papers/law-notes-on-ant.pdf

Law, J. (2003) Making a mess with method, available at http://www.lancs.ac.uk/fass/sociology/papers/lawmaking-a-mess-with-method.pdf

Law, J. and da Costa Marques, I. (2000) Invisibility. In Pile, S. and Thrift, N. (eds) *City A-Z*, Routledge, London, 119-121.

Law, J. and Mol, A. (2001) Situating technoscience: an inquiry into spatialities. *Environment and Planning D: Society and Space*, 19, 609-621.

Lees, L. (2001) Towards a critical geography of architecture: the case of an ersatz colosseum. *Ecumene*, 8, 51-86.

Lefebvre, H. (1988) Toward a Leftist cultural politics: remarks occasioned by the centenary of Marx's death. In Nelson, C. and Grossberg, L. (eds) *Marxism and the Interpretation of Culture*, University of Illinois Press, Urbana, IL, 75-88.

Lefebvre, H. (1991) *The Production of Space*, Wiley, London.

Legg, S. (2003) Gendered politics and nationalised homes: women and the anticolonial struggle in Delhi, 1930-47. *Gender, Place and Culture*, 10, 7-28.

Leonard, T. (2010) Artist spends 700 hours sitting in performance art record. *Daily Telegraph*, 1 June.

Lerup, L. (1977) *Building the Unfinished: Architecture and human action*, Sage, London.

Leslie, D. and Reimer, S. (1999) Spatializing commodity chains. *Progress in Human Geography*, 23, 401-420.

Ley, D. (1993) Co-operative housing as a moral landscape. In Duncan, J. and Ley, D. (eds) *Place/Culture/Representation*, Routledge, London, 128-148.

Leyshon, A., Matless, D. and Revill, G. (eds) (1998) *The Place of Music*, Guilford Press, New York, NY.

LibCom (2009) Subverting billboards, available at http://libcom.org/organise/subvertising-billboards

Liu, F. (2012) Politically indifferent nationalists? Chinese youth negotiating political identity in the internet age. *European Journal of Cultural Studies*, 15, 53-69.

Livingstone, D. (1999) *The Geographical Tradition: Episodes in the history of a contested enterprise*, Wiley, London.

Livingstone, D. (2003) *Putting Science in its Place: Geographies of scientific knowledge*, University of Chicago Press, Chicago, IL.

Llewellyn, M. (2004) 'Urban village' or 'white house': envisioned spaces, experienced places, and everyday life at Kensal House, London in the 1930s. *Environment and Planning D: Society and Space*, 22, 229-249.

Longhurst, R. (2000) Corporeographies of pregnancy: 'bikini babes'. *Environment and Planning D: Society and Space*, 18, 453-472.

Longhurst, R. (2001) *Bodies: Exploring fluid boundaries*, Routledge, London.

Lorimer, H. (2003) Telling small stories: spaces of knowledge and the practice of geography. *Transactions of the Institute of British Geographers*, 28, 197-217.

Lorimer, H. (2005) Cultural geography: the busyness of being 'more-than-representational'. *Progress in Human Geography*, 29, 83-94.

Lorimer, H. (2007) Cultural geography: worldly shapes, differently arranged. *Progress in Human Geography*, 31, 89-100.

Lorimer, H. (2008) Cultural geography: nonrepresentational conditions and concerns. *Progress in Human Geography*, 32, 551-9.

Löwenheim, O. and Gazit, O. (2009) A critique of citizenship tests. *Security Dialogue*, 40, 145-167.

Lupton, D. (1996) *Food, the Body and the Self*, Sage, London.

Lury, C. (1996) *Consumer Culture*, Polity Press, Cambridge.

MacKay, H. (1997) Introduction. In MacKay, H. (ed.) *Consumption and Everyday Life*, Sage, London, 1-12.

Madanipour, A. (2003) *Public and Private Spaces of the City*, Psychology Press, London.

Maddrell, A. (2008) The 'Map Girls': British women geographers' war work, shifting gender boundaries and reflections on the history of geography. *Transactions of the Institute of British Geographers*, 33, 127-148.

Maddrell, A. (2009a) *Complex Locations: Women's geographical work in the UK 1850-1970*, Blackwell, Oxford.

Maddrell, A. (2009b) A place for grief and belief: the Witness Cairn at the Isle of Whithorn, Galloway, Scotland. *Social and Cultural Geography*, 10, 675-693.

Maddrell, A. and Sidaway, J. (2010) Introduction: bringing a spatial lens to death, dying, mourning and remembrance. In Maddrell, A. and Sidaway, J. (eds) *Deathscapes: Spaces for death, dying, mourning and remembrance*, Ashgate, Farnham, 1-16.

Maddrell, A., Strauss, K., Thomas, N. and Wyse, S. (2008) *Careers in UK HE Geography Survey: Choices, status and experience*, Report for the Royal Geographical Society (with IBG), available at: http: //wgsg.org. uk/newsitel/ pdfs/wgsg_presentation.pdf

Madge, C. and Eshun, G. (2012) 'Now let me share this with you': exploring poetry as a method for postcolonial geography research. *Antipode*, 44, 1395-1428.

Madge, C., Meek, J., Wellens, J. and Hooley, T. (2009) Facebook, social integration and informal learning at University: 'It is more for socialising and talking to friends about work than for actually doing work'. *Learning, Media and Technology*, 34, 141-155.

Malbon, B. (1999) *Clubbing: Dancing, ecstasy and vitality*, Routledge, London.

Mansvelt, J. (2005) *Geographies of Consumption*, Sage, London.

Marcus, G. (1989) *Lipstick Traces: A secret history of the twentieth century*, Secker & Warburg, London.

Marshall, W. (2010) Running across the rooves of Empire: parkour and the postcolonial city. *Modern and Contemporary France*, 18, 157-173.

Marston, S., Jones, J. III and Woodward, K. (2005) Human geography without scale. *Transactions of the Institute of British Geographers*, 30, 416-432.

Martin, J. (2005) Identity. In Sibley, D., Jackson, P., Atkinson, D. and Washbourne, N. (eds) *Cultural Geography: A critical dictionary of key ideas*, Taurus, London, 97-102.

Martin, R. (2001) Geography and public policy: the case of the missing agenda. *Progress in Human Geography*, 25, 189-210.

Marx, K. (1959 [1844]) *Economic and Philosophical Man uscripts of 1844*, Progress, Moscow.

Marx, K. (1976(1867]) *Capital, Volume I*, Penguin, Harmondsworth.

Massey, D. (1984) *Spatial Divisions of Labour: Social structures and the geography of production*, Macmillan, London.

Massey, D. (1991) A global sense of place. *Marxism Today*, 38, 24-29.

Massey, D. (1994) *Space, Place and Gender*, Polity Press, Cambridge.

Massey, D. (2005) *For Space*, Sage, London.

Massumi, B. (1996) The autonomy of affect. In Patton, P. (ed.) *Deleuze: A critical reader*, Blackwell, Oxford, 217-239.

Matheson, D. (2005) *Media Discourses: Analysing media texts*, Open University Press, Maidenhead.

Matthews, H., Taylor, M., Percy-Smith, B. and Limb, M. (2000) The unacceptable flaneur: the shopping mall as a teenage hangout. *Childhood*, 7, 279-294.

Mathewson, K. (2000) Cultural landscapes and ecology III: foraging/farming, food, festivities. *Progress in Human Geography*, 24, 457-474.

Matless, D. (1993) Appropriate geography: Patrick Abercrombie and the energy of the world. *Journal of Design History*, 6, 167-177.

Matless, D. (1998) *Landscape and Englishness*, Reaktion, London.

May, J., Wills, J., Datta, K., Evans, Y., Herbert, J. and Mcllwaine, C. (2007) Keeping London working: global cities, the British state, and London's new migrant division of labour. *Transactions of the Institute of British Geographers*, 37, 151-167.

McCormack, D. (2003) An event of geographical ethics in spaces of affect. *Transactions of the Institute of British Geographers*, 28, 488-507.

McCormack, D. (2004) Drawing out the lines of the event. *Cultural Geographies*, 11, 211-220.

McCormack, D. (2006) For the love of pipes and cables: a response to Deborah Thien. *Area*, 38, 330-332.

McCracken, G. (1988) *Culture and Consumption: New approaches to the symbolic character of consumer goods and activities*, Indiana University Press, Bloomington, IN.

McDowell, L. (1992) Doing gender: feminism, feminists and research methods in human geography. *Transactions of the Institute of British Geographers*, 17, 399-416.

McDowell, L. (1994) The transformation of cultural geography. In Gregory, D., Martin, R. and Smith, G. (eds) *Human Geography: Society, space and social science*, Macmillan, London, 146-173.

McDowell, L. (2003) Masculine identities and low paid work: young men in urban labour markets. *Interna tional Journal of Urban and Regional Research*, 27, 828-848.

McEwan, C. and Blunt, A. (2002) Introducing postcolonial geographies. In Blunt, A. and McEwan, C. (eds) *Postcolonial Geographies*, Continuum, London, 1-6.

McIntyre, A. (2002) Women researching their lives: exploring violence and identity in Belfast. *Qualitative Research*, 2, 387-409.

McRobbie, A. (1991) Introduction. In McRobbie, A. and Gerber, J. (eds) *Feminism and Youth Culture: From 'Jackie' to 'Just 17'*, Macmillan, London, 1-15.

McRobbie, A. (2000) *Feminism and Youth Culture*, 2nd edn, Palgrave, Basingstoke.

Meinig, D. (1979) *The Interpretation of Ordinary Landscapes*, Oxford University Press, Oxford.

Melina, L. (2008) Backstage with The Hot Flashes: performing gender, performing age, performing Rock 'n' Roll. *Qualitative Inquiry*, 14, 90-110.

Merrifield, A. (1993) Space and place: a Lefebvrian reconciliation. *Transactions of the Institute of British Geographers*, 18, 516-531.

Merriman, P. (2006) 'A new look at the English landscape': landscape architecture, movement and the aesthetics of motorways in early post war Britain. *Cultural Geographies*, 13, 78-105.

Merriman P. (2007) *Driving Spaces: A cultural-historical geography of England's M1 motorway*, Wiley-Blackwell, Oxford.

Merriman, P. (2010) Architecture/dance: choreographing and inhabiting spaces with Anna and Lawrence Halprin. *Cultural Geographies*, 17, 427-449.

Merriman, P. and Webster, C. (2009) Travel projects: lands cape, art, movement. *Cultural Geographies*, 16, 525-535.

Miles, S. (1998a) The consuming paradox: a new research agenda for urban consumption. *Urban Studies*, 35, 1001-1008.

Miles, S. (1998b) *Consumerism: As a way of life*, Sage, London.

Miles, S. and Paddison, R. (1998) Urban consumption: an historiographical note. *Urban Studies*, 35, 815-824.

Miller, D. (1998) Why some things matter. In Miller, D. (ed.) *Material Cultures: Why some things matter*, UCL Press, London, 3-21.

Miller, D. (2008) *The Comfort of Things*, Polity Press, Cambridge.

Milligan, C. and Wiles, J. (2010) Landscapes of care. *Progress in Human Geography*, 34, 736-754.

Mills, C. (1993) Myths and meanings of gentrification. In Duncan, J. and Ley, D. (eds) *Place/Culture/Representation*, Routledge, London, 149-170.

Mitchell, D. (1995) There's no such thing as culture: towards a reconceptualization of the idea of culture in geography. *Transactions of the Institute of British Geographers*, 20, 102-116.

Mitchell, D. (2000) *Cultural Geography: A critical introduction*, Blackwell, Oxford.

Mitchell, W.J.T. (1994) *Landscape and Power*, University of Chicago Press, Chicago, IL.

Monmonier, M. (1996) *How to Lie With Maps*, University of Chicago Press, Chicago, IL.

Monmonier, M. (2005) Lying with maps. *Statistical Science*, 20, 215-222.

Moreira, T. (2004) Surgical monads: a social topology of the operating room. *Environment and Planning D: Society and Space*, 22, 53-69.

Morris, N. (2011) The Orchard: cultivating a sustainable public artwork in the Gorbals, Glasgow. *Cultural Geographies*, 18, 413-420.

Moser, I. and Law, J. (2006) Fluids or flows? Information and qualculation in medical practice. *Information, Technology and People*, 19, 55-73.

Moser, S. (2008) Personality: a new positionality? *Area*, 40, 383-392.

Moss, P. and Dyck, I. (2003) Embodying social geography. In Anderson, K., Domosh, M., Pile, S. and Thrift, N. (eds) *Handbook of Cultural Geography*, Sage, London, 58-73.

Mould, O. (2009) Parkour, the city, the event. *Environment and Planning D: Society and Space*, 27, 738-750.

Moylan, T. (1986) *Demand the Impossible: Science fiction and the utopian imagination*, Taylor and Francis, London.

Muggleton, D. (2000) *Inside Subculture: The postmodern meaning of style*, Berg, Oxford.

Murdoch, J. and Pratt, A. (1993) Rural studies: modernism, postmodernism and the 'post-rural'. *Journal of Rural Studies*, 9, 411-427.

Nash, C. (2000) Performativity in practice: some recent work in cultural geography. *Progress in Human Geography*, 24, 653-664.

Nayak, A. and Jeffrey, A. (2011) *Geographical Thought: An introduction to ideas in human geography*, Pearson, Harlow.

Negus, K. (1997) The production of culture. In du Gay, P. (ed.) *Production of Culture/Cultures of Production*, Sage, London, 67-104.

Nettleton, S. and Watson, J. (eds) (1998) *The Body in Everyday Life*, Routledge, London.

Nicholls, W. (2009) Place, networks, space: theorising the geographies of social movements. *Transactions of the Institute of British Geographers*, 34, 78-93.

Nolan, N. (2003) The ins and outs of skateboarding and transgression in public space in Newcastle, Australia. *Australian Geographer*, 34, 311-327.

Nold, C. (2009) Introduction: emotional cartography. In Nold, C. (ed.) *Emotional Cartography: Technologies of the self*, available at: http: //emotionalcartography.net/ EmotionalCartographyLow.pdf

No Tesco (2011) No Tesco in Stokes Croft: why don't we want a Tesco? Available at http: //notesco.wordpress.com/ thecampaign/why-dont-we-want-a-tesco/

Noxolo, P., Raghuram, P. and Madge, C. (2008) 'Geography is pregnant' and 'Geography's milk is flowing': metaphors for a postcolonial discipline? *Environment and Planning D: Society and Space*, 26, 146-168.

O'Connor, J. and Wynne, D. (1992) The uses and abuses of popular culture: cultural policy and popular culture. *Leisure and Society*, 14, 465-483.

Ogborn, M. (2005) Mapping words. *New Formations*, 57, 145-149.

Okely, J. (2007) Fieldwork embodied. *Sociological Review*, 55, 65-79.

Olwig, K. (1996) Recovering the substantive nature of landscape. *Annals of the Association of American Geographers*, 86, 630-653.

ONS [Office for National Statistics] (2011) *Ethnicity and National Identity in England and Wales 2011*, ONS,

London.

Openshaw, S. (1991) A view on the GIS crisis in geography: or, using GIS to put Humpty-Dumpty back together again. *Environment and Planning A*, 23, 621-628.

Openshaw, S. (1996) Fuzzy logic as a new scientific paradigm for doing geography. *Environment and Planning A*, 28, 761-768.

Oswin, N. (2008) Critical geographies and the uses of sexuality. *Progress in Human Geography*, 32, 89-103.

Pain, R. (2009) Globalized fear? Towards an emotional geopolitics. *Progress in Human Geography*, 33, 466-486.

Pain, R. and Smith, S. (eds) (2008) *Fear: Critical geopolitics and everyday life*, Ashgate, Farnham.

Palmer, S. (2007) *Toxic Childhoods: How the modern world is damaging our children and what we can do about it*, Orion, London.

Parr, H. (2005) Emotional geographies. In Cloke, P., Crang, P. and Goodwin, M. (eds) *Introducing Human Geographies*, Arnold, London, 472-485.

Parr, H. (2008) *Mental Health and Social Space: Towards inclusionary geographies?* Wiley, Chichester.

Parviainen, J. (2010) Choreographing resistances: spatial kinaesthetic intelligence and bodily knowledge as political tools in activist work. *Mobilities*, 5, 3ll-329.

Paterson, M. (2005) Affecting touch: towards a felt phenomenology of therapeutic touch. In Davidson, J., Bondi, L. and Smith, M. (eds) *Emotional Geographies*, Ashgate, Aldershot, 161-176.

Paterson, M. (2006) *Consumption and Everyday Life*, Routledge, London.

Paterson, M. (2011) More-than-visual approaches to architecture: vision, touch, technique. *Social and Cultural Geography*, 12, 263-281.

Peck, J. (1999) Editorial: grey geography. *Transactions of the Institute of British Geographers*, 24, 131-135.

Peet, R. (2007) *Geography of Power: The making of global economic policy*, Zed Press, London.

Pels, D., Hetherington, K. and Vandenberghe, F. (2002) The status of the object: performances, mediations and techniques. *Theory, Culture and Society*, 19, 1-21.

Perec, G. (1999(1974]) *Species of Spaces*, Penguin, Harmondsworth.

Petrov, A. (1995) The sound of suburbia (death metal). *American Book Review*, 16, 5.

Phillips, M. (2002) The production, symbolisation and socialisation of gentrification: a case study of a Berkshire village. *Transactions of the Institute of British Geographers*, 27, 282-308.

Philo, C.(ed.) (1991a) *New Words, New Worlds: Reconceptualising social and cultural geography*, Cambrian, Aberystwyth.

Philo, C. (1991b) Introduction, acknowledgements and brief thoughts on older words and older worlds. In Philo, C. (ed.) *New Words, New Worlds:*

Reconceptualising social and cultural geography, Cambrian, Aberystwyth, 1-13.

Philo, C. (1992) Neglected rural others: a review. *Journal of Rural Studies*, 8, 193-207.

Philo, C. (1994) In the same ballpark? Looking in on the new sports geography. In Bale, J. (ed.) *Community, Landscape and Identity: Horizons in a geography of sports*, Keele University Occasional Monograph, Keele, 1-18.

Philo, C. (2000) More words, more worlds: reflections on the 'cultural turn' in human geography. In Cook, I., Crouch, D., Naylor, S. and Ryan, J. (eds) *Cultural Turns, Geographical Turns*, Prentice Hall, Harlow, 25-53.

Philo, C. (2003) 'To go back up the side hill': memories, imaginations and reveries of childhood. *Children's Geographies*, l, 3-24.

Philo, C. (2004) *A Geographical History of Institutional Provision for the Insane from Medieval Times to the 1860s in England and Wales: The space reserved for insanity*, Edwin Mellen Press, Lampeter.

Philo, C. and Wilbert, C. (2000) Animal spaces, beastly places: an introduction. In Philo, C. and Wilbert, C. (eds) *Animal Spaces, Beastly Places: New geographies of human animal relations*, Routledge, London, 1-36.

Pickerel, W, Jorgenson, H. and Bennett, L. (2002) Culture jams and meme warfare: Kalle Lasn, Adbusters and media activism, available at http: / /depts. washington.edu/ccce/ assets/documents/pdf/ culturejamsandmemewarfare.pdf

Pickerill, J. (2003) *Cyberprotest: Environmental activism on-line*, Manchester University Press, Manchester.

Pickerill, J. (2009) Finding common ground? Spaces of dialogue and the negotiation of indigenous interests in environmental campaigns in Australia. *Geoforum*, 40, 66-79.

Pickerill, J. and Chatterton, P. (2006) Notes towards autonomous geographies: creation, resistance and self management as survival tactics. *Progress in Human Geography*, 30, 1-17.

Pike, J. (2008) Foucault, space and primary school dining rooms. *Children's Geographies*, 6, 413-422.

Pile, S. (1996) *The Body and the City: Psychoanalysis, space and subjectivity*, Routledge, London.

Pile, S. (1999) Introduction: opposition, political identities and spaces of resistance. In Keith, M. and Pile, S. (eds) *Geographies of Resistance*, Routledge, London, 1-3 2.

Pile, S. (2010) Emotions and affect in recent human geography. *Transactions of the Institute of British Geographers*, 35, 5-20.

Pinder, D. (2005a) *Visions of the City: Utopianism, power and politics in twentieth-century urbanism*, Edinburgh University Press, Edinburgh.

Pinder, D. (2005b) Arts of urban exploration. *Cultural Geographies*, 12, 383-411.

Platt, R. (1962) The rise of cultural geography in

America. In Wagner, P. and Mikesell, M. (eds) *Readings in Cultural Geography*, University of Chicago Press, Chicago, IL, 35-43.

Ploszajska, T. (1994) Moral landscapes and manipulated space: class, gender and space in Victorian reformatory schools. *Journal of Historical Geography*, 20, 413-429.

Ploszajska, T. (1996) Constructing the subject: geographical models in English Schools, 1870-1944. *Journal of Historical Geography*, 22, 388-398.

Porteous, J. (1985) Literature and humanist geography. *Area*, 17, 117-122.

Powell, R. (2002) The Sirens' voices? Field practices and dialogue in geography. *Area*, 34, 261-272.

Pratt, A. (2004) Mapping the cultural industries. In Power, D. and Scott, A. (eds) *Cultural Industries and Production of Culture*, Routledge, London, 19-36.

Pratt, M. (2007) *Imperial Eyes: Travel writing and transculturation*, 2nd edn, Routledge, London.

Pred, A. (1991) Spectacular articulations of modernity: the Stockholm Exhibition of 1897. *Geografiska Annaler B*, 73, 45-84.

Pred, A. (2000) Intersections. In Pile, S. and Thrift, N. (eds) *City A-Z*, Routledge, London, 117-118.

Price, P. (2010) Cultural geography and the stories we tell ourselves. *Cultural Geographies*, 17, 203-210.

Putnam, R. (2000) *Bowling Alone*, Simon & Schuster, New York.

Queneau, R. (1981 [1947]) *Exercises in Style*, Oneworld, London.

Relph, E. (1976) *Place and Placelessness*, Pion, London.

Revill, G. (2000) Music and the politics of sound: nationalism, citizenship, and auditory space. *Environment and Planning D: Society and Space*, 18, 597-613.

Revill, G. (2004) Performing French folk music: dance, authenticity and nonrepresentational theory. *Cultural Geographies*, 11, 199-209.

Rich, A. (1986) *Blood, Bread and Poetry: Selected prose 1979-85*, Norton, London.

Rigg, J. (2007) *An Everyday Geography of the Global South*, Routledge, London.

Ritzer, G. (1993) *The McDonaldization of Society*, Pine Forge Press, Thousand Oaks, CA.

Rodaway, P. (1994) *Sensuous Geographies: Body, sense, and place*, Routledge, London.

Roe, E. (2006) Things becoming food and the embodied, material practices of an organic food consumer. *Sociologia Ruralis*, 46, 104-121.

Rose, G. (1991) On being ambivalent: women and feminisms in geography. In Philo, C. (ed.) *New Words, New Worlds: Reconceptualising social and cultural geography*, Cambrian, Aberystwyth, 156-163.

Rose, G. (1993) *Feminism and Geography: The limits of geographical knowledge*, University of Minnesota Press, Minneapolis, MN.

Rose, G. (2003) Family photographs and domestic spacings: a case study. *Transactions of the Institute of British Geographers*, 28, 5-18.

Rose, G. (2010) *Doing Family Photography: The domestic, the public and the politics of sentiment*, Ashgate, Farnham.

Rose, G., Degen, M. and Basdas, B. (2010) More on 'big things': building events and feelings. *Transactions of the Institute of British Geographers*, 35, 334-349.

Rose, N. (2007) *The Politics of Life-Itself Biomedicine, power, and subjectivity in the twenty-first century*, Princeton University Press, Princeton, NJ.

Sack, R. (1997) *Homo Geographicus*, Johns Hopkins University Press, Baltimore, MD.

Said, E. (1978) *Orientalism*, Penguin, Harmondsworth.

Saldanha, A. (2002) Music, space, identity: geographies of youth culture in Bangalore. *Cultural Studies*, 16, 337-350.

Sarup, M. (1996) *Identity, Culture and the Postmodern World*, Edinburgh University Press, Edinburgh.

Saunders, A. (2010) Literary geography: reforging the connections. *Progress in Human Geography*, 34, 436.

Sauer, C. (1925) *The Morphology of Landscape*. University of California Press, Berkeley, CA.

Sauer, C. (1934) The distribution of Aboriginal tribes and languages in northwestern Mexico. *Ibero-Americana*, 5, 94-100.

Sauer, C. (1950) Grassland climax, fire, and man. *Journal of Range Management*, 3, 16-21.

Sauer, C. (1956) The agency of man on the earth. In Williams, T. (ed.) *Man's Role in Changing the Face of the Earth*, University of Chicago Press, Chicago, IL, 49-69.

Sauer, C. (1962(1931)) Cultural geography. In Wagner, P. and Mikesell, M. (eds) *Readings in Cultural Geography*, University of Chicago Press, Chicago, IL, 30-34.

Sauer, C. (1965) Cultural factors in plant domestication in the New World. *Euphytica*, 14, 301-306.

Saville, S. (2008) Playing with fear: parkour and the mobility of emotion. *Social and Cultural Geography*, 9, 891-914.

Schiffer, M. (1992) *Technological Perspectives on Behavioral Change*, University of Arizona Press, Tucson, AZ.

Schollhammer, K. (2008) A walk in the invisible city. *Knowledge, Technology and Policy*, 21, 143-148.

Scott, S. and Morgan, D. (1993) *Body Matters: Essays on the sociology of the body*, Falmer, Basingstoke.

Seidler, V. (1994) *Unreasonable Men: Masculinity and social theory*, Routledge, London.

Seigworth, G. (2000) Banality for cultural studies. *Cultural Studies*, 14, 227-268.

Seigworth, G. and Gardiner, M. (2004) Rethinking everyday life. *Cultural Studies*, 18, 139-159.

Seiter, E., Borchers, H., Kreutzner, G. and Warth, E. (eds) (1989) *Remote Control: Television, audiences and cultural power*, Routledge, London.

Sennett, R. and Cobb, A. (1977) *The Hidden Injuries of Class*, W. W. Norton, New York, NY.

Sharp, J. (2000) Towards a critical analysis of fictive geographies. *Area*, 32, 327-334.

Sheringham, M. (2006) *Everyday life: Theories and practices from Surrealism to the present*, Oxford University Press, Oxford.

Shields, R. (1989) Social spatialisation and the built environ ment: the case of the West Edmonton Mall. *Environment and Planning D: Society and Space*, 7, 147-164.

Shields, R. (1999) *Lefebvre, Love and Struggle: Spatial dialectics*, Routledge, London.

Shilling, C. (1993) *The Body and Social Theory*, 1st edn, Sage, London.

Shilling, C. (2003) *The Body and Social Theory*, 2nd edn, Sage, London.

Shilling, C. (2007) *Embodying Sociology*, Blackwell, Oxford.

Short, J. (1991) *Imagined Country: Environment, culture and society*, Routledge, London.

Shotter, J. (1993) *The Cultural Politics of Everyday Life*, Open University Press, Buckingham.

Shotter, J. (1997) Wittgenstein in practice: from 'The Way of Theory' to a 'Social Poetics'. available at http: // www. focusing.org/ apm_papers/ shotter.html

Shurmer-Smith, P. (2002a) Introduction. In Shurmer-Smith, P. (ed.) *Doing Cultural Geography*, Sage, London, 1-7.

Shurmer-Smith, P. (ed.) (2002b) *Doing Cultural Geography*, Sage, London.

Shurmer-Smith, P. and Hannam, K. (1994) *Worlds of Desire, Realms of Power: A cultural geography*, Edward Arnold, London.

Sibley, D. (1995) *Geographies of Exclusion: Society and difference in the West*, Routledge, London.

Sibley, D. (1999) Creating geographies of difference. In Massey, D., Allen, J. and Sarre, P. (eds) *Human Geography Today*, Wiley, Chichester, 115-128.

Skelton, T. and Valentine, G. (1998) *Cool Places: Geographies of youth cultures*, Routledge, London.

Skelton, T. and Valentine, G. (2003) 'It feels like being Deaf is normal': an exploration into the complexities of defining D/deafness and young D/deaf people's identities. *Canadian Geographer*, 47, 451-466.

Slymovics, S. (1998) *The Object of Memory: Arabs and Jews narrate the Palestinian village*, University of Pennsylvania Press, Philadelphia, PA.

Smith, D. (1989) *The Everyday World as Problematic: A feminist sociology*, University Press of New England, Lebanon, NH.

Smith, D.M. (2000) *Moral Geographies: Ethics in a world of difference*, Edinburgh University Press, Edinburgh.

Smith, N. and Katz, C. (1993) Grounding metaphor: towards a spatialized politics. In Keith, M. and Pile, S.

(eds) *Place and the Politics of Identity*, Routledge, London, 67-83.

Snyder, J. (1994) Territorial photography. In Mitchell, W. (1994) *Landscape and Power*, University of Chicago Press, Chicago, IL, 175-201.

Söderström, O. (2005) Representation. In Sibley, D., Jackson, P., Atkinson, D. and Washbourne, N. (eds) *Cultural Geography: A critical dictionary of key ideas*, Taurus, London, 11-15.

Soja, E. (1996) *Thirdspace: Journeys to Los Angeles and other real-and-imagined places*, Wiley, London.

Sorkin, M. (1992) *Variations on a Theme Park: The new American city and the end of public space*, Hill and Wang, Boston.

Sorre, M. (1962[1948]) The role of historical explanation in human geography. In Wagner, P. and Mikesell, M. (eds) *Readings in Cultural Geography*, University of Chicago Press, Chicago, IL, 44-47.

Spacehijackers (2009) *A-Z Retail Tricks to Make You Shop*, available at http: / /www.spacehijackers.org/ html/ideas/ archipsy/tricks.html

Spinney, J. (2006) A place of sense: a kinaesthetic ethnography of cyclists on Mont Ventoux. *Environment and Planning D: Society and Space*, 24, 709-732.

Stallybrass, P. and White, A. (1986) *The Politics and Poetics of Transgression*, Methuen, London.

Stanton-Jones, K. (1992) *An Introduction to Dance Music Therapy in Psychiatry*, Routledge, London.

Steffen, A. (2009) Bright green, light green, dark green, gray: the new environmental spectrum, available at http: //www. worldchanging.com/archives/009499. html

Stenning A. (2005) Post-socialism and the changing geographies of the everyday in Poland. *Transactions of the Institute of British Geographers*, 30, 113-127.

Stewart, K. (2007) *Ordinary Affects*, Duke University Press, Durham, NC.

Strohmayer, U. (1996) Pictoral symbolism in the age of innocence: material geographies at the Paris World's Exposition of 1937. *Ecumene*, 3, 282-304.

Tallontire, A., Rentsendorj, E. and Blowfield, M. (2001) *Ethical Consumers and Ethical Trade: A review of current literature*, Natural Resources Institute, Greenwich.

Taylor, P. (1982) A materialist framework for political geography. *Transactions of the Institute of British Geographers*, 7, 15-34.

Thien, D. (2004) Love's travels and traces: the impossible politics of Luce Irigaray. In Sharp, J., Browne, K. and Thien, D. (eds) *Women and Geography Study Group: Gender and Geography Reconsidered*, 43-48, available at: http: //wgsg.org.uk/newsite1/?page_id=34

Thien, D. (2005) After or beyond feeling? A consideration of affect and emotion in geography. *Area*, 37, 450-456.

Thrift, N. (1991) Over-wordy worlds? Thoughts and worries. In Philo, C. (ed.) *New Words, New Worlds: Reconceptualising social and cultural geography*, Cambrian, Aberystwyth, 144-148.

Thrift, N. (1994) Inhuman geographies: landscapes of speed, light and power. In Cloke, P., Doel, M., Matless, D., Phillips, M. and Thrift, N. (eds) *Writing the Rural: Five cultural geographies*, Paul Chapman, London, 191-248.

Thrift, N. (1997) The still point: resistance, expressive embodiment and dance. In Pile, S. and Keith, M. (eds) *Geographies of Resistance*, Routledge, London, 124-154.

Thrift, N. (1999) Steps to an ecology of place. In Massey, D., Allen, J. and Sarre, D. (eds) *Human Geography Today*, Blackwell, Oxford, 295-321.

Thrift, N. (2000a) Afterwords. *Environment and Planning D: Society and Space*, 18, 213-225.

Thrift, N. (2000b) Introduction: dead or alive? In Cook, I., Crouch, D., Naylor, S. and Ryan, J. (eds) *Cultural Turns, Geographical Turns*, Prentice Hall, Harlow, 1-6.

Thrift, N. (2000c) Non-representational theory. In Johnston, R., Gregory, D., Pratt, G. and Watts, M. (eds) *The Dictionary of Human Geography*, Blackwell, Oxford, 556.

Thrift, N. (2004) Intensities of feeling: towards a spatial politics of affect. *Geografiska Annaler B*, 86, 57-78.

Thrift, N. (2006) Space. *Theory, Culture and Society*, 23, 139-146.

Thrift, N. and Dewsbury, J. (2000) Dead geographies - and how to make them live. *Environment and Planning D: Society and Space*, 18, 411-432.

Till, K. (1993) Neotraditional towns and urban villages: the cultural production of a geography of 'otherness'. *Environment and Planning D: Society and Space*, 11, 709-732.

Titscher, S., Meyer, M., Wodak, R. and Vetter, E. (2000) *Methods of Text and Discourse Analysis*, Sage, London.

Tolia-Kelly, D. (2004a) Locating processes of identification:
studying the precipitates of re-memory through artefacts in the British Asian home. *Transactions of the Institute of British Geographers*, 29, 314-329.

Tolia-Kelly, D. (2004b) Materialising post-colonial geographies: examining the textural landscapes of migration in the South Asian home. *Geoforum*, 35, 675-688.

Tolia-Kelly, D. (2006) Affect - an ethnocentric encounter? Exploring the 'universalist' imperative of emotional/affectual geographies. *Area*, 38, 213-217.

Tonts, M. (2005) Competitive sport and social capital in rural Australia. *Journal of Rural Studies*, 21, 137-149.

Tuan, Y.-F. (1974) *Topophilia: A study of environmental perception, attitudes, and values*, Columbia University Press, New York.

Tuan, Y.-F. (1976) Humanistic geography. *Annals of the Association of American Geographers*, 66, 266-276.

Tuan, Y.-F. (1977) *Space and Place: The perspective of experience*, University of Minnesota Press, Minneapolis, MN.

Turner, B. (1984) *The Body and Society: An introduction*, 1st edn, Sage, London.

Turner, B. (1991) The secret history of the body in social theory. in Turner, B. (ed.) *The Body: Social processes and cultural theory*, Sage, London, 12-18.

Turner, B. (1996) *The Body and Society: Explorations in social theory*, 2nd edn, Sage, London.

Turner, B. (2008) *The Body and Society: Explorations in social theory*, 3rd edn, Sage, London.

Turner, S. and Manderson, D. (2007) Socialisation in a space of law: student performativity at 'Coffee House' in a university law faculty. *Environment and Planning D: Society and Space*, 25, 761-782.

UN (2008) *Creative Economy Report 2008*, United Nations, New York, NY.

UN (2011) *Creative Economy Report 2011*, United Nations, New York, NY.

Urry, J. (1990) *The Tourist Gaze*, Sage, London.

Urry, J. (1995) *Consuming Places*, Routledge, London.

Urry, J. (2007) *Mobilities*, Polity Press, Cambridge.

Valentine, G. (1989) The geography of women's fear. *Area*, 21, 385-390.

Valentine, G. (1996) Angels and devils: moral landscapes of childhood. *Environment and Planning D: Society and Space*, 14, 581-599.

Valentine, G. (1999) A corporeal geography of consumption. *Environment and Planning D: Society and Space*, 17, 328-351.

Valentine, G. (2001) *Social Geographies: Space and society*, Pearson, Harlow.

Valentine, G. (2003) Boundary crossings: transitions from childhood to adulthood. *Children's Geographies*, 1, 37-52.

Valentine, G., Skelton, T. and Chambers, D. (1998) Cool places: an introduction to youth and youth cultures. In Skelton, T. and Valentine, G. (eds) *Cool Places: Geographies of youth cultures*, Routledge, London, 1-34.

van Blerk, L. and Ansell, N. (2006) Moving in the wake of AIDS: children's experiences of migration in Southern Africa. *Environment and Planning D: Society and Space*, 24, 449-471.

Venkatesh, A. and Meamber, L. (2006) Arts and aesthetics: marketing and cultural production. *Marketing Theory*, 6, 11-39.

Vidal de la Blache, P. (1908) *On the Geographical Interpretation of Landscapes*, University of Quebec, Chicoutimi.

Vidal de la Blache, P. (1913) *Characteristic Features of Geography*, University of Quebec, Chicoutimi.

Vidal de la Blache, P. (1926) *Principles of Human Geography*, Henry Holt, Baltimore, MD.

Von Thünen, J. (1826) Die *Isolierte Staat in Beziehung*

auf Landwirtshaft und Nationalökonomie, Pergamon Press, New York, NY.

Wagner, P. and Mikesell, M. (eds) (1962) *Readings in Cultural Geography*, University of Chicago Press, Chicago, IL.

Wagnleitner, R. (1994) *Coca-Colonization and the Cold War*, University of North Carolina Press, Chapel Hill, NC.

Waterman, S. (1998) Place, culture and identity: summer music in Upper Galilee. *Transactions of the Institute of British Geographers*, 23, 253-267.

Watson, S. (2006) *City Publics: The (dis)enchantments of modern encounters*, Taylor & Francis, London.

Weed, M. (2007) The pub as a virtual football fandom venue: an alternative to being there? *Soccer and Society*, 8, 399-414.

WGSG [Women and Geography Study Group] (1997) *Feminist Geography: Explorations in diversity and difference*, Longman, London, 86-111.

Whatmore, S. (2002) *Hybrid Geographies: Natures, cultures*, spaces, Sage, London.

Whatmore, S. (2006) Materialist returns: cultural geography in and for a more-than-human world. *Cultural Geographies*, 13, 600-609.

White, B. and Day, F. (1997) Country music radio and American culture regions. *Journal of Cultural Geography*, 16, 21-35.

Williams, B. and Barlow, S. (1998) Falling out with my shadow: lay perceptions of the body in the context of arthritis. In Nettleton, S. and Watson, J. (eds) (1998) *The Body in Everyday Life*, Routledge, London, 124-141.

Williams, R. (1976) *Keywords*, Oxford University Press, Oxford.

Williams, R. (1979) *Politics and Letters: Interviews with New Left Review*, New Left Review, London.

Williams, S. (2001) *Emotion and Social Theory: Corporeal reflections of the (ir)rational*, Sage, London.

Williams, S. and Bendelow, G. (1998) *The Lived Body: Sociological themes, embodied issues*, Routledge, London.

Williams-Ellis, C. (1928) *England and the Octopus*, Golden Dragon, Portmeirion.

Willis, P. (1990) *Common Culture: Symbolic work at play in the everyday cultures of the young*, Open University Press, Basingstoke.

Wilson, A. (1991) *The Culture of Nature*, Between the Lines, Toronto.

Withers, C. (2006) Eighteenth-century geography: texts, practices, sites. *Progress in Human Geography*, 30, 711-729.

Widdowfield, R. (2000) The place of emotions in academic research. *Area*, 32, 199-208.

Wodak, R. (1996) *Disorders of Discourse*, Longman, London.

Woodside, S. (2001) *Every Joke is a Tiny Revolution: Culture jamming and the role of humour*, University of Amsterdam, Amsterdam.

Wooldridge, S. and Morgan, R. (1937) *The Physical Basis of Geography: An outline of geomorphology*, Longmans Green, London.

Wylie, J. (2002) An essay on ascending Glastonbury Tor. *Geoforum*, 33, 441-454.

Wylie, J.W. (2005) A single day's walking: narrating self and landscape on the Southwest Coast Path. *Transactions of the Institute of British Geographers*, 30, 234-247.

Wylie, J. (2007) *Landscape*, Routledge, London.

Wylie, J. (2009) Landscape, absence and the geographies of love. *Transactions of the Institute of British Geographers*, 34, 275-289.

Wylie, J. (2010) Cultural geographies of the future, or looking rosy and feeling blue. *Cultural Geographies*, 17, 211-217.

Yarwood, J. and Shaw, J. (2009) 'N-gauging' geographies: craft consumption, indoor leisure and model railways. *Area*, 42, 425-433.

Young, I. (1990) *Throwing Like a Girl and Other Essays in Feminist Philosophy and Social Theory*, Indiana University Press, Bloomington, IN.

Young, R. (2003) *Postcolonialism: A very short introduction*, Oxford University Press, Oxford.

Zelinsky, W. (1958) The New England connecting barn. *The Geographical Review*, 48, 540-553.

Zelinsky, W. (1973) *The Cultural Geography of the United States*, Prentice Hall, Englewood Cliffs, NJ.

Zukin, S. (1995) *The Cultures of Cities*, Blackwell, Oxford.

Zukin, S. (2003) *Point of Purchase: How shopping changed American culture*, Routledge, London.

찾아보기

지은이 소개

존 호턴(John Horton)
아동과 청소년의 지리·문화·정치, 사회적·물질적 배제를 탐구하는 문화지리학자. 현재 영국 노샘프턴 대학교(Northampton Univ.)의 보건·교육·사회학부 교수로 재직 중이다.

피터 크래프틀(Peter Kraftl)
지속 가능한 도시 디자인, 환경 문제에 대한 아동·청소년의 경험과 상호작용을 탐구하는 문화지리학자. 현재 영국 버밍엄 대학교(Birmingham Univ.)의 지구환경과학부 교수로 재직 중이다.

옮긴이 소개

김수정
전남대학교 지리교육과 조교수. 문화지리, 도시지리, 아메리카지리 등을 가르치고 있다. 장소와 그곳에서 살아가는 다양한 사람들, 문화와의 관계와 사회적 배제의 문제에 관심을 가지고 있다. 최근에는 국제 이주 현상을 둘러싼 사회, 문화적 이슈를 비롯해 소수자의 저항과 행위주체성 등에 주목하고 있다.

박경환
전남대학교 지리교육과 교수. 사회지리, 경제지리, 지리사상사 등을 가르치고 있다. 정치경제, 포스트구조주의, 포스트식민주의, 행위자-네트워크 이론(ANT) 등 여러 사회이론과 인문지리학의 교차점에서 사회 현상을 탐구해 왔다. 최근에는 에너지와 인프라스트럭처의 지리를 푸코적 통치성의 관점에서 살펴보고 있다.